Teubner Studienbücher

Chemie

Aurich/Rinze: **Chemisches Praktikum für Mediziner**
236 Seiten. DM 27,80

Breitmaier: **Vom NMR-Spektrum zur Strukturformel organischer Verbindungen**
Ein kurzes Praktikum der NMR-Spektroskopie
267 Seiten. DM 38,–

Elschenbroich/Salzer: **Organometallchemie**
Eine kurze Einführung. 3. Aufl. 562 Seiten. DM 46,–

Engelke: **Aufbau der Moleküle**
Eine Einführung. 264 Seiten. DM 38,–

Fellenberg: **Chemie der Umweltbelastung**
258 Seiten. DM 32,–

Hennig/Rehorek: **Photochemische und photokatalytische Reaktionen von Koordinationsverbindungen**
164 Seiten. DM 24,80

Kaim/Schwederski: **Bioanorganische Chemie**
zur Funktion chemischer Elemente in Lebensprozessen
462 Seiten. DM 44,80

Kunz: **Molecular Modelling für Anwender**
Anwendung von Kraftfeld- und MO-Methoden in der organischen Chemie
243 Seiten. DM 29,80

Levine/Bernstein: **Molekulare Reaktionsdynamik**
607 Seiten. DM 59,80

Müller: **Anorganische Strukturchemie**
320 Seiten. DM 36,–

Primas/Müller-Herold: **Elementare Quantenchemie**
2. Aufl. 398 Seiten. DM 39,–

Vögtle: **Cyclophan-Chemie.** Synthesen, Strukturen, Reaktionen
Einführung und Überblick
595 Seiten. DM 48,–

Vögtle: **Reizvolle Moleküle der Organischen Chemie**
402 Seiten. DM 39,80

Vögtle: **Supramolekulare Chemie.** Eine Einführung
449 Seiten. DM 42,–

Preisänderungen vorbehalten.

B. G. Teubner Stuttgart

Teubner Studienbücher Chemie

W. Kaim / B. Schwederski
Bioanorganische Chemie

Teubner Studienbücher Chemie

Herausgegeben von

Prof. Dr. rer. nat. Christoph Elschenbroich, Marburg
Prof. Dr. rer. nat. Friedrich Hensel, Marburg
Prof. Dr. phil. Henning Hopf, Braunschweig

Die Studienbücher der Reihe Chemie sollen in Form einzelner Bausteine grundlegende und weiterführende Themen aus allen Gebieten der Chemie umfassen. Sie streben nicht die Breite eines Lehrbuchs oder einer umfangreichen Monographie an, sondern sollen den Studenten der Chemie — aber auch den bereits im Berufsleben stehenden Chemiker — kompetent in aktuelle und sich in rascher Entwicklung befindende Gebiete der Chemie einführen. Die Bücher sind zum Gebrauch neben der Vorlesung, aber auch — da sie häufig auf Vorlesungsmanuskripten beruhen — anstelle von Vorlesungen geeignet. Es wird angestrebt, im Laufe der Zeit alle Bereiche der Chemie in derartigen Lernbüchern vorzustellen. Die Reihe richtet sich auch an Studenten anderer Naturwissenschaften, die an einer exemplarischen Darstellung der Chemie interessiert sind.

Bioanorganische Chemie

Zur Funktion chemischer Elemente in Lebensprozessen

Von Prof. Dr. phil. nat. Wolfgang Kaim
und Brigitte Schwederski, Ph. D.
Universität Stuttgart

 B. G. Teubner Stuttgart 1991

Prof. Dr. phil. nat. Wolfgang Kaim

Geboren 1951 in Bad Vilbel, Studium der Chemie in Frankfurt am Main und Konstanz, Diplom 1974 bei E. Daltrozzo, Promotion 1978 bei H. Bock, 1978/79 Aufenthalt bei F. A. Cotton (Texas A & M University, USA), 1982 Habilitation. Von 1981 bis 1987 Hochschulassistent am anorganisch-chemischen Institut der Universität Frankfurt, Karl Winnacker-Stipendiat 1982–1987, 1987 Heisenberg-Stipendium. Seit 1987 Ordinarius für Anorganische Chemie an der Universität Stuttgart.

Brigitte Schwederski, Ph. D.

Geboren 1959 in Recklinghausen, Studium der Chemie und Biologie in Bochum und an der Purdue University (USA), Diplom 1983 bei A. Haas, Promotion 1988 bei D. W. Margerum. Seit 1988 wiss. Assistentin am Institut für Anorganische Chemie der Universität Stuttgart.

Das Umschlagbild zeigt eine vereinfachte Darstellung des Katalysezyklus für die Umwandlung von Kohlenwasserstoffen R - H zu entsprechenden Alkoholen R - OH durch molekularen Sauerstoff O_2. Die dafür notwendigen Häm-enthaltenden Monooxygenase-Enzyme vom Typ des Cytochroms P-450 finden sich beispielsweise in den Mikrosom-Vesikeln der Leber; näheres hierzu in Abschnitt 6.2 (S. 120).

Die Deutsche Bibliothek — CIP-Einheitsaufnahme

Kaim, Wolfgang:
Bioanorganische Chemie : zur Funktion chemischer Elemente in Lebensprozessen / von Wolfgang Kaim und Brigitte Schwederski. — Stuttgart : Teubner, 1991
   (Teubner-Studienbücher : Chemie)
   ISBN 978-3-519-03505-3   ISBN 978-3-322-94722-2 (eBook)
   DOI 10.1007/978-3-322-94722-2
NE: Schwederski, Brigitte:

Gesamtherstellung: Durckhaus Beltz, Hemsbach/Bergstraße
Umschlaggestaltung: P.P.K, S-Konzepte, T. Koch, Ostfildern/Stuttgart

Vorwort

Dieses Buch ist hervorgegangen aus einer zweisemestrigen Vorlesung, gehalten seit 1983 an den Universitäten Frankfurt und Stuttgart (W.K.). Für ein Verständnis werden Grundkenntnisse aus den modernen Naturwissenschaften, speziell aus der Chemie und Biochemie vorausgesetzt, wie sie nach dem Besuch einführender Vorlesungen oder bei entsprechendem Interesse für das Sachgebiet vorhanden sein sollten. Wir haben uns trotz dieser Voraussetzung entschlossen, häufiger gebrauchte Begriffe in einem *Glossar* zu erläutern; weiterhin werden einige *physikalische Untersuchungsmethoden* (dunkel unterlegt) an entsprechender Stelle im Text skizziert und in bezug auf ihre Aussagekraft eingeordnet.

Eine besondere Schwierigkeit bei der Vorstellung dieses stark interdisziplinären und auch noch nicht eindeutig abgegrenzten Gebietes betrifft die Einschränkung in der Breite und im Detail. Obwohl der Schwerpunkt bei Metalloproteinen und den Elektrolyt-Elementen liegt, haben wir wegen der Betonung der Funktionalität chemischer Elemente und wegen teilweise öffentlich-populärwissenschaftlich geführter Diskussionen auch medizinisch-therapeutische, toxikologische und umweltbezogene Aspekte einbezogen. Was einzelne Details betrifft, so können oft nur Hypothesen vorgestellt werden; angesichts der außerordentlich raschen Entwicklung auf diesem Gebiet sind *viele der strukturellen und mechanistischen Aussagen mit der Einschränkung "höchstwahrscheinlich" oder gar nur "vermutlich"* zu versehen – auch wenn dies im Text nicht immer explizit zum Ausdruck kommen kann. Wie die Literaturzusammenstellung belegt, haben wir versucht, aktuelle Informationen aus dem Jahre 1991 noch zu berücksichtigen.

Ein weiteres Problem stellt die Gliederung dar:
Die Aufteilung nach Elementen würde dem chemisch-systematischen Vorgehen entsprechen, wie es in Lehrbüchern der allgemeinen und anorganischen Chemie vorherrscht. Eine Systematik dieser Art halten wir aus didaktischen Gründen zumindest teilweise noch für angebracht. Organismen verhalten sich jedoch opportunistisch und kümmern sich nicht um derartige Einteilungen; für sie steht die Funktionalität, das möglichst erfolgreiche Bewältigen einer Anforderung im Vordergrund. Entsprechend haben wir beispielsweise das Protein Hämerythrin im Zusammenhang mit Sauerstoff-Transport und nicht in einem Kapitel "Dieisen-Zentren" behandelt. Mehrere Abschnitte sind so einem bestimmten biologisch-funktionalen Problem wie etwa der Biomineralisation oder der Notwendigkeit von Antioxidantien gewidmet, haben dort aber mehrere verschiedene anorganische Elemente und auch rein organische Verbindungen zum Gegenstand. Das gewählte Titelbild – eine vereinfachte Darstellung des Katalysezyklus der P-450-Monooxygenierung – veranschaulicht die Betonung von Funktionalität und Reaktivität gegenüber statisch-strukturellen Gesichtspunkten.

Einige technische Hinweise: Die inzwischen verfügbaren Strukturdarstellungen auch sehr komplexer Metalloproteine können hier in Ermangelung einer Farbkodierung nicht adäquat vorgeführt werden; an entsprechender Stelle verweisen wir auf die Originalliteratur. Die Literatur ist im Text mit den Nachnamen der AUTOREN zitiert (ab vier Autoren: AUTOR et al.) und am Ende des Buches kapitelweise in der Reihenfolge ihres ersten Erscheinens im Text einschließlich des Titels zusammengefaßt. Auf Kapitel **(Kap.)**, Abbildungen **(Abb.)**, Tabellen **(Tab.)** und Formelschemata **(X.Y)** wird wie angegeben verwiesen.

Für Hinweise und Anregungen während der Abfassung des Manuskripts danken wir Herrn Prof. Christoph Elschenbroich (Marburg) sowie Frau Dr. Jeanne Jordanov und Herrn Dr. Eberhard Roth (Grenoble). Weitere aktuelle Informationen sind uns durch die Beteiligung am Schwerpunkt "Bioanorganische Chemie" der Deutschen Forschungsgemeinschaft zugänglich geworden. Dem Teubner-Verlag, inbesondere Herrn Dr. Peter Spuhler, sind wir für die Geduld bei der Betreuung dieses Buchprojektes dankbar. Ganz besonders herzlichen Dank schulden wir schließlich Frau Dipl.-Chem. Angela Winkelmann für ihr stetiges engagiertes Mitwirken an der laufenden Bearbeitung des Manuskripts und an der Erstellung der Druckvorlage.

Stuttgart, im Juni 1991

Wolfgang Kaim
Brigitte Schwederski

Inhaltsübersicht

12 Zink: Enzymatische Katalyse von Aufbau- und Abbau-Reaktionen sowie strukturelle und genregulatorische Funktionen   247

13 Ungleich verteilte Mengenelemente: Funktion und Transport von Alkalimetall- und Erdalkalimetall-Kationen   268

14 Katalyse und Regulation bioenergetischer Prozesse durch die Erdalkalimetallionen Mg^{2+} und Ca^{2+} 287

1 Historischer Überblick - aktuelle Bedeutung

> *"The progress of an inorganic chemistry of biological systems has had a curious history."*
>
> R.J.P. WILLIAMS, *Coord. Chem. Rev. 100* (1990) 573

Der Begriff *bio-anorganische* Chemie verdankt seine scheinbare Widersprüchlichkeit einer historisch bedingten Konfusion. Der ursprüngliche Sinn der Aufteilung in eine *organische* Chemie derjenigen Stoffe, welche nur aus Lebewesen gewonnen werden können, und in eine *anorganische* Chemie der "toten Materie" war mit der WÖHLERSCHEN Harnstoffsynthese aus Ammoniumcyanat im Jahre 1828 verlorengegangen. Heute wird die organische Chemie unabhängig von der Materialherkunft im wesentlichen als die Chemie der Kohlenstoff-, insbesondere der Kohlenstoff/Wasserstoff-Verbindungen unter Einschluß von "Hetero"-Elementen wie etwa N, O oder S definiert.

Der trotzdem notwendige Bedarf nach einer Zusammenfassung der Chemie in lebenden Organismen hat dann zu einem neuen Begriff, dem der "Bio"-Chemie geführt. Obwohl die Biochemie lange Zeit rein *organisch*-chemische Verbindungen zum Hauptgegenstand hatte, sind diese beiden Bereiche keinesfalls deckungsgleich; insbesondere in neuester Zeit sind aufgrund verbesserter spurenanalytischer Nachweisverfahren die Bedeutung anorganischer Elemente für biochemische Prozesse und die Vielfalt anorganischer "Naturstoffe" immer offenkundiger geworden.

Einige (im heutigen Sinne) *anorganische* Elemente waren allerdings schon recht früh als konstitutive Bestandteile von lebender Materie erkannt worden. Die Gewinnung von elementarem Phosphor (P_4) durch trockene Destillation von Harnrückständen (1669), von Pottasche (K_2CO_3) aus Pflanzen (18. Jh.), von eisenhaltigen Blutlaugensalzen $K_{3,4}[Fe(CN)_6]$ aus Tierblut oder von Iod aus der Asche von Meeresalgen (1812) sind bekannte Beispiele.

Mit der Verbesserung von Agrarwirtschaft und Viehzucht aufgrund der Erkenntnisse von LIEBIG (1803-1873) über den Stoffwechsel anorganischer Nahrungsbestandteile (Stickstoff-, Phosphor-, Kalium-Salze) erhielt dieser Bereich auch praktisch enorme Bedeutung; ein Verständnis der Wirkungsmechanismen, insbesondere von nur in Spuren vorkommenden lebenswichtigen (essentiellen) Elementen, war jedoch mit dem damaligen theoretischen und apparativen Stand der Chemie nicht möglich. Einige auffallende Verbindungen mit anorganischen Elementen wie z.B. "Blatt-" und "Blut-Farbstoffe" wurden zwar im weiteren Verlauf innerhalb der bei der organischen Chemie beheimateten Naturstoffchemie untersucht und charakterisiert; ein eigenes Teilgebiet *Bioanorganische Chemie* entwickelte sich jedoch als hochgradig interdisziplinäre Fachrichtung erst nach 1960.

Maßgebend hierfür waren folgende Gründe:

a)   Erst die fortgeschrittenen Isolations- und Reinigungsmethoden der Biochemie (Chromatographie !) sowie die immer geringere Konzentrationen benötigenden physikalischen Nachweisverfahren, insbesondere die elementspezifischen Atom-Absorptions- und -Emissions-Spektroskopien erlaubten das Auffinden, das chemische Charakterisieren und die Untersuchung der Funktion von "Spurenelementen" oder sonst schwer nachzuweisender Metallionen in biologischer Substanz. Obwohl Zink beispielsweise mit ca. 2 g im erwachsenen Menschen eigentlich kein wirkliches *Spuren*-Element darstellt, gelang der eindeutige Nachweis in Enzymen erst in den dreißiger Jahren dieses Jahrhunderts. Seltenere Bioelemente wie etwa Nickel (Abb. 1.2 und Kap. 9) oder Selen (Kap. 16.8) sind sogar erst seit etwa 1970 als konstitutive Bestandteile mehrerer wichtiger Enzyme erkannt worden. Für Elemente wie Arsen oder Blei wird – natürlich nur in geringsten Spuren – ein essentieller Charakter erst noch vermutet (s. Kap. 16.4 und 17.2).

b)   Die zur Mitte dieses Jahrhunderts erfolgten Bemühungen zur Aufklärung von Mechanismen biochemischer wie auch organisch- und anorganisch-chemischer Reaktionen erlaubten in einigen Fällen ein frühzeitiges Verständnis der spezifischen Funktionen anorganischer Elemente. Auch heute stehen die biochemische Reaktivität und die außerhalb lebender Zellen gefundene oder angestrebte Reaktivität von "Modellsystemen" (s. Kap. 2.4) in einer fruchtbaren Wechselbeziehung (Nachvollziehen = Bestätigen und Anwenden biochemischer Reaktionsfolgen).

c)   Von der anerkannt zunehmenden Bedeutung interdisziplinärer Forschung für den wissenschaftlichen Fortschritt mußte schließlich ein Gebiet wie die bioanorganische Chemie in besonderem Maße profitieren (Abb. 1.1). Dieser Bereich umfaßt zunächst – seinem Namen entsprechend – Ausschnitte aus zwei klassischen chemischen Disziplinen.

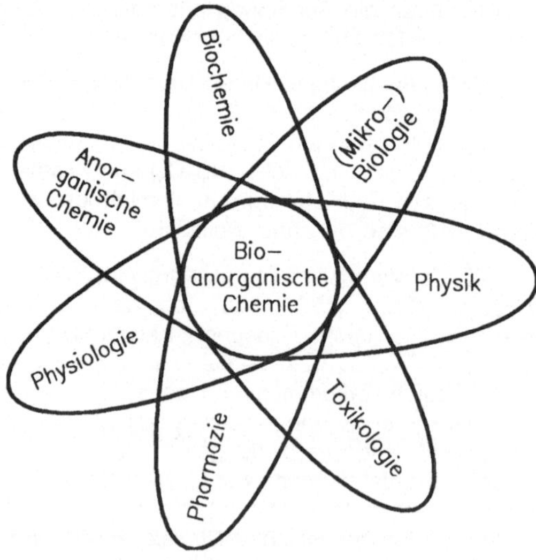

Abbildung 1.1: Bioanorganische Chemie als interdisziplinäres Forschungsgebiet

Als wesentlich für die raschen Fortschritte auf dem Gebiet der bioanorganischen Chemie erwiesen sich weiterhin Beiträge

- der Physik (apparative Nachweisverfahren und Untersuchungsmethoden),

- der verschiedenen Zweige der Biologie (Materialbereitstellung, neuerdings gezielte gentechnologische Modifikation),

- der Agrar- und Ernährungswissenschaften (Effekte anorganischer Elemente auf höhere Organismen, gegenseitige Beeinflussung),

- der Pharmazie (Wechselwirkung zwischen Arzneimitteln und körpereigenen wie körperfremden anorganischen Stoffen),

- der Medizin (diagnostische Hilfsmittel, Tumortherapie),

- der Lebensmittelchemie, der Toxikologie sowie aller ökologischer Wissenschaften (Schadstoffcharakter anorganischer Verbindungen, Konzentrationsproblem: TÖLG; TÖLG, GARTEN).

Spektakulär ist zweifellos der Erfolg der einfachen anorganischen Komplexverbindung *cis*-Diammindichloroplatin *cis*-$PtCl_2(NH_3)_2$ bei der Behandlung bestimmter Tumorformen (Kap. 19.2). Immerhin handelt es sich hierbei um das erfolgreichste Patent (Gewinn > 55 Millionen $ seit 1970), welches von US-amerikanischen Universitäten je beantragt worden ist.

Umgekehrt ziehen auch nicht unmittelbar biologisch orientierte Bereiche der Chemie Nutzen aus den Erkenntnissen auf diesem Gebiet. Biologische Prozesse zeichnen sich aufgrund des evolutionären Selektionsdrucks dadurch aus, daß unter den vorgegebenen Rahmenbedingungen eine hohe Effektivität erzielt wird. Diese fortwährend selbstoptimierenden Systeme können somit als Anschauungsmodelle für gegenwärtige Probleme in der Chemie dienen; herausgegriffen seien hier vier aktuelle Schwerpunkte:

- die effiziente Aufnahme, Umwandlung und Speicherung von Energie,

- die Aktivierung reaktionsträger Verbindungen, insbesondere kleiner Moleküle (H_2O, O_2, N_2) unter milden Bedingungen auf katalytischem Wege,

- die selektive Synthese hochwertiger Substanzen unter Minimierung von Nebenprodukten sowie

- die möglichst unproblematische Abbaubarkeit und Wiederverwendungsfähigkeit von Stoffen, insbesondere die Verwertung oder Detoxifizierung der chemischen Elemente aus dem Periodensystem (Abb. 1.3).

Für diese übergreifenden Ziele genügt es nicht allein, bioanorganische Systeme vorzustellen und zu beschreiben; ein wesentliches Anliegen dieses Buches ist die *Verknüpfung* von Funktion, strukturellem Aufbau und konkreter Reaktivität in Organismen. Über die eher biologische als chemische Frage nach dem "warum" (HARTMANN) sollte letztendlich ein gezielterer Einsatz chemischer Verbindungen auch im nicht-biologischen Bereich möglich sein.

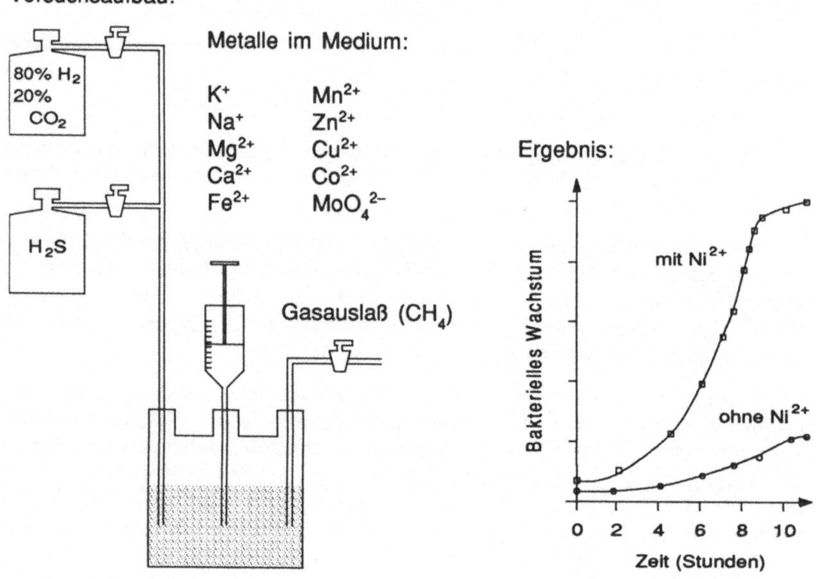

Abbildung 1.2: Entdeckung des Nickels als essentielles Element für die Methanproduktion durch Bakterien (THAUER):
Untersuchungen in den siebziger Jahren über die Reduktion von Kohlendioxid mit Wasserstoff zu Methan durch Archäbakterien aus dem Faulturm der Marburger Kläranlage lieferten trotz Einhaltung strikt anaerober Bedingungen und trotz Bereitstellung "konventioneller" Spurenelemente nur teilweise reproduzierbare Ergebnisse. Es stellte sich heraus, daß das bei der Probenentnahme aus der vermeintlich inerten Edelstahlkanüle in Spuren gelöste Nickel die Produktion des Methans deutlich beeinflußte (SCHÖNHEIT, MOLL, THAUER). In der Folge wurden mehrere nickelhaltige Proteine und Coenzyme isoliert (siehe Kap. 9). Ein vergleichbar unerwarteter Lösungseffekt eines "edlen" Metalls war auch verantwortlich für die Entdeckung des anorganischen Krebs-Therapeutikums cis-$PtCl_2(NH_3)_2$ ("Cisplatin", Kap. 19.2.1).

H (7.4) (9.3)																	He
Li 19.5	Be 17.7											B 16.2, 18.3	C (9) (12.2)	N (11.2) (11.3)	O (5)	F 15, 16.6	Ne
Na 13	Mg 4.2, 13 14.1, 15											Al 17.6	Si 15, 16.3	P (14.1) (15)	S (7.1)	Cl (13.4)	Ar
K 13, 14.1, 18	Ca 4.3, 13 14.2, 15	Sc	Ti 19.3	V 11.3, 11.4 13.4, 14.1	Cr 11.5, 17.8	Mn 4.3, 6.3 10.5, 14.1	Fe 5-8, 15	Co 3, 12	Ni 1, 9	Cu 10, 18	Zn 10.4 10.5, 12	Ga 2.3.2 18.3	Ge	As 16.4, 19.1	Se 16.8	Br 16.5	Kr 18.2
Rb 18.2, 18.3	Sr 15, 18.2	Y 18.3	Zr	Nb	Mo 11.1 11.2	Tc 18.3	Ru 18.2 18.3	Rh	Pd	Ag	Cd 17.3	In 18.3	Sn	Sb	Te 18.2	I 16.7 18	Xe 18.2 18.3
Cs 18.2 18.3	Ba 15, 18.2	La 14.2	Hf	Ta	W 11.1	Re 18.3	Os	Ir	Pt 19.2	Au 19.4	Hg 17.5 18.3, 19.1	Tl 17.4 18.3	Pb 17.2 18.3	Bi 19.1	Po 18.2	At	Rn 18.2
Fr	Ra 18.2	Ac															

Ce 18.2	Pr	Nd	Pm 18.2	Sm	Eu	Gd	Tb	Dy	Ho	Er	Tm	Yb	Lu
Th 18.2	Pa	U 18.2	Np	Pu 18.2	Am	Cm	Bk	Cf	Es	Fm	Md	No	Lr

Abbildung 1.3: Periodensystem der Elemente. Eingetragen sind die Nummern der Kapitel, in denen das betreffende Element behandelt wird. ▒ essentielles Element, ░ vermutlich essentielles Element für den Menschen.

2 Einige Grundlagen

2.1 Vorkommen und Verfügbarkeit anorganischer Elemente in Organismen

"Leben" ist ein Vorgang, der sich für den "erwachsenen" Organismus als stationäres Fließgleichgewicht mit *Input* und *Output* als notwendiger Bedingung in nicht-abgeschlossenen Systemen weitab vom "toten" thermodynamischen Gleichgewicht abspielt und nur durch energieverbrauchende chemische Vorgänge aufrechterhalten wird.

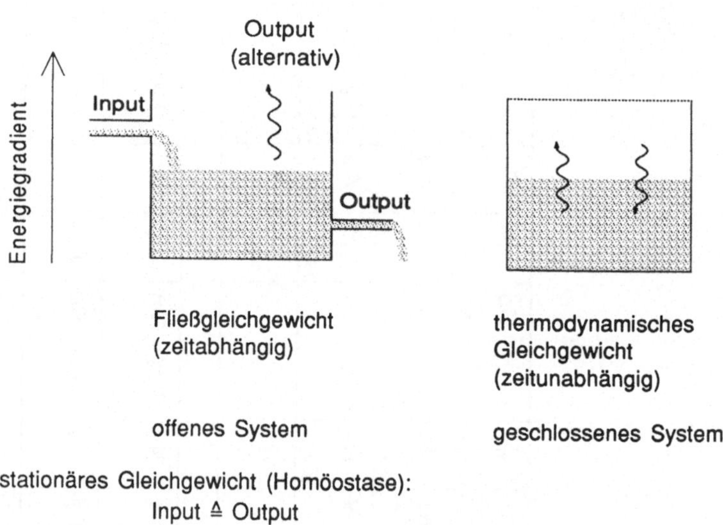

Abbildung 2.1: Zwei Arten von "Gleichgewicht"

Neben dem Energiefluß findet auch ein Stoffaustausch statt, der im Prinzip *sämtliche* chemischen Elemente (Abb. 1.3) umfaßt. Die Häufigkeit dieser Elemente in Organismen hängt unter anderem von den äußeren Bedingungen ab; Elemente können in unterschiedlichem Maße "bioverfügbar" sein oder − bei Bedarf − über aktive, d.h. energieverbrauchende Prozesse durch Lebewesen angereichert werden (Verringerung der Entropie). Am nächstliegenden Beispiel, der durchschnittlichen elementaren Zusammensetzung eines erwachsenen Menschen, sollen einige Trends aufgezeigt werden:

Tabelle 2.1: Durchschnittliche elementare Zusammensetzung des menschlichen Körpers (70 kg; nach MERIAN und ELMADFA, LEITZMANN)

Element	Elementsymbol	Masse (g)	Entdeckung als essentielles Element[c]
Sauerstoff	O	45500	
Kohlenstoff	C	12600	
Wasserstoff	H	7000	
Stickstoff	N	2100	
Calcium	Ca	1050	
Phosphor	P	700	
Schwefel	S	175	
Kalium	K	140	
Chlor	Cl	105	
Natrium	Na	105	
Magnesium	Mg	35	
Eisen	Fe	4.2	17. Jh.
Zink	Zn	2.3	1896
Silicium	Si	1.4	1972
Rubidium[a]	Rb	1.1	
Fluor	F	0.8	1972
Zirconium[a]	Zr	0.3	
Brom[b]	Br	0.2	
Strontium[a]	Sr	0.14	
Kupfer	Cu	0.11	1925
Aluminium[a]	Al	0.10	
Blei[b]	Pb	0.08	1977
Antimon[a]	Sb	0.07	
Cadmium[b]	Cd	0.03	1977
Zinn	Sn	0.03	1970
Iod	I	0.03	1820
Mangan	Mn	0.02	1931
Vanadium	V	0.02	1971
Selen	Se	0.02	1957
Barium[a]	Ba	0.02	
Arsen[b]	As	0.01	1975
Bor	B	0.01	
Nickel	Ni	0.01	1971
Chrom	Cr	0.005	1959
Cobalt	Co	0.003	1935
Molybdän	Mo	< 0.005	1953
Lithium[b,c]	Li	0.002	

[a] Nicht als essentiell bewertet. [b] Essentieller Charakter nicht eindeutig. [c] Nach PFANNHAUSER.

Die Werte für O und H spiegeln vor allem den hohen Anteil an (anorganischem) Wasser wider, erst an zweiter Stelle erscheint das "organische Element" Kohlenstoff. Ein erstes metallisches Element treffen wir mit Calcium an fünfter Stelle an; es dient vorwiegend der Stabilisierung des Innenskeletts. Weiterhin weist Tabelle 2.1 noch relativ große Mengen von anorganischem Kalium, Natrium, Magnesium und Chlor aus ("Mengenelemente"), bevor mit Eisen und Zink zwei weitere, jedoch deutlich weniger häufige anorganische Elemente folgen. (Als Spurenelemente in bezug auf den menschlichen Organismus werden gemäß einer Übereinkunft solche Elemente bezeichnet, deren notwendiger täglicher Bedarf 25 mg nicht übersteigt, vgl. Tab. 2.3). In diesem Mengenbereich von etwa 1 g finden sich mit dem Fluor und Silicium auch noch zwei festkörperstrukturell wichtige nichtmetallische Elemente. Mindestens eine weitere Größenordnung geringer ist das Vorkommen der "echten" Spurenelemente, von denen einige in ihrer Häufigkeit, ihrer Funktion und in ihrem lebensnotwendigen (essentiellen) Charakter noch nicht eindeutig definiert sind. Als essentiell sollten streng genommen nur solche Elemente bezeichnet werden, deren völliges Fehlen im Organismus schwere, irreversible Schäden hervorruft; inzwischen wird dieses Attribut häufig schon dann verwendet, wenn Leistungs- und Befindlichkeitsbeeinträchtigungen resultieren oder das Wachstum gestört ist. Tabelle 2.1 illustriert auch das Vorkommen größerer Mengen offenbar nicht-essentieller Elemente (Rb, Zr, Sr, Br, Al, Li) im menschlichen Körper; diese Stoffe verdanken ihre Aufnahme einer Ähnlichkeit mit häufigen essentiellen Elementen (Li^+, Rb^+, Cs^+ $\leftrightarrow$ Na^+, K^+; Sr^{2+}, Ba^{2+} $\leftrightarrow$ Ca^{2+}; Br^- $\leftrightarrow$ Cl^-; Al^{3+}, Zr^{4+} $\leftrightarrow$ Fe^{3+}). Besondere Aufmerksamkeit verdienen solche Elemente, die überwiegend als toxisch bekannt sind (z.B. As, Pb, Cd); auch für diese wird jedoch in neuerer Zeit ein in Spuren (Nachweisgrenze !) wirksamer positiver Effekt diskutiert (Ambivalenz der Spurenelemente, Schwellenwertproblem; vgl. Abbn. 2.3 und 2.4). Möglicherweise hat sich im Verlauf der Evolution für *alle* natürlich vorkommenden Elemente eine – wenn auch nicht immer essentielle – physiologische Funktion herausgebildet (HOROVITZ).

Abb. 2.2 veranschaulicht die Zusammensetzung aus Tab. 2.1 graphisch in einer logarithmischen Auftragung *molarer* Häufigkeiten, wodurch das Verhältnis der Atomsorten besser erfaßt wird. Vergleicht man eine solche Auftragung mit den Häufigkeiten der Elemente außerhalb der Biosphäre, so fällt die relativ gute Entsprechung zur Zusammensetzung des Meerwassers auf – einer von vielen Hinweisen auf den wahrscheinlichen Ort der Entwicklung des Lebens. Auffallend ist der geringe Anteil von Elementen, die wie Silicium, Aluminium oder Titan als Festkörperbestandteile in der Erdkruste besonders häufig vertreten sind. Hierin kommt zum Ausdruck, daß die physiologischen Bedingungen für Lebensprozesse im allgemeinen einen pH-Wert von etwa 7 in wäßriger Lösung einschließen, bei welchem diese drei Elemente in ihren normalen, hohen Oxidationsstufen als weitgehend unlösliche Oxide/Hydroxide nicht verfügbar sind. Umgekehrt wird ein in der Erdkruste seltenes, ob seiner Löslichkeit als MoO_4^{2-} bei pH 7 im Meerwasser jedoch recht häufiges Element wie Molybdän auch als essentielles Element in Organismen wiedergefunden. Generell sind metallische Elemente einerseits in niedrigen Oxidationsstufen (+I, +II) und andererseits in sehr hohen Oxidationsstufen (+V, +VI, +VII), dann jedoch als Oxo-Anionen

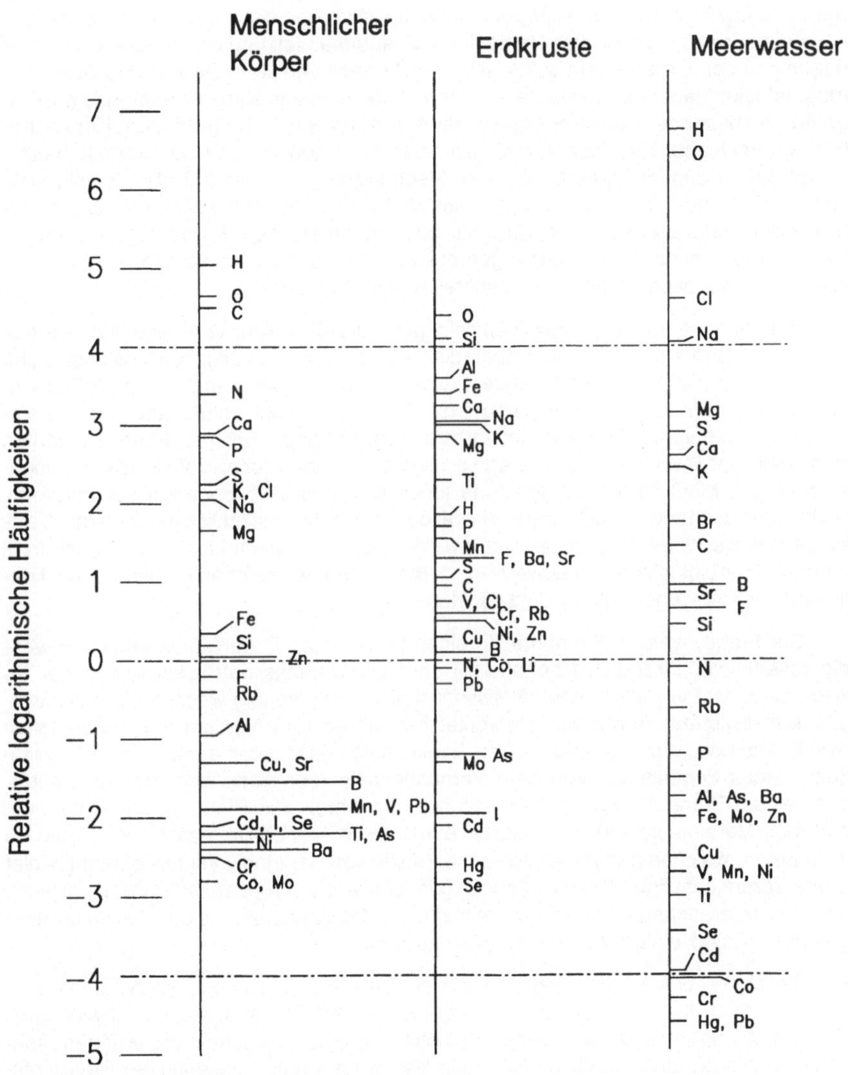

Abbildung 2.2: Logarithmische Auftragungen molarer Element-Häufigkeiten (willkürliche Einheiten; nach OCHIAI und FRIEDEN)

wie etwa O_4M^{n-} in neutral wäßrigem Medium löslich und damit gut bioverfügbar. Die Korrespondenz zwischen der elementaren Zusammensetzung des Meerwassers und derjenigen von Organismen sollte jedoch nicht dazu verleiten, die Ab- und Anreicherungsfähigkeit lebender Systeme zu unterschätzen; wie in Kap. 13 erläutert, wird ein großer, insbesondere auch energetischer Aufwand allein dafür getrieben, Konzentrationsunterschiede *innerhalb* von Organismen zu erzeugen und aufrechtzuerhalten. Es existieren zum Beispiel biologische Mechanismen, um die bei pH 7 wenig löslichen Silikate oder Fe^{3+}-Ionen in großem Maße anzureichern und damit für strukturelle oder andere Zwecke bioverfügbar zu machen (s. Kap. 8 und 15). Im übrigen können Elementzusammensetzungen bei verschiedenen Organismen in Abhängigkeit von Metabolismus und Lebensbereich stark variieren.

Bereits erwähnt wurde der Fließgleichgewichts-Charakter von Lebensvorgängen (Abb. 2.1). Demzufolge werden auch die in einem homöostatischen Gleichgewicht, d.h. in annähernd konstanten Konzentrationen vorliegenden anorganischen Elemente kontinuierlich ausgetauscht, wobei die Geschwindigkeit sehr stark vom Verbindungstyp und vom Einsatzort im Organismus abhängt. Entsprechend bekannten Prinzipien der Reaktionskinetik werden niedrig geladene Ionen relativ rasch ausgetauscht (K^+, MoO_4^{2-}), höher geladene Ionen wie etwa Fe^{3+} dagegen nur langsam. Nicht überraschend ist die lange Verweildauer von hauptsächlich im Skelett (Festkörper) verwendeten Elementen wie etwa dem Calcium; auch hier findet jedoch trotz mehrjähriger biologischer Halbwertszeit selbst beim erwachsenen Menschen ein kontinuierlicher Ab- und Aufbau statt (s. Kap. 15).

Die Frage, welche Elemente für einen bestimmten Organismus lebensnotwendig (essentiell), förderlich ("beneficial") oder andererseits abträglich und sogar toxisch sind, wird vor allem populärwissenschaftlich mit ständig wechselnden Schwerpunkten diskutiert. Analytisch betrachtet handelt es sich hier um die Abhängigkeit des Zustandes, der physiologischen Funktionsfähigkeit oder auch nur des "Befindens" eines Organismus von dem Vorhandensein (der Dosis oder der Konzentration) eines Elements, häufig bezogen auf den Anteil des Elements im Nahrungsangebot. Vereinfacht läßt sich hierfür ein Dosis-Wirkungs-Diagramm des Typs 2.3 diskutieren, welches das PARACELSUSsche Prinzip von der ambivalenten Wirkung vieler Stoffe veranschaulicht. Ein wichtiger Begriff ist hier die *therapeutische Breite*, welche den Konzentrationsbereich mit vorteilhafter Wirkung charakterisiert. Bei genauerer Diskussion sind einige weitere Aspekte zu beachten:

– Die chemische Verbindung, in welcher das Element vorliegt, ist meistens sehr wesentlich für die Reaktion des Organismus. Art, Umfang und Geschwindigkeit von Aufnahme, Umwandlung, Speicherung und Ausscheidung können sehr verschieden sein, auch mangelhafte Verwertung eines essentiellen Spurenelements wirkt sich dann negativ aus. Die Resorption von anorganischen Verbindungen hängt primär von der Löslichkeit und damit wieder von der Ladung des Systems ab; Molybdat MoO_4^{2-} wird aus der Nahrung sehr effizient (70 - 80 %), Cr^{3+} dagegen selbst in komplexierter Form nur sehr ungenügend resorbiert (< 1 %).

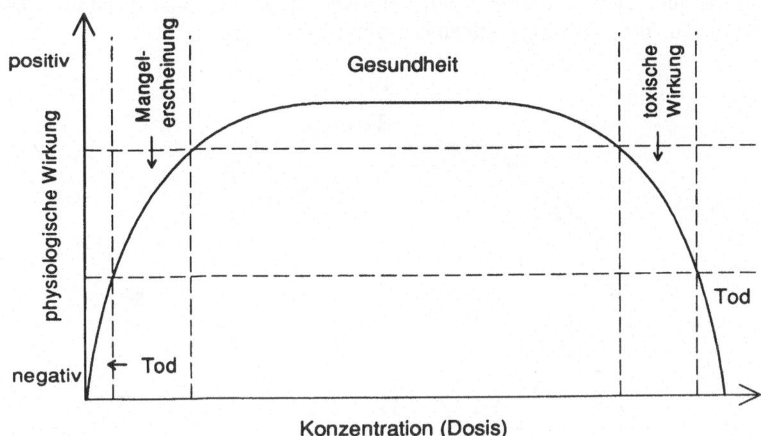

Abbildung 2.3: Dosis-Wirkungs-Diagramm für ein essentielles Element (s. auch Abb. 17.1)

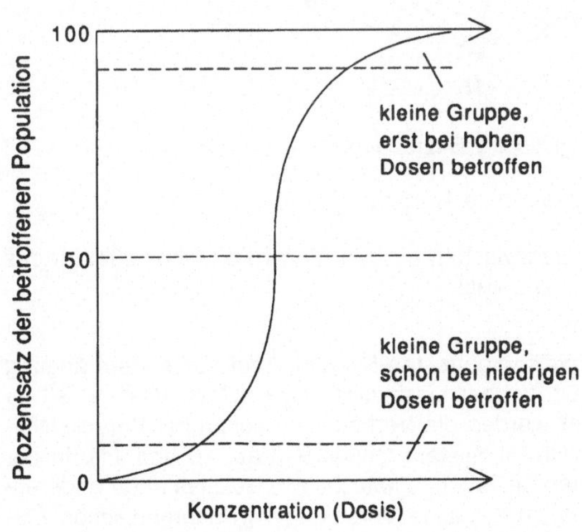

Abbildung 2.4: Typische Varianz der toxischen Wirkung eines Stoffes innerhalb einer Population

– Es kann weiter nicht erwartet werden, daß komplexe, höhere Organismen innerhalb einer Population oder ihrer individuellen zeitlichen Entwicklung einheitlich reagieren; daher sind nur durchschnittliche Angaben für einen bestimmten Zustand, z.B. für das Erwachsenenstadium einer möglichst einheitlichen Population sinnvoll (Abb. 2.4).

– Die Variation der Konzentration *eines* Elements beeinflußt die Konzentrationen und die physiologischen Wirkungen anderer Stoffe, auch anderer anorganischer Elemente. Diese Interdependenz ist seit den Liebigschen Versuchen für viele einfache Elemente qualitativ bekannt; zwei Komponenten können zueinander in einem verstärkenden (synergistischen, stimulierenden) oder gegenseitig unterdrückenden (antagonistischen) Wirkungsverhältnis stehen (Abb. 2.5).

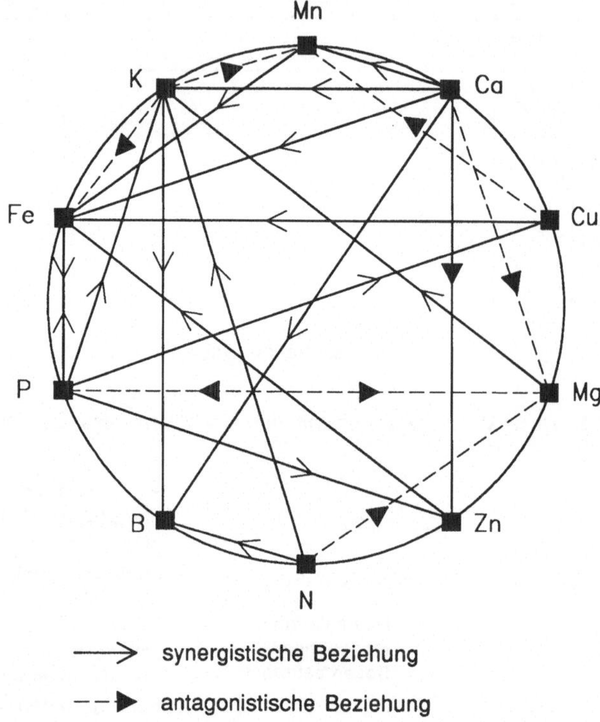

$\longrightarrow$ synergistische Beziehung

$--\blacktriangleright$ antagonistische Beziehung

Abbildung 2.5: Beziehungsgeflecht zwischen einigen Elementen (abgeleitet für das Pflanzenwachstum, nach FIABANE, WILLIAMS)

Antagonistische Beziehung im Zweikomponenten-System kann durch Verdrängung ($Zn^{2+} \leftrightarrow Cd^{2+}$, Pb^{2+}, Cu^{2+} oder Ca^{2+}) oder Desaktivierung erfolgen ($Cu^{2+} + S^{2-} \rightarrow CuS$, schwerlöslich). Komplizierter werden die Verhältnisse schon bei Berücksichtigung dreier Komponenten wie etwa im System Cu/Mo/S (Kap. 10 und 11). In der Realität liegt ein multidimensionales Beziehungsgeflecht vor, welches unter anderem durch die auch räumlich stark unsymmetrische Verteilung von anorganischen Elementen im Organismus weiter kompliziert wird (WILLIAMS 1983). Diskutiert wird in Kap. 13 ein wohlbekanntes Beispiel, die gegensätzliche Verteilung gut löslicher Monokationen ($Na^+ \leftrightarrow K^+$), Dikationen ($Ca^{2+} \leftrightarrow Mg^{2+}$) und Monoanionen ($Cl^- \leftrightarrow H_2PO_4^-$) im extra- und intrazellulären Bereich.

Trotz dieser Komplexität sind vor allem die den Menschen betreffenden Mangelerscheinungen (Underwood et al.) bezüglich anorganischer Elemente weithin geläufig, wie auch die (unvollständige) Übersicht in Tab. 2.2 zeigt. Sofern Ursachenzusammenhänge für einzelne Elemente bekannt sind, werden diese in den betreffenden Abschnitten dieses Buches diskutiert. Auffallend ist das häufige Phänomen der Wachstumsstörung als Mangelerscheinung, der Bereich der wirklich essentiellen Elemente scheint bei erwachsenen Organismen geringer zu sein als während der Aufbauphase. Bestätigt wurde dies durch erste Versuche in den sechziger Jahren, eine ausreichende Ernährung während längerer Raumflüge sicherzustellen; der anorganische Gehalt solch synthetischer Nahrung ist in Tab. 2.3 in Form der "RDA"-Werte der amerikanischen *Food and Drug Administration* zusammengestellt (RDA: *recommended daily* oder *dietary allowances*, empfohlene tägliche Nährstoffzufuhr). Ob eine solche Zusammenstellung wirklich ausreicht, inwieweit sie bei den heutigen Ernährungsbedingungen gewährleistet ist und inwiefern sie ohne nachteilige Folgen durch erhöhte Zufuhr (Natriumchlorid !) oder durch separate Aufnahme (Mineralstoff-Vitamin-Kapseln) wesentlich überschritten werden kann, gehört zu den ständig diskutierten Fragen der Ernährung, insbesondere in populärwissenschaftlicher Hinsicht.

Tabelle 2.2: Einige charakteristische Element-Mangelerscheinungen beim Menschen

Mangelelement	Mangelerscheinung
Ca	Wachstumsbeeinträchtigung (Skelett)
Mg	Neigung zu Krämpfen
Fe	Anämie, Störungen des Immunsystems
Zn	Hautschäden, Zwergwuchs
Cu	Arterienschwäche, Leberstörungen, sekundäre Anämie
Mn	Unfruchtbarkeit
Mo	Verlangsamung des Zellwachstums
Co	perniziöse Anämie
Ni	Wachstumsverzögung, Dermatitis
Cr	Diabetes-ähnliche Symptome
Si	Störungen des Skelettwachstums
F	Karies
I	Schilddrüsenfehlfunktion, verminderter Metabolismus
Se	Muskelschwäche
As	Wachstumsstörungen (bei Tieren)

Tabelle 2.3: Essentielle Elemente in der menschlichen Nahrung

Anorganische Bestandteile	empfohlene tägliche Nährstoffzufuhr (in mg)	
	Erwachsener[a]	Säugling[b]
K	2000 - 5500	530
Na	1100 - 3300	260
Ca	800 - 1200	420
Mg	350 - 400	60
Zn	15	6
Fe	10 - 20	7.3
Mn	2.5 - 5	1.3
Cu	2 - 3	1.0
Mo	0.15 - 0.5	0.06
Cr	0.05 - 0.2	0.04
Co	ca. 0.2 (Vitamin B_{12})	0.001
Cl	3200	473
PO_4^{3-}	500	210
SO_4^{2-}	10	
I	0.15	0.07
Se	0.05 - 0.2	
F		0.6

[a] Meist aus **R**ecommended **D**aily or **D**ietary **A**llowances, RDA; National Academy of Sciences, USA. [b] Berechnet aus den Angaben von Herstellern für typische SL(Sine Lacte)-Säuglingsnahrung.

Entsprechend Abb. 2.3 existieren bei den essentiellen Elementen nicht nur Mangelerscheinungen, sondern ebenso Störungen durch Überschuß – sei es wegen mangelnder Ausscheidung oder übermäßiger Aufnahme (Vergiftung; SEILER, SIGEL, SIGEL). Auch dieser Zustand ist durch bioanorganische Maßnahmen zu beeinflussen, und zwar durch Verabreichung von Antagonisten oder durch eine "Chelat"-Therapie (BULMAN), d.h. die Komplexierung und Ausspülung akut toxischer Metallionen mit Hilfe mehrzähniger Chelatliganden (2.1, Tab. 2.4). Bei der Vielzahl wichtiger Metallionen in Organismen ist hier das Problem der Selektivität angesprochen; für einige Schwermetallionen existieren tatsächlich recht selektive Chelatbildner. Bewährt haben sich vor allem solche Komplexliganden, die auf Grund von Größenanpassung und Anbieten bestimmter Koordinationsatome eine gewisse Selektivität bieten (S für "weiche" Schwermetalle, N besonders für Cu^{2+}, O für "harte" Metalle, s. Abb. 2.6), die wegen des Chelateffekts kinetisch wie thermodynamisch stabile Komplexe bilden sowie durch hydrophile Substituenten (OH-Gruppen) eine rasche Ausscheidung ermöglichen.

Tabelle 2.4: Chelat-Liganden zur Detoxifizierung bei Metallvergiftungen

Ligand (Formeln 2.1)	Handelsname (nach MUTSCHLER)	komplexierte Metallionen	detailliertere Beschreibung in Kapitel
a) 2,3-Dimercapto-1-propanol	Dimercaprol, BAL, Sulfactin	Hg^{2+}, As^{3+}, Sb^{3+}, Ni^{2+}	17
b) R-β,β-Dimethylcystein	D-Penicillamin, Trolovol	Cu^{2+}, Hg^{2+}	10, 17
c) Ethylendiamintetraacetat	EDTA	Ca^{2+}, Pb^{2+}	(vgl. 18.4)
d) Desferrioxamin B	Desferal	Fe^{3+}, Al^{3+}	8.2, 17.6
e) 3,4,3-LICAMC		Pu^{4+}	18.2

a)
$$\underset{H_2C-CH-CH_2OH}{\overset{HS\quad SH}{|\quad\ |}}$$

b)
$$\underset{(CH_3)_2C-CH-COO^-}{\overset{HS\ \ ^+NH_2(H)}{|\quad\ |}}$$

c)
$$\underset{{}^-OOC-CH_2}{\overset{{}^-OOC-CH_2}{}}N-CH_2-CH_2-N\underset{CH_2-COO^-}{\overset{CH_2-COO^-}{}}$$

$$(2.1)$$

d)
$$H_2N-(CH_2)_5-\underset{OH}{N}-[\underset{O}{\overset{\|}{C}}-(CH_2)_2-\underset{O}{\overset{\|}{C}}-NH-(CH_2)_5-\underset{OH}{N}]_2-\underset{O}{\overset{\|}{C}}-CH_3$$

e)

H : saure Protonen, durch Metall-Kationen ersetzbar

"Harte" und "weiche" Koordinationszentren

Die unterschiedlich ausgeprägte Verschiebbarkeit von elektrischer Ladung in der Elektronenhülle eines Ions, speziell durch die Wechselwirkung mit einem Koordinationspartner, hat zu einer groben Differenzierung zwischen wenig beeinflußbaren "harten" und leicht polarisierbaren "weichen" Zentren Anlaß gegeben. Weiche Elektronenpaar-Donatoren sind vor allem Thiolate (RS^-), Sulfide (S^{2-}) und Selenide, hart sind dagegen das Fluorid-Anion oder Liganden mit Sauerstoff-Donatorzentren. In vielen Fällen lassen sich die beobachteten Affinitäten zwischen Metallionen und Ligand-Koordinationsatomen auf eine Bevorzugung gleichsinniger Wechselwirkungen hart/hart (ionische Bindung) bzw. weich/weich (eher kovalente Bindung) zurückführen. Eine mögliche Quantifizierung dieses meist intuitiv gebrauchten Konzepts basiert auf der Korrelation des Verhältnisses Ladung/Ionenradius eines Metall-Dikations mit der Meßgröße 2. Ionisierungsenergie (Abb. 2.6).

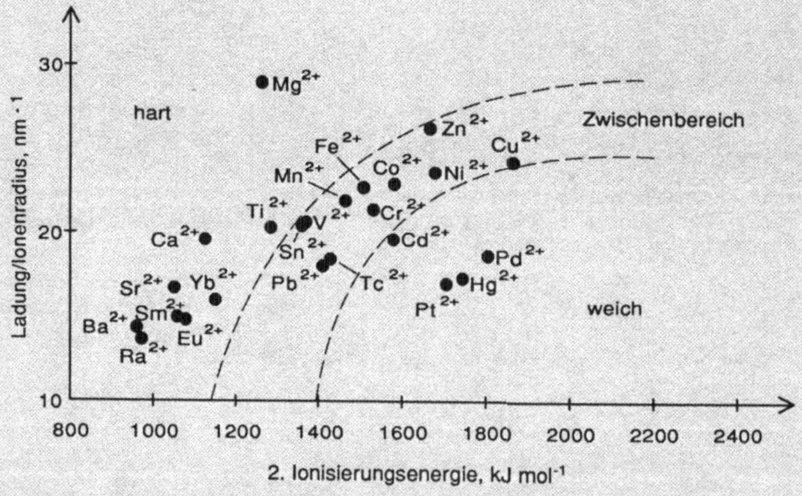

Abbildung 2.6: Bereiche harter und weicher Metallionen M^{2+} im Koordinatensystem Ladung/Ionenradius gegen 2. Ionisierungsenergie (nach WILLIAMS 1990)

2.2 Biologische Funktionen anorganischer Elemente

Der zum Teil erhebliche Aufwand, den Organismen bei Aufnahme, Anreicherung, Transport und Speicherung von anorganischen Elementen treiben, ist nur durch ihre offenbar notwendige und anderweitig nicht gewährleistete Funktion gerechtfertigt. Für lebende Organismen ist die willkürliche, weil wissenschaftshistorisch bedingte Unterscheidung zwischen organischen und anorganischen Verbindungen nicht relevant, es gibt allerdings Funktionen wie a) - f), für die sich gerade Verbindungen oder Ionen der Metalle besonders gut eignen.

a) Hierzu gehört sicher der Aufbau relativ fester Strukturen in Form von Innen- oder Außen-Skeletten durch Biomineralisation (Kap. 15). Zur **Strukturfunktion** zählt jedoch auch, daß schon der Zusammenhalt von Zellwänden die Anwesenheit von Metallionen zur Verknüpfung organischen "Füllmaterials" erfordert, und selbst die Doppelhelix-Struktur der DNA wird erst durch Gegenwart von zweiwertigen Metallkationen (Mg^{2+}) gewährleistet, welche die sonst dominierende elektrostatische Abstoßung zwischen den negativ geladenen Nukleotid-Phosphatgruppen wesentlich vermindern. Im Festkörper-/Struktur-Bereich finden sich insbesondere die Elemente Ca, Mg (als Kationen) sowie P, O, C, Si, F (als Bestandteile von Anionen).

b) Einfache, kleine Ionen eignen sich als **Ladungsträger** für sehr schnelle **Informationsübertragung**. Ausgehend von einem aktiv durch "Ionenpumpen" aufrechterhaltenen Konzentrationsgefälle können über Diffusion, d.h. mit maximaler Reaktionsgeschwindigkeit (biologische Selektion !) Informationseinheiten in Form elektrochemischer Potentialsprünge erzeugt werden. Elektrische Impulse in Nerven oder auch komplexere Auslösevorgänge wie zum Beispiel die Steuerung der Muskelkontraktion werden durch Ausschüttung atomarer, d.h. biologisch *nicht* abbaubarer anorganischer Ionen verschiedener Größe und Ladung (Na^+, K^+, Ca^{2+}) mit schnellstmöglichem Effekt initiiert (Kap. 13 und 14.2).

c) **Auf- und Abbau organischer Verbindungen** im Organismus erfordern häufig saure oder basische Katalyse. Da außer in bestimmten abgegrenzten Bereichen (Magen) der physiologische pH mit ca. 7 vorgegeben ist, können solche Reaktionsbeschleunigungen nicht durch reine Protonen- oder Hydroxid-Katalyse, sondern nur durch **Lewis-Säure/Base-gestützte Katalyse** unter Verwendung von Metallionen erfolgen. In hydrolytisch aktiven Enzymen werden daher vor allem die relativ kleinen, zweifach positiv geladenen Metallionen Zn^{2+} und Mg^{2+} gefunden (Kap. 12 und 14.1).

d) Der für den **Energiehaushalt** von Organismen essentielle **Transport von Elektronen** ist zum großen Teil, wenn auch nicht ausschließlich, auf anorganische, redoxaktive Metallzentren angewiesen. Überraschenderweise findet man eine ganze Reihe von Redoxpaaren mit unter physiologischen Bedingungen eigentlich ungewöhnlichen Oxidationszuständen (hier fettgedruckt), die nur durch spezifische Modifikation mittels "Bioliganden" stabilisiert sind (s.u.). Biologisch relevant sind folgende Oxidationsstufen redoxaktiver Metalle: Fe(II)/Fe(III)/**Fe(IV)**, **Cu(I)/Cu(II)**, Mn(II)/**Mn(III)**/Mn(IV), **Mo(IV)**/Mo(V)/Mo(VI), **Co(I)**/Co(II)/Co(III), **Ni(I)**/ Ni(II)/**Ni(III)**.

e) Die **Aktivierung kleiner, hochsymmetrischer Moleküle** mit großen Bindungsenergien stellt erhebliche Anforderungen an den notwendigen Katalysator. Die Fähigkeit von Übergangsmetallzentren zur Bereitstellung ungepaarter Elektronen einerseits sowie zur gleichzeitigen Aufnahme und Abgabe von Elektronen andererseits (π-Rückbindung, Kap. 5 und 11) erlaubt den Organismen die Durchführung problematischer Reaktionen unter physiologischen Bedingungen, wie etwa

- die reversible Aufnahme, den Transport, die Speicherung und die Umwandlung (Fe, Cu) oder auch Erzeugung (Mn) des paramagnetischen Sauerstoffmoleküls $^3O_2$ (Kap. 4 - 6 und 10),

- die Fixierung des molekularen Stickstoffs N_2 (Kap. 11) und seine Umwandlung in Ammonium (Fe, Mo, V), oder

- die reversible Reduktion von CO_2 und Wasserstoff zu Methan (Ni, Fe; Kap. 9 und Abb. 1.1).

f) Typisch **"metallorganische" Reaktivität**, etwa die leichte Erzeugung von Radikalen für rasche Umlagerung von Substratmolekülen, findet man bei Cobalamin-Coenzymen, in denen tatsächlich eine Bindung zwischen dem Übergangsmetall Cobalt und primären Alkylgruppen vorliegt (Kap. 3).

2.3 "Biologische" Liganden für Metallionen

Der überwiegende Teil der bioanorganischen Chemie betrifft metallische Elemente; die nichtmetallischen anorganischen "Bio"-Elemente werden in Kap. 16 vorgestellt. Metalle kommen im biologischen Umfeld vorwiegend in oxidierter Form als formal ionisierte Zentren vor und sind daher notwendigerweise von elektronenpaarliefernden Liganden umgeben. Da die chemischen Elemente, anorganische wie organische, nicht selbst eine biologische Evolution erfahren können, sind es ihre zum Teil hochkomplexen Verbindungsformen, die biologische Relevanz besitzen. Welche Bestandteile von organisch-biologischem Material können neben einfachen oder komplexen Phosphaten XPO_3^{2-}, rein anorganischem Sulfid-Schwefel S^{2-} sowie dem Wasser H_2O und seinen deprotonierten Formen OH^- und O^{2-} als "natürliche" Koordinationspartner für Metallzentren fungieren? Relativ wenig bekannt ist über die Bedeutung der Metallkoordination an **Fette** und **Kohlenhydrate**, obwohl die z.T. negativ geladenen Sauerstoff-Funktionen zumindest zur elektrostatischen Bindung von Kationen und oft auch zur Chelatkoordination durch deprotonierte Polyhydroxyfunktionen, etwa in Zucker-Molekülen geeignet sind. Über die *in vivo*-Wechselwirkung niedermolekularer **Coenzyme** (Vitamine, s. 3.12), **Hormone** oder anderer Stoffwechselprodukte wie etwa Citrat mit Metallionen sind nur teilweise molekulare Details bekannt. Häufig handelt es sich um relativ labile Komplexe, was deren Nachweis, Isolation und Strukturaufklärung erschwert; immerhin ist z.B. lange bekannt, daß die Funktion von Ascorbat (Vitamin C, s. 3.12) mit dem Fe(II)/Fe(III)-Redoxgleichgewicht verbunden ist. Näher untersucht wurde die *in vitro*-Koordinationschemie etwa des redoxaktiven Isoalloxazin-Ringsystems der Flavine (2.2), welches über die Atome O(4),N(5) als Chelatbildner für "weiche" Metallionen (in der oxidierten Form) und für "harte" Metallionen (in der halbreduzierten Semichinon-Form) fungieren kann (HEMMERICH, LAUTERWEIN; CLARKE).

R' = CH_3, R = $CH_2(HCOH)_3CH_2OH$:
Riboflavin, Vitamin B_2

Flavin

Flavosemichinonzink-Komplex

(2.2)

Im folgenden werden drei wesentliche Typen von "Bioliganden" ausführlicher diskutiert: Peptide (Proteine) mit koordinationsfähigen Aminosäureresten, speziell biosynthetisierte makrozyklische Chelatliganden und Nukleobasen als Bestandteile von Nukleinsäuren.

2.3.1 Koordination durch Proteine – Anmerkungen zur enzymatischen Katalyse

Proteine, insbesondere auch Enzyme, bestehen im wesentlichen aus durch Peptid-Bindungen –C(=O)–N(–H)–verknüpften α-Aminosäuren. Die Carboxamidfunktion selbst ist nur in relativ geringem Maße zur Metallkoordination befähigt (vgl. jedoch Abb. 14.4); wie in entsprechenden Lösungsmitteln, z.B. N-Methyl- oder N,N-Dimethylformamid bewirkt jedoch die räumliche Häufung von Amidfunktionen eine relativ große Dielektrizitätskonstante (Protein als Medium) und damit eine Verringerung ionischer Anziehungs- und Abstoßungskräfte innerhalb von Proteinen und Proteinkomplexen.

Als Metall-Liganden sind vor allem die funktionellen Gruppen in den Seitenketten der folgenden Aminosäuren geeignet:

Tabelle 2.5: Die wichtigsten Aminosäure-Liganden in Metalloproteinen

Aminosäure $RCH(NH_3^+)CO_2^-$	Seitenkette, R
Histidin (His)	$pK_s \approx 6.5$ $+ H^+ \parallel - H^+$ $pK_s \approx 14$ $+ H^+ \parallel - H^+$
Methionin (Met)	$-CH_2CH_2SCH_3$
Cystein (Cys)	$-CH_2SH$
Selenocystein (SeCys)	$-CH_2SeH$
Tyrosin (Tyr)	$-CH_2-C_6H_4-OH$
Asparaginsäure (Asp)	$-CH_2COOH$
Glutaminsäure (Glu)	$-CH_2CH_2COOH$

H : acide Protonen, durch Metallkationen ersetzbar

- **His**tidin betätigt meist das basische δ-Imin-, bisweilen auch das ε-Imin-Stickstoffzentrum im Imidazol-Ring; es sind jedoch auch beide Stickstoffatome nach (metallinduzierter) Deprotonierung verfügbar (Metall-Metall-verbrückendes μ-Imidazolat; vgl. die Superoxid-Dismutase, Kap. 10.5);

- **Met**hionin, die bei der Tiernahrung oft limitierende essentielle Aminosäure, koordiniert über das neutrale δ-Schwefelatom des Thioethers;

- **Cys**tein enthält nach Deprotonierung (pK_s = 8.5) ein negativ geladenes γ-Thiolatzentrum und kann dann auch zwei Metallzentren verknüpfen (vgl.

ein Modell der Sulfit-Reduktase, Kap. 6.5);

- **Selenocys**tein als neue 21. Aminosäure besitzt nach Deprotonierung ein negativ geladenes Selenolatzentrum, $pK_s \approx 5$ (s. Kap. 16.8);

- **Tyrosin** koordiniert über das negativ geladene Phenolat-Sauerstoffatom nach Deprotonierung, $pK_s = 10.0$ (s. Kap. 7.6.3);

- **Glu**tamat und

- **Asp**artat koordinieren über die negativ geladenen Carboxylat-Funktionen, $pK_s \approx 4.5$.

Carboxylate können als η^1-, als η^2- und als $\mu,\eta^1{:}\eta^1$-Liganden fungieren (2.3; s. auch 7.14).

$$\eta^1{:} \quad \mathrm{O}\!=\!\!\overset{\mathrm{C}}{\diagdown}\!\!\mathrm{O} \to M \qquad \eta^2{:} \quad \mathrm{O}\cdots\overset{\mathrm{C}}{\cdots}\mathrm{O} \to M \qquad \mu,\eta^1{:}\eta^1{:} \quad \mathrm{O}\cdots\overset{\mathrm{C}}{\cdots}\mathrm{O} \qquad (2.3)$$

Findet man die η^2-Koordination mit dem viergliedrigen Chelatring vorwiegend bei großen Metallionen, etwa in Ca^{2+}-Proteinen (Abb. 14.4), so tritt zum Teil mehrfache $\mu,\eta^1{:}\eta^1$-Bindung von Glutamat oder Aspartat vor allem bei Eisen- und Mangandimeren auf, wobei die Metallzentren oft noch durch einen μ-Oxid-Liganden zusätzlich verbrückt sind (4.14, 7.14 oder Abb. 5.9). In beiden nicht-η^1-Fällen (2.3) ist meist eine starke Abweichung des Winkels (C–O–M) vom idealen sp^2-Winkel von 120° erforderlich.

- Geringere Bedeutung für Metallkoordination haben Aminosäuren mit einfachen Hydroxyl- und Aminofunktionen wie etwa **Ser**in, **Threonin**, **Lys**in oder **Tryp**tophan.

Die Affinität von Aminosäureresten zu bestimmten Oxidationsstufen von Metallen ist häufig charakteristisch, so daß eine gewisse Selektivität resultiert. Aus Komplexbildungskonstanten der *freien* Aminosäuren wie aus Beobachtungen an realen Proteinen ergeben sich in Übereinstimmung mit anorganisch-chemischer Erfahrung (hart/weich-Konzept, Abb. 2.6) folgende bevorzugte Aminosäure/Metallion-Paare:

His: Cu(II), Zn(II), Cu(I), Fe(II);

Met: Cu(I), Fe(II), Fe(III), Cu(II);

Cys⁻: Cu(I), Zn(II), Cu(II), Fe(III), Fe(II), Mo(IV-VI), Ni(I-III);

Tyr⁻: Fe(III);

Glu⁻, Asp⁻: Fe(III), Fe(II), Zn(II), Mg(II), Ca(II).

Umgekehrt zeigen die Oxidationsstufen verschiedener Metalle jeweils charakteristische Koordinationspräferenzen für bestimmte Aminosäurereste; solche aus vielen strukturellen Untersuchungen gewonnenen typischen Koordinationsanordnungen sind einschließlich ihrer geometrischen Merkmale in Tabelle 2.6 zusammengestellt.

Tabelle 2.6: Typische Koordinationsanordnungen von Metallen verschiedener Oxidationsstufen in Proteinen (nach WILLIAMS 1983)

	Bindungsbe- ständigkeit	typische Zahl und Art der Liganden	typische Koordina- tionsgeometrie
Zn(II)	hoch	3: His, Cys⁻, (Glu⁻)	verzerrt tetraedrisch
Cu(I)	hoch	3,4: Cys⁻, His, Met	verzerrt tetraedrisch
Cu(II)	hoch	3,4: His, (Cys⁻)	verzerrt, ($\rightarrow$ quadratisch-planar)
Fe(II), Ni(II) Co(II), Mg(II)	niedrig	4-6: His, Glu⁻, Asp⁻	oktaedrisch (wenig verzerrt)
Fe(III)	hoch	4-6: Glu⁻, Asp⁻, Tyr⁻, Cys⁻	oktaedrisch (wenig verzerrt)

Charakteristisch und vom Standpunkt der Labor-Komplexchemie ungewöhnlich sind für diese Koordinationsanordnungen zwei Merkmale:

a) Die Metallzentren sind häufig koordinativ ungesättigt in bezug auf Aminosäurereste, d.h. zur jeweiligen Koordinationszahl 4 (Tetraeder, Quadrat) oder 6 (Oktaeder) fehlt oft ein solcher Ligand. Dies ist jedoch eine notwendige Voraussetzung für katalytische Aktivität im Hinblick auf Substratkoordination; nicht selten wird die dafür freigehaltene Koordinationsstelle zunächst durch einen leicht substituierbaren Liganden wie etwa H_2O besetzt. Bei ausschließlich Elektronen-übertragenden Proteinen ist diese Voraussetzung wegen nicht erforderlicher Substratkoordination gegenstandslos, hier existieren jedoch andere Anforderungen (s. Kap. 6.1 und 10.1).

b) Den gängigen Koordinationszahlen von 4 und 6 für Metallkomplexe entspricht bei Protein-gebundenen Metallzentren häufig eine unsymmetrische, sehr stark von der idealen Tetraeder- oder Oktaeder-Struktur abweichende Koordinationsgeometrie. Eine gewisse Abweichung ist zunächst aufgrund meist unterschiedlicher Aminosäure-Liganden und der räumlichen Einengung durch das Proteingerüst zu erwarten; Abbildung 2.7 zeigt die typische Strukturdarstellung eines noch relativ kleinen Metalloproteins, wie sie sich aus Röntgenbeugungsuntersuchungen ergibt.

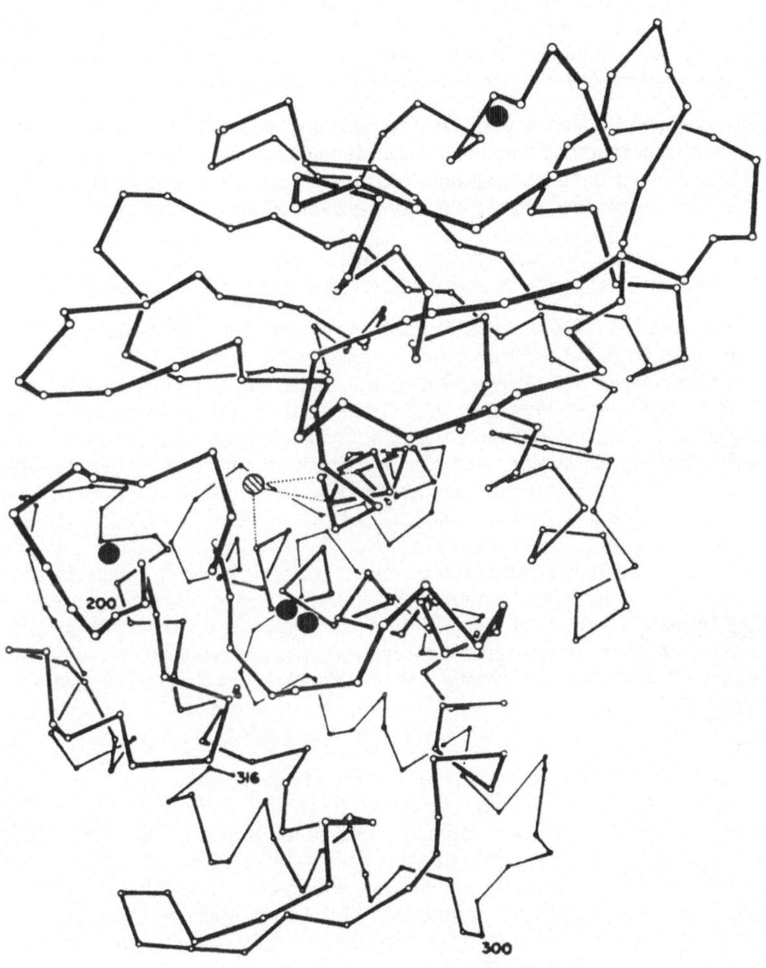

Abbildung 2.7: Kristallographisch bestimmte Struktur des Proteolyse-Enzyms Thermolysin (vgl. Kap. 12.3). Außer der Faltung des stark vereinfacht skizzierten Polypeptidgerüsts aus 316 Aminosäuren (Molekülmasse 34 kDa, α-C-Gerüstdarstellung) sind die Positionen von 4 strukturstabilisierenden Ca^{2+}-Ionen (schwarz) und dem an der Katalyse unmittelbar beteiligten Zn^{2+}-Ion (schraffiert) als Kugeln eingetragen (nach MATTHEWS et al.).

Das Metallzentrum befindet sich meistens im Inneren des mehr oder weniger globulär gefalteten Polypeptids, so daß dieses in der Tertiärstruktur (WYNN) über seine Aminosäurereste als ein *riesiger Chelatligand* auftritt (HUBER); häufig ist ein Zugang von Substraten durch spezifische Kanäle möglich (Substratselektivität, Schlüssel-Schloß-Vorstellung von enzymatischer Katalyse).

Die tatsächliche Verzerrung der Koordinationsgeometrie ist in vielen Fällen so stark ausgeprägt, daß hierin kein Zufall liegen kann; eine Rationalisierung dieses Sachverhaltes haben VALLEE und WILLIAMS 1968 in Form der Theorie des "entatischen Zustandes" eines katalytisch aktiven Enzyms gegeben:

"Entatischer Zustand" - Enzymatische Katalyse

Katalysatoren (Gegensatz: Inhibitoren) dienen der Beschleunigung einer chemischen Reaktion. Im Energiepotentialdiagramm (Abb. 2.8) entspricht dies einer Verringerung der Aktivierungsenergie, d.h., der zu überwindende Übergangszustand wird so verändert, daß sein Erreichen vom Anfangszustand aus weniger energetischen Aufwand erfordert. Im allgemeinen resultiert bei Metalloenzym-Katalyse ein ternärer Komplex aus Substrat, enzymatisch modifiziertem Metallzentrum und dem zweiten Reaktanden. Die katalytische Funktion des Metallzentrums besteht meist darin, die beiden reagierenden Stoffe, das Substrat einerseits und z.B. ein Coenzym, eine saure oder basische Gruppe andererseits als Liganden *elektronisch zu aktivieren* und *räumlich, meist asymmetrisch zu fixieren* (Dreipunkthaftung). Letzteres ist im Grunde auch ein statistischer Effekt: Die Wahrscheinlichkeit für einen erfolgreichen Zusammenstoß der Reaktanden wird dadurch erheblich vergrößert (Einschränkung der Freiheitsgrade für Translation und Rotation, hohe "effektive Konzentration"). Die Energiedifferenz zwischen Ausgangs- und Endzustand wird dadurch zunächst nicht beeinflußt.

Die häufig erstaunlich effiziente Katalyse durch Enzyme wird in der Hypothese vom entatischen Zustand darauf zurückgeführt, daß das Enzym im katalytisch aktiven Zentrum die Geometrie des (energiereichen) kritischen Übergangszustandes schon weitgehend vorgebildet enthält ("Präformation des Übergangszustandes"); die dazu notwendige Energie ist im "entatischen", d.h. gespannten Zustand des Proteingerüsts auf viele chemische Bindungen verteilt. Je geringer die geometrische Änderung zwischen Ausgangs- und Übergangszustand des Substrat/Enzym-Komplexes, desto geringer ist die Aktivierungsenergie (Energieaspekt), desto häufiger führt eine Begegnung der Reaktionspartner zum Erfolg (statistischer Aspekt) und um so schneller verläuft die Reaktion (kinetischer Aspekt).

Demgemäß sollte im aktiven Zustand keine reguläre (= energiearme, entspannte) Koordinationsgeometrie eines an der Katalyse beteiligten Metallzentrums vorliegen (Destabilisierung des Ausgangszustandes, WILLIAMS 1986).

Bereits 1954 haben LUMRY und EYRING mit dem Begriff des "rack-Mechanismus" (das Protein als strukturaufzwingendes Gerüst) ein ähnliches Konzept vorgestellt. Die Untersuchung von Enzymstrukturen liefert daher wertvolle Hinweise auf die experimentell sonst kaum zugänglichen Geometrien von Übergangszuständen wichtiger chemischer Reaktionen. Da für *kleine* Aktivierungsenergien *geringe* Geometrieänderungen vorteilhaft sind, laufen effiziente enzymatische Umsetzungen kleiner und deshalb wegen der geringen Zahl geometrischer Freiheitsgrade schwierig zu aktivierender Moleküle stufenweise ab; hierin besteht eine Korrespondenz zwischen biochemischer und technischer Katalyse (vgl. die N_2-Reduktion, Kap. 11.2). In vielen Fällen ist enzymatische Katalyse gleichbedeutend mit selektiver Inhibierung unerwünschter Reaktionswege ("negative Katalyse"; RETEY).

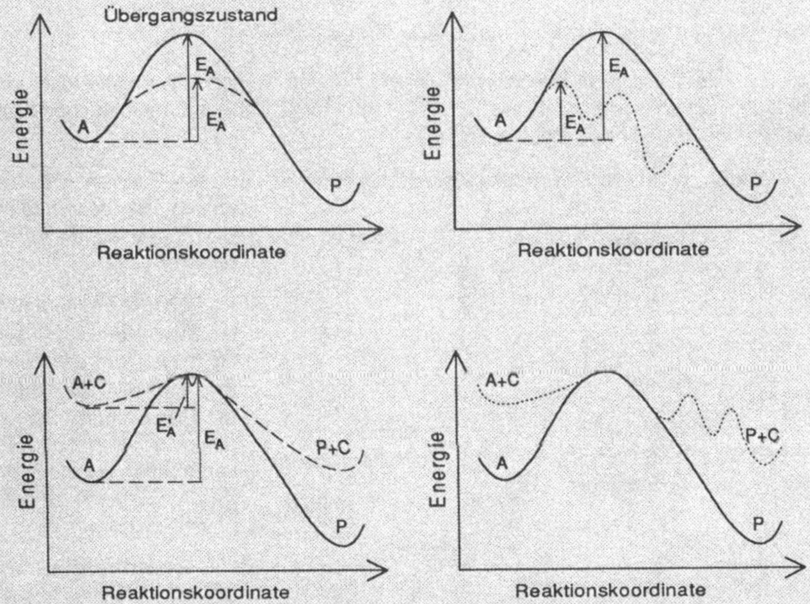

Abbildung 2.8: Energieprofile für Katalysatoreffekte. Oben links: Einfache Vorstellung von der Verringerung der Aktivierungsenergie $E_A \rightarrow E'_A$ beim Übergang von Ausgangssystem A zu den Produkten P. Unten links: Verringerung von E_A durch Einbringen eines entatischen (gespannten, energiereichen) Enzymkatalysators C, der die Übergangszustandsgeometrie innerhalb des Substrat/Katalysator-Komplexes weitgehend vorgebildet enthält. Oben rechts: Reale, mehrstufige Katalyse mit neuem Reaktionsweg (HAIM). Unten rechts: Reale Enzym-Katalyse.

Das Protein wirkt somit gegenüber Metallionen in erster Näherung als vielzähniger Chelatligand über die koordinationsfähigen Aminosäurereste. Zwei weitere Funktionen, die Fixierung im Raum (Protein als Gerüst, vgl. Abb. 2.7) und die Wirkung als Medium mit bestimmten dielektrischen, (a)protischen oder (un)polaren Eigenschaften, spielen jedoch ebenfalls eine wesentliche Rolle (HUBER).

Mit einigen Metallionen wie etwa Mg^{2+}, Fe^{2+}, Ni^{2+} oder Co^{2+} bilden die Aminosäureliganden aus Tab. 2.5 zwar thermodynamisch recht stabile, kinetisch jedoch nur labile Komplexe: Die Aktivierungsenergie für eine Dissoziation ist trotz günstig liegenden Gleichgewichtes für die Komplexbildung so gering, daß nur eine wenig beständige (kurzlebige) Bindung resultiert. Dieser Zustand ist für die effiziente katalytische Funktion von Metallenzymen nicht vorteilhaft, so daß eine kinetische Stabilisierung durch spezielle mehrzähnige Chelatliganden notwendig ist.

2.3.2 Tetrapyrrol-Liganden und andere Makrozyklen

Bei den Tetrapyrrol-Makrozyklen (MOSS) handelt es sich um ungesättigte vierzähnige Chelatliganden (2.4), welche in deprotonierter Form auch substitutionslabile zweiwertige Metallionen fixieren können.

Zu den daraus resultierenden Komplexen (FUHRHOP; DOLPHIN; BUCHLER; KRÄUTLER)

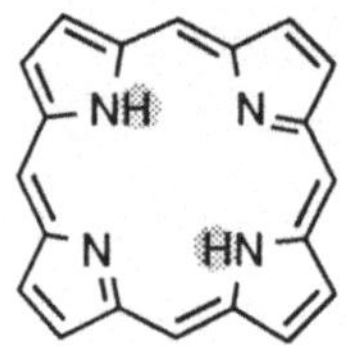

Porphyrin
(unsubstituiert häufig auch
als Porphin bezeichnet)

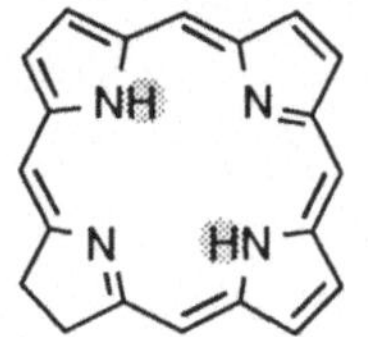

Chlorin
(2,3-Dihydroporphyrin)

(2.4)

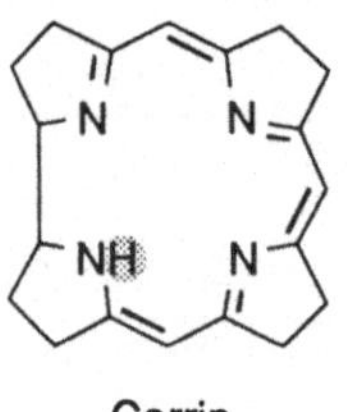

Corrin

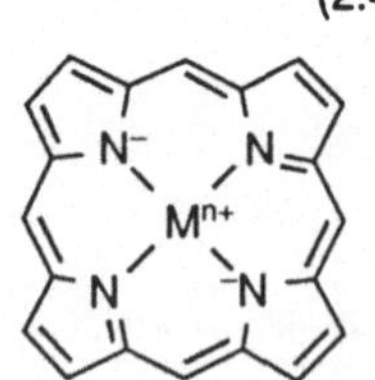

Metalloporphyrin-
Komplex

H: saure Protonen, durch Metallionen ersetzbar

zählen die bekanntesten bioanorganischen Verbindungen (2.5):

– **Chlorophylle** enthalten (normalerweise labiles) Mg^{2+} als Zentralatom sowie einen teilweise hydrierten (→ "Chlorin") und mit einem zusätzlichen Ring versehenen substituierten Porphin-Liganden (Phäophytin, s. Kap. 4.2).

– **Cobalamine**, die coenzymatisch wirksamen Formen des **Vitamins B$_{12}$** enthalten Cobalt sowie ein Corrin-Ringgerüst, welches ein Ringglied weniger besitzt als die Porphyrin-Makrozyklen.

– Die **Häm**-Gruppe, bestehend aus einem Eisenzentrum und einem substituierten Porphin-(=Porphyrin-)Liganden, tritt z.B. in **Hämoglobin, Myoglobin, Cytochromen** und **Peroxidasen** auf (vgl. auch 6.20).

– Vor wenigen Jahren erst wurde als **"Faktor 430"** (Coenzym F430) ein porphinoider Nickelkomplex aus methanproduzierenden Mikroorganismen isoliert (vgl. Abb. 1.2) und charakterisiert; das Ringsystem liegt hier nur zum Teil über Doppelbindungen konjugiert vor. Die Entdeckung solcher porphinoider Komplexe bei Archäbakterien und die relative Unabhängigkeit ihrer Funktion von Proteinen legen evolutionsgeschichtlich eine Rolle als "Katalysatoren der ersten Stunde" nahe (ESCHENMOSER).

(2.5)

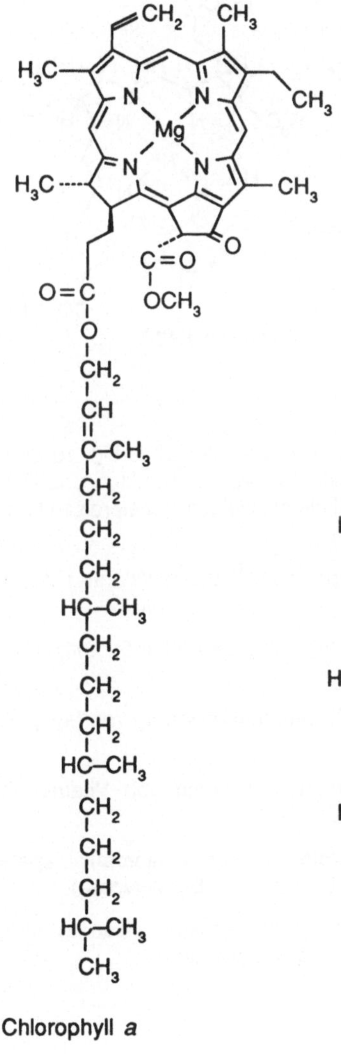

Chlorophyll *a*

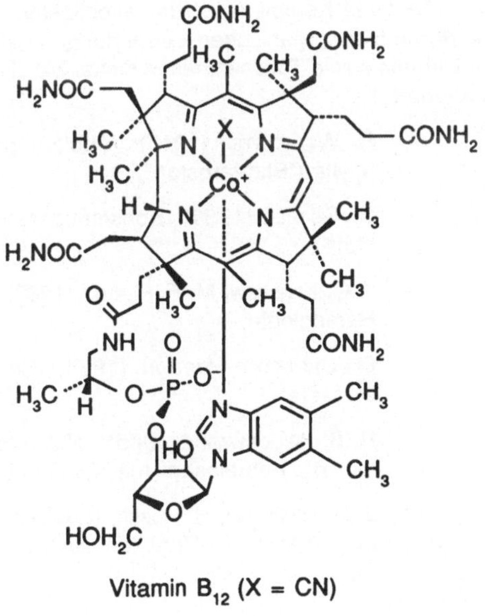

Vitamin B_{12} (X = CN)

(2.5, Fortsetzung)

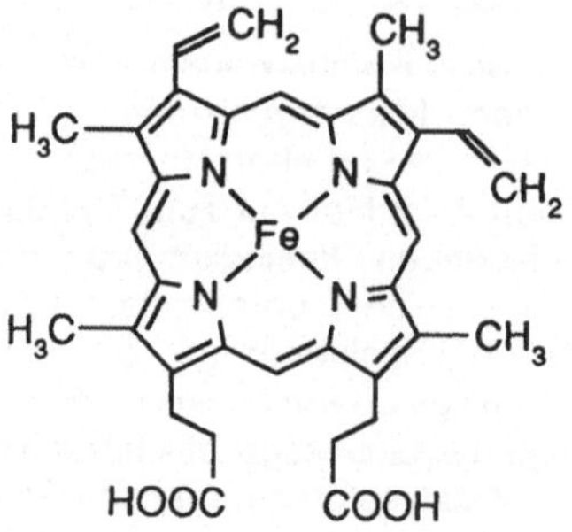

Häm
(Fe-Protoporphyrin IX)

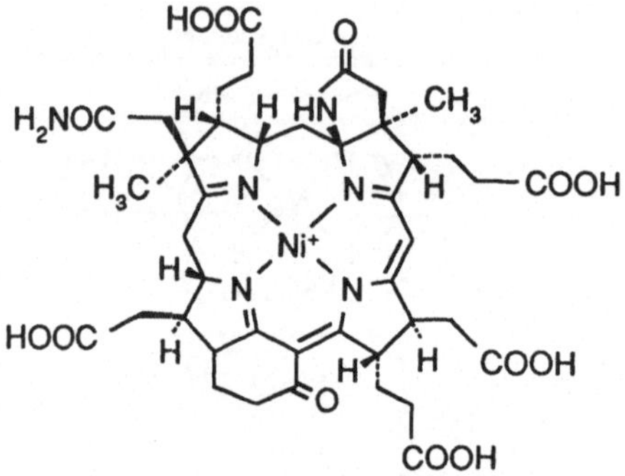

Coenzym F430

Da diese Komplexe zu den wichtigsten und, weil intensiv farbig, zu den auffallenderen bioanorganischen Verbindungen gehören, wurden Struktur- und Funktionsaufklärung sowie Totalsynthesen dieser Moleküle mit einigen Nobelpreisen für Chemie honoriert:

- R. WILLSTÄTTER (1915): Arbeiten zur Konstitutionsaufklärung des Chlorophylls ("Blattfarbstoff");

- H. FISCHER (1930): Konstitutionsaufklärung des Häm-Systems ("Blutfarbstoff");

- J. C. KENDREW, M. F. PERUTZ (1962): Strukturaufklärung von Myoglobin und Hämoglobin;

- D. CROWFOOT-HODGKIN (1964): Strukturaufklärung von Vitamin B_{12} und Derivaten;

- R. B. WOODWARD (1965): Naturstoffsynthesen (Chlorophyll, später Vitamin B_{12} gemeinsam mit der Arbeitsgruppe A. ESCHENMOSER);

- J. DEISENHOFER, R. HUBER, H. MICHEL (1988): Strukturaufklärung eines photosynthetischen Reaktionszentrums aus Bakterien.

Welches sind die Charakteristika dieser ungewöhnlichen Bioliganden (2.4), deren durch Zink geförderte und durch Blei stark beeinträchtigte Biosynthese (vgl. Kap. 12.4 und 17.2) einen hohen Aufwand erfordert?

a) Das ungestört ebene Ringsystem ist offenbar sehr beständig, wie die Präsenz von Porphyrinkomplexen selbst in Erdölfraktionen zeigt. Entgegen den Einwänden R. WILLSTÄTTERS gegen die erstmalige Formulierung solch makrozyklischer Strukturen durch W. KÜSTER im Jahre 1912 treten keine geometrischen Spannungen auf, alle Bindungslängen (134-145 pm) und -winkel (107°-126°) sowie Torsionswinkel (<10°) liegen im normalen Bereich für miteinander verknüpfte sp^2-hybridisierte Kohlenstoff- und Stickstoffzentren.

b) Als vierzähnige Chelatliganden können die nach Deprotonierung einfach (Corrin, F430) oder zweifach negativ geladenen Tetrapyrrol-Makrozyklen auch koordinativ labile Metallionen fixieren; der kinetische Effekt der Chelatkomplex-Beständigkeit beruht darauf, daß nur bei einem (wenig wahrscheinlichen) gleichzeitigen Bruch *aller* Metall-Ligand-Bindungen eine Dissoziation erfolgen kann.

c) Makrozyklische Liganden sind selektiv in bezug auf die Größe des komplexierten Ions. Dies gilt insbesondere für Tetrapyrrol-Farbstoffe, da es sich hier wegen der konjugierten Doppelbindungen um verhältnismäßig starre Systeme handelt (Abb. 2.9). Strukturelle Daten und Modellbetrachtungen zeigen, daß kugelförmige Ionen mit einem Radius von 60-70 pm am besten in das "Loch" der Tetrapyrrol-Makrozyklen passen und sich damit für *"in-plane"*-Komplexe (Abb. 2.9) eignen; eine Übersicht (Tab. 2.7) über verschiedene Metallionen aus dem Periodensystem veranschaulicht diesen Sachverhalt.

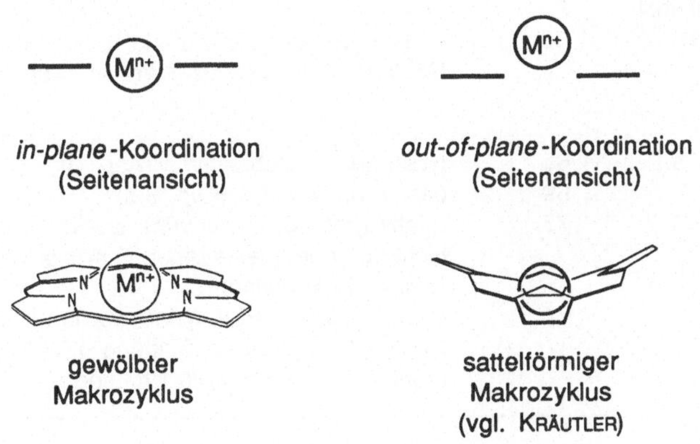

in-plane-Koordination (Seitenansicht)

out-of-plane-Koordination (Seitenansicht)

gewölbter Makrozyklus

sattelförmiger Makrozyklus (vgl. KRÄUTLER)

Abbildung 2.9: Geometrische Abweichungen für Komplexe von Tetrapyrrol-Makrozyklen

Tabelle 2.7: Ionenradien und (biologische) Komplexierung durch Tetrapyrrol-Liganden

Metallion	Ionenradius[a] (pm)	Eignung als Zentralion in Komplexen mit Tetrapyrrol-Makrozyklen
Be^{2+}	45	zu klein
Mg^{2+}	72	passend, → Chlorophyll (Kap. 4.2)
Ca^{2+}	100	zu groß
Al^{3+}	53	relativ klein
Ga^{3+}	62	Gallium-Porphyrin-Komplexe wurden im Erdöl, nicht jedoch in lebenden Organismen gefunden (sehr seltenes Element)
In^{3+}	80	relativ groß, seltenes Element
$O{=}V^{2+}$	ca. 60 (nicht sphärisch)	Vanadylporphyrine sind relativ häufig in einigen Erdölsorten und stören dort die katalytische Entfernung von N und S bei der Aufarbeitung in Raffinerien; in lebenden Organismen werden sie nicht beobachtet
Mn^{2+}(h.s.)[b]	83	zu groß (?)
Fe^{2+}(h.s.)	78	zu groß (*out-of-plane*-Struktur, vgl. Abb. 5.4)
Fe^{2+}(l.s.)[c]	61	relativ klein
Fe^{3+}(h.s.)	65	passend
Fe^{3+}(l.s.)	55	zu klein
Mittelwert für $Fe^{2+/3+}$	65	→ Häm-System mit Fe^{n+} in unterschiedlichen Oxidations- und Spinzuständen (Kap. 5 und 6)
Co^{2+}(l.s.)	65	passend, → Cobalamine (Kap. 3)
Ni^{2+}	69	passend, → F430 (Kap. 9.5)
Cu^{2+}	73	relativ groß; Cu-Porphyrine wurden in Organismen nicht gefunden, feste Bindung erfolgt vor allem durch Histidin in Proteinen
Zn^{2+}	74	relativ groß; Zn-Porphyrine wurden in Organismen nicht gefunden, feste Bindung erfolgt z.B. durch Histidin oder Cystein in Proteinen

[a] Für Koordinationszahl 6, aus W.L. JOLLY, *Modern Inorganic Chemistry*, McGraw-Hill, New York, 1984. [b] h.s.: high-spin. [c] l.s.: low-spin.

d) Die meisten Tetrapyrrol-Liganden enthalten ein ausgedehnt konjugiertes π-System. Mit 18 = 4n + 2 π-Elektronen im inneren 16-gliedrigen Ring von Porphyrinen wird die HÜCKEL-Regel für "aromatische" und damit besonders stabilisierte zyklische π-Systeme erfüllt, was zusätzlich die oben erwähnte thermische Stabilität des Ringgerüstes erklärt (FUHRHOP). Als Folge dieser umfassenden π-Konjugation zeigen bereits die Liganden wie auch ihre Metallkomplexe intensive Absorptionen im sichtbaren Bereich des elektromagnetischen Spektrums, weshalb diese Systeme auch als Tetrapyrrol-"Farbstoffe" oder "Pigmente des Lebens" bekannt sind. Des weiteren werden durch Annäherung der π-Grenzorbitale Elektronenaufnahme und -abgabe, d.h. Reduktion und Oxidation dieser Heterozyklen erleichtert; die dabei resultierenden Radikalanionen und -kationen sind häufig recht beständig. Beide aus der π-Konjugation resultierenden Eigenschaften, Lichtabsorption und Redoxverhalten (Elektronenpufferung, -speicherung), machen Komplexe der Tetrapyrrol-Makrozyklen zu essentiellen Komponenten bei den wichtigsten biologischen Energieumwandlungen, der Photosynthese und der Atmung (Kap. 4-6).

e) Die Tetrapyrrol-Makrozyklen lassen als vierzähnige, ebene oder nahezu ebene (Abb. 2.9) Liganden bei einer Gesamtkoordinationszahl von sechs mit annähernd oktaedrischer Konfiguration zwei axiale Koordinationsstellen X und Y frei (2.6). In der Tat sind zur kontrollierten stöchiometrischen oder katalytischen Aktivierung von Substraten zwei solche Koordinationsstellen erforderlich: eine für die Substratkoordination sowie eine weitere zur *Steuerung* dieser Reaktivität, z.B. unter Ausnutzung eines "trans-Effekts". Einige vorweggenommene Beispiele sollen diese Funktionsaufteilung illustrieren:

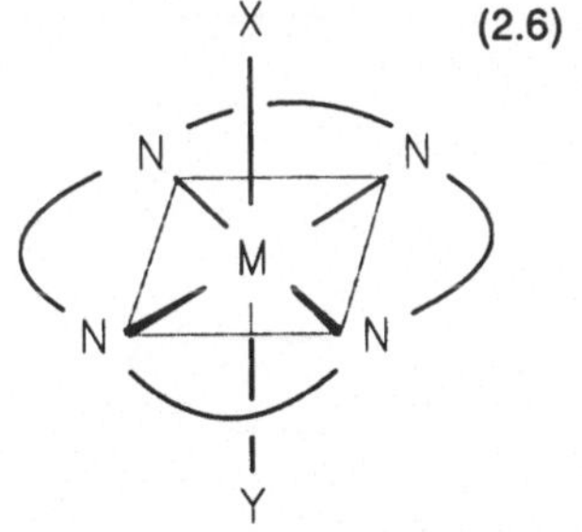

Im Hämoglobin stellt der zu transportierende molekulare Sauerstoff O_2 das Substrat dar, als zusätzlicher, an der O_2-Bindung mittelbar beteiligter sechster Ligand befindet sich "proximales" Histidin am Eisen koordiniert (s. Abb. 5.5). In Cobalaminen können gesättigte Kohlenstoff-Substituenten direkt am Metall Cobalt gebunden sein. Die homolytische Freisetzung dieser Alkyl-Reste als Radikale oder in anderer Form erfolgt enzymatisch möglicherweise über Beeinflussung durch den sechsten Liganden (Benzimidazol-Derivat im Ausgangszustand; 3.1). Chlorophylle kommen hochgradig organisiert in den "Antennen-Pigmenten" (Abb. 4.2) oder als Dimere im "special pair" photosynthetischer Reaktionszentren vor (Abb. 4.5). Möglich wird diese kontrollierte Organisation durch räumliche Koordinationsfixierung, wobei die Magnesium-Zentren als bifunktionelle Elektronenpaar-Akzeptoren (Lewis-Säuren) und die Carbonyl-Gruppen des Chlorophylls als Elektronenpaar-Donatoren (Lewis-Basen) fungieren können.

f)   Die unter Umständen beträchtliche tetragonale Verzerrung der Oktaedergeometrie (vgl. 2.6) durch die "starken" dianionischen Tetrapyrrol-Liganden bewirkt eine charakteristische Aufspaltung der d-Orbitale von komplexierten Übergangsmetallzentren (Abb. 2.10). Auf die Konsequenzen dieses Effekts für die Reaktivität wird in Kapitel 3 (Vitamin B$_{12}$, Cobalamine) näher eingegangen. Obwohl die äquatoriale Ligandenfeldstärke ebener Tetrapyrrol-Dianionen die low-spin-Konfigurationen gegenüber high-spin-Zuständen stabilisieren sollte, existiert etwa im Desoxyhämoglobin und -myoglobin eine sehr wichtige high-spin-Eisen(II)-Konfiguration. Hierbei kommt jedoch wegen der Größe von high-spin Fe(II) (Tab. 2.7) keine völlige Einpassung des Metallions in den Hohlraum des Makrozyklus zustande (*out-of-plane*-Komplexierung, Abbn. 2.9 und 5.4). Ähnliches gilt für d^8-high-spin Nickel(II) im Coenzym F430 (s. Kap. 9.5).

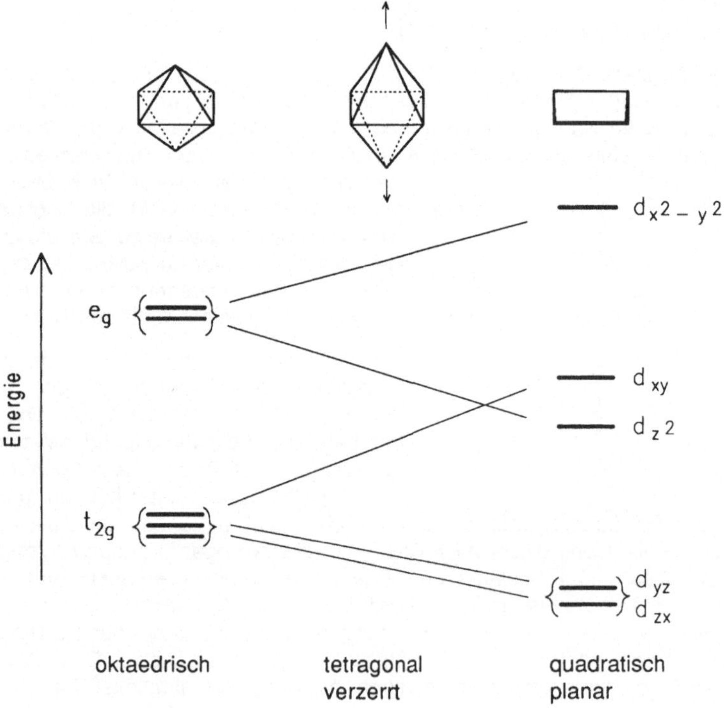

Abbildung 2.10: Korrelationsdiagramm für die Aufspaltung der d-Orbitale von komplexierten Übergangsmetall-Ionen in Abhängigkeit vom Ausmaß der tetragonalen Verzerrung (Elongation) einer Oktaedergeometrie

Elektronenspinzustände bei Übergangsmetallionen

Die Begriffe high-spin und low-spin stammen aus der **Ligandenfeldtheorie**. In einem Ligandenfeld oktaedrischer Symmetrie (Koordinationszahl 6) spalten die fünf, im freien, kugelsymmetrischen Übergangsmetallion entarteten (= energetisch gleichwertigen) d-Orbitale in zwei energetisch unterschiedliche Gruppen von Energieniveaus auf:

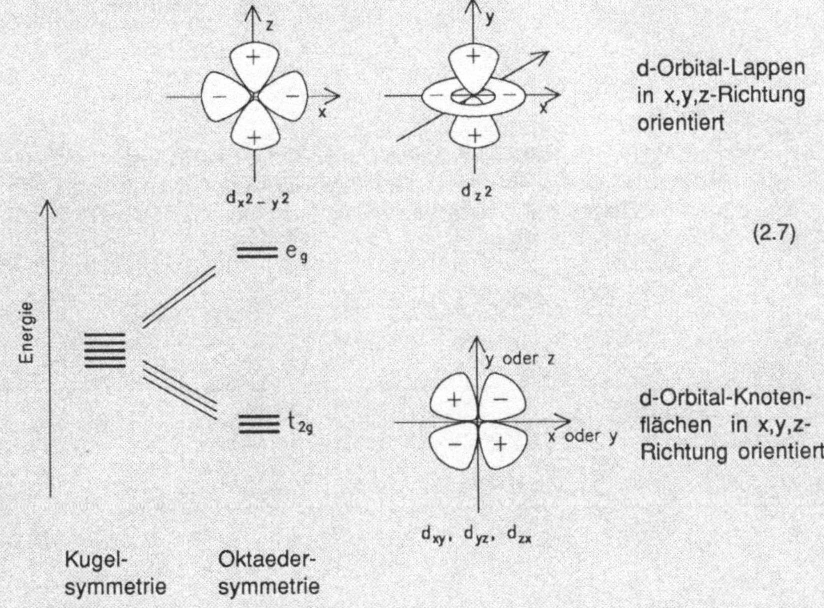

$$(2.7)$$

Füllt man die d-Orbitale in den Übergangsmetallionen nun nacheinander mit Elektronen auf, so folgt die Besetzung streng dem PAULI-Prinzip; jedes der entarteten, energetisch günstigeren t_{2g}-Orbitale wird zunächst mit einem Elektron gleichen Spins aufgefüllt (HUNDsche Regel der maximalen Multiplizität). Ab dem vierten Elektron entscheidet ein Vergleich zwischen der Orbitalenergiedifferenz e_g/t_{2g} und der Spinpaarungsenergie, wo das Elektron am günstigsten untergebracht werden kann (2.8). Ist die Orbitalenergiedifferenz größer als die Spinpaarungsenergie, wird das Elektron unter Spinpaarung in einem Orbital des t_{2g}-Niveaus zu finden sein (zwei ungepaarte Elektronen, low-spin); ist diese Orbitalenergiedifferenz hingegen kleiner als die Spinpaarungsenergie, dann wird das Auffüllen des e_g-Niveaus günstiger (vier ungepaarte Elektronen, high-spin).

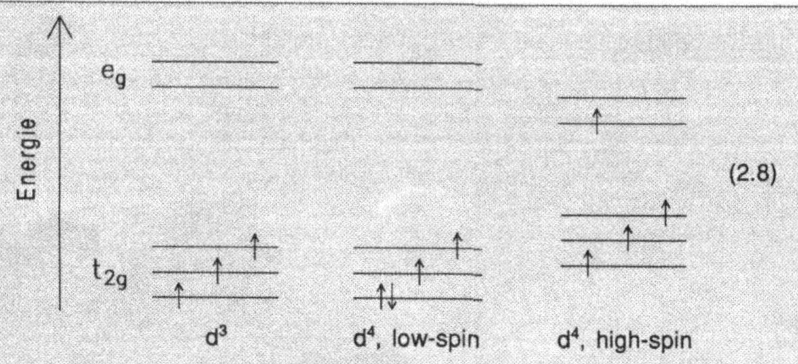

$$(2.8)$$

Bei oktaedrischer Koordination ergibt sich somit für Übergangsmetallionen der Elektronenkonfigurationen d^4 - d^7 die Alternative einer low-spin- und einer high-spin-Form. Welche der Alternativen vorliegt, ist durch die "Stärke" des Ligandenfeldes bestimmt. Beispiel:

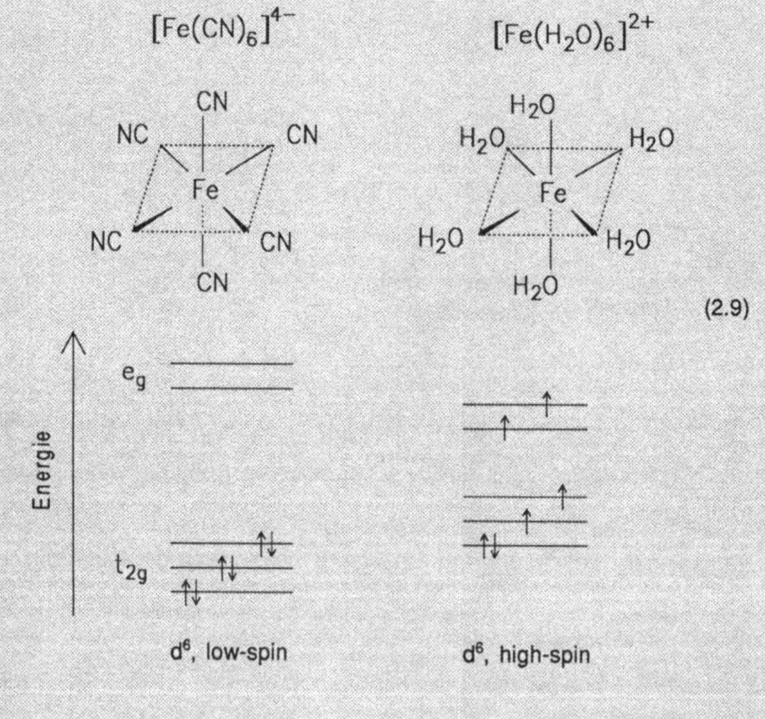

$$(2.9)$$

Tetrapyrrol-Liganden besitzen häufig ein ebenes, manchmal jedoch auch ein leicht gewölbtes oder sattelförmig gekrümmtes Ringsystem (Abb. 2.9), wodurch eine Feinregulierung der elektronischen Struktur und der Reaktivität möglich wird. Daneben existieren insbesondere für den Transport der sehr labilen Alkalimetall-Kationen vielzähnige, räumlich umhüllende Makrozyklen (Ionophore) als biologische Komplexbildner. Diese Komplexe sowie ihre synthetischen Analoga werden in Kapitel 13.2 im Detail vorgestellt, einige wesentliche Merkmale seien jedoch hier schon genannt:

Es handelt sich um vielzähnige Chelatliganden (Zähnigkeit $\geq$ 6), welche bereits zyklisiert vorliegen (2.10) oder über Wasserstoffbrücken-Wechselwirkungen zu

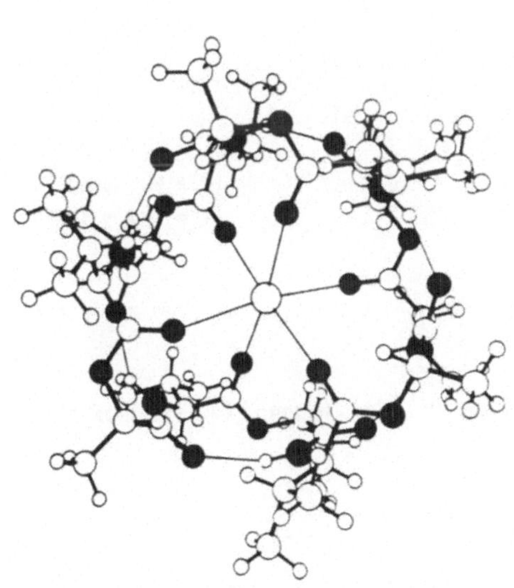

Valinomycin

(2.10)

Quasi-Makrozyklen zusammengeschlossen sind. Die in ihren Nicht-Chelat-Komplexen hochgradig labilen Alkalimetallkationen sowie auch Ca^{2+} werden im polaren inneren Hohlraum des Komplexes entsprechend ihrer jeweiligen Größe durch strategisch verteilte Heteroatome O oder N festgehalten (Metall-Größenselektivität, Chelat-/Kronenether-/Kryptand-Effekt; LEHN; VÖGTLE). Nur wenn *alle* Bindungen gleichzeitig gebrochen werden und eine erhebliche Konformationsänderung erfolgt, ist Dissoziation möglich. Das häufig lipophile Äußere der Komplexe erlaubt eine Wanderung und damit einen Alkalimetallkation-Transport durch biologische Phospholipid-Membranen; auf dieser Fähigkeit beruht unter anderem

Abbildung 2.11: Molekülstruktur des Valinomycin/K⁺-Komplexes (Heteroatome dunkel; aus NEUPERT-LAVES, DOBLER)

der Einsatz derartig komplexbildender Naturstoffe als Antibiotika (Störung des Ionenungleichgewichts in der bakteriellen Membran, s. Kap. 13). Die einem Verständnis solch einfachen _molekularen Erkennens_ dienende Entwicklung synthetischer Analoga makrozyklischer Naturstoffe ist durch die Verleihung des Nobelpreises für Chemie 1987 an C.J. PEDERSEN, J.-M. LEHN und D.J. CRAM gewürdigt worden.

2.3.3 Freie und polymergebundene Nukleobasen als Komplexliganden

Die in den Nukleinsäuren auftretenden heterozyklischen Nukleobasen (2.11) sind seit langem als mögliche Komplexpartner für Metallionen erkannt worden (MARZILLI). Sowohl Bildung, Replikation und Spaltung von Nukleinsäurepolymeren (RNA, DNA; TULLIUS) als auch deren strukturelle Stabilität, z.B. die Doppelhelix-Anordnung der DNA, erfordern die Anwesenheit von Metallverbindungen in enzymatischer (z.B. Zn) oder "freier", ladungsneutralisierender Form (Mg^{2+}); letzteres berührt allerdings eher die Phosphatgruppen der Nukleotide.

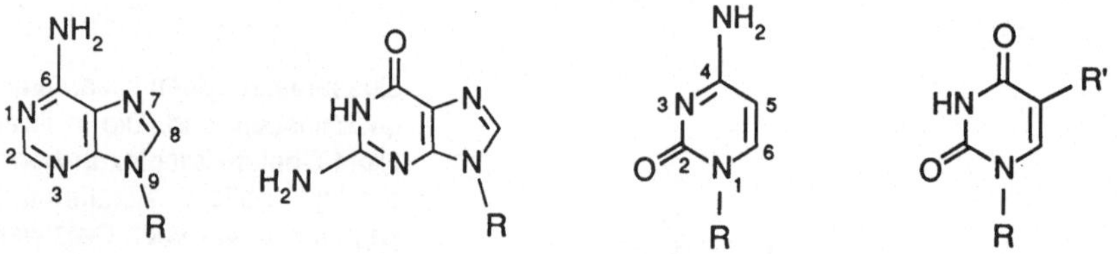

Adenin   Guanin

Cytosin   R' = H : Uracil
R' = CH_3 : Thymin

(2.11)

R = H : freie Nukleobase

R = 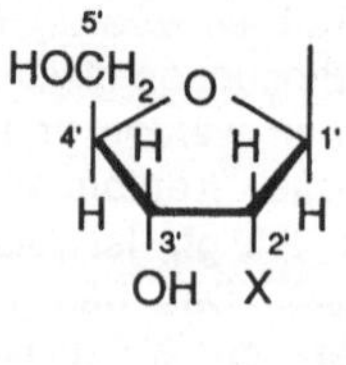 : Nukleosid (X = OH: Ribose; X = H: Desoxyribose)

R = 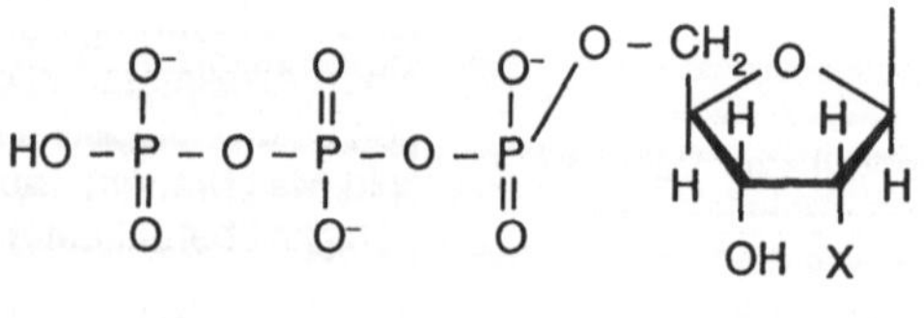 : Nukleotid

Nukleobasen (2.11) sind ambidente Liganden, die auch in der Nukleosid- und Nukleotid-Form über mehrere verschiedene Koordinationsstellen für Metalle verfügen. Je nach Charakteristik des Koordinationszentrums (Atomart, Hybridisierung, Basizität, Chelat-Assistenz), äußeren Bedingungen (pH) sowie Größe und Charakter des Metallzentrums kann ein- und mehrzähnige Koordination an Imino-, Amino-, Amido-, Oxo- oder Hydroxo-Funktionen vorkommen (vgl. 17.3). Ein sehr wichtiger Gesichtspunkt liegt in der Fähigkeit von Nukleobasen, in unterschiedlichen tautomeren Strukturen vorliegen zu können, wie (2.12) am Beispiel des Cytosins demonstriert.

$$(2.12)$$

mögliche Tautomere des N(1)-substituierten Cytosins

Die Anwesenheit von Metallkationen, insbesondere im Überschuß, kann die für "natürliche" DNA-Basenpaarungen erforderlichen Wasserstoffbrücken-Wechselwirkungen allein schon durch den Ladungseffekt soweit beeinflussen, daß die intermediäre Bildung eines "falschen" Tautomeren begünstigt wird, eine unnatürliche Basenpaarung resultiert ("mispairing", vgl. 2.13) und folglich bei ausbleibender Reparatur eine Veränderung der genetischen Information hervorgerufen werden kann (mutagene, carcinogene Wirkung).

korrekte Basenpaarung zwischen Thymin und Adenin

mispairing zwischen "falschem" Thymin-Tautomer und Guanin (SCHÖLLHORN, THEWALT, LIPPERT)

R : siehe Formel 2.11

$$(2.13)$$

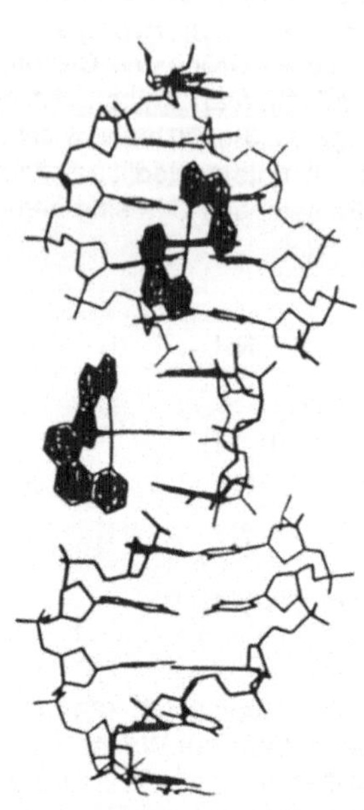

Abbildung 2.12: Mögliche DNA-Intercalation von Komplexen (2.14) (nach Barton et al.; vgl. hierzu Hiort, Norden, Rodger)

Die intensiven Studien in Zusammenhang mit der cancerostatischen Wirksamkeit von Cisplatin (Kap. 19.2) haben gezeigt, daß relativ hohe Spezifitäten für eine Koordination von Metallverbindungen an bestimmte Sequenzen innerhalb der Doppelhelix vorliegen können. In Zusammenhang mit der neuen Molekularbiologie ist die nicht notwendigerweise kovalente Metallkomplex/Nukleotid-Wechselwirkung auch deshalb interessant geworden, weil hier möglicherweise sequenzspezifische kleine Moleküle für die gezielte Modifikation von DNA, speziell auch für die Chemotherapie von Tumoren, entwickelbar sind. Sequenzspezifität, einschließlich der Erkennung chiraler Strukturen, kann durch direkte Metall-*Koordination* (s. Abb. 19.2 und 19.3), durch spezielle Koordinationsgeometrien (vgl. 2.14) oder durch die Spezifität größerer Liganden gewährleistet sein. Vor allem im letztgenannten Fall besteht die Funktion des Metalls oft in einer Erzeugung oxidativ spaltender Radikale (Mack, Dervan) oder hydrolytisch aktiver Zentren (Dange, van Atta, Hecht). Ein langfristiges, gleichwohl sehr attraktives Ziel ist das Design künstlicher Restriktions-Reagenzien zur selektiven Bearbeitung von DNA; optisch aktive (chirale) und mit Licht anregbare Ruthenium-Komplexe (2.14) mit potentiell DNA-intercalierenden Liganden (Abb. 2.12) werden zur Zeit intensiv untersucht (Barton et al.; Friedman et al.; Hiort, Norden, Rodger).

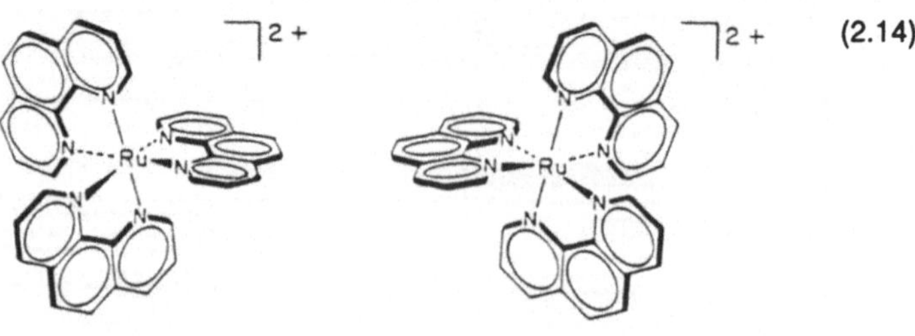

Λ-Enantiomer   Δ-Enantiomer
Spiegelbild-isomere Komplexe (vgl. 8.10)

2.4 Bedeutung von Modellverbindungen

Untersuchungen niedermolekularer "Modellverbindungen" sind ein beliebtes Mittel anorganisch-chemisch arbeitender Wissenschaftler, um die wesentlichen spektroskopischen sowie Struktur- und Reaktivitäts-Merkmale von großen bioanorganischen Systemen zu simulieren – auch und gerade dann, wenn strukturelle Einzelheiten noch nicht oder nur unvollständig bekannt sind. Mehrere Stufen der Annäherung von Modellen an die tatsächlichen biologischen Systeme können unterschieden werden (IBERS, HOLM; WIEGHARDT):

Als Mindestvoraussetzung sollten *physikalische, insbesondere spektroskopische Eigenschaften* und *strukturell-konstitutive Besonderheiten* des natürlichen Vorbildes durch Modellsysteme vergleichbar wiedergegeben werden. Impliziert wird dabei, daß die Struktur vor allem der ersten Koordinationssphäre eines Metalls das spektroskopische Verhalten bestimmt. Streng genommen können über diese Vorgehensweise bei unbekannter Struktur nur Alternativen ausgeschlossen werden.

Schon der zweite Schritt, die *qualitative Simulation des Reaktionsverhaltens* des natürlichen Vorbilds, gelingt nur in wenigen Modellstudien. Dieses Ziel ist jedoch sehr erstrebenswert, da die biochemisch ablaufenden Vorgänge häufig auch eine Parallele bei technischen Verfahren besitzen und z.B. effiziente Katalysatoren in letzterem Bereich gesucht sind. Oft bleibt es gerade in Enzym-Modellen bei einer nur stöchiometrischen, nicht-katalytischen Reaktivität gegenüber dem natürlichen Substrat.

Die letzte Stufe eines Modells, die *annähernde Simulation der quantitativen Reaktivität* in bezug auf Reaktionsgeschwindigkeit und Substratspezifität, ist mit niedermolekularen Systemen kaum zu erreichen; wie in Kapitel 2.3.1 dargelegt, ist es gerade der komplexen Struktur biochemischer Verbindungen zu verdanken, daß hohe Selektivität (Schlüssel-Schloß-Analogie) *und* hohe Reaktivität (entatischer Zustand) vereinigt sind. Aus Platzgründen können in diesem Buch nur wenige, entweder historisch bedeutende oder sehr aktuelle Modellverbindungen Erwähnung finden.

Eine erst in neuester Zeit möglich gewordene Modifikation bioanorganischer Systeme besteht in der gezielten gentechnologischen Veränderung von Proteinen ("site-directed mutagenesis"), um so den Einfluß z.B. bestimmter Aminosäuren innerhalb der Peptidsequenz aufzuklären und gegebenenfalls neue Substratspezifitäten zu erzielen (FORSEN et al.). Modellstudien dieser Art (vgl. Kap. 6.1) befinden sich überwiegend noch im Anfangsstadium, sie besitzen jedoch ein vielversprechendes Anwendungspotential im biotechnologischen Sektor, etwa im Hinblick auf die Übertragung der Fähigkeit zur Stickstoff-Fixierung oder den mikrobiologischen Abbau von Schadstoffen.

Eine eher anorganische Modifikation von Metalloproteinen besteht in der Substitution des "natürlichen", spektroskopisch oft nur schlecht charakterisierbaren Metalls durch ein Element oder Isotop, welches für physikalische Untersuchungsmethoden eher geeignet ist (s. Kap. 12.1 und 13.1).

3 Cobalamine (Vitamin und Coenzym B_{12})

3.1 Historischer Abriß und strukturelle Charakterisierung

Coenzym B_{12} und die davon abgeleiteten Derivate (3.1), einschließlich des Vitamins B_{12}, eignen sich aus mehreren Gründen als Einführungsbeispiel für die bioanorganische Chemie. Zum einen sind im historischen Rückblick einige Meilensteine in der Entwicklung des gesamten Gebietes mit dem Vitamin B_{12} und später dem Coenzym verknüpft; dies betrifft unter anderem die therapeutische Nutzung, die Anwendung chromatographischer Reinigungsmethoden, die kristallographische Strukturaufklärung und das Verhältnis zwischen enzymatischer und coenzymatischer Reaktivität. Weiter haben die moderne Naturstoffsynthese und die metallorganische Chemie von der Beschäftigung mit dem B_{12}-System profitiert.

Beim Coenzym B_{12} (3.1) handelt es sich um ein mittelgroßes Molekül (Molekülmasse 1350 Da), das erst im Zusammenwirken mit den zugehörigen Apoenzymen seine charakteristische Spezifität und hohe Reaktivität entfaltet.

(3.1)

X = CH_3 : Methylcobalamin (MeCbl oder MeB_{12})

CN : Cyanocobalamin (Vitamin B_{12})

OH : Hydroxycobalamin

H_2O : Aquocobalamin

R : 5'-Desoxyadenosylcobalamin (Coenzym B_{12})

R = 5'-Desoxyadenosyl

> **Coenzym** + **Apoenzym** → **Holoenzym**
> niedermolekular, hochmolekular (Gesamtenzym)
> bestimmt den (Protein), bestimmt
> Reaktionstyp Substratspezifität $\qquad$ (3.2)
> (Reaktions-Selektivität
> und -Geschwindigkeit)

Weiter ist die Inkorporation des Elements Cobalt erstaunlich, immerhin handelt es sich hierbei um das in der Erdkruste seltenste Element der ersten Übergangsmetallreihe im Periodensystem (Abb. 2.2). Eine sehr spezielle Funktionalität darf daher von vornherein erwartet werden.

Auch der Corrin-Ligand (2.4) ist einzigartig, vor allem in seiner geringeren Ringgröße im Vergleich zu den Porphin-Systemen; Cobalt-Porphyrin-Komplexe, wiewohl stabil, eignen sich *nicht* als Ersatz für Coenzym B_{12}.

In der fünften Koordinationsstelle tritt im Coenzym B_{12} und Methylcobalamin eine primäre Alkylgruppe auf (3.1), wodurch diese Komplexe zu den bislang einzigen gesicherten Beispielen (vgl. jedoch Kap. 9.5) für "natürliche" metallorganische Verbindungen in der Biochemie werden (zur Bioalkylierung von Schwermetallen s. Kap. 3.2.4 und 17.3). Daß die bei pH 7 in wäßriger Lösung ungewöhnlich hydrolysestabile Konstellation $Co-CH_2R$ auch eine besondere Reaktivität, nämlich die *enzymatisch kontrollierte* Bildung reaktiver Radikale zur Folge hat, war ein bis heute fortdauernder Anlaß für Chemiker aller Fachrichtungen, sich mit diesen bemerkenswerten Komplexen zu beschäftigen (TOSCANO, MARZILLI; DOLPHIN; SCHNEIDER, STROINSKI).

Zur Historie: In den zwanziger Jahren dieses Jahrhunderts wurde gefunden, daß durch Injektion von Extrakten aus tierischer Leber eine bösartige ("perniziöse") und meist rasch zum Tode führende Form der Anämie erfolgreich behandelt werden kann. Auf diese Weise wurde unter anderem der deutsche Mathematiker D. HILBERT vor dem sicheren Tode gerettet. Verbesserte Analysenmethoden zeigten bald, daß die essentielle Komponente dieser Extrakte Cobalt enthielt. Da diese Substanz nur durch Mikroorganismen synthetisiert wird und das Spurenelement Cobalt in jedem Fall zugeführt werden muß, wurde sie als "Vitamin B_{12}" bezeichnet. Auf Grund der geringen Konzentration von nur etwa 0.01 mg/l Blut waren Anreicherung und Isolation sehr mühsam und erforderten den Einsatz chromatographischer Trennverfahren; die nicht unmittelbar aktive "vitaminische" Form, das Cyanocobalamin (3.1), wurde erst 1948 rein dargestellt (FOLKERS).

Da eine vollständige Aufklärung der molekularen Konstitution allein mit chemischen Methoden nicht möglich war, mußte die damals erst in den Anfängen befindliche Methode der Strukturaufklärung größerer Moleküle mittels Röntgenbeugung an Einkristallen helfen (s. Kap. 4.2). Mit ca. 100 Nicht-Wasserstoffatomen stellten Vitamin B_{12} und später Coenzym B_{12} eine kristallographische Herausforderung dar, deren Lösung mit dem Chemie-Nobelpreis des Jahres 1964 für DOROTHY CROWFOOT-HODGKINS gewürdigt wurde.

Die aus kristallographischen Messungen erhaltene Struktur des Coenzyms (3.1) zeigt den Cobalt-Corrin-Makrozyklus, welcher als zusätzliche axiale Liganden einen Alkyl-gebundenen 5'-Desoxyadenosylrest sowie einen N(1)-koordinierten 5,6-Dimethyl-benzimidazol-Ring aufweist (Abb. 3.1). Letzterer ist über eine längere Kette mit dem Corrin-Makrozyklus verbunden, so daß dieser im Effekt als *fünfzähniger* Chelatligand fungiert. Interessanterweise ist der Makrozyklus trotz ausgedehnter Konjugation von π-Elektronen nicht völlig eben, sondern etwas gekrümmt ("butterfly"- oder Sattel-Konformation, Abb. 2.9 und 3.1); Modellstudien haben die Relevanz dieses Strukturmerkmals für die erwünschte hohe Reaktivität aufgezeigt ($\rightarrow$ entatischer Zustand).

Die Nichtplanarität ergibt sich aus dem Umstand, daß trotz eines relativ großen Metallions (Tab. 2.7) ein nur 15 statt

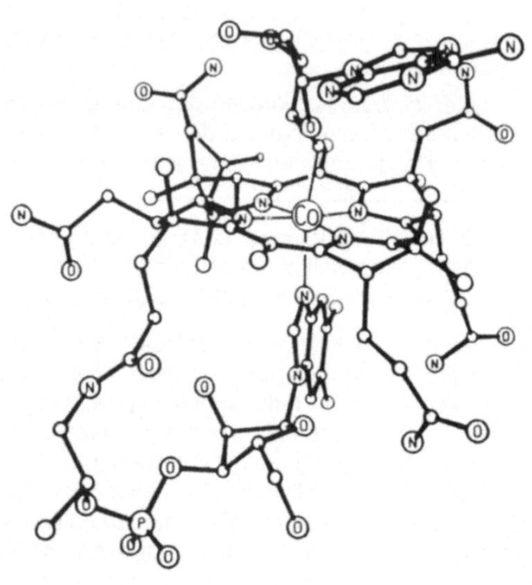

Abbildung 3.1: Molekülstruktur von Coenzym B_{12} (nach P.G. LENHERT, Proc. Roy. Soc. A *303* (1968) 45)

16 Ringglieder umfassender Makrozyklus vorliegt. Statt des 5'-Desoxyadenosylrestes kann auch einfach eine Methylgruppe am Metallzentrum gebunden sein (Methylcobalamin, 3.1); durch Austausch gegen Wasser, Hydroxid, oder Cyanid erhält man die physiologisch nicht unmittelbar aktiven Formen Aquo-, Hydroxo- und Cyano-Cobalamin – nur letzteres wird als Vitamin B_{12} bezeichnet, obwohl es eigentlich ein Artefakt des Isolationsverfahrens darstellt.

Das Vorliegen einer Bindung vom Übergangsmetall zu einem *primären* Alkyl-Liganden ist sehr ungewöhnlich; immerhin handelt es sich hier um eine echte metallorganische Verbindung, die unter physiologischen Bedingungen, in wäßriger Lösung bei pH 7 und in Anwesenheit von Sauerstoff, existent ist. Der Corrin-Makrozyklus erzeugt ein starkes Ligandenfeld, so daß eine low-spin-Situation bevorzugt wird (2.9); allerdings ist die oktaedrische Symmetrie deutlich im Sinne einer tetragonalen Verzerrung gestört, so daß eine d-Orbital-Aufspaltung entsprechend Abb. 2.10 zu erwarten ist.

3.2 Reaktionen des Coenzyms B$_{12}$

3.2.1 Einelektronen-Reduktion und -Oxidation

In der Ausgangskonfiguration (3.1) liegt dreiwertiges Cobalt (d^6) mit sechsfach koordiniertem Metallzentrum vor (Corrin-Anion, carbanionischer Alkyl-Ligand und neutrales Dimethylbenzimidazol; negativ geladenes Phosphat in der Seitenkette). Hiervon ausgehend sind zwei Einelektronen-Reduktionsschritte möglich, wobei für die Redoxpotentiale Art und Anzahl der axialen Liganden ausschlaggebend sind (SCHEFFOLD; KRÄUTLER). Insbesondere tritt bei der Reduktion eine Tendenz zur Verrin-

$$X \quad \overset{-X^-}{\underset{+X^-}{\rightleftharpoons}} \quad Co^{III} \quad \overset{+e^-}{\underset{-e^-}{\rightleftharpoons}} \quad Co^{II} \quad \overset{-Y,\ +e^-}{\underset{+Y,\ -e^-}{\rightleftharpoons}} \quad Co^{I} \qquad (3.3)$$

gerung der axialen Koordination bis hin zur völligen Abspaltung dieser Liganden ein (3.3); elektrochemische Reduktion führt beispielsweise durch Halbbesetzung des antibindenden (Co–CH$_3$)-σ^*-Orbitals (d$_{z^2}$-Komponente !) zu einer um mehr als die Hälfte reduzierten Co–C-Bindungsstärke (MARTIN, FINKE). Auch durch Anregung mit Licht läßt sich das (Co – CH$_3$)-σ^*-Orbital populieren und die Co – C-Bindung spalten; dies ist jedoch für die enzymatischen Reaktionen wahrscheinlich nicht relevant. Die *Nichtbesetzung* des stark antibindenden d$_{x^2-y^2}$-Orbitals begünstigt in einem d^8-System wie Co(I) die räumlich eigentlich ungünstige quadratisch-planare Konfiguration (vgl. Abb. 2.10). Die Stabilisierung der Co(I)-Stufe ist gerade für das Cobalt-*Corrin*-System charakteristisch; mit Cobalt-Porphyrin-Komplexen ist diese Stufe unter angenähert physiologischen Bedingungen nicht mehr reversibel zugänglich.

3.2.2 Co–C-Bindungsspaltung

Die Reaktivität der physiologisch relevanten Alkylcobalamine beruht darauf, daß die Alkylgruppen in *kontrollierter* Form für Folgereaktionen zur Verfügung gestellt werden. Drei *formale* Alternativen für eine durch Wechselwirkung mit dem Substrat und dem Apoprotein induzierte Bindungsspaltung Co$\mid$CH$_2$R sind denkbar (3.4).

Heterolytische Bindungsspaltung kann entweder (unter Substitution z.B. durch Wasser) zu low-spin Co(III) und einem Carbanion-Äquivalent $^-$C$\langle$ oder zum Co(I) und einem carbokationischen Alkylrest $^+$C$\langle$ führen. In letzterem Falle entstünde mit d^8-konfiguriertem Metall ein σ-elektronenreiches "supernukleophiles" Zentrum, welches mit seinem nicht- oder gar anti-bindenden besetzten d$_{z^2}$-Orbital eine hohe Affinität zu σ-Elektrophilen haben sollte. Es resultiert dann eine typische d^8-Metall-Reaktivität, die "oxidative Addition", z.B. von organischen Halogenverbindungen. Die erwähnten carbanionischen oder carbokationischen Alkylgruppen würden allerdings nicht frei entstehen, sondern in Gegenwart eines Reaktionspartners und des polaren Reaktionsmediums im Übergangszustand übertragen werden.

Die dritte Alternative (3.4) ist die homolytische Bindungsspaltung, welche zu paramagnetischem, ESR-spektroskopisch nachweisbarem Co(II) mit low-spin d^7-Konfiguration (*ein* ungepaartes Elektron) und einem primären Alkylradikal führt.

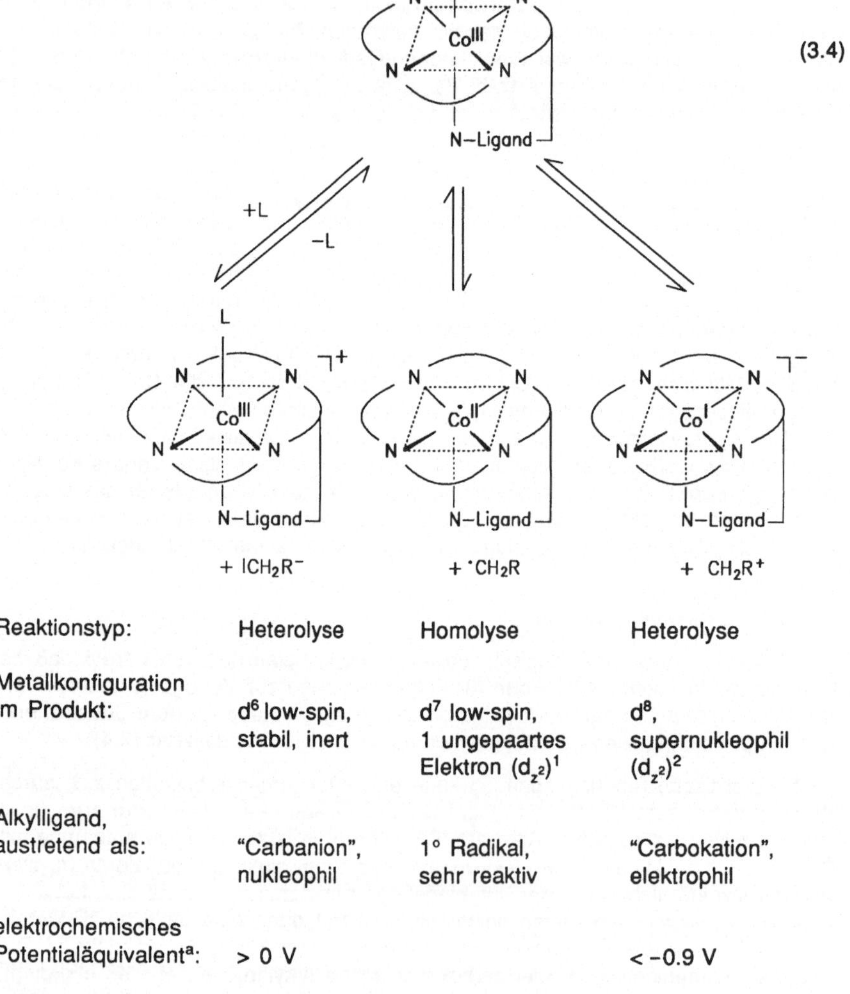

(3.4)

Reaktionstyp:	Heterolyse	Homolyse	Heterolyse
Metallkonfiguration im Produkt:	d^6 low-spin, stabil, inert	d^7 low-spin, 1 ungepaartes Elektron $(d_{z^2})^1$	d^8, supernukleophil $(d_{z^2})^2$
Alkylligand, austretend als:	"Carbanion", nukleophil	1° Radikal, sehr reaktiv	"Carbokation", elektrophil
elektrochemisches Potentialäquivalent[a]:	> 0 V		< –0.9 V

[a] Alle Redoxpotentiale sind, wie in der Biochemie üblich, auf die Normalwasserstoff-Elektrode (NHE) bezogen

Alle drei Alternativen (3.4) sind möglich; axiale Koordination durch den sechsten ("Steuer-")Liganden, die Natur des Substrats und das Redoxpotential bestimmen den Reaktionsweg. In Abwesenheit spezieller Steuer-Liganden ist die Carbanion-Alternative bei Potentialen oberhalb von etwa 0 V gegen Normalwasserstoff-Elektrode verwirklicht, während nur unterhalb von ca. -0.9 V die Co(I)/Carbokation-Spaltung auftritt. Diese Reaktivität ist also mit dem Benzimidazol-Steuerliganden im physiologisch bei pH 7 möglichen Potentialbereich zwischen -0.42 und +0.82 V (4.6) ohne Bedeutung. Im interessanten Bereich zwischen 0 und -0.4 V dominiert offenbar homolytische Bindungs-Spaltung.

Elektronenspinresonanz I

Die **Elektronenspinresonanz** (ESR) oder "Electron Paramagnetic Resonance" (EPR) stellt innerhalb der bioanorganischen Chemie eine wichtige Untersuchungsmethode dar (SWARTZ, BOLTON, BORG; SYMONS). Die ungepaarten Elektronen in Radikalen oder in Komplexen mit nicht vollständig gefüllten d-Schalen von Übergangsmetallzentren besitzen jeweils einen Spin (Eigendrehimpuls), dessen Orientierung in einem Magnetfeld energetisch unterschiedlich ist und im einfachsten Fall zu zwei Zuständen Anlaß gibt (Spin als binäre Eigenschaft von Elektronen). Der Übergang vom energieärmeren, stärker besetzten zum energiereicheren, weniger populierten Zustand, die "Resonanz", kann unter Maßgabe bestimmter spektroskopischer Auswahlregeln durch Zufuhr elektromagnetischer Strahlung bewirkt werden, wofür bei den normalerweise verwendeten Magnetfeldern von einigen zehntel Tesla (tausend Gauss) Mikrowellenfrequenzen von ca. 10^{10} Hz erforderlich sind.

a) ein ungepaartes Elektron (S = 1/2)   (3.5)

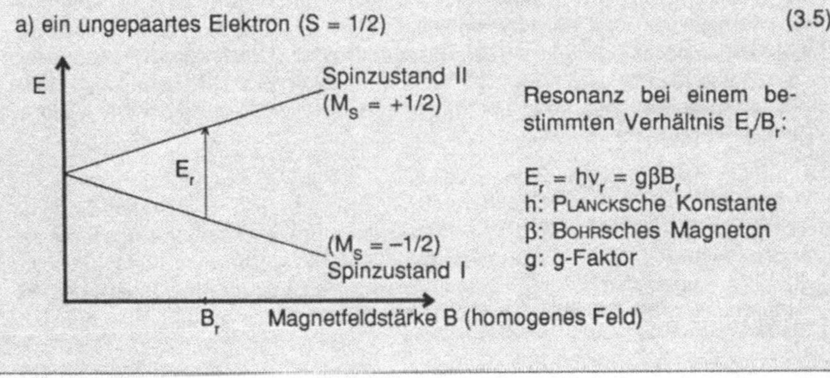

b) ein ungepaartes Elektron (Gesamtelektronenspin $S = 1/2$), Wechselwirkung mit einem Proton (Kernspin $I = 1/2$)

$$(3.6)$$

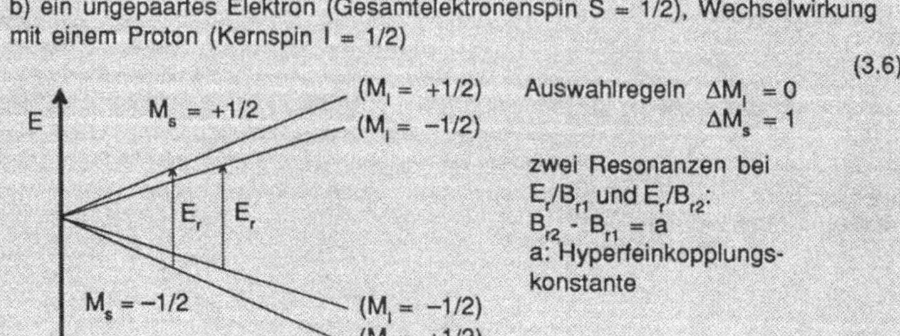

Über die Lage der Resonanzfeldstärke bei vorgegebener Frequenz (g-Faktor als Proportionalitätsfaktor !) und die Hyperfeinwechselwirkung der ungepaarten Elektronen mit Atomkernen, welche ebenfalls Spin besitzen können, ist es möglich, den Oxidations- und Spinzustand sowie unter günstigen Umständen, z. B. bei Messungen an Einkristallen, auch feinere Details der Koordinationsumgebung von Metallzentren festzulegen. Da die ESR für den gesamten Rest des diamagnetischen Proteins "blind" ist, steht diese Methode häufig am Anfang der Untersuchungsverfahren für Metalloenzyme; außerdem ist die Empfindlichkeit der Methode so groß, daß bereits geringe Konzentrationen zur Detektion und zum Nachweis Elektronenspin-tragender Teilchen ausreichen.

Bei der Komplexität und Asymmetrie vieler biologischer paramagnetischer Zentren liefert das einfache ESR-Verfahren aufgrund der inhärent hohen Linienbreite oft nur unaufgelöste Signale. In solchen Fällen wird zunehmend das weniger empfindliche, aber besser auflösende Doppelresonanzverfahren ENDOR (Electron Nuclear DOuble Resonance) zur Untersuchung herangezogen (KURRECK, KIRSTE, LUBITZ), bei dem die Änderung der ESR-Intensität unter Sättigungsbedingungen des Übergangs in Abhängigkeit von der Kernfrequenz (einige MHz) detektiert wird.

Sind mehrere ungepaarte Elektronen vorhanden, so müssen das Austauschverhalten und die daraus resultierenden angeregten Zustände berücksichtigt werden (s. Kap. 4.3). Im Festkörper oder bei anderweitig eingeschränkter Beweglichkeit des paramagnetischen Zentrums werden die Konsequenzen der nicht kugelsymmetrischen (anisotropen) Verteilung des ungepaarten Elektrons deutlich (**ESR II**: Kap. 10.1, S. 199).

Bei der Homolyse von $RH_2C-Co(Corrin)$-Bindungen sind die sehr reaktiven primären Kohlenstoff-Radikale unter normalen Bedingungen kurzlebig und daher ESR-spektroskopisch nicht leicht nachweisbar, der verbleibende low-spin Co(II)-Komplex (d^7) zeigt ein ESR-Resonanzsignal für *ein* ungepaartes Elektron. Wechselwirkung (Kopplung) des Elektronenspins ist mit dem Kernspin des Metallzentrums (^{59}Co: 100% natürliche Isotopenhäufigkeit, Kernspin I = 7/2) und mit dem Kernspin *eines* Stickstoffatoms feststellbar (^{14}N: 99.6% nat. Häufigkeit, I = 1). Dieser Befund ist nur mit einer Besetzung des d_{z^2}-Orbitals durch das ungepaarte Elektron vereinbar, wodurch vor allem das eine, axial koordinierte Stickstoffzentrum des Benzimidazol-Liganden betroffen würde (3.7). Bei einer Besetzung des $d_{x^2-y^2}$-Orbitals durch das einzelne Elektron sollten dagegen die vier Stickstoffatome des makrozyklischen Corrin-Liganden mit angenähert gleicher Kernspin-Elektronenspin-Wechselwirkung hervortreten (SYMONS). Die dadurch ermittelte d-Orbitalreihenfolge entspricht einer relativ gering verzerrten Oktaedersymmetrie (Abb. 2.10) und steht auch in Einklang mit der beobachteten Supernukleophilie in axialer Richtung nach doppelter Besetzung des antibindenden d_{z^2}-Orbitals (3.7).

Radikalfänger: Supernukleophil:

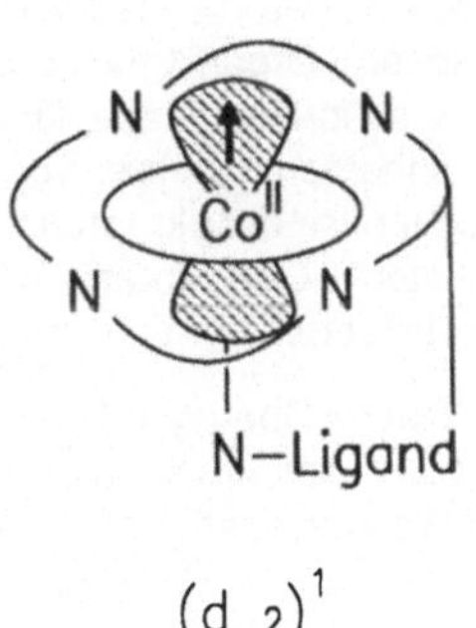

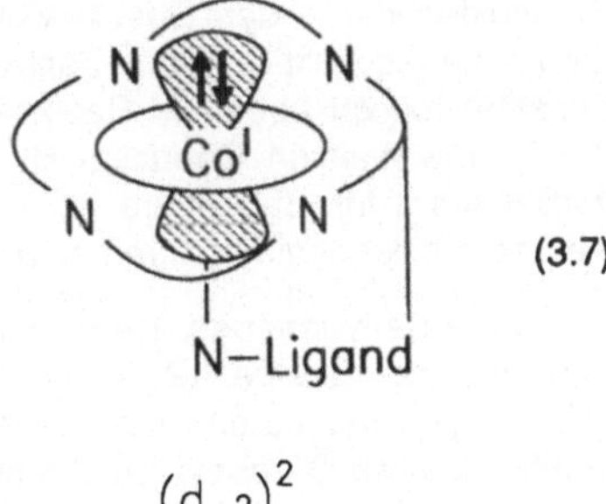

(3.7)

3.2.3 Mutase-Aktivität

Entsprechend den in (3.4) geschilderten Reaktionsmöglichkeiten sind Cobalamin-enthaltende Enzyme an Redoxreaktionen, an Alkylierungen und insbesondere an Umlagerungen, speziell 1,2-Verschiebungen (3.8) am gesättigten Kohlenwasserstoff-Gerüst durch "Mutasen", beteiligt.

allgemein:

Beispiel: (3.8)

Glutaminsäure β-Methylasparaginsäure

Eine Übersicht und die reaktionsmechanistische Deutung der Mutase-Aktivität sind in Tabelle 3.1 und in Formel (3.10) zusammengestellt; zu diesen Reaktionen gehören in erweitertem Zusammenhang so wichtige Prozesse wie die Reduktion der Ribonukleotide zu den Desoxy-Formen in Bakterien. Höhere Organismen besitzen dafür eine redoxaktive, Eisen-Zentren enthaltende Ribonukleotid-Reduktase, für deren Funktion jedoch ebenfalls Radikale essentiell zu sein scheinen (STUBBE; vgl. Kap. 7.6.1). Die meisten Coenzym B_{12}-katalysierten Reaktionen sind Mikroorganismen vorbehalten; für Säugetiere ist vor allem die Methylmalonyl-*CoA*-Mutase wichtig, welche für den Aminosäuremetabolismus vor allem in der Leber benötigt wird.

Viele Dehydratasen, Desaminasen und Lyasen erfordern Coenzym B_{12}-abhängige Enzyme, da eine 1,2-Verschiebung bei 1,2-Diolen oder -Aminoalkoholen zu geminalen (1,1-)Isomeren führt, die im allgemeinen rasch Wasser oder Ammoniak abspalten und so Carbonylverbindungen liefern (3.9).

$$ \text{X} = \text{O, NH} \qquad (3.9) $$

Derartig einfach anmutende 1,2-Verschiebungen sind in der organisch-synthetischen Praxis nicht leicht durchzuführen; aus diesem Grunde besteht ein großes Interesse an der Verwendung von Alkyl-Cobaltcorrin-Komplexen und entsprechenden Modellverbindungen in der organischen Synthese, selbst wenn Substrat- und Stereospezifität in Abwesenheit des Apoenzyms nicht gewährleistet sind (PATTENDEN; SCHEFFOLD). Zahlreiche Ergebnisse aus spektroskopischen (ESR) und reaktionsmechanistischen Untersuchungen (z.B. Isotopenmarkierung) deuten inzwischen auf folgenden, radikalischen Reaktionsverlauf (3.10):

allgemein:

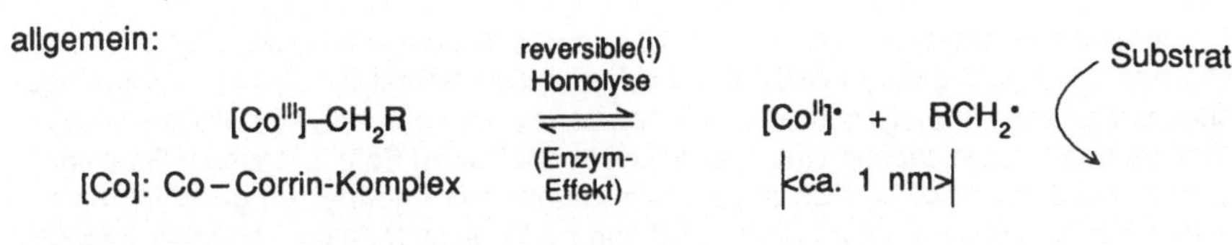

$$[Co^{III}]-CH_2R \quad \underset{\substack{(Enzym\text{-}\\Effekt)}}{\overset{\substack{reversible(!)\\Homolyse}}{\rightleftharpoons}} \quad [Co^{II}]^\bullet \; + \; RCH_2^\bullet \qquad \text{Substrat}$$

[Co]: Co–Corrin-Komplex $\quad$ $|{<}$ca. 1 nm${>}|$

Reaktionsschritte:

$$\text{(H-Abstraktion)} \qquad\qquad (3.10)$$

$$\text{1,2-Verschiebung}$$

ggf. Rekombination
mit [Co^{II}]$^\bullet$

speziell:

$$R'\text{-}\underset{\displaystyle XH}{CH}\text{-}CH_2OH \;\rightarrow\; R'\text{-}CH_2\text{-}CHO \;+\; H_2X \qquad\qquad X = O,\, NH$$

$R\text{-}CH_2\text{-}[Co^{III}]$

$[Co^{II}]^\bullet$

$R\text{-}CH_2^\bullet$

$R'\text{-}\underset{\displaystyle XH}{CH}\text{-}\overset{\displaystyle H}{C}HOH$

kinetisch kontrollierter
Schritt

$R\text{-}CH_3 \;+\; R'\text{-}\underset{\displaystyle XH}{CH}\text{-}\overset{\displaystyle \bullet}{C}HOH$

thermodynamisch kontrollierter
Schritt

$R\text{-}CH_3 \;+\; R'\text{-}\overset{\displaystyle \bullet}{C}H\text{-}\underset{\displaystyle XH}{C}HOH$

$R'\text{-}CH_2\text{-}CH(OH)(XH)$

$R'\text{-}CH_2\text{-}CHO + H_2X$

In einem reversiblen und mit ca. 110 kJ/mol (im Coenzym) bzw. etwa 65 kJ/mol im Enzym nur sehr geringe Aktivierung erfordernden Schritt für die Co–C-Bindungs-dissoziation wird homolytisch aus Alkylcobalamin ein sehr aktives primäres Alkylra-dikal freigesetzt, welches in einem kinetisch kontrollierten Schritt (höchste Reaktions-geschwindigkeit) *selektiv* (FISCHER) an dem räumlich am geringsten geschützten pri-mären Kohlenstoffzentrum angreifen und dort ein Wasserstoffatom abstrahieren kann; dies ist ein typisches Verhalten reaktiver Alkylradikale. In einem zweiten, nun jedoch durch die enzymatisch determinierte Gleichgewichtslage bestimmten Schritt folgt darauf die Umlagerung (1,2-Verschiebung), z.B. infolge der größeren Stabilität se-kundärer Alkylradikale im Vergleich zu primären. Die Re-Abstraktion eines Wasser-stoffatoms vom 5'-Desoxyadenosin durch dieses sekundäre Radikal führt zum um-gelagerten Reaktionsprodukt, das im Falle eines geminalen Diols rasch durch Wasser-abspaltung die Carbonylverbindung liefert. Wasser-Eliminierung ist allerdings auch schon auf der Radikalstufe vorstellbar; 1,2-Dihydroxyalkyl-Radikale neigen zur Ab-spaltung von OH^- oder H_2O (nach Protonierung) unter Bildung von Carbonylalkyl-Radikalen. Das 5'-Desoxyadenosyl-Radikal addiert sich in jedem Falle bei Nicht-Be-darf wieder an das Co(II)-System, so daß sich Alkylcobalamine als *reversibel agie-rende Radikal-Träger* apostrophieren lassen (3.10; HALPERN).

Eine direkte Beteiligung des Cobalt-Komplexes an der eigentlichen Umlagerung findet offenbar nicht statt, wesentlich ist die Bereitstellung des Alkylradikals (STUBBE). Die Radikal-induzierte Umwandlung von Glykolen in Aldehyde ist im organisch-syn-thetischen Bereich übrigens nicht unbekannt, solche Reaktionen können beispiels-weise mit Hydroxylradikalen aus FENTON's Reagenz

$$Fe^{2+} + H_2O_2 \rightarrow Fe^{3+} + OH^- + OH^\bullet \qquad (3.11)$$

ausgelöst werden.

Die Reaktionen, welche sich mit dieser mechanistischen Hypothese (3.10) beschreiben lassen, werden in Tabelle 3.1 aufgeführt; aus Glutaminsäure wird bei-spielsweise durch eine entsprechende Mutase β-Methylasparaginsäure. Das Protein in den eigentlichen B_{12}-Enzymen besitzt zumindest drei Funktionen: Es bewirkt nach Substratbindung auf noch nicht geklärte Weise eine drastische Verringerung der Co–C-Bindungsenergie und damit eine Reaktionsbeschleunigung um mehr als den Faktor 10^{10}, es schirmt das reaktive primäre Kohlenstoffradikal vor den vielen möglichen unerwünschten Reaktionspartnern ab (negative Katalyse; RETEY), und es gewährlei-stet eine hohe Stereoselektivität der Isomerisierungs-Reaktion. Bei der Ribonukleotid-Reduktase wird die intermediäre Bildung eines Thiyl-Radikals $R-S^\bullet$ vermutet (STUB-BE), außerdem wird coenzymatisches Dithiol zu Disulfid oxidiert (vgl. die Liponsäure in 3.12 und Kap. 7.6.1).

Tabelle 3.1: Coenzym B$_{12}$-benötigende Reaktionen

Glutamat-Mutase

2-Methylenglutarat-Mutase

Diol-Dehydratase $+ H_2O$

Glycerin-Dehydratase $+ H_2O$

Ethanolamin-Ammoniak-Lyase $+ NH_3$

Ornithin-Mutase

L-β-Lysin-Mutase

D-α-Lysin-Mutase

(bakterielle) Ribonukleotid-Reduktase

2'-Desoxyform

$T(SH)_2$: Dithiol, z.B. Liponsäure (3.12) oder Thioredoxin-Proteine

Tabelle 3.1 (Fortsetzung)

R-Methylmalonyl-*CoA*   Succinyl-*CoA*

L-Leucin-
2,3-Aminomutase

Methylmalonyl-*CoA*-
Mutase

Coenzym A = *Co*A-SH
(vgl. Kap. 9.4)

$$CH_2-O-(PO_3^-)_2-CH_2-C(CH_3)_2-CHOH-(CO-NH-CH_2-CH_2)_2-SH$$

Organische Redox-Coenzyme

Organische Coenzyme, insbesondere solche mit Redoxfunktion, treten häufig in Wechselwirkung mit anorganischen Cofaktoren (Metallionen, Komplexe). Wie bereits einleitend erwähnt, ist die Unterscheidung organisch/anorganisch für Organismen ohne Bedeutung, lediglich das Verhältnis aus Verfügbarkeit und biosynthetischem Aufwand gegenüber den funktionalen Erfordernissen spielt eine Rolle.

Zu den wichtigsten organischen **Redox-Coenzymen** gehören die Verbindungen in (3.12), die sich grob in N-Heterozyklen, chinoide Systeme und Schwefel-Verbindungen unterteilen lassen. Die 5,6,7,8-Tetrahydro-Form der den Flavinen verwandten Folsäure ist als wichtiger Überträger von C_1-Fragmenten ebenfalls aufgeführt.

Redox-Coenzyme (3.12)

X = H: Nicotinsäureamid-adenin-dinukleotid (NAD$^+$)
X = PO$_3^{2-}$: Nicotinsäureamid-adenin-dinukleotid-phosphat (NADP$^+$)

Dehydroascorbinsäure   Ascorbinsäure (Vitamin C)

X = H: Riboflavin (Vitamin B$_2$, vgl. 2.2)   5,10-Dihydroriboflavin
X = PO$_3^{2-}$: FMN (Flavinmononukleotid)   (FMNH$_2$)
X = Adenosindiphosphat: FAD (Flavinadenindinukleotid)   (FADH$_2$)

(3.12, Fortsetzung)

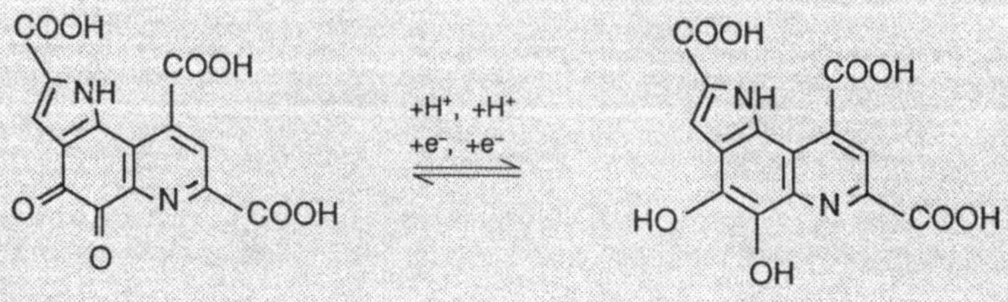

Methoxatin (ortho-Chinon-Form)
Cofaktor PQQ

(Catechol-Form)

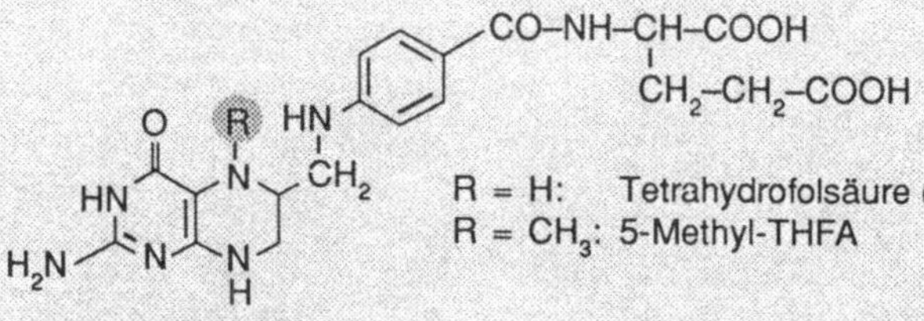

$+H^+$, $+H^+$
$+e^-$, $+e^-$

R = H: Tetrahydrofolsäure (THFA)
R = CH_3: 5-Methyl-THFA

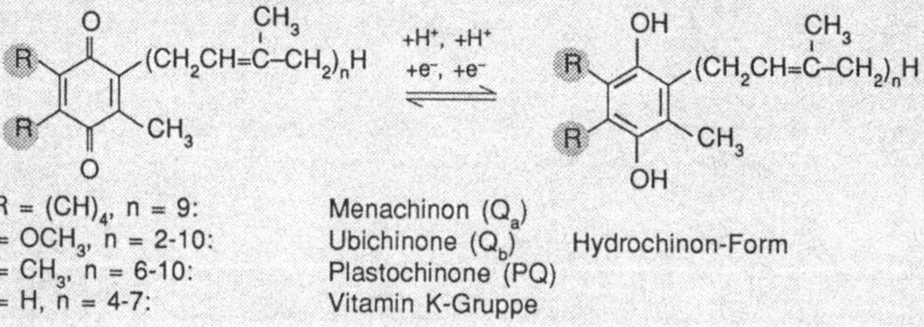

$+H^+$, $+H^+$
$+e^-$, $+e^-$

2 R = $(CH)_4$, n = 9: Menachinon (Q_a)
R = OCH_3, n = 2-10: Ubichinone (Q_b) Hydrochinon-Form
R = CH_3, n = 6-10: Plastochinone (PQ)
R = H, n = 4-7: Vitamin K-Gruppe

$+2H^+$,
$+2e^-$

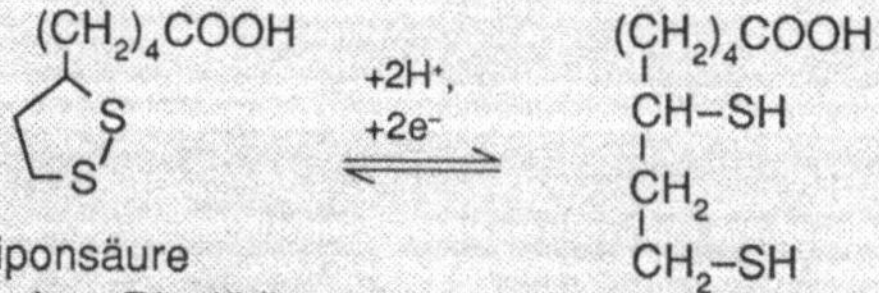

Liponsäure
(zyklisches Disulfid)

(Dithiol-Form)

3.2.4 Alkylierungs-Reaktionen

Im mikrobiologischen Bereich, bei Biosynthesen wie auch in toxikologischem Zusammenhang sind Methylcobalamin-induzierte "Bio-"Methylierungen von großer Bedeutung (vgl. Kap. 17.3 und 17.5). Während Methylgruppen mit elektrophilem Charakter, d.h. "positiver Teilladung" durch S-Adenosylmethionin (Adenosyl)(CH$_3$)S$^+$–CH$_2$–CH$_2$–CH(NH$_3^+$)CO$_2^-$ oder 5-Methyltetrahydrofolsäure (3.12) zur Verfügung gestellt werden, erfordert eine Methylierung elektrophiler *Substrate* dagegen eine metallorganische Verbindung, die entweder mehr carbanionisch (S$_{N^2}$-Reaktion) oder auch radikalisch im Sinne einer Einelektronenübertragung reagieren kann (vgl. 3.4). Die Methylierung von Verbindungen edler, "weicher" Elemente wie etwa des Selens oder des Quecksilbers (3.13) mit Oxidationspotentialen E$_0$ > 0 V erfolgt vermutlich eher über einen carbanionischen Mechanismus, während weniger edle Elemente wie Arsen oder Zinn (E$_0$ < 0 V) aus ihren Verbindungen wahrscheinlich über radikalische Reaktionswege alkyliert werden (s. Kap. 17.3). In jedem Falle entstehen hierbei sehr toxische Spezies wie etwa das Methylquecksilber-Kation (CH$_3$)Hg$^+$, die einerseits unter physiologischen Bedingungen ausreichend beständig sind, wegen ihres gemischt hydrophilen/hydrophoben Charakters andererseits die Blut-Hirn-Schranke überwinden und dort unter anderem schwefelhaltige Enzyme desaktivieren können (Kap. 17.5). Im Gegensatz zum Coenzym B$_{12}$ findet sich das Methylcobalamin bei Säugetieren weniger in der Leber als im Blutkreislauf.

$$Hg^{2+} \; + \; CH_3-[Co^{III}] \;\longrightarrow\; (CH_3)Hg^+ \; + \; [Co^{III}]^+ \tag{3.13}$$

Eine biologisch wertvolle, Cobalamin-Enzyme erfordernde Methylierung betrifft das Substrat Homocystein (*homo* = um ein Kettenglied verlängert); dabei entsteht die essentielle Aminosäure Methionin (Methionin-Synthetase aus *E. coli*; MATTHEWS, DRUMMOND; 3.14).

$$
\begin{array}{l}
H_3N^+ \qquad\qquad\qquad CH_3 \qquad H_3N^+ \\
\;|\qquad\qquad\qquad\qquad\; | \qquad\quad\; | \\
CH-CH_2-CH_2-S^- \; + \; [Co^{III}] \;\longrightarrow\; CH-CH_2-CH_2-S-CH_3 \; + \; [Co^I]^- \\
\;|\qquad\qquad\qquad\qquad\qquad\qquad\qquad\quad | \\
{}^-OOC \;\; \text{Homocystein} \qquad\qquad {}^-OOC \qquad \text{Methionin}
\end{array}
\tag{3.14}
$$

Methylierung, z.B. durch 5-Methyl-THFA (3.12)

In Mikroorganismen, speziell acetogenen (3.15) und methanogenen Bakterien (s. Abb. 1.2), sind methylübertragende cobaltcorrinoide Enzyme von großer Bedeutung. Im Rahmen der bakteriellen CO$_2$-Fixierung sind sie unter anderem daran beteiligt, die Methylübertragung von 5-Methyltetrahydropterinen (Pter-N$_5$)-CH$_3$ unter Einschluß einer Carbonylierung (vgl. Kap. 9.4) auf Coenzym A (Tab. 3.1) unter Bildung von Acetyl-*CoA* als "aktivierter Essigsäure" zu katalysieren (3.15; DIEKERT).

$$CO_2 + CO + 6\ \text{``H''} + HSCoA \;\rightleftharpoons\; CH_3C(O)SCoA + 2\ H_2O$$

(3.15)

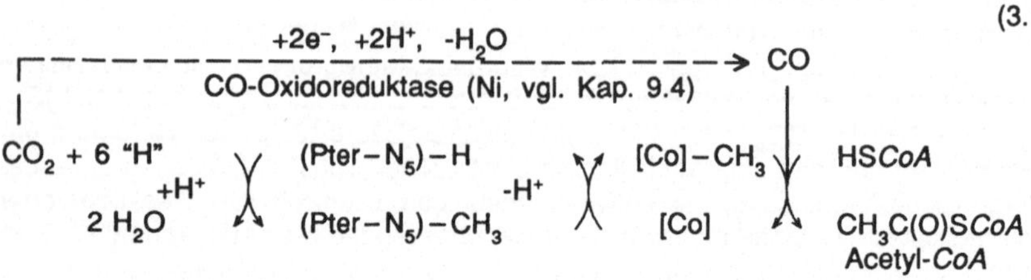

An der Methanbildung selbst ist der nickelhaltige porphinoide Faktor 430 direkt beteiligt (Kap. 9.5); es wurden jedoch auch Membranproteine mit hohem Cobaltcorrinoid-Gehalt und recht variablen Nukleotidbasen für die fünfte "Steuer"-Koordinationsstelle in Mikroorganismen gefunden (SCHULZ et al.). Über einen Elektronentransfer und ggf. koordinative Aktivität sind diese Zentren vermutlich an der Synthese von Coenzym M ($H_3CSCH_2CH_2SO_3^-$, vgl. Kap. 9.5), des letzten Methylträgers vor der Methanproduktion, beteiligt.

3.3 Modellsysteme und Rolle des Apoenzyms

Wegen der Empfindlichkeit und wenig variablen Löslichkeit der eigentlichen Cobalamine sowie wegen der synthetischen Attraktivität Coenzym B_{12}-katalysierter Reaktionen besteht ein Bedarf an geeigneten Modellverbindungen. Schon sehr früh hat SCHRAUZER erkannt, daß die Bis(diacetyldioximat)-Komplexe (3.16), die über eine doppelt Wasserstoffbrücken-verknüpfte und damit quasi-makrozyklische Chelatring-Struktur verfügen, gute Modelle für B_{12}-Systeme darstellen; noch besser eignen sich die COSTAschen Komplexe (COSTA, MESTRONI, STEFANI). Weitere Modellkomplexe enthalten den ebenfalls quadratisch planar chelatisierenden Liganden Bis(salicylaldehyd)ethylendiimin (*salen*, 3.16).

(3.16)

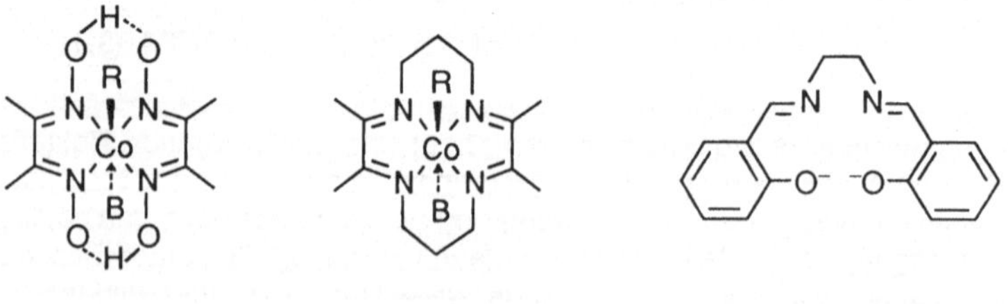

Cobaloxim   Costa-Komplex   *salen*-Ligand

B: Base

All diese Modellverbindungen wie auch die Cobalt-Porphyrine besitzen den Nachteil, daß die supernukleophile Co(I)-Stufe unter physiologischen Bedingungen weit weniger beständig ist als bei Cobalt-Corrin-Systemen; besser, allerdings auch aufwendiger, sind die "Cobester"-Komplexe, bei denen im Vergleich zum B_{12}-System der Nukleotid-Teil fehlt (KRÄUTLER).

Die Bedeutung der Modellsysteme für mechanistische Fragestellungen geht beispielsweise aus Studien mit axialen Phosphan-Liganden unterschiedlichen Raumbedarfs und verschiedener Basizität an Cobalt-Porphyrinen einerseits und Cobaloximen als Corrin-Modellverbindungen andererseits hervor (GENO, HALPERN). Die Untersuchungen legen nahe, daß die Aktivierung, etwa ein Benzyl-Cobalt-Bindungsbruch, bei Porphyrin-Komplexen vor allem durch elektronische Effekte (Basizität), bei den Cobaloximen jedoch durch den Raumbedarf des 6. Liganden beeinflußt wird. Diese Beobachtung scheint die Signifikanz der Nichtplanarität bei Cobalt-Corrin-Komplexen zu bestätigen und läßt eine vorwiegend sterische Kontrolle der Radikalbildung im Enzym vermuten ($\rightarrow$ entatischer Zustand); immerhin reagieren B_{12}-Enzyme um ca. 10 Größenordnungen schneller als der freie Cofaktor. Neuere strukturelle Daten von KRÄUTLER, KELLER und KRATKY für ein Co(II)-Cobalamin zeigen gegenüber Co(III)-Analogen kaum veränderte Geometrie in der Bindung zum Corrin-Ring, was der Geschwindigkeit der Elektronenübertragung zugute kommt (geringe Reorganisationsenergie wegen vernachlässigbarer Konformationsänderungen, s. Kap. 6.1). Die Bindung zum Dimethylbenzimidazol-Steuerliganden ist allerdings verkürzt, wodurch die *out-of plane*-Situation für das Metallzentrum stärker ausgeprägt wird ($\rightarrow$ Co$-$C-Bindungsschwächung). Diese Kooperativität von Liganden X und Y (2.6) findet sich an prominenter Stelle bei der reversiblen Bindung von O_2 an Häm-Eisenzentren wieder (s. Kap. 5).

Trotz umfassender Kenntnisse über Aufbau und Reaktivität der B_{12}-Coenzyme und ihrer Modellverbindungen besteht noch weitgehende Unkenntnis bezüglich der Verhältnisse in den Enzymen und der Details von Reaktionsmechanismen (GOLDING); die hier angeführten enzymatisch-katalytischen Zyklen (3.10, 3.15) besitzen daher lediglich Modellcharakter. Klar erscheint jedoch, daß die einzigartige Funktion des Elements Cobalt in den B_{12}-Systemen in der Toleranz einer Bindung zu primären Alkylgruppen liegt, welche durch gezielte Aktivierung als spezifisch reagierende und reversibel einfangbare Radikale freigesetzt werden können.

4 Metalle im Zentrum der Photosynthese: Magnesium und Mangan

Sowohl das Hauptgruppenelement Magnesium als auch das Übergangsmetall Mangan (WIEGHARDT) besitzen neben ihrer Funktion im Bereich der Photosynthese große Bedeutung als Zentren von hydrolytischen Enzymen, insbesondere von Phosphatasen (Kap. 14.1). Mangan spielt darüber hinaus eine Rolle als Redoxzentrum für bestimmte Formen von Ribonukleotid-Reduktase (vgl. Kap. 7.6.1), Katalase (Kap. 6.3) und Superoxid-Dismutase (Kap. 10.5). Obwohl am photosynthetischen Gesamtprozeß auch noch Eisen- und Kupfer-Zentren für den Elektronentransfer innerhalb der Membranproteine wesentlich beteiligt sind, beschränkt sich dieses, der für Lebewesen wohl wichtigsten chemischen Reaktion gewidmete Kapitel, auf zwei elementare Teilbereiche der Photosynthese: die Aufnahme von Licht und die damit bewerkstelligte Ladungstrennung durch magnesiumhaltige Chlorophylle sowie die Mangan-katalysierte Oxidation von Wasser zu Sauerstoff bei Cyanobakterien, Algen und den höheren Pflanzen.

4.1 Umfang und Gesamteffektivität der Photosynthese

Die in den letzten Jahren zunehmend ins Bewußtsein getretene Abhängigkeit von fossilen Brennstoffen und die durch deren Verbrennung stetig steigende Anreicherung der Erdatmosphäre an Kohlendioxid haben zu verstärkten wissenschaftlichen Bemühungen um ein Verständnis der Photosynthese geführt. Dieser chemische Prozeß, häufig entsprechend (4.1) subsumiert, ist grundlegend für die Existenz höherer Lebewesen auf der Erde; die Erzeugung reduzierter Kohlenstoffverbindungen ("organisches" Material, einschließlich fossiler Brennstoffe) einerseits und die Produktion von Sauerstoff andererseits beruhen auf diesem energieverbrauchenden Prozeß.

$$H_2O \ + \ CO_2 \quad \underset{\substack{\text{Atmung} \\ \text{(katalysiert)}}}{\overset{\substack{\text{Photosynthese} \\ \text{(katalysiert)}}}{\rightleftharpoons}} \quad 1/n \ (CH_2O)_n \ + \ {}^3O_2 \qquad (4.1)$$

$$\Delta H \ = \ +470 \ \text{kJ/Mol}$$

Fortschritte auf vielen Einzelgebieten, z.B. der Proteinkristallographie (DEISENHOFER, MICHEL), der Laser-Kurzzeitspektroskopie (BEDDARD; HOLZAPFEL et al.) oder der hochauflösenden magnetischen Resonanz (LUBITZ, BABCOCK) haben es mittlerweile ermöglicht, auch elementare Schritte des extrem komplexen photosynthetischen Reaktionsgeschehens zu untersuchen. Zum Ausdruck kam dies unter anderem durch die Verleihung des Chemie-Nobelpreises 1988 für die Strukturaufklärung eines bakteriellen photosynthetischen Reaktionszentrums an J. DEISENHOFER, R. HUBER UND H. MICHEL. Für die Chemie wäre das Nachvollziehen einer solchen Photo-Synthese im Rahmen von Modellsystemen besonders reizvoll, da hier mit einer kostenlosen, un-

schädlichen und relativ "verdünnten" Energieform wertvolle (energiereiche) Substanzen aus einfachsten, energiearmen Ausgangsmaterialien erzeugt werden. Solche Modellsysteme sind jedoch bislang über sehr begrenzte Erfolge bei Teilprozessen der Photosynthese, etwa der Reduktion des Wassers mit Hilfe von Sonnenlicht, nicht hinausgekommen; dies hängt mit den extrem schwierig zu erfüllenden Anforderungen für eine "uphill-Katalyse" zusammen und erklärt den hohen Grad an Komplexität von photosynthetischen "Apparaten" in der Biologie (WITT; MÄNTELE; NORRIS, SCHIFFER).

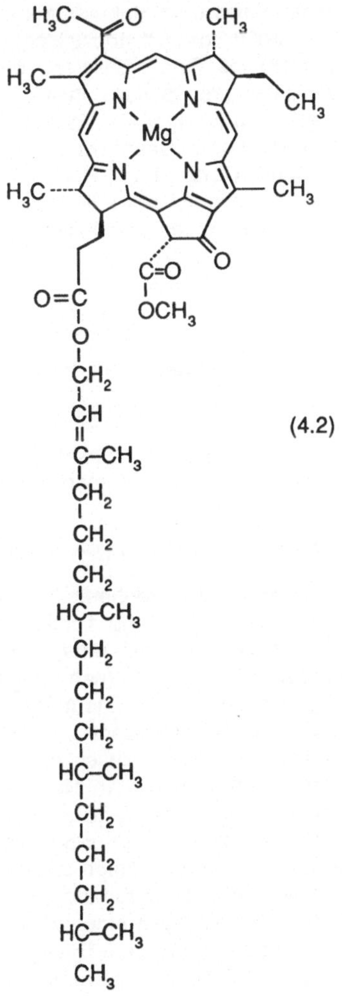

Photosynthetisieren können einige Bakterien, Algen sowie grüne Pflanzen. Purpurbakterien wie etwa *Rhodopseudomonas viridis* besitzen einen vergleichsweise einfachen photosynthetischen Apparat ohne die Fähigkeit zur Oxidation von Wasser (DREWS, OELZE); die Photosynthese dient hier primär der ladungsinduzierten Erzeugung eines transmembranen Protonengradienten (pH-Unterschied) und – in der Folge – der Synthese von energiereichem Adenosintriphosphat (ATP) aus Adenosindiphosphat (ADP-Phosphorylierung; vgl. 14.2). Statt des Wassers können von anaerob lebenden Bakterien auch andere Substrate wie etwa Schwefelwasserstoff (H_2S) oder H_2 oxidiert werden. Bei den höheren Organismen findet das Primärgeschehen in den vielfach gefalteten scheibenförmigen Thylakoid-Membranvesikeln (vgl. Abb. 4.8) im Inneren der Chloroplasten statt (ANDERSON, ANDERSSON), und auch bei einfachen Bakterien handelt es sich um einen Membran-umspannenden Prozeß (vgl. Abb. 4.2 A, B). Da die Immobilisierung und definierte gegenseitige Orientierung der Pigmente und Reaktionszentren wesentlich für den Erfolg der Photosynthese

(4.2)

Bakteriochlorophyll *a*

sind, besitzen die sich in bezug auf einzelne Substituenten etwas unterscheidenden Chlorophyll-Moleküle (2.5, 4.2) generell lange aliphatische Phytyl-Seitenketten zur Verankerung in der hydrophoben, ca. 0.5 nm dicken Phospholipid-Membran (vgl. Abb. 13.5).

Die photo*synthetische* Leistung grüner Pflanzen wird bei normaler Sonnen-einstrahlung mit einer Produktion von ca. 1g Glukose pro Stunde pro 1 m^2 Blattfläche angenommen. Im globalen Maßstab spielen auch die photosynthetisierenden Algen eine große Rolle (Phytoplankton), da die Wasserbedeckung der Erde ca. 71 % beträgt. Obwohl die Gesamteffizienz der Photosynthese, gemessen als Erzeugung von Brennwert pro Flächeneinheit im Vergleich zur eingestrahlten Sonnenenergie im Mittel wesentlich weniger als 1% ausmacht, ist der weltweite Massenumsatz gewaltig: ca. 200 Milliarden Tonnen Kohlenhydrat-Äquivalente $(CH_2O)_n$ werden jährlich aus CO_2 erzeugt (COYLE, HILL, ROBERTS). Die Effizienz der rein *physikalischen* Energie-transformation Licht → Redoxpotentialdifferenz ist im übrigen mit ca. 20% vergleich-bar zu sehr guten photovoltaischen Elementen.

4.2 Primärprozesse der Photosynthese

Was sind die Voraussetzungen für eine Photosynthese und welche Rolle spielen dabei anorganische Komponenten?

4.2.1 Licht-Absorption (Energieaufnahme)

Das auf der Erdoberfläche zur Verfügung stehende Sonnenlicht schließt den für das menschliche Auge sichtbaren Wellenlängenbereich von ca. 380 – 750 nm mit ein; ein beträchtlicher Anteil der verfügbaren solaren Photonen besitzt auch noch größere Wellenlängen (naher Infrarotbereich, bis etwa 1000 nm). Für eine Umwand-lung von Licht dieser Energie (1.24 – 3.26 eV) ist zunächst die effiziente Absorption möglichst vieler Photonen erforderlich. Dies wird durch verschiedene organische Farbstoff-Pigmente, einschließlich von Chlorophyll-Molekülen, gewährleistet, die sich in der vielfach gefalteten Membran mit ihrer hohen (inneren) Oberfläche und daher hohem Einfangquerschitt befinden (vgl. Abb. 4.2). Chlorophylle selbst besitzen ein konjugiertes Tetrapyrrol-π-System (2.5, 4.2), welches eine hohe Absorptivität (mola-re Extinktionskoeffizienten ca. 10^5 M^{-1} cm^{-1}) am langwelligen und kurzwelligen Ende des sichtbaren Spektrums besitzt. Die nach Absorption übrigbleibenden Komplemen-tärfarben blau (nach langwelliger Absorption) und gelb (nach kurzwelliger Absorp-tion) ergänzen sich zum "Blattgrün". Ausgehend vom völlig ungesättigten Porphyrin-π-System (2.4) führt die teilweise Hydrierung von Pyrrol-Ringen zu einer Verschie-bung der Absorption in den langwelligen Bereich. Die im Gegensatz zu den norma-len Chlorophyllen (2.5) zweifach dihydrierten Bakteriochlorophylle (4.2) absorbieren

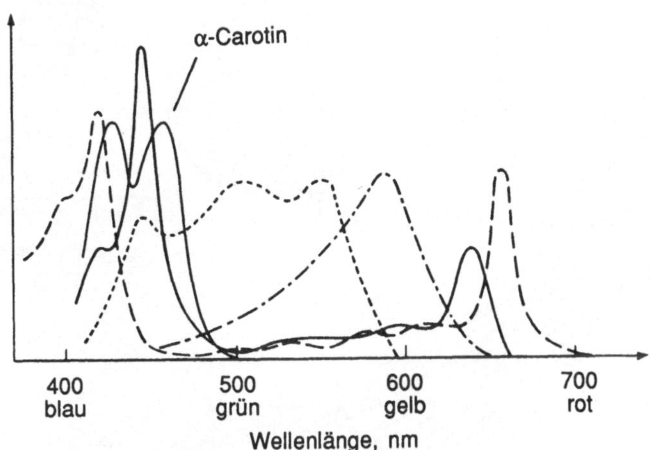

Abbildung 4.1: Absorption verschiedener Algen- und Blattfarbstoffe (nach Coyle, Hill und Roberts): Chlorophyll *a* (--), Chlorophyll *b* (—), α-Carotin (—), Phycocyanin (-·-·), Phycoerythrin (----)

daher Licht besonders niedriger Energie, im nahen Infrarot-Bereich. Carotinoide und offenkettige Tetrapyrrol-Moleküle (Bili-Farbstoffe) ergänzen die Chlorophyll-Pigmente (Huber), so daß ein breiter Spektralbereich überdeckt wird (Abb. 4.1); die Auftrennung derartiger Blattfarbstoffe stand am Beginn der Chromatographie (M. Tswett, 1906). Nicht-grüne carotinoide Blattfarbstoffe sind nach dem Zerfall des im freien, ungeschützten Zustand recht instabilen Chlorophylls am Ende der Wachstumsperiode sichtbar (Herbstfarben).

4.2.2 Excitonen-Transport (gerichtete Energieübertragung)

Durch die nur ca. 10^{-15} s in Anspruch nehmende Energieaufnahme in Form von Lichtquanten geraten absorbierende Farbstoffe in einen kurzlebigen, elektronisch angeregten (Singulett-)Zustand, der im Prinzip zu einer Ladungstrennung führen könnte. Es ist jedoch angesichts der recht geringen Photonendichte des diffusen Sonnenlichts (Absorptionsrate < 1 Photon pro Pigmentmolekül pro Sekunde) und der notwendigerweise sehr raschen Ladungstrennung ökonomischer, den überwiegenden Teil (> 98%) der Chlorophyll-Moleküle zur *Lichtsammlung* zu verwenden ("light harvesting"). Für die Weiterleitung aufgenommener Energie in Form angeregter Zustände ("Excitonen") an die eigentlichen Reaktionszentren, die weniger als 2% der Chlorophyll-Moleküle enthalten, ist ein weitgehend verlustfreier Excitonen-Transport erforderlich.

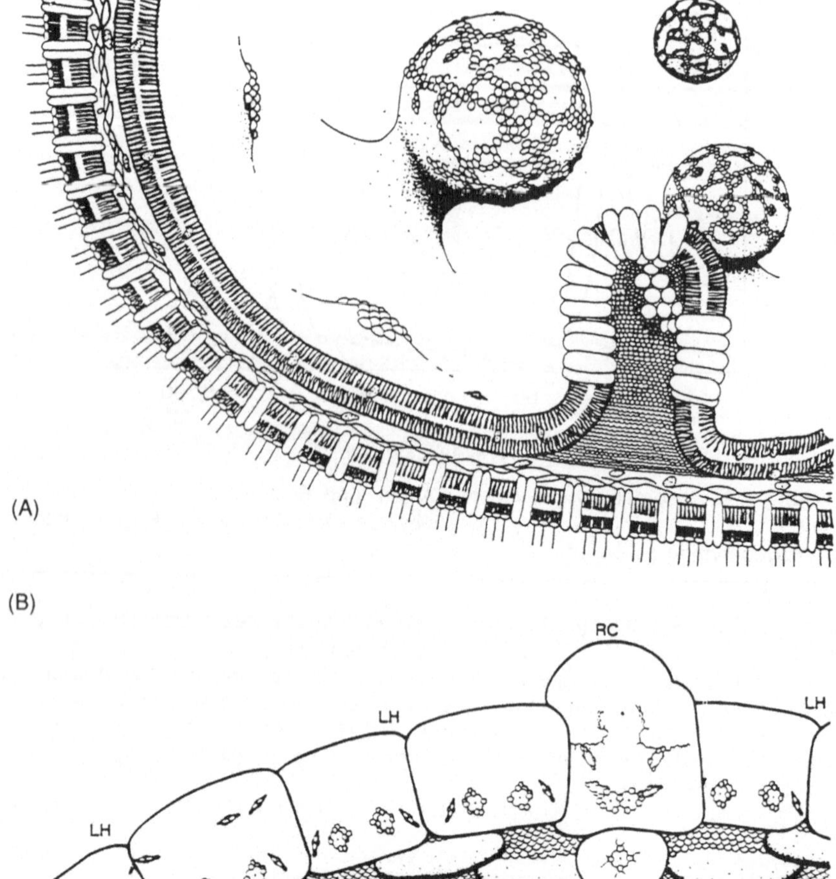

Abbildung 4.2: (A) Modell der Membran von *Rhodobacter sphaeroides* mit Einschnürungen, welche die photosynthetischen Zentren enthalten; (B) Modell für die Anordnung der Bakteriochlorophyll-Moleküle in Lichtsammelproteinen (LH) und Reaktionszentren (RC) innerhalb der Membraneinschnürung (Fortsetzung nächste Seite)

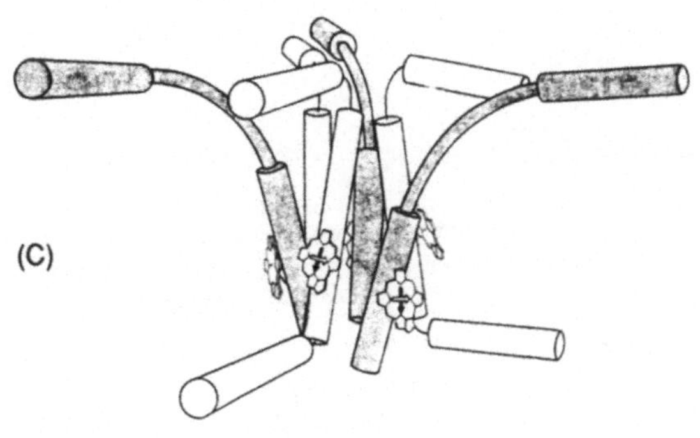

Abbildung 4.2, Fortsetzung: (C) Modellstruktur aus zylindrisch dargestellten Proteinhelices und Chlorophyll-"Scheiben" für einen typischen Lichtsammelprotein-Komplex (nach HUNTER, VAN GRONDELLE, OLSON).

Ermöglicht wird diese weder Massen- noch Ladungstransfer erfordernde *Energie*-Übertragung durch formales Hintereinanderschalten (Abb. 4.2) von zahlreichen Chlorophyll-Chromophoren in Form eines Netzwerks von sogenannten Antennen-Pigmenten (ZUBER; HUNTER, VAN GRONDELLE, OLSEN) welche aufgrund räumlicher Nähe und einer speziellen, definierten Orientierung zueinander die Lichtenergie mit 95%iger Effizienz innerhalb 10 – 100 ps bis zum Reaktionszentrum weiterleiten können (FÖRSTER-Mechanismus des Resonanztransfers durch spektrale Überlappung von Emission-Banden der Excitonenquelle mit Absorptionsbanden des Exciton-Akzeptors; MÄNTELE). Ein solcher Mechanismus existiert auch für den Excitonen-Transfer von anderen, kurzwelliger und damit höherenergetisch absorbierenden Pigmenten zu den Reaktionszentren (Energieübertragung entlang eines Energiegradienten, Abb. 4.3), so daß in den Lichtsammelkomplexen der photosynthetischen Membran ein spektral wie räumlich (Faltung !) hoher optischer Einfangquerschnitt resultiert.

Die Rolle des Magnesiums im Chlorophyll ist zunächst darin zu sehen, daß der möglichst verlustfreie Excitonen-Transfer durch ein ganzes Cluster-Netzwerk von Antennen-Pigmenten einen hohen Grad an dreidimensionaler Ordnung erfordert (Abb. 4.2). Dazu gehört unter anderem eine wohldefinierte räumliche Orientierung der Chlorophyll-π-Systeme zueinander, wie sie nicht nur durch die Verankerung in der Membran durch die Phytyl-Seitenkette, sondern vor allem durch koordinative Inanspruchnahme der *beiden* offenen Koordinationsstellen am Metall (vgl. 2.6) durch regulierende Peptid-Liganden gewährleistet werden kann (Dreipunkthaftung für Fixierung im Raum).

Unter komplexchemischen Gesichtspunkten ist die direkte *in vitro*-Chlorophyll-Aggregation des Dihydrats eines Chlorophyll-Derivats (Ethyl- statt Phytyl-Seitenkette) in Form eindimensionaler Koordinationspolymerer interessant (Abb. 4.4). Die koordinativ zweifach ungesättigten, Lewis-aciden (d.h. Elektronenpaar-akzeptierenden) Magnesium-Zentren können über dipolare, wasserstoffbrückenbildende Wassermoleküle als Brücken mit den Lewis-basischen Carbonyl-Gruppen im für Chlorophylle charakteristischen zusätzlichen Cyclopentanon-Ring in Wechselwirkung treten. Eine solche direkte Verknüpfung erfolgt in den Lichtsammelproteinen jedoch nicht (Abb. 4.2).

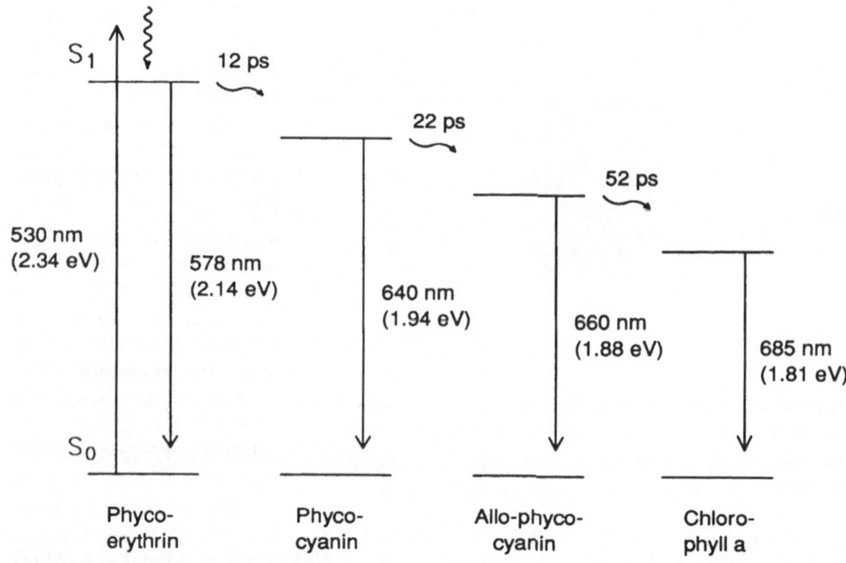

Abbildung 4.3: Energietransfer-Kaskade für Antennen-Pigmente im Lichtsammel-Komplex der Alge *Porphyridium cruentum* (nach BEDDARD). Die Daten an den vertikalen Pfeilen geben die Absorptions($\uparrow$)- bzw. Emissionswellenlängen an ($\downarrow$); S_0 bezeichnet den Singulett-Grundzustand, S_1 einen angeregten Singulett-Zustand.

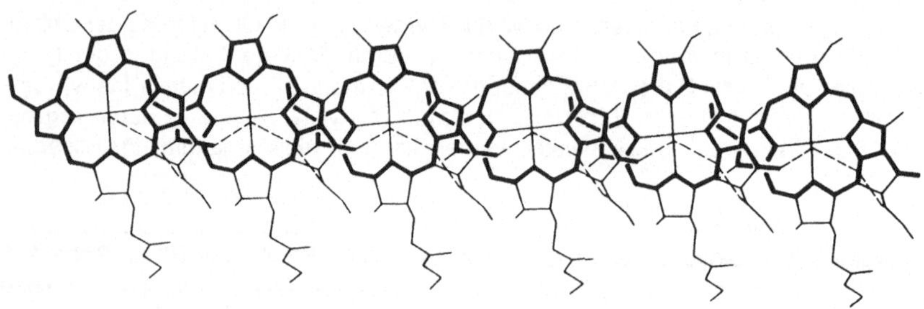

Abbildung 4.4: Struktur des eindimensionalen Aggregats in Kristallen von Ethylchlorophyllid-Dihydrat (CHOW, SERLIN, STROUSE). π-Elektronenkonjugation ist durch Fettdruck, verknüpfende H-Brücken-Bindungen durch Wassermoleküle sind durch unterbrochene Linien dargestellt.

Exakt definierte räumliche Ausrichtung, z.B. die Anordnung der Tetrapyrrol-Ring-ebenen parallel zur Membranebene (HUNTER, VAN GRONDELLE, OLSEN) und die daraus resultierende hochgradige Organisation in den Lichtsammelsystemen sind mithin nur bei Vorhandensein eines koordinativ *zweifach* ungesättigten elektrophilen Metallzentrums im Makrozyklus möglich. Von den Metallen mit der richtigen Größe (Tab. 2.7), ausreichender Häufigkeit (nicht-katalytische Funktion!) und einer starken Tendenz zur koordinativen Sättigung erst bei Koordinationszahl 6 bleibt in der Reihe der Hauptgruppenmetallionen nur Mg^{2+} übrig. Magnesium ist auch deshalb sehr gut geeignet, weil es als leichtes Atom (Ordnungszahl 12) eine geringe Spin-Bahn-Kopplungskonstante besitzt. Schwere Elemente, auch Hauptgruppenmetalle, könnten über ihre höheren Spin-Bahn-Kopplungskonstanten einen Übergang (Inter-System-Crossing, ISC) vom sehr kurzlebigen Singulett- zum wesentlich längerlebigen Triplett-angeregten Zustand fördern und damit die notwendigerweise sehr raschen Primärereignisse der Photosynthese stark verlangsamen; eine effektive Konkurrenz unerwünschter Licht- oder Wärme-produzierender Prozesse wäre die Folge. Weshalb insbesondere Übergangsmetalle sich nicht als Zentralatome von Chlorophyllen eignen, hängt auch mit dem nächsten Schritt der Photosynthese zusammen: der Ladungstrennung.

4.2.3 Ladungstrennung und Elektronentransport

Gelangt excitonische Energie in ein photosynthetisches "Reaktionszentrum", so kann dort der wesentliche Schritt zur separaten Erzeugung einer elektronenreichen reduzierten Komponente und eines elektronenarmen oxidierten Bestandteils erfolgen. Insbesondere seit der Strukturaufklärung bakterieller Reaktionszentren durch Röntgenbeugung an Einkristallen (Abb. 4.5) haben sich die Vorstellungen über die Funktionen der beteiligten molekularen Komponenten (Tab 4.1) konkretisiert (DEISENHOFER, MICHEL; HUBER; NORRIS, SCHIFFER; ALLEN et al.).

Die nur ein Photosystem besitzenden Purpurbakterien *Rhodopseudomonas viridis* und *Rhodopseudomonas sphaeroides* zeigen in bezug auf das photosynthetische Reaktionszentrum Gemeinsamkeiten, aber auch Unterschiede. In beiden Fällen ist das Reaktionszentrum in einem Polyprotein-Komplex angesiedelt, der *in vivo* die Membran umspannt. Auf der Symmetrieachse der angenähert C_2-symmetrisch aufgebauten Reaktionszentren befindet sich jeweils ein Bakteriochlorophyll-Dimer, das sogenannte "special pair" (BC/BC, Abb. 4.6). Die Asymmetrie dieser π-Dimeren (ca. 15° Diederwinkel der Chlorin-Ebenen) ist für beide Organismen unterschiedlich ausgeprägt; strukturelle Untersuchungen legen nahe, daß die Aggregation unter anderem über eine koordinative Wechselwirkung zwischen den Acetylgruppen am Pyrrol-Ring und den Metallzentren erfolgen könnte (HUBER). Aufgrund der π-Wechselwirkung kann das "special pair" als Elektronendonor fungieren; die elektronische Anregung des auch als P960 (Pigment mit langwelligem Absorptionsmaximum bei 960 nm) bezeichneten Dimeren führt innerhalb extrem kurzer Zeit zu einer ersten Ladungstrennung. Das energetisch angehobene Elektron des elektronisch angeregten Dimeren wird dabei kurzzeitig auf einen primären Akzeptor, ein *monomeres* Bakteriochlorophyll(BC)-Molekül übertragen (Abb. 4.6 und 4.7).

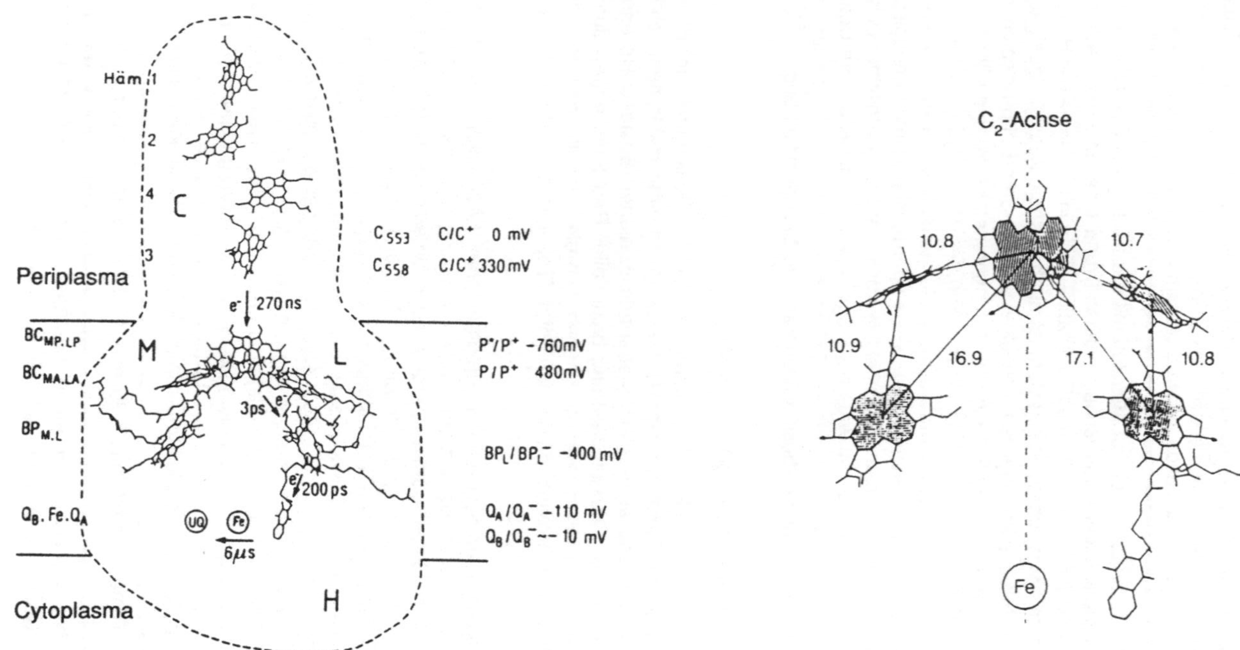

Abbildung 4.5: Photosynthetisches Reaktionszentrum von *Rhodopseudomonas viridis*. Links: Anordnung elektronenübertragender Komponenten im Membranproteinkomplex (Proteinuntereinheiten C, L, M, H) sowie einige Potentiale für Redoxpaare. Rechts: Orientierung und Abstände (in Å = 0.1 nm, von Zentrum zu Zentrum) der zentralen elektronenübertragenden Gruppen (nach HUBER und KNAFF)

Strukturbestimmung durch Röntgenbeugung

An dieser Stelle kann – wie auch bei der Skizzierung anderer physikalischer Untersuchungsmethoden – keine vollständige Darstellung der Strukturanalyse durch Beugungsmethoden erfolgen. Es soll hier jedoch auf das Prinzip und die konkrete Problematik dieser Methode im bioanorganischen Bereich sowie auf ihre Vor- und Nachteile eingegangen werden.

Bei der Strukturbestimmung durch Röntgenbeugung werden einheitlich kristallisierende Systeme mit monochromatischer Röntgenstrahlung untersucht. Die mathematische Analyse des resultierenden Beugungsmusters kann dann eine Vorstellung über die räumliche Verteilung der Elektronendichte in der Elementarzelle, der periodisch wiederkehrenden Einheit des Einkristalls, und damit auch der molekularen Gestalt liefern (vgl. Abb. 2.7).

Eine besonders im biochemischen Bereich schwierig zu erfüllende Voraussetzung ist zunächst die Züchtung ausreichend großer (mm-Bereich) und qualitativ geeigneter Einkristalle, so daß allein schon aus diesem Grunde die Zahl der strukturell gut untersuchten Metalloproteine relativ klein ist (ARMSTRONG). Große Proteine besitzen sehr viele Freiheitsgrade und sind häufig nur unter ganz bestimmten Bedingungen (Temperatur, Lösungsmedium, pH) zur Ordnung in einen Einkristall-Verband zu bringen. Hydrophilie und Befähigung zur Wasserstoffbrücken-Bindung führen im allgemeinen zum Einschluß von Wassermolekülen bei der Kristallisation (vgl. Abb. 12.3). Ein sehr großes Problem, die Strukturaufklärung von nur innerhalb einer biologischen Membran existenzfähigen Proteinen, konnte erst durch Verwendung von mitkristallisierenden, Membran-analogen Detergentien gelöst werden (MICHEL); nur dadurch wurde die im Jahr 1988 mit dem Nobelpreis für Chemie honorierte Strukturaufklärung eines Reaktionszentrums der bakteriellen Photosynthese mittels Röntgenbeugungsmethoden möglich.

Der mathematisch-rechentechnische Aufwand einer Strukturaufklärung ist bei komplexen Proteinen mit sehr großer Atomzahl wesentlich höher als bei niedermolekularen Verbindungen. Das resultierende Multiparameter-Problem ist häufig selbst bei guten Datensätzen nur bis zu einer chemisch nicht immer befriedigenden molekularen "Auflösung" von etwa 0.3 nm oder gar mehr lösbar, so daß dann nur eine diffuse Grobstruktur erkennbar ist. Bindungswinkel und -längen zwischen leichten, schwach beugenden Atomen wie etwa C, N oder O sind dann nicht mit ausreichender Genauigkeit zugänglich. Wasserstoffatome sind unter den Bedingungen der Proteinkristallographie mit Röntgenbeugungsverfahren praktisch nicht zu lokalisieren. Der Vorteil, das Phasenproblem der Kristallstrukturanalyse über die primäre Identifikation der Schweratome lösen zu können, hat zu einer relativ frühen Strukturbestimmung wichtiger Metall-Verbindungen im biochemischen Bereich geführt (vgl. Kap. 2.3.2 und 5.2).

Ein wichtiger und nicht immer leicht zu entkräftender Einwand in bezug auf den Informationsgehalt von Einkristall-Strukturanalysen betrifft den weitgehend statischen Charakter kristalliner Systeme. Gerade bei biochemisch aktiven Verbindungen ist es denkbar und in einigen Fällen auch gezeigt worden, daß wesentliche Strukturmerkmale (Konformationen) im Kristall und in Lösung unterschiedlich sein können. Abgesehen von einer möglichen Konformationsänderung bei der notwendigerweise sehr raschen Reaktion mit dem Substrat haben neuere Untersuchungen mittels hochauflösender NMR-Spektroskopie einerseits und kristallographische Studien des Temperatureffektes bei kristallisierten Verbindungen andererseits einiges zum Verständnis auch der molekularen Dynamik biochemischer Systeme beigetragen.

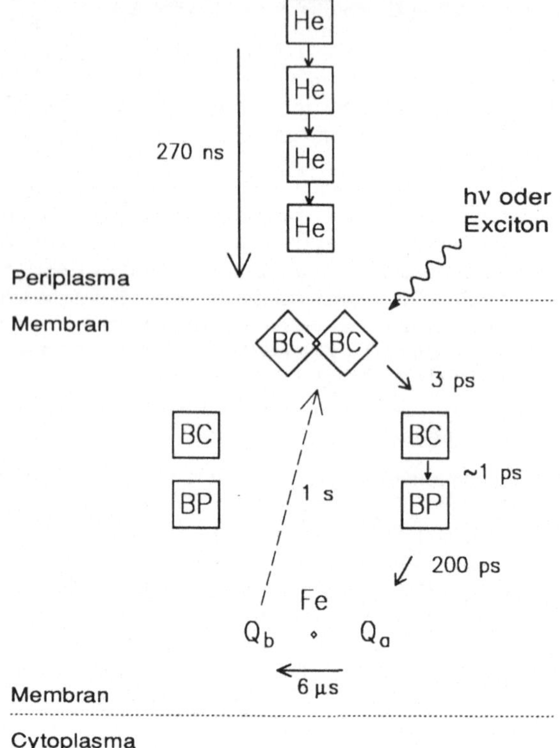

Abbildung 4.6: Schematische Darstellung des zeitlichen und räumlichen Ablaufs der lichtinduzierten Ladungstrennung im Reaktionszentrum der bakteriellen Photosynthese (*Rhodopseudomonas viridis*; nach DEISENHOFER, MICHEL; HUBER).
He: Häm-Systeme; BC: Bakteriochlorophyll; BP: Bakteriophäophytin; Q: Chinone.

Der zweite Schritt des Elektronentransports besteht in der Übertragung negativer Ladung zum sekundären Akzeptor Bakteriophäophytin (BP), einem Bakteriochlorophyll-Liganden *ohne* komplexiertes Metall (Abb. 4.7). Aus der Koordinationschemie der Porphyrine ist bekannt, daß sich die neutralen M^{2+}-Komplexe meist schwerer reduzieren lassen als die (zweifach protonierten) neutralen Liganden; die eher ionische Bindung zum Metall beläßt viel negative Ladung am Liganden. Da das Zentralion Mg^{2+} redoxinert, d.h. an Elektronenaufnahme und -abgabe nicht unmittelbar beteiligt ist, lassen sich die Radikalanionen der Chlorophylle als Komplexe aus dipositivem Metallkation und dem Radikal-*Trianion* des makrozyklischen Liganden auffassen: $(Chl/Mg)^{\bullet-}$ = $Chl^{\bullet\,3-}/Mg^{2+}$. Entsprechendes gilt für Radikalkationen von Tetrapyrrolligand-Komplexen, die als Verbindungen von Metalldikationen und Radikalanion-Liganden formuliert werden müssen (vgl. Kap. 6.2 - 6.4).

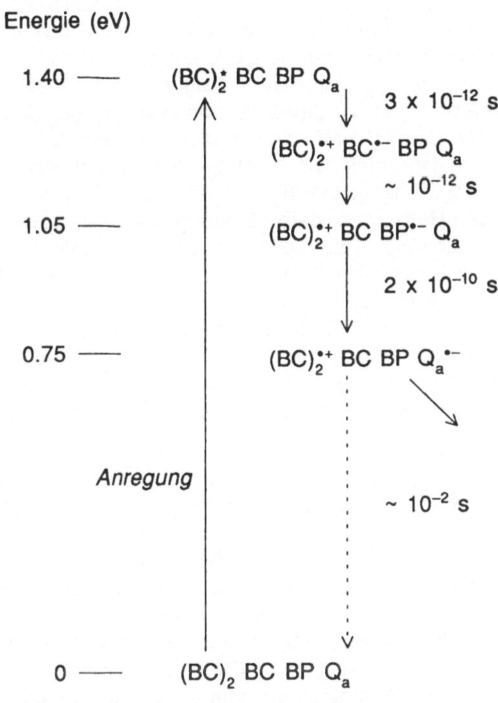

Abbildung 4.7: Primärereignisse der photosynthetischen Ladungstrennung: Energieaspekt (nach BEDDARD; vgl. Abb. 4.6)

Der dritte nachweisbare Akzeptor für das durch lichtinduzierte Ladungstrennung erzeugte Elektron ist ein fixiertes para-Chinon, z.B. das Naphthochinon Menachinon, Q_a (3.12), welches dadurch zu einem Semichinon-Radikalanion $Q_a^{\bullet-}$ wird. Die etwas längerlebigen paramagnetischen Zustände im Ladungstrennungsprozeß können nach Abschrecken bei tiefer Temperatur ebenso wie die Radikalstufen der Komponenten *in vitro* durch ESR/ENDOR-Spektroskopie untersucht werden (LUBITZ, BABCOCK). Reduziertes Q_a kann seinerseits ein anderes, labileres Chinon (Ubichinon Q_b, vgl. 3.12) reduzieren, wobei zwischen den beiden Chinonen ein high-spin Eisen(II)-Zentrum auf der Achse des Reaktionszentrums steht. Die Rolle dieses sechsfach koordinierten, äquatorial an vier Histidin-Reste und axial an ein Glutamat gebundenen Fe(II) ist nicht völlig klar; eine aktive Redox-Funktion im Sinne eines *inner-sphere*-Elektronentransfers zwischen Q_a und Q_b scheint nicht stattzufinden, da ein Austausch z.B.

gegen redoxinertes Zn(II) mit seiner abgeschlossenen d-Schale zumindest bei *Rps. sphaeroides* keinen wesentlichen Unterschied ergibt. Möglicherweise wird ein zweiwertiges Metallion nur benötigt, um durch Polarisations-Wechselwirkung mit Q_a eine kontrolliertere Elektronenübertragung vom reduzierten Bakteriophäophytin auf das primäre Chinon zu gewährleisten oder um die Struktur zu fixieren. Chinon Q_b bzw. dessen $2e^-/2H^+$-Reduktionsprodukt, das Hydrochinon H_2Q_b (3.12), ist nicht fest am Protein gebunden. Die Bindungsstelle dieses labilen Chinons ist beim ähnlich strukturierten Photosystem II von Pflanzen (s. Abb. 4.9) häufig Angriffspunkt von blockierenden Herbiziden, deren Bindung allerdings vom Oxidationszustand des Eisenzentrums abhängt. Das labile, reduzierte Q_b steht als Hydrochinon H_2Q_b im Austausch mit Chinonen im "Chinon-Pool" der Membran (vgl. Abb. 4.8), so daß die Elektronen nun außerhalb des Proteins weiter transportiert werden können. Letztendlich wird in den einfacheren Bakterien durch Erzeugung eines mit dem e^--Gradienten gekoppelten H^+-Gradienten ausschließlich photosynthetisch phosphoryliert (ATP-Synthese, vgl. Abb. 4.8); bei höheren Organismen erfolgt in weiteren Schritten, den "Dunkelreaktionen", die Erzeugung des elektronenreichen Coenzyms NAD(P)H und die CO_2-Reduktion (CALVIN-Zyklus).

Das bei der ersten Elektronenübertragung zurückgebliebene Radikalkation des "special pair" kann durch regulierten Elektronenzufluß über ein (*Rps. sphaeroides*) oder mehrere (*Rps. viridis*) Häm-Zentren (He) von Cytochrom-Proteinen (Kap. 6.1) nach verhältnismäßig langer Zeit rekonstituiert werden. Der dadurch weiter translokalisierte Elektronenmangel (Oxidationsäquivalente) wird bei den Purpurbakterien durch Rückelektronenübertragung an anderer Stelle der Membran abgesättigt. Bei höheren photosynthetisierenden Organismen kann dies nach Ankoppelung eines weiteren Photosynthesesystems (Reaktionszentrum + Lichtsammelkomplex + Oxidationsenzym) den Ausgangspunkt für eine Substratoxidation bilden (Kap. 4.3).

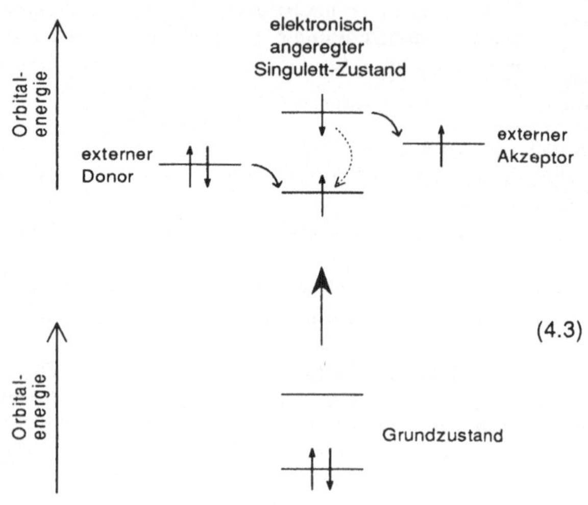

Die Tatsache, daß aus einem photoinduziert elektronisch angeregten Zustand sowohl Reduktion wie auch Oxidation erfolgen kann, illustriert das Orbitalenergiediagramm (4.3). Elektronische Anregung erzeugt einen Elektronenmangel in einem Orbital niedriger Energie, der zur Elektronenübertragung von einem externen Donor führen kann (Photooxidation); gleichzeitig erlaubt die Präsenz des angeregten

Elektrons in einem Orbital hoher Energie die Photoreduktion eines externen Akzeptors. Gut ersichtlich ist aus (4.3) auch die photosynthetisch unerwünschte Alternative einer simplen Rekombination.

Eine lichtinduzierte Ladungstrennung unter Bildung chemisch langlebiger, speicherbarer Oxidations- und Reduktions-Produkte ist deshalb ungewöhnlich, weil normalerweise rasche Rekombination der Ladungen aus Radikalanion und Radikalkation unter Produktion von Wärme oder Licht (Emission, Lumineszenz) erfolgt. Nach heutigen Erkenntnissen aus Strukturdaten, optischen Kurzzeitmessungen und magnetischen Resonanzmethoden beruht der Erfolg der Photosynthese überhaupt nur auf der starken Bevorzugung der extrem raschen ladungs*trennenden* Einzelschritte im Vergleich zu den langsameren energieliefernden Rekombinations-Rückreaktionen (Geschwindigkeits-Verhältnis ca. 10^8). Grundlage für diese in normalen chemischen Systemen nicht erreichbare Relation ist die Immobilisierung der beteiligten Komponenten in einer speziellen Orientierung innerhalb *unpolarer* Regionen Membran-fixierter Proteine (Abb. 4.5). Dadurch erst kann eine "vektorielle" chemische Reaktion *entgegen* der natürlichen Tendenz zum bei freier Diffusion stattfindenden Ladungsausgleich die Oberhand gewinnen. Anders ausgedrückt, es liegt eine ganz spezielle räumliche Anordnung vor, welche eine Verringerung, teilweise sogar ein Verschwinden der Aktivierungsenergien für die "Vorwärts-Reaktion" zur Folge hat, während die Rückreaktion im Bereich der "invertierten Region" der Elektronenübertragung liegt; bei günstiger werdender Gleichgewichtslage nimmt hier die Reaktionsgeschwindigkeit sogar ab (MARCUS, SUTIN). Notwendigerweise sollen dabei die Reaktionsgeschwindigkeiten umso höher sein, je näher die Schritte am Ausgangszustand liegen (Abb. 4.6 und 4.7). Hierfür müssen die Redoxpotentiale im Grund- und angeregten Zustand, die individuellen Strukturänderungen während der lichtinduzierten Ladungstrennung wie auch die gegenseitige Orientierung der beteiligten Komponenten genau aufeinander abgestimmt sein. Viele physikalisch-chemische Details – etwa im Hinblick auf die Asymmetrie der Reaktion im eigentlich achsensymmetrischen Reaktionszentrum (Abb. 4.5 und 4.6) – sind auch nach der strukturellen Charakterisierung noch keineswegs verstanden.

Aus der unbedingt erforderlichen Verhinderung von Wärme- oder Licht-produzierenden Rückreaktionen folgt jedoch, daß im Chlorophyll kein selbst an Redoxreaktionen teilnehmendes Übergangsmetall komplexiert sein darf. Leicht Elektronen übertragende Metallzentren wie z.B. Fe(II/III) könnten im Grundzustand, insbesondere aber auch im elektronisch angeregten Zustand eines Fe-Chlorophyll-π-Systems Elektronen aufnehmen oder abgeben und so die eigentlich angestrebte Photo-Synthese als Folge räumlicher Ladungstrennung verhindern. Statt zu einer *inter*molekularen würde es zu einer *intra*molekularen Elektronenübertragung kommen und daraus letztendlich keine chemische Energiespeicherung resultieren.

Die Rolle des Magnesiums in Chlorophyllen besteht demnach darin, als leichtes, redox-inertes, Lewis-acides Koordinationszentrum eine definierte dreidimensionale Organisation in Lichtsammelsystemen und Reaktionszentren zu ermöglichen; sowohl Monomer als auch Dimer *und* der metallfreie Ligand haben jeweils separate, spezifische Funktionen bei den photosynthetischen Primärprozessen. Redoxaktive Übergangsmetalle oder Metallzentren mit höherer Spin-Bahn-Kopplungskonstante würden zusätzliche, unerwünschte Reaktionsalternativen erlauben, weshalb nur das von der Größe und Ladung genau passende Mg^{2+}-Ion Verwendung findet (Tab. 2.7).

4.3 Ankopplung chemischer Reaktionen: Die Wasseroxidation

Ist die über den universellen "Hydrid"-Überträger NAD(P)H verlaufende reduktive Halbreaktion

$$4\ e^- + 4\ H^+ + CO_2 \rightarrow \text{"}1/n\ (CH_2O)_n\text{"} + H_2O \tag{4.4}$$

vor allem vom organisch-biochemischen Standpunkt von Interesse (CALVIN-Zyklus), so hat die rein "anorganische" oxidative Seite z.B. der pflanzlichen Photosynthese

$$2\ H_2O \rightarrow O_2 + 4\ H^+ + 4\ e^- \tag{4.5}$$

in den letzten Jahren zunehmende Aufmerksamkeit vor allem auch bei Koordinationschemikern gefunden (WIEGHARDT; LAWRENCE, SAWYER; BRUDVIG, CRABTREE; CHRISTOU). Der Hauptgrund liegt in der bislang nicht genau aufgeklärten katalytischen Funktion von mehrkernigen Mangankomplexen bei der energetisch und mechanistisch aufwendigen Wasseroxidation (WITT; RENGER; RUTHERFORD; GOVINDJEE, COLEMAN; BABCOCK et al.). Die effiziente, langzeitstabile Katalyse der Sauerstoffbildung stellt unter anderem auch ein Problem bei der (photo)elektrochemischen Wasserspaltung zur Gewinnung des Energieträgers Wasserstoff dar.

Da die Erzeugung von NAD(P)H *und* O_2 mehr Potentialdifferenz erfordert als unter Einbeziehung aller Verluste von *einem* Photosystem des Typs aus Abbn. 4.6 und 4.7 erzeugt werden kann, zeichnet sich die pflanzliche Photosynthese im Gegensatz zur einfacheren bakteriellen Version durch *zwei* separat anregbare Photosysteme aus (Abb. 4.8), die in einem als Z-Schema bezeichneten Redoxpotential-Diagramm mit zahlreichen, insbesondere auch metallhaltigen Elektronen-transportierenden Zwischenstufen zusammengefaßt sind (Tab. 4.1, Abb. 4.9; BLANKENSHIP, PRINCE). Neben dem Photosystem I (PS I, Absorptionsmaximum 700 nm) existiert ein Photosystem II (PS II, Absorptionsmaximum 680 nm), aus dem Elektronen zur Phosphorylierung und für das Photosystem I zur Verfügung gestellt werden. Der verbliebene Elektronenmangel-Zustand am PS II mit sehr positivem Potential wird genutzt, um Wassermoleküle in einem *4-Elektronen-Gesamtprozeß* (4.5) zu "Disauerstoff" O_2 zu oxidieren.

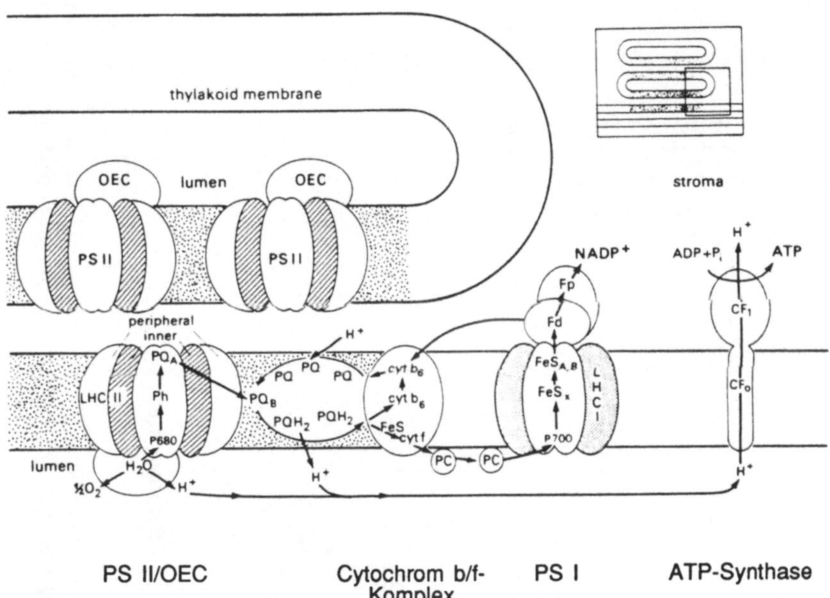

Abbildung 4.8: Schematischer Aufbau der lamellenartigen Thylakoid-Membran in höheren Pflanzen mit den folgenden Bestandteilen: Jeweils zwei Photosysteme (PS) und Lichtsammel-Komplexe (LHC), der sauerstofffreisetzende Komplex (OEC) am PS II (Kap. 4.3), der Cytochrom b/f-Komplex (Kap. 6.1), Plastochinone (PQ/PQH$_2$; 3.12) und Plastocyanin (PC, Kap. 10.1), mehrere Eisen-Schwefel-Zentren (FeS, Kap. 7.1-7.4), lösliches Ferredoxin (Fd) und das Flavoprotein Fp (Ferredoxin/NADP-Reduktase), ATP-Synthase als Zentrum der photosynthetischen Phosphorylierung (nach ANDERSON, ANDERSSON).

Während das Photosystem II (ohne den "Oxygen Evolving Complex", OEC) strukturell, auch hinsichtlich der angenäherten Achsensymmetrie, große Ähnlichkeiten zu den Reaktionszentren der Purpurbakterien aufweist (Abb. 4.5 und 4.10), ist das PS I offenbar etwas anders aufgebaut (KNAFF) und eher mit den Reaktionszentren grüner photosynthetisierender Bakterien verwandt; eine Zusammenstellung der Nicht-Protein-Komponenten gibt Tabelle 4.1.

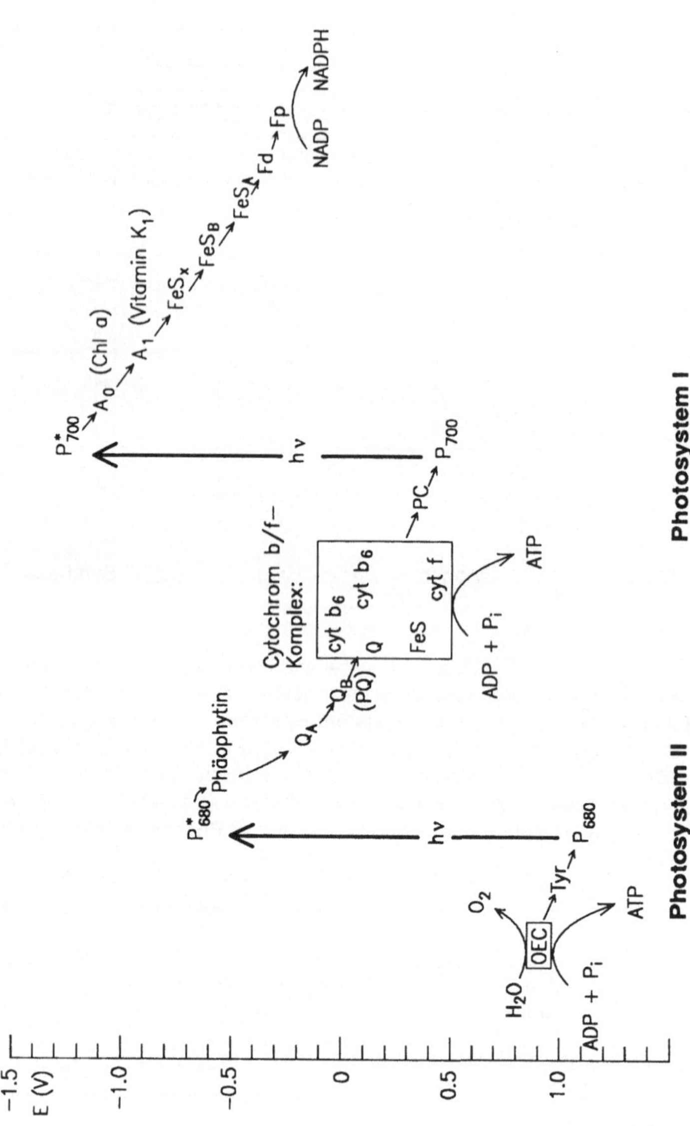

Abbildung 4.9: Z-Schema des Elektronentransports bei der pflanzlichen Photosynthese (vgl. Abb. 4.8). Tyr: Tyrosin/ Tyrosinradikalkation-Redoxpaar, zu anderen Bezeichnungen s. Tab. 4.1 (Schema modifiziert nach BLANKENSHIP, PRINCE; KNAFF)

Tabelle 4.1: Liste der aktiven Bestandteile (Nicht-Protein-Komponenten) von Photosystemen I und II in Pflanzen (vgl. Abb. 4.9)

Gesamt-Photosystem I (einschließlich Cytochrom b/f-Komplex)

ca. 200	Antennenchlorophylle	(Abb. 4.2)
ca. 50	Carotinoide	(vgl. Abb. 4.1)
1	Reaktionszentrum P_{700}	(vgl. Abb. 4.5)
1	Chlorophyll *a* (primärer Akzeptor A_0)	(2.5)
1	Vitamin K_1 (sekundärer Akzeptor A_1)	(3.12)
3	Fe/S-Cluster (FeS)	(Kap. 7.1-7.4)
1	gebundenes Ferredoxin (Fd)	(Kap. 7.1-7.4)
1	lösliches Ferredoxin (Fp)	(Kap. 7.1-7.4)
1	Plastocyanin (PC, primärer Donor)	(Kap. 10.1)
1	Fe/S-Zentrum (RIESKE)	(7.5)
1	Cytochrom *f* (cyt *f*)	(Kap. 6.1)
2	Cytochrome b_6 (cyt b_6)	(Kap. 6.1)

Photosystem II (einschließlich OEC)

ca. 200	Antennenchlorophylle	(Abb. 4.2)
ca. 50	Carotinoide	(vgl. Abb. 4.1)
1	Reaktionszentrum P_{680}	(vgl. Abb. 4.5)
2	Chlorophylle	(4.2)
2	Phäophytine (primärer Akzeptor)	(Kap. 4.2.3)
2	Plastochinone (PQ)	(3.12)
2	Tyrosin-Reste (primärer Donor)[a]	(vgl. Tab. 2.5)
4	Manganzentren	(Abb. 4.10)
1	Calcium-Ion Ca^{2+}	(Kap. 14.2)
mehrere	Chlorid-Ionen Cl^-	
1	Cytochrom b_{559}	(Kap. 6.1)

[a]Bestandteile des Proteins

Interessant ist, daß aufgrund der höheren Anregungsenergie im Vergleich zu bakteriellen Pigmenten das Tyrosin/Tyrosinradikalkation-Redoxpaar (E_0 = +0.95 V; BABCOCK et al.) Elektronen zwischen OEC und PS II übertragen kann; sekundärer Elektronendonor für P_{700} ist das Kupferprotein Plastocyanin (s. Kap. 10.1).

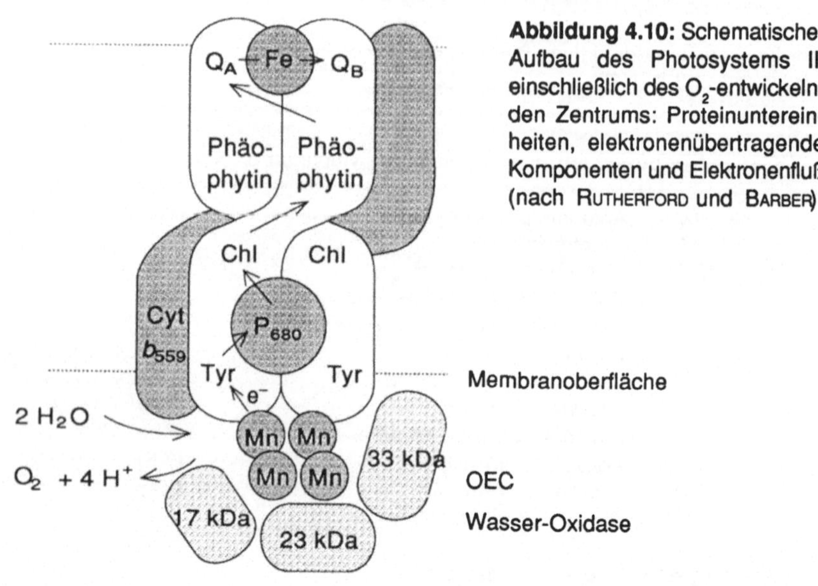

Abbildung 4.10: Schematischer Aufbau des Photosystems II, einschließlich des O_2-entwickelnden Zentrums: Proteinuntereinheiten, elektronenübertragende Komponenten und Elektronenfluß (nach RUTHERFORD und BARBER)

Mit dem Abzug von 1, 2 oder 3 statt 4 Elektronen pro 2 H_2O kann Wasser entsprechend dem Redoxpotentialschema (4.6) erst bei deutlich höheren Potentialen zu den energiereichen und reaktiven Produkten Hydroxyl-Radikal $^\bullet OH$, Wasserstoffperoxid H_2O_2 oder Superoxid $O_2^{\bullet -}$ umgesetzt werden; es sind dies Stoffe, die sich in Gegenwart von biologischen Membranen als sehr schädlich erweisen (Kap. 10.5 und 16.8). Eine wesentliche Aufgabe des Katalysators für die Wasseroxidation ist es daher, die Bildung freier reaktiver Zwischenprodukte zu verhindern und eine Substratspezifität zu gewährleisten (viele Moleküle sind leichter oxidierbar als H_2O!).

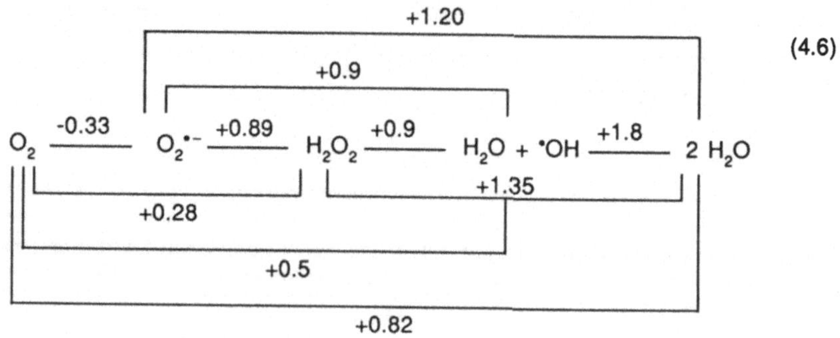

(4.6)

(Redoxpotentiale in V gegen Normalwasserstoffelektrode, pH 7)

Die Gesamtreaktion im Photosystem II läßt sich bei Verwendung von chinoiden Protonen- und Elektronenüberträgern wie folgt summieren (PQ: Plastochinon, PQH_2: Plastohydrochinon, s. 3.12):

$$2\ H_2O\ +\ 2\ PQ\ +\ 4\ H^+(out)\ \xrightarrow[\substack{[Mn]_x \\ \text{(katalysierend)}}]{4\ h\nu}\ O_2\ +\ 2\ PQH_2\ +\ 4\ H^+(in) \tag{4.7}$$

Mit der eigentlichen Redoxreaktion ist ein Transport von Protonen über die Membran hinweg verknüft (→ Phosphorylierung); *out* und *in* sind bezogen auf die Lokalisation außerhalb bzw. innerhalb der Membranvesikel (Abb. 4.8). Die erforderlichen 4 Oxidationsäquivalente stehen erst nach Anregung mit zumindest 4 Photonen im Photosystem II zur Verfügung; Messungen der tatsächlichen Quantenausbeute für die gesamte Photosynthese haben ergeben, daß etwa acht Photonen für jedes reduzierte Molekül CO_2 aufgebracht werden müssen. Photosystem II ist der Angriffspunkt vieler Herbizide, so daß ein Verständnis seines Funktionsmechanismus auch von unmittelbar praktischem Interesse ist.

Für eine effektive Sauerstoff-Produktion sind neben Calcium- und Chlorid-Ionen (deren Rolle noch unklar ist) vor allem Mangan-Zentren als redoxaktive anorganische Komponenten erforderlich. ESR-Spektroskopisch nachweisbarer Manganmangel beeinträchtigt z.B. die Baumvitalität und kann in Beziehung zu Waldschäden gebracht werden (LAGGNER et al.). Insgesamt enthält der katalysierende Multiproteinkomplex OEC vier Mangan-Zentren in einem der Proteine (33 kDa), wobei zwei recht locker gebunden und mit Komplexbildnern leicht extrahierbar sind. Mehrkernige Mangan-Komplexe scheinen jedoch für eine O_2-Produktion unbedingt erforderlich zu sein; über die Koordinationsumgebung, die gegenseitige Anordnung zueinander sowie den genaueren Mechanismus der Wasseroxidation sind in letzter Zeit aufgrund von spektroskopischen Messungen und Modelluntersuchungen mehrere Hypothesen vorgebracht worden. Zur teilweisen Strukturanalyse dieser noch nicht zur Kristallisation gebrachten labilen Membranproteine wurden insbesondere Varianten der Röntgenabsorptions-Spektroskopie herangezogen.

Röntgenabsorptions-Spektroskopie

Kristallisation und Strukturaufklärung von Proteinen mittels Röntgenbeugung beanspruchen häufig viele Jahre (s. 4.2.3), so daß die schnellere, wenn auch weitaus weniger präzise Bestimmung einiger struktureller Merkmale durch Messung der Röntgenabsorption (**XAS**: **X**-ray **A**bsorption **S**pectroscopy) an (noch) nicht kristallinen Substanzen in den letzten Jahren populär geworden ist (CRAMER, HODGSON; THOMSON; PENNER-HAHN). Es handelt sich um die elementspezifische Absorption von Röntgenstrahlung, d.h. um eine Ionisation aus den innersten Elektronenschalen, wobei die übliche Absorptions-Kante ("edge") und ihr Hochenergie-Ausläufer bei genauer Inspektion eine Feinstruktur aufweisen, die durch Interferenz des herausgelösten Photoelektrons mit den Streuelektronen um den absorbierenden Kern herum zustande kommt (Abb. 4.11).

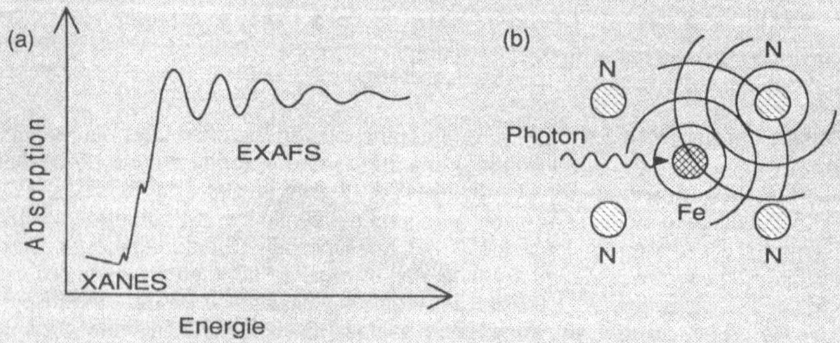

Abbildung 4.11: (a) Typisches Röntgenabsorptionsspektrum mit XANES- und EXAFS-Bereich; (b) Interferenz am absorbierenden Kern durch Rückstreuungseffekte (Beispiel Fe-Absorber in einer Häm-Situation).

Im Bereich des Beginns der Kante wird diese Methode als **XANES**-Spektroskopie (**X**-ray **A**bsorption **N**ear **E**dge **S**tructure) bezeichnet, der höherenergetische Sektor zeigt den **EXAFS**-Effekt (**E**xtended **X**-ray **A**bsorption **F**ine **S**tructure, weitreichende Röntgenabsorptionsfeinstruktur). Durch mathematische Fourier-Analyse dieser Feinstruktur kann die nähere (Koordinations-)Umgebung z.B. eines Metallzentrums selbst in einem weiter nicht charakterisierten Protein untersucht werden. Abgeschätzt werden können durch XANES die Oxidationsstufe, Symmetrie und Elektronenstruktur; mit der EXAFS-Spektroskopie lassen sich meist Art, Zahl und Abstand der Atome in den ersten Koordinationssphären, d.h. bis ca. 400 - 500 pm ungefähr bestimmen (mathematische Simulation). Leider handelt es sich um kein eindeutiges Verfahren zur Strukturbestimmung, so daß häufig nur bestimmte Alternativen ausgeschlossen werden können. Die für diese Verfahren nötige intensive und streng monochromatisch durchstimmbare Röntgenstrahlung kann in dem für schwerere Metallzentren notwendigen Bereich nur von Beschleunigern geliefert werden (Synchrotron-Strahlung), wobei zur Vermeidung von Strukturschäden und ihren Folgereaktionen bei möglichst tiefer Temperatur gemessen wird.

Die Mangan-EXAFS-Daten (SAUER et al.) für die stabileren "S"-Zustände (s.u.) des Wasser-oxidierenden Systems im Photosystem II lassen darauf schließen, daß die Mangan-Zentren nur von "leichten" Donor-Atomen (O oder N aus der ersten Achterperiode, Abstand ca. 190 pm), nicht aber von stärker streuenden Schwefelatomen umgeben sind. Signale für offenbar mehrere Mn–Mn-Abstände von ca. 270 pm lassen auf eine mehrkernige Anordnung schließen, in der die Metallzentren durch Einatom-(Oxid-)Brücken verknüpft sind (vgl. die Modellkomplexe, 4.14).

Den EXAFS-spektroskopischen Messungen zufolge existiert ein weiterer Mn–Mn-Abstand mit etwa 330 pm (Carboxylat-Verbrückung ?) sowie offenbar ein Schweratomabstand bei ca. 430 pm, der als Mn–Ca-Distanz interpretierbar ist. Eine Bindung von Chlorid an Mangan konnte in dem untersuchten Material bis zu einem Abstand von 220 pm ausgeschlossen werden.

Die sehr rasch durchlaufene Ladungstrennungs-Kaskade in (4.8) verdeutlicht, daß über das Tyrosin-Radikalkation als primärem Akzeptor vom Metall Einelektronenoxidations-Äquivalente für das mehrkernige Manganzentrum verfügbar sind.

Verlauf der Ladungstrennung im Photosystem II: (4.8)

Q_B	Q_B	Q_B	Q_B	$Q_B^{\bullet-}$	$Q_B^{\bullet-}$
Q_A	Q_A	Q_A	$Q_A^{\bullet-}$	Q_A	Q_A
Phäophytin (Ph)	Ph	$Ph^{\bullet-}$	Ph	Ph	Ph
P_{680}	P^{*}_{680}	$P_{680}^{\bullet+}$	$P_{680}^{\bullet+}$	P_{680}	P_{680}
Tyr	Tyr	Tyr	Tyr	$Tyr^{\bullet+}$	Tyr
$[Mn]_x$	$[Mn]_x$	$[Mn]_x$	$[Mn]_x$	$[Mn]_x$	$[Mn]_x^+$

hv (einfallend auf die erste Spalte)

3 ps 300 ps 100 ns

Bis zwei Moleküle Wasser jedoch durch sukzessive Lichteinwirkung stufenweise zu Disauerstoff oxidiert werden, beobachtet man in Blitzlicht-Kurzzeitmessungen fünf im Millisekunden-Bereich zeitlich aufeinander abgestimmte, unterschiedliche Zustände des Manganzentrums, die nach KOK als S_0 bis S_4 bezeichnet werden (GOVINDJEE, COLEMAN). Schema (4.9) zeigt die ladungsinduzierte Kopplung von Elektronen- und Protonenfluß sowie die unterschiedlichen Lebensdauern der fünf Zustände; die Strukturänderungen sind den EXAFS-Messungen zufolge recht gering (→ niedrige Aktivierungsenergien, effektive Redoxkatalyse). Die Lage der XAS-Absorptionskante, die für den Oxidationszustand kennzeichnend ist, ändert sich jedoch beim Übergang $S_2 \rightarrow S_3$ offenbar nicht, so daß hier die Beteiligung eines nicht-Mangan-Zentrums, speziell des organischen π-Systems im Imidazol-Ring von Histidin an der Elektronenübertragung diskutiert wird (RUTHERFORD; BOUSSAC et al.). Besonderes Interesse hat der relativ langlebige Zwischenzustand S_2 gefunden, der sich durch ein ESR-Signal bei g = 4 und durch ein stark strukturiertes ESR-Spektrum bei g = 2 zu erkennen gibt, wie es charakteristisch für antiferromagnetisch gekoppelte (s.u.) mehrkernige

Mangankomplexe mit ungerader Gesamtelektronenzahl und einem (S=1/2)-Grund-
zustand ist. Natürlich vorkommendes Mangan besteht ausschließlich aus dem Isotop
^{55}Mn mit einem Kernspin von I = 5/2 und einem großen magnetischen Kernmoment,
so daß in den beobachteten S_2-Zuständen die Spin-Hyperfeinwechselwirkung *eines*
ungepaarten Elektrons mit *mehreren* unterschiedlichen ^{55}Mn-Zentren auftreten kann.

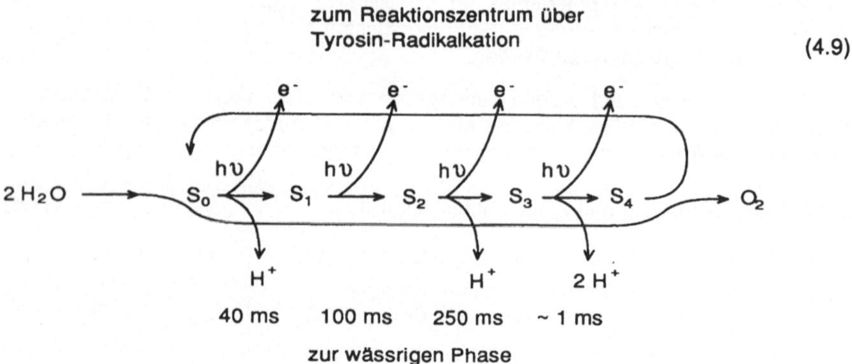

Ursache für diese Beobachtung ist, daß bei dem stufenweise ablaufenden Prozeß
(4.9) notwendigerweise *gemischtvalente* Zustände mit ungerader Gesamtelektronenzahl
durchlaufen werden müssen, d.h. es treten paramagnetische Mehrkern-Komplexe
mit unterschiedlichen formalen Oxidationszahlen der beteiligten zwei oder mehr Übergangsmetallzentren auf. Die spektroskopischen Ergebnisse (ESR, EXAFS) sind mit
mehreren Kombinationen von Oxidationsstufen interpretierbar (RUTHERFORD). Schema
(4.10) zeigt in stilisierter Form nur eine der möglichen Varianten, einschließlich der
Beteiligung eines Aminosäurerestes (His) an der Ladungsspeicherung. Für den letztlich O_2-freisetzenden, sehr kurzlebigen S_4-Zustand werden auf jeden Fall vierwertiges Mangan und eine ungerade Gesamtelektronenzahl postuliert. S_4 besitzt zwei
Elektronen weniger als S_2, welches seinerseits sicher eine ungerade Gesamtelektronenzahl aufweist.

$$2\ H_2O \qquad\qquad O_2 + 4\ H^+ + 4e^-$$

$$(4.10)$$

$$S_0 \longrightarrow S_1 \longrightarrow S_2 \longrightarrow S_3 \longrightarrow S_4$$

$$\begin{array}{ccccc}
Mn^{2+}\!\!\diagdown Mn^{3+} & Mn^{3+}\!\!\diagdown Mn^{3+} & Mn^{3+}\!\!\diagdown Mn^{3+} & Mn^{3+}\!\!\diagdown Mn^{3+} & Mn^{4+}\!\!\diagdown Mn^{3+} \\
Mn^{3+}\!\!\diagup Mn^{3+} & Mn^{3+}\!\!\diagup Mn^{3+} & Mn^{4+}\!\!\diagup Mn^{3+} & Mn^{4+}\!\!\diagup Mn^{3+} & Mn^{4+}\!\!\diagup Mn^{3+} \\
His & His & His & His^{\bullet+} & His^{\bullet+}
\end{array}$$

Welche Eigenschaften machen nun gerade Manganzentren besonders geeignet für eine Katalyse der Wasseroxidation und die rasche Freisetzung von Disauerstoff? Erinnert sei in diesem Zusammenhang an die Eignung von vor allem frisch gefälltem "Braunstein", einem in dieser Form nichtstöchiometrischen, gemischtvalenten (+IV,+III) System der Formel $MnO_{2-x} \cdot n\ H_2O$, als Katalysator für die Zersetzung von Wasserstoffperoxid zu Disauerstoff und Wasser. Von der Verfügbarkeit von Mn(III,IV)-Oxiden oder -Hydroxiden kann unter den Bedingungen der beginnenden Photosynthese vor ca. 3 Mrd. Jahren im Meerwasser ausgegangen werden; bekannt sind die über längere Zeiträume durch Oxidation mit dem biosynthetisierten O_2 entstandenen oxidischen "Manganknollen" (ca. 20 % Mn-Gehalt) auf dem Meeresgrund. Es verwundert auch nicht, daß die Bedeutung von Mangan für den Metabolismus von O_2 nicht allein auf die Photosynthese beschränkt ist; mit der manganhaltigen Superoxid-Dismutase (Mn-SOD, Kap. 10.5), einer Azid-insensitiven Katalase und anderen Peroxidasen (vgl. Kap. 6.3) existieren weitere gesicherte Beispiele (WIEGHARDT).

Mangan zeichnet sich aus

- durch eine Vielzahl von stabilen oder zumindest metastabilen Oxidationsstufen (+II,III,IV,VI,VII),

- durch oft sehr labile Bindung an Liganden, sowie

- durch eine ausgeprägte Vorliebe für high-spin-Zustände (geringe d-Orbitalaufspaltung, 2.9) und einen häufig komplexen Magnetismus.

Obwohl der Gesamtspin des Mangan-Clustersystems im Sauerstoff-produzierenden Komplex durch teilweise antiferromagnetische Kopplung zwischen den high-spin-konfigurierten Metallzentren kleiner ist als in einigen synthetischen Polymangan-Clusterverbindungen mit Gesamtelektronenspins S bis zu 14 (!), stehen in den wasseroxidierenden Zentren in jedem Falle *mehrere Zustände mit ungerader Anzahl ungepaarter Elektronen* zur Verfügung. Dieser Sachverhalt sowie die schon erwähnte Zugänglichkeit zahlreicher benachbarter höherer Oxidationsstufen und die hohe Labilität in bezug auf koordinierte Liganden machen Mangan-Zentren so geeignet, um das Molekül $^3O_2$ in seinem Triplett-Grundzustand, d.h. mit einer *geraden* Anzahl ungepaarter Elektronen (vgl. Kap. 5.1) rasch zu erzeugen und freizusetzen. Eine Änderung, ein "Umklappen" von Elektronenspins während chemischer Reaktionen ist wegen geringer Wahrscheinlichkeit ($\rightarrow$ statistischer Aspekt der Reaktionsgeschwindigkeit) oft mit hoher Aktivierungsenergie verbunden. Bekanntestes Beispiel für eine solche Spin-Hemmung ist das Knallgas-Gemisch $2\ H_2 + O_2$, welches erst nach Aktivierung durch einen bindungsspaltenden Katalysator oder nach Zündung in einer Radikalkettenreaktion (ungepaarte Elektronen !) Wasser liefert.

$$
\begin{array}{cccccccc}
 & & & & \text{(gehemmt)} & & & \\
H{-}H & + & H{-}H & + & O{=}O & \xrightarrow{\hspace{2cm}} & H\diagdown O\diagup H \;+\; H\diagdown O\diagup H & \text{(Atombilanz)} \\
\uparrow\downarrow & & \uparrow\downarrow & & \uparrow\downarrow\ \uparrow\uparrow & & \uparrow\downarrow\ \uparrow\downarrow \qquad \uparrow\downarrow\ \uparrow\downarrow & \text{(Spinbilanz)} \\
 & & & S{=}1 & & & S{=}0 &
\end{array}
$$

$$(4.12)$$

Spin-Spin-Kopplung

Treten zwei oder mehr Zentren mit ungepaarten Elektronen ($\uparrow$) in Wechselwirkung, so kann eine **parallele "ferromagnetische"** ($\uparrow\uparrow$) oder **antiparallele "antiferromagnetische" Kopplung** ($\uparrow\downarrow$) der Elektronenspins resultieren (Carlin; Blondin, Girerd).

$$
\begin{array}{cc}
\text{Energie} & \quad S = 1\ (\uparrow\uparrow) \qquad\qquad S = 0\ (\uparrow\downarrow) \\[2ex]
S = 1/2 \qquad S = 1/2 & \\[1ex]
 & S = 1/2 \qquad S = 1/2 \\[1ex]
S = 0\ (\uparrow\downarrow) \qquad\quad S = 1\ (\uparrow\uparrow) & \\[1ex]
\text{antiparallel} \qquad\qquad \text{parallel} &
\end{array}
\tag{4.11}
$$

Spin-Spin-Kopplung

Bei geringer Orbitalwechselwirkung, z.B. aufgrund orthogonaler Anordnung von p- oder d-Orbitalen findet man wegen der Hundschen Regel (maximale Multiplizität bei Orbitalentartung wegen sonst aufzubringender Spinpaarungsenergie) meist parallele Spin-Spin-Kopplung. Der häufigere Fall ist jedoch die antiferromagnetische Kopplung, bei welcher der Energiegewinn aus einer wenn auch geringen Orbitalaufspaltung durch möglicherweise nur indirekte Wechselwirkung ("Superaustausch") die Spinpaarungsenergie kompensiert.

Im Falle eines Dimeren aus high-spin Mn(III) (d^4, S=2) und high-spin Mn(IV) (d^3, S=3/2) würde ferromagnetische Kopplung zu einem Grundzustand mit dem Gesamtelektronenspin S = 7/2 führen ($\uparrow\uparrow\uparrow\uparrow + \uparrow\uparrow\uparrow \rightarrow \uparrow\uparrow\uparrow\uparrow\uparrow\uparrow\uparrow$), teilweise Spinpaarung fände dann erst in thermisch erreichbaren angeregten Zuständen statt. Bei antiferromagnetischer Kopplung wäre der resultierende Grundzustand mit dem Gesamtelektronenspin S = 1/2 zu formulieren ($\uparrow\uparrow\uparrow\uparrow + \downarrow\downarrow\downarrow \rightarrow \uparrow\uparrow\downarrow\uparrow\downarrow\uparrow\downarrow$); auch hier existieren dann thermisch erreichbare, magnetisch angeregte Zustände, diesmal allerdings mit höherer Multiplizität. Bei Mehrzentren-Systemen mit unterschiedlichem Ausmaß und Vorzeichen der Kopplungen sind auch noch Grundzustände mit dazwischenliegendem Gesamtelektronenspin möglich.

Untersucht werden können magnetische Zustände durch Messung des paramagnetischen Anteils der magnetischen Suszeptibilität, etwa über die Kraft, die eine Substanz im inhomogenen Magnetfeld erfährt (Faraday-Waage, SQUID-Suszeptometer). Theoretische Modelle helfen, die beobachteten Werte zu interpretieren; insbesondere die Temperaturabhängigkeit der Suszeptibilität gibt Aufschluß über die Existenz und das Ausmaß der Kopplung zwischen Elektronenspins verschiedener Zentren. Nach dem Curieschen Gesetz sollte eine niedrigere Temperatur aufgrund geringerer Ausmittelung durch thermische Bewegung der Teilchen zu einer höheren Suszeptibilität paramagnetischer Systeme führen; dieser Effekt kann jedoch durch antiferromagnetisches Verhalten, also die Tendenz zur Spinpaarung, überlagert werden.

Eine hypothetische Spinbilanz (4.13) zeigt die mögliche Funktion von Metall-Zentren mit variablen Spinquantenzahlen $S = n/2$.

$$2\ H_2O\ +\ (Mn\!\!-\!\!Mn)^{n+}\ \rightarrow\ {}^3O_2\ +\ (Mn\!\!-\!\!Mn)^{(n-4)+}\ +\ 4\ H^+$$

$$\uparrow\downarrow \qquad\quad \downarrow \qquad\quad \uparrow\uparrow \qquad \downarrow\downarrow\downarrow \tag{4.13}$$

$$S=0 \qquad S=1/2 \qquad S=1 \qquad S=3/2$$

In den letzten Jahren sind zahlreiche zwei- und mehrkernige Modellkomplexe von Mn(II-IV) mit biologisch relevanten N- und O-Liganden wie etwa Carboxylaten, Oxo- und Hydroxo-Gruppen wie auch zwei- und dreizähnigen N-Chelatliganden als Modellen für die Proteinumgebung synthetisiert und durch aufwendige ESR- und Suszeptibilitätsmessungen charakterisiert worden (4.14).

Herausgestellt hat sich dabei eine hohe Empfindlichkeit der Größe und des Vorzeichens der magnetischen Kopplung von der Ligandenkonfiguration, so daß hieraus wie auch aus den ESR-Spektren noch keine eindeutigen Schlußfolgerungen in bezug auf die Anordnung der Metallzentren im Enzym gezogen werden können (WIEGHARDT; SIVARAJA et al.). Die schon erwähnte Labilität der Mangan-Ligand-Bindungen und die Eingliederung des gesamten wasseroxidierenden Protein-Komplexes in eine Membran (Abb. 4.10) haben bislang detaillierte Strukturbestimmungen verhindert.

Sind schon die notwendige Zahl, die Anordnung (Symmetrie) und die Verteilung der Oxidationsstufen der Manganzentren nicht eindeutig festlegbar, so existiert natürlich noch eine weit größere Unsicherheit hinsichtlich des tatsächlichen Mechanismus der Disauerstoff-Produktion aus Wassermolekülen. Ein Hauptproblem bei der Untersuchung liegt in der Tatsache begründet, daß hier *Substrat und Lösungsmittel identisch* sind. Generell wird angenommen, daß bei der Katalyse dieser Oxidation zunächst zwei Moleküle H_2O in räumlicher Nähe zueinander koordiniert werden, bevor die Schritte des Elektronenentzugs (im wesentlichen metallzentrierte Oxidationen) mit gleichzeitiger Deprotonierung des koordinierten Wassers zu OH^- oder gar O^{2-} erfolgen: $S_0 \rightarrow S_4$ (Abb. 4.9). Auf welcher Stufe die $O\!\!-\!\!O$-Bindung tatsächlich geknüpft wird, ist noch unklar (S_3?) ; wie im folgenden Kapitel 5.1 dargestellt, existieren mehrkernige Metallkomplexe sowohl von Peroxid O_2^{2-} wie auch von Superoxid $O_2^{\bullet-}$. Ein O_2-produzierender Peroxodimangan(IV)-Komplex (4.14, links oben) als Modell für die $S_0 \rightarrow S_4$-Reaktion wurde erstmals von BOSSEK et al. beschrieben. Zwei nur als Hypothesen zu verstehende Mechanismen für ein Dimer (WIEGHARDT) bzw. ein symmetrisches Tetramer (BRUDVIG, CRABTREE) sind in (4.15) dargestellt.

Dimere Mangankomplexe mit Modellcharakter:

(4.14)

Struktur des (3+)-Ions (links: Mn^{III}/Mn^{IV})
im Kristall: WIEGHARDT et al.

$\begin{pmatrix} N \\ N \\ N \end{pmatrix}$ = 1,4,7-Trimethyl-1,4,7-triazazyklononan :

bpy = 2,2′-Bipyridin :

Pz_3BH^- = Tris(pyrazolyl)borat :

Hypothetische Mechanismen zur Cluster-katalysierten Wasseroxidation: (4.15)

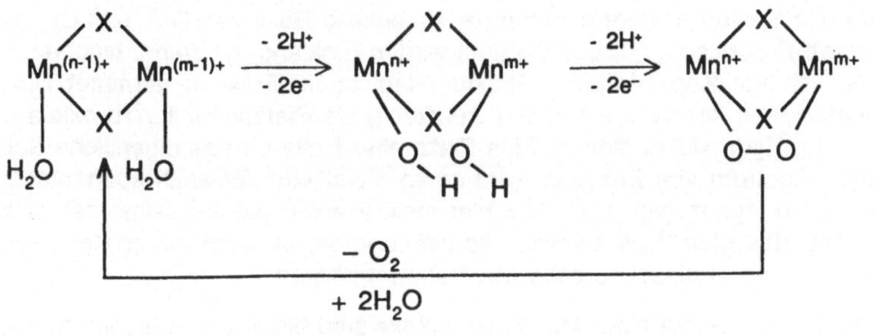

X = O^{2-}, OH^-, OR^- oder $RCOO^-$

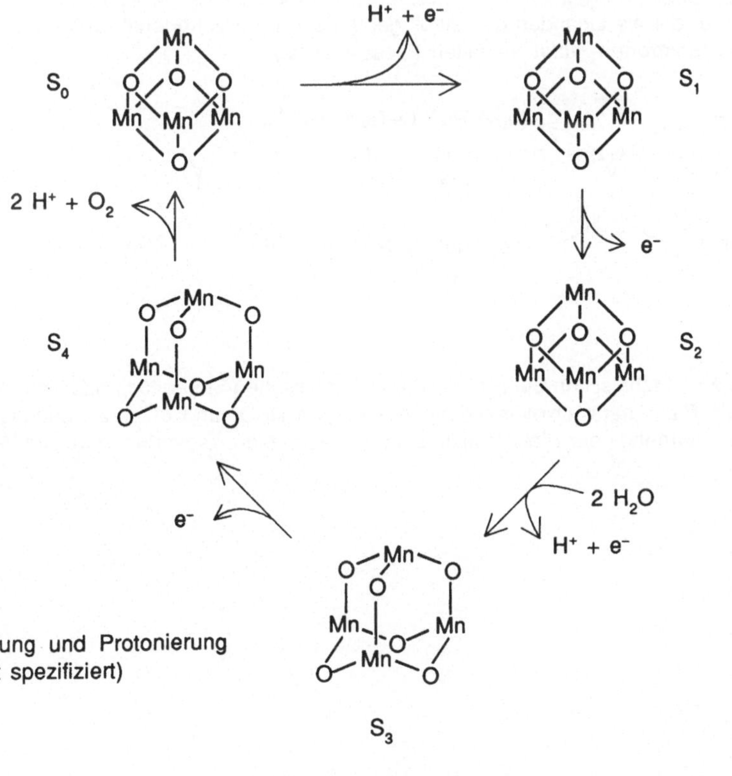

(Ladung und Protonierung
nicht spezifiziert)

Ist die Funktion des Polymangan-Systems als Mehrelektronenspeicher ("electron reservoir") und zeitlich gesteuerter Ladungsakkumulator bei physiologisch hohem Redoxpotential sowie als $^3O_2$-*nicht*-bindender Katalysator etabliert (WILLIAMS), so besteht noch Unklarheit über die offenbar essentielle Rolle von Ca^{2+} und Cl^- bei der Disauerstoff-Produktion. Für das Calcium wird in Einklang mit seiner biochemischen Charakteristik (vgl. Kap. 14.2) eine Struktur-/Regulations-Funktion vermutet. Die Rolle der Chlorid-Ionen könnte darin liegen, kurzzeitig als Platzhalter für zu oxidierendes Wasser oder Hydroxid zu dienen. Eine Platzhalter-Rolle für das eigentliche Substrat im aktiven Zentrum von Enzymen wird sonst meist von schwach koordinierendem Wasser übernommen (vgl. Kap. 12); hier stellt Wasser jedoch selbst das Substrat dar, so daß das gleichfalls schwach koordinierende, in recht hoher Konzentration vorliegende Chlorid diese Aufgabe übernehmen könnte.

In Richtung mehrkerniger Mangankomplexe sind bislang vorwiegend molekular-*strukturelle* Modellverbindungen synthetisiert worden, deren gekoppelte H^+/e^--Transfer-Reaktionen erst in Ansätzen untersucht wurden (THORP et al.). Es existieren bei dem mit Mangan über eine Schrägbeziehung im Periodensystem verknüpften Ruthenium jedoch auch funktionale Modellkomplexe (4.16). Verwendet wurden im Rahmen von Bestrebungen zu einer "artifiziellen Photosynthese" (MEYER) Oxo-verbrückte Dimere, die als Liganden den stabil gebundenen π-Elektronenakzeptor 2,2'-Bipyridin als Elektronen-Puffer enthalten (GILBERT et al.).

$$O_2 \quad\rightleftharpoons\quad (bpy)_2Ru^{III}-O-Ru^{III}(bpy)_2{}^{4+} \quad\rightleftharpoons\quad -\ 4\ e^-$$
$$|\qquad\qquad\quad|$$
$$H_2O\qquad H_2O$$

$$\tag{4.16}$$

$$2\ H_2O \quad\longrightarrow\quad (bpy)_2Ru^{V}-O-Ru^{V}(bpy)_2{}^{4+} \quad\rightleftharpoons\quad +\ 4\ H^+$$
$$\|\qquad\quad\|$$
$$O\qquad O$$

Im eher technischen Bereich, bei der elektrolytischen Sauerstoffproduktion, finden ebenfalls Platinmetall-Oxoverbindungen wie etwa RuO_2 und IrO_2 Verwendung; die extreme Seltenheit der Platinmetalle steht natürlich einer Bioverfügbarkeit im Wege.

5 Der anorganische Naturstoff O_2: Aufnahme, Transport und Speicherung

5.1 Entstehung sowie molekulare und komplexchemische Eigenschaften von Disauerstoff O_2

Die hohe Konzentration von potentiell reaktivem Disauerstoff O_2 in der Erdatmosphäre (ca. 21 Vol.%) ist ein Resultat der kontinuierlichen Photosynthese "höherer" Organismen. O_2 ist damit ein *Naturstoff*, d.h. ein Stoffwechsel-Sekundärprodukt, ebenso wie beispielsweise Alkaloide oder Terpene; ursprünglich handelte es sich sogar um ein ausschließlich toxisches Abfallprodukt. Untersuchungen der Atmosphären von Planeten und Monden haben generell Gehalte von weit unterhalb 1 Vol.% O_2 ergeben; ähnliches wird für die Uratmosphäre der Erde bis vor ca. 2.5 Milliarden Jahren angenommen. Wegen des Wachstums der Organismen und des daraus folgenden Bedarfs an aus CO_2 gewonnenen reduzierten Kohlenstoffverbindungen stieg das Ausmaß der Photosynthese soweit an, daß die gleichzeitig resultierenden Oxidationsäquivalente nicht mehr durch Hilfssubstrate wie etwa Schwefel(-II)-Verbindungen abgefangen werden konnten; schließlich erfolgte die (z.B. Mn-katalysierte, Kap. 4.3) Oxidation des umgebenden Wassers zu Disauerstoff. Konnte der extrem umweltschädliche Schadstoff O_2 noch eine Weile von reduzierten Verbindungen, insbesondere von bei pH 7 löslichem Fe^{2+} und Mn^{2+}, unter Bildung mächtiger oxidischer Ablagerungen wie etwa der "Rotsedimente" des Eisen(III)oxids aufgenommen werden (5.1), so erhöhte sich vor ca. 2 Milliarden Jahren auch allmählich die O_2-Konzentration in der Atmosphäre. Ein starker prozentualer Anstieg wird für die Zeit vor ca. 800 – 300 Millionen Jahren vermutet, wobei auch das "Treibhausgas" Methan weitgehend abgebaut wurde ($\rightarrow$ Abkühlung); danach wurde offenbar das auch heute noch vorhandene recht stabile Gleichgewicht zwischen O_2-Produktion und -Verbrauch mit stationärer Konzentration bei 21 Vol.% erreicht.

$$4\ Fe^{2+} + O_2 + 2\ H_2O + 8\ OH^- \rightarrow 4\ Fe(OH)_3 \rightarrow 2\ Fe_2O_3 + 6\ H_2O \qquad (5.1)$$

Das Auftreten von freiem **Disauerstoff O_2 als toxischem Abfallprodukt eines energieliefernden Prozesses** stellte eine echte "Öko-Katastrophe" dar. Der größte Teil der damals lebenden Organismen ist wohl als Folge dieser Selbstvergiftung ausgestorben, während einige heute als *anaerob* benannte Formen in O_2-freien Nischen überlebt haben. Zusätzlich zum bekanntermaßen stark oxidierenden Charakter des O_2 tritt die leichte, Übergangsmetall-(z.B. Fe-)katalysierte Bildung hochreaktiver *teilreduzierter* Spezies (4.6), deren Unschädlichmachung eine Vielzahl biologischer Antioxidantien erfordert (s. Tab. 16.1). In freier Atmosphäre haben daher nur solche *aerobe* Organismen überlebt, die Schutzmechanismen vor O_2 *und* seinen sehr schädlichen, häufig radikalischen Reduktions-Zwischenprodukten (4.6, 5.2) entwickeln konnten (ULLRICH; ANDO, MORO-OKA).

$$O_2 \qquad \text{(Disauerstoff)}$$

$$-e^- \quad \updownarrow \quad +e^-$$

$$O_2^{\bullet -} \quad \underset{-H^+}{\overset{+H^+}{\rightleftharpoons}} \quad HO_2^{\bullet} \qquad\qquad (pK_s \approx 4.7)$$

Superoxid oder Hyperoxid
(Radikalanion)

$$(5.2)$$

$$-e^- \quad \updownarrow \quad +e^-$$

$$O_2^{2-} \quad \underset{-H^+}{\overset{+H^+}{\rightleftharpoons}} \quad HO_2^- \quad \underset{-H^+}{\overset{+H^+}{\rightleftharpoons}} \quad H_2O_2 \qquad\qquad \begin{array}{l}(pK_s \approx 11.6)\\ \text{(erste Stufe)}\end{array}$$

Peroxid   Hydro-   Wasserstoff-
             peroxid   peroxid

$$-e^- \quad \updownarrow \quad +e^-$$

$$[O^{2-} + O^{\bullet -}] \quad \overset{+3H^+}{\rightleftharpoons} \quad H_2O + {}^{\bullet}OH \qquad\qquad (pK_s \approx 10)$$

                              Wasser   Hydroxyl-
                                      Radikal

$$-e^- \quad \updownarrow \quad +e^-$$

$$2\,O^{2-} \quad \underset{-2H^+}{\overset{+2H^+}{\rightleftharpoons}} \quad 2\,OH^- \quad \underset{-2H^+}{\overset{+2H^+}{\rightleftharpoons}} \quad 2\,H_2O \qquad\qquad \begin{array}{l}(pK_s \approx 15.7)\\ \text{(erste Stufe)}\end{array}$$

Oxid   Hydroxid   Wasser

Im Zuge der Evolution entstanden jedoch auch Organismen, die in sauerstoffhaltiger Atmosphäre den Umkehrprozess der Photosynthese (4.1), die als Atmung bezeichnete "kalte", d.h. kontrolliert katalysierte Verbrennung reduzierter Substrate (Nahrung) für einen wesentlich intensiveren, nur mehr mittelbar lichtabhängigen Energieumsatz und damit für eine komplexere Lebensform nutzen konnten. Als Folge der O_2-Produktion entstand übrigens auch die Ozonschicht in der Stratosphäre, die durch Abschirmung besonders energiereicher Sonnenstrahlung zu einer insgesamt kontrollierteren Entwicklung von Lebewesen beigetragen haben mag.

Um zu verstehen, weshalb die Präsenz von O_2 eine außerordentliche Gefährdung, z.B. im Hinblick auf den Vorgang der Alterung (s. Kap. 16.8), aber auch eine große Chance für Organismen darstellt, werden im folgenden die molekularen Eigenschaften und komplexchemischen Aspekte des Disauerstoffs vorgestellt (TAUBE; JONES, SUMMERVILLE, BASOLO; NIEDERHOFFER, TIMMONS, MARTELL). Elementarer Sauerstoff ist entsprechend seiner Stellung im Periodensystem der Elemente und der daraus folgenden zweithöchsten Elektronegativität ein sehr starkes Oxidationsmittel. Viele Substanzen reagieren, allerdings oft erst nach Aktivierung, unter großer Wärmeabgabe (exotherm) mit Disauerstoff. Die oft zu beobachtende, ja charakteristisch zu nennende Hemmung zahlreicher Reaktionen mit O_2 läßt sich in vielen Fällen mit dem Triplett-Grundzustand des O_2-Moleküls begründen: es liegen zwei ungepaarte Elektronen vor. Diese für ein kleines, stabiles Molekül ungewöhnliche Situation folgt aus dem Molekülorbital-Schema (5.3) in Verbindung mit der HUNDschen Regel (vgl. 2.8), welche besagt, daß bei der Besetzung energieentarteter Orbitale wie $\pi^*(2p)$ der Zustand maximaler Multiplizität bevorzugt ist (hier: Triplett $^3O_2$ gegenüber Singulett $^1O_2$).

	$^3O_2$	$^2O_2^{\cdot-}$	$^1O_2^{2-}$	$^1O_2(^1\Delta)$	$^1O_2(^1\Sigma)$
σ^*_{2p}	—	—	—	—	—
π^*_{2p}	↑ ↑	↑↓ ↑	↑↓ ↑↓	↑↓ —	↑ ↓
π_{2p}	↑↓ ↑↓	↑↓ ↑↓	↑↓ ↑↓	↑↓ ↑↓	↑↓ ↑↓
σ_{2p}	↑↓	↑↓	↑↓	↑↓	↑↓

(Ordinate: Orbitalenergie)

Bindungs-ordnung				(5.3)
2	1.5	1		

Bindungs-länge (pm)		
121	ca. 128	ca. 149

Schwingungs-frequenz (cm^{-1})		
1560	1150-1100	850-740

In der Tat ist $^3O_2$ mit zwei ungepaarten Elektronen im Grundzustand gegenüber den beiden Singulett-Zuständen $^1O_2\,(^1\Delta)$ und $^1O_2\,(^1\Sigma)$ um mehr als 90 bzw. 150 kJ/mol begünstigt. Die Reaktion von $^3O_2$ mit normalen Singulett-Molekülen ist andererseits aufgrund der Notwendigkeit eines wenig wahrscheinlichen "Umklappens" von Spins gehemmt ("Spinverbot", vgl. 4.12). Dieses Phänomen läßt überhaupt erst das gegenwärtige *metastabile* Gleichgewicht mit der Präsenz von "Brenn"-Stoffen (Holz, fossile Energieträger, Kohlenhydrate etc.) in einer sauerstoffreichen Atmosphäre zu, ohne daß sofort die energieärmsten Produkte CO_2 und Wasser entstehen. Singulett-Disauerstoff $^1O_2$ stellt daher eine weitere toxische Form des Sauerstoffs dar; wenig gehemmte und daher unkontrollierte Oxidationswirkung geht auch von der diamagnetischen Element-Modifikation Ozon (O_3) aus.

Das Spinverbot gilt jedoch nicht für Systeme, die selbst ungepaarte Elektronen enthalten; dazu gehören

– stabile oder durch Zündung erzeugte freie Radikale (S = 1/2),

– Verbindungen mit photochemisch erzeugten angeregten Triplett-Zuständen (S = 1) und

– paramagnetische Übergangsmetallzentren (S $\geq$ 1/2).

Die meisten Reaktionen zwischen O_2 und Metallkomplexen verlaufen irreversibel, wie die Gleichungen (5.1) oder (5.11) auf S. 87 und 106 illustrieren. Bei derartigen Reaktionen wird Sauerstoff meist bis zur Stufe (-II) reduziert, so daß Oxid-, Hydroxid- oder Aquo-Liganden mit gespaltener Sauerstoff-Sauerstoff-Bindung resultieren. Während der ersten beiden Einelektronen-Reduktionsstufen (vgl. 4.6, 5.2; S. 76 und 88) zu Superoxid-Radikalanion ($O_2^{\bullet-}$, S = 1/2) und Peroxid-Dianion (O_2^{2-}, S = 0) bleibt die O–O-Bindung jedoch erhalten, wobei die Bindungsordnung stufenweise von einer Doppel- auf eine Einfach-Bindung reduziert wird. Dies entspricht einer Einlagerung von zusätzlichen Elektronen

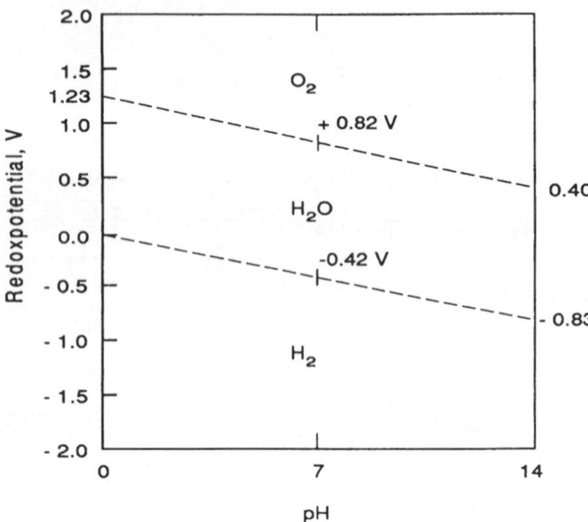

Abbildung 5.1: Stabilitätsdiagramm des Wassers (-----: Gleichgewichtslinien)

nen bis zur vollständigen Besetzung des entarteten, schwach antibindenden $\pi^*(2p)$-Molekülorbitals (5.3). Die Redoxpotentiale für die Reduktion von O_2 verringern sich in Gegenwart von Elektrophilen wie etwa Metallionen oder auch H^+. Das biochemisch wichtige Stabilitätsdiagramm von Wasser, d.h. der thermodynamische Existenzbereich von H_2O im Gleichgewicht mit H_2 einerseits und O_2 andererseits (alle anderen Stufen sind metastabil!), ist als Funktion von Potential und pH-Wert in Abb. 5.1 dargestellt.

Zu den einfacheren *reversibel* Disauerstoff-koordinierenden Komplexen (NIEDER-HOFFER, TIMMONS, MARTELL) gehören insbesondere anorganische und metallorganische Verbindungen (5.4) der Metalle Cobalt, Rhodium und Iridium aus der Gruppe 9 des Periodensystems. Der VASKASche Iridium-Komplex zeigt reversible Aufnahme und Abgabe von "side-on"-(η^2)-gebundenem O_2, während Pentacyano-, *salen-* (vgl. 3.16) oder Pentammin-Cobalt(II)-Komplexfragmente Disauerstoff über eine "end-on"-(η^1)-Koordination binden können (5.4). Weitere Koordinationsmöglichkeiten, die auch für die biologische O_2-Verwertung diskutiert werden, sind in (5.6) zusammengefaßt.

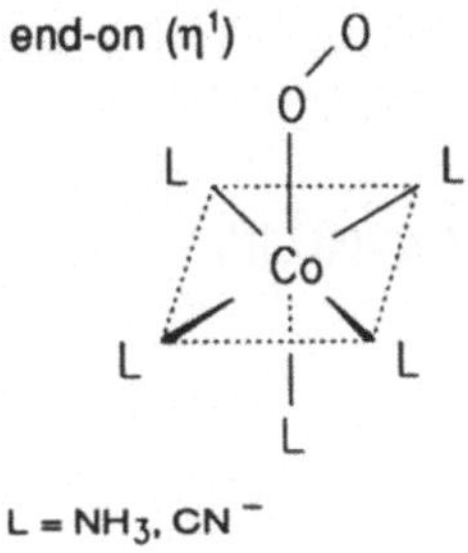

$$(5.4)$$

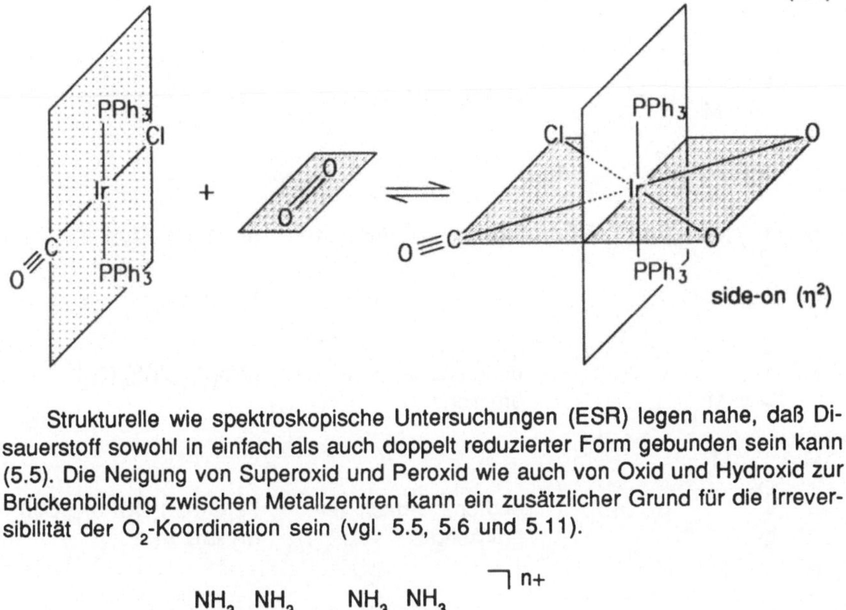

Strukturelle wie spektroskopische Untersuchungen (ESR) legen nahe, daß Disauerstoff sowohl in einfach als auch doppelt reduzierter Form gebunden sein kann (5.5). Die Neigung von Superoxid und Peroxid wie auch von Oxid und Hydroxid zur Brückenbildung zwischen Metallzentren kann ein zusätzlicher Grund für die Irreversibilität der O_2-Koordination sein (vgl. 5.5, 5.6 und 5.11).

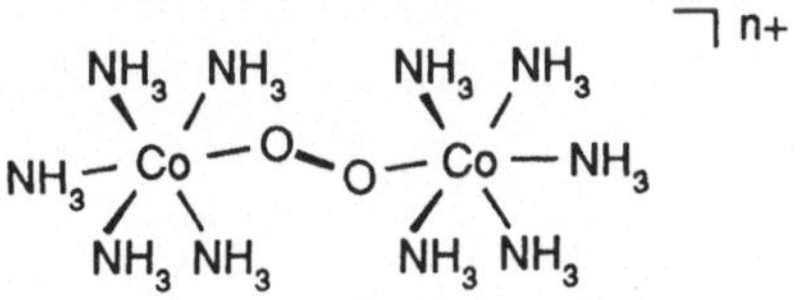

$$(5.5)$$

$$n = 5, \quad d(\text{O–O}) = 131 \text{ pm}, \quad O_2^{\bullet-}\text{-Ligand}$$
$$n = 4, \quad d(\text{O–O}) = 147 \text{ pm}, \quad O_2^{2-}\text{-Ligand}$$

Metallkoordination von O_2^{n-} (5.6)

Strukturtyp:	Bezeichnung des O_2^{n-}-Koordinationsmodus:		Beispiel:
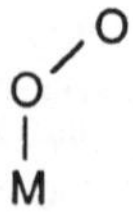	η^1	end-on	$[(CN)_5Co(O_2)]^{3-}$
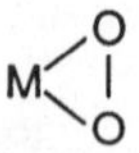	η^2	side-on	$(Ph_3P)_2(CO)(Cl)Ir(O_2)$ $(HBPz_3^*)Co(O_2)$: Egan et al.
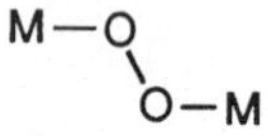	$\mu, \eta^1 : \eta^1$	end-on verbrückend	$[(H_3N)_5Co(O_2)Co(NH_3)_5]^{5+}$
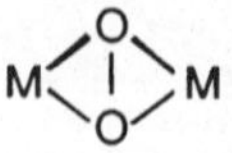	$\mu, \eta^2 : \eta^2$	side-on verbrückend	$[(Cl_3O_2U)_2(O_2)]^{4-}$ $[(HBPz_3^*)Cu]_2(O_2)$: Kitajima et al.
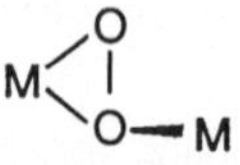	$\mu, \eta^1 : \eta^2$	end-on/side-on verbrückend	$[(Ph_3P)_2ClRh]_2(O_2)$
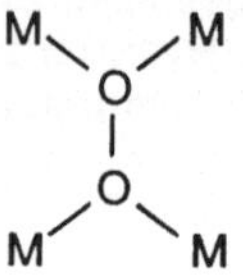	$\mu_4, (\eta^1)_4$	end-on, vierfach verbrückend	$Fe_6O_2(O_2)(OCPh)_{12}(OH)_2$: Micklitz et al.

$HBPz_3^*$: Tris(3,5-diisopropylpyrazolyl)borat :

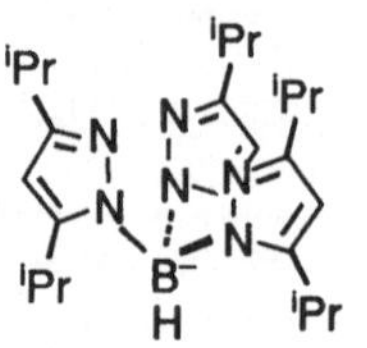

Das ungesättigte Molekül O_2 ist ein σ-Donor/π-Akzeptor-Ligand: Über die freien Elektronenpaare wird Elektronendichte zum elektropositiven Metall transferiert, während aus energiereichen, teilweise gefüllten d-Orbitalen elektronenreicher Metalle "Rückbindung" in das nur teilweise besetzte π*-Orbital des O_2 erfolgen kann (5.7).

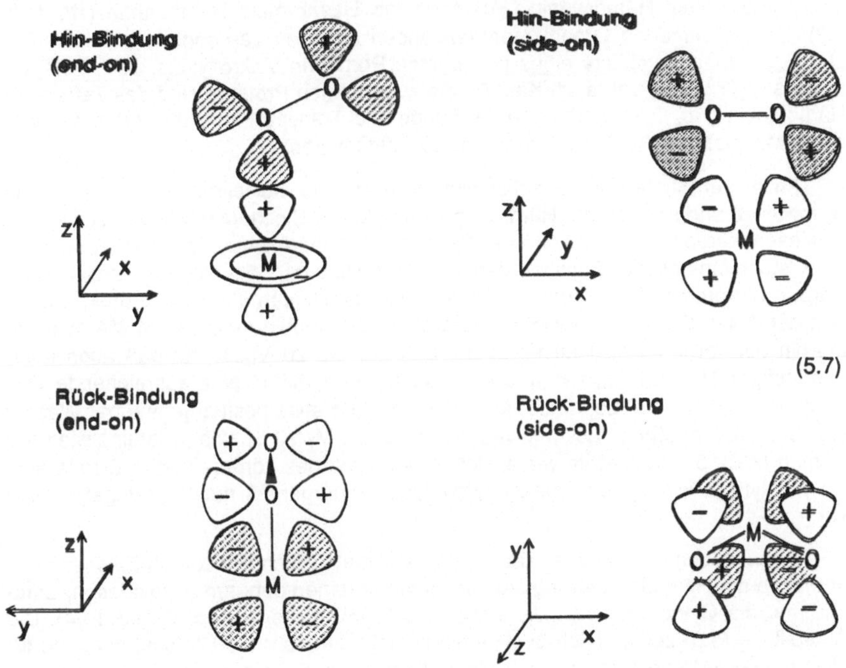

$$(5.7)$$

Nach einer intramolekularen Elektronenverschiebung können die (formalen !) Oxidationsstufen anhand der Kriterien (5.3) neu zugeordnet werden (vgl. 5.5).

5.2 Sauerstoff-Transport und -Speicherung mittels Hämoglobin und Myoglobin

Welche Funktionen werden von Organismen bei der O_2-Nutzung benötigt? Vor der eigentlichen metabolischen Verwertung stehen reversible Aufnahme aus der Atmosphäre und Transport zu den unmittelbaren Verbrauchern im Organismus sowie die dort notwendige Speicherung bis zum tatsächlichen metabolischen Umsatz.

Bestimmte Gruppen von Weichtieren, Krebsen, Spinnen und Würmern einerseits und die Mehrzahl höherer Organismen, insbesondere die Wirbeltiere andererseits unterscheiden sich durch zwei auch komplexchemisch verschiedene Strategien bei der O_2-Koordination: Die genannten Gruppen von Wirbellosen besitzen hierfür zweikernige Metallarrangements mit ausschließlicher Aminosäure-Koordination, entweder das Kupferprotein Hämocyanin (*Hc*) oder das Eisenprotein Hämerythrin (*Hr*, Kap. 5.3). Höhere atmende Organismen verwenden dagegen das sogenannte Häm-System, d.h. Eisenkomplexe eines bestimmten Porphyrin-Makrozyklus, des Protoporphyrins IX (2.5, 5.8, vgl. auch Kap. 6); die zugehörigen Proteine sind das Tetramere Hämoglobin (*Hb*, O_2-Aufnahme in der Lunge und Transport im Blut) und das monomere Myoglobin (*Mb*, Speicherung im Muskel-Gewebe).

An dieser Stelle soll zunächst allgemein auf die vielseitige Rolle des Eisens (Kap. 5 - 8) und speziell der Häm-Gruppierung in der Biochemie des Menschen hingewiesen werden (Tab. 5.1). Da der Sauerstofftransport keine katalytische, sondern eine "stöchiometrische" Funktion darstellt, sind allein ca. 65% des im menschlichen Körper vorkommenden Eisens in diesem lebenswichtigen Transportprotein enthalten; der Anteil des Sauerstoff-Speicherproteins Myoglobin macht etwa 6% aus. Immerhin beträgt der Anteil an O_2 in der Luft nur ca. 20 Vol.%, so daß auch unter ungünstigen Umständen, z.B. in über 2000 m Meereshöhe, eine ausreichende Versorgung gewährleistet sein muß; menschliches Blut etwa besitzt gegenüber Wasser ein ca. 30fach erhöhtes "Lösungsvermögen" für O_2. Metall-Speicherproteine wie etwa Ferritin (Kap. 8) machen im wesentlichen den Rest des körpereigenen Eisens aus; die katalytisch wirksamen Eisenenzyme liegen naturgemäß nur in geringer Menge vor.

Viele, jedoch nicht alle (s. Kap. 7) der redoxkatalytisch wirksamen Eisenenzyme enthalten die Häm-Gruppierung; zu den Hämoproteinen gehören Peroxidasen, Cytochrome, die Cytochrom *c*·Oxidase und das P-450-System (Kap. 6 und 10.4). Die Aufstellung (5.8) zeigt, welch bestimmende Rolle offenbar die Proteinumgebung für die unterschiedliche Funktionalität eines Tetrapyrrol-Komplexes spielt.

Das Transportsystem für O_2 hat dieses Molekül als $^3O_2$ aus der Gasphase über die gelöste Form möglichst effektiv aufzunehmen, über die Blutbahn in Erythrozyten-Zellen zum wenig mobilen Speicher zu transportieren und dort möglichst vollständig wieder abzugeben. Bei eventuell wechselndem Angebot und stark wechselndem Bedarf an O_2 ist diese Aufgabe nicht einfach zu lösen; zunächst muß natürlich der Speicher eine höhere O_2-Affinität besitzen als das Transportsystem. Dessen Effizienz ist im Falle des "Hochleistungs"-O_2-Transportsystems Hämoglobin (Abb. 5.2) mit insgesamt vier Häm-Zentren über den sogenannten kooperativen Effekt gelöst: Während der vollständigen Beladung mit 4 Molekülen O_2 (1 ml O_2 / 1 g *Hb*) *steigt* die Sauerstoff-Affinität, was durch eine sigmoide, nicht-hyperbolische Sättigungskurve zum Ausdruck kommt (Abb. 5.3).

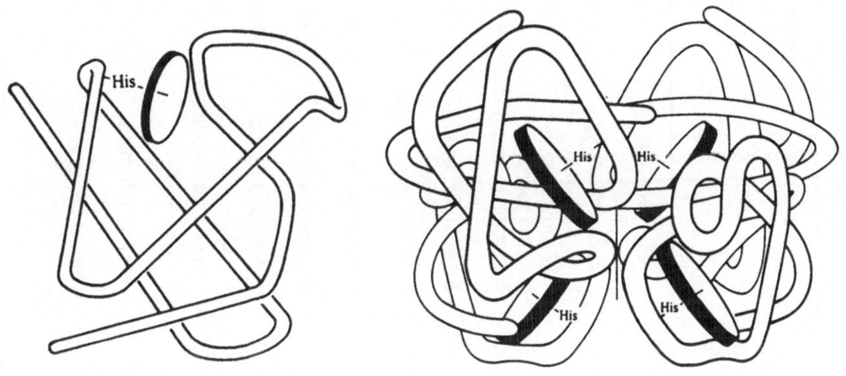

Abbildung 5.2: Schematische Strukturen des Myoglobins (links) und des tetrameren Proteins Hämoglobin (rechts); jeweils mit Proteinfaltung und angedeuteter Häm-"Scheibe" (aus HUHEEY)

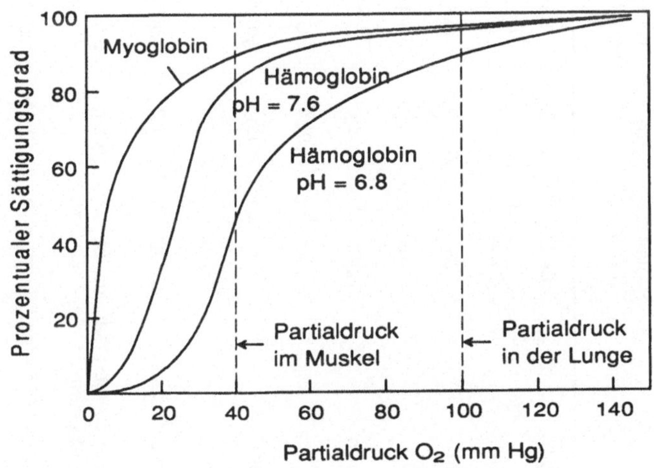

Abbildung 5.3: Sauerstoff-Sättigungskurven von Myoglobin und Hämoglobin bei verschiedenen pH-Werten.

Tabelle 5.1: Verteilung einiger eisenhaltiger Proteine im erwachsenen Menschen (modifiziert nach COTTON, WILKINSON)

Protein	Molekül-masse des Proteins (kDa)	Menge an Eisen (g)	% der Gesamt-eisen-menge im Körper	Art des Eisens: Häm (h) oder Nicht-Häm (nh)	Zahl der Eisen-atome pro Mo-lekül	Funktion	behandelt in Kapitel
Hämoglobin	64.5	2.60	65	h	4	O_2-Transport im Blut	5.2
Myoglobin	17.8	0.13	6	h	1	O_2-Speicherung im Muskel	5.2
Transferrin	76	0.007	0.2	nh	2	Eisentransport im Plasma	8.4.1
Ferritin	444	0.52	13	nh	bis 5000	Eisenspeicherung in Zellen	8.4.2
Hämosiderin	>300	0.48	12	nh	bis 5000	Eisenspeicherung in Zellen	8.4.2
Katalase	260	0.004	0.1	h	4	Metabolismus von H_2O_2	6.3
Peroxidasen	var.	gering	gering	h	meist 1	Metabolismus von H_2O_2	6.3
Cytochrom c	12.5	0.004	0.1	h	1	Elektronentransfer	6.1
Cytochrom c-Oxidase	>100	<0.02	<0.5	h	2	terminale Oxidation ($O_2 \rightarrow H_2O$)	10.4
Flavoprotein-Oxygenasen (z.B. P-450-System)	ca. 50	gering	gering	h	1	Einbau von molekularem Sauerstoff	6
Eisen/Schwefel-Proteine	var.	ca. 0.04	ca. 1	nh	2-8	Elektronentransfer	7.1-7.4
Ribonukleotid-Reduktase	260 (E. coli)	gering	gering	nh	4	Umwandlung von Ribonukleinsäuren zu Desoxyribonukleinsäuren	7.6

Häm   [Hämstruktur mit Fe]   =   Fe

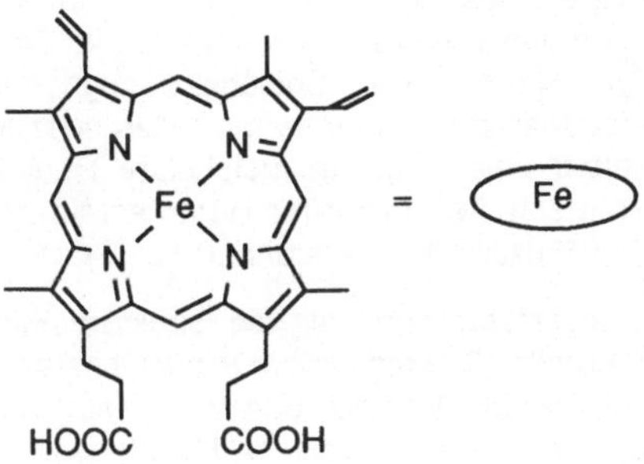

$$(5.8)$$

Hämoglobin,
Myoglobin
(Kap. 5.2)

$$Fe^{2+} \underset{}{\overset{O_2}{\rightleftharpoons}} Fe^{2+}$$

Cytochrom
(Kap. 6.1)

$$Fe^{2+} \underset{e^-}{\rightleftharpoons} Fe^{3+}$$

Cytochrom P-450
(Kap. 6.2)

$$Fe^{3+} \quad RH \rightarrow ROH \quad Fe^{3+}$$
$$O_2,\ 2e^-,\ 2H^+ \qquad H_2O$$

Katalase und
Peroxidase
(Kap. 6.3)

$$Fe^{3+} \xrightarrow{H_2O_2 \quad H_2O} Fe^{IV} {}^{\bullet+}$$

Kata-
lase $O_2 + 2H^+$

H_2O_2

Per-
oxi-
dase Fe^{3+}

2 RH   2 RH$^{\bullet+}$

Cytochrom *c*-
Oxidase
(Kap. 10.4)

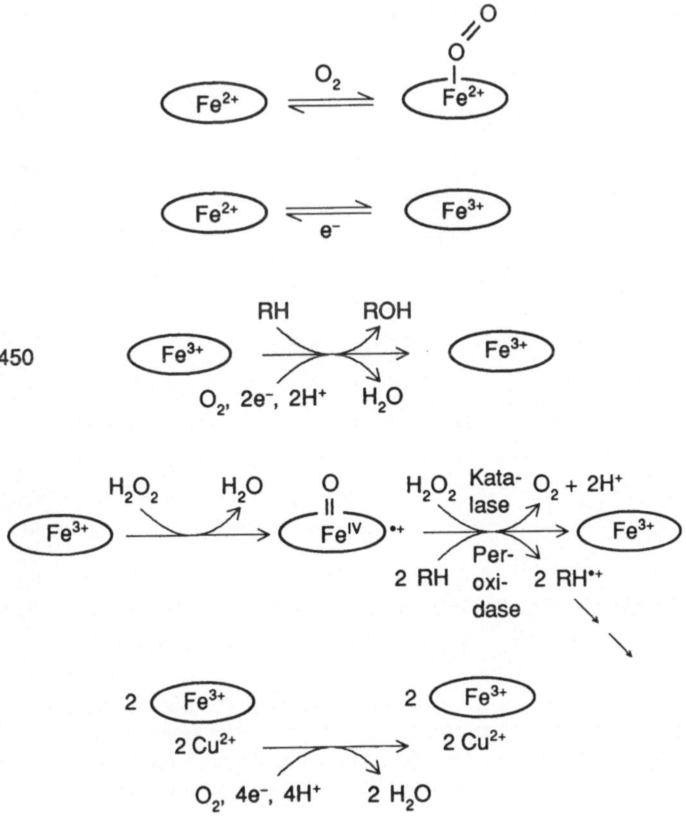

$$2\ Fe^{3+} \qquad 2\ Fe^{3+}$$
$$2\ Cu^{2+} \longrightarrow 2\ Cu^{2+}$$
$$O_2,\ 4e^-,\ 4H^+ \qquad 2\ H_2O$$

Der *kooperative Effekt* sorgt nach Abb. 5.3 für eine möglichst wirkungsvolle Übergabe von O_2 an den Speicher: Je weniger O_2 im Transportsystem vorhanden ist, um so vollständiger wird es an den Speicher abgegeben. Der biologische Sinn eines solchen zusammengesetzten Systems mit "alles oder nichts"-Funktionalität (PERUTZ 1978) ist unmittelbar einsichtig; die molekulare Realisierung erfordert jedoch ein komplexes Zusammenwirken mehrerer Hämoprotein-Untereinheiten (s.u.), welches noch nicht in allen Einzelheiten verstanden ist (DICKERSON, GEIS).

Dies ist um so erstaunlicher, als die Strukturaufklärungen von Myoglobin und Hämoglobin, des bereits 1849 als erstem Protein kristallisierten "Blutfarbstoffs", durch die Arbeitsgruppen von J.C. KENDREW und M.F. PERUTZ schon lange zurückliegen (Nobelpreis 1962) und erste mechanistische Hypothesen bereits auch aus dieser Zeit stammen. Vereinfacht dargestellt ist *Hb* (2x141 und 2x146 Aminosäuren) ein Tetrameres des monomeren Hämoproteins Myoglobin *Mb* (Molekülmasse 17.8 kDa); 2 α- und 2 β-Peptidketten bilden in *Hb* eine definierte Quartärstruktur (Abb. 5.2). Von den beiden freien axialen Koordinationsstellen des scheibenförmig dargestellten, jedoch nicht völlig ebenen Häm-Systems im Proteininneren ist die fünfte Position von einem Imidazol-Fünfring des *proximalen* Histidins besetzt, die sechste Stelle jedoch für die Koordination mit O_2 frei (Abb. 5.4); trotzdem findet sich auch hier eine biologisch sinnvolle (PERUTZ 1989) räumliche Modifikation in Form des *distalen* Histidin-Restes und einer Valin-Seitenkette (Isopropyl-Gruppe, Abb. 5.5).

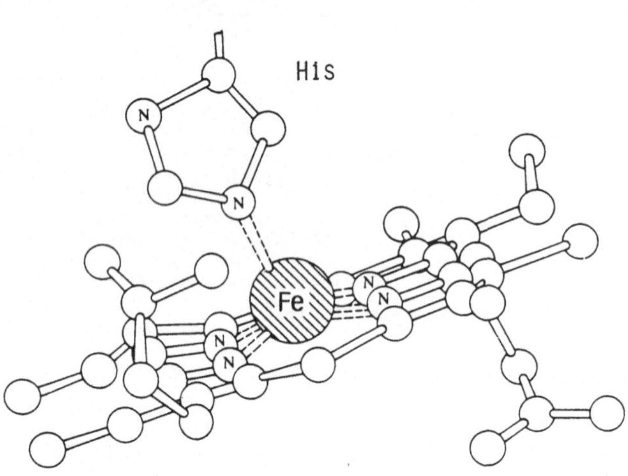

Abbildung 5.4: Struktur der Desoxy-Hämeinheit in *Mb* und *Hb* (aus HUHEEY)

Bevor auf die molekularen Grundlagen für den kooperativen Effekt im *Hb* eingegangen wird, ist zunächst die anorganisch-chemische Frage nach den Oxidations- und Spinzuständen des Metallzentrums *vor* und *nach* der O_2-Koordination, d.h. in der Desoxy- und in der Oxy-Form zu beantworten (GERSONDE).

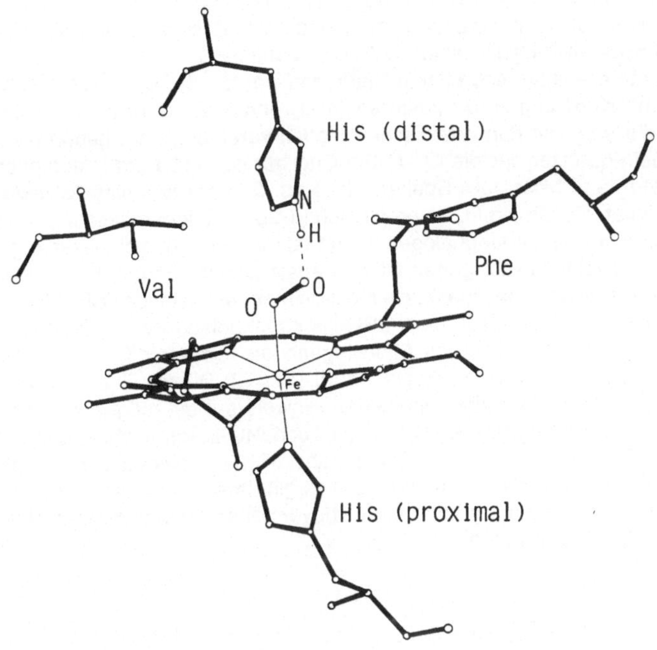

Abbildung 5.5: Anordnung proximaler und distaler Aminosäurereste in bezug auf Oxy-Myoglobin (nach Perutz 1989 und Phillips, Schoenborn)

Eindeutig gesichert ist der high-spin Fe(II)-Zustand in den Desoxy-Formen von *Hb* und *Mb*. Entsprechend beobachtet man einen (S = 2)-Grundzustand mit vier ungepaarten Elektronen (2.8, 2.9). Eine *gerade* Zahl ungepaarter Elektronen ist nach den Ausführungen in Kap. 4.3 günstig für eine rasche, nicht gehemmte Bindung von $^3O_2$ mit seinem (S=1)-Grundzustand. Für die diamagnetischen (S=0)-Oxy-Formen mit end-on-koordiniertem O_2 bei nicht-linearer Anordnung (Fe—O—O Winkel ca. 120°; vgl. 5.10 oder Abb. 5.5) ist die Formulierung wegen des ambivalenten Charakters von koordiniertem Disauerstoff weniger eindeutig; zwei alternative Formulierungen (5.9) sind vorgeschlagen worden.

Pauling und Coryell führten schon 1936 den Diamagnetismus auf eine Kombination aus low-spin Fe(II) und koordiniertem Singulett-Disauerstoff zurück. Beide Komponenten wären bereits für sich diamagnetisch und die Bindung käme durch den σ-Akzeptor/π-Donor-Charakter des reduzierten Metalls und den σ-Donor/π-Akzeptor-

Charakter des ungesättigten Liganden zustande (π-Rückbindungsanteil, vgl. 5.7). Die Alternative hierzu stammt von WEISS (1964): Als Folge einer Einelektronenübertragung vom Metall zum Liganden im Grundzustand sollten low-spin Fe(III) mit $S = 1/2$ und Superoxid-Radikalanion $O_2^{\bullet-}$ mit ebenfalls $S = 1/2$ als Ligand vorliegen; der bei Raumtemperatur beobachtete Diamagnetismus wäre dann auf starke antiferromagnetische Kopplung zurückzuführen (4.11, links). Zu den experimentellen Ergebnissen, die eher mit dem WEISSschen Modell vereinbar sind, gehören vor allem Schwingungsfrequenzen für die O–O-Bindung bei ca. 1100 cm^{-1} (entspricht $O_2^{\bullet-}$, vgl. 5.3), Daten aus MÖSSBAUER-Spektren (s. Kap. 5.3) sowie einige Aspekte chemischer Reaktivität. Superoxid $O_2^{\bullet-}$ verhält sich in Substitutionsreaktionen ähnlich wie das Azid-Anion N_3^- als Pseudohalogenid, und tatsächlich läßt sich derartig gebundener Disauerstoff relativ leicht gegen Chlorid austauschen. Ersetzt man Eisen durch das im Periodensystem benachbarte, ein Elektron mehr enthaltende Cobalt (Hämoglobin → Coboglobin), so beobachtet man ESR-spektroskopisch den Aufenthalt des zusätzlichen, ungepaarten Elektrons überwiegend am Sauerstoff, entsprechend der Formulierung $O_2^{\bullet-}$ ($S = 1/2$) / low-spin Co(III) ($S = 0$). Dieses Ergebnis für ein Modellsystem stellt jedoch nur einen indirekten Hinweis auf die mögliche Relevanz der WEISSschen Formulierung dar, so daß diese auch MO-theoretisch studierte Alternative (5.9; vgl. GERSONDE; NEWTON, HALL) nicht abschließend eindeutig zugunsten einer bestimmten Formulierung entschieden ist. Dies gilt umso mehr, als Oxidationsstufen nicht eindeutig meßbar sind, sondern auf Konventionen bezüglich der formalen Heterolyse von Bindungen beruhen.

Oxidations- und Spinzustände im System Häm/O_2:   (5.9)

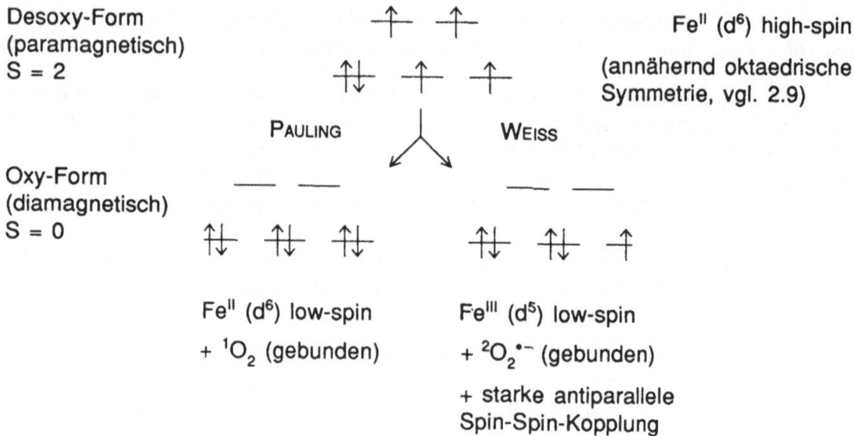

(5.9, Fortsetzung)

Formulierung nach PAULING   Formulierung nach WEISS

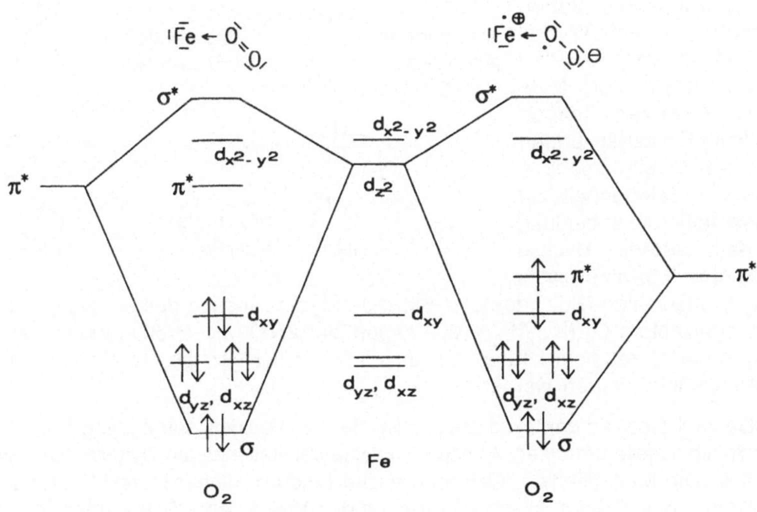

Für das Pauling-Modell mit zweiwertigem, besser in die Porphyrin-Ebene eingepaßtem low-spin Eisen (Tab. 2.7, s. Abb. 5.6) spräche, daß Kohlenmonoxid und andere vorzugsweise mit niederwertigen Metallzentren koordinierende π-Akzeptor-Liganden wie etwa NO den Disauerstoff als Liganden verdrängen können. Allerdings existieren auch Mechanismen, welche dieser unerwünschten Konkurrenz ($\rightarrow$ Kohlenmonoxid-Vergiftung) zumindest teilweise entgegenwirken (Perutz 1989). In geringem Maße findet sogar eine endogene CO-Produktion beim Abbau von Porphyrin-Systemen in gealterten Erythrozyten statt. Entsprechend der Valenzstrichschreibweise (5.10) bevorzugt η^1(C)-koordiniertes CO in Protein-freien Modellsystemen eine lineare Anordnung, end-on-koordiniertes O_2 dagegen wegen eines freien Elektronenpaars am koordinierenden Sauerstoffatom einen Winkel Fe–O–O von ca. 120° (Phillips, Schoenborn). Im Myoglobin bewirken jedoch räumliche Einschränkungen durch die Proteinumgebung sowie die Gelegenheit zur Wasserstoffbrückenbindung mit dem distalen Histidin (5.10, Abb. 5.5) eine etwas

(5.10)

weniger ungünstige Gleichgewichts-Situation für die Bindung des eindeutig schlechteren π-Akzeptors O_2 (K_{CO}/K_{O2} = 200 gegenüber 25000 bei Protein-freien Häm-Modellsystemen); trotzdem können bekanntermaßen nur geringe CO-Konzentrationen in der Atemluft toleriert werden.

Generell blockiert der Imidazol-Ring des distalen Histidins den Zugang zur sechsten Koordinationsstelle am Eisen, so daß nur infolge der Seitenketten-Dynamik des Globin-Proteins eine kontrollierte, gleichwohl rasche Bindung kleiner Moleküle erfolgt. Modifikationen des distalen Histidins wie auch des Valins (Abb. 5.5) führten jeweils zu einem schlechteren Bindungsverhältnis O_2/CO (Perutz 1989). Histidin ist deswegen als distaler Aminosäurerest so nützlich, weil es infolge seines basischen Charakters Protonen vom koordinierten O_2 fernhält bzw. über N_ε bindet und auf der abgewandten Seite über N_δ freisetzt (Histidin als Protonen-Shuttle, vgl. Tab. 2.5). Protonen wirken als elektrophile Konkurrenten zum koordinierenden Eisen, schwächen dessen Bindung zum O_2 und begünstigen dadurch schädliche Autoxidationsprozesse.

Vom komplexchemischen Standpunkt aus ist es erstaunlich, daß die Koordination eines zusätzlichen "schwachen" Liganden, sei es O_2 oder $O_2^{\bullet-}$ (letzteres nach inner-sphere-Elektronenübertragung), in jedem Falle von einem high-spin- zu einem low-spin-Zustand des Metalls führt. Ist die für Tetrapyrrol-Komplexe ungewöhnliche, hier gleichwohl für die $^3O_2$-Aktivierung vorteilhafte high-spin-Situation auf eine verringerte Metall-Ligand-Wechselwirkung durch ungenügende Einpassung in den Hohlraum des Makrozyklus zurückzuführen (*out-of-plane*-Situation, Abb. 5.4, Tab. 2.7), so genügt offenbar für diesen entatischen Zustand schon der relativ geringe "Zug" durch koordinierendes O_2 oder CO, um eine zumindest teilweise Elektronenübertragung vom Metall zum Liganden und einen Spin-"crossover" des Metalls vom high-spin- zum low-spin-Zustand zu bewirken. Die Aktivierungsenergie hierfür muß dementsprechend gering sein. Die dadurch hervorgerufene Kontraktion des Metalls (Tab. 2.7) und Relativbewegung um ca. 20 pm hin zum nun besser ("stärker") komplexierenden Makrozyklus (Abb. 5.6) ist offenbar ein wichtiges Moment für den kooperativen Effekt. Eine weitere signifikante strukturelle Änderung bei O_2-Koordination betrifft die "Aufrichtung" der Fe−N-Bindung zum proximalen Histidin gegenüber der Porphyrin-Ebene (vgl. Abb. 5.8).

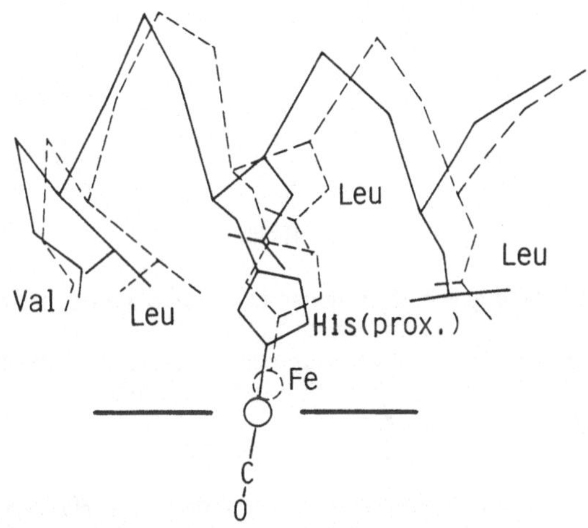

Abbildung 5.6: Strukturelle Änderungen beim Übergang von der Desoxy- (----) zur Carbonmonoxy-Form (——) des Hämoglobins (nach BALDWIN, CHOTHIA)

Der kooperative Effekt des prototypischen "allosterischen" Proteins Hämoglobin, der zur biologisch sinnvollen sigmoiden Sättigungscharakteristik führt (Abb. 5.3), beruht auf einer O_2-Bindungs-induzierten Wechselwirkung zwischen den vier Häm-enthaltenden Einheiten des Tetrameren *Hb*. Jede der durch elektrostatische Wechselwirkungen ("Salzbrücken") miteinander verbundenen Häm-Protein-Ketten zeigt eine Geometrieänderung bei Disauerstoff-Koordination (Abb. 5.6), die sich im einfachsten denkbaren Ansatz, einem "Federspannungs"-Modell für das Peptidgerüst, auf die

übrigen Einheiten überträgt (→ Konformationsänderung der Quartärstruktur). Von
PERUTZ (1978) stammt hierzu ein Zweizustands-Modell (Abb. 5.7) mit einer gespannten Form (T für "tethered" = fest verbunden, niedrige O_2-Affinität) und einem ent-
spannten Zustand (R für "relaxed", hohe O_2-Affinität) des tetrameren Proteins.

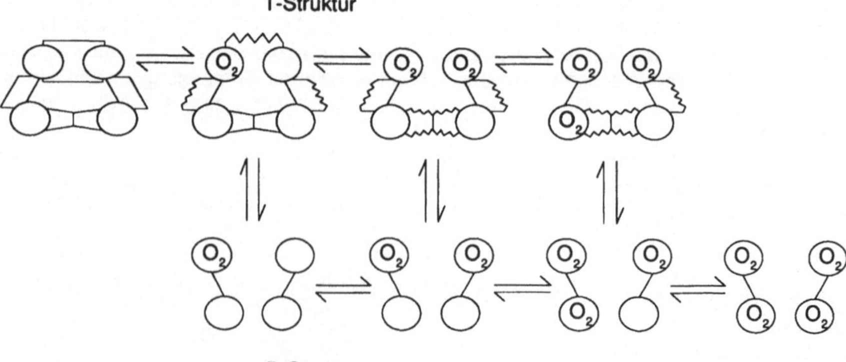

Abbildung 5.7: Funktionsmodell für die Kooperativität der vier Untereinheiten im
Hämoglobin (nach PERUTZ 1978): Zunehmende O_2-Beladung fördert den Übergang
zur O_2-affineren R-Struktur; nach vollständiger Übertragung auf das noch stärker O_2-
affine Myoglobin bildet sich durch mehrfache Interprotein-Verknüpfung die weniger
kompakte T-Struktur.

Es existieren demnach für das individuelle Häm-System vier Zustände (Oxy- oder
Desoxy-Form, T- oder R-Zustand), deren geometrische Charakteristik in Abb. 5.8
skizziert ist. Insbesondere ist die T-Form durch eine sterische Wechselwirkung des
proximalen Histidins mit dem Porphyrin-Ring gekennzeichnet, was eine Porphyrin-
Abknickung im Sinne der nicht-ebenen Desoxy-Form begünstigt (SRAJER, REINISCH,
CHAMPION).

Die völlig mit Sauerstoff beladene R-Form zeichnet sich gegenüber der T-Form
durch eine deutlich kompaktere Quartärstruktur aus. Das ursprüngliche PERUTZsche
Federspannungs-Modell ist inzwischen vielfach modifiziert worden, da nicht alle
Beobachtungen mit einfachen, qualitativen Vorstellungen erklärt werden können.

Ein weiteres Phänomen, die Modifikation der sigmoiden Sättigungskurve durch
den pH-Wert (Abb. 5.3), wird als BOHR-Effekt bezeichnet. Die Bindung von bei der
Atmung als Stoffwechselendprodukt entstehendem CO_2 an terminale Aminogruppen
des Hämoglobins (*Hb* als O_2- *und* CO_2-Transportprotein) reduziert dessen Sauer-
stoff-Bindungsvermögen; Oxy-*Hb* ist eine stärkere Säure als Desoxy-*Hb*. Mit der O_2-
Abgabe nimmt *Hb* daher Protonen auf und hilft so, Kohlensäure (vgl. 12.7) in

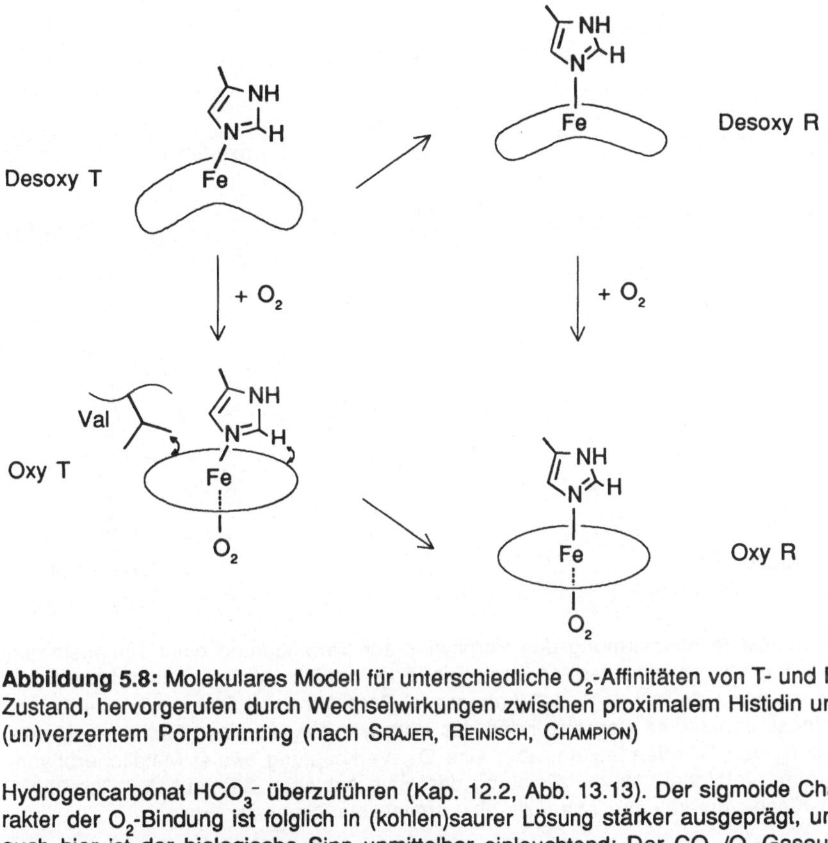

Abbildung 5.8: Molekulares Modell für unterschiedliche O_2-Affinitäten von T- und R-Zustand, hervorgerufen durch Wechselwirkungen zwischen proximalem Histidin und (un)verzerrtem Porphyrinring (nach SRAJER, REINISCH, CHAMPION)

Hydrogencarbonat HCO_3^- überzuführen (Kap. 12.2, Abb. 13.13). Der sigmoide Charakter der O_2-Bindung ist folglich in (kohlen)saurer Lösung stärker ausgeprägt, und auch hier ist der biologische Sinn unmittelbar einleuchtend: Der CO_2/O_2-Gasaustausch wird bei vermehrter Produktion von CO_2 im Sinne einer vollständigen Beladung des Transportproteins gefördert. Die Studien am Hämoglobin sind von fortlaufend großem Interesse in Biologie und Medizin (DICKERSON, GEIS); aus dem biologischen Forschungsbereich seien spezielle Anpassungen von tierischem *Hb* (tief tauchende Meeressäuger, hoch fliegende Vögel, extrazelluläre Hämoglobine in Würmern), aus dem humanmedizinischen Bereich das besonders sauerstoffaffine fötale *Hb* und das Problem der Sichelzellen-Anämie genannt (STRYER) – allein für den Menschen wurden mehr als 200 verschiedene Hämoglobin-Varianten gefunden.

Im Gegensatz zu *Hb* und *Mb* reagieren einfache, nicht durch eine Proteinumgebung geschützte Eisen(II)-Porphyrin-Komplexe nur irreversibel mit O_2, um über Peroxo-Zwischenstufen letztlich Oxo-verbrückte Dimere zu bilden (5.11). Daher stellte die gezielte Synthese *reversibel* O_2-koordinierender Modellverbindungen lange Zeit eine attraktive chemische Herausforderung dar (TRAYLOR; SUSLICK, REINERT).

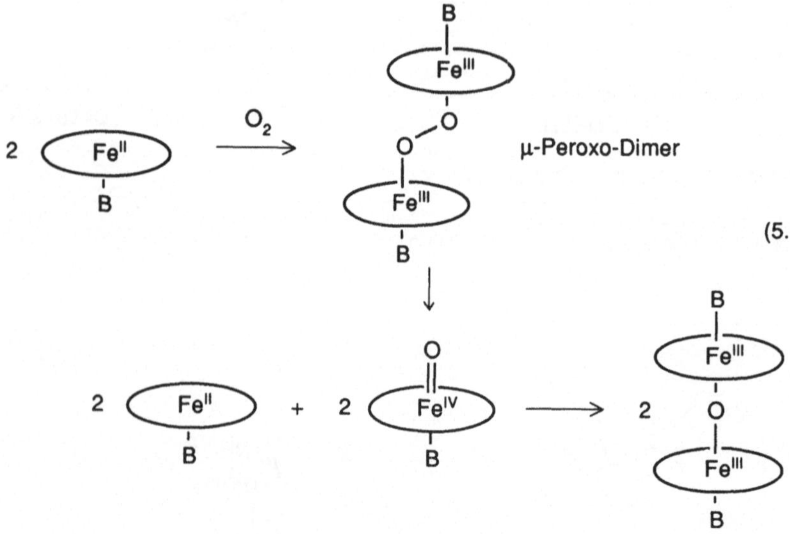

$$2 \; Fe^{II}\!-\!B \xrightarrow{\;O_2\;} B\!-\!Fe^{III}\!-\!O\!-\!O\!-\!Fe^{III}\!-\!B \quad \text{μ-Peroxo-Dimer} \tag{5.11}$$

$$2 \; Fe^{II}\!-\!B \;+\; 2 \; B\!-\!Fe^{IV}\!=\!O \longrightarrow 2 \; B\!-\!Fe^{III}\!-\!O\!-\!Fe^{III}\!-\!B$$

B: Stickstoff-Base   μ-Oxo-Dimer

Die räumliche Abschirmung des Porphyrins zur Verhinderung einer Dimerisierung
(5.11) kann durch verschiedene Strategien (5.12) erreicht werden. Bekannt geworden
sind vor allem die "picket-fence" (Lattenzaun)-Porphyrine von Collman, bei denen vo-
luminöse senkrechte Begrenzungen des Porphyrin-Ringes einen Hohlraum für die
Bindung von O_2 offen lassen, aber eine $O_{(2)}$-Verknüpfung zweier Metalloporphyrin-
Systeme verhindern. Immobilisierung des Häm-Analogen z.B. auf der Oberfläche
von Kieselgel verhindert ebenfalls eine irreversible Dimerisierung.

Strategien zur Verhinderung von Reaktion (5.11):   (5.12)

Immobilisierung am festen (polymeren) Träger:

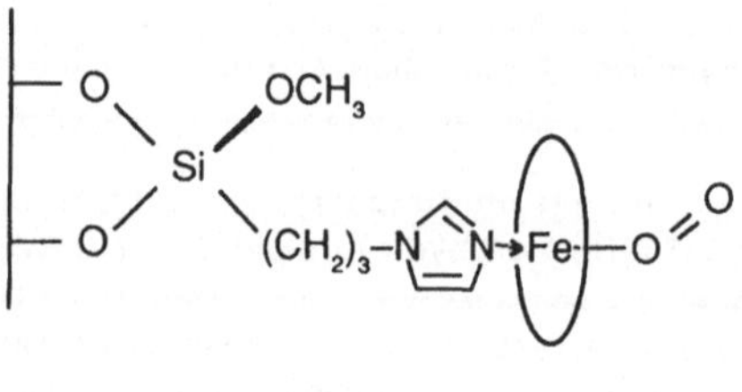

(5.12, Fortsetzung)

Raumerfüllende Substituenten:

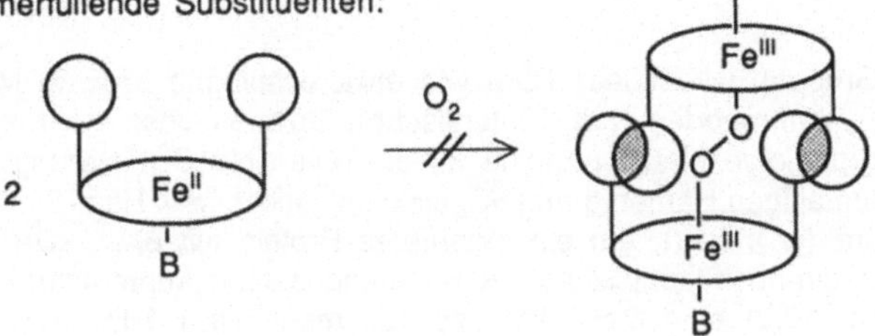

Abschirmung in Hohlräumen:

capped   *picket fence*
                                  (Lattenzaun)

Ein oxygenierter Lattenzaun-Porphyrinkomplex:

(aus SUSLICK, REINERT)

5.3 Alternativer Sauerstoff-Transport in einigen Wirbellosen: Hämerythrin und Hämocyanin

Zahlreiche Gruppen wirbelloser Tiere wie etwa bestimmte Krebse, Mollusken (z.B. Schnecken), Arthropoden (z.B. Tintenfische), Spinnen oder Meeres-Würmer besitzen nicht-porphinoide Metalloproteine für die reversible O_2-Fixierung. Handelt es sich beim eisenhaltigen Hämerythrin (*Hr*), welches jedoch *kein* Häm-System nach (5.8) enthält (αιμα (gr.): Blut), um ein oktameres Protein mit 8x14 kDa Molekülmasse, so weisen die noch komplizierter zusammengesetzten kupferhaltigen Hämocyanine (*Hc*, Kap. 10.2) eine Molekülmasse von mehr als 1 MDa auf. Für das Hämerythrin sind viele der wesentlichen Charakteristika des aktiven Zentrums inzwischen auch strukturell belegt worden (LIPPARD; vgl. 5.17 und Abb. 5.9); trotzdem sollen die Beiträge verschiedener physikalischer Methoden zur anfänglichen *indirekten* Strukturbestimmung des O_2-koordinierenden Zentrums im folgenden exemplarisch zusammengestellt werden (KLOTZ, KURTZ; KURTZ).

Magnetismus: Magnetische Messungen an den nahezu farblosen Desoxy-Formen des Hämerythrins weisen wie im Desoxy-*Hb* und -*Mb* auf die Anwesenheit von high-spin Eisen(II) mit vier ungepaarten Elektronen hin (2.9). Allerdings wurde eine schwache antiparallele Spin-Spin-Kopplung (4.11) zwischen jeweils *zwei* Zentren beobachtet. Für die violette Oxy-Form (1 gebundenes O_2 pro 2 Fe) belegen die Suszeptibilitäts-Untersuchungen die Anwesenheit von stark antiferromagnetisch gekoppelten (S = 1/2)-Zentren, woraus auf jeweils *zwei* effektiv wechselwirkende low-spin Eisen(III)-Zentren pro monomerem Protein geschlossen wurde (vgl. 5.9). Die Stärke der Spin-Spin-Kopplung kann dem Temperaturverhalten der magnetischen Suszeptibilität entnommen werden. Je stärker diese Kopplung, desto mehr thermische Energie muß aufgewandt werden, um normales paramagnetisches Verhalten, d.h. *ungekoppelte* Spins zu beobachten.

$$\uparrow \leftrightarrow \downarrow \quad \xrightarrow{\text{thermische Energie}} \quad \uparrow \text{ oder } \downarrow \nleftrightarrow \downarrow \text{ oder } \uparrow \qquad (5.13)$$

antiparallele Spin-Spin-   ungekoppeltes Verhalten
Kopplung im Dimer   normaler Spin-Paramagnetismus

Lichtabsorption. Das Fehlen der für Porphyrin-π-Systeme typischen starken Lichtabsorption weist auf lediglich Protein-gebundene Metallzentren hin. Die Farbe der violetten Oxy-Form in Abwesenheit von π-konjugierten makrozyklischen Liganden läßt sich auf eine durch Orbitalüberlappung "erlaubte" (vgl. 5.7) Ladungsübertragung zurückführen (Ligand-Metall-Charge-Transfer, LMCT; KAIM, ERNST, KOHLMANN), die im elektronisch angeregten Zustand von einem elektronenreichen Peroxid-Liganden mit zweifach doppelt besetztem π^*(2p)-Orbital (5.3) zum elektronenarmen, oxi-

nenarmen, oxidierten Eisen(III) mit nur teilweise gefüllten d-Orbitalen erfolgt (REEM et al., 5.14).

$$Fe^{III}(O_2^{2-}) \quad \xrightarrow{\ h\nu\ } \quad {}^*[Fe^{II}(O_2^{\bullet -})] \qquad\qquad (5.14)$$

Grundzustand $\qquad\qquad$ LMCT-angeregter Zustand

Viele Peroxo-Komplexe von Metallen (LEVER, OZIN, GRAY), insbesondere in höheren Oxidationsstufen sind aus diesem Grunde intensiv farbig, so daß etwa Ti(IV), V(V) oder Cr(VI) sogar durch Farbreaktionen mit H_2O_2 analytisch nachgewiesen werden können. Demgegenüber ist die Lichtabsorption der Desoxy-Form um Größenordnungen schwächer, da Elektronenübergänge im sichtbaren Bereich nur zwischen d-Orbitalen am *gleichen* Metallzentrum erfolgen können. Diese d-Orbitale besitzen definitionsgemäß nicht-kompatible Symmetrie (2.7), und die entsprechenden "Ligandenfeld"-Absorptionen sind daher sehr schwach.

Schwingungsspektroskopie. Führt man in dem Wellenlängenbereich der LMCT-Absorption des Oxy-Hämerythrins ein Resonanz-RAMAN-Experiment durch, so beobachtet man eine resonanzverstärkte, für Peroxide typische (5.3) O–O-Schwingungsfrequenz von 848 cm^{-1}. Bei Verwendung der Isotopenkombination $^{16}O-^{18}O$ erhält man *zwei* Signale für die O–O-Valenzschwingung, was auf eine stark unsymmetrische Koordination hinweist (z.B. end-on, Abb. 5.5).

Resonanz-RAMAN-Spektroskopie

Bei dieser Methode (CLARKE, DINES; SANDERS-LOEHR) werden Molekülschwingungen in einem Streuexperiment (RAMAN-Effekt) durch eine *Absorptions-Lichtwellenlänge* angeregt. Durch Kopplung von elektronischen und Schwingungsübergängen resultiert eine selektive Verstärkung (Resonanz) einiger weniger mit dem Chromophor assoziierter Schwingungsbanden. Insbesondere sind von diesem Effekt nur solche Moleküteile betroffen, deren Geometrie sich durch die elektronische Anregung wesentlich ändert (z.B. Tetrapyrrol-Makrozyklen). Damit eignet sich diese selektive Art der Schwingungsspektroskopie auch für große Proteine, bei welchen sonst normale Infrarot- oder RAMAN-Schwingungsspektren wegen der Vielzahl von Atomen kaum verwertbare Informationen liefern.

MÖSSBAUER-Spektroskopie der Oxy-Form des Hämerythrins zeigt zwei deutlich verschiedene Resonanz-Signale, während die Fe(II)-Zentren der Desoxy-Form nicht unterscheidbar sind.

Mössbauer-Spektroskopie

Bei der Mössbauer-Spektroskopie handelt es sich um eine Kernabsorptions-/Kernemissions-Spektroskopie (Kernfluoreszenz) mit γ-Quanten, wobei die bei dieser hohen Energie (einige keV) eigentlich zu erwartende starke Linienverbreiterung über den Rückstoß durch den Einbau des Absorbers im Festkörper, insbesondere bei tiefer Temperatur, umgangen und Resonanzdetektion ermöglicht wird (Fluck; Gütlich, Link, Trautwein).

Mössbauer-Spektroskopie:
Schematische Meßanordnung

(5.15)

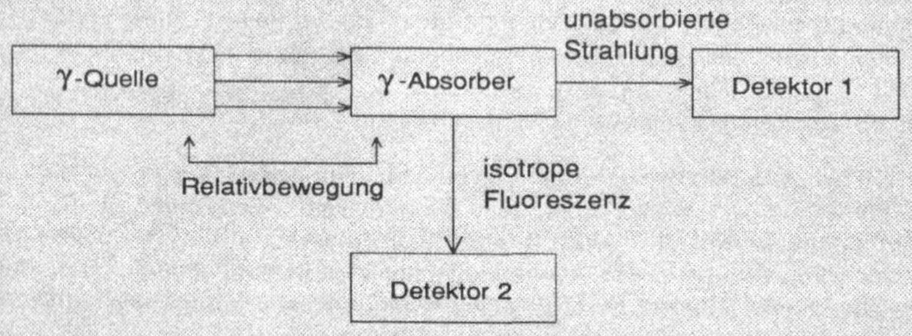

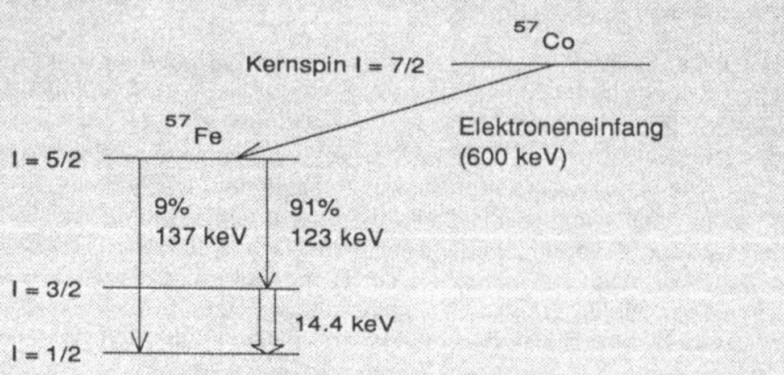

Die prinzipiell sehr geringe relative Linienbreite von γ-Quanten (Verhältnis Linienbreite zu Energie ca. 10^{-13}) erlaubt den Nachweis auch kleinster Effekte in der chemischen Umgebung (Elektronenhülle) des absorbierenden Kerns. Gemessen wird über den Effekt der Dopplerverschiebung von relativ zueinander mit stufenweise variierter konstanter Geschwindigkeit bewegtem γ-Emitter und dem Absorber eine "chemische Verschiebung" (isomer shift) und ihre

Quadrupol-Aufspaltung, wodurch die chemische Umgebung des Kerns (*Symmetrie, Ligandenfeld*), speziell auch der *Spin- und Ionisations-Zustand* reflektiert werden. Leider sind nur wenige Kerne für diese Methode gut geeignet; das bei weitem wichtigste Isotop im Bereich der bioanorganischen Chemie ist ^{57}Fe, welches beim Zerfall von ^{57}Co in einem kernangeregten Zustand entsteht und dabei γ-Quanten von 14.4 keV Energie liefert.

Von den zunächst denkbaren Alternativen (5.16) einer O_2-Koordination mit einer zweikernigen Metall-Anordnung im Hämerythrin (KLOTZ, KURTZ) bleiben nach den genannten Ergebnissen nur die Möglichkeit **2** oder stark verzerrte Anordnungen **4** bzw. **5** übrig. Schema (5.17) zeigt die inzwischen auch durch Kristallstrukturanalysen von Derivaten (Abb. 5.8) nahegelegte Koordinationsumgebung für beide Formen (LIPPARD).

(5.16)

Desoxy-Hämerythrin   Oxy-Hämerythrin   (5.17)

Die beiden doppelt η^2-Carboxylat- (Glutamat- und Aspartat-) und Hydroxid-verbrückten high-spin Eisen(II)-Zentren der Desoxy-Form sind bis auf eine Position an Fe_A durch Histidin-Liganden des Proteins zur Sechsfach-Koordination abgesättigt. Bei der Sauerstoffanlagerung tritt Oxidation *beider* Zentren zu Fe(III) unter gleichzeitiger Substratreduktion zur Peroxid-Stufe ein; dabei werden die Metallzentren durch Ausbildung einer Oxo-Brücke elektronisch stärker verknüpft ("Superaustausch" $\rightarrow$ antiferromagnetische Kopplung). Das aufgenommene O_2 liegt vermutlich als Hydroperoxo-Ligand HOO$^-$ vor, wobei eine Wasserstoffbrücken-Wechselwirkung mit der Oxo-Brücke möglich wird (5.17). Ist diese Reaktivität zwischen O$_2$ und Fe(II) komplexchemisch nicht überraschend (vgl. 5.1, 5.11), so bleibt doch erstaunlich, daß die O$_2$-Koordination in diesem Protein *reversibel* verläuft. Strukturelle Modellsysteme für Hämerythrin sind mit vergleichbaren Komponenten wie im Falle der Mangan-Dimeren (4.14) dargestellt worden (TOLMAN, BINO, LIPPARD; 5.18); auch viele physikalische Daten ließen sich mit diesen Modellen bereits reproduzieren (LIPPARD; QUE, SCARROW).

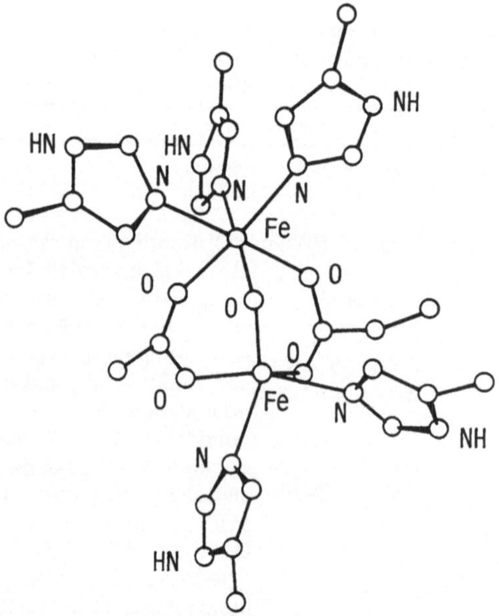

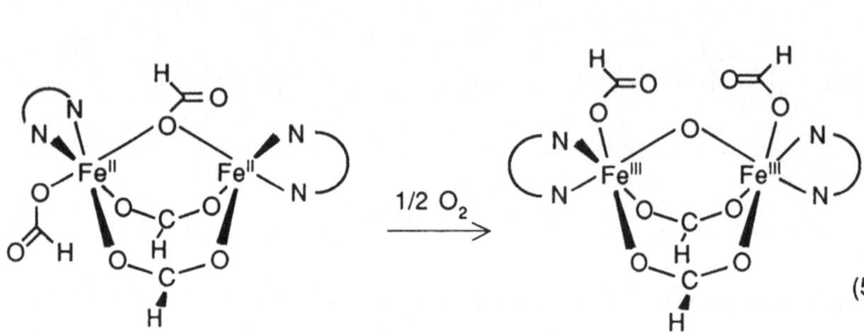

Abbildung 5.9: Struktur des Eisendimer-Zentrums in der "Met"-Form (Fe^{III} Fe^{III} ohne HO$_2^-$, d.h. oxidiert aber nicht oxygeniert) des Hämerythrins (nach STENKAMP, SIEKER, JENSEN)

$$\text{(5.18)}$$

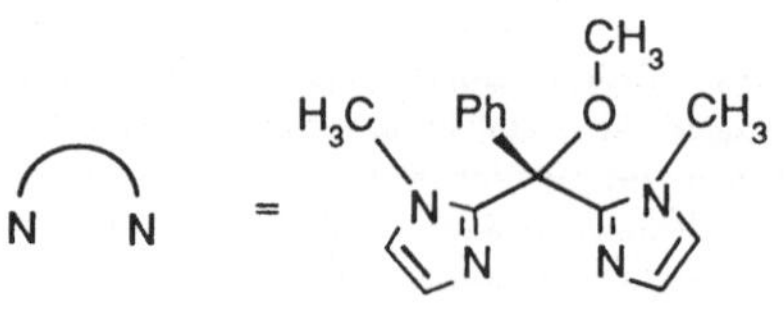

Wegen der auch strukturellen Verwandtschaft zu kupferhaltigen Oxygenasen wird das Kupferprotein Hämocyanin erst in Kap. 10.2 ausführlicher vorgestellt. Es gibt jedoch einige Parallelen zu Hämerythrin in den Ergebnissen physikalischer Untersuchungen, so daß heute ebenfalls von einer benachbarten Anordnung zweier Histidin-koordinierter Metallzentren pro Untereinheit ausgegangen wird (s. 10.6). In der diamagnetischen Desoxy-Form liegen zwei Kupfer(I)-Zentren mit formal abgeschlossener, d.h. voll besetzter 3d-Schale vor; die blaue Oxy-Form des Hämo*cyanins* enthält einerseits antiferromagnetisch wechselwirkende Cu(II)-Dimere (d^9-Konfiguration, jeweils S = 1/2) und einen offenbar μ-koordinierten Peroxid-Liganden O_2^{2-}. In beiden nicht-Häm-Systemen *Hr* und *Hc* ist das Ausmaß an kooperativem Effekt zwischen den jeweiligen Proteinuntereinheiten geringer als im Hämoglobin der höheren Tiere.

Abschließend sollen Gemeinsamkeiten und Unterschiede bei der Sauerstoffkoordination durch Häm-Systeme (*Hb*, *Mb*) und Häm-freie Metall-Dimere (*Hr*, *Hc*) herausgestellt werden.

a) Teilweise gemeinsam ist das Vorkommen von high-spin Fe(II) mit vier ungepaarten Elektronen als $^3O_2$-koordinierendem Zentrum und dessen Spincrossover zu einem low-spin-System; die besondere Alternative der Cu(I)-Dimeren wird in Kap. 10.2 diskutiert.

b) Weiter zeigt an Eisen *reversibel* gebundenes O_2 immer end-on-Koordination (η^1), was den biologisch notwendigen raschen Austausch eher ermöglicht als eine side-on-Koordination oder eine Verbrückung.

c) Die Unterschiede liegen im offenkundigen $2e^-$-Transfer durch die Metall-Dimeren (→ Peroxo-Ligand) gegenüber einem geringeren Ausmaß von Elektronenübertragung in den Oxy-Häm-Spezies (→ Superoxo- bzw. Disauerstoff-Ligand).

d) Die für eine Koordination kleiner, zentrosymmetrischer, ungesättigter Moleküle notwendige "Pufferkapazität" an Elektronendichte wird in den nicht-Häm-Systemen durch Metall-Metall-Wechselwirkung (Cluster-Effekt), in den Häm-Systemen *Hb* und *Mb* dagegen über ein Zusammenwirken von redoxaktivem Eisen und dem ebenfalls redoxaktiven π-System des Porphyrin-Liganden ermöglicht.

Beide Arten von zusammengesetzten Systemen sind jedoch offenbar geeigneter für reversible O_2-Koordination als einfache, isolierte Metallzentren; das elegantere, flexiblere und vor allem im Hinblick auf die Kooperativität effizientere System stellen zweifellos die Hämoproteine dar.

6 Katalyse durch Hämoproteine: Elektronenübertragung, Sauerstoffaktivierung und Metabolismus anorganischer Zwischenprodukte

Eisen-Porphyrin-Komplexe besitzen neben der Fähigkeit zum stöchiometrischen Disauerstoff-Transport vielfältige katalytische Funktionen im biochemischen Geschehen. Häm-enthaltende Enzyme sind an Elektronentransport und -akkumulation, an der kontrollierten Umsetzung sauerstoffhaltiger Zwischenprodukte wie etwa O_2^{2-}, NO_2^- oder SO_3^{2-} sowie zusammen mit anderen prosthetischen Gruppen an komplexen Redoxprozessen beteiligt (vgl. die Cytochrom c-Oxidase, Kap. 10.4).

Eine herausragende Stellung nehmen Hämoproteine nicht nur am Beginn der Atmung ein. Mit der reversiblen Aufnahme und Speicherung von O_2 ist nämlich nur der erste, noch nicht wirklich energieliefernde Schritt zu dessen Verwertung erfolgt; darüber hinaus muß für die Beseitigung der aus unvollständiger Reduktion resultierenden gefährlichen Zwischenprodukte (vgl. 4.6 oder 5.2) gesorgt werden. Im Mittelpunkt der Atmung steht die oxidative Phosphorylierung, d.h. die exergonische, gleichwohl durch enzymatische Katalyse kontrollierte Umwandlung von oxidierendem O_2 und partiell reduzierten Kohlenstoff-Verbindungen zu den thermodynamisch stabilen Niederenergie-Produkten CO_2 und H_2O (4.1). Dieser häufig als "kalte Verbrennung" bezeichnete Prozeß läuft, wie auch die Photosynthese (vgl. Abb. 4.9), stufenweise ab, um niedrige Aktivierungsenergien zu gewährleisten; insgesamt findet eine dreimalige Ankopplung von ATP-Erzeugung (14.2) über den dazu notwendigen Protonen-Gradienten statt (Abb. 6.1). Man spricht daher von einer Atmungs-"Kette", an der in Abhängigkeit vom Redoxpotential zahlreiche Komponenten als Elektronenüberträger beteiligt sind (VON JAGOW, ENGEL). Zu diesen speziell in der Mitochondrienmembran höherer Organismen (Abb. 6.2) vorliegenden Komponenten gehören auf *organischer* Seite das Nicotinadenindinucleotid-Coenzym NAD(P)H/ NAD(P)$^+$, das Ubichinon/Ubihydrochinon-System sowie Flavoenzyme (FMN/FMNH$_2$, FAD/FADH$_2$) (3.12). Auf *anorganischer* Seite sind Kupfer-Proteine (bei hohem Potential, Kap. 10), Eisen-Schwefel-Proteine (bei niedrigem Potential, Kap. 7.1-7.4) sowie bestimmte Hämoproteine, die Cytochrome, beteiligt.

Viele der für die Atmung wesentlichen Prozesse spielen sich – wie bei der Photosynthese – in Membranen ab, da mit dem stufenweisen vektoriellen (gerichteten) Elektronentransport ein ebenso vektorieller, die Membran überspannender Protonentransport für die ATP-Synthese verbunden ist (chemiosmotische Theorie, nach P. MITCHELL).

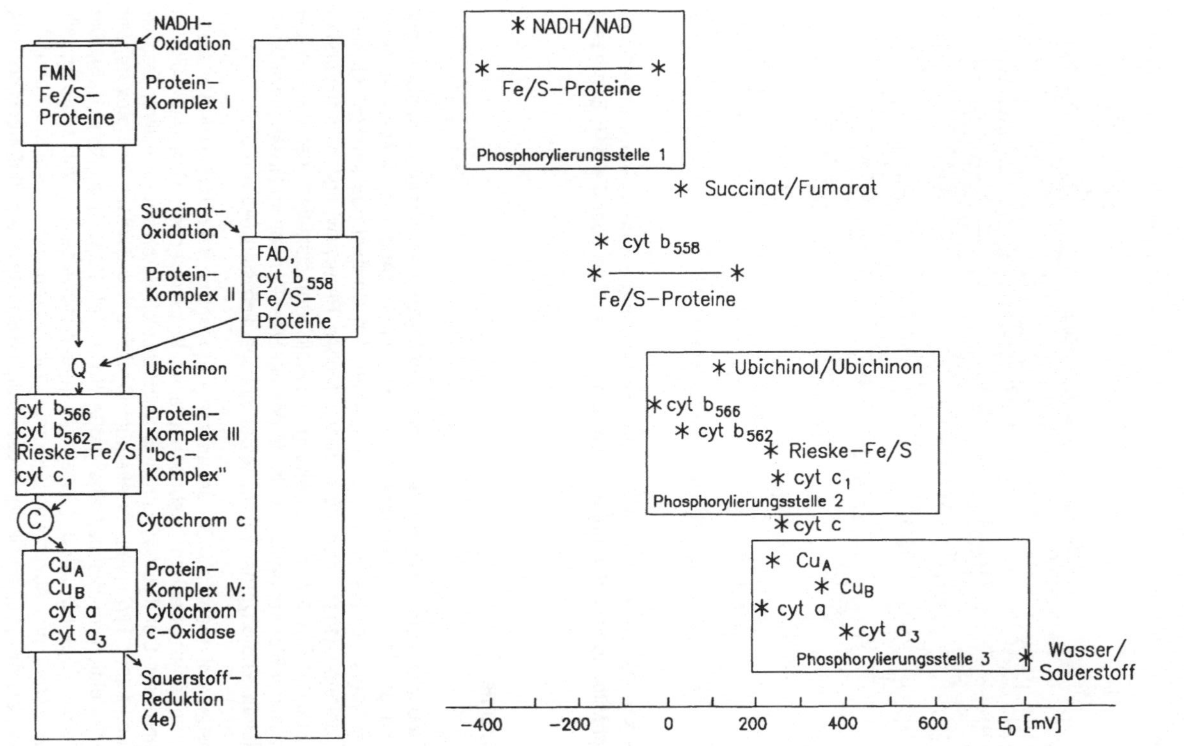

Abbildung 6.1: Schematisch vereinfachte Zusammenfassung der elektronenübertragenden Komponenten in der Atmungskette. Darstellung des funktionalen Aufbaus in der Membran (links, vgl. Abb. 6.2) und der Redoxpotentiale der Komponenten (*, rechts); modifiziert nach VON JAGOW, ENGEL.

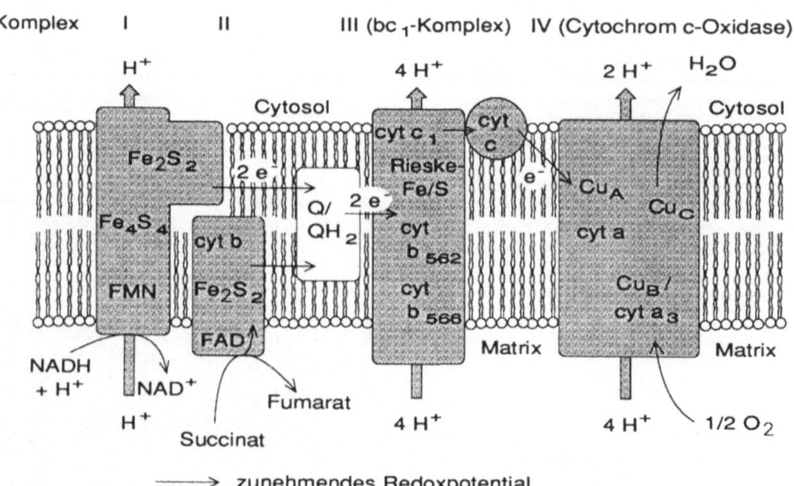

Abbildung 6.2: Schematische Darstellung des Zusammenwirkens von Proteinkomplexen in der Mitochondrienmembran (Protonenrücktransport über die ATP-Synthase)

6.1 Cytochrome

Die Cytochrome sind Hämoproteine, die dem Elektronentransfer nicht nur in der Atmungskette, sondern auch während der Photosynthese (Abb. 4.5 - 4.7) und anderer komplexer biologischer Redoxreaktionen dienen. Am Beispiel des sehr gut studierten, relativ kleinen Cytochrom *c* (GREENWOOD; MOORE, PETTIGREW) sollen im folgenden vor allem Struktur-Reaktivitäts-Beziehungen detaillierter diskutiert werden, wie sie etwa auch aus der Elektronentransfer-Kette der vier Häm-Zentren im Reaktionszentrum der bakteriellen Photosynthese unmittelbar anschaulich sind (Abb. 4.5).

Die insgesamt mehr als 50 bekannten Cytochrome ("Zellfarbstoffe") werden aufgrund ihrer physikalischen, insbesondere spektroskopischen Charakteristika in Gruppen eingeteilt. Der Typ Cytochrom *a* zeichnet sich durch sehr positives Redoxpotential aus; dieser Typ spielt vor allem im Cytochrom *c*-Oxidase-Komplex bei der Sauerstoff-Reduktion zu Wasser eine große Rolle (vgl. Kap. 10.4, Abb. 10.5). Die Cytochrome der Typen *b* und *c* (Subskripte dienen teilweise der Numerierung, teilweise der Angabe eines Absorptionsmaximums in nm) enthalten zwei fest gebundene Aminosäurereste, Histidin/Histidin oder Histidin/Methionin, als fünfte und sechste Liganden am Häm-Eisenatom (Abb. 6.3). Histidin/Lysin-Koordination wird für Cytochrom *f* angenommen (Abb. 4.8, Tab. 4.1; RIGBY et al.), während Methionin/Methionin-Koordination offenbar in Bakterioferritinen vorkommt (Kap. 8.4.2; CHEESMAN et al.). Die somit koordinativ *abgesättigten* Eisen-Zentren zeigen je nach Liganden und Koordinationsumgebung (pH-Situation, elektrostatische Ladungsverteilung, geometrische Verzerrung) deutlich unterschiedliche Redoxpotentiale für den Elektronenübergang Fe(II) → Fe(III); vergleichbare Effekte von Liganden und Reaktionsmedium sind auch aus der "normalen" Komplexchemie des Eisens bekannt (Tab. 6.1).

Tabelle 6.1: Redoxpotentiale für einige chemische und biochemische Fe(II/III)-Paare

Verbindung	E_0' (mV)
Hexaquoeisen(II/III) $[(H_2O)_6Fe]^{2+/3+}$	771
Tris(2,2'-bipyridin)eisen(II/III) $[(bpy)_3Fe]^{2+/3+}$	960
Hexacyanoferrat(II/III) $[(NC)_6Fe]^{4-/3-}$	358
Trisoxalatoeisen(II/III) $[(C_2O_4)_3Fe]^{4-/3-}$	20
Protein/Häm-Eisen(II/III)	
Hämoglobin	170
Myoglobin	46
Meerrettich-Peroxidase (HRP)	-170
Cytochrom a_3	400
Cytochrom c	260
Cytochrom b_5	20
Cytochrom P-450	-400

Cytochrom-Proteine können mehrere Häm-Gruppen enthalten, wie etwa im Mitochondrien-Komplex III (Abb. 6.2), einer Nitrit-Reduktase (Kap. 6.5), in der Cytochrom c-Oxidase (Komplex IV, Kap. 10.4) oder in der an der bakteriellen Photosynthese von *Rps. viridis* beteiligten Untereinheit (Abb. 4.5). Ein sich von den übrigen Cytochromen in der Funktion deutlich unterscheidendes "Cytochrom P-450" (= Pigment mit Absorptionsmaximum des Carbonyl-Komplexes bei 450 nm) hat eine wichtige Monooxygenase-Funktion und wird in Kapitel 6.2 separat vorgestellt.

Das bestuntersuchte Cytochrom ist das in Abbildung 6.3 gezeigte Cytochrom c (GREENWOOD), welches üblicherweise aus Herzmuskelgewebe von Thunfischen oder Pferden gewonnen wird. Mit nur etwa 100 Aminosäuren und einer relativen Molekülmasse von ca. 12 kDa stellt es ein recht kleines Protein dar, so daß die Strukturaufklärung durch Proteinkristallographie feinere Details hat erkennen lassen. Die kaum veränderten Aminosäuresequenzen von aus verschiedenen Organismen gewonnenem Cytochrom c lassen auf ein evolutionsgeschichtlich sehr altes Protein und daher auf eine für den angestrebten Zweck seit langem optimierte Anordnung schließen. Das Protein ist üblicherweise an der Membran-Außenseite lokalisiert, es besitzt dafür eine hydrophile "Oberfläche".

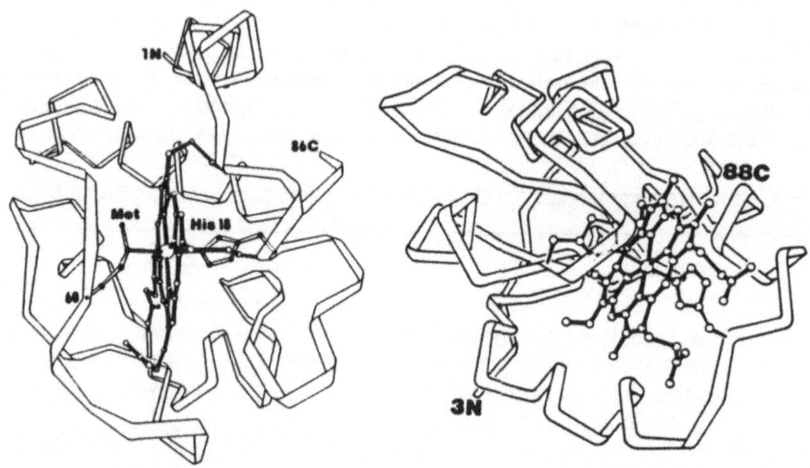

Abbildung 6.3: Schematische Darstellungen der Proteinfaltung, Häm-Position und Eisen-Koordination in Cytochrom *c* (links) und *b*$_5$ (rechts, nach SALEMME).

Obwohl die Übertragung eines Elektrons eine der einfachsten chemischen Reaktionen darstellt, sind bis heute einige wesentliche Fragen gerade bei Elektronentransfer-Proteinen noch nicht vollständig geklärt (WILLIAMS):

– Welche Voraussetzungen müssen auf molekularer Ebene für eine möglichst schnelle (enzymatische Katalyse !), gleichwohl potentialkontrollierte intra- oder intermolekulare Elektronenübertragung erfüllt sein?

– Wie kommt eine offenbar räumlich gerichtete Elektronenübertragung zwischen den oft weit, mehr als 2 nm voneinander entfernten Redoxzentren durch die scheinbar inerte Proteinumgebung zustande?

Ein Haupthindernis für sehr rasche Elektronenübertragung stellen die geometrischen Unterschiede zwischen oxidierter und reduzierter Form eines Redoxpaares dar; generell ist hierfür eine "Reorganisationsenergie" erforderlich. Modelluntersuchungen an Eisen-Porphyrin-Komplexen mit zusätzlichen Schwefel-Liganden haben gezeigt, daß sich die Fe–S-Bindungslängen beim Wechsel von Fe(II) zu Fe(III) oft nur geringfügig ändern. Dies läßt sich auf den n-Donor/π-Akzeptor-Charakter von Schwefel(-II)-Zentren gegenüber Übergangsmetallen zurückführen (MOORE, PETTIGREW); durch Elektronendelokalisation wird die Geometrieänderung gering gehalten (vgl. hierzu die Fe/S-Proteine, Kap. 7.1-7.4). Auch ungesättigte Stickstoffliganden wie etwa das ausgedehnte Porphyrin-π-System selbst besitzen eine solche Elektronen-Pufferwirkung. Im Sinne der Theorie des entatischen Zustandes liegt dann der enzymatische Grundzustand *zwischen* den jeweiligen Extrema für die beiden Redoxstufen, d.h. er liegt in der Nähe des Übergangszustandes. Tatsächlich findet beispielsweise während des Elektronentransfers von Cytochrom *c* keine wesentliche Konformations-änderung im Gesamtprotein statt, und auch die anderen anorganischen Elektronen-übertragungs-Proteine wie etwa Fe/S- und Kupfer-Systeme sind durch ein solches Verhalten gekennzeichnet (s. Kap. 7 und 10).

Die Frage nach dem Ursprung der Richtungsabhängigkeit insbesondere des weitreichenden biologischen Elektronentransfers ist heute Gegenstand zahlreicher Forschungsvorhaben (GRAY, MALMSTRÖM). Schien es zunächst erstaunlich, daß ein intra- oder gar intermolekularer Elektronenaustausch zwischen redoxaktiven Zentren über mehr als 2 nm von scheinbar inertem Protein-Material hinweg erfolgen kann, so haben neuere Untersuchungen an molekular fixierten Modellsystemen (vgl. 6.1) aus Elektronen-Donor, -Akzeptor und z.B. gesättigten Kohlenwasserstoffen als "Spacer" zumindest die Möglichkeit eines raschen, weitreichenden und gerichteten Elektro-nentransfers auch in nicht-biologischem Material aufgezeigt (MILLER).

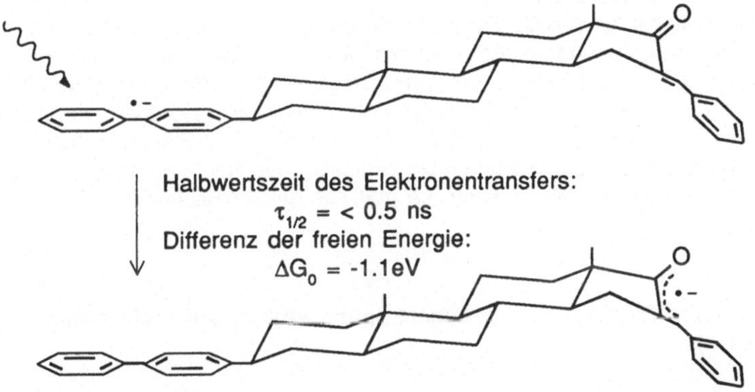

$$\text{Halbwertszeit des Elektronentransfers:}$$
$$\tau_{1/2} = < 0.5 \text{ ns}$$
$$\text{Differenz der freien Energie:}$$
$$\Delta G_0 = -1.1 \text{eV}$$

(6.1)

Diskutiert wird hier der Tunnel-Effekt, der es Elementarteilchen wie etwa dem Elektron ermöglicht, Energiebarrieren aufgrund quantenmechanischer Prinzipien mit einer gewissen Wahrscheinlichkeit "durchtunnelnd" zu überwinden; eine Rolle insbe-sondere auch für die Gerichtetheit dieses Vorgangs spielen jedoch vermutlich geeignet wechselwirkende (überlappende) Molekülorbitale. Obwohl hierzu auch rein gesättig-te Spacer in der Lage sein können (σ-Gerüst, s. 6.1), findet man gerade im intensiv untersuchten Cytochrom *c* aromatische, potentiell sogar redoxaktive (PRINCE; PRINCE, GEORGE) Aminosäurereste wie etwa Tyrosin oder Tryptophan als Komponenten von hydrophoben Kanälen, die von der Proteinoberfläche ins Innere zum Eisenzentrum der Häm-Gruppe führen. Diese Vorstellung von drahtartiger Elektronen-Leitung (WIL-LIAMS) würde den vektoriellen Charakter des Elektronentransports erklären. Ein be-sonders anschauliches Beispiel für einen Elektronen-"Pfad" stellen die vier Häm-Gruppen im Cytochrom des photosynthetischen Reaktionszentrums von *Rps. viridis* dar, welches strukturell aufgeklärt werden konnte (Abb. 4.5). Auch hier findet sich das Cytochrom an der Außenseite der Membran (Abb. 4.8); vier keineswegs zufällig fast orthogonal zueinander orientierte Häm-Gruppen dienen dem kontrollierten Elektronentransport zur Auffüllung des Elektronenlochs im nach der Ladungstrennung oxidierten "special pair" des Bakteriochlorophylls (Abb. 4.6 und 4.7). Bis auf das dem "special pair" zweitnächste Häm (His, His) mit relativ niedrigem Potential sind die Häm-Eisen-Zentren von Methionin und Histidin als axialen Liganden koordiniert (DEISENHOFER, MICHEL). Die noch weitgehend unverstandene Feinabstimmung von Potentialdifferenzen, Abständen und gegenseitiger räumlicher Orientierung ist offenbar wesentlich für kontrolliert effektiven Ladungstransport.

Zu den mehr als ein Hämzentrum enthaltenden Cytochromen zählt die Cytochrom *c*-Oxidase (Cytochrom aa_3), die als O_2-reduzierender Komplex an entscheidender Stelle in der Atmungskette beteiligt ist (Abbn. 6.1 und 6.2). Da sie auch zwei Kupfer-Zentren enthält, erfolgt ihre Behandlung in Kap. 10.4.

Cytochrome stellen als meist relativ einfach strukturierte Proteine mit klar meßbarer Aktivität, dem Redoxpotential und der Geschwindigkeit der Elektronenübertragung, interessante Objekte für gezielte Enzym-Modifikationen dar. Sie können insbesondere je nach Bedingungen unterschiedliche Spinzustände des Eisens aufweisen. In diesem Zusammenhang wurde gezeigt, daß gentechnologisch verändertes Cytochrom b_5 (Austausch von basischem His 39 gegen weniger basisches Met) im oxidierten Zustand statt eines low-spin ($S = 1/2$) ein high-spin ($S = 5/2$)-Eisen(III)-Zentrum enthält, welches außerdem durch ein negativ verschobenes Redoxpotential und zusätzliche substratkatalytische (N-Demethylase-)Aktivität gekennzeichnet ist (SLIGAR et al.).

6.2 Cytochrom P-450: Sauerstoffübertragung von O_2 auf nicht aktivierte Substrate

Schwefel-Ligation und chemisch-katalytische Aktivität finden sich auch bei einem speziellen, natürlich vorkommenden Cytochrom, welches nach der Lichtabsorption seines CO-Komplexes bei 450 nm als P-450 bezeichnet wird. Dieses Cytochrom ist Bestandteil von Hydroxylasen (Monooxygenasen), die im Zusammenspiel mit Reduktionsmitteln (NADH, Flavine) aus Sauerstoff und relativ inerten Substraten oxygenierte Produkte erzeugen (6.2; GROVES; MURRAY et al.; ORTIZ DE MONTELLANO).

$$\begin{array}{c} R-H \\ \text{oder} \\ \diagdown\diagup \end{array} + O_2 + 2\,e^- + 2\,H^+ \xrightarrow{\;P\text{-}450\;} \begin{array}{c} R-OH \\ \text{oder} \\ O\!\!-\!\!\diagdown\diagup \end{array} + H_2O \qquad (6.2)$$

Die vor allem in den Mikrosomen der Leber wirksamen P-450-abhängigen Monooxygenasen zeigen als typische Entgiftungsenzyme (Jakoby, Ziegler) keine allzu große Selektivität; metabolisiert werden auf diesem Wege Fettsäuren, Aminosäuren und Hormone (Steroide, Prostaglandine) als primär körpereigene Substrate. Bedeutsam für Pharmakologie, Medizin und Toxikologie sind die ebenso ablaufenden Oxygenierungen körperfremder, "xenobiotischer" Substanzen zu den eigentlichen, physiologisch positiv oder negativ wirksamen Metaboliten, etwa von Calciferolen (Vitamin D-Gruppe) zu 1,25-Dihydroxycalciferolen (6.3) oder von β-Naphthylamin zum cancerogenen α-Hydroxy-β-aminonaphthalin (6.4). Ebenso werden Narkotika wie Morphin und zahlreiche gängige Pharmaka (Tab. 6.2), aber auch einfache aromatische Kohlenwasserstoffe durch Monooxygenasen umgewandelt (Mutschler); in Abwesenheit von Seitenketten findet Cytochrom P-450-katalysierte Epoxidierung von Benzol oder Benzpyren zu den eigentlich erst cancerogenen Derivaten statt (6.5, 6.6). Nitrosamine und polychlorierte Methane werden durch P-450-Enzyme zu reaktiven Radikalen und Ionen umgewandelt; Acetaldehyd aus der Oxidation von überschüssigem Ethylalkohol (Ethanol; s. Kap. 12.5) kann an dieser Stelle Leberschäden hervorrufen. Die hohe Reaktivität und geringe Spezifität der P-450-abhängigen Entgiftungsenzyme machen eine genaue Kontrolle der Aktivität erforderlich. Ein Hauptgrund für die diffuse Toxizität bestimmter Polychloro-Dioxine und -Biphenyle (PCBs) besteht darin, daß sie zwar in Zusammenwirken mit einem Rezeptor die Expression P-450-abhängiger Enzyme stimulieren und dadurch Autoimmunreaktionen auslösen, selbst jedoch im Falle von para-Chlorsubstitution nicht rasch abgebaut werden können.

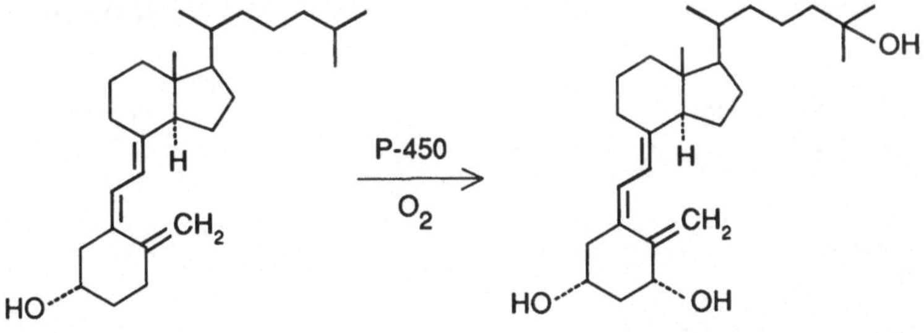

P-450, O_2 (6.3)

Colecalciferol (Vitamin D_3)

1,25-Dihydroxy-colecalciferol
(Calcitriol, Rocaltrol®)

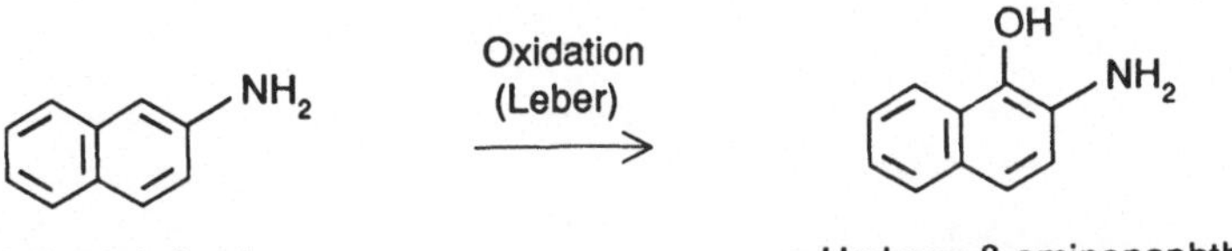

Oxidation (Leber) (6.4)

β-Naphthylamin

α-Hydroxy-β-aminonaphthalin
(cancerogen)

Tabelle 6.2: Einige Beispiele für den oxidativen Metabolismus von Arzneimitteln durch P-450-Monooxygenierung (nach MUTSCHLER):

Gesamtreaktion	Reaktionssequenz	Beispiele
Oxidation aliphatischer Ketten	$R-CH_2-CH_3 \rightarrow R-CH(OH)-CH_3$ und $R-CH_2-COOH$	Barbiturate
Oxidative N-Desalkylierung	$R^1-N(H)(CH_2R^2) \rightarrow R^1-NH_2 + R^2-CHO$	Ephedrin, Methamphetamin
Oxidative Desaminierung	$R-CH_2-NH_2 \rightarrow R-CHO + NH_3$	Histamin Noradrenalin Mescalin
Oxidative O-Desalkylierung	$R^1-CH_2-O-C_6H_4-R^2 \rightarrow HO-C_6H_4-R^2 + R^1-CHO$	Phenacetin Codein Mescalin
para-Hydroxylierung von Aromaten	$C_6H_5-R \rightarrow HO-C_6H_4-R$	Phenobarbital Chlorpromazin
Oxidation aromatischer Amine	$C_6H_5-NH_2 \rightarrow C_6H_5-NH-OH$	Anilinderivate
S-Oxidation	$R^1R^2S \rightarrow R^1R^2S{\rightarrow}O \rightarrow R^1R^2SO_2$	Phenothiazine

(6.5)

toxisch: weniger toxisch:

Phenol,
Hydrochinon,
Catecholderivate

Benzol

(6.6)

P-450, 1/2 O_2

Benzpyren

Das Interesse an Cytochrom P-450 speist sich jedoch nicht nur aus dem Bemühen, seine physiologische Funktion zu verstehen; die kontrollierte Übertragung von Sauerstoff aus frei verfügbarem O_2 auf nicht weiter aktivierte organisch-chemische Substrate, insbesondere Kohlenwasserstoffe, stellt eine Herausforderung an die synthetische Chemie dar (MANSUY, BATTIONI, BATTIONI; WOGGON). Dies gilt um so mehr, als Studien des Reaktionsmechanismus von P-450 ein auch für andere katalytische Prozesse typisches Muster ergeben haben: Offenbar handelt es sich hier um die *kontrollierte Reaktion zweier in der Metall-Koordinationssphäre befindlicher Liganden*. Das Enzym fungiert dabei einerseits als substratselektives "Templat", indem es beide Reaktanden in räumlich definierter Orientierung zusammenführt, und andererseits als elektronischer Aktivator. Die Beeinflussung der Aktivierung erfolgt vermutlich über den "Steuer"-Liganden (2.6), der inzwischen mit großer Sicherheit strukturell (POULOS et al.; RAAG, POULOS) wie auch über Modelluntersuchungen als Cysteinat-Anion identifiziert wurde. Thiolate sind im Gegensatz zu Thioethern wie z.B. Methionin sehr starke σ- **und** π-Elektronendonatoren und können dadurch hohe Oxidationsstufen von Metallzentren stabilisieren.

Nachdem zahlreiche P-450-Enzyme mit ihrer durchschnittlichen Molekülmasse von ca. 50 kDa sequenzanalysiert und einige Formen mit und ohne Subtrat strukturell wie reaktionsmechanistisch charakterisiert worden sind (RAAG, POULOS; vgl. Abb. 6.4), wird folgender Ablauf für die Sauerstoffübertragung angenommen (6.7, verkürzte Version auf dem Titelblatt): Ausgehend von der low-spin Eisen(III)-Stufe **1** mit sechsfach koordiniertem Metall bewirkt Substratbindung durch vorwiegend, aber nicht ausschließlich (Abb. 6.4) hydrophobe Wechselwirkung innerhalb des Proteins in der

(6.7)

Nähe der sechsten Koordinationsstelle des Häm-Systems einen Übergang zur high-spin Eisen(III)-Form **2** mit offener Koordinationsstelle (Häm- und Thiolat-Ligand, freie Position X nach Schema 2.6) und stark ausgeprägter *out-of-plane*-Struktur (Abb. 6.4).

Als nächstes erfolgt Einelektronen-Reduktion (über $FADH_2$, s. 3.12) zu einem Komplex **3** des high-spin Fe(II), welches aufgrund der *out-of-plane*-Situation und des Spinzustandes (S = 2) für eine Triplett-Sauerstoff-Bindung prädestiniert ist (vgl. Kap. 5.2). Von dieser Fe(II)-Stufe aus kann durch externe starke Oxidationsmittel AO wie etwa Periodat in einem "shunt pathway" schon die Vorstufe **6** des Produkt-liefernden, hoch-oxidierten Komplexes erhalten werden; der natürliche Reaktionsweg besteht jedoch zunächst in der Aufnahme von Disauerstoff zur nun koordinativ gesättigten low-spin Oxy-Form **4** mit der möglichen Oxidationsstufenverteilung $Fe(III)/O_2^{\cdot\,-}$ (vgl. Hämoglobin und Myoglobin, 5.9). Nach weiterer Einelektronen-Reduktion zu einem sehr labilen low-spin Peroxo-Eisen(III)-Komplex **5** verliert dieser durch Aufnahme zweier Protonen ein Molekül Wasser, wodurch die O−O-Bindung gespalten wird (MANDON et al.). Diese Spaltung benötigt zwei intramolekular zur Verfügung zu stellende Oxidationsäquivalente; übrig bleibt ein reaktiver Komplex **6** des nun formal fünfwertig (!) formulierbaren Eisens, welcher unter Sauerstoffübertragung auf das Substrat (6.8) zum Produkt und zum Ausgangszustand des Katalysators zerfällt (Bruttogleichung 6.2, S. 120).

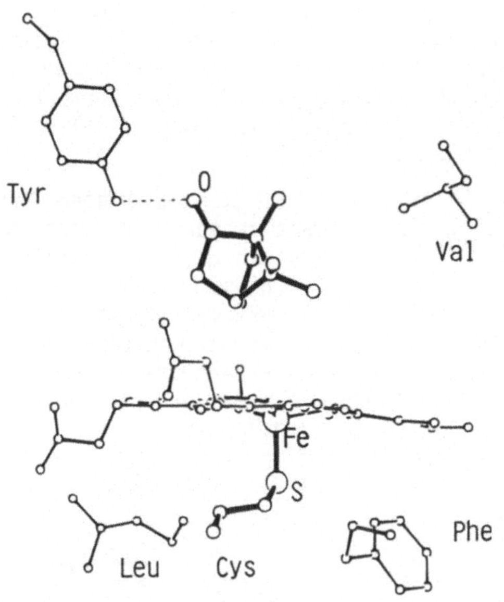

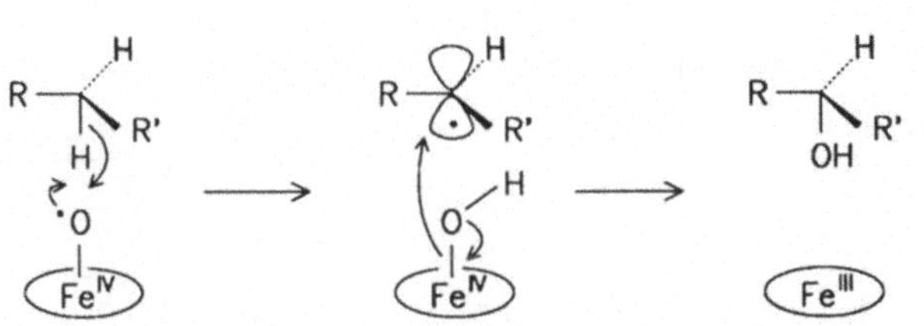

Abbildung 6.4: Seitenansicht des aktiven Zentrums in einem P-450-abhängigen Enzym von *Ps. putida* mit gebundenem Campher-Molekül $C_{10}H_{16}O$ (Wasserstoffbrücke Tyrosin-Ketogruppe; nach POULOS)

$$\tag{6.8}$$

Das formal fünfwertige Oxo-Eisenzentrum der reaktiven Häm-Gruppe ist einerseits durch die elektronenliefernde Thiolatgruppe stabilisiert; andererseits muß es jedoch auch im Zusammenhang mit dem umgebenden Porphyrin-π-System gesehen werden. Dieses ist, wie am Beispiel der Chlorophylle in Kap. 4.2 deutlich geworden, in der Lage, selbst Elektronen aufzunehmen oder abzugeben; letzteres wäre bei Anwesenheit eines dikationischen Oxometallions wie $[Fe=O]^{2+}$ die Bildung eines Komplex-Radikalkations durch Oxidation des dianionischen Porphyrin-Liganden zum Radikalanion. Für die maximal oxidierte Stufe des Häm-Systems in Peroxidasen (s.u.), aber auch im P-450-System mit einem Oxoliganden am Eisen wird eine solche Elektronenstruktur vermutet (ORTIZ DE MONTELLANO; GROVES, WATANABE). Ein oxidiertes radikalisches Porphyrin $Por^{\bullet\,-}$ $(S = 1/2)$ würde dann ein Oxoferryl(IV)-Fragment $[Fe^{IV}=O]^{2+}$ mit *vier*wertigem Eisen koordinieren (6.9).

$$[Fe^{II}(Por^{2-})]^0 \xrightarrow[-\,H_2O]{+O_2,\ 2H^+,\ 1e^-} [O^{-II}=Fe^{IV}(Por^{\bullet-})]^{\bullet+} \tag{6.9}$$

Die vier d-Elektronen dieser komplexchemisch seltenen, biochemisch dagegen bedeutenden Oxidationsstufe des Eisens sind nicht völlig gepaart. Aus der Ligandenfeldaufspaltung eines in erster Näherung D_{4h}-symmetrischen Komplexes mit Oxid und Cysteinat als stärksten Liganden ergibt sich entsprechend einer Stauchung im Korrelationsdiagramm (Abb. 6.5), daß die Besetzung mit vier Elektronen, der HUNDschen Regel folgend, zu einem Triplett-Zustand $(S = 1)$ führen sollte.

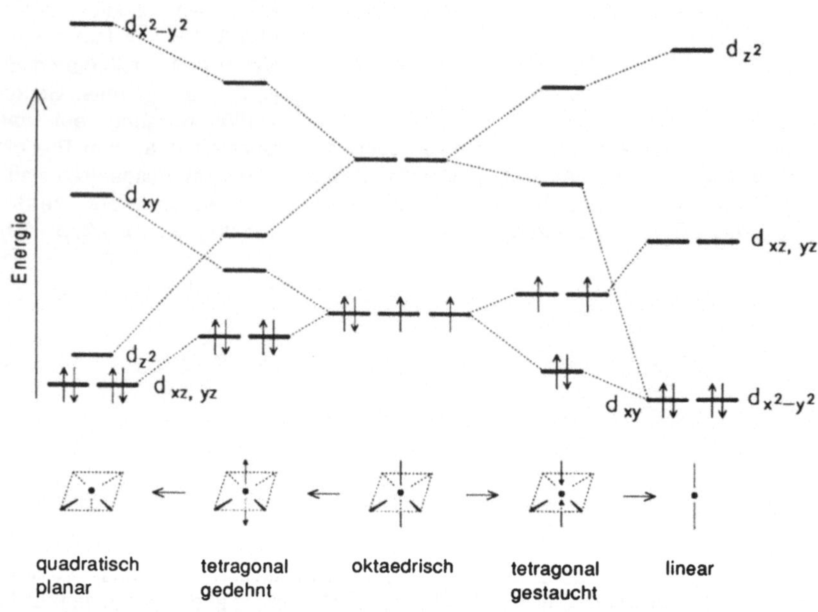

Abbildung 6.5: d-Orbital-Korrelationsdiagramm für die tetragonale Verzerrung (Dehnung, Stauchung) eines ursprünglich oktaedrisch konfigurierten d^4-Komplexes

Grundlage für die Interpretation (6.9) sind magnetische Messungen, die auf eine schwache antiferromagnetische Kopplung zwischen dem vermuteten Porphyrin-Radikal (S = 1/2) und dem Eisenzentrum mit S = 1 hindeuten; bei tiefer Temperatur resultiert dann *ein* weitgehend am Metall lokalisiertes ungepaartes Elektron.

Bemerkenswert bleibt, daß diese letzte Stufe des P-450-Zentrums im Zyklus (6.7) in der Lage ist, das verbliebene Sauerstoffatom entsprechend (6.8) auf ein wenig oder gar nicht aktiviertes Substrat zu übertragen, worauf nach Ablösung des oxidierten Substrats der koordinativ ungesättigte high-spin Fe(III)-Ausgangszustand wieder erreicht wird. Bei der Formulierung (6.9) wurde impliziert, daß der koordinierte Sauerstoff als Oxid-Ligand (O^{2-}) vorliegt und bei der Beschreibung durch Oxidationszahlen also mit der Stufe -II berücksicht werden muß. Diese meist ohne weitere Bedenken verwendete *Regel* ist jedoch gerade auch im Hinblick auf typische P-450-Reaktivität von SAWYER in Frage gestellt worden; ein terminaler Monosauerstoff-Ligand kann auch als radikalischer ($O^{\bullet-}$) oder als neutraler "Oxen"-Ligand vorliegen (vgl. die Resonanzstrukturen 6.10).

$$\overset{-II}{O}{=}\overset{+IV}{Fe}\Big]^{2+} \quad\leftrightarrow\quad {}^{\bullet}\overset{-I}{\bar{O}}{-}\overset{+III}{Fe}{}_{\bullet}\Big]^{2+} \quad\leftrightarrow\quad |\overset{0}{\bar{O}}{-}\overset{+II}{Fe}\Big]^{2+} \qquad (6.10)$$

$$\underset{\text{Oxid}}{} \qquad\qquad\qquad\qquad\qquad \underset{\text{Oxen}}{\overset{\curvearrowleft\ (\textit{Rückbindung})}{}}$$

In der Tat sprechen sowohl röntgenabsorptionsspektroskopische (SAWYER) wie auch reaktionsmechanistische Ergebnisse dafür, daß in vielen "Oxo"-Übergangsmetallkomplexen und speziell auch in der letzten, reaktiven Stufe von P-450 (CHAMPION, vgl. 6.14) die Formulierung mit schwach gebundenem radikalischem Sauerstoffatom als wasserstoffabstrahierendem Liganden einen wesentlichen Beitrag zur Elektronenstruktur liefert. Unter Einbeziehung der möglichen Porphinat(2e$^-$)-Oxidation in die Alternative (6.10) ergibt sich so eine Vielzahl von Resonanzformulierungen (SUGIMOTO, TUNG, SAWYER). "Reine" Oxid-(O^{2-}-)Liganden, die dann in der Koordinationssphäre des Metalls auch organische Liganden tolerieren (HERRMANN), werden erst bei Metallen mit extrem stabilisierten hohen Oxidationsstufen wie etwa Re(VII) gefunden.

6.3 Peroxidasen: Abbau und Verwertung des zweifach reduzierten Disauerstoffs

Eng verwandt mit dem Cytochrom P-450 sind die Häm-enthaltenden Peroxidasen und Katalasen; es existieren jedoch auch Mangan- und Vanadium-enthaltende Peroxidasen (vgl. Kap. 11.4) und Katalasen ohne Häm-Gruppierung. Peroxidasen nutzen im Gegensatz zu Cytochrom P-450 die zweifach reduzierte, peroxidische Form des O_2 aus, um über instabile, hochoxidierte Zwischenstufen Substrate des Typs AH_2 zu Radikalkationen und deren Folgeprodukten zu oxidieren (6.11 – 6.13). Die peroxidische Disauerstoff-Oxidationsstufe kann als Zwischenprodukt bei der photosynthetischen Wasseroxidation oder bei unvollständiger Sauerstoff-Reduktion im Atmungsprozeß gebildet werden (4.6, 5.2); nur etwa 80% des aufgenommenen O_2 werden *vollständig* reduziert. Peroxidasen lassen sich daher zumindest teilweise als Entgiftungsenzyme auffassen. Dies gilt insbesondere für die Katalasen, denn für diese ist das Substrat ebenfalls Wasserstoffperoxid (6.12); insgesamt handelt es sich dann um die enzymatisch katalysierte Disproportionierung des eigentlich nur metastabilen H_2O_2 (die Gleichgewichtskonstante für (6.12) beträgt ca. 10^{36} !)

$$H_2O_2 \;+\; AH_2 \quad \underset{\text{Peroxidasen}}{\xrightleftharpoons{}} \quad 2\,H_2O \;+\; A \qquad (6.11)$$

$$H_2O_2 \;+\; H_2O_2 \quad \underset{\text{Katalasen}}{\xrightleftharpoons{}} \quad 2\,H_2O \;+\; O_2 \qquad (6.12)$$

Als biologisch sinnvolle Substrate für Peroxidasen kommen zahlreiche nicht sehr leicht oxidierbare Verbindungen wie etwa Fettsäuren, Amine, Phenole, Chlorid oder xenobiotische Substanzen (Schadstoffe) in Betracht. Physiologisch wichtig sind die kontrollierten α-Oxidationen von Fettsäuren während des Wachstums von Pflanzen, bei denen unter Verlust von CO_2 (Decarboxylierung) aus einer α-Carbonyl-carbonsäure-Zwischenstufe der um eine CH_2-Einheit ärmere Aldehyd und nach dessen Oxidation die entsprechend verkürzte Carbonsäure entsteht (6.13).

$$R-CH_2-COOH \;+\; 2\,H_2O_2 \quad \xrightarrow{\text{Fettsäure-Peroxidase}} \quad 3\,H_2O \;+\; R-CHO \;+\; CO_2 \qquad (6.13)$$

$$\downarrow \text{Oxidation}$$

$$R-COOH$$

Weitere wichtige Reaktionen von Häm-Peroxidasen betreffen die Iodierung und Kopplung von Tyrosin durch Thyreoperoxidasen (HASHIMOTO et al.) zu den Schilddrüsenhormonen (Kap. 16.7, elektrophile Aromatenhalogenierung), die Oxidation von Cytochrom *c* durch Cytochrom *c*-Peroxidase (FINZEL, POULOS, KRAUT), die Oxidation von Chlorid zu bakterizidem Hypochlorit $^-$OCl durch Myeloperoxidase oder den oxidativen Abbau von Lignin durch Lignin-Peroxidase (SCHOEMAKER).

Am intensivsten wurde die Meerrettich-Peroxidase (engl.: horseradish peroxidase, HRP) untersucht, ein schon von WILLSTÄTTER eingehend untersuchtes Enzym mit ca. 40 kDa Molekülmasse (DAWSON). Bei den klassischen Häm-enthaltenden Katalasen handelt es sich dagegen um assoziierte Proteine (Tetramere) mit insgesamt etwa 260 kDa Molekülmasse und zum Teil Tyrosinat-koordiniertem Häm-Eisen (YAMAZAKI). Der Ausgangszustand der meisten Häm-Peroxidasen enthält unter physiologischen Bedingungen high-spin Eisen(III) ($S = 5/2$, halb-gefüllte d-Schale, *out-of-plane*-Struktur), wobei jedoch anders als beim P-450-System eine Imidazol-Base vom Histidin als Steuerligand vorliegt. Durch Oxidation, d.h. durch die noch nicht völlig im Detail verstandene Sauerstoffatom-Übertragung vom H_2O_2 auf das Eisenzentrum unter Austritt von Wasser (6.14), sind zwei Oxidationsäquivalente hinzugekommen, was wieder formal zu einer Eisen(V)-Stufe, hier vermutlich einem dikationischen Oxoferryl(IV)-Zentrum mit koordiniertem Porphyrin-Radikal(anion) führt. Diese erste, sehr elektronenarme Zwischenstufe ("HRP I", $E_0 > 1V$) kann in einem Einelektronenoxidations-Schritt mit dem Substrat reagieren; mit Phenolen oder bestimmten gespannten Kohlenwasserstoffen findet man in der Tat Folgeprodukte, wie sie aus Reaktionen der chemisch oder elektrochemisch erzeugten Substratradikalkationen bekannt sind. Die zweite Enzym-Zwischenstufe weist nur noch ein Oxidationsäquivalent mehr auf als der Ausgangszustand und kann damit eine zweite Einelektronenoxidation eingehen; diese etwas stabilere Stufe ("HRP II") enthält laut physikalischen Messungen mit normalem Porphyrin(-Dianion) koordiniertes Oxoferryl(IV) mit $S = 1$ (vgl. 6.9; DUNFORD, STILLMANN; GROVES, WATANABE).

$$[Fe^{III}(Por^{2-})]^{\bullet+} \rightarrow [O{=}Fe^{IV}(Por^{\bullet-})]^{\bullet+} \rightarrow O{=}Fe^{IV}(Por^{2-}) \rightarrow [Fe^{III}(Por^{2-})]^{\bullet+}$$

$$H_2O_2 \quad H_2O \qquad AH_2 \quad AH_2^{\bullet+} \qquad AH_2 \quad AH_2^{\bullet+}$$

$$2H^+ \quad 2H_2O \qquad (6.14)$$

$$\text{HRP I} \qquad\qquad \text{HRP II}$$
$$\text{grün} \qquad\qquad\qquad \text{rot}$$

Keine Häm-Gruppe, sondern gebundenes Vanadium enthalten bestimmte Haloperoxidasen von Meeresorganismen; diese werden in Kapitel 11.4 vorgestellt. Eine durch Azid (N_3^-) nicht hemmbare bakterielle Katalase sowie einige auch Häm-enthaltende Lignin-Peroxidasen sind als oligomere (Di-)Mangan-Proteine charakterisiert worden (WIEGHARDT), bei welchen die Metallzentren wie im O_2-produzierenden Komplex Oxidationsstufen zwischen +II und +IV einnehmen (vgl. Kap. 4.3).

6.4 Steuerung des Reaktionsmechanismus der Oxyhäm-Gruppe – Erzeugung und Funktion organischer freier Radikale

Sowohl Cytochrom P-450 als auch die Häm-Peroxidasen durchlaufen reaktive Zwischenstufen mit ungewöhnlich hohen formalen Oxidationsstufen des Eisens, für die sonst nur sehr wenige Beispiele in Form kationischer Komplexe wie etwa $[Fe^{IV}(S_2CNR_2)_3]^+$ existieren. Was sind die Ursachen für die unterschiedliche Reaktivität (DAWSON; CHAMPION), für Monooxygenase-Aktivität (Sauerstoffübertragung, ein O aus O_2) im einen und direkten Einelektronenentzug, d.h. Bildung eines Substrat-Radikalkations im anderen Fall? Im Gegensatz zu P-450 weisen Peroxidase-Eisenzentren als Steuerliganden einen neutralen Histidinrest auf. Dessen schwächeres Elektronendonorvermögen im Vergleich zum anionischen Thiolat-Liganden der P-450-Systeme bewirkt möglicherweise eine Verschiebung der radikalischen Reaktivität (Spin-Dichte) vom Ei-

sen-gebundenen Sauerstoffatom zum Porphyrin-π-System (6.15), so daß der elektrophile Angriff nicht mit einer Sauerstoffübertragung verbunden ist (6.7, 6.8), sondern einfach die Aufnahme eines Elektrons vom Substrat und Sauerstoffablösung als Wasser beinhaltet (6.14). Es ist jedoch insbesondere die verschiedenartige Proteinumgebung dafür verantwortlich, daß im Falle des Cytochrom P-450 die gebildeten Radikale rasch zu den oxygenierten Produkten rekombinieren ("cage"-Reaktion), wäh-

Peroxidasen

Cytochrom P-450

(modifiziert nach CHAMPION)

(6.15)

rend bei den Peroxidasen eine Trennung (Dissoziation) der Reaktanden zu typischen "escape"-Produkten *freier* Radikale führt (6.16; KAIM). So entstehen beispielsweise mit Peroxidasen aus Phenol-Substraten keine Dihydroxy-Aromaten wie im Falle der P-450-Katalyse, sondern die für Phenoxyl-Radikale typischen Aryl-Kopplungs-Produkte (ORTIZ DE MONTELLANO; PETER). Diese Beobachtung ist insofern bedeutsam, als die kontrollierte Oxidation von Phenolen zu Catecholen auch kupferkatalysiert vonstatten gehen kann (s. Kap. 10.2 und 10.3).

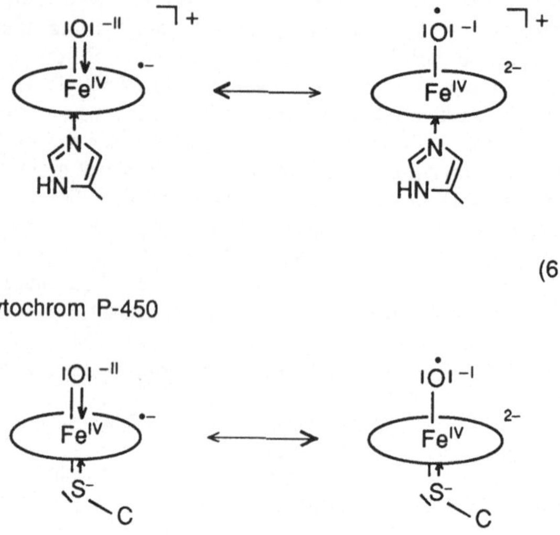

$$\text{``cage''} \quad + \text{Su} \quad \longrightarrow \quad Fe^{III}\,^{2-} + SuO \qquad (6.16)$$

$$+2H^+ \quad \text{``escape''} \quad \longrightarrow \quad Fe^{III}\,^{2-} + H_2O + Su^{\bullet+} \xrightarrow{-H^+} \rightarrow \rightarrow \rightarrow \; 1/2\,Su_2$$

Su: Substrat, z.B. Phenol — OH;

SuO: z.B. — (OH)$_2$ Su$_2$: z.B. HO — — OH

Die hohe (Radikal-)Reaktivität von oxidierten Peroxidasen spielt offenbar eine wichtige Rolle beim Auf- und Abbau des hochpolymeren Lignins in höheren Pflanzen, wobei Ether- und Biaryl-Bindungen mit Hilfe von niedrige pH-Werte bevorzugenden Lignin-Peroxidasen geknüpft und gespalten werden (SCHOEMAKER). Auch für den Abbau (Detoxifikation !) von relativ leicht zu instabilen Radikalkationen oxidierbaren chlorierten Polyarylen, Phenolen, Dioxinen und Furanen werden Peroxidase-verwendende Mikroorganismen getestet (HAMMEL, TARDONE).

Die hohe Reaktivität von Oxy-Hämeisenzentren gegenüber Substraten muß bei Myoglobin und Hämoglobin strikt vermieden werden, da sonst eine pathologisch tatsächlich auch auftretende Autoxidation dieser reinen O_2-Trägersysteme resultieren würde. Umso höher sind im nachhinein die Anforderungen an die Proteinumgebung im Sinne einer Inhibition solch thermodynamisch günstiger Prozesse zu bewerten (Kap. 5). Die vielfältigen Funktionen der Häm-Gruppe (5.8) sind in (6.17) nochmals zusammengefaßt und mit der Elektronenstruktur korreliert (nach ORTIZ DE MONTELLANO).

(6.17)

HRP I

6.5 Hämoproteine in der katalytischen Umsetzung teilreduzierter Stickstoff- und Schwefeloxide

Die Hämgruppierung mit einer offenen Substrat-Koordinationsstelle kann ungesättigte Moleküle nicht nur über O-(O_2) und C-Elektronenpaare (CO) koordinieren; auch teilreduzierte Stickstoff- und Schwefel-Oxoverbindungen wie etwa Stickstoffmonoxid (Nitrosyl-Radikal) NO, Nitrit NO_2^- oder Sulfit SO_3^{2-} sind als Substrate für Hämoprotein-Katalyse erkannt worden. In jedem Falle ist eine Bindung durch Elektronenpaarkoordination und π-Rückbindung vom zweiwertigen Metall in niedrig liegende Orbitale der ungesättigten Liganden möglich (6.18).

(6.18)

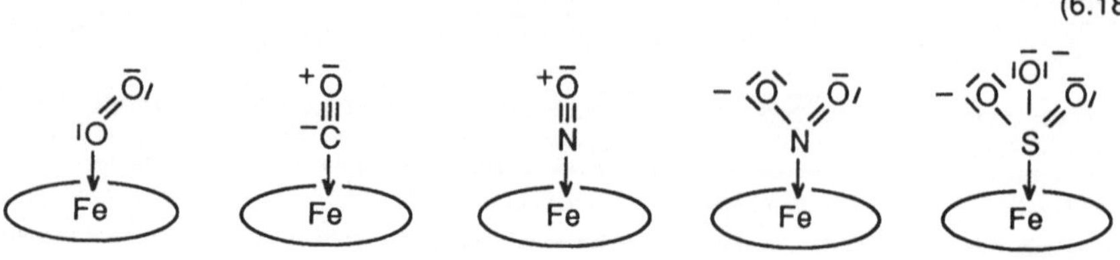

Schon lange ist bekannt, daß organische Nitrite und Nitrate wie auch das Nitroprussid-Dianion $[Fe(CN)_5(NO)]^{2-}$ als sogenannte Nitro-Vasodilatoren die Muskelrelaxation von Wirbeltieren induzieren und damit gegen Bluthochdruck und Angina wirksam sein können. Da Muskelrelaxation unter anderem durch Akkumulation des zyklischen Nukleotids Guanosinmonophosphat (cGMP) erfolgt (s. Kap. 14.2), wird vermutet, daß die Guanylat-Cyclase durch Bindung ihres Häm-Bestandteils mit intermediär entstehendem freiem Nitrosyl-Radikal $NO^{\bullet}$ stimuliert wird (BUTLER; Bindung als NO^+). Wie bei O_2 kann auch die biologische Bindung von NO im bakteriellen Stickstoffkreislauf (NO-Reduktion zu N_2O) oder in seiner möglichen Funktion als Neurotransmitter nicht nur durch Häm-Eisen, sondern auch durch mehrkernige Kupferzentren erfolgen (NO-Reduktasen, s. Kap. 10.3).

Die Reduktion der um eine Stufe höher oxidierten Form des Stickstoffs (+III), des z.B. durch Molybdoenzyme (s. Kap. 11.1.1) aus Nitrat NO_3^- erzeugten Nitrits NO_2^-, kann im Rahmen der Denitrifizierung durch hämhaltige Nitrit-Reduktasen erfolgen. Diese relativ großen Proteine enthalten generell mehrere, zum Teil spezielle Hämzentren, was im Hinblick auf die erforderlichen sechs Reduktionsäquivalente für vollständige Umsetzung (6.19) nicht überrascht; Einelektronenreduktion führt zur Bildung von NO.

$$NO_2^- + 6\ e^- + 8\ H^+ \xrightarrow[\text{Reduktase}]{\text{Nitrit-}} NH_4^+ + 2\ H_2O \qquad (6.19)$$

Die in einer Form der dissimilatorisch-bakteriellen Nitrit-Reduktase katalytisch aktive Hämgruppe Häm d_1 weist einen ungewöhnlichen Porphyrinliganden mit zwei Carbonylgruppen an zwei Pyrrolringen auf (CHANG, TIMKOVICH, WU; 6.20). Dissimilatorisch Nitrit-reduzierende Bakterien können auch Kupfer-Proteine enthalten; einige assimilatorisch NO_2^--verwertende Mikroorganismen verwenden Sirohäm mit zweifach hydriertem Porphyrinring (6.20).

Häm d_1 Sirohäm   (6.20)

Die Vierelektronen-Oxidation von Hydroxylamin NH_2OH zu Nitrit wird ebenfalls durch ein komplexes Multihäm-Enzym katalysiert (PRINCE, HOOPER).

Im Falle der vermutlich das teilreduzierte (+IV) Schwefelatom von SO_3^{2-} koordinierenden Sulfit-Reduktasen unterscheidet man ebenfalls zwischen dissimilatorischen Enzymen von einfachen Bakterien, bei denen SO_3^{2-} lediglich als terminaler Elektronenakzeptor fungiert, und assimilatorischen Enzymen z.B. von *E. coli*, die der Bereitstellung von (Hydrogen-)Sulfid für biosynthetische Zwecke dienen.

$$SO_3^{2-} + 6\ e^- + 7\ H^+ \xrightarrow{\text{Sulfid-Reduktase}} HS^- + 3\ H_2O \qquad (6.21)$$

Das Problem der Reaktion (6.21) ist wie in (6.19) die Katalyse einer sechs Elektronen erfordernden Reaktion, ausgehend von den normalerweise zur Verfügung stehenden Einelektronen-Äquivalenten. Solche Mehrelektronenprozesse wie etwa auch die Umsetzung $2H_2O/O_2$ ($4e^-$) oder die Stickstoff-Fixierung $8H^+ + N_2/2NH_3 + H_2$ ($8e^-$) erfordern das Zusammenwirken mehrerer redoxaktiver, häufig anorganischer Zentren (s. Kap. 4.3, 10.4 und 11.2), um günstige Potentiale auszunutzen und die Bildung unerwünschter Zwischenprodukte zu vermeiden. Die Sulfit-Reduktasen sind daher meist komplexe $\alpha_n\beta_m$-Oligomere, wobei die α-Untereinheit ein Flavoprotein ist, während die β-Untereinheit einen Fe/S-Cluster (s. Kap. 7) sowie eine Sirohämgruppe enthält. Aus spektroskopischen wie auch vorläufigen Strukturuntersuchungen wurde eine direkte Kopplung beider Typen von Eisen-Zentren (Abstand 0.44 nm) über ein μ-Cysteinat-Schwefelzentrum abgeleitet (6.22; MCREE et al.). Dieses Modell ist jedoch nicht unumstritten. Als Alternative wurde ein mit dem Häm nicht notwendigerweise stark wechselwirkender unkonventioneller Fe/S-Cluster mit ($S = 9/2$)-Spinzustand postuliert (PIERIK, HAGEN; s. Kap. 7.4).

(6.22)

7 Eisen-Schwefel- und andere Nicht-Hämeisen-Proteine

Drei große Gruppen eisenhaltiger Proteine lassen sich aufgrund der Ligation des Metallzentrums unterscheiden. Ausschließlich durch Aminosäurereste, Bestandteile des Wassers (H_2O, HO^-, O^{2-}) oder Oxoanionen gebunden sind Eisen-Zentren im photosynthetischen Reaktionszentrum (Abbn. 4.5 - 4.7), im Hämerythrin (Kap. 5.3), in Nicht-Hämeisen-Enzymen (Kap. 7.6) und in Eisen-Transport-Proteinen (s. Kap. 8). Neben diesen oft mehrzentrigen Systemen und dem in den vorausgehenden Kapiteln 5.2 und 6 vorgestellten Porphyrinchelat-gebundenen Häm-Eisen mit seinen vielfältigen Funktionen im Sauerstoff-Metabolismus (5.8) stellen *Eisen-Schwefel(Fe/S)-Zentren* eine dritte große und bedeutende Klasse dar (THOMSON; SALEMME; SPIRO; HALL, CAMMACK, RAO).

7.1 Biologische Bedeutung der Elementkombination Eisen/Schwefel

Eisen-Schwefel-Proteine dienen vor allem als ubiquitäre Einelektronenüberträger bei zumeist negativem Potential (Tabn. 7.1 und 7.2).

Tabelle 7.1: Einige Reaktionen, die durch Eisen-Schwefel-Zentren enthaltende Proteine katalysiert werden

Enzyme	Gesamtreaktionsgleichung	weitere Erläuterungen in Kapitel
Hydrogenasen	$2\ H^+ + 2\ e^- \rightleftharpoons H_2$	9.3
Nitrogenasen	$N_2 + 10\ H^+ + 8\ e^- \rightleftharpoons 2\ NH_4^+ + H_2$	11.2
Sulfit-Reduktase	$SO_3^{2-} + 7\ H^+ + 6\ e^- \rightleftharpoons HS^- + 3\ H_2O$	6.5
Aldehyd-Oxidase	$R-CHO + 2\ OH^- \rightleftharpoons R-COOH + H_2O + 2\ e^-$	12.5
Xanthin-Oxidase	(Xanthin) $+ 2\ OH^- \rightleftharpoons$ (Harnsäure) $+ H_2O + 2\ e^-$	11.1.1
NADP-Oxidoreduktase	$NADP^+ + H^+ + 2\ e^- \rightleftharpoons NADPH$	(Abb. 4.8)

Tabelle 7.2: Redoxpotentiale typischer Eisen-Schwefel-Proteine (nach THOMSON; vgl. hierzu Tab. 6.1)

Protein	typische Herkunft	Typ des Fe/S-Zentrums	Molekülmasse (kDa)	E (mV)
Rubredoxin	*Clostridium pasteurianum*	[Rd]	6	-60
2Fe-Ferredoxin	Spinat	$[2Fe-2S]^{1+;2+}$	10.5	-420
Adrenodoxin	adrenale Mitochondrien	$[2Fe-2S]^{1+;2+}$	12	-270
RIESKE-Zentrum	adrenale Mitochondrien	$[2Fe-2S]^{1+;2+}$	250 (bc-Komplex)	+280
4Fe-Ferredoxin	*Bacillus stearothermophilus*	$[4Fe-4S]^{1+;2+}$	9.1	-280
8Fe-Ferredoxin	*Cl. pasteurianum*	$2[4Fe-4S]^{1+;2+}$	6	-400
High Potential Iron-Sulfur Protein (HiPIP)	*Chromatium vinosum*	$[4Fe-4S]^{2+;3+}$	9.5	+350
Ferredoxin II	*Desulfovibrio gigas*	$[3Fe-4S]^{n+}$	24 (Tetramer)	-130
Ferredoxin I	*Azotobacter vinelandii*	$[3Fe-4S]^{n+}$ $[4Fe-4S]^{n+}$	14	-460

Fe/S-Proteine besitzen essentielle Funktionen innerhalb der Photosynthese (Abb. 4.9), der Zellatmung (Abb. 6.1 und 6.2), der Stickstoff-Fixierung (s. Kap. 11.2) sowie bei der Umwandlung von H_2 (Hydrogenasen mit und ohne Nickel, Kap. 9.3), NO_2^- und SO_3^{2-} (Sulfit-Oxidation und -Reduktion, Kap. 6.5 und 11.1.1). Neben der reinen Elektronenübertragungsfunktion können Fe/S-Zentren auch die Fähigkeit zur redox- und nicht-redoxchemischen Katalyse aufweisen; Beispiele hierfür sind die ausschließlich Eisen-Schwefel-Zentren enthaltenden Hydrogenasen und Nitrogenasen sowie die Aconitase (s. 7.10).

In Proteinen treten die Eisen-Schwefel-Zentren zum Teil alleine, in "Ferredoxinen", oder auch gemeinsam mit anderen prosthetischen Gruppen wie etwa weiteren

Metallzentren (Ni, Mo, V, Häm-Fe) oder Flavinen auf ("Flavodoxine"). Charakteristisches Merkmal der Eisen-Schwefel-Proteine ist die Koordination von Eisenionen mit Protein-gebundenem Cysteinat-Schwefel (RS^-) und – in den mehrkernigen Fe/S-Zentren – mit "anorganischem" Sulfid-Schwefel (S^{2-}). Sulfid- und Eisen-Ionen sind oft extrahierbar; die verbliebenen Apoenzyme können in vielen Fällen mit externem S^{2-} und Fe^{2+} rekonstituiert werden (Abb. 7.1).

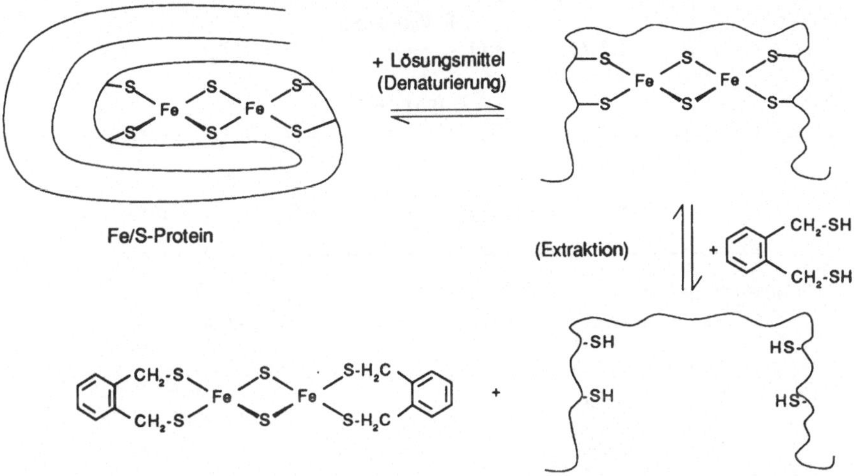

Abbildung 7.1: Schematische Darstellung einer reversiblen Extraktion "anorganischer" Bestandteile aus Fe/S-Proteinen (nach AVERILL, ORME-JOHNSON)

Säugetiere enthalten etwa 1% ihres Eisengehalts in Form von Fe/S-Proteinen (vgl. Tab. 5.1). Ihre leichte Bildung und thermische Robustheit sowie die weite Verbreitung bei nahezu allen Organismen und die Übereinstimmung wesentlicher Aminosäuresequenzen (7.7) lassen auf eine wichtige Rolle schon früh während der Evolution (in Abwesenheit von O_2) schließen (MÜLLER, SCHLADERBECK 1985). Hierfür sprechen auch die meist niedrigen Redoxpotentiale (Tab. 7.2) und die Sauerstoff-Empfindlichkeit vieler reduzierter Stufen.

Es existieren sogar Hypothesen, wonach rein anorganische Eisensulfide vom Typ des Pyrits (FeS_2) als oxidierbare Substanzen an der beginnenden CO_2-Fixierung im Rahmen einer primitiven Photosynthese beteiligt waren (WILLIAMS):

$$H_2O + 2\,FeS_2 + CO_2 \rightarrow 2\,FeO + 1/n\,(CHOH)_n + 4\,S \qquad (7.1)$$

Robuste "chemolithotrophe" Schwefelbakterien, die ihre Energie aus der Umwandlung anorganischer Verbindungen beziehen, besitzen mittlerweile große geobiotechnologische Bedeutung im Rahmen des "bakteriellen Leaching" (Bosecker). Dabei handelt es sich um ein Laugungsverfahren hauptsächlich sulfidischer Erze mit Hilfe der kosmopolitischen Bakterien *Thiobacillus thiooxidans* und *T. ferrooxidans*, wobei schwerlösliche Sulfide (z.B. CuS, $CuFeS_2$) oder Oxide wie etwa UO_2 in lösliche Sulfate überführt werden (7.2).

$$S + 1.5\ O_2 + H_2O \xrightarrow{\textit{T. thiooxidans}} H_2SO_4$$

$$2\ FeSO_4 + 0.5\ O_2 + H_2SO_4 \xrightarrow{\textit{T. ferrooxidans}} Fe_2(SO_4)_3 + H_2O$$

$$MS + Fe_2(SO_4)_3 \longrightarrow MSO_4 + 2\ FeSO_4 + S$$

Gesamtreaktion:

$$MS\ (\text{schwerlöslich}) + 2\ O_2 \longrightarrow MSO_4\ (\text{löslich}) \qquad (7.2)$$

M: z.B. Cu, Zn, Ni, Pb, Co

Die Enzyme in den Bakterien beschleunigen die Oxidation von Eisen(II) und elementarem Schwefel derart, daß metallarme Erze, Abraumhalden der primären Erzgewinnung oder auch metallkontaminierte industrielle Rückstände und Abwässer mit diesem ökonomisch und ökologisch vorteilhaften Verfahren in hervorragender Ausbeute aufgearbeitet werden können. In den USA werden schon 20% des produzierten Kupfers durch mikrobiell unterstützte Laugung gewonnen, in einer einzigen Mine kann die Ausbeute 50 t Kupfer pro Tag betragen. Bemerkenswert sind sowohl das pH-Optimum der Reaktion (7.2) bei pH 2-3 wie auch die erstaunliche Toleranz der Thiobacilli gegenüber Schwermetallionen (Bosecker). Gentechnologische Modifikationen zur Erhöhung und Übertragung der Temperaturstabilität oder Schwermetalltoleranz werden mit Blick auf mögliche Anwendungen in Metall-Dekontamination und -Recycling angestrebt.

Zurück zu den Fe/S-Proteinen: Nach dem Grad der Aggregation in "Clustern" unterscheidet man heute zumindest vier Arten von Fe/S-Zentren (7.3, Abb. 7.2), wobei – von speziellen Ausnahmen abgesehen – die Metallatome meistens verzerrt tetraedrisch von vier Schwefel-Atomen umgeben sind. Diese durch den großen Raumbedarf von Schwefel bedingte Anordnung mit relativ niedriger Koordinationszahl unterscheidet sich von der üblichen Sechsfach-Koordination "biologischen" Eisens bei Bindung mit O- oder N-Liganden, d.h. kleineren Donoratomen aus der ersten Achterperiode. Eine bedeutsame Konsequenz hieraus ist die durchgängige high-spin-Konfiguration der Eisenatome in den Fe/S-Zentren wegen der um mehr als die Hälfte erniedrigten Ligandenfeldaufspaltung in Tetraeder-Symmetrie gegenüber derjenigen bei oktaedrischer Anordnung (s. 12.4).

Strukturell gesicherte Fe/S-Zentren:

a)   Rubredoxin [Rd]   b)   [2Fe-2S]   (7.3)

c)   [3Fe-4S]   d)   [4Fe-4S]

7.2 Rubredoxine

Nur ein Eisenzentrum enthalten die Rubredoxine, kleine Redoxproteine, die in einigen Bakterien vorkommen. Vier Cysteinat-Liganden fixieren das verzerrt tetraedrisch konfigurierte Eisenzentrum (Abb. 7.2a), welches zwischen der nahezu farblosen Eisen(II)-Stufe ($S = 2$) und der roten Eisen(III)-Form mit $S = 5/2$ wechselt, ohne daß – wie bei Modellverbindungen (Kap. 7.5) häufig beobachtet – starke Änderung der Fe–S-Abstände und damit verlangsamte Elektronenübertragung auftritt (vgl. Kap. 6.1). Die intensiv rote Farbe, die den Proteinen den Namen verlieh, resultiert aus einem Ligand-Metall-Charge-Transfer (7.4) von den σ- und π-elektronenreichen Thiolat-Liganden zum oxidierten (= elektronenarmen) Eisen(III)-Zentrum (GEBHARD et al.); vergleichbar intensive Lichtabsorption ist auch von den analytisch wichtigen Thiocyanat(NCS$^-$)-Komplexen des Fe(III) bekannt.

$$Fe^{III}(^-S{-}R) \underset{\text{(LMCT)}}{\overset{h\nu}{\rightleftharpoons}} [Fe^{II}(^\bullet S{-}R)]^* \qquad (7.4)$$

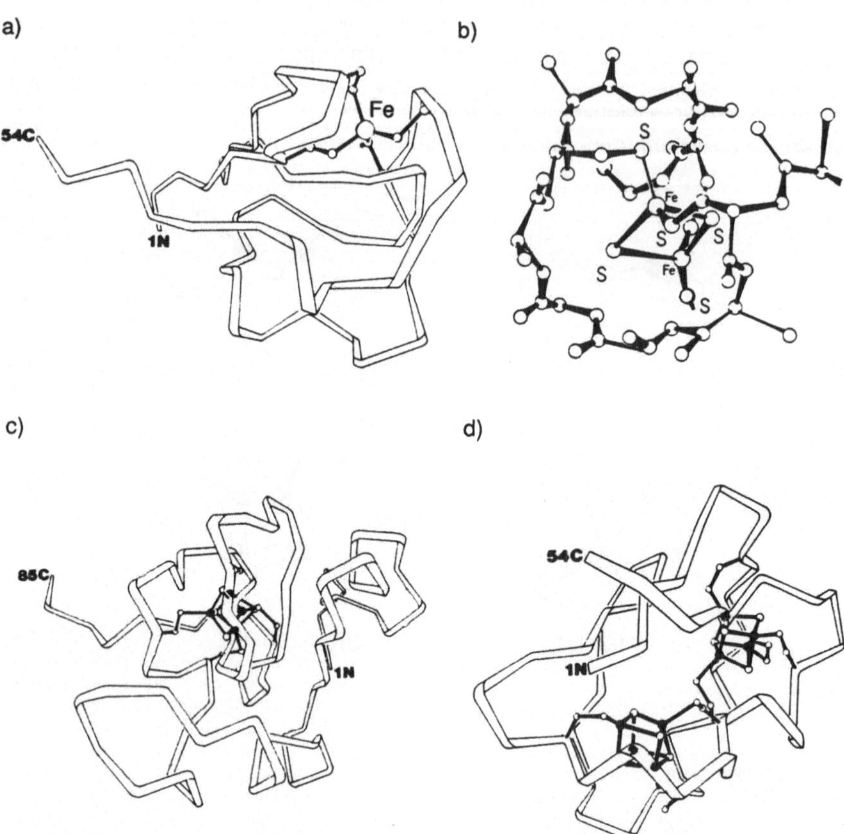

Abbildung 7.2: Strukturen von Fe/S-Zentren in Proteinen. Banddarstellung der Proteinfaltung aus SALEMME: a), c), d); Ausschnitt aus der näheren Proteinumgebung eines [2Fe-2S]-Zentrums nach TSUKIHARA et al.: b).

7.3 2Fe-Ferredoxine

In den 2Fe-Ferredoxinen sind zwei Eisen-Zentren jeweils von zwei Cysteinat-Resten des Proteins und zwei gemeinsamen, verbrückenden (μ-)Sulfid-Dianionen umgeben (7.3b, Abb. 7.2b). Besonders häufig sind diese ebenfalls kleinen, ubiquitär vorkommenden Proteine in Chloroplasten (Abb. 4.8); bekannt geworden ist vor allem das 2Fe-Ferredoxin aus Spinat. Aufgrund der unterschiedlichen Proteinumgebung sind die beiden Eisenzentren in den mit [2Fe-2S] bezeichneten Zentren nicht völlig äquivalent; die Frage ist, ob dies auch für das Redoxverhalten zutrifft. Der biologisch relevante Einelektronenübergang beinhaltet hier den Wechsel von einer Fe(III)/Fe(III)-Stufe mit sich kompensierenden, d.h. stark antiparallel gekoppelten Spins zu einer Einelektron-reduzierten Form. Bei dem dann resultierenden gemischtvalenten Mehrkernkomplex stellt sich die Frage nach der Lokalisation bzw. Delokalisation der Ladung. Ist eine unsymmetrische Formulierung Fe(II)/Fe(III) oder eher eine symmetrische Beschreibung Fe(2.5)/Fe(2.5) des Grundzustandes mit den Experimenten vereinbar? Mössbauer-Spektroskopie (Kap. 5.3) wie auch andere physikalische Untersuchungsverfahren legen für natürlich vorkommende [2Fe-2S]-Zentren wie auch für Modellkomplexe (Kap. 7.5) eine lokalisierte Beschreibung mit *fixierten* Valenzen Fe(II) und Fe(III) nahe. Trotz antiferromagnetischer Kopplung über die Superaustausch-fähigen Sulfid-Ionen bleibt dann ein ungepaartes Elektron übrig, welches zum Beispiel ESR-spektroskopisch nachweisbar ist.

Innerhalb der Gruppe der [2Fe-2S]-Proteine existieren einige Zentren mit ungewöhnlichen spektroskopischen Eigenschaften und relativ angehobenem Redoxpotential (Tab. 7.2). Diese als "Rieske-Zentren" bezeichneten Einheiten finden sich in Cytochrom-haltigen Membranprotein-Komplexen von Mitochondrien ("bc$_1$-Komplexe"; vgl. Abb. 6.1 und 6.2) und in Chloroplasten (b/f-Komplexe, vgl. Abb. 4.8). Die Rieske-Proteine enthalten zwei unterschiedliche Fe-Zentren, so daß eine unsymmetrische Koordination wie etwa (7.5) mit weniger elektronenreichen *Nicht*-Schwefel-Liganden, z.B. Histidin, vermutet wird ($\rightarrow$ Redoxpotential; Fee et al.).

Hypothese:

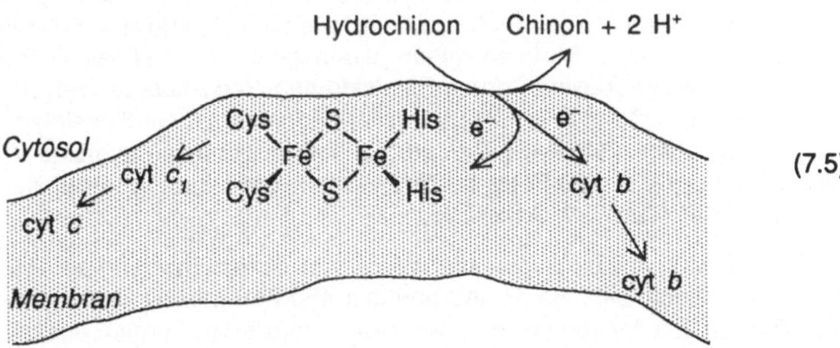

$$(7.5)$$

Die Funktion der Rieske-Zentren ist es, im Verein mit einem Cytochrom *b* eine Verzweigung des Elektronenflusses in der Elektronentransportkette zu gewährleisten (Link, Schägger, von Jagow): Ausgehend von Zweielektronen-liefernden Hydrochinonen existiert ein Weg *entlang* der Membran bei hohem Potential und ein Weg *durch* die Membran bei niedrigem Potential.

7.4 Mehrkernige Fe/S-Cluster: Bedeutung der Proteinumgebung und katalytische Aktivität

Die häufigsten und stabilsten Eisen-Schwefel-Zentren sind vom [4Fe-4S]-Typ. Diese "Cluster" kommen in den sogenannten 4Fe-, 7Fe- und 8Fe-Ferredoxinen vor; letztere enthalten zwei solcher [4Fe-4S]-Zentren relativ weit voneinander getrennt innerhalb eines Proteins (Abstand > 1 nm; vgl. Abb. 7.2d). Bei den 4Fe- und 8Fe-Ferredoxinen mit ausschließlich S-koordiniertem Eisen handelt es sich um relativ kleine ubiquitäre Elektrontransfer-Proteine. Wie die Bezeichnung [4Fe-4S] andeutet, sind die vier Eisen-Zentren und vier Sulfid-Ionen in einer verzerrt würfelartigen Anordnung mit annähernder D_2-Symmetrie zusammengefaßt, wobei jedes verzerrt tetraedrisch konfigurierte Eisen-Zentrum noch mit je einem Cysteinat-Rest des Proteins koordiniert ist (7.3, 7.8, Abb. 7.2c, d). Die vier Eisenzentren selbst bilden in erster Näherung ebenfalls ein Tetraeder mit den (μ_3-)Sulfidionen auf den Tetraederflächen; [4Fe-4S]-Zentren sind an nahezu allen komplexeren biologischen Redoxreaktionen wie etwa Photosynthese, Atmung oder N_2-Fixierung als Elektronenüberträger bei negativem Potential (bis -0.7 V) beteiligt.

Mössbauer-Spektroskopie zeigt für den normalen Oxidationszustand mit der Gesamtladung -2 ([4Fe-4S]$^{2+}$-Kern und 4 Cys$^-$) zwei Paare von Eisendimeren mit etwa gleicher Isomerieverschiebung, entsprechend einem Oxidationszustand von +2.5, jedoch mit unterschiedlicher Quadrupol-Aufspaltung. Es handelt sich demzufolge um zwei gemischtvalente Fe(II)/Fe(III)-Paare, die nach außen *keinen* Paramagnetismus zeigen, was trotz der geraden Gesamtelektronenzahl nicht selbstverständlich ist. Offenbar findet in dieser Konfiguration und unter Einbeziehung der Schwefel-Liganden eine weitgehende Elektronendelokalisation mit effektiver Spinpaarung statt. Ausgehend von dieser Stufe entstehen paramagnetische, ESR-aktive Formen in den normalen 4Fe-Ferredoxinen durch Einelektronen-*Reduktion* zu 3Fe(II)/1Fe(III)-Spezies mit Grundzustand S = 1/2. Es existiert jedoch auch ein Proteintyp, in welchem das diamagnetische [4Fe-4S]-Zentrum bei hohem Potential reversibel zur paramagnetischen 1Fe(II)/3Fe(III)-Form *oxidiert* werden kann: das High Potential Iron-Sulfur-Protein (HiPIP; Tab. 7.2, Abb. 7.2c).

Die "Drei-Zustands-Hypothese" beschreibt diesen Sachverhalt (7.6; Hall, Cammack, Rao), wobei sich HiPIP und normale 4Fe-Ferredoxine durch unterschiedliche Stabilität der Einelektronen-oxidierten bzw. -reduzierten Formen auszeichnen. Zwar gelingt es nach weitgehender Denaturierung des Proteins, auch die jeweils unphysiologischen "super-reduzierten" bzw. "super-oxidierten" Zustände zu beobachten, die Proteinumgebungen der intakten Spezies erlauben jedoch nur das biologisch "vorgesehene" Redoxverhalten.

(7.6)

HiPIP	normales Ferredoxin	n in $[4Fe\text{-}4S]^{n+}$	ESR
oxidiertes HiPIP	superoxidiertes Ferredoxin	3	aktiv
$\updownarrow$ + 350 mV	$\updownarrow$ - 50 mV		
reduziertes HiPIP	oxidiertes Ferredoxin	2	inaktiv
$\updownarrow$ - 600 mV	$\updownarrow$ - 400 mV		
superreduziertes HiPIP	reduziertes Ferredoxin	1	aktiv

In Einklang mit den Ausführungen bei Cytochromen (Kap. 6.1) und blauen Kupfer-Proteinen (s. Kap. 10.1) ändert sich die Geometrie des Clusters und des Proteins während des Elektronenaustausches nur wenig; Reduktion der $[4Fe\text{-}4S]^{3+}$-Form im HiPIP führt zu geringer Bindungsverlängerung, zu einer Expansion und einer etwas stärkeren Verzerrung des Clusters. Auch in normalen Ferredoxinen scheint die diamagnetische Form eine stärker vom idealen Fe_4-Tetraeder abweichende Struktur zu besitzen als die größere, weil elektronenreichere reduzierte Form (THOMSON); in jedem Fall ist offenbar der diamagnetische Cluster geometrisch stärker verzerrt: entatischer Zustand (Kap. 2.3.1). Scheinbar geringe Änderungen im Proteingerüst, etwa die größere Zahl hydrophober Aminosäure-Reste um den HiPIP-Cluster und die daher verminderte Zugänglichkeit von Wasser, bestimmen demnach Stabilität und Redoxpotential. Die Ausdehnung der Cluster bei Reduktion beruht auf der Elektroneneinlagerung in nicht- oder antibindende Cluster-Molekülorbitale; immer sind jedoch die kleineren Metall-Kationen wie auch in Modellverbindungen näher am Cluster-Zentrum als die größeren Sulfid-Anionen (vgl. 7.3d).

Wie experimentelle und theoretische Studien an Proteinen, modifizierten Proteinen und an Modellverbindungen gezeigt haben, reagieren die [4Fe-4S]-Cluster sehr empfindlich auf geringfügige geometrische Änderungen (Bindungslängen, -winkel, Torsionswinkel). Konformationsabhängig können nicht nur das Redoxpotential und die Stabilität, sondern auch die Spin-Spin-Kopplung sein, wobei neben S = 1/2 auch höhere Spinquantenzahlen vorkommen. Wie die zentrale diamagnetische (2+)Stufe zeigen auch die benachbarten paramagnetischen Zustände der [4Fe-4S]-Systeme zwei gekoppelte Eisen-Dimere – ein gemischtvalentes (II,III; S = 9/2) und ein homovalentes Paar (RIUS, LAMOTTE). Der Grund für die im Gegensatz zu den [2Fe-2S]-Systemen hier vorgefundene ausgeprägte, stabile Delokalisation (Resonanz) liegt in der weitgehenden Orthogonalität von Metall-Orbitalen, die über superaustauschende Sulfid-Brücken wechselwirken. Theoretischen Analysen zufolge läßt dies – gemäß der HUNDschen Regel – teilweise *ferro*magnetische Wechselwirkungen mit höherer Resonanzenergie dominieren (NOODLEMAN et al.). Die Elektronendelokalisation wird somit weniger leicht durch externe, z.B. vom Protein verursachte Asymmetrien gestört. Die Beteiligung auch der Cystein-Thiolat-Zentren am Vorgang der Elektronenaufnahme (Reduktion) geht unter anderem aus einer Verstärkung von Wasserstoffbrücken-Wechselwirkungen $X-H\cdots\!\!^-S(Cys)$ hervor, verursacht durch eine Erhöhung der negativen Ladung am Cystein-Schwefelzentrum.

Die Aminosäuresequenz bestimmt nicht nur, ob HiPIP- oder Normal-Form des [4Fe-4S]-Systems vorliegen, sie legt auch primär erst fest, ob aus Cystein-enthaltendem Protein sowie aus enzymatisch eingebrachtem Eisen (Kap. 8) und Sulfid (über Sulfit-Reduktase und Thiosulfat-Schwefeltransferase) ein 4Fe- oder 2Fe-Ferredoxin entsteht. Typische Aminosäurepositionen für die Cysteine in Fe/S-clusterbildenden Proteinen sind in (7.7) zusammengestellt (HALL, CAMMACK, RAO): 4 Cys im Abstand von 5, 3 und 30 Aminosäuren liefern [2Fe-2S]-Zentren, während eine dichte Anordnung mit jeweils 3, nochmals 3 und dann 4 dazwischenliegenden Aminosäure-"Spacern" zu [4Fe-4S]-Clustern führt.

Fe/S-Proteine: Aminosäuresequenzen für typische, "normale" Cluster (nach HALL, CAMMACK, RAO; vgl. Tab. 7.2)

(7.7)

		39 44 47		77
2Fe-2S-	*Spirulina*	• •–•–•		•
Proteine	*Equisetum*	•–•–•		•
	Spinacia	• •–•–•		•

		8 11 14 18	35 38 41 45	
	Clostridium p.	•–•–•–•	•–•–•–•	
8Fe-8S	*Chlorobium*	•–•–•–•	•–•–Ω–• •	
	Chromatium v.	•–•–•–•	•–Ω–•	
4Fe-4S	*D. gigas*	•–•–•–•	•–Ω–•	
	B. stearothermo-	•–•–•	•	
	philus			

• = Cys

Andere charakteristische Aminosäuresequenzen sind offenbar für die relativ neuen Typen von zuerst MÖSSBAUER-spektroskopisch entdeckten (EMPTAGE et al.) Eisen-Schwefel-Proteinen verantwortlich, welche, zum Teil neben [4Fe-4S]-Zentren und in diese übergehend (7.8), spezielle [3Fe-4S]-Zentren enthalten (3Fe- und 7Fe-Ferredoxine; GEORGE, GEORGE). Diese Zentren können von den [4Fe-4S]-Analogen strukturell dadurch abgeleitet werden, daß ein labiles, *nicht Cysteinat-gebundenes* Eisenatom aus dem verzerrten Kubus entfernt wird (KISSINGER et al.); eine weitere [3Fe-4S]-Form mit *"linearer"* Anordnung der Metallzentren ist unter allerdings wenig physiologischen, basischen Bedingungen nachgewiesen worden (7.3c, 7.8).

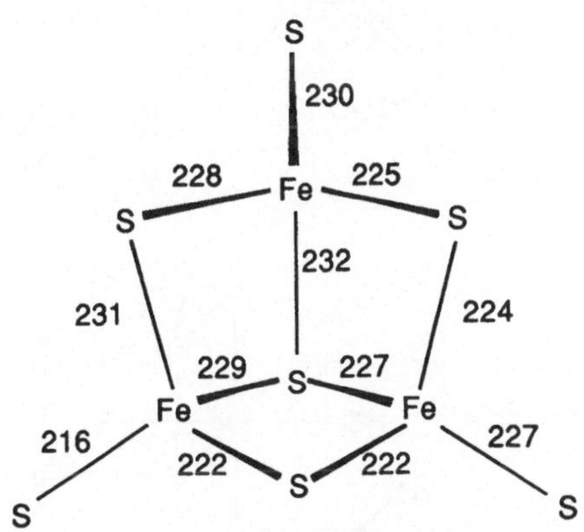

linearer [3Fe-4S]-Cluster

Abbildung 7.3: Struktur und einige geometrische Daten (Bindungslängen in pm) des [3Fe-4S]-Clusters aus *Desulfovibrio gigas* (aus KISSINGER et al.)

Außer bei Ferredoxinen von Mikroorganismen (vgl. Tab. 7.2) findet man [3Fe-4S]-Systeme im Austausch mit [4Fe-4S] (7.8) als Bestandteil der Aconitase (Aconitat-Hydratase/Isomerase) in Mitochondrien; dieses Enzym katalysiert in einer *Nicht-Redoxreaktion* die Einstellung des Gleichgewichts (7.9) im Citratzyklus.

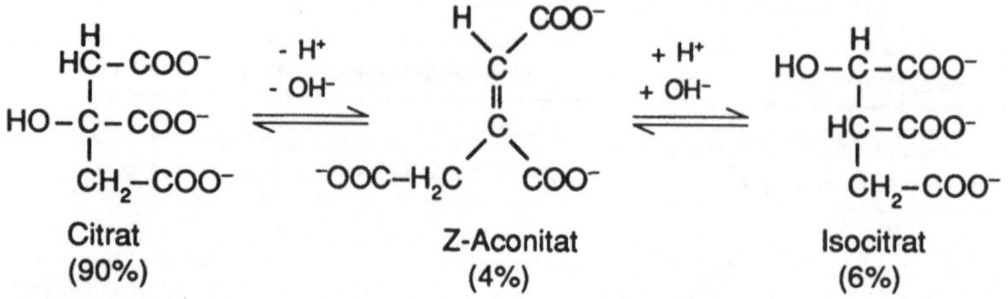

$$\text{Citrat (90\%)} \quad \overset{-\,H^+}{\underset{-\,OH^-}{\rightleftharpoons}} \quad \text{Z-Aconitat (4\%)} \quad \overset{+\,H^+}{\underset{+\,OH^-}{\rightleftharpoons}} \quad \text{Isocitrat (6\%)} \tag{7.9}$$

Für den Mechanismus existiert folgende Hypothese (BEINERT, KENNEDY; EMPTAGE):

$$\tag{7.10}$$

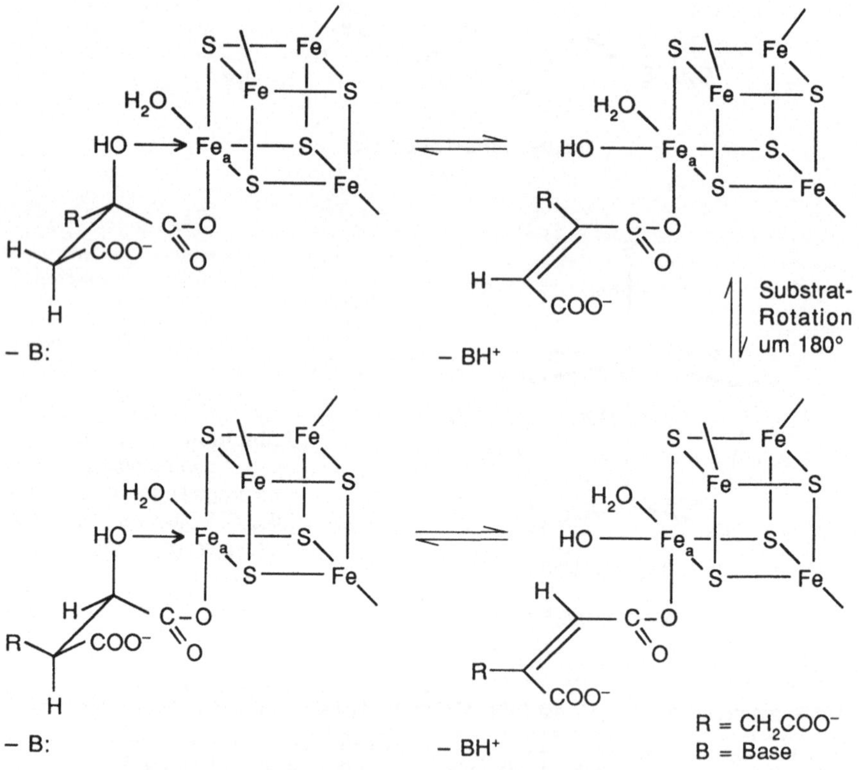

Substrat-Rotation um 180°

$R = CH_2COO^-$
$B = Base$

Das labile Eisenzentrum Fe_a der [4Fe-4S]-Form von Aconitase ist nicht durch Cysteinat, sondern – im aktiven Zustand – vermutlich von Wasser koordiniert. Nach Substitution und Anlagerung durch das als Chelatligand bindende Substrat (fünfgliedriger Chelatring, Erhöhung der Koordinationszahl auf 5 oder 6) führt eine Sequenz (7.10) von (HO)–C'-Bindungsspaltung/C–H-Deprotonierung, Drehung des *nicht* Chelat-fixierten Z-Aconitat-Liganden im Zwischenprodukt und Hydroxid-C(Olefin)-Bindungs-bildung/C'(Olefin)-Protonierung zur raschen Einstellung des Gleichgewichts (7.9).

Weitere Kandidaten für nicht ausschließlich Cysteinat-gebundene [xFe-yS]-Zentren sind die elektronenübertragenden (8Fe-)"P-Cluster" in der Nitrogenase (Kap. 11.2) mit ihrem sehr negativen Potential von -470 mV und (S = 5/2)- bzw. (S = 7/2)-Grundzustand in der oxidierten Form (CIURLI et al.) sowie die neuartigen (6Fe-)"H-Cluster" in den das Gleichgewicht $2H^+ + 2e^- \rightleftharpoons H_2$ katalysierenden Nickel-freien Hydrogenasen (YAGI; ADAMS). Zum molekularen Mechanismus der H_2-Aktivierung durch Hydrogenase-Fe/S-Zentren liegen noch keine gesicherten Erkenntnisse vor; diskutiert wird side-on-Anlagerung von H_2 an das Metall als η^2-Ligand mit nachfolgender basenunterstützter Heterolyse zu H^+ und enzymatisch gebundenem Hydrid (ADAMS; vgl. 9.9).

Die Elektronenstruktur der [3Fe-4S]-Zentren ist vom komplexchemisch-spektroskopischen Standpunkt interessant. Für den Grundzustand der oxidierten Form findet man *ein* ungepaartes Elektron (S = 1/2) entsprechend einer Formulierung mit drei annähernd gleich stark antiferromagnetisch gekoppelten (high-spin) Fe(III)-Zentren. Die reduzierte Form läßt sich als Kombination 1Fe(II)/2Fe(III) beschreiben und besitzt einen (S = 2)-Grundzustand, der den MÖSSBAUER-Daten zufolge durch antiparallele Spin-Spin-Wechselwirkung zwischen einem high-spin Fe(III)-Zentrum (S = 5/2) und einem in sich parallel Spin-Spin-gekoppelten Paar Fe(III)/Fe(II) mit S = 9/2 resultiert. Angeregte Spinzustände sind in einigen Fällen leicht erreichbar; entsprechend ihrer "offenen", koordinativ ungesättigten Struktur sind die [3Fe-4S]-Zentren in 3Fe- oder 7Fe-Systemen für chemisch-katalytische Aktivität prädestiniert.

Wie bereits angedeutet, ist wahrscheinlich mit den 3Fe-Clustern das natürliche Inventar an Fe/S-Zentren noch nicht erschöpft; vorläufige Studien an biochemischem Material wie auch Modelluntersuchungen (REYNOLDS, HOLM) lassen erwarten, daß eine Reihe weiterer möglicher Strukturen mit zum Teil höherer Nuklearität als vier (sechs, acht ?) oder auch mit Nicht-Thiolat-Liganden im System Fe(II/III)/S(-II)/Protein gefunden werden können (HAGEN, PIERIK, VEEGER).

7.5 Modellverbindungen für Eisen-Schwefel-Proteine

Modellkomplexe für Fe/S-Zentren in Proteinen lassen sich zum Teil überraschend einfach in "spontaneous self-assembly"(SSA)-Reaktionen herstellen (HOLM; MÜLLER, SCHLADERBECK, BÖGGE; MÜLLER, SCHLADERBECK 1986; AVERILL). Aus jeweils vier Äquivalenten Thiol, Hydrogensulfid, Eisen(III) und acht Äquivalenten Base kann beispielsweise in polaren aprotischen Lösungsmitteln wie Dimethylsulfoxid (DMSO) ein [4Fe-4S]-Cluster-Ion erhalten werden:

$$4\ RSH\ +\ 4\ NaHS\ +\ 4\ FeCl_3\ +\ 8\ NaOR\ \rightarrow\ [Fe_4S_4(RS)_4]^{2-} \qquad (7.11)$$

$$+\ 8\ ROH\ +\ 12\ NaCl$$

Mit ungehinderten Thiolen als Cystein-Modell-Liganden entstehen meist die stabilen [4Fe-4S]-Systeme, während konformative Eingrenzung durch Anbieten von bevorzugt Chelatring-bildenden Dithiolen, etwa o-Xylol-α,α'-dithiol (7.12; Abb. 7.1), zu Modellen der [2Fe-2S]-Dimeren oder, in Abwesenheit von Sulfid, zu Modellen des Rubredoxins führt (Abb. 7.1 und 7.4).

(7.12)

o-Xylol-α,α'-dithiol

$Fe[(SCH_2)_2C_6H_4]_2^{-}$

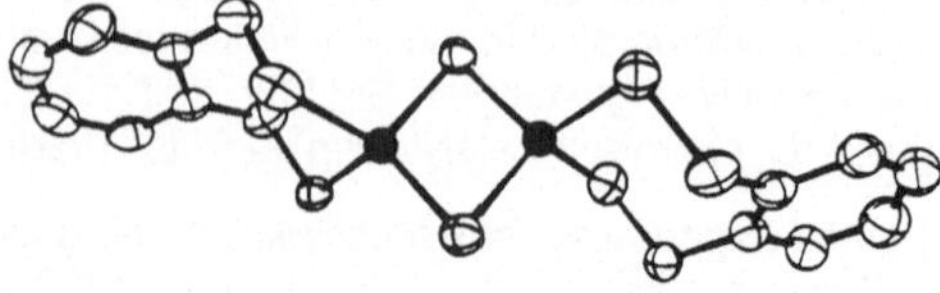

$[FeS(SCH_2)_2C_6H_4]_2^{2-}$

$[Fe_4S_4(SCH_2C_6H_5)_4]^{2-}$

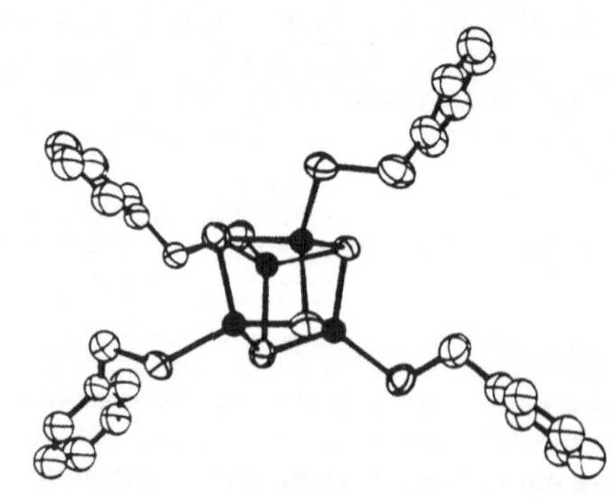

Abbildung 7.4: Molekulare Strukturen von Modellkomplex-Anionen (nach Holm und Hall, Cammack, Rao)

Modellierung von [3Fe-4S]-Zentren sowie unsymmetrisch (3+1)-funktionalisierter Cluster erfordert größeren Aufwand, insbesondere speziell konstruierte Polythiolat-Liganden (Abb. 7.5; Stack, Holm; Ciurli et al.).

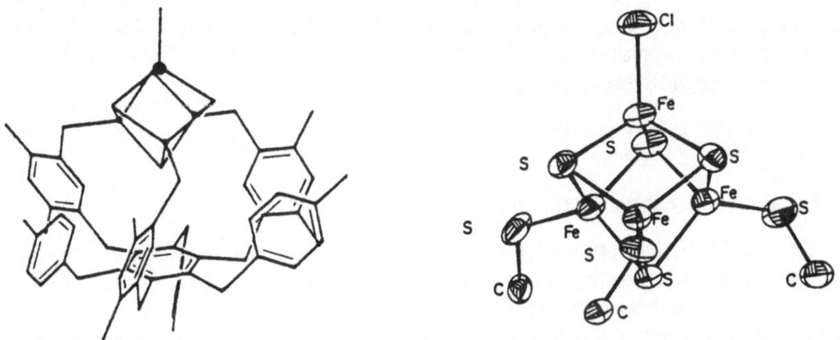

Abbildung 7.5: Molekulare Struktur eines nur an einem Metallzentrum funktionalisierten [4Fe-4S]-Clusters (links: Gesamtgerüst, rechts: Cluster-Teil; nach Stack, Holm)

Erwartungsgemäß zeigen die meisten Modellsysteme wegen starker Geometrieänderung bei der Elektronenübertragung niedrigere Reaktionsgeschwindigkeiten als die natürlichen Fe/S-Proteine; die Modelle weisen daneben deutlich niedrigere und damit unphysiologische Redoxpotentiale auf (Averill, Orme-Johnson). Die Ursachen hierfür sind in der Proteinumgebung zu suchen, wobei Amin-Sulfid-Wasserstoffbrücken-Wechselwirkungen NH···⁻S (Backes et al.), elektrostatische Effekte im Peptidgerüst und die geringen, aber doch effektiven Verzerrungen des Clusters eine Rolle spielen können. Angesichts der einfachen Struktur und Funktion von Fe/S-Proteinen ließen sich aufgrund bekannter Aminosäuresequenzen (7.7) schon künstliche "Proteine" dieser Art, d.h. Peptide mit kurzer Kettenlänge synthetisieren und z.B. bezüglich der Hydrogenase-Aktivität testen (Nakamura, Ueyama). Die chemisch-synthetisch vielfach beobachtete Möglichkeit des Heteroatom-Einbaus in die Cluster spielt bei biologischem Material vor allem eine Rolle im Hinblick auf Ni-haltige Hydrogenasen (s. Kap. 9.3) sowie Mo- und V-haltige Nitrogenasen (s. Kap. 11.2 und 11.3).

7.6 Eisenenzyme ohne Porphyrin- und Sulfid-Liganden

Nach den in Kap. 5.2 und 6 vorgestellten Häm-Eisenproteinen und den im Vorangegangenen beschriebenen Eisen-Schwefel-Proteinen sollen an dieser Stelle die wichtigsten eisenhaltigen Enzyme diskutiert werden, die scheinbar ohne zusätzlichen Elektronenpuffer-Liganden auskommen. Das O_2-transportierende, also nicht-enzymatische Protein Hämerythrin mit Eisendimer-Zentren wurde bereits in Kap. 5.3 behandelt; in ähnlicher Weise behelfen sich auch viele andere weder Häm noch Sulfid enthaltende Eisenenzyme mit einer indirekten Metall-Metall-Wechselwirkung in mehrkernigen Metalloproteinen (LIPPARD; VINCENT, OLIVIER-LILLEY, AVERILL), um eine ausreichende elektronische Flexibilität zu erreichen. Die nicht-enzymatischen Transport- und Speicherfunktionen für das Element selbst werden von Proteinen gewährleistet, die in Kapitel 8 beschrieben sind.

7.6.1 Eisenhaltige Ribonukleotid-Reduktase (RR)

In Kap. 3.2.3 wurde bereits eine bei *Rhizobium-* und Milchsäure-Bakterien auftretende, Coenzym B_{12}-enthaltende Form der Ribonukleotid-Reduktase vorgestellt. Bei den meisten, insbesondere auch höheren Organismen ist jedoch die eisenhaltige Form für die biologisch essentielle Reaktion (7.13) katalytisch verantwortlich (LAMMERS, FOLLMANN); eine dritte, dimanganhaltige Form bakterieller RR wurde von WILLING, FOLLMANN und AULING beschrieben. Sämtliche Ribonukleotid-Reduktasen enthalten Metallzentren und organische Radikale; sie katalysieren die Desoxygenierung (Reduktion) des Ribose-Rings zur 2'-Desoxyribose bei Nukleotiden und ermöglichen dadurch den ersten Schritt der DNA-Biosynthese. Die erforderlichen Elektronen werden von Dithiolen, z.B. Peptiden vom Typ der Thioredoxine zur Verfügung gestellt, die ihrerseits zur Disulfid-Form oxidierbar sind (7.13).

$$P : \text{Phosphorylgruppe (vgl. 14.2)} \tag{7.13}$$

Es handelt sich bei den eisenhaltigen Ribonukleotid-Reduktasen um recht große Proteine mit Molekülmassen von 200 kDa und mehr; die Komplexität ist unter anderem durch Anforderungen an eine exakte Steuerung der Reaktion bedingt (Rückkopplung, allosterische Regulation). Am besten untersucht ist die RR von *E. coli*, welche aus zwei verschiedenen, jeweils dimeren Untereinheiten ($\alpha_2\beta_2$) von ca. 170 und 87 kDa Molekülmasse besteht. Neueren strukturellen Untersuchungen zufolge (NORDLUND, SJÖBERG, EKLUND) ist das aktive Zentrum an der Grenzfläche zwischen beiden Proteinuntereinheiten angesiedelt: Das größere Protein enthält Thiol- (Sulfhydryl-) Gruppen als unmittelbare Elektronenlieferanten, das kleinere Protein weist pro Untereinheit ein Tyrosyl-Radikal sowie eine benachbarte Dieiseneinheit auf. Die eisenhaltige RR war das erste Enzym, für welches ein stabiles freies Radikal im Protein als essentieller Bestandteil etabliert werden konnte (EHRENBERG); schon vorher wurde vermutet, daß die Funktion der Coenzym B_{12}-abhängigen RR auf radikalischer Reaktivität beruht (Kap. 3.2.3). Ähnlich wie beim verwandten Hämerythrin (Kap. 5.3) haben zahlreiche spektroskopische und magnetische Untersuchungen eine ungefähre Vorstellung von der Struktur des Dieisen-Zentrums und seiner magnetischen Wechselwirkung mit dem Tyrosyl-Radikal geliefert, bevor die strukturellen Details durch Kristallstrukturanalyse der kleineren Proteinuntereinheit aufgeklärt werden konnten (NORDLUND, SJÖBERG, EKLUND).

Die beiden dreiwertigen Eisenzentren pro Untereinheit sind durch einen µ-Oxo- und einen $\mu,\eta^1{:}\eta^1$-Glutamat-Liganden verbrückt und im übrigen recht unsymmetrisch koordiniert (7.14): Ein Metallzentrum weist zwei η^1-Glutamat-Gruppen, einen Histidin-Rest (N_δ-Koordination) und ein Wassermolekül als Liganden auf, das andere, etwas weniger regulär oktaedrisch konfigurierte Eisenion koordiniert mit einem Wassermolekül, einem Histidin-Rest (N_δ) und chelatisierendem (η^2-)Aspartat. Charakteristisch ist die µ-Oxo- und µ-Carboxylato-verbrückte Struktur der Metallzentren, die auch beim Hämerythrin gefunden wurde und ebenso für violette Phosphatasen, Methan-Monooxygenase (s.u.) und manganhaltige Enzyme vermutet wird (vgl. 4.14). Offenbar handelt es sich – wie auch synthetische Studien nahelegen (LIPPARD; WIEGHARDT; KURTZ) – um eine bevorzugt entstehende Struktur ("self assembly"), die eine wirksame Metall-Metall-Wechselwirkung bei einem Abstand von ca. 0.33 nm (RR) und damit elektronische Flexibilität begünstigt.

$$(7.14)$$

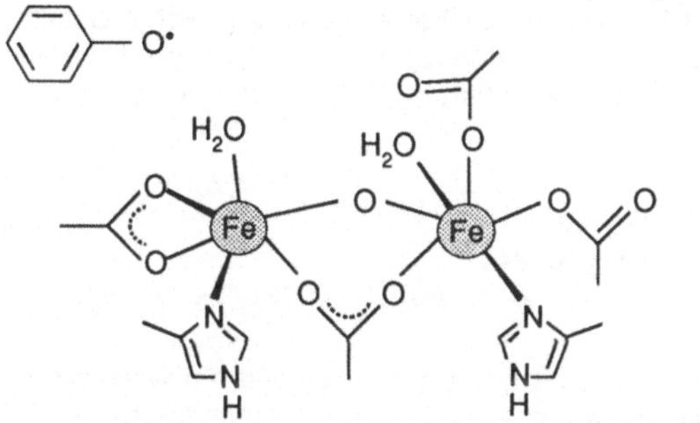

Die Präsenz von labil gebundenen Wassermolekülen an den Eisenzentren eröffnet die Möglichkeit einer Wechselwirkung mit dem in der Nähe, in 0.53 nm Entfernung befindlichen Tyrosyl-Radikal; eine magnetische Wechselwirkung zwischen antiferromagnetisch gekoppelten high-spin Fe(III)-Zentren und dem chemisch aktiven, auf der Fe–Fe-Achse gelegenen Radikal konnte etabliert werden (EHRENBERG).

Der oxidierten Form des Eisendimers wird die Funktion zugeschrieben, das neutrale Tyrosyl-Radikal zu erzeugen, zu stabilisieren und zu schützen oder auch kontrolliert zu aktivieren. Nach den Ergebnissen der Strukturanalyse im Jahre 1990 (NORDLUND, SJÖBERG, EKLUND) schließt die Einbettung des Tyrosyl-Radikals im Proteininneren, mindestens 1 nm von der Proteinoberfläche entfernt, eine direkte Tyrosyl-Radikal/Substrat-Wechselwirkung etwa im Sinne einer H-Abstraktion aus. Wahrscheinlicher ist die Beteiligung von Tyrosyl-Radikal und Eisendimer an Elektronenübertragungsprozessen in Richtung auf einen an der Proteinoberfläche befindlichen, potentiell ebenfalls radikalbildenden (PRINCE, GEORGE) Tryptophan-Rest, wobei Disauer-stoff-Spezies (O_2, O_2^{2-}), unterstützt durch die Eisenzentren, zur Erzeugung des oxidierenden Tyrosyl-Radikals beitragen könnten. Von Tryptophan ausgehend wer-den die Oxidationsäquivalente auf zwischen den Protein-Untereinheiten befindliche Cystein-Gruppen übertragen, die ihrerseits das Substrat über radikalische Zwischen-stufen desoxygenieren (Re-Reduktion durch ein Dithiol, 7.13).

7.6.2 Methan-Monooxygenase

Dieses Enzym, ein Multiprotein-Komplex mit ca. 300 kDa Molekülmasse (VIN-CENT, OLIVIER-LILLEY, AVERILL), dient methano*trophen* Mikroorganismen, die ihren Ener-gie- und Kohlenstoff-Bedarf durch CH_4 decken, zur Bewältigung des ersten Schritts der Methanoxidation (7.15). (Metalloenzyme methano*gener*, d.h. CH_4-produzieren-der Organismen, werden an anderer Stelle diskutiert; vgl. Kap. 3.2.3 und 9.5 sowie Abb. 1.2).

$$NADH + CH_4 + O_2 + H^+ \xrightarrow{\text{Methan-Monooxygenase}} NAD^+ + CH_3OH + H_2O \qquad (7.15)$$

Die größte, die Hydroxylase-Komponente des Enzyms enthält ein Dieisenzen-trum, welches vermutlich ähnlich strukturiert ist wie das des Hämerythrins (5.17). Es können alle drei Oxidationsstufen Fe(III)/Fe(III), Fe(III)/Fe(II) und Fe(II)/Fe(II) erreicht und charakterisiert werden. Die oxidierte Form ist durch antiparallele Spin-Spin-Kopplung von zwei h.s. Fe(III) und das Fehlen eines intensiven Charge-Transfer-Überganges im Sichtbaren gekennzeichnet (Fox et al.); daher wird lediglich eine μ-Oxo- (oder μ-Hydroxo-)Verbrückung zweier vermutlich noch doppelt $\mu,\eta^1{:}\eta^1$-Carb-oxylato-verbrückter Metallzentren angenommen (vgl. 5.17). Aktiv ist nur die h.s. Fe(II)/Fe(II)-Form, die auch vermutlich das katalytische Zentrum darstellt; andere Metalle, organische Cofaktoren oder stabile Radikale sind nicht gefunden worden.

Zum Mechanismus der Reaktion (7.15) – auch andere Kohlenwasserstoffe wer-den mit einer gewissen Regioselektivität oxygeniert – existieren noch keine gesicher-ten Erkenntnisse, da vergleichbare Monooxygenasen nicht bekannt sind; diskutiert wird unter anderem die Erzeugung reaktiver Radikale durch das oxygenierte Di-metallzentrum (Oxoferryl(IV) ?; Fox et al.). Das Phänomen der reversiblen O_2-Koor-dination einerseits (→ Hämerythrin) und Oxygenierung nicht-aktivierter organischer Substrate wie etwa CH_4 andererseits durch ein und denselben Typ von Metallzen-tren ist von der Häm-Seite bekannt (Hämoglobin und Cytochrom P-450); Kap. 6.4 enthält einige Hinweise auf die mögliche Steuerung der Reaktivität.

7.6.3 Violette saure Phosphatasen (Fe/Fe und Zn/Fe)

Polyphosphat- und Phosphorsäureester-spaltende Enzyme enthalten meistens nicht-redoxaktive zweiwertige Metallionen, vor allem Mg^{2+} (Kap. 14.1), aber auch Zn^{2+} in der alkalischen Phosphatase (Kap. 12.3). Es existieren jedoch ebenso mangan- (Kap. 14.1) und eisenhaltige Phosphatasen, wobei letztere durch ihre intensive Farbe und durch ihr Wirkungsoptimum im sauren Bereich auffallen. Genauere Studien der häufig zwei Eisenzentren enthaltenden Enzyme mit ca. 40 kDa Molekülmasse aus vielerlei pflanzlichen, mikrobiellen und tierischen Quellen (Uteroferrin, Rindermilz-Phosphatase) haben leicht unterschiedliche Farben und Absorptionsspektren für die violette inaktive Fe(III)/Fe(III)-Stufe und die enzymatisch aktive rosafarbene Fe(II)/Fe(III)-Form, letztere mit schwach antiferromagnetischer Spin-Spin-Kopplung, erkennen lassen (Doi, Antanaitis, Aisen).

Die beiden je nach Oxidationszustand unterschiedlich weit voneinander entfernten Eisenzentren sind möglicherweise durch einen μ-Oxo- oder μ-Hydroxo- Liganden verbrückt. Eindeutiger belegt ist die Verbrückung durch $\mu,\eta^1{:}\eta^1$-Carboxylatreste sowie die Bindung von Tyrosinat-Liganden an das Fe(III)-Zentrum. Die Koordination solch π-elektronenreicher Liganden an ein oxidiertes Metallzentrum führt zur intensiven Ligand-Metall-Charge-Transfer(LMCT)-Absorption im Sichtbaren. Beide Metalle sind offenbar von je einem Histidinrest koordiniert. Für die Substratbindung (Phosphorsäureester) werden aufgrund von Modellstudien (Drüeke et al.; Schepers et al.) unterschiedliche Anordnungen, η^1- oder $\mu,\eta^1{:}\eta^1$-Koordination diskutiert (Vincent, Olivier-Lilley, Averill). Ein plausibler Mechanismus beinhaltet den Angriff von durch Bindung an Fe(II) aktiviertem Hydroxid (vgl. 12.3) an ein Fe(III)-koordiniertes Phosphat-Derivat; flexible Metall-Metall-Abstände wären hierfür eine Voraussetzung.

Neuere Arbeiten legen nahe, daß die native Form einer Phosphatase aus Kidneybohnen Zink(II)- und Eisen(III)-Zentren in einer ähnlich verbrückten Struktur – bei etwas längerem Metall-Metall-Abstand (Krebs et al.) – wie in den Fe(II)/Fe(III)-Phosphatasen enthalten kann (Beck et al.). Dies läßt für den Mechanismus vermuten, daß eine Arbeitsteilung zwischen den zwei- und dreiwertigen Metallzentren in bezug auf Orientierung durch Koordination einerseits (+II) und Substrataktivierung andererseits (+III) vorliegt.

7.6.4. Einkernige Nicht-Häm-Eisenenzyme

Zu dieser Gruppe von Eisenenzymen zählen neben Mono- und Dioxygenasen auch Redox-Synthasen und Nitril-Hydratasen.

Eine eisenhaltige Tetrahydropterin-abhängige Monooxygenase katalysiert beispielsweise die Umsetzung von L-Phenylalanin zu L-Tyrosin, wobei ein Tetrahydropterin (vgl. 3.12 oder 11.8) zur Dihydroform oxidiert und Disauerstoff zu einem Molekül Wasser reduziert wird (*Mono*oxygenierung). Das essentielle high-spin Fe(III)-Zentrum scheint im Verlauf der Reaktion reduziert zu werden (Wallick et al.).

(7.16)

(Catechol)

- 2 H$^+$ | + (h.s. Fe^{III})-Enzym

Catecholat/h.s. Fe^{III}

Fe^{II}-Enzym

o-Semichinon/h.s. Fe^{II}

+ $^3O_2$

Peroxo-Zwischenstufen (s. Cox, Que)

COOH
COOH

Z,Z-Muconsäure

Nicht-Hämeisen-enthaltende Dioxygenasen sind recht verbreitet und dienen unter anderem der oxidativen Spaltung von Aromaten (vgl. 7.16). Catechol-1,2-Dioxygenase und verwandte Enzyme enthalten high-spin Eisen(III), welches von Tyrosinat- (Farbe!), Histidin- und Wasser-Liganden umgeben ist (Que). Entsprechend einer plausiblen mechanistischen Hypothese (Cox, Que) bewirkt die Bindung von π-elektronenreichem Catecholat (Brenzkatechin-Dianion) an das π-elektronenarme und Lewis-acide high-spin Fe(III) sowohl eine Metall$\rightarrow$Ligand-Ladungsübertragung mit entsprechender Schwächung der (O)C – C(O)-Bindung wie auch eine Spindelokalisation vom Eisen(III) zum dann als o-Semichinon vorliegenden (Radikal-)Liganden (Pierpont, Buchanan). Primäre $^3O_2$-Aktivierung kann dann spin-erlaubt durch high-spin Fe(II) erfolgen (vgl. Kap. 5.2), bevor über peroxidische Zwischenstufen das Endprodukt gebildet wird.

Zu den eisenhaltigen Enzymen, die zumindest indirekt Reaktionen von Disauerstoff mit organischen Substraten katalysieren, gehören auch die im Fettsäuremetabolismus stereospezifisch autoxidationsfördernden Lipoxygenasen (O$_2$-Insertion in C–H-Bindungen), bei welchen radikalische Reaktivität vermutlich eine große Rolle spielt (Nelson, Cowling; Funk et al.). Vergleichbares gilt für das Dreikomponentensystem aus Fe(II), O$_2$ und dem Antibiotikum Bleomycin, welchem aufgrund seiner spezifisch DNA-spaltenden Reaktivität (Stubbe, Kozarich) Interesse im Hinblick auf tumortherapeutische Wirksamkeit entgegengebracht wird (s. Kap. 19.2 und 19.3).

Keine Oxygenierung findet bei der high-spin Eisen(II)-Enzym-katalysierten Ringschlußreaktion (7.17) zu Isopenicillin N statt; hier werden *beide* Sauerstoffatome des O$_2$ zu Wasser reduziert. Für den aktiven Zustand des Metallzentrums dieser Isopenicillin N-Synthase sind zusätzlich zu den beiden gebundenen Reaktanden drei Histidin-Reste und ein Wassermolekül als Liganden postuliert worden (Ming et al.).

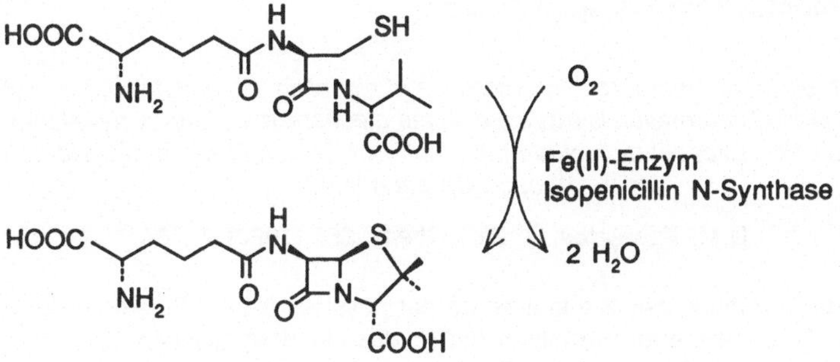

$$\text{HOOC–CH(NH}_2\text{)–(CH}_2\text{)}_3\text{–C(O)–NH–CH(CH}_2\text{SH)–C(O)–NH–CH(COOH)–CH(CH}_3\text{)}_2 \xrightarrow[\text{Isopenicillin N-Synthase}]{\begin{array}{c}O_2 \\ \text{Fe(II)-Enzym}\end{array}} \;\; 2\,H_2O \tag{7.17}$$

Isopenicillin N

Eine biologische Redoxfunktion besitzt das ungewöhnliche low-spin Eisen(III)-Zentrum in bakterieller Nitril-Hydratase offenbar nicht (Sugiura et al.). Dieses Enzym ist biotechnologisch interessant, da es die Gewinnung von Acrylamid (→ Synthese-fasern) aus Acrylnitril katalysiert. Die Reaktion (7.18) vom Nitril zum Carboxamid ver-läuft offenbar unter Bindung des Nitrils an das Metallzentrum, zum Vergleich: auch die low-spin Fe(III)-Ionen im Berliner Blau $Fe_4[Fe(CN)_6]_3$ koordinieren mit Stickstoff-zentren von Cyaniden.

$$R\text{–CN} + H_2O \xrightarrow[\text{Hydratase}]{\text{Nitril-}} R\text{–C(O)NH}_2 \tag{7.18}$$

Die langwellige LMCT-Absorption des Enzyms läßt auf Thiolat- (Sugiura et al.) oder Phenolat-Koordination schließen (Carrano et al.).

8 Aufnahme, Transport und Speicherung eines essentiellen Elements: Das Beispiel Eisen

"Despite their fundamental role in processes of signaling, homeostasis, and cytotoxicity little detailed information is available on the mechanisms whereby metal ions enter eukaryotic cells. Exceptions include the uptake of Fe ... and the permeation of Ca^{2+} through Ca channels."

D.M. TEMPLETON, *J. Biol. Chem. 265* (1990) 21764

Die Beschreibung der Struktur sowie der physiologischen Funktion von Metallzentren in Enzymen oder Proteinen hat in der bioanorganischen Chemie immer einen breiten Raum eingenommen. Zwischen der allgemein feststellbaren Häufigkeit eines Elements im Organismus (vgl. Kap. 2.1) und der spezifischen Funktion, z.B. in einem Enzym, stehen jedoch komplexe, weil notwendigerweise selektive und kontrollierte Mechanismen für Aufnahme, Transport, Speicherung und gezielte Übergabe des Elements, etwa an das dafür vorgesehene Apoprotein, unter zeitlich und räumlich genau definierten physiologischen Bedingungen. Auf diesen schwer zugänglichen Aspekt der Zeit- und Ortsabhängigkeit bioanorganischer Reaktionen im konkreten Organismus hat vor allem WILLIAMS in mehreren Artikeln hingewiesen.

Am besten untersucht sind diejenigen Verbindungen, welche für Transport und Speicherung des physiologisch häufigsten und auch vielseitigsten Übergangsmetalls Eisen verantwortlich sind. Für die meisten anderen Elemente existieren weitaus weniger gesicherte Informationen, es sollen dort jedoch prinzipiell vergleichbare Mechanismen wirksam sein.

8.1 Problematik der Eisenmobilisierung

Eisen ist ein essentielles Spurenelement für nahezu alle Organismen (Ausnahme: Milchsäurebakterien); die Verteilung im Körper eines erwachsenen Menschen wurde in Tab. 5.1 bereits vorgestellt. In den höheren Organismen dienen komplexe Regelsysteme dem Transport und der Speicherung des Eisens (DUNFORD et al.; WINKELMANN, VAN DER HELM, NEILANDS; LOEHR; CRICHTON, CHARLOTEAUX-WAUTERS). Diese Prozesse kann man in mehrere Einzelschritte gliedern: aktive oder passive Resorption im Zuge der Nahrungsaufnahme (Lösung, Komplexierung), gezielter Transport des Eisens durch Membranen in die Zellen, Verarbeitung innerhalb der Zellen (z.B. Einbau in ein Protein), sowie Eliminierung aus dem Stoffwechsel entweder durch Ausscheidung oder durch vorübergehende Speicherung. Ein Überschuß insbesondere von freiem high-spin Eisen(II) ist für den Organismus gefährlich, da es in Anwesenheit von Sauerstoff oder daraus entstehendem Peroxid (vgl. 4.6 oder 5.2) zur Bildung von Radikalen gemäß den Gleichungen (8.1) und (8.2) kommen kann (HALLIWELL, GUTTERIDGE).

$$\text{high-spin Fe(II)} + {}^3O_2 \rightarrow \text{Fe(III)} + O_2^{\bullet -} \tag{8.1}$$

$$\text{Fe(II)} + H_2O_2 \rightarrow \text{Fe(III)} + OH^- + OH^{\bullet} \tag{8.2}$$

Da potentiell schädigende (pathogene) Mikroorganismen für ihre Vermehrung auf eine kontinuierliche Eisenzufuhr als wachstumsbestimmendem Faktor angewiesen sind, spielt die Verfügbarkeit von Eisen im vielzelligen Organismus eine große Rolle im Hinblick auf mögliche Infektionen (Symptom: Absinken des Eisengehalts im Blutplasma; BRAUN; LETENDRE). Da Mikroorganismen gebundenes Eisen im Blutserum nicht aktivieren können, besitzen effektive Komplexbildner für etwa vorhandenes freies Eisen eine antibiotische und zellschützende Wirkung. Das in Häm-Komplexen sehr fest gebundene Eisen kann erst intrazellulär freigesetzt werden.

Im Gegensatz zu labilem Fe(II) ist Fe(III) in Abwesenheit starker Komplexbildner bei pH 7 unlöslich (5.1); die theoretische Konzentration beträgt aufgrund des Löslichkeitsprodukts von 10^{-37} M^4 für $Fe(OH)_3$ nur ca. 10^{-16} M. Schon in den Mikroorganismen, welche die Entstehung einer oxidierenden Atmosphäre überlebt haben, gibt es daher spezielle niedermolekulare Verbindungen, um Eisen(III) aus der Umgebung komplexierend aufzunehmen, gegebenenfalls aus der festen Phase, z.B. Eisenoxid enthaltenden Partikeln. Es handelt sich um lösliche Chelatbildner mit sehr hoher Affinität für Fe(III), die Siderophore ("Eisenträger"), welche das Eisen über Reduktions/Protonierungs-Prozesse an Membranrezeptoren für Folgekomplexe zur Verfügung stellen (WINKELMANN, VAN DER HELM, NEILANDS).

Auch Pflanzen benötigen Eisen für ihr Wachstum, speziell für die Chlorophyll-Biosynthese; Eisenmangel führt zur Entwicklung der sogenannten Eisen-Chlorose. Eisen-effiziente Pflanzen sind in der Lage, auch aus kalkhaltigen Böden mit hohem pH-Wert und daher sehr niedriger Konzentration an freiem Eisen ausreichende Mengen zu extrahieren. Aus den Wurzeln dieser Pflanzen hat man Eisen-komplexierende (Phyto-)Siderophore isolieren können, die in Verbindung mit einem Wasserstoffionen-freisetzenden System arbeiten.

Im folgenden werden sowohl die relativ einfachen Eisen-Transport-Systeme der Mikroorganismen als auch die komplexeren Mechanismen des Eisen-Metabolismus in höheren Organismen behandelt.

8.2 Siderophore: Eisen-Aufnahme und -Transport in Mikroorganismen

Bis heute sind etwa 200 verschiedene Siderophore bekannt. Es handelt sich dabei um natürlich vorkommende Chelatliganden mit niedrigem Molekulargewicht (500 - 1000 Da) und hoher Spezifität für Eisen(III); ihre Biosynthese ist durch Eisen reguliert (Rückkopplung). Alle Siderophore bilden mit high-spin Fe(III) sehr dissoziationsstabile, annähernd oktaedrisch konfigurierte Chelat-Komplexe (RAYMOND, MÜLLER, MATZANKE). Ein Maß für die "Stärke" des zwischen Siderophor und Fe(III) gebildeten Komplexes ist die Komplexbildungskonstante K_f:

$$Fe^{3+} + Sid^{n-} \rightleftharpoons FeSid^{(3-n)} \tag{8.3}$$

$$K_f = \frac{[FeSid^{(3-n)}]}{[Fe^{3+}][Sid^{n-}]} \tag{8.4}$$

[ ]:   molare Konzentrationen
Fe^{3+}:   hydratisiertes Eisen(III)
Sid^{n-}: anionischer Siderophor-Ligand

Die Konstanten K_f variieren über einen weiten Bereich, von 10^{23} für Aerobactin bis zu ca. 10^{52} für Enterobactin (Tab. 8.1). Die Konstanten für entsprechende Fe(II)-Komplexe sind aufgrund der geringeren Ladung und des größeren Ionenradius (s. Tab. 2.7) wesentlich kleiner, so daß die Abgabe des Eisens an die Zelle über einen eventuell mit Protonierung gekoppelten Reduktionsmechanismus erfolgen könnte (LEE, ECKER, RAYMOND). Entsprechend der NERNSTschen Beziehung für die Konzentrationsabhängigkeit des Redoxpotentials zeigt (8.5) eine Korrelation zwischen Stabilitätskonstante K_f, dem Redoxpotential des Übergangs Fe(II)/Fe(III) und der Säurekonstante K_s des Siderophor-Liganden. Je stabiler der Komplex des Fe(III) gegenüber Dissoziation ist, umso negativer sollte – bei unverändertem K_s – das Potential liegen (Tab. 8.1).

$$Fe^{3+}(Sid^{3-}) + 3\ H^+ + e^- \rightleftharpoons Fe^{2+} + H_3Sid \tag{8.5}$$

$$E = E_o + 0.059\ V \cdot lg\ \frac{[Fe^{3+}(Sid^{3-})]\ [H^+]^3}{[Fe^{2+}][H_3Sid]}$$

$$= E_o + 0.059\ V \cdot lg\ \frac{[Fe^{3+}]}{[Fe^{2+}]} \cdot K_s \cdot K_f$$

wobei $3\ H^+ + Sid^{3-} \overset{K_s}{\rightleftharpoons} H_3Sid$

und $K_s = \dfrac{[H_3Sid]}{[H^+]^3\ [Sid^{3-}]}$

Tabelle 8.1: Stabilitätskonstanten und Redoxpotentiale von Eisenkomplexen natürlicher Siderophore (aus RAYMOND, MÜLLER, MATZANKE)

Siderophor-Ligand	$\log K_f$ (Fe^{III}-Komplex)	E_0 (mV) (pH 7)	Liganden-Typ
Coprogen	30.2	-447	Hydroxamat
Desferrioxamin B	30.5	-468	Hydroxamat
Ferrichrom A	32.0	-448	Hydroxamat
Aerobactin	22.5	-336	Hydroxamat, Carboxylat
Enterobactin	ca. 52	-790 (pH 7.4)	Catecholat
Mugineinsäure (Phytosiderophor)	18.1	-102	Carboxylat, Amino-N

Generell unterscheidet man bei den hocheffektiven Siderophoren zwei Klassen: die Hydroxamate und die Catecholate (8.6).

a) Hydroxamate

$$R - \underset{\underset{O}{\|}}{C} - \underset{\underset{OH}{|}}{N} - R' \xrightarrow[\substack{+ Fe^{3+} \\ (pK_s \sim 9)}]{- H^+} R - \underset{\underset{O}{\|}}{C} - \underset{\underset{O^-}{|}}{N} - R' \leftrightarrow R - C = N - R' \qquad (8.6)$$

b) Catecholate

$$\text{Fe} = Fe^{3+}$$

In beiden Fällen handelt es sich um Liganden, die weitgehend spannungsfreie ungesättigte Fünfring-Chelatsysteme mit negativ geladenen Sauerstoff-Koordinationsatomen zu bilden vermögen – eine Situation, die gegenüber der "harten" hochgeladenen Lewis-Säure Fe^{3+} zu hoher Komplexstabilität führt. Zu den Komplexen mit Hydroxamat-Siderophoren gehören Ferrichrome (8.7) und Desferrioxamine (2.1, 8.8) sowie Komplexe

Ferrichrom (8.7)

basierend auf Fusarinin (8.9), Rhodotorulsäure (8.12) und Aerobactin (8.13) als Liganden.

Ferrichrome enthalten zyklische Hexapeptide aus Glycin und N-Hydroxy-L-ornithin, bei dem die drei Hydroxamin-Gruppen acetyliert worden sind. Es kann von Pilzen hergestellt und von Bakterien aufgenommen werden. Interessanterweise bevorzugt das Ferrichrom *in vivo* eine Λ-Konfiguration (s.u.) um das Eisenatom, die enantiomere Δ-Form ist wesentlich weniger effektiv bezüglich des bakteriellen Eisentransports.

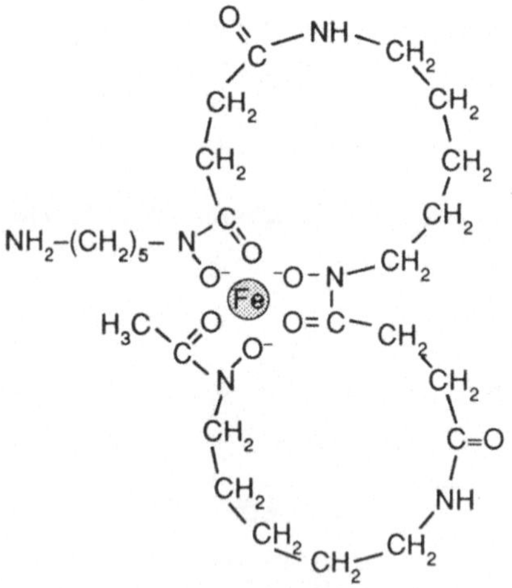

Ein Vertreter der Ferrioxamin-Liganden ist das Desferrioxamin B (2.1, 8.8); in diesem linearen Molekül sind die drei nicht-äquivalenten Hydroxamat-Gruppen Teil der Kette. *In vivo* wird es von Spezies wie etwa *Streptomyces* synthetisiert, als Desferal® (Ciba Geigy) kommt es bei der Behandlung von chronischem Eisenüberschuß, z.B. nach Blutinfusionen zum Einsatz. Blutinfusionen führen zu einer konstanten Anreicherung des Eisens im Körper, da der Mensch lediglich 1 mg Eisen pro Tag ausscheiden kann. Desferrioxamin komplexiert Eisen, auch wenn es an das Transportprotein Transferrin (Kap. 8.4.1) oder an Speicherproteine gebunden ist, nicht jedoch aus der Häm-Gruppe; der Komplex kann dann mit dem Urin ausgeschieden werden. Allerdings ist die Komplexbildung (genauer: Umkomplexierung) langsam, so daß hohe

Ferrioxamin B   (8.8)

ohne Fe: Desferrioxamin B

und kontinuierlich verabreichte Dosen des Medikaments für die Therapie notwendig sind. Die sorgfältige Erforschung der natürlich vorkommenden Siderophore sowie ihrer synthetischen Analoga ist daher von Interesse für die Humanmedizin. In diesem Bereich werden Komplexbildner nicht nur bei primärer oder sekundärer Hämochromatosis (Eisenvergiftung), sondern auch als Antibiotika verwendet. Man versucht, Chelatsysteme zu finden, die oral einsetzbar und in geringen Dosen therapeutisch wirksam sind, ohne

Fusarinin C   (8.9)

im Gastrointestinalbereich, in Blutkreislauf, Leber oder Niere abgebaut zu werden (MARTELL).

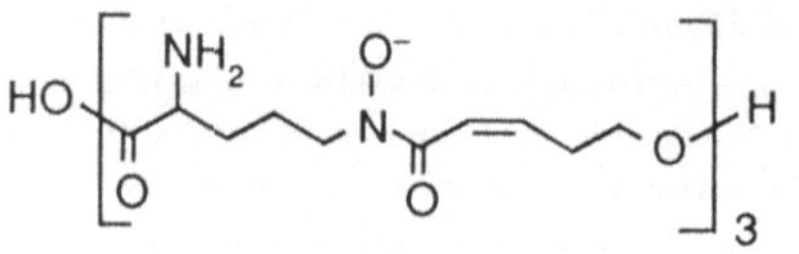

Spiegelbildisomerie bei oktaedrisch konfigurierten Komplexen

Auch streng oktaedrisch gebaute Komplexe verlieren durch Tris(chelat)-Ligation Spiegelebenen und Inversionszentren und können daher in enantiomeren Formen, d.h. als Bild- und Spiegelbild-Isomere auftreten: das Metall als Chiralitätszentrum. Plaziert man den Oktaeder auf der Dreiecksfläche liegend, so kann man diese Isomerie auch mit einer links- und rechtsdrehenden Helix (Schraubenanordnung) beschreiben; erstere wird als Λ-, letztes als Δ-Stereoisomer bezeichnet (8.10). Im Falle inerter Metall-Ligand-Bindung (kinetische "Stabilität") sollten sich die beiden optischen Isomeren durch unterschiedliche Wechselwirkung mit enantiomeren Reagenzien (Rezeptoren!) oder polarisiertem Licht unterscheiden lassen ("Drehwert", Circulardichroismus (CD) bei Absorptionsspektren).

Sind, wie bei den Hydroxamaten, die beiden Chelatarme unterschiedlich (○, ●), so tritt zusätzlich eine Stellungsisomerie *fac/mer* auf. In der *fac*-Anordnung (von facial, oft auch als "cis" bezeichnet) sind äquivalente Chelatarme auf jeweils eine Oktaeder-Dreiecksfläche gerichtet, im *mer*-Arrangement (von meridional, häufig als "trans" benannt) liegen äquivalente Koordinationszentren jeweils auf einem "Meridian" des Oktaeders.

Spiegelebene

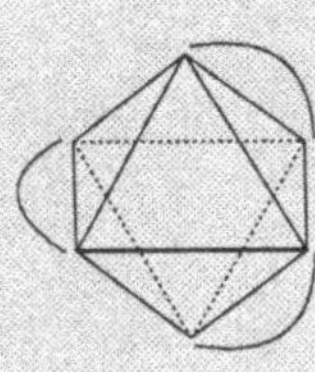

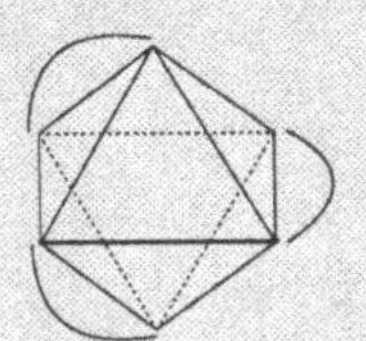

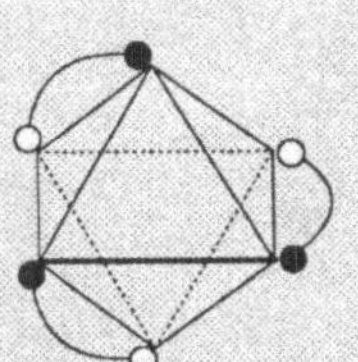

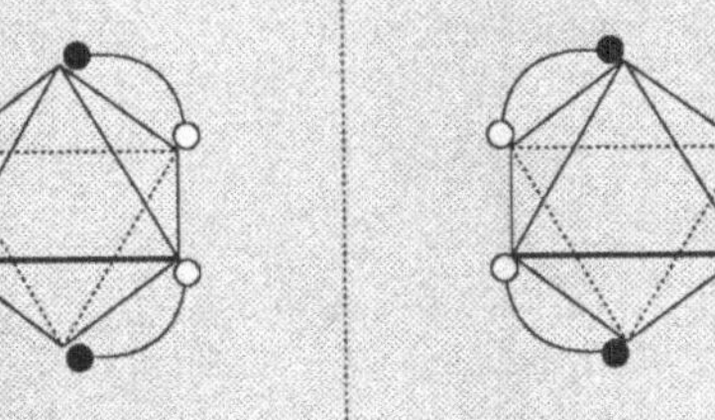

(8.10)

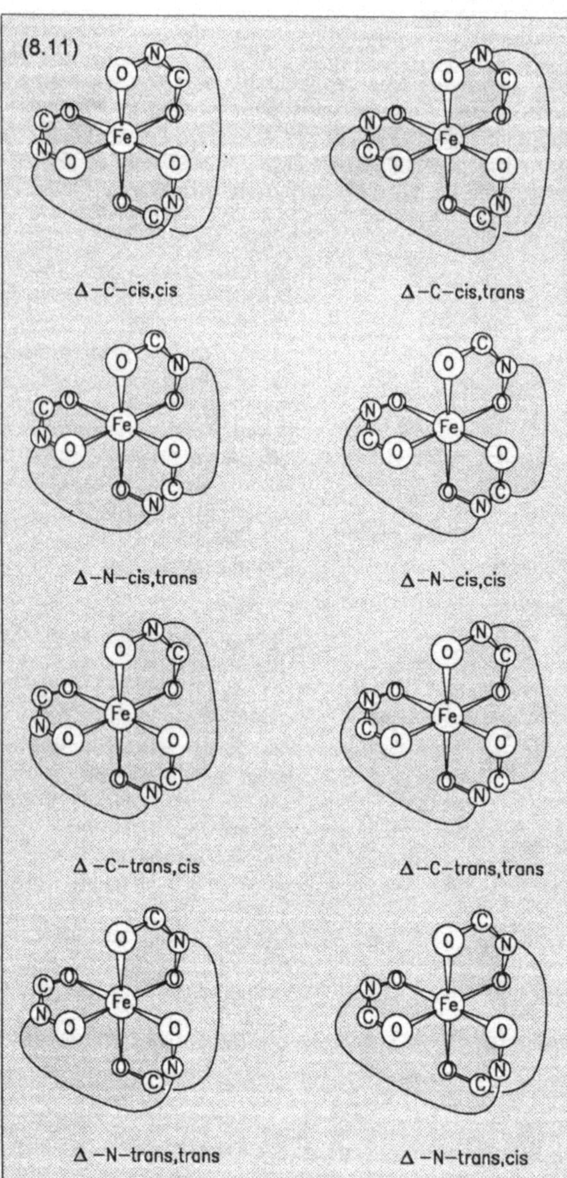

Die bei Siderophoren vorkommende Verknüpfung dreier unterschiedlicher unsymmetrischer Chelatanordnungen, z.B. in Komplexen des Desferrioxamins (8.8) in einer Kette oder einem Gesamtmakrozyklus wirkt sich in einer weiteren Erhöhung der Isomeriemöglichkeiten aus (BICKEL et al.). Beispiel (8.11) zeigt prinzipiell mögliche Verknüpfungen für Δ-Ferrioxamin; zur Nomenklatur vgl. RAYMOND, MÜLLER, MATZANKE. Aufgrund der durch Kettenlänge und Ring-Konformation vorgegebenen räumlichen Einschänkungen sind jedoch oft nur wenige bestimmte Isomere möglich; im Idealfall wird nur eine Form stark bevorzugt (VÖGTLE).

Die Rhodotorulsäure (8.12) ist ein Dipeptid des N-Hydroxy-L-ornithins und wird von der Hefe *Rhodotorula pilimanea* synthetisiert. Im Gegensatz zu den meisten anderen Siderophoren, die 1:1-Komplexe mit Eisen bilden, zeigt die Rhodotorulsäure 3:2-Stöchiometrie; außer Eisen(III) kann beispielsweise auch Chrom(III) fest gebunden werden.

(8.12)

Rhodotorulsäure

Aerobactin (8.13) ist ein Abkömmling der Zitronensäure, in der die äußeren Carbonsäurereste durch Hydroxamsäuregruppen ersetzt worden sind. Einige Stämme von *E. coli* sowie Bakterien wie *Aerobacter aerogenes* synthetisieren diesen Chelatbildner.

(8.13)

Aerobactin

Einige Siderophore enthalten mehrere Strukturmerkmale; so besitzt das Mycobactin (8.14) zwei Hydroxamat-Gruppen, eine Phenolat-Gruppe sowie eine Oxazolin-Gruppe, die ein (Imin-)-Stickstoffatom für die Bindung an das Eisen zur Verfügung stellt.

(8.14)

Mycobactin (n > 12)

: Koordinationszentren für Fe

Coprogene (8.15) z.B. aus Schimmelpilzkulturen enthalten wie die Rhodotorulsäure einen Diketopiperazin-Ring.

Während die Hydroxamate überwiegend in höheren Mikroorganismen wie Pilzen und Hefen vorkommen, werden die Catecholate hauptsächlich von Bakterien synthetisiert. Enterobactin und Para- sowie Agrobactin (8.16 a-c) sind die wichtigsten Vertreter der Siderophore aus der Catecholat-Gruppe; im Gegensatz zu den Hydroxamaten bilden sie negativ geladene Komplexe mit Fe(III). Von allen bisher untersuchten natürlich vorkommenden Substanzen ist Enterobactin (8.16a, auch Enterochelin genannt) der bei weitem stärkste Eisen-Chelatbildner; er kann z.B. aus

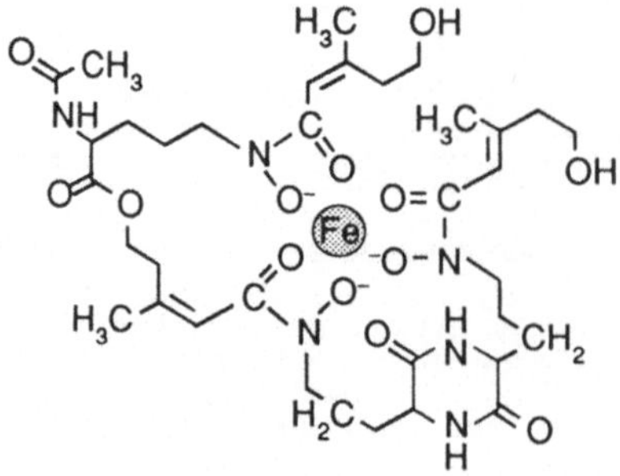

Coprogen-Komplex   (8.15)

Salmonella thyphimurium und *E. coli* isoliert werden (RAYMOND, CASS, EVANS). Trotz seiner sehr hohen Affinität für Eisen ($K_f \geq 10^{52}$), die bis zur Fe(III)-Mobilisierung aus Glas führt, kann Enterobactin nicht für die Therapie von Eisenvergiftungen eingesetzt werden. Enterobactin setzt sich nämlich aus einem hydrolytisch labilen Triesterring und oxidationsempfindlichen Catecholeinheiten zusammen, welche zu o-Semichinonen und o-Chinonen umgewandelt werden können (vgl. Kap. 10.3). Außerdem ist der freie Ligand nur schlecht in wäßrigen Medien löslich. Schließlich wirkt der Eisen-Komplex des Enterobactins wachstumsfördernd auf entwickeltere Bakterien und kann somit zu deren vermehrter Bildung im Körper führen ($\rightarrow$ Infektion). Trotzdem werden chemische Varianten des Enterobactins als vielversprechende Chelatoren für die Eisen-Therapie getestet (RAYMOND, CASS, EVANS).

(8.16)

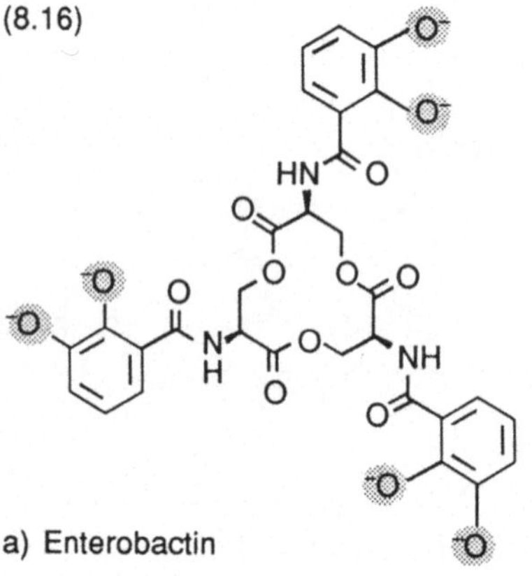

a) Enterobactin

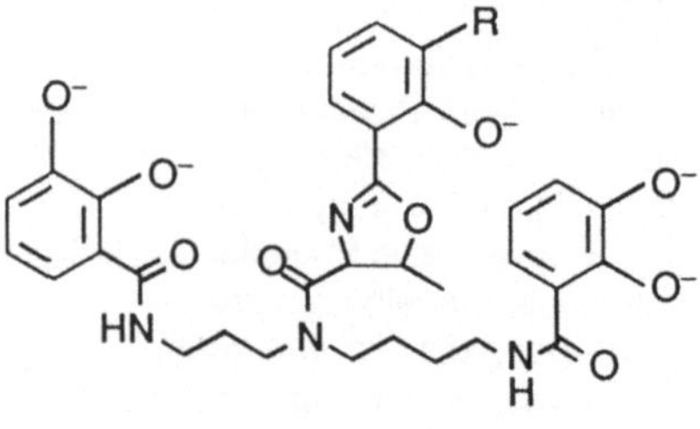

b) Agrobactin (R = OH)
c) Parabactin (R = H)

Synthetische Enterobactin-Analoge enthalten meist ebenfalls drei Catechol-Einheiten, die an Gerüsten mit angenähert dreizähliger Symmetrie verankert sind (z.B. Mesitylen, Triamine oder Cyclododecan-Derivate, 8.17 a-c; NG, RODGERS, RAYMOND).

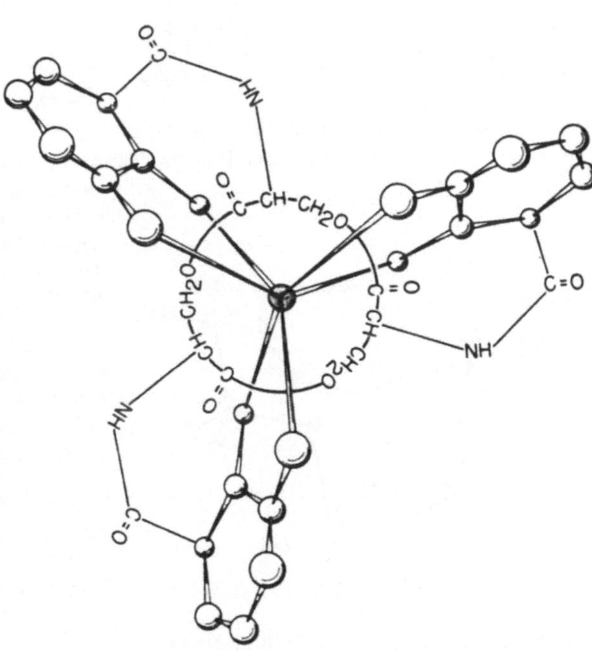

a) Mesitylen	b) ein Triamin	c) Cyclododecan

(8.17)

Durch vergleichende CD-Spektroskopie des Cr(III)-Enterobactin-Komplexes konnte gezeigt werden, daß die vorherrschende Form eine Δ-*fac*-Geometrie mit koordinierenden Catecholat-Sauerstoffzentren besitzt (Abb. 8.1); Spiegelbildisomere Komplexe der natürlichen Fe(III)-Formen sind biologisch unwirksam. Eine weitere wichtige Bedingung für die Erkennung durch den Membranrezeptor ist die Carbonylgruppe in 3-Position des Catecholat-Ringes. Für den Komplex des Enterobactins kann eine vorübergehende Beteiligung dieser Carbonylsauerstoff-Donoratome an der Metallkoordination während der stufenweisen Protonierung

Abbildung 8.1: Darstellung des Δ-*fac*-Isomers von Cr(III)-Enterobactin (nach ISIED, KUO, RAYMOND; dort als "Δ-*cis*"-Isomer bezeichnet).

von Catecholat-Sauerstoff-Zentren nicht ausgeschlossen werden, woraus eine Salicylat-artige Koordination resultieren würde (LEE, ECKER, RAYMOND).

Da die Koordinationschemie von In(III) und Ga(III) der des Fe(III) sehr ähnlich ist, bemüht man sich, Siderophor-Chelatbildner auch in der Radiopharmazie einzusetzen (Kap. 18.3). Durch Variation der Lipophilie des Liganden kann man eine gewisse organspezifische Verteilung der Radioisotope ^{111}In und ^{67}Ga erreichen (s. Tab. 18.1).

8.3 Transport und Speicherung von Eisen in Pflanzen

Landbewohnende höhere Pflanzen benötigen Eisen für zahlreiche Komponenten innerhalb der Photosynthese (Abb. 4.9, Tab. 4.1) und auch für die eigentliche Biosynthese des Chlorophylls. Bei sehr unterschiedlichem Angebot im Boden und unterschiedlicher Toleranz (Reis z.B. reagiert empfindlich auf Fe-Mangel) muß das generell schwer aus seinen Oxiden zu lösende Eisen über die Wurzeln aufgenommen und in den pflanzlichen Kreislauf eingebracht werden. Häufig können – wie im Falle der Stickstoff-Fixierung (Kap. 11.2) – symbiotisch mitoxidierende Mikroorganismen Siderophore synthetisieren, die auch der Pflanze Eisen zur Verfügung stellen. Es gibt jedoch auch eigentliche Phytosiderophore; kleine, relativ wenig effektive Moleküle dieser Art sind die Aminosäuren Mugineinsäure und Nicotianamin (8.18).

(8.18)

X = OH, Y = OH: Mugineinsäure
X = H, Y = NH_2: Nicotianamin

Diese Verbindungen enthalten einen viergliedrigen Azetidin-Ring sowie vier Chiralitätszentren (alle *S*-konfiguriert). Abb. 8.2 zeigt die Molekülstruktur des Co(III)-Komplexes von Mugineinsäure (MINO et al.); sowohl Carboxylat- als auch Amino-Funktion des sechzähnig fungierenden Liganden sind an der Koordination des Metalls beteiligt.

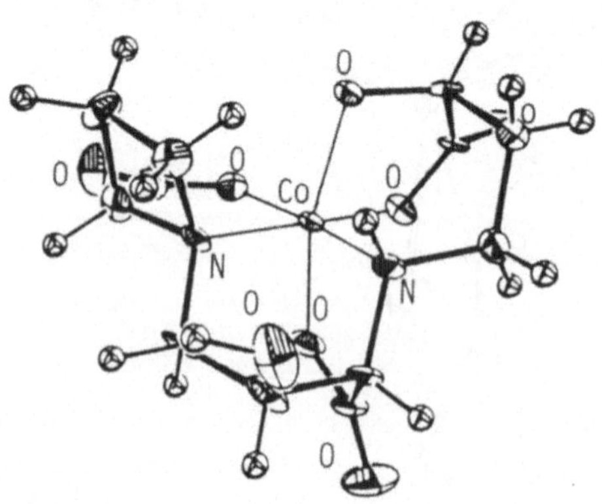

Abbildung 8.2: Struktur des Co(III)-Komplexes von Mugineinsäure (nach MINO et al.)

8.4 Transport und Speicherung von Eisen in Tieren

Für komplexe tierische Organismen stellt sich verstärkt das Problem der Aufnahme des Eisens sowie des Eisentransports zu den sehr verschiedenen Zelltypen im Organismus. Die Aufnahme des Eisens aus der Nahrung sollte im Gastrointestinalbereich möglichst effektiv erfolgen; bekannt ist z.B., daß das potentiell chelatkomplexierende Reduktionsmittel Ascorbat (Vitamin C, vgl. 3.12) eine rasche Eisenaufnahme im Sinne von (8.5) fördert, während die nicht reduzierenden, Fe(III) fest komplexierenden und in der heutigen Nahrung sehr verbreiteten Phosphate einer solchen Resorption aus der Nahrung entgegenwirken können. Die Aufgabe des Transports übernehmen in höheren Tieren nicht niedermolekulare Siderophore, sondern Serumproteine, die Transferrine (BROCK; BAKER, RUMBALL, ANDERSON; CHASTEEN). Ist das Eisen vom Transportsystem abgelöst und in der Zelle freigesetzt worden, so muß es wegen seiner Giftigkeit (8.1, 8.2) entweder gleich weiterverwendet oder aber gespeichert werden. Die Speicherfunktion fällt ebenfalls hochspezialisierten Proteinen zu, insbesondere dem Ferritin und dem unlöslichen Hämosiderin (FORD et al.; THEIL). Sowohl Speicher- als auch Transportsysteme müssen unter physiologischen Bedingungen rasch und vollständig reversibel funktionieren, so daß lokale Überschuß- oder Mangelerscheinungen nicht auftreten. Solche Systeme sind bisher bei den verschiedensten Tierarten gefunden worden; in Pflanzen wurde ebenfalls ein Eisenspeicherprotein, das Phytoferritin, nachgewiesen.

Abbildung 8.3 zeigt einen Überblick über das Zusammenwirken von Transferrin und Ferritin im Säugetier-Metabolismus. In blutbildenden Zellen des Knochenmarks wird Fe(III) vom Transportmolekül Transferrin freigesetzt und – vermutlich nach Reduktion zu Fe(II) – durch Ferritin und Hämosiderin aufgenommen. Diese Aufnahme beinhaltet wiederum Oxidation des Fe(II) zu Fe(III). Die Hämoglobin-reichen Erythrozyten haben nur eine begrenzte Lebensdauer und werden unter anderem in der Milz abgebaut. Das dabei freiwerdende Eisen wird im Ferritin-Komplex gespeichert. Über die Transportform Fe-Transferrin gelangt Eisen z.B. in die Leber oder in Muskelzellen, wo es zur Biosynthese von Enyzmen oder von Myoglobin zur Verfügung steht oder wieder durch Ferritin und Hämosiderin gespeichert wird. Bei Bedarf kann Fe(II) aus der Nahrung über die Darmschleimhäute aufgenommen werden, wo die Eisen-Sättigung des Ferritins in der Schleimhaut die Aufnahme reguliert.

8.4.1 Transferrin

Das Eisentransportprotein Ovotransferrin, damals als Conalbumin bezeichnet, wurde 1900 erstmalig aus Hühnereiweiß rein dargestellt; 1946 gelang die Extraktion des Serotransferrins aus menschlichem Blut. Alle Transferrine zeigen antibakterielle Eigenschaften, die durch Zugabe von Eisen stark vermindert werden. 1949 gelang der Nachweis, daß ein Molekül Transferrin zwei Eisenatome aufnimmt; dabei werden gleichzeitig stöchiometrische Mengen Hydrogencarbonat gebunden. Der genaue Mechanismus des Eisentransports durch Transferrin ist trotz umfangreicher Forschung auf diesem Gebiet erst teilweise aufgeklärt (BROCK; BAKER, RUMBALL, ANDERSON).

Die Hauptfunktion der Transferrine besteht darin, als Eisentransportmoleküle Eisen von Orten der Resorption, der Speicherung oder des Abbaus von roten Blutkörperchen zu blutbildenden Zellen im Knochenmark zu befördern. Der Großteil des Eisens wird dabei von den Vorläufern neuer Erythrozyten aufgenommen, um Hämoglobin zu bilden (vgl. Tab. 5.1); ein kleiner Teil wird aber auch von normalen

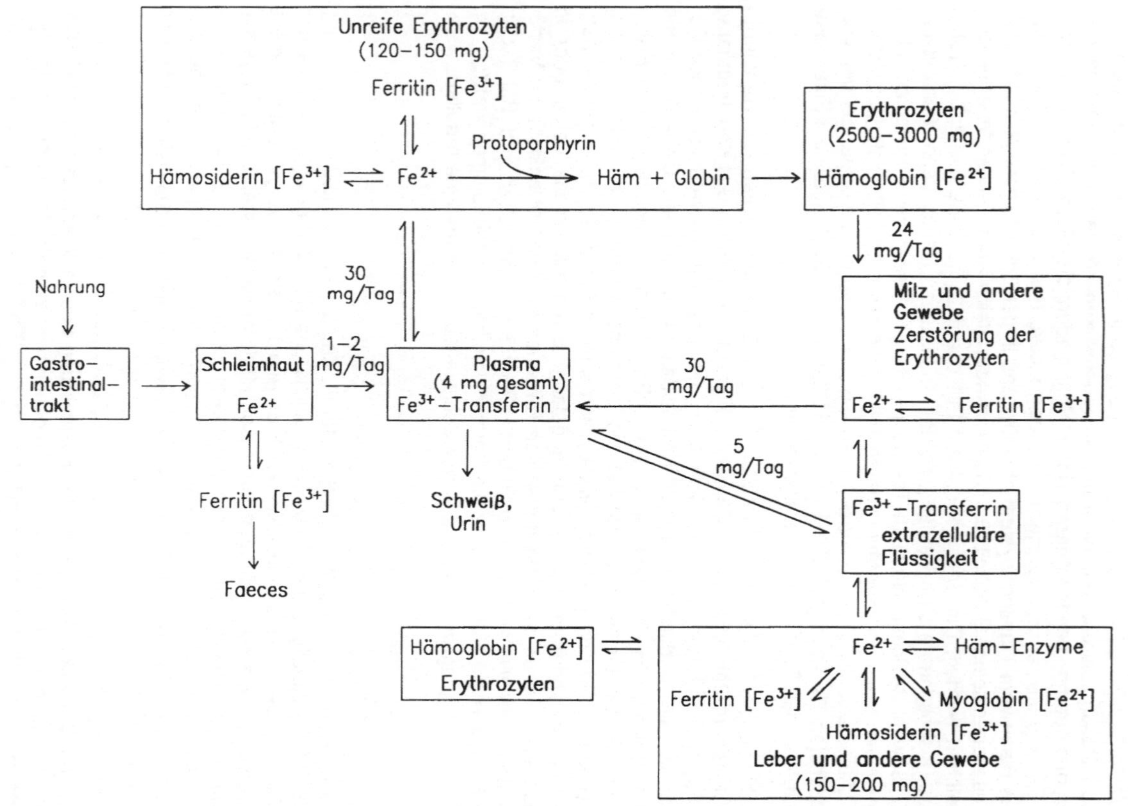

Abbildung 8.3: Vereinfachtes Flußschema für den Eisenmetabolismus im menschlichen Körper (nach CRICHTON)

Zellen für Teilung und Umstrukturierung benötigt. So wird z.B. während der Schwangerschaft eine größere Menge von Eisen an die Placenta und von dort an den Fetus geliefert.

Eine zweite, indirekte Aufgabe des Transferrins ist der Schutz gegen Infektionskrankheiten. Das Protein nimmt Eisen mit einer solch hohen Affinität auf, daß dieses den Mikroorganismen nicht mehr zur Verfügung steht und deren Entwicklung auf diese Weise gehemmt wird. Es handelt sich damit um ein nichtspezifisches Immunsystem. Die antibakteriellen Eigenschaften von Lactoferrin (aus Milch und anderen Sekreten) und Ovotransferrin dienen so etwa zum Schutz von Schleimhäuten und des sich entwickelnden Embryos. Lactoferrin spielt vermutlich eine Rolle bei der Entwicklung solcher Zellen, die direkt an körpereigenen Immunreaktionen beteiligt sind (BAKER, RUMBALL, ANDERSON).

Die Transferrine (Ovo-, Sero- und Lactotransferrin) sind Glycoproteine mit einer Molekülmasse von etwa 80 kDa. Die einzelne Polypeptidkette, die in der Leber synthetisiert wird, ist in zwei Bereiche gefaltet, von denen jeder eine Bindungsstelle für Eisen enthält. Für die Aminosäuresequenz von menschlichem Serotransferrin fand man 42% Homologie zwischen dem C- und N-Terminus der Polypeptidkette. Dieses Ergebnis läßt darauf schließen, daß sich das Protein durch Genduplikation aus einem monofunktionellen Vorläufer entwickelt hat (BROCK).

Der Prozentanteil von Kohlenhydraten an den Transferrinen variiert von Spezies zu Spezies und kann auch in unterschiedlichen Organen eines Organismus verschieden ausfallen. Die Saccharidketten tragen nicht zum Eisentransport bei; ihre Funktion liegt in der Wechselwirkung mit Rezeptoren.

Alle Transferrine können pro Molekül zwei Fe^{3+}-Ionen, aber auch andere Metall-Ionen wie Cr^{3+}, Al^{3+} (s. Kap. 17.6), Cu^{2+}, Mn^{2+}, Co^{3+}, Co^{2+}, Cd^{2+}, Zn^{2+}, VO^{2+}, Sc^{2+}, Ga^{3+}, Ni^{2+} oder Lanthanoid-Ionen aufnehmen. Mangelhafte Funktion von Transferrin ist möglicherweise über eine Al^{3+}-Anreicherung im Gehirn beteiligt am Zustandekommen des ALZHEIMER-Syndroms (s. Kap. 17.6). Während das eisenfreie Apotransferrin farblos ist, zeigt eine rot-braune Farbe Koordination des Eisens an. Die Anlagerung von Fe^{3+} an eine der beiden Koordinationsstellen im C- und N-terminalen Bereich erfolgt gleichzeitig mit "synergistischer" Bindung eines Carbonats oder (Hydrogencarbonats) und der Freisetzung von drei Protonen (Ladungseffekt). Die Protonen können entweder aus der Hydrolyse des an das Eisen gebundenen Wassers oder aus dem Protein stammen. Die beiden Bindungsstellen für das Eisen sind nicht äquivalent; am C-Terminus liegt eine stärkere Affinität für Fe^{3+}-Ionen vor, was sich in Komplexbildung bei niedrigeren pH-Werten äußert (Konkurrenz zur Hydroxid-Bindung, vgl. 8.20). Für Eisen-gesättigtes Lactoferrin wurden in den Koordinationssphären der beiden Metallzentren jeweils folgende Liganden gefunden: Zwei Tyrosinat-Reste ($\rightarrow$ Farbe der Fe(III)-Form: LMCT), ein η^1-Aspartat- und ein Histidin-Ligand (BAKER, RUMBALL, ANDERSON). Vermutet wird weiter η^2-koordiniertes Carbonat bzw. Hydrogencarbonat, welches sowohl an das Metall als auch an das Protein gebunden ist. Die Bindungsstelle für dieses basische Anion am Protein ist ein saurer Argininrest.

In vitro-Studien haben gezeigt, daß sowohl Fe^{2+} als auch Fe^{3+} von Transferrin aufgenommen werden können. Fe^{2+} wird jedoch nur schwach gebunden und muß daher im Protein oxidiert werden. Fe^{3+} bildet sehr stabile Komplexe mit effektiven Stabilitätskonstanten K_f in der Größenordnung von 10^{24} M^{-1} (vgl. Tab. 8.1). Aus *in vitro*-Experimenten geht hervor, daß die Stabilität der Komplexe mit sinkendem pH-Wert drastisch abnimmt (vgl. 8.5). Bei pH = 4.5 liegt die Stabilitätskonstante bereits unter der des Citratkomplexes, so daß es möglich wird, das Eisen durch Zusatz von Citrat $^-OOC-CH_2-C(OH)(COO^-)-CH_2-COO^-$ aus dem Transferrinkomplex herauszulösen. In welcher Form das Eisen dem Apotransferrin *in vivo* zugeführt wird, ist bis heute unbekannt; es existieren jedoch Theorien, wie das im Transferrin gebundene Eisen an die Zellen weitergegeben wird. Drei Phasen lassen sich hierbei konstruieren: Auf die Anlagerung des Eisen-Transferrin-Komplexes an einen spezifischen Rezeptor in der Zellwand folgt die Abspaltung des Eisens vom Transferrin und darauf die Abgabe freien Apotransferrins an das Plasma. Ein solcher Zyklus kann erklären, warum die kleine Gesamtmenge der Transferrinmoleküle (s. Tab. 5.1) durchschnittlich 40 mg Eisen pro Tag transportiert, während ihre individuelle Aufnahmekapazität nur bei etwa 7 mg Eisen liegt.

Ein Schema des vorgeschlagenen Transferrin-Zyklus ist in Abb. 8.4 dargestellt.

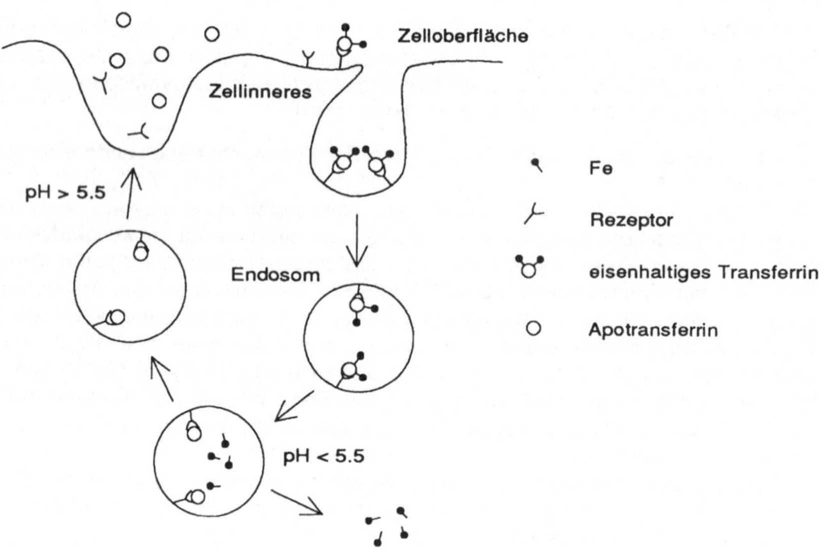

Abbildung 8.4: Transferrin-Aufnahme und -Abgabe am Beispiel einer menschlichen Tumorzelle (nach CHASTEEN, THOMPSON, MARTIN)

Der Transferrin-Eisen-Komplex bindet an den spezifischen Rezeptor an der Außenseite der Zellmembran und wird daraufhin durch Endocytose (Einschnürung der Zellmembran) aufgenommen. Das Innere dieses Endosoms wird nun durch eine energieverbrauchende Protonen-Pumpe angesäuert und das gebundene Eisen freigesetzt. Dieser Vorgang kann durch Koordination des Eisens an einen bislang nicht identifizierten Chelatbildner unterstützt werden. Das freie Eisen wird ins Cytoplasma übernommen, das eisenfreie Apotransferrin gelangt durch Exocytose wieder an die Oberfläche der Zelle. In dem leicht alkalischen Milieu kann das Apotransferrin nicht länger an den Rezeptor binden und wird freigesetzt. Dieser Mechanismus wird unter anderem durch die Tatsache gestützt, daß die Geschwindigkeit der Endocytose derjenigen der Eisenaufnahme proportional ist. Außerdem beeinträchtigen Inhibitoren der Endocytose die Eisenresorption.

8.4.2 Ferritin

Eisen, das wie oben beschrieben in den Zellen freigesetzt wird, muß entweder sofort biosynthetisch verwertet oder in unschädlicher Form gespeichert werden. Insbesondere seit der biogenen O_2-Anreicherung in der Atmosphäre wurde ein solches System nötig, welches einerseits der Bevorratung des immer weniger bioverfügbaren, d.h. als Fe(III)-Hydroxid/Oxid ausgefallenen Eisens dient, gleichzeitig jedoch die unkontrollierte Reaktion reduzierten Eisens mit O_2 und seinen Folgeprodukten (8.1, 8.2) verhindern kann. Als Speicher dienen die sehr großen Proteine Ferritin und Hämosiderin, von denen vor allem das besser definierte, lösliche Ferritin umfassend untersucht worden ist (FORD et al.; THEIL). Ferritin wurde bereits 1935 von LAUFBERGER isoliert, kristallisiert und aufgrund seines hohen Eisengehalts von maximal 20 Gew.% als Eisenspeicher vorgeschlagen; man findet es in höheren Tieren wie auch in Pflanzen. Im menschlichen Körper liegen etwa 13% des Eisens als Ferritin vor (Tab. 5.1); gefunden wird es hauptsächlich in Leber, Milz und Knochenmark. Das sehr große Molekül besteht aus einem anorganischen Kern, der von einer Proteinhülle umgeben ist.

Apoferritin, der eisenfreie Proteinanteil des Ferritins, hat eine durchschnittliche Molekülmasse von 440 kDa. Es kann aus eisenhaltigem Ferritin durch Reduktion mit Natriumdithionit oder Ascorbat in Gegenwart geeigneter Chelatbildner hergestellt werden. Das wasserlösliche Protein besteht aus 24 gleichartigen Untereinheiten, die so angeordnet sind, daß sie eine Hohlkugel mit etwa 12 nm Außendurchmesser bilden (Abb. 8.5). Der freie Innenraum besitzt einen Durchmesser von etwa 7.5 nm und ist im Holoferritin mit anorganischem Material gefüllt (HARRISON et al.; SMITH et al.).

Die Kristallstruktur des Apoferritins wurde mit einer Auflösung von 0.28 nm bestimmt (Abb. 8.5). Danach besteht eine Untereinheit aus vier langen α-Helices, die zu einem Bündel gruppiert sind, und einer querliegenden kurzen fünften α-Helix. Zwei der langen Helices sind durch eine Schleife miteinander verbunden; zwei dieser

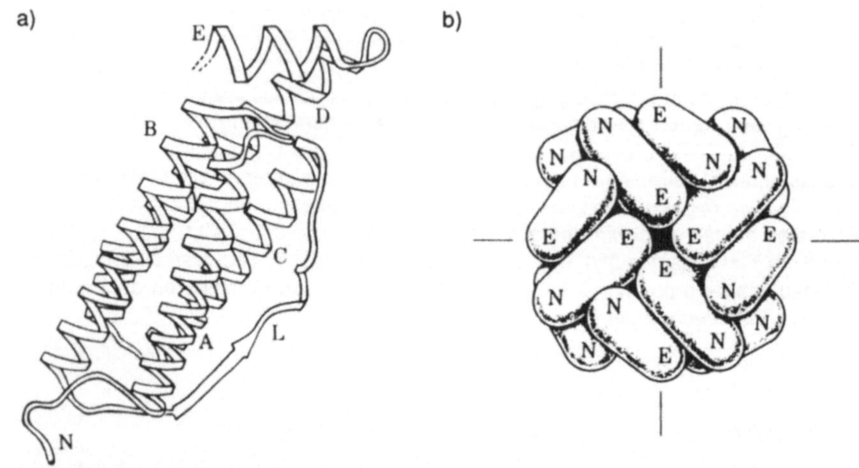

Abbildung 8.5: a) Bandstruktur des α-Helix-Gerüsts einer Apoferritin-Untereinheit. N: N-Terminus; A, B, C, D: lange α-Helices; E: kurze α-Helix; L: Schleife.
b) Schematische Darstellung der Anordnung von Untereinheiten im Apoferritin-Molekül (Hohlkugel); Blick in Richtung der vierzähligen Achse). N und E bezeichnen die relative Lage des N-Terminus bzw. der kurzen α-Helix E (nach FORD et al.).

Schleifen aus benachbarten Untereinheiten lagern sich zu einem β-Faltblatt zusammen. 24 Untereinheiten bilden das Apoferritin-Molekül mit seiner hohen Symmetrie (rhombisches Dodekaeder, kubische Raumgruppe F432, a ≈ 18.5 nm; Abb. 8.5). Die räumliche Anordnung ermöglicht eine Ausbildung von Kanälen entlang der drei- und vierzähligen Symmetrieachsen. Diese Kanäle spielen eine große Rolle bei der Einlagerung und der Freisetzung des Eisens. Die sechs Kanäle mit vierzähliger Symmetrie sind wegen der jeweils flankierenden zwölf Leucinreste sehr hydrophob, die acht Kanäle mit dreizähliger Symmetrie besitzen dagegen eher hydrophilen Charakter, bedingt durch die Anwesenheit von jeweils drei Aspartat- und drei Glutamat-Resten. Während der Kristallstrukturanalyse waren diese Kanäle mit Cd^{2+}-Ionen angefüllt.

Die bislang erhaltenen Daten lassen darauf schließen, daß die Ferritine der Säugetiere weitgehend isomorph sind. Hingegen weichen die aus Bakterien wie etwa *E. coli* isolierten Ferritine schon in der Aminosäuresequenz merklich ab; die Bakterioferritine enthalten zusätzlich Häm-Eisen-Gruppen.

Im Zentrum der aus Apoferritin gebildeten Protein-Hohlkugel ist Raum für den anorganischen Kern, der maximal 4500 Eisen-Zentren in vorwiegend oxidisch gebundener Form enthalten kann; die übliche Füllmenge beträgt ca. 1200 Fe-Zentren. Der Kern besitzt eine solch hohe Elektronendichte, daß er ohne Anfärbung im

Elektronenmikroskop sichtbar ist. Rein stöchiometrisch liegt das Eisen als Fe(III)-Hydroxyphosphat $Fe_9O_9(OH)_8(H_2PO_4)$ vor, wobei dem im Anteil stark schwankenden Phosphat allerdings nur eine geringe Bedeutung für die eigentliche Volumen-Struktur zukommt. Aus EXAFS-Daten kann man schließen, daß jedes Eisen von 6.4 ± 0.6 Sauerstoffatomen im Abstand von 195 ± 2 pm und von 7 ± 1 Eisenatomen im Abstand von 329 ± 5 pm umgeben ist. Die Struktur ähnelt der des metastabilen Minerals Ferrihydrit, $5\ Fe_2O_3 \cdot 9\ H_2O = Fe^{III}_{10}O_6(OH)_{18}$ (ST. PIERRE, WEBB, MANN), das eine Schichtstruktur mit hexagonal dichtester Kugelpackung von Sauerstoffzentren (O^{2-}, OH^-) und Eisen(III) in den zur Hälfte besetzten Oktaeder- und Tetraeder-Lücken aufweist

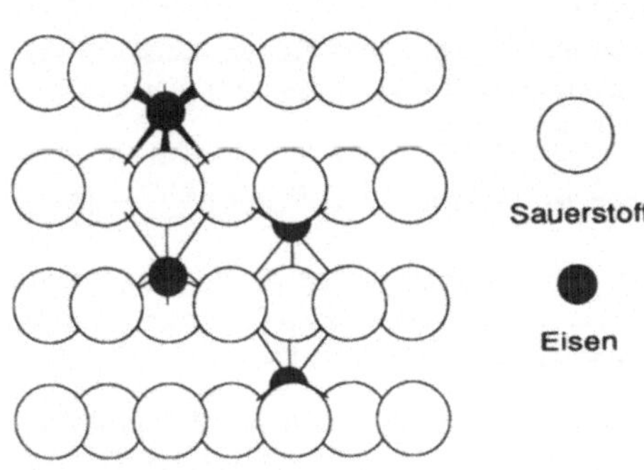

Abbildung 8.6: Ausschnitt aus der Ferrihydrit-Struktur

(EGGLETON, FITZPATRICK; Abb. 8.6). Es existieren auch wohlcharakterisierte synthetische $Fe^{III}/OH^-/O^{2-}$-Oligomere mit Modellcharakter für den Ferritin-Eisenoxid-Kern (WIEGHARDT et al.; GORUN et al.). Das Phosphat ist im Ferritin an den jeweiligen Enden einer Schicht so gebunden, daß auf 18 Fe(III)-Zentren etwa zwei Phosphatgruppen entfallen. Zwar ist ein großer Teil des Phosphats nicht essentiell für die Bildung von Ferritin, wie auch der variable Anteil nahelegt; diesem Anion kommt jedoch eine generelle Bedeutung bei der Verknüpfung von organischen Polymeren, z.B. Proteinen, mit anorganischen Festkörperpartikeln zu (vgl. Abbn. 15.3 und 18.2). Auch im Falle des Ferritins kann eine solche Verknüpfung, etwa zwischen den anorganischen Schichten untereinander oder mit der Proteinhülle, vermutet werden.

Das magnetische Verhalten des Ferritin-Kerns ist ausführlich untersucht worden. Die gefundenen Ergebnisse sind am besten durch antiferromagnetische Kopplung zwischen jeweils zwei Eisen-Zentren zu erklären. Das effektive magnetische Moment pro Metallzentrum μ_{eff} paßt allerdings mit 3.85 Bohrschen Magnetonen nicht ohne weiteres auf den Grundzustand freier Fe^{3+}-Ionen (S = 5/2), sondern eher auf einen Zustand mit der Spinquantenzahl S = 3/2; daher wurde ein Superaustausch-Prozeß zwischen den Eisenatomen zur Erklärung herangezogen. Im MÖSSBAUER-Spektrum zeigt sich ein weiteres charakteristisches Verhalten von Ferritin-Eisen (ST. PIERRE et al.): Während man bei tiefen Temperaturen ein für den geordneten magnetischen Zustand erwartetes sechs-Linien-Spektrum erhält, fallen die Linien bei höheren Temperaturen zu einem Dublett zusammen (Quadrupol-Aufspaltung). Dieser Effekt wird verursacht durch Spin-Spin-Kopplung innerhalb feinster Partikel (< 20 nm) und deren temperaturabhängige gegenseitige Ordnung ("Superparamagnetismus") – ein Phänomen, das Parallelen in verschiedenen feinstverteilten Metalloxiden hat. Es ist daher folgerichtig, daß synthetische "Nanopartikel" inzwischen mit Hilfe der Ferritin-Hülle erzeugt worden sind (MELDRUM et al.).

Für die Bildung von Ferritin aus Apoferritin gibt es zwei grundsätzlich verschiedene Möglichkeiten: Wenn Eisen(III) bereits als polymeres Oxid/Hydroxid-Aggregat vorläge, könnte das im Gleichgewicht mit seinen Untereinheiten stehende Apoferritin das Ferritin-Gebilde um den bereits bestehenden Eisen-Kern herum formen (Templat-Effekt). Die Bildung ist allerdings auch im Rahmen eines Redoxprozesses vorstellbar, wobei in Gegenwart von Apoferritin und einem Elektronenakzeptor Fe(II) zu Fe(III) oxidiert und in das Apoferritin eingelagert wird.

$$H^+ + Fe^{2+} + O_2 + \text{Apoferritin} \;\rightarrow\; \text{Ferritin} \; (\equiv \text{Apoferritin} \cdot \text{``}Fe^{III}O(OH)\text{''}) \qquad (8.19)$$

Die erste Möglichkeit wird heute als wenig wahrscheinlich angesehen, da die Biosynthese des Apoferritins der des Ferritins vorangeht und eine Dissoziation in die Untereinheiten erst unter unphysiologischen Bedingungen stattfindet.

Innerhalb des Redoxmechanismus lassen sich wiederum mehrere Alternativen diskutieren (Abb. 8.7):

(i) Oxidation und Einlagerung können im Inneren des Apoferritins an der gleichen Stelle ablaufen;

(ii) die Oxidation kann bereits in den Kanälen erfolgen, worauf das Kristallwachstum an einer beliebigen Stelle beginnt;

(iii) die Oxidation läuft in den Kanälen ab, jedoch kann das Kristallwachstum nur an bestimmten Stellen initiiert werden.

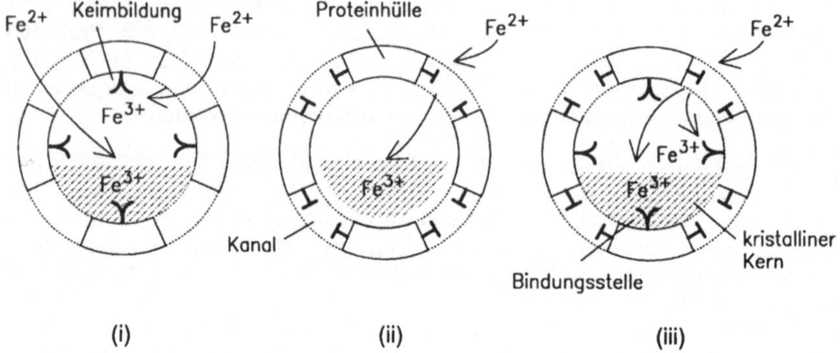

Abbildung 8.7: Modellvorstellungen zur Bildung von Ferritin (Alternativen des Redoxmechanismus, s. Text; nach MACARA, HOY, HARRISON)

Vermutet wird, daß Fe^{2+} (Fe^{3+} ist hier inaktiv) durch die Kanäle zwischen den Untereinheiten in das Innere des Apoferritins eindringt und dann an einem aktiven Zentrum katalytisch oxidiert wird. Ob die Oxidation bereits in den Kanälen oder erst im inneren Hohlraum geschieht, hängt möglicherweise von dem Angebot an Eisen ab. An der Innenwand des Apoferritins befinden sich vor allem Carboxylatgruppen

(Glutamat, Aspartat), deren vollständige Veresterung die Eisenaufnahme blockiert. Carboxylat-gebundene und bereits rasch oxidierte Eisen(III)-Zentren können offenbar als Ausgangspunkte für die Anlagerung und für die langsame Oxidation von weiterem Fe(II) und danach für das Wachstum des Eisenkerns dienen; gemischtvalente Fe(II)/Fe(III)-Zentren sind als Keimbildungszentren des Ferritin-Kerns postuliert worden. Als Oxidationsmittel dient letztendlich O_2, dessen Verbreitung ja auch erst den Aufbau eines solchen löslichen, vesikulären Eisen-Speichers (und Eisen/O_2-Schutzsystems) notwendig machte. Neuere Untersuchungen lassen erkennen, daß nicht unbedingt alles Eisen als Fe(III) gespeichert sein muß, was besonders für raschen Umsatz des Metalls eine Rolle spielen kann. Dadurch würde auch der mit der Oxidation einhergehende Protonenfluß (8.19) geringer. Das Eisenoxidhydroxid bildet entsprechend der üblichen Kondensationspolymerisation (FLYNN; 8.20) einen mehr oder weniger geordneten "quasikristallinen" Verband, welcher so lange wächst, bis er den Hohlraum des Apoferritins ausfüllt.

Schematischer Verlauf der Eisenhydrolyse
(Polykondensation; nach FLYNN):

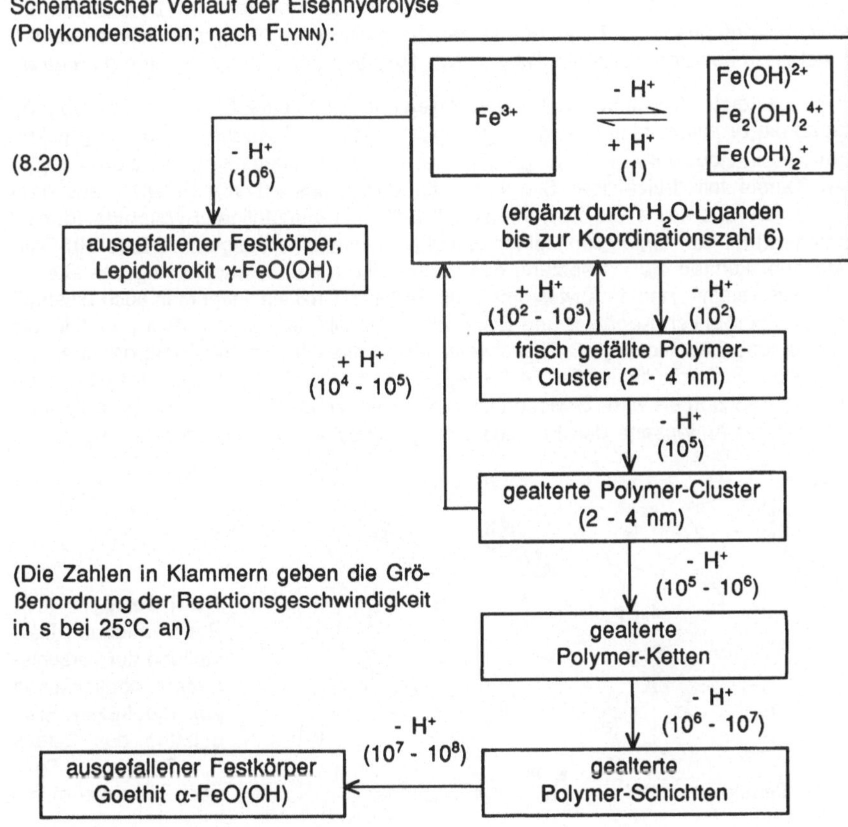

(Die Zahlen in Klammern geben die Größenordnung der Reaktionsgeschwindigkeit in s bei 25°C an)

Einige wesentliche Einzelheiten zur katalytischen Aktivität des Apoferritins bedürfen noch der Aufklärung. Beispielsweise ist die Form noch unbekannt, in der Eisen(II) dem Apoferritin zugeführt wird. Weiterhin ist unklar, ob molekularer Sauerstoff direkt als Elektronenakzeptor fungiert und welches die weiteren Reaktionspartner sind.

Aus *in vitro*-Experimenten weiß man, daß an Ferritin gebundenes Eisen als Fe(II) aus dem Kern entfernt werden kann. Dies gelingt mit Reduktionsmitteln wie Natriumdithionit, allerdings kaum unter physiologischen Bedingungen. Physiologische Reduktionsmittel wären z.B. Verbindungen mit Sulfhydrylgruppen, also Glutathion (vgl. 16.4) oder Cystein oder auch reduzierte Flavine (3.12). Letztere sind wirklich zur Reduktion des Eisens im Ferritin geeignet, jedoch nur in physiologisch nicht vorkommenden hohen Konzentrationen.

Ohne Reduktion gelingt eine Eisen-Abspaltung vom Ferritin durch Chelatbildner wie Nitrilotriacetat (NTA) oder Ethylendiamintetraacetat (EDTA, 2.1). Allerdings versagen auch hier die physiologischen Chelatbildner Citrat, Glucose, Fructose oder Glycin. Die Zitronensäure (physiologische Konzentration 100 mM) kann in 120 Stunden nur etwa 1% des gesamten Eisens freisetzen, verglichen mit 40% für die Nitrilotriacetat; Fructose mobilisiert in sieben Tagen etwa 15% des gebundenen Eisens (CRICHTON).

Als letzte Alternative der Eisenfreisetzung kann eine Elektronenübertragung durch die Proteinhülle in Erwägung gezogen werden. Die verschiedenen Möglichkeiten sind in Abb. 8.8 zusammengefaßt. Hier werden in Darstellung (a) die hydrophilen Kanäle mit dreizähliger Symmetrie für den Transport von Eisen(II) aus dem Ferritin *heraus* sowie die hydrophoben Kanäle mit vierzähliger Symmetrie (dunkel unterlegt) für den *Einlaß* von kleinen Reduktionsmitteln herausgestellt. Eisen(II)-Chelatbildner können die Freisetzung des Eisens durch eine Verschiebung des Gleichgewichts vereinfachen. In Abwesenheit von Reduktionsmitteln findet man auch Eisen(III) in den hydrophilen Kanälen, und Eisen(III)-Chelatbildner können dann ebenfalls die Freisetzung beschleunigen. Eine zweite Möglichkeit (b) ist der Elektronentransfer durch die Proteinhülle, wobei Fe(III) reduziert und als Fe(II) durch die hydrophilen Kanäle transportiert wird. Erwiesen ist, daß zwischen den Eisen(III)-Ionen in Inneren und an der Außenseite des Ferritins ein dynamisches Gleichgewicht existiert.

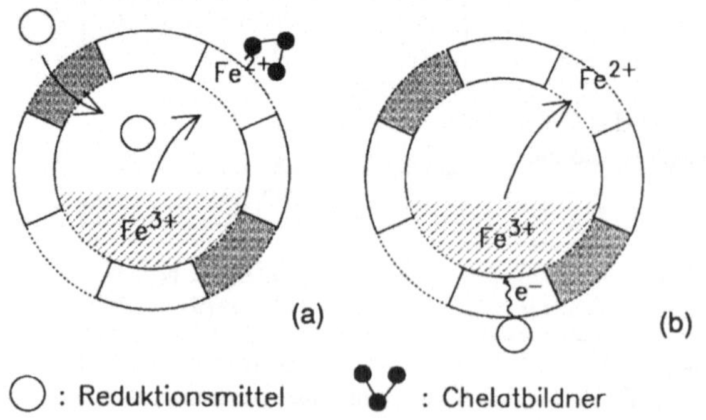

Abbildung 8.8: Schematische Darstellung der verschiedenen Möglichkeiten zur reduktiven Freisetzung des Eisens aus Ferritin (s. Text; nach HARRISON et al.)

8.4.3 Hämosiderin

Neben Ferritin dient das Hämosiderin dem Körper als Eisenspeicher; es wurde 1929 erstmals aus der Pferdemilz isoliert. Während sich Aufbau und Struktur der Eisen-Kerne von Ferritin und Hämosiderin noch ähneln, weiß man über die Protein-Komponente des Hämosiderins sehr wenig. Das Eisen/Protein-Verhältnis liegt im Hämosiderin noch *höher* als im Ferritin (ca. 35% Fe), man vermutet daher, daß dieses nicht lösliche Molekül aus der Zersetzung des Ferritins in Lysosomen entsteht. Dieser Hypothese zufolge tragen Proteasen im Lysosom zum teilweisen Abbau der Proteinhülle des Ferritins bei. Der dadurch freigesetzte Eisen-Kern zerfällt und formiert sich dann zum amorphen Hämosiderin.

9 Nickelhaltige Enzyme: Die steile Karriere eines lange übersehenen "Biometalls"

9.1 Überblick

Nickel war lange Zeit das einzige Element aus der zweiten Hälfte der 3d-Übergangsmetallreihe, für das eine biologische Bedeutung nicht sicher nachgewiesen werden konnte. Die Gründe für dieses "Übersehen" lagen darin, daß Nickelionen mit physiologisch relevanten Liganden keine sehr charakteristische Lichtabsorption zeigen, ein MÖSSBAUER-Effekt für Ni-Isotope nicht auftritt und selbst eindeutig paramagnetisches Ni^I (d^9) oder Ni^{III} (d^7) aufgrund fehlender Metallisotopen-Hyperfeinkopplung nicht immer mittels ESR-Spektroskopie nachgewiesen werden kann (die natürliche Häufigkeit von ^{61}Ni mit I = 3/2 beträgt nur 1.25%). Nickel ist außerdem – wie heute erwiesen – meist nur *ein* Bestandteil von komplexen, mehrere Coenzyme wie auch weiteres anorganisches Material enthaltenden Enzymen, so daß seine Präsenz, etwa in Gegenwart von Fe/S-Clustern, lange unbemerkt bleiben konnte. Mit empfindlicheren Detektionsmethoden in der Atomabsorptionsspektroskopie (AAS) und bei magnetischen Messungen (SQUID-Suszeptometer) sowie durch ESR an ^{61}Ni-angereichertem Material konnten jedoch einige nickelhaltige Enzyme vor allem im Bereich von Mikroorganismen (Archäbakterien; THAUER) und Pflanzen nachgewiesen und teilweise charakterisiert werden (vgl. Abb. 1.2). Nickel ist sowohl in der Lithosphäre als auch als gelöstes Ni^{2+} im Meerwasser ausreichend vorhanden, so daß natürliche Nickelmangelerscheinungen kaum auftreten – selbst der Nickelgehalt von Edelstahl konnte durch Mikroorganismen mobilisiert werden (Abb. 1.2). Als vorerst letzte (1990) Hypothese für das Aussterben der Saurier und vieler anderer Lebewesen zu Ende der Kreidezeit wurde eine globale Nickel-Vergiftung durch meteoritisches Material postuliert (BEARD).

Ende der sechziger Jahre wurde zum ersten Mal vermutet, daß Nickel ein notwendiger Bestandteil für das Wachstum einiger anaerob lebender Bakterien ist; 1975 wurde das Metall in pflanzlicher Urease nachgewiesen. Nach dem heutigen Stand der Forschung (THAUER; CAMMACK; WALSH, ORME-JOHNSON; LANCASTER) kommt Nickel als essentielle Komponente in verschiedenen Oxidationsstufen und Koordinationsanordnungen in vier verschiedenen Enzymtypen vor. Die **Ureasen** von Bakterien und Pflanzen enthalten weitgehend oktaedrisch von N,O-Liganden gebundenes Nickel(II), die **Hydrogenasen** vieler Bakterien (z.B. von "Knallgas"-Bakterien oder von sulfatreduzierenden Stämmen) sowie die **CO-Dehydrogenase** (= bakterielle **Acetyl-Coenzym A-Synthase**) anaerober Bakterien, z.B. der Essigsäurebakterien, enthalten überwiegend von Schwefel-Liganden umgebenes Nickel. Die **Methyl-Coenzym M-Reduktase** der methanogenen Bakterien besitzt einen Nickel-Tetrapyrrolkomplex als prosthetische Gruppe, das Coenzym F430 (vgl. 2.5).

9.2 Urease

Die z.B. aus Schwertbohnen (jack beans, *Canavalia ensiformis*) gewonnene Urease ist historisch interessant (COSTA), da sie trotz gegenteiliger Auffassung R. WILLSTÄTTERS das erste Enzym war, das in reiner kristalliner Form hergestellt werden konnte (J. SUMNER, 1926). Erst etwa fünfzig Jahre später wurde der Nickelgehalt des Enzyms festgestellt (DIXON et al.).

Die "klassische" Urease (Harnstoff-Amidohydrolase) katalysiert den Abbau von Harnstoff zu Kohlendioxid und Ammoniak:

$$H_2N-CO-NH_2 \ + \ H_2O \ \xrightarrow{\text{Urease}} \ [H_2N-COO^- + NH_4^+] \ \longrightarrow \ 2\ NH_3 \ + \ CO_2 \qquad (9.1)$$

Harnstoff ist ein sehr stabiles Molekül, das im pH-Bereich von 2-12 mit einer Halbwertszeit von 3.6 Jahren (38°C) zu Isocyansäure und Ammoniak hydrolysiert.

$$H_2N-CO-NH_2 \ + \ H_2O \ \longrightarrow \ NH_3 + H_2O + H-N=C=O \qquad (9.2)$$

Durch die Katalyseaktivität des Enzyms wird die Geschwindigkeit der Hydrolyse um einen Faktor von etwa 10^{14} (!) erhöht. Erklärbar ist dieser erstaunliche Effekt durch eine Änderung des Reaktionsmechanismus (vgl. Abb. 2.8). Während die unkatalysierte Reaktion eine direkte Eliminierung von Ammoniak beinhaltet, läuft unter Einfluß des Enzyms wahrscheinlich eine Hydrolysereaktion mit Carbaminat H_2N-COO^- als erstem Zwischenprodukt ab. Eine Metall-Substrat-Bindung wie in (9.3) würde den zweiten Reaktionsweg erleichtern. Für eine solche Bindung spricht, daß an Nickel bindende Phosphorsäurederivate die Aktivität des Enzyms stark herabsetzen.

Von Ureasen sind bislang zwar Aminosäuresequenzen, jedoch noch wenig strukturelle Informationen in bezug auf das Nickel im aktiven Zentrum bekannt. Das Holoenzym besteht aus sechs Untereinheiten mit Molekülmassen von jeweils 96 kDa; jede Untereinheit enthält zwei Nickel-Ionen. EXAFS-Messungen zeigten nur Stickstoff- und Sauerstoff-Liganden in der ersten Koordinationssphäre und ließen – wie auch absorptionsspektroskopische Messungen – auf angenähert oktaedrisch koordiniertes Ni(II) schließen. Hinweise auf Ni–Ni-Wechselwirkungen der zwei Ni-Zentren pro Untereinheit resultieren aus Messungen magnetischer Suszeptibilität. Dabei wurde eine schwache antiferromagnetische Kopplung zwischen den d^8-Metallionen (S = 1) gefunden, was auf ein beide Metallzentren einschließendes Reaktionszentrum hindeutet (CLARK, WILCOX).

In Einklang mit Modellstudien sowie den genannten experimentellen Daten steht der folgende Reaktionsmechanismus (BLAKELEY, ZERNER), der einen elektrophilen Angriff des ersten Nickel-Zentrums am Carbonylsauerstoff und den nukleophilen Angriff einer Nickelhydroxo-Spezies am Carbonylkohlenstoff beinhaltet (push-pull-Mechanismus, vgl. Kap. 12.2):

$$(9.4)$$

B: Base

Entsprechende mechanistische Vorstellungen existieren für die Funktion von zinkhaltigen Hydrolyse-Enzymen (Kap. 12); dort übernehmen weitgehend Protonen die Funktion des elektrophilen Reagenzes. Zink-Enzyme besitzen deshalb meist nur ein Metallzentrum zur Bereitstellung des Hydroxids (= H_2O-Aktivierung). Nicht völlig klar ist, warum das Element Nickel lediglich in Ureasen vorkommt; es ist beispielsweise möglich, in den gut charakterisierten Zn-haltigen Enzymen Carboxypeptidase A (CPA) und Carboanhydrase (CA) Zink durch Nickel zu ersetzen (s. Kap. 12). In Ni-CPA etwa bleibt ein Teil der Peptidase-Aktivität des ursprünglichen Zn-Enzyms erhalten. Die Kristallstruktur ergab hier eine quadratisch pyramidale Geometrie des Nickel-Ions (vgl. 12.5), obwohl aus spektroskopischen Daten zunächst auf oktaedrische Koordination geschlossen wurde. Möglicherweise sind es geringere stereochemische Selektivitätsanforderungen und die größere Anzahl koordinationsfähiger Heteroatome im Harnstoff, die zur Bevorzugung zweier Nickel(II)-Zentren mit ihrer gegenüber dem Zink(II) höheren Koordinationszahl führen.

9.3 Hydrogenasen

Hydrogenasen sind Enzyme, welche die reversible Zweielektronen-Oxidation (9.5) des molekularen Wasserstoffs katalysieren.

$$H_2 \xrightleftharpoons{\text{Hydrogenase}} 2\,H^+(aq)\;+\;2\,e^- \qquad (9.5)$$

Diese Reaktion spielt eine bedeutende Rolle bei der "Fixierung" des Stickstoffs (Kap. 11.2) und bei der Fermentierung biologischer Substanz zum Endprodukt Methan (THAUER). Sowohl anaerobe wie auch einige aerob lebende Mikroorganismen enthalten Hydrogenase-Enzyme; H_2 kann statt NADH als Energiequelle dienen oder auch als Endprodukt reduktiver Prozesse auftreten (KENTEMICH, HAVERKAMP, BOTHE). Allgemein enthalten alle Hydrogenasen Eisen-Schwefel-Cluster (vgl. Kap. 7.4), wobei einige Formen außer konventionellen [4Fe-4S]- und speziellen katalytischen "H"-Clustern (6Fe; ADAMS) keine weiteren Metalle oder Coenzyme benötigen. Je nach der Anwesenheit anderer prosthetischer Gruppen (Flavine) und Elemente (Nickel, Selen) kann man die Hydrogenasen weiter in Ni/Fe- und Ni/Fe/Se-Hydrogenasen unterteilen. Erstere enthalten zusätzlich zu separaten Eisen-Schwefel-Clustern ein Nickelzentrum, letztere enthalten neben Fe/S-Clustern Nickel und Selen (als Selenocysteinat) in äquimolarem Verhältnis. Nitrogenasen besitzen insbesondere bei Abwesenheit des Substrats N_2 ausgeprägte Hydrogenase-Aktivität (s. Kap. 11.2). Eine Katalyse des Vorgangs (9.5) ist vor allem deshalb erforderlich, weil Einelektronenreduktion des Protons zum Wasserstoff*atom* bei um -2 V negativerem und damit völlig unphysiologischem Potential erfolgt – die anorganischen Bestandteile fungieren als Elektronenreservoir und katalytische Zentren.

Eine Vielzahl von photosynthetisierenden Bakterien und Algen besitzt Hydrogenase-Aktivität (YAGI); man unterscheidet je nach Vorzugsrichtung der Reaktion zwischen unidirektionellen "Aufnahme"-Hydrogenasen und bidirektionellen "reversiblen" Hydrogenasen. Die meist mittelgroßen (40 - 100 kDa) Hydrogenase-Enzyme arbeiten zwar prinzipiell reversibel (9.5); jedoch liegen die Potentiale der elektronenübertragenden Fe/S-Cluster und Flavine im Normalfall so, daß Katalyse unter physiologischen Bedingungen vorzugsweise in eine Richtung abläuft. Zur *Entwicklung* von Wasserstoff kommt es nur unter streng anaeroben Bedingungen, während die Oxidation von H_2 sowohl aerob als auch anaerob erfolgen kann. Unter anaeroben Bedingungen erfolgt Reduktion von CO_2 oder auch Sulfat (*Desulfovibrio gigas*); in manchen Mikroorganismen findet man sowohl eine im Cytoplasma lösliche wie auch eine membrangebundene Hydrogenase (Abb. 9.1). Die lösliche Form katalysiert hier die Reduktion von NAD^+ durch H_2, in der Membran werden die bei der Oxidation des Wasserstoffs entstehenden Elektronen in die Atmungskette eingebracht und dienen zur reduktiven Darstellung energiereicher Phosphate (ADAMS; 9.6).

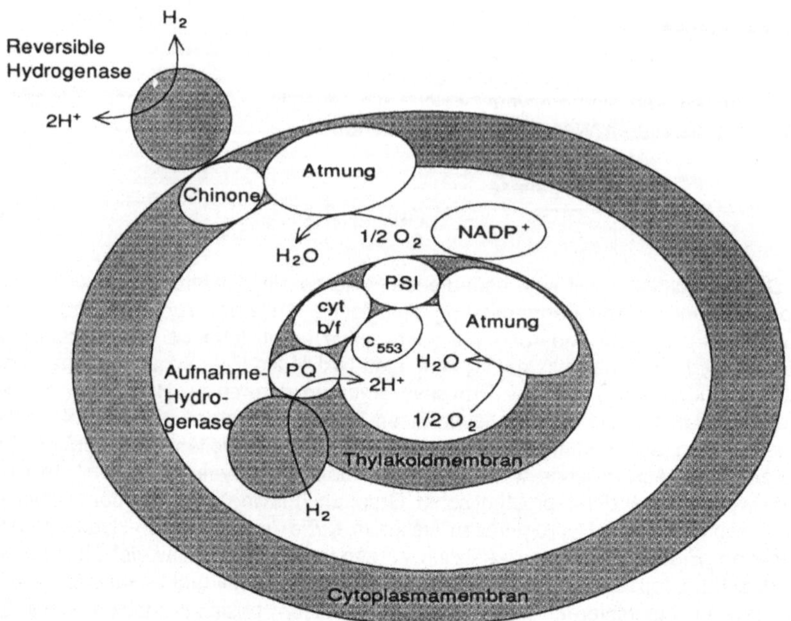

Abbildung 9.1: Anordnung der Proteinkomplexe (vgl. Kap. 4. und 6), einschließlich der beiden Hydrogenasen, im Cyanobakterium *Anacystis nidulans* (nach KENTEMICH, HAVERKAMP, BOTHE).

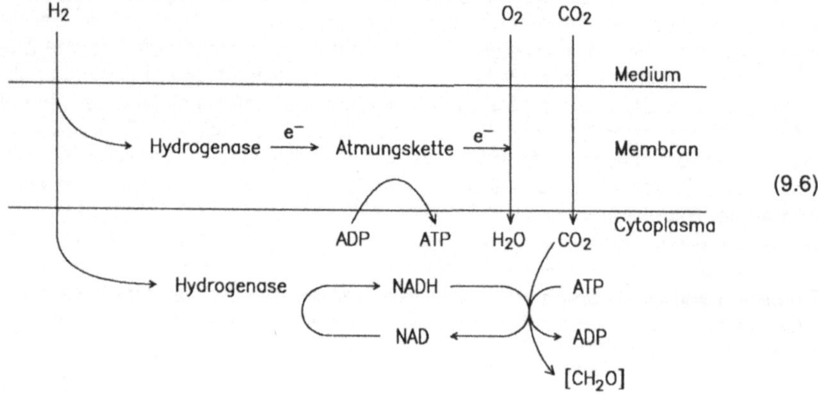

$$\tag{9.6}$$

Hydrogenasen dienen unter anderem dem Abbau von potentiell gefährdendem freiem Diwasserstoff H_2, welcher bei Reduktionsreaktionen entstehen kann; andererseits geht von der Hydrogenase-katalysierten "Knallgas"-Reaktion (9.7) eine Schutzfunktion für streng anaerob ablaufende Lebensprozesse aus (O_2-Abbau z.B. während der N_2-Fixierung, Kap. 11.2)

$$2 \ H_2 + O_2 \ \rightleftharpoons \ 2 \ H_2O \tag{9.7}$$

Hydrogenasen werden wegen ihrer möglichen Verwendbarkeit beim gezielten mikrobiellen Abbau von organischem Material und bei der Gewinnung von CH_4 oder H_2 als Energieträger eingehend untersucht (THAUER; OKURA; KENTEMICH, HAVERKAMP, BOTHE); die Empfindlichkeit und Labilität der Enzyme haben jedoch bisher einer genauen strukturellen Charakterisierung im Wege gestanden. In neuester Zeit sind Klonierung und Sequenzanalyse einiger Ni/Fe-Hydrogenasen gelungen und haben eine weitgehende Aminosäurehomologie, speziell in bezug auf vorhandene Cystein-Gruppen ergeben (YAGI).

Obwohl ausschließlich Eisen enthaltende Hydrogenasen deutlich höhere Aktivität besitzen als die nickelhaltigen Enzyme (ADAMS; vgl. Kap. 7.4), sind letztere wegen geringerer Empfindlichkeit besser untersucht. Über die Struktur des vermutet aktiven Metall-Zentrums der Ni/Fe-Hydrogenasen ist folgendes bekannt (HAUSINGER; ALBRACHT): In der (oxidierten) membrangebundenen Hydrogenase von *Methanobacterium bryantii* wurden 1980 zum ersten Mal ESR-Signale gemessen, die sich durch die Anwesenheit von paramagnetischem Ni^{III} (low-spin d^7, $S = 1/2$) erklären ließen. 1982 wurde das Vorliegen von Nickel als paramagnetischem Zentrum durch ESR-Experimente mit ^{61}Ni-markierter Hydrogenase bestätigt (Linienaufspaltung durch Kernspin $I = 3/2$).

Für die Ni/Fe-Hydrogenase von *Desulfovibrio gigas* wurde die Geometrie des Nickel-Zentrums in verschiedenen Oxidationszuständen des Proteins näherungsweise durch XANES- und EXAFS-Messungen bestimmt. Ähnliche Daten ergaben sich für die Hydrogenasen von *Methanobacterium thermoautotrophicum* und *Thiocapsa roseopersicina* (MARONEY, COLPAS, BAGYINKA). Danach ist Nickel von zwei bis drei Schwefelliganden mit einem durchschnittlichen Ni–S-Abstand von 220 pm sowie von zwei bis vier leichten Koordinationsatomen (O, N) umgeben (KRÜGER, HOLM). Der Abstand vom Nickel zum nächsten Eisenzentrum beträgt ca. 430 pm. Die Koordinationsgeometrie bei den hauptsächlich diskutierten Oxidationsstufen Ni(II) = d^8- und Ni(III) = d^7-Konfiguration ist nicht eindeutig vorhersagbar; für die vermutet katalytischen Nickelzentren der Hydrogenasen (möglicherweise besitzen Nickel-Ionen eine Strukturfunktion) wird Fünffach-Koordination entsprechend einer quadratischen Pyramide oder verzerrt-oktaedrische Sechsfach-Koordination angenommen. Vierfach-Koordination – obwohl in Nickel/Thiolat-Komplexen angetroffen (TREMEL et al.; Fox et al.) – ist weder in tetraedrischer noch in quadratisch-planarer Form sehr wahrscheinlich.

Der Ablauf der Katalyse durch Ni/Fe-Hydrogenasen und die Natur der dabei beteiligten Spezies und Oxidationsstufen wird teilweise kontrovers diskutiert (CAMMACK; ALBRACHT; TEIXEIRA et al.). Zwar ändert sich vermutlich im Verlauf der stufenweisen Katalysator-Reduktion der Oxidationszustand des Nickels, wie das Auftreten oder Verschwinden von ESR-Signalen nahelegt. Dadurch sowie trotz einer ENDOR-spektroskopisch beobachteten, relativ geringen ^{1}H/Elektronenspin-Wechselwirkung ist jedoch noch nicht das Nickelatom als H_2-Koordinationsstelle belegt, zumal auch nicht-nickelhaltige Hydrogenasen existieren (s. Kap. 7.4).

Außer dem Ni(III)-ESR-Signal der Luft-oxidierten (inaktiven) Form beobachtet man je nach Bedingungen weitere Signale für offenbar verschiedene Enzymzustände oder auch das Fehlen solcher Signale. Letzteres kann auf ein Vorliegen von Ni(II) mit einer geraden Anzahl von d-Elektronen oder auch auf antiferromagnetische Kopplung eines Ni(III) z.B. mit reduzierten [4Fe-4S]-Clustern zurückgeführt werden.

Eine typische Zusammensetzung weist die Hydrogenase (89 kDa) des sulfatreduzierenden Bakteriums _Desulfovibrio gigas_ auf. Neben dem Nickel sind ein nicht-labiler [3Fe-4S]-Cluster (vgl. Abb. 7.3) und zwei in ihrer Charakteristik ungewöhnliche [4Fe-4S]-Zentren am (Ein-)Elektronentransport und an der Zweielektronenreduktion (9.5) beteiligt. In der aktiven Form liegt den ESR-Messungen zufolge Ni(II) und reduzierter [3Fe-4S]-Cluster vor; aus ihr kann nach H_2-Aufnahme über eine nicht ESR-aktive Stufe (Kopplung mit reduziertem [4Fe-4S]-Cluster ?) ein der Formulierung Ni^{III}-H zugeordnetes ESR-Signal erzeugt werden. Angesichts der nicht genau bekannten Koordinationsgeometrie ist es unmöglich, allein aufgrund der ESR-Informationen zwischen dem teilweise vorgeschlagenen Ni^I (d^9) und low-spin Ni^{III} (d^7) zu unterscheiden (CAMMACK). Überwiegend wird heute die letztere Alternative bevorzugt, wobei allerdings das Potential Ni(II)/Ni(III) ungewöhnlich niedrig liegen müßte. Dies kann jedoch in Nickel/Thiolat-Modellkomplexen mit der Koordinationsanordnung NiS_4, NiS_4N_2 oder NiN_6 erreicht werden (KRÜGER, HOLM; FOX et al.), was auf eine starke Beteiligung solch "weicher" Donoratome an der Elektronenübertragung hinweist. Es sind auch Zweifel daran geäußert worden, daß das Nickelzentrum im enzymatischen Ablauf überhaupt seine Oxidationsstufe ändert.

Ein Katalysemechanismus für Hydrogenase-Zentren sollte berücksichtigen, daß diese Enzyme den H/D-Austausch mit Wasser nach (9.8) beschleunigen.

$$H_2 + D_2O \quad \overset{\text{Hydrogenase}}{\rightleftharpoons} \quad HD + HDO \tag{9.8}$$

Ein Modell hierfür (9.9) beinhaltet die heterolytische Spaltung von H_2, wobei das hydridische Wasserstoffatom am Metall verbleibt, während der protische Bestandteil (H^+) am metallkoordinierten Sulfid-Zentrum oder im weiteren Verlauf an einer anderen basischen Stelle im Protein bindet. _Funktionale_ Modellverbindungen mit Thiolat-koordiniertem Metall sind selten (ZIMMER et al.).

$$E + H_2 \longrightarrow EH^- + H^+ \tag{9.9}$$

$$EH^- + D^+ \longrightarrow HD + E$$

E: Enzym

Interesse weckt vor allem die Natur der möglichen Bindung von Wasserstoff an das auch technisch einzigartige Katalysatormetall Nickel (KEIM); aus der metallorganischen Chemie sind Hydride des Nickels bekannt (JOLLY, WILKE). Diskutiert wird sogar die Möglickeit einer side-on(η^2-)-Koordination des Diwasserstoff-Moleküls (CRABTREE), wie sie vor allem bei metallorganischen Komplexen gefunden wurde (KUBAS).

Ni/Fe-Hydrogenasen zeigen eine Konkurrenz zwischen H_2- und CO-Bindung; photochemische Reaktionen der Carbonyl-Komplexe und die für Wasserstoffverbindungen besonders ausgeprägten kinetischen Isotopeneffekte werden zur Interpretation des Reaktionsmechanismus herangezogen.

ESR- und XAS-Messungen an Hydrogenasen aus *Desulfovibrio baculatus* haben eine Koordination von Selenocysteinat am Nickel erkennen lassen (Ni$-$Se 244 pm); weitere Liganden sind ein S oder Cl (217 pm Abstand) sowie drei bis vier N- oder O-Atome im Abstand von ca. 206 pm zum Metall (EIDSNESS et al.). Die Ni/Fe/Se-Hydrogenasen besitzen eine deutlich eingeschränkte Fähigkeit in bezug auf den H/D-Austausch (9.8).

9.4 CO-Dehydrogenase = CO-Oxidoreduktase = Acetyl-*Co*A-Synthase

Viele methanogene und acetogene, d.h. Methan- und Essigsäure-produzierende Bakterien enthalten eine "CO-Dehydrogenase", welche die Oxidation (9.10) von CO zu CO_2 katalysiert. Im biochemischen Sprachgebrauch wird Oxidation oft als Dehydrogenierung bezeichnet; da CO keinen Wasserstoff enthält, wäre eher die Bezeichnung CO-Oxidoreduktase angebracht (CAMMACK).

$$CO + H_2O \rightleftharpoons CO_2 + 2\,H^+ + 2\,e^- \tag{9.10}$$

Die Reaktion ist enzymatisch reversibel und kann daher zur alternativen Fixierung (Assimilation) von CO_2 dienen. Die eigentliche biologische Funktion ist die reversible Bildung von Acetyl-Coenzym A (vgl. 3.15 und Tab. 3.1) im Zusammenwirken mit *Co*A selbst und einer Methylquelle (vgl. 9.15) sowie corrinoiden Proteinen mit Methylcobalt-Funktion $CH_3-[Co]$ (vgl. Kap. 3.2.4), einer Methyltransferase und einer Fe/S-enthaltenden Disulfid-Reduktase (LINDAHL, MÜNCK, RAGSDALE; THAUER; WOLFE; HAUSKA).

$$CH_3-[Co] \;+\; CO \;+\; HS-CoA \;\rightleftharpoons\; CH_3C(O)S-CoA \;+\; H^+ \;+\; [Co]^-$$
$$\uparrow$$
$$CO_2 \tag{9.11}$$

Das gebildete Acetyl-*Co*A ("aktivierte Essigsäure") kann in autotrophen Bakterien zum Pyruvat $CH_3C(O)COO^-$ carboxyliert werden. In den methanogenen Bakterien erfolgt der weitere Abbau der Essigsäure zu CO_2 und CH_4 vermutlich auch über CO als Zwischenstufe.

Bisher hat man nachweisen können, daß die CO-Dehydrogenasen aller anaeroben Bakterien Nickel enthalten, während aerobe Spezies hierfür Molybdopterin verwenden (s. Kap. 11.1). Die CO-Dehydrogenase des Essigsäurebakteriums *Clostridium thermoaceticum* ist intensiv untersucht worden. Das Enzym besteht aus 3×2 Untereinheiten mit Molekülmassen von je 78 und 71 kDa. Es enthält vermutlich 2 Nickelatome pro $\alpha\beta$-Einheit, zusammen mit 10-13 Eisen- und etwa 14 Schwefelatomen. Es wurden außerdem unterschiedliche Mengen an Zink gefunden.

Strukturdaten für das Nickel-Zentrum stammen hauptsächlich aus ESR-, Fe-MÖSSBAUER- und EXAFS-spektroskopischen Messungen (LINDAHL, RAGSDALE, MÜNCK; BASTIAN et al.). Die ESR-Messungen einer $(S = 1/2)$-Spezies lassen auf Wechselwirkung dieses ungepaarten Elektrons mit drei oder mehr Eisenatomen und jeweils einem Nickel- und Kohlenstoffatom schließen (Ni-Signal mit ^{57}Fe- und ^{13}CO-Kopplung in Isotopen-angereichertem Material). Die EXAFS-Daten für Nickel zeigen eine schwefelreiche erste Koordinationssphäre mit vermutlich vier quadratisch planar angeordneten S(Thiolat)-Liganden im Abstand von ca. 216 pm. Ein Metall-Metall-Abstand (Ni-Fe) von ca. 325 pm deutet ähnlich wie auch MÖSSBAUER-Daten auf Wechselwirkungen zwischen den Ni-Zentren und einem Fe/S-Cluster hin (BASTIAN et al.). Die Struktur von CO-Dehydrogenasen könnte ähnlich der eines [4Fe-4S]-Clusters sein, wobei *ein* Eisenatom durch ein Nickelzentrum ersetzt ist (CONOVER et al.). Mechanismus (9.12) kann die aufgrund von Markierungsexperimenten erwiesenermaßen reversibel verlaufende Carbonylierung durch CO-Dehydrogenase beschreiben, falls Nickel als CO-Koordinationszentrum gewählt wird (WALSH, ORME-JOHNSON); eine Alternative hierzu ist die Wahl des Corrin-Cobaltzentrums als Carbonylierungsstelle (LU, HARDER, RAGSDALE; vgl. 3.15).

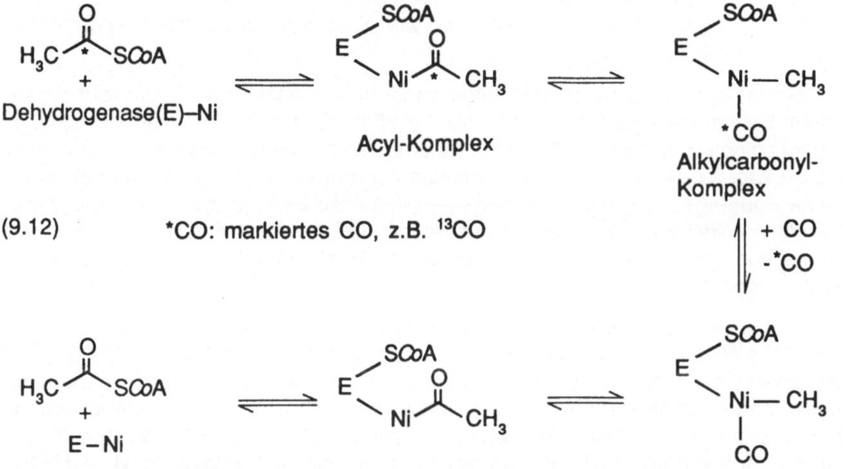

(9.12)   *CO: markiertes CO, z.B. ^{13}CO

Die Insertion von CO in eine Metall-Kohlenstoffbindung ist im metallorganischen Bereich – auch bei Nickel-Verbindungen – bekannt (Umwandlung Alkylcarbonyl → Acyl; STOPPIONI, DAPPORTO, SACCONI). Mit vierzähnigen Tripod-Liganden konnten Modellkomplexe (9.13) mit [Ni^{II}–Me]-, [Ni^{II}–COMe]-, [Ni^{II}–H]- und [Ni^{I}–CO]-Funktion etabliert sowie die Reaktionssequenz [Ni–CH$_3$] → [Ni–COCH$_3$] → CH$_3$COSR' nachvollzogen werden (STAVROPOULOS et al.).

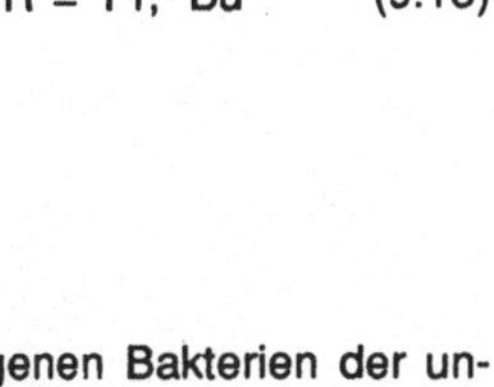

R = ^{i}Pr, ^{t}Bu   (9.13)

9.5 Methyl-Coenzym M-Reduktase

Die Methyl-Coenzym M-Reduktase dient in methanogenen Bakterien der unmittelbaren Erzeugung von Methan durch Katalyse der Reduktion von Methyl-Coenzym M (2-Methylthioethansulfonat).

$$CH_3S(CH_2)_2SO_3^- + \underbrace{2\,e^- + 2\,H^+}_{H_2} \rightarrow CH_4\uparrow + HS(CH_2)_2SO_3^- \qquad (9.14)$$

CH$_3$S–*CoM*

Dies ist der letzte Schritt in der energieliefernden CH_4-Produktion aus CO_2 durch autotrophe methanogene Archäabakterien wie etwa *Methanobacterium thermoautotrophicum* (vgl. Abb. 1.2).

Methanogene Bakterien sind unter anderem am anaeroben Abbau der organischen Bestandteile des Klärschlamms beteiligt, dem vom Volumen her größten biotechnologischen Prozeß (THAUER). Daneben findet Methanproduktion in Sedimenten ($\rightarrow$ Erdgaslagerstätten) und im Pansen von Wiederkäuern statt; das atmosphärische Spurengas CH_4 hat neuerdings wegen seines Beitrags zum "Treibhauseffekt" Aufmerksamkeit erlangt. Während der größere Teil des biogenen Methans aus dem Abbau von Acetat stammt, ist vom chemischen Standpunkt die Bildung aus CO_2 weitaus interessanter.

In dem acht Elektronen erfordernden Prozeß (9.15) spielen mehrere Coenzyme eine Rolle (THAUER; WOLFE; HAUSKA): Methanofuran dient der Aufnahme des CO_2 und der Umwandlung der Carboxylfunktion innerhalb der ersten $2e^-$-Reduktion. Die dabei entstehende Formylgruppe $-CHO$ wird auf das Tetrahydromethanopterin übertragen, das damit funktionell der Tetrahydrofolsäure (3.12) der Eukaryonten gleicht. Nach zwei weiteren Elektrontransferschritten (Formyl $\rightarrow$ Hydroxymethyl $\rightarrow$ Methyl) wird die gebildete Methylgruppe auf Coenzym M übertragen, das unter Katalyse durch Methyl-Coenzym M-Reduktase Methan abspaltet, wobei eine Triebkraft der Reaktion in der Disulfidbildung zwischen $CoM-S^-$ und der zusätzlichen Komponente $HS-HTP$ besteht (s. 9.17).

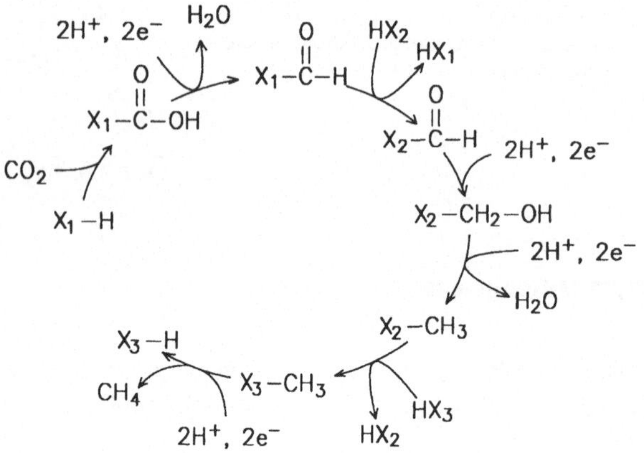

$$(9.15)$$

[Reaktionszyklus-Schema (9.15)]

Brutto-Gleichung: $CO_2 \; + \; \underbrace{8\,e^- \; + \; 8\,H^+}_{\text{"4 }H_2\text{"}} \; \rightarrow \; CH_4 \; + \; 2\,H_2O$

(9.15, Fortsetzung)

$$^-OOC(CH_2)_2CHCH[(CH_2)_2CNHCH]_2(CH_2)_2CNH(CH_2)_2-\text{(Aryl)}-OCH_2-\text{(Furan)}-CH_2{}^+NH_3$$

Methanofuran, HX_1

Tetrahydromethanopterin, HX_2

$$HS-(CH_2)_2-SO_3^-\qquad\qquad HS-CoM,\ HX_3$$

: Substitutionsstelle für C_1-Fragmente

Zurück bleibt nach der letzten Reduktion ein Thiol, so daß es sich hier um eine der Methionin-Synthese aus Homocystein (3.14) verwandte Reaktion handelt. Die für die Reduktionen benötigten Elektronen stammen aus der durch verschiedene Hydrogenasen katalysierten Oxidation des molekularen Wasserstoffs.

Die Methyl-Coenzym M-Reduktase ist aus mehreren Komponenten zusammengesetzt, von denen alle für die Aktivität des Enzyms vorhanden sein müssen. Das gereinigte Enzym zeigt jedoch bislang nur sehr geringe Effizienz für *in vitro*-Methanbildung. Man findet vier unterschiedliche Proteinanteile des Enzyms, drei davon dienen der Aktivierung des Systems bzw. zeigen Hydrogenase-Aktivität. Die vierte Komponente enthält vermutlich das eigentlich aktive Zentrum der Methyl-Reduktase. Es handelt sich um ein dimeres Protein mit ca. 300 kDa Molekülmasse, zusammengesetzt aus jeweils drei Untereinheiten mit 68, 47 und 38 kDa. Aus dem Enzym konnte ein gelber, niedermolekularer Stoff isoliert werden, der Nickel enthält und bei 430 nm ein intensives Absorptionsmaximum aufweist: Faktor F430. Die Struktur dieses ersten Nickeltetrapyrrol-Coenzyms konnte durch aufwendige biosynthetische Markierung und spektroskopische Methoden (NMR) als ein teilhydriertes Porphin-System (9.16) mit annelliertem δ-Lactam- und Cyclohexanon-Ring aufgeklärt werden (PFALTZ et al.; ESCHENMOSER; KRÄUTLER). Es wird hier von einem "Hydrocorphin"-Gerüst gesprochen, um die Verwandtschaft der Struktur sowohl mit Porphyrinen als auch mit den ebenfalls nicht zyklisch konjugierten Corrinen auszudrücken (F430 als "missing link" der Tetrapyrrol-Entwicklung; ESCHENMOSER).

Der teilweise gesättigte Charakter des Makrozyklus und die Ankondensation zusätzlicher gesättigter Ringe bewirken vermutlich eine ausgeprägte Flexibilität in Richtung auf starke Faltung (S_4-Verzerrung, s. Abb. 2.9) des Tetrapyrrol-Komplexes. Dadurch wird dem normalerweise axial *nicht* aktivierten Nickelzentrum (Ni^{II} = d^8 mit bevorzugt quadratisch-planarer Koordination, vgl. Abb. 2.10) eine Reaktivität insbesondere gegenüber Nukleophilen aufgezwungen, die es

Coenzym F430   (9.16)

für Substratkoordination *und* Redoxaktivität ($Ni^{II} \rightarrow Ni^{I}$) zugänglich macht. Das Corphin-Gerüst selbst ist ebenso wie der Corrin-Ligand zur Aufnahme von einem Elektron fähig, insbesondere auch wegen der Anwesenheit einer konjugierenden Carbonylgruppe im Cyclohexanon-Ring. Dies erzeugt für die Reduktion des Komplexes eine Ambivalenz hinsichtlich der Alternative Metall- oder Ligand-Reduktion (FURENLID et al.); ähnliche Ambivalenzen existieren bei Eisen-Porphyrinen (vgl. Kap. 6.4). Erwähnt werden muß weiter die nur einfach negative Ladung des deprotonierten Corphin-Liganden im inneren makrozyklischen Ring; Porphyrin-Liganden sind dort dagegen zweifach deprotonierbar. Für Ni(II) in F430 sind auch angenähert trigonal-bipyramidale Anordnungen (mit einer freien Koordinationsstelle) möglich, wodurch verschiedene Oxidations-(+I, +II) und Spinzustände (high-spin, low-spin) des dann unterschiedlich großen Metallzentrums besser erreichbar werden (ZIMMER, CRABTEE). Low-spin d^8-Konfiguration, d.h. Spinpaarung, resultiert nur bei starker Verzerrung des oktaedrischen Ligandenfeldes, wenn also die einer Spinpaarung entgegenwirkende Entartung der e_g-Orbitale deutlich aufgehoben ist (2.7, Abb. 2.10).

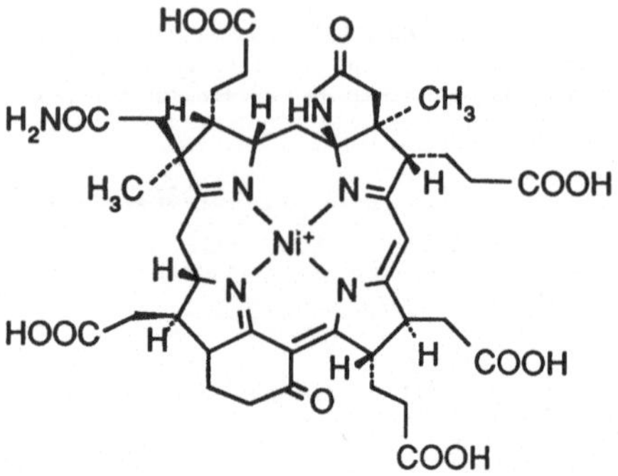

Der genauere Reaktionsmechanismus für das Nickel im Cofaktor F430 ist noch ungeklärt (PFALTZ). Im folgenden hypothetischen Schema (9.17) wird dem Nickel-Ion im Komplex F430 eine Rolle als Elektronenüberträger (oxidierende Kupplung zweier Sulfide) und als kurzlebiges Methylgruppen-Koordinationszentrum zuerkannt (metallorganische Zwischenstufe). Eine direkte Bindung von Thioether- oder Thiolat-Schwefelatomen der Substrate an das Nickel ist eine weitere mögliche Funktion. Die Spaltung von Alkyl-Thiol-(C−S)-Bindungen durch aktive Nickel-Spezies ist technisch von RANEY-Nickel und ähnlichen Entschwefelungskatalysatoren bekannt.

(9.17)

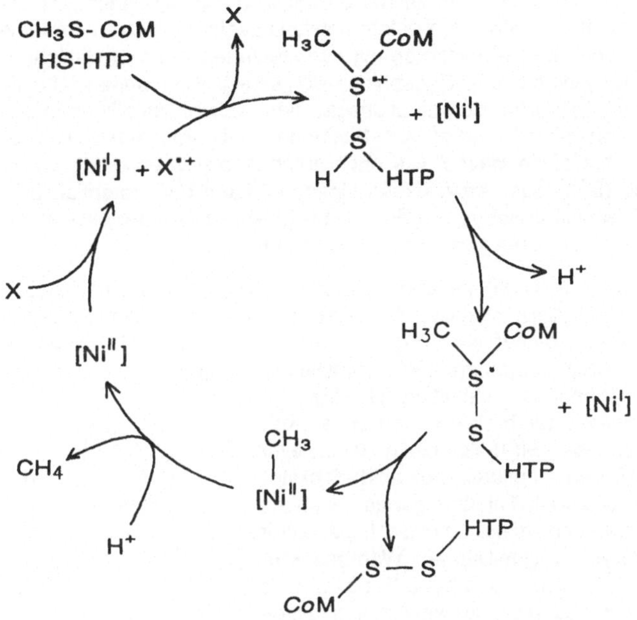

HS–HTP: HS⌒⌒⌒⌒R   R = —N— OPO₃²⁻
                              O   ⁻O₂C   H   CH₃

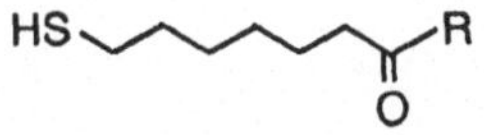

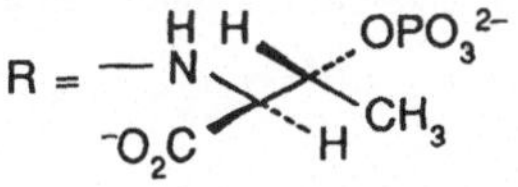

7-Mercaptoheptanoyl-O-phosphothreonin

9.6 Modellverbindungen

Im Zusammenhang mit Modellverbindungen für die noch sehr neuen und koordinationschemisch unzureichend charakterisierten Nickelproteine soll hier das Problem scheinbar exotischer Oxidationsstufen angesprochen werden. Während in der metallorganischen Chemie des Nickels vor allem die niedrigen Oxidationsstufen +I und 0 vorkommen (JOLLY, WILKE), die auch in der technischen Katalyse bei Hydrierungen (vgl. Hydrogenasen), Entschwefelungen (vgl. Methyl-CoenzymM-Reduktase) und Carbonylierungen (vgl. CO-Dehydrogenase) eine Rolle spielen, schien es sich bei Ni(III) lange Zeit um eine eher ungewöhnliche Oxidationsstufe des Metalls zu handeln. Mittlerweile, und nicht zuletzt beeinflußt durch den Nachweis dreiwertigen Nickels in oxidierten, wenn auch nicht notwendigerweise aktiven Proteinen, wurde eine Vielzahl von Ni(III)-Komplexen mit deprotonierten Amin-Chelatliganden, Peptiden, Oximen, Thiolaten und Phosphinen dargestellt. Eine wesentliche Rolle spielt hierbei die Einengung der Koordinationsgeometrie durch Chelatliganden, da sich die Präferenzen von d^8 (Ni^{II})- und d^7 (Ni^{III})-Elektronenkonfigurationen deutlich unterscheiden (s. 3.3). Auf diese Weise, wie auch durch Anbieten elektronenreicher Thiolat (RS^-)-, Sulfid (S^{2-})- oder Amid (R_2N^-)-Liganden, kann das Potential für den Übergang Ni(II/III) soweit erniedrigt werden, daß Ni(III)-Spezies unter physiologischen Bedingungen stabil sind (KRÜGER, HOLM; FOX et al.).

Zu den stabilen Ni(III)-Verbindungen zählen Komplexe kleiner, C(O)NH-deprotonierter Peptide (LAPPIN, MURRAY, MARGERUM). Das Nickel(III)-Zentrum befindet sich in (9.18) quadratisch planar vom Peptid koordiniert, während die axialen Positionen von relativ schwach gebundenen Wassermolekülen eingenommen sind. Solche Komplexe mit Oligopeptiden wie etwa [Gly-Gly-Gly]$^{3-}$ sind relativ einfach durch elektrochemische Oxidation entsprechender Ni(II)-Komplexe darzustellen. Die deprotonierten Peptid(Carboxamid)-Stickstoffzentren sind, wie auch Thiolat-Liganden, starke σ- und π-Donatoren und als solche in der Lage, höhere Oxidationsstufen zu stabilisieren. Während Komplexe wie (9.18) jedoch noch hohe Redoxpotentiale für Ni(II/III) von ca. 0.9 V aufweisen, liegen diese Werte für Hydrogenasen und andere Nickelenzyme deutlich niedriger – wahrscheinlich als Konsequenz mehrfacher Cysteinat-Ligation (KRÜGER, HOLM; FOX et al.).

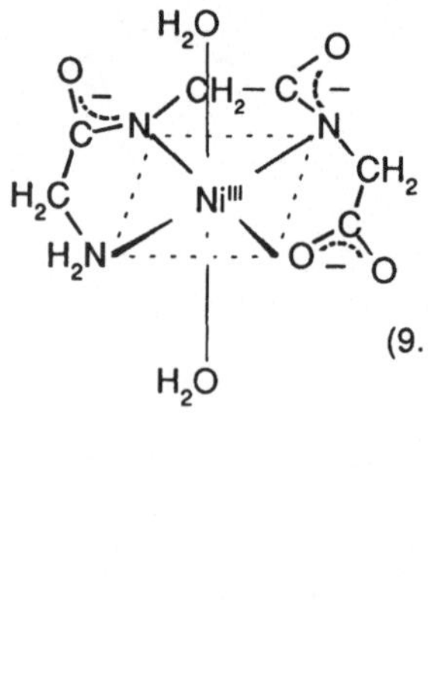

$$(9.18)$$

10 Kupferhaltige Proteine: Die Alternative zu biologischem Eisen

Kupfer- und Eisen-enthaltende Proteine besitzen häufig vergleichbare Funktionalität (Tab. 10.1); hingewiesen wurde bereits auf die Entsprechung der reversibel O_2-bindenden Proteine Hämerythrin (Fe, Kap. 5.3) und Hämocyanin (Cu, s. Kap. 10.2). Beide Metalle treten weiterhin in Elektronentransfer-Proteinen für die Photosynthese und Atmung sowie beim Metabolismus des Sauerstoffs, z.B. in Oxidasen/Oxygenasen, und bei der Beseitigung seiner zellschädigenden Reduktions-Zwischenprodukte auf. Kupfer tritt allerdings im biologischen Bereich nicht – wie das Eisen im Häm – in Tetrapyrrol-komplexierter Form in Erscheinung; insbesondere das Imin-Stickstoffzentrum im Imidazol-Ring des Histidin-Restes ist in der Lage, Kupfer sowohl thermodynamisch als auch kinetisch in den beiden Oxidationsstufen (+I) und (+II) ausreichend fest zu binden.

Tabelle 10.1: Korrespondenz von Eisen- und Kupferproteinen (jeweils Beispiele)

Funktion	Fe-Protein (*h*: Häm-System) (*nh*: Nicht-Häm-System)	Cu-Protein
O_2-Transport	Hämoglobin (*h*) Hämerythrin (*nh*)	Hämocyanin
Oxygenierung	Cytochrom P-450 (*h*) Methan-Monooxygenase (*nh*) Catechol-Dioxygenase (*nh*)	Tyrosinase Quercetinase (Dioxygenase)
Oxidase-Aktivität	Peroxidasen (*h*) Peroxidasen (*nh*)	Amin-Oxidasen Laccase
Elektronen-Übertragung	Cytochrome (*h*)	Blaue (Typ 1) Cu-Proteine
Antioxidations-Funktion	Peroxidasen (*h*) bakterielle Superoxid-Dismutasen (*nh*)	Superoxid-Dismutase (Cu, Zn) aus Erythrozyten
NO_2^--Reduktion	hämhaltige Nitrit-Reduktase (*h*)	Cu-enthaltende Nitrit-Reduktase

Eisen und Kupfer weisen trotz der offensichtlichen Gemeinsamkeiten in der physiologischen Funktion auch einige wesentliche Unterschiede auf. Die Redoxpotentiale für Cu(I/II) liegen generell *höher* als für Fe(II/III), sowohl mit physiologischen als auch nicht-physiologischen Liganden. In neutraler wäßriger Lösung und auch im Meerwasser ist die *oxidierte* Form Cu^{2+} besser löslich als das mit Halogenid- und Sulfid-/Thiolat-Liganden schwerlösliche Cu(I) – anders als im System Fe(II/III), wo die oxidierte Form *schwerer* löslich ist (Kap. 5.1). Angesichts der biogenen O_2-Produktion im Laufe der Erdgeschichte besitzt dieser Unterschied auch geochemische Bedeutung (Fe-Ausfällung und Cu-Mobilisierung; Ochiai).

Da der Mensch keine Kupfer-Proteine zum stöchiometrischen Sauerstoff-Transport benötigt, ist die Gesamtmenge im Körper mit ca. 150 mg für einen Erwachsenen relativ gering. Trotzdem existiert wegen der essentiellen Bedeutung dieses Spurenelements vor allem in der Atmungskette (vgl. Abb. 6.1) eine nur geringe Toleranz gegenüber Abweichungen. Drei Aspekte sollen hier erwähnt werden:

– Bei der Wilsonschen Krankheit, einer erblichen Störung der primären Kupfer-Speicherfunktion des Körpers durch das Protein Caeruloplasmin (Tab. 10.2), reichert sich das Metallion vor allem in Leber, Niere und Gehirn übermäßig an, was zu Demenz, Leberversagen und letztendlich zum Tode führen kann. Eine Therapie dieser Krankheit wie auch von akuten Kupfer-Vergiftungen besteht in der Verabreichung von möglichst spezifisch Cu-komplexierenden Chelatliganden, insbesondere von Penicillamin (vgl. 2.1). Dieses Molekül enthält neben einer für die Ausschwemmung wichtigen hydrophilen Säurefunktion S(Thiolat)- und N(Amin)-Koordinationsstellen und ist daher recht spezifisch für Kupfer(I/II).

– Akuter Kupfer-Mangel kann insbesondere bei Neugeborenen auftreten, da sich der komplexe Transport- und Speichermechanismus für dieses Metall unter Einbeziehung von Serumalbumin, Caeruloplasmin und Metallothionein (s. Kap. 17.3) erst nach einigen Lebensmonaten stabilisiert. Wegen der essentiellen Rolle des Kupfers bei der Atmung ($\rightarrow$ Cytochrom *c*-Oxidase, Kap. 10.4) kann dies zu ungenügender Sauerstoffverwertung im Gehirn und damit zu bleibenden Schäden führen. Auch gegenüber Cu-Überschuß sind Säuglinge empfindlich; normal ist bei der Geburt eine hohe Sättigungs-Konzentration in der Leber.

– Das Menkesche "Kraushaar"-Syndrom beruht auf einer erblich bedingten Störung der Kupferresorption durch Mucosazellen im Verdauungstrakt. Die Symptome sind wiederum schwere Störungen der geistigen und körperlichen Entwicklung sowie das Auftreten von sprödem Kraushaar (kinky hair); Abhilfe bietet hier nur intravenös zugeführtes Kupfer.

Kupfer und Molybdän (s. Kap. 11.1) stehen als N- *und* S-affine Metalle in einer antagonistischen (Konkurrenz-)Situation, was bei der Tierzucht auf Mo-reichen und Cu-armen Böden zu gravierenden Kupfer-Mangelerscheinungen führen kann (Mills). Diesem Phänomen wird durch entsprechende Anreicherung der Tiernahrung entgegengewirkt; chemische Grundlage ist offenbar die Nichtverfügbarkeit von Kupfer für den Metabolismus durch Koordination an die im Verdauungstrakt aus Molybdän und schwefelhaltigen Verbindungen gebildeten Thiomolybdate $MoO_nS_{4-n}^{2-}$ (MÜLLER et al.; s. 11.4). Auch bei übermäßiger Belastung mit Fe, Zn oder Cd treten derartige "sekundäre" Kupfer-Mangelerscheinungen auf.

Von der Funktion her kann man zunächst zwei Hauptgruppen von Kupfer-Proteinen unterscheiden: reine Elektronenübertragungs-Proteine einerseits und mit O_2 wechselwirkende Systeme andererseits, wozu auch die Superoxid-Dismutase zählt. Es existieren daneben einige große Proteine mit mehrfacher Funktion wie etwa das schon erwähnte Caeruloplasmin, welches aus den eingangs genannten Gründen bei der Regulierung des Eisenmetabolismus mitwirkt.

Vom strukturellen und spektroskopischen Standpunkt unterscheidet man aufgrund einer allgemein üblichen Konvention (SPIRO; SOLOMON, PENFIELD, WILCOX; LONTIE; KARLIN, ZUBIETA) drei verschiedene Typen von biologischen Kupfer-Zentren (Tab. 10.2), welche zum Teil mehrfach in einem Protein vorliegen können (Tab. 10.3). Neuere Untersuchungen weisen auf spezielle Kombinationen (Typ 2/Typ 3-Trimere) sowie auf weitere, im klassischen Schema nicht erfaßte Kupferzentren vom Typ Cu_A bzw. Cu_C der Cytochrom c-Oxidase hin (s. Kap. 10.4).

10.1 Der Typ 1: "Blaue" Kupfer-Zentren

Dieser Typ leitet seinen Namen von der *intensiv* blauen Farbe der Proteine her; entsprechende Proteine heißen daher Azurin oder Plastocyanin (Tab. 10.3; κύανος: dunkelblau). Die Farbe ist deshalb auffallend, weil in Metalloproteinen die Metallzentren optisch so "verdünnt" sind, daß nur von symmetrieerlaubten Elektronenübergängen herrührende intensive Absorptionen im sichtbaren Bereich Anlaß zu einem starken Farbeffekt geben. Die sehr schwache blaue Farbe von normalem Cu^{2+}(aq), z.B. in kristallinem Kupfer(II)sulfat-Pentahydrat, rührt von "verbotenen" Elektronenübergängen zwischen d-Orbitalen unterschiedlicher Symmetrie her (2.7), die molaren Extinktionskoeffizienten ε betragen hier weniger als 100 M^{-1} cm^{-1}. Die Kupfer(II)-Zentren der "blauen" Kupferproteine zeigen dagegen wesentlich höhere ε-Werte von ca. 3000 M^{-1} cm^{-1}, andererseits führt die Wechselwirkung des ungepaarten Elektrons (Cu^{II} besitzt d^9-Konfiguration) mit den magnetisch nicht sehr verschiedenen Kupferisotopen ^{63}Cu und ^{65}Cu (Kernspin $I = 3/2$ für beide Isotope) im ESR-Spektrum zu deutlich geringerer Hyperfeinaufspaltung $a_{||}$ (Abb. 10.1) als bei normalen Cu(II)-Zentren (SOLOMON, PENFIELD, WILCOX).

Tabelle 10.2: "Klassische" Kupferzentren in Proteinen

Verallgemeinerte Koordinationsgeometrie	Funktion, Struktur, Charakteristik
Typ 1 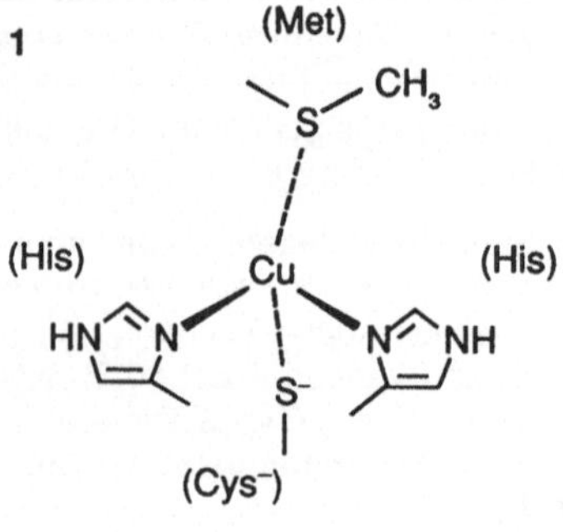 (Met) ... S–CH₃, (His), (His), Cu, S⁻, (Cys⁻)	**Typ 1**: "Blaues" Kupfer Funktion: reversibler Elektronentransfer $Cu^{II} + e^- \rightleftharpoons Cu^I$ Struktur: stark verzerrtes Polyeder, (3+1)-Koordination Absorption der oxidierten Kupfer(II)-Form ca. 600 nm, molarer Extinktionskoeffizient $\varepsilon > 2000\ M^{-1}cm^{-1}$; LMCT-Übergang $S^-(Cys^-) \rightarrow Cu(II)$ ESR/ENDOR der oxidierten Form: kleine $^{63,65}Cu$-Hyperfeinkopplung und g-Anisotropie, Wechselwirkung des Elektronenspins mit $^-S-CH_2-$; $Cu(II) \rightarrow S(Cys)$-Spindelokalisation
Typ 2 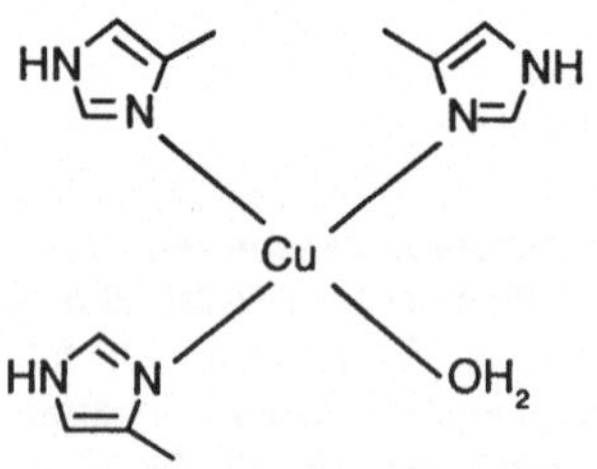 (His)–N, N–(His), Cu, HN–N, OH₂	**Typ 2**: normales, "nicht-blaues" Kupfer Funktion: im Zusammenwirken mit Coenzymen O_2-Aktivierung Struktur: weitgehend planar (Cu^{II}) mit schwacher zusätzlicher Koordination (JAHN-TELLER-Effekt) Typische schwache Absorptionen von Cu(II), $\varepsilon < 1000\ M^{-1}\ cm^{-1}$; Ligandenfeldübergänge (d → d) Normales Cu(II)-ESR
Typ 3 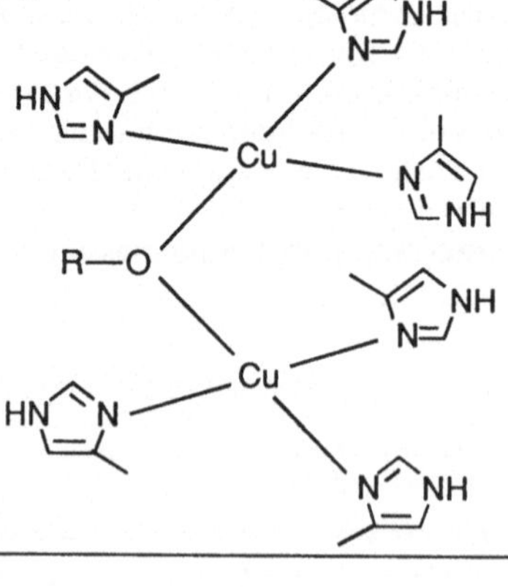 (His)-Imidazole, Cu, R–O, Cu, (His)-Imidazole	**Typ 3**: Kupfer-Dimere Funktion: O_2-Aufnahme Struktur: (verbrücktes) Dimer, Cu–Cu-Abstand ca. 360 pm Nach O_2-Aufnahme intensive Absorptionen bei 350 und 600 nm, $\varepsilon \approx 20000$ und $1000\ M^{-1}cm^{-1}$; LMCT-Übergänge $O_2^{2-} \rightarrow Cu(II)$ ESR-inaktiv (antiferromagnetisch gekoppelte d^9-Zentren)

Tabelle 10.3: Ausgewählte Kupfer-Proteine

Funktion und typische Proteine	Molekülmasse (kDa)	Cu-Typ(en)	Vorkommen, Reaktivität
Elektronen-Überträger ($Cu^I \rightleftharpoons Cu^{II} + e^-$)			
Plastocyanin	10.5	1 Typ 1 (E = 0.3-0.4V)	Beteiligung an pflanzlicher Photosynthese (s. Abb. 4.9)
Azurin	16	1 Typ 1 (E = 0.2-0.4V)	Beteiligung an bakterieller Photosynthese
"Blaue" Oxidasen ($O_2 \rightarrow 2\ H_2O$)			
Laccase	60-130	1 Typ 1 (E = 0.4-0.8V) 1 Trimer	Oxidation von Polyphenolen und -aminen in Pflanzen
Ascorbat-Oxidase	2 x 75	1 Typ 1 (E = 0.4V) 1 Trimer	Oxidation von Ascorbat zu Dehydroascorbat in Pflanzen (3.12)
Caeruloplasmin	130	2 Typ 1 (E = 0.4V) 2 Trimere?	Cu-Transport, Cu-Speicherung, Fe-Mobilisierung, Oxidase- und Antioxidations-Funktion im Serum von Tieren und Menschen
"Nicht-blaue"-Oxidasen ($O_2 \rightarrow H_2O_2$)			
Galactose-Oxidase	68	1 Typ 2	Alkohol-Oxidation in Pilzen (10.13)
Amin-Oxidasen	>70	1 Typ 2	Abbau von Aminen zu Carbonylverbindungen (10.14), Vernetzung von Kollagen

(Tabelle 10.3, Fortsetzung)

Monooxygenasen ($O_2 \rightarrow H_2O$ + Substrat-O)

Dopamin-β-Monooxygenase	290	2 Typ 2	Seitenketten-Oxidation von Dopamin zu Noradrenalin in der Nebennierenrinde (10.8)
Tyrosinase	var.	2 Typ 3	ortho-Hydroxylierung von Phenolen und Weiteroxidation zu *o*-Chinonen in Haut, Fruchtfleisch etc. (10.10)

Dioxygenasen ($O_2 \rightarrow$ 2 Substrat-O)

Quercetinase	110	2 Typ 2	oxidative Spaltung von Quercetin in Pilzen

Terminale Oxidase ($O_2 \rightarrow$ 2 H_2O)

Cytochrom *c*-Oxidase	>100	Cu_A Cu_B Cu_C	Endpunkt der Atmungskette (Abbn. 6.1 und 6.2)

Superoxid-Abbau (2 $O_2^{\bullet-} \rightarrow O_2 + O_2^{2-}$)

Cu,Zn-Superoxid-Dismutase	2 x 16	2 Typ 2	$O_2^{\bullet-}$-Disproportionierung z.B. in Erythrozyten

Disauerstoff-Transport

Hämocyanin	n x 50 (Mollusken) n x 75 (Arthropoden)	2 Typ 3 pro n	O_2-Transport in Hämolymphe von Mollusken und Arthropoden

Funktionen im Stickstoff-Kreislauf:

Nitrit-Reduktase		Typ 1 Typ 2 (?)	NO_2^--Reduktion (dissim.)
N_2O-Reduktase		Cu_A Typ 3 (?)	Reduktion von N_2O zu N_2 (10.15) im Stickstoff-Kreislauf

Elektronenspinresonanz II (ESR I auf S. 45)

Anders als bei der Co(II)-Stufe des Cobalamins (low–spin d^7; 3.7) wird in normalen Cu(II)-Komplexen (d^9) aufgrund der JAHN-TELLER-Verzerrung nicht das d_{z^2}-Orbital, sondern das $d_{x^2-y^2}$-Orbital durch ein ungepaartes Elektron besetzt. Die oktaedrische Konfiguration ist bei d^9-Systemen instabil, da hier ein entartetes Orbital (e_g, 2.7) nur teilweise besetzt ist; das System entgeht dieser nicht eindeutigen Situation (10.1) durch geometrische Verzerrung (Symmetrieerniedrigung → Aufhebung der Entartung: JAHN-TELLER-Effekt erster Ordnung).

(10.1)

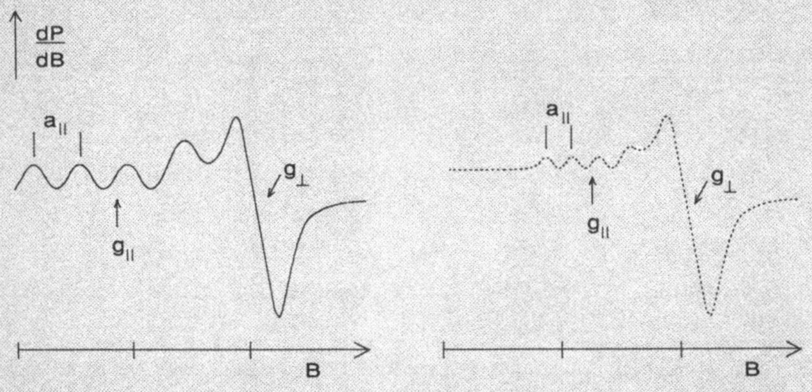

Diese Orbitalbesetzung läßt sich aus den typischen "anisotropen" ESR-Spektren von immobilisierten, statistisch orientierten Komplexen z.B. in gefrorener Lösung oder im polykristallinen Festkörper herleiten:

Abbildung 10.1: Typische anisotrope ESR-Signale (1. Ableitung bei gleichem Maßstab der Feldstärke B) für einen normalen Cu(II)-Komplex (——) und für ein "blaues" Kupfer(II)-Protein (····)

Es resultiert zunächst eine Signalaufspaltung, welche die Symmetrie des einfach besetzten Orbitals im homogenen Magnetfeld reflektiert. Diese anisotrope Wechselwirkung kann in allen drei Raumrichtungen verschieden sein und so zu einem "rhombischen Signal" mit drei verschiedenen g-Faktoren führen; im Falle von JAHN-TELLER-verzerrtem Cu(II) mit quadratischer, quadratisch-pyramidaler oder -bipyramidaler Konfiguration wird jedoch allgemein ein "axiales" Spektrum mit zwei zusammenfallenden g-Komponenten $g_x = g_y = g_\perp$ (senkrecht zur Magnetfeldachse) und einer separaten g-Komponente $g_z = g_\parallel$ parallel zum Magnetfeld beobachtet (Abb. 10.1). Für eine d^9-Konfiguration mit $(d_{x^2-y^2})^1$ gilt $g_\parallel > g_\perp \approx 2.01$, außerdem ist die Wechselwirkung des ungepaarten Elektrons mit dem Kernspin $I = 3/2$ der Kupfer-Isotope $^{63,65}Cu$ in axialer Richtung wesentlich größer als für die Komponenten senkrecht zum Magnetfeld: $a_\parallel > a_\perp$ (SYMONS). Dementsprechend ist die größere g-Komponente mehr oder weniger deutlich in vier Linien aufgespalten (vier Kernspin-Orientierungen $M_I = +3/2$, $+1/2$, $-1/2$, $-3/2$ gegenüber dem Magnetfeld); nur Übergänge mit $\Delta S = \pm 1$ und $\Delta I = 0$ sind erlaubt (10.2).

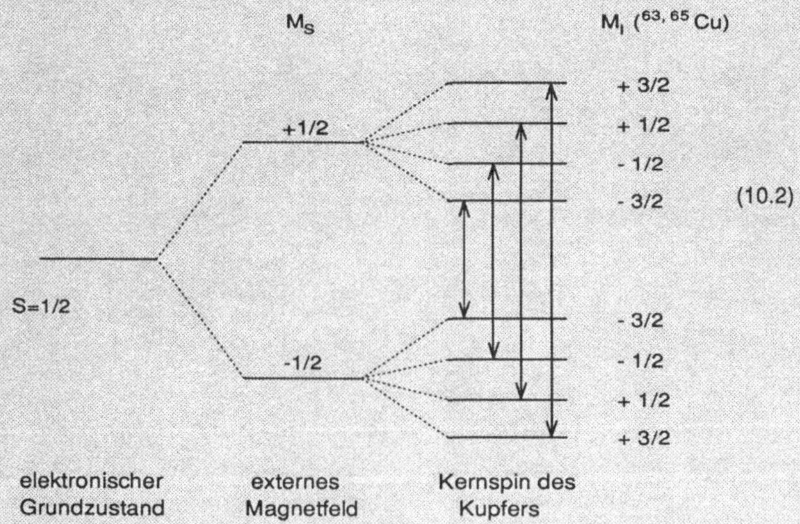

Bei den blauen Kupferproteinen mit ihrer nicht-quadratischen Konfiguration auch im Cu(II)-Zustand und einer deutlichen Kovalenz der Cu-Thiolat-Bindung (PENFIELD, GEWIRTH, SOLOMON) sind sowohl g-Anisotropie, d.h. die Differenz $g_\parallel - g_\perp$, wie auch die $^{63,65}Cu$-Hyperfeinkopplung deutlich reduziert (Abb. 10.1), entsprechend einem geringeren Anteil des Metalls mit seiner großen Spin-Bahn-Kopplungskonstante am einfach besetzten Molekülorbital. Umgekehrt findet man über ENDOR-Untersuchungen eine signifikante Wechselwirkung des Cysteinat-Restes mit dem ungepaarten Elektron (ROBERTS et al.).

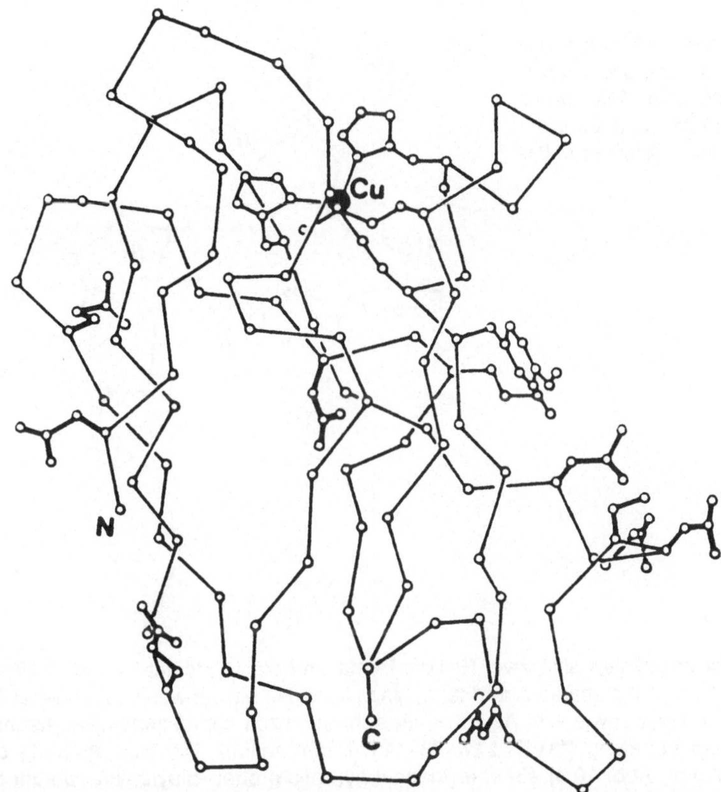

Abbildung 10.2: Struktur des oxidierten Plastocyanins aus Pappel-Blättern (*Populus nigra*; α-C-Gerüstdarstellung der Polypeptidkette mit einigen ausgewählten Aminosäureresten, nach GUSS, FREEMAN)

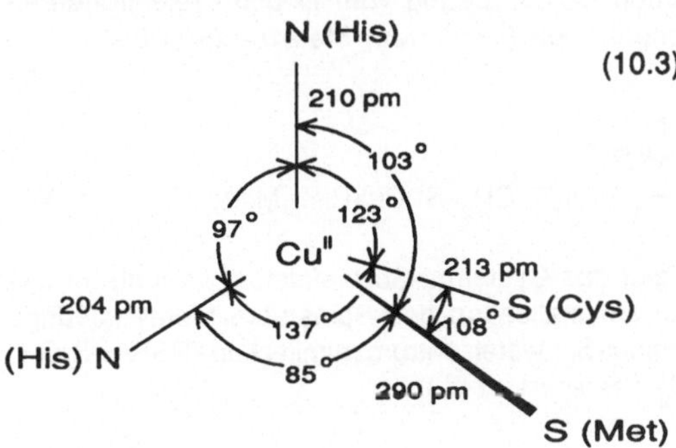

(10.3)

Kristallstrukturanalysen von "blauen" Cu-Proteinen (ADMAN; GUSS, FREEMAN; SYKES; NORRIS, ANDERSON, BAKER; Abbn. 10.2 und 10.3) haben ergeben, daß die Metall-Zentren eine sehr stark verzerrte "tetraederische" Umgebung aufweisen, wobei die Abweichungen vom idealen Tetraederwinkel (ca. 109.5°) bis zu 25° betragen können, wie die typische Koordinationsgeometrie in (10.3) zeigt (WILLIAMS).

Abbildung 10.3: Koordinationsumgebung des Kupfers in Azurin aus *Alcaligenes denitrificans* (α-C-Zentren; aus NORRIS, ANDERSON, BAKER)

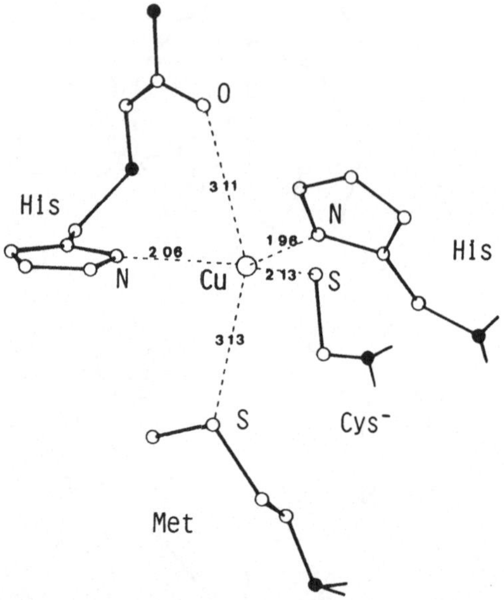

Fest koordiniert sind zwei Histidin-Reste und ein Cysteinat-Ligand in einer annähernd trigonal-planaren Anordnung; hinzu kommen ein schwach gebundener (10.3) Methionin-Rest sowie – in Azurin – ein sehr schwach koordiniertes Sauerstoffatom einer Peptidbindung ("3+1"- bzw. "3+1+1"-Koordination). Die Beschreibung dieser Struktur (vgl. Abb. 10.3) als eher trigonal-pyramidal oder -bipyramidal beruht daher auf einer Einschätzung von Koordinations-Bindungsstärken. Fest steht jedoch, daß vor allem der Cysteinat-Ligand für das ungewöhnliche Verhalten der Typ 1-Kupfer-Zentren verantwortlich ist. Die intensive Absorption ist – wie auch im Falle des oxidierten Rubredoxins (7.4) – einem Ligand-Metall-Charge-Transfer (LMCT) zuzuordnen, d.h. Elektronenladung geht durch Lichtanregung vom π- und σ-elektronenreichen Thiolat-Liganden zum elektronenarmen (oxidierten) Metallzentrum über.

$$(R\text{–}CH_2\text{–}S^-)Cu^{II}(His)_2(Met) \quad \xrightarrow[\text{LMCT}]{h\nu} \quad [(R\text{–}CH_2\text{–}S^\bullet)Cu^{I}(His)_2(Met)]^* \qquad (10.4)$$

Auch schon im Grundzustand gibt das Cysteinat-Schwefelatom Ladung an das Metallzentrum ab, was sich in einer Delokalisation des Spins vom Metall (niedrige ESR-Kopplungskonstante) zum Cysteinat-Schwefelzentrum manifestiert (ESR/ENDOR-nachweisbare Kopplung mit $S\text{–}CH_2\text{–}$; ROBERTS et al.).

Die starke Verzerrung der "Tetraeder"-Geometrie kommt durch eine wohlkonservierte Aminosäuresequenz His-46x-Cys-x-x-His-x-x-x-x-Met zustande (SYKES); ebenso wie die Mischung der Liganden (2 N, 2 S) stellt diese stark verzerrte Anordnung einen Kompromiß ($\rightarrow$ entatischer Zustand !) zwischen Cu(I) = d^{10} einerseits mit bevorzugt tetraedrischer Koordination durch "weiche" (S-)Liganden und Cu(II) = d^9 andererseits mit bevorzugt quadratisch-planarer oder quadratisch-pyramidaler Geometrie und N-Ligand-Koordination dar. Die verzerrte Anordnung am Metall (10.3) entspricht damit wohl sehr stark der Übergangszustands-Geometrie zwischen der tetraedrischen und der planaren Vorzugs-(Energieminimums-)Konfiguration der beiden beteiligten Oxidationszustände, wodurch die Geschwindigkeit der Elektronenübertragung erhöht wird (SHEPARD et al.). Ähnliche "Zwischen-Geometrien" und vergleichbare Elektronendelokalisation zwischen Metall einerseits und Porphyrin- oder Schwefel-Liganden andererseits wurden auch bei anderen Proteinen mit anorganischen Elektronentransfer-Zentren, den Eisen/Schwefel- und den Cytochrom-Proteinen gefunden (Kap. 6.1 und 7.2 - 7.4).

Modellverbindungen für die "blauen" Typ 1-Kupferproteine wurden lange Zeit vergeblich gesucht, da nur mit speziellen, mehrzähnigen Chelat-Liganden und Thiolat-Koordinationszentren die spektroskopischen Eigenschaften annähernd reproduziert werden können (vgl. 10.5; BHARADWAJ, POTENZA, SCHUGAR). Interessanterweise führt auch der Einbau von Cu^{2+} statt Zn^{2+} in das Insulin-Hexamer (s. Kap. 12.7) zu einer spektroskopischen Ähnlichkeit mit "blauen" Kupfer-Zentren, wenn ein Thiol bereitgestellt wird (BRADER, DUNN). Eine "Maskierung" blauer Kupferzentren gelingt durch Metallaustausch mit dem eine ähnliche Koordination bevorzugenden, aber weder ESR- noch Charge-Transfer-aktiven Hg^{2+} (KLEMENS et al.).

$$\begin{array}{ccc} \text{MeOOC} & \text{H}_2\text{C}-\text{CH}_2 & \text{COOMe} \\ \text{HC}-\text{N} & \text{N}-\text{CH} \\ & \text{Cu} & \\ \text{H}_2\text{C}-\text{S} & \text{S}-\text{CH}_2 \end{array} \qquad (10.5)$$

Ähnlich wie beim Redoxpaar Fe(II/III) sind auch für Cu(I/II) die Potentiale bioanorganischer Systeme meistens höher als die einfacher Modell-Komplexverbindungen. Der Potentialbereich von Proteinen mit Typ 1-Kupferzentren liegt zwischen 0.18 V (Stellacyanin) und 0.68 V (Rusticyanin). Verursachend für die relativ hohen Cu(I/II)-Potentiale sind neben der besonderen Stabilisierung niedriger Oxidationsstufen durch die angebotenen Liganden die Cu(II)-*destabilisierenden* Abweichungen von der quadratisch-planaren oder -pyramidalen Konfiguration.

10.2 Typ 2- und Typ 3-Kupfer-Zentren in O_2-aktivierenden Proteinen: Sauerstofftransport und Oxygenierung

Die zweikernigen Kupfer-Zentren des Typs 3 besitzen einen ESR-inaktiven oxidierten Zustand aufgrund antiferromagnetisch gekoppelter Cu(II)-Zentren (vgl. 4.11). Diese Zentren finden sich immer im Zusammenhang mit der Aktivierung von $^3O_2$; es handelt sich um das O_2-transportierende Protein Hämocyanin (*Hc*) sowie um eine größere Gruppe von O_2-abhängigen Oxidasen (e^--Transfer) und Monooxygenasen (1 O-Transfer, vgl. Tab. 10.3).

Bemerkenswert ist zunächst, daß Triplett-Disauerstoff sehr rasch von den diamagnetischen Cu(I)-Zentren der Desoxy-Formen aufgenommen wird; auch die Oxy-Formen zeigen aufgrund von antiparalleler Spin-Spin-Kopplung der Cu(II)-Zentren einen diamagnetischen Grundzustand. Möglicherweise spielen bei der Desoxy-Form niedrig liegende, elektronisch angeregte (Triplett-)Konfigurationen $3d^94p^1$ oder $3d^94s^1$ der Kupfer(I)-Dimeren eine Rolle, wie sie für einige $3d^{10}\cdots 3d^{10}$-Systeme mit potentiell verfügbaren 4s- und 4p-Niveaus vermutet werden können (MERZ, HOFFMANN).

Von Hämocyanin (*Hc*), dem hochmolekularen, Protein-assoziierten O_2-Überträger für Mollusken und Arthropoden (z.B. Spinnen), existieren einige strukturelle Informationen in bezug auf das metallhaltige Zentrum des Proteins (FEITERS). Zwei koordinativ ungesättigte Cu(I)-Zentren, jeweils durch einen schwach und zwei stark gebundene Histidin-Reste am Proteingerüst verankert, befinden sich in der (farblosen) Desoxy-Form ca. 350 pm voneinander entfernt (10.6).

(10.6)

Desoxy-Hämocyanin (Desoxy-*Hc*)
d_{Cu-Cu} ca. 350 pm

$\mu,\eta^1{:}\eta^1\text{-}O_2^{2-}$

oder

$\mu,\eta^2{:}\eta^2\text{-}O_2^{2-}$

Oxy-Hämocyanin (Oxy-*Hc*)
d_{Cu-Cu} ca. 360 pm

Für die Oxy-Form wird aufgrund der inzwischen zahlreich vorliegenden Modellverbindungen (s. 5.6 und 10.7) vermutet, daß sie entweder *cis* -$\mu,\eta^1{:}\eta^1$- (LATOUR; SORRELL; TYEKLAR, KARLIN) oder $\mu,\eta^2{:}\eta^2$-koordinierten Disauerstoff (FEITERS) auf der Peroxid-Oxidationsstufe enthält. Im erstgenannten Modell wird zusätzliche Verbrückung der im ("inner sphere"-)Elektronentransfer entstandenen Cu(II)-Zentren mit einem Hydroxo-Liganden L = OH⁻ unter Bildung eines fünfgliedrigen Ringsystems angenommen (10.6). Die Alternative einer Verbrückung durch zweimal side-on-koordinierendes O_2^{2-} (μ, $\eta^2 : \eta^2$) kann nach Auffinden entsprechender Modellverbindungen (s. 5.6) derzeit nicht ausgeschlossen werden (ROSS, SOLOMON); diese Alternative benötigt keinen zusätzlichen Liganden L und ist mit dem kaum veränderten Cu–Cu-Abstand nach O_2-Aufnahme besser vereinbar (FEITERS).

Die Zuordnung der O_2-Oxidationsstufe beruht auf Resonanz-RAMAN-Messungen der O–O-Schwingungsfrequenzen (5.3) sowie auf $(O_2^{2-}) \rightarrow (Cu^{II})$-Charge-Transfer-Absorptionen (SOLOMON) im Vergleich zu Modellverbindungen. Ist die Reaktion von O_2 mit Cu(I) nicht völlig unerwartet, so bleibt doch – wie beim Hämerythrin – die Reversibilität der O_2-Bindung im Protein erstaunlich; sie wurde für realistische Modellsysteme erst mit Protein-modellierenden N-Polychelatliganden wie etwa Trispyrazolylboraten (vgl. 4.14 und 5.6) oder den Liganden (10.7) gefunden (TYEKLAR, KARLIN). Die hochgradige Assoziation der *Hc*-Untereinheiten zu Gebilden von mehr als 1 MDa Molekülmasse muß im Zusammenhang mit der auch hier angestrebten und bis zu einem gewissen Grade erreichten Kooperativität gesehen werden (REED; vgl. Kap. 5.2). Immerhin beruht der O_2-Transport in den bis zu 150 kg schweren und bis zu 30 km/h schnellen Tiefseekraken, den höchstentwickelten Wirbellosen, auf dem Hämocyanin-System.

$$\text{Ligand} + 2\ Cu^+ + O_2 \longrightarrow \mu\text{-Peroxo-Dikupfer(II)-Komplex}$$

$$2\ [\text{Cu}^I\text{-Komplex}] \overset{-80°C,\ +O_2}{\underset{-O_2}{\rightleftharpoons}} [\text{Cu}^{II}\text{-Peroxo-Komplex}] + 2\ RCN$$

$$-py = \text{2-Pyridyl}$$

(10.7)

L-Phenylalanin

(10.8)

Phenylalanin-
4-Monooxygenase
(Fe/Pterin oder Cu/
Pterin)

L-Tyrosin

Tyrosin-3-Mono-
oxygenase (Cu)

L-Dopa

Dopa-Decarboxylase

Dopamin

Dopamin-β-
Monooxygenase (Cu)

R-Noradrenalin

Noradrenalin-N-
Methyltransferase

R-Adrenalin
(Epinephrin)

Zu den Monooxygenasen (Hydroxylasen) gehören nicht nur eisenhaltige Häm-Enzyme wie etwa Cytochrom P-450-Zentren, sondern, mit einer meist spezielleren Selektivität, kupferhaltige Enzyme wie etwa Tyrosinase oder Dopamin-β-Monooxygenase. Letztere spielt eine Rolle in der biologischen Oxidation von Phenylalanin über Dopa (Antiparkinson-Therapeutikum) zu (Nor-)Adrenalin (10.8), also in der wichtigen Biosynthese von Hormonen und Neurotransmittern. Insbesondere die O_2-abhängige ortho-Hydroxylierung von Monophenolen durch Tyrosinase zu Catecholen (Brenzkatechinen) mit nachfolgend möglicher Oxidation durch Tyrosinase oder durch weiteres O_2 und kupferhaltige Catechol-Oxidase zu *o*-Chinonen hat biochemisch umfassende Bedeutung. Zahlreiche natürliche Wirkstoffe, Vitamine wie etwa die Ascorbinsäure und hormonell aktive Substanzen (s. 10.8) enthalten vicinale Polyhydroxy- oder Polyalkoxy-substituierte aromatische Ringe.

Die Kupferenzym-katalysierte oxidative Umwandlung der Brenzkatechin-Derivate zu den Lichtabsorbierenden *o*-Chinonen macht sich insbesondere nach deren Polymerisierung zu Melaninen durch dementsprechende Rot- bis Braun-Färbung bemerkbar (10.9). Beispielsweise handelt es sich bei den Melanin-Pigmenten der Haut, Haare und Federn wie auch bei den Braunpigmenten "verdorbener" (= oxidierter) Früchte um polymere *o*-Chinon-Derivate (PETER; PETER, FÖRSTER). Kupferenzym-enthaltendes Bananen-Fruchtfleischgewebe kann daher in einer Elektrodenmembran für einen

(10.9)

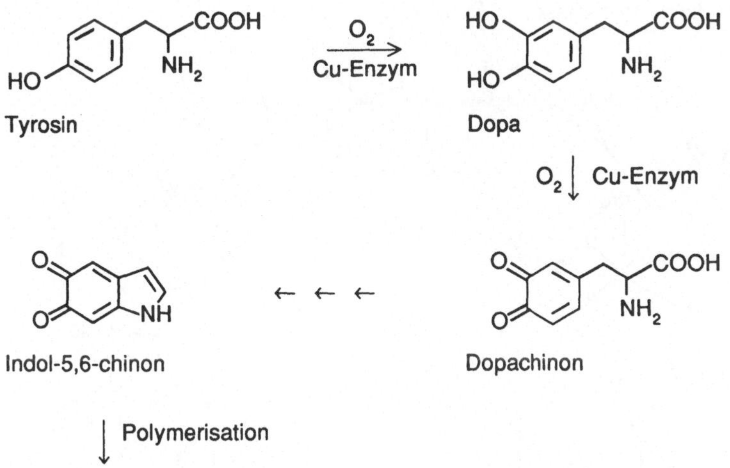

Tyrosin

Dopa

O_2 | Cu-Enzym

Indol-5,6-chinon   ← ← ←   Dopachinon

| Polymerisation

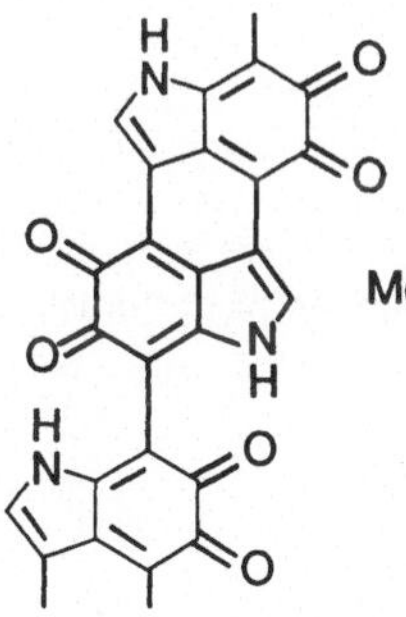

Melanin

Dopamin-empfindlichen Biosensor, die "Bananatrode", verwendet werden (SIDWELL, RECHNITZ).

Durch Isotopen-Markierung wurde die Herkunft des in Substrate eingebauten Sauerstoffs aus O_2 belegt; ein möglicher Mechanismus der Monophenol-Oxygenierung und -Oxidation zum *o*-Chinon ist in (10.10) dargestellt (SOLOMON, PENFIELD, WILCOX; SORRELL).

Der aus der Desoxy-Form **1** und O_2 reversibel gebildete Fünfring **2** mit teilweise koordinativ ungesättigtem zweiwertigem Metall ist in der Lage, an einem Kupfer-Zentrum ein Phenolat über das Sauerstoffatom zu koordinieren (10.10: **3**). Durch konformative Änderung, insbesondere Abwinkelung des Fünfrings, wird ein Übergangszustand **4** ermöglicht, in welchem nach elektrophilem Angriff eines peroxidischen Sauerstoffatoms an der ortho-Position des Aromaten ein neuer Fünfring, ein Cu-Chelatkomplex des nun gebildeten Catecholats, entsteht (10.11: **5**). Dabei wurde durch weitere Elektronenaufnahme in das antibindende σ^*-Orbital die O−O-(Einfach-)Bindung gespalten (Monooxygenase-Reaktivität). Durch Protonierung des verbleibenden Hydroxo-Liganden (10.11: **5**) zu Wasser kann ein verbrückender (μ-) Catecholato-Komplex **6** des Kupferdimers entstehen, der sich unter intramolekularer Elektronenübertragung in das oxidierte *o*-Chinon-Produkt und die katalytisch aktive Desoxy-Anfangsstufe des Enzyms reorganisiert (10.10).

**Monooxygenierung und
Oxidation durch Tyrosinase:**   (10.10)

N: His-Iminzentrum; L: verbrückender O-Ligand, Ladungsänderungen nicht berücksichtigt

Gesamtreaktion: Ar(H)OH $+$ O$_2$ $\rightarrow$ Ar(O)$_2$ $+$ H$_2$O

Die Tyrosinase kann – wie die Catechol-Oxidase – auch schon vorliegende 1,2-Dihydroxy-Aromaten zu o-Chinonen oxidieren; vergleichbare Reaktivität gilt für aromatische 1,2-Diamino-Verbindungen. Die speziellen räumlichen Einschränkungen (fünfgliedriger $Cu-O\cdots C(H)-C-O-$ Übergangszustand) und elektronischen Voraussetzungen (Positivierung des am geringer koordinierten Kupfer gebundenen Peroxid-Sauerstoffatoms) bedingen die Selektivität der Tyrosinase für o-Hydroxylierung von Phenolen. Diese Reaktion ermöglicht nicht nur den Aufbau von Wirkstoffen und die Melanin-Bildung, über die Nicht-Hämeisen-enthaltende Catechol-Dioxygenase (Kap. 7.6.4) werden die o-Polyphenole unter Ringöffnung weiter umgewandelt (vgl. 7.16), was für den mikrobiellen Abbau von Aromaten in der Umwelt Bedeutung hat.

Die Dopamin-β-Monooxygenase katalysiert die Oxygenierung in einer aliphatischen Seitenkette (10.8), das Kupferzentrum ist dementsprechend von einem anderen, monomeren Typ (Typ 2). Diese Reaktion benötigt Ascorbat als Elektronenlieferanten, der Mechanismus ist noch ungeklärt, wird aber prinzipiell ähnlich wie beim P-450-System angenommen (vgl. 6.7).

10.3 Kupferproteine als Oxidasen/Reduktasen

Neben den Monooxygenasen existieren kupferhaltige "blaue" (mit Typ 1 Cu) und "nicht-blaue" Oxidasen (ohne Typ 1 Cu), welche *sämtlichen* aufgenommenen Disauerstoff in H_2O (blaue Oxidasen) bzw. H_2O_2 (nicht-blaue Oxidasen) umwandeln. Zu ersteren gehören Laccase und Ascorbat-Oxidase sowie als polyfunktionelles Protein Caeruloplasmin, zu letzteren die Galactose-Oxidase sowie Amin-Oxidasen. Das Typ 1 Cu-Zentrum ermöglicht offenbar die Weiterreduktion von H_2O_2 zu H_2O. Die meist kompliziert strukturierten Oxidase-Enzyme besitzen oft mehrere Typen von Kupfer-Zentren; so weist das große Protein Caeruloplasmin eine Oxidase- und Antioxidations-Aktivität auf (vgl. Kap. 10.5), obwohl seine primäre Funktion im Plasma im Transportieren und Speichern von Kupfer sowie in der Regulation/Mobilisierung des Eisens gesehen wird. Die Notwendigkeit dieser gegenseitigen Kontrolle Cu/Fe ist aus der eingangs spezifizierten Entsprechung (Tab. 10.1) heraus verständlich; Störungen des Kupferspeichermechanismus können zu Anämie als sekundärer Eisen-Mangelerkrankung führen.

Strukturelle Daten für Laccase wie Ascorbat-Oxidase (MESSERSCHMIDT et al.; HUBER) zeigen, daß hier Typ 2- und Typ 3-Kupferzentren nahe benachbart liegen (Abstand ≤ 400 pm, Abb. 10.4), so daß im Effekt ein Kupfer-*Trimer* mit neuen Eigenschaften formuliert werden kann (COLE, CLARK, SOLOMON). Diese Anordnung scheint die Vierelektronenreduktion des O_2 zu 2 H_2O über einen hypothetischen Mechanismus (10.12; LATOUR) zu begünstigen; im Gegenzug sind vier Eineelektronenoxidationen an den Polyphenol-Substraten möglich.

Die Kristallstrukturananlyse von aus Zucchini gewonnener Ascorbat-Oxidase zeigt deutlich ein Kupfer-Trimer sowie ein separates Typ 1 Cu-Zentrum im Abstand von mehr als 1200 pm (Abb. 10.4). Im Trimer sind zwei durch je drei Histidin-Reste koordinierte Metallzentren offenbar durch dissoziierbares Hydroxid verbrückt (inaktive Form); das dritte, unvollständig koordinierte (Typ 2-)Kupfer-Zentrum ist mit zwei Histidin-Resten und einem ebenfalls entfernbaren H_2O- oder OH^--Liganden verbunden. Strukturell wird dadurch die Funktion solcher Enzyme verdeutlicht: Die Umwandlung des $4e^-$-Oxidationsvermögens von O_2 (Koordinationsstelle Cu-Trimer, FEITERS) in einzelne, durch Typ 1-Kupfer gerichtet an eine Substrat-Bindungsstelle weitergeleitete $1e^-$-Oxidations-Äquivalente (10.12).

(a)

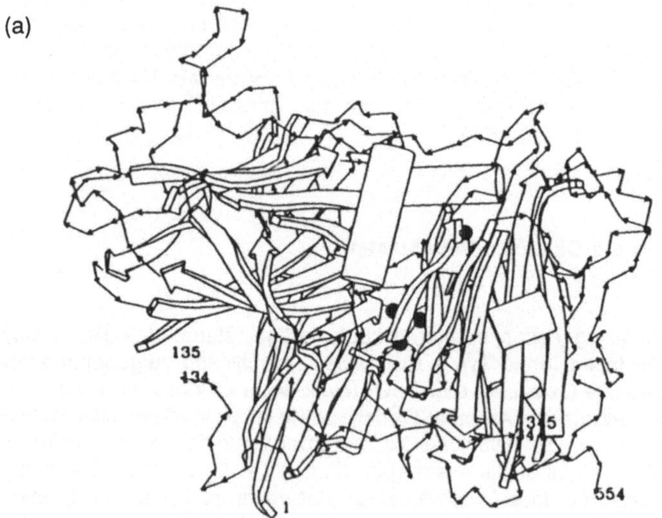

(b)

Abbildung 10.4: Proteinfaltungsstruktur der inaktiven (Ruhe-)Form von Ascorbat-Oxidase aus Zucchini mit hervorgehobenen (•) Kupferzentren (a) sowie Dimensionen und Liganden im Trimer (b; nach MESSERSCHMIDT et al.; HUBER)

Genauere Inspektion der Aminosäuresequenzen läßt einen komplexer werdenden Stammbaum von Kupferproteinen in der Reihenfolge Plastocyanin (1 Cu), Ascorbat-
Oxidase (3 Cu) und Caeruloplasmin (6 Cu) erkennen (HUBER).

Kupfer-Oxidationszustände im Reaktionszyklus von Laccase (nach LATOUR)

$$(10.12)$$

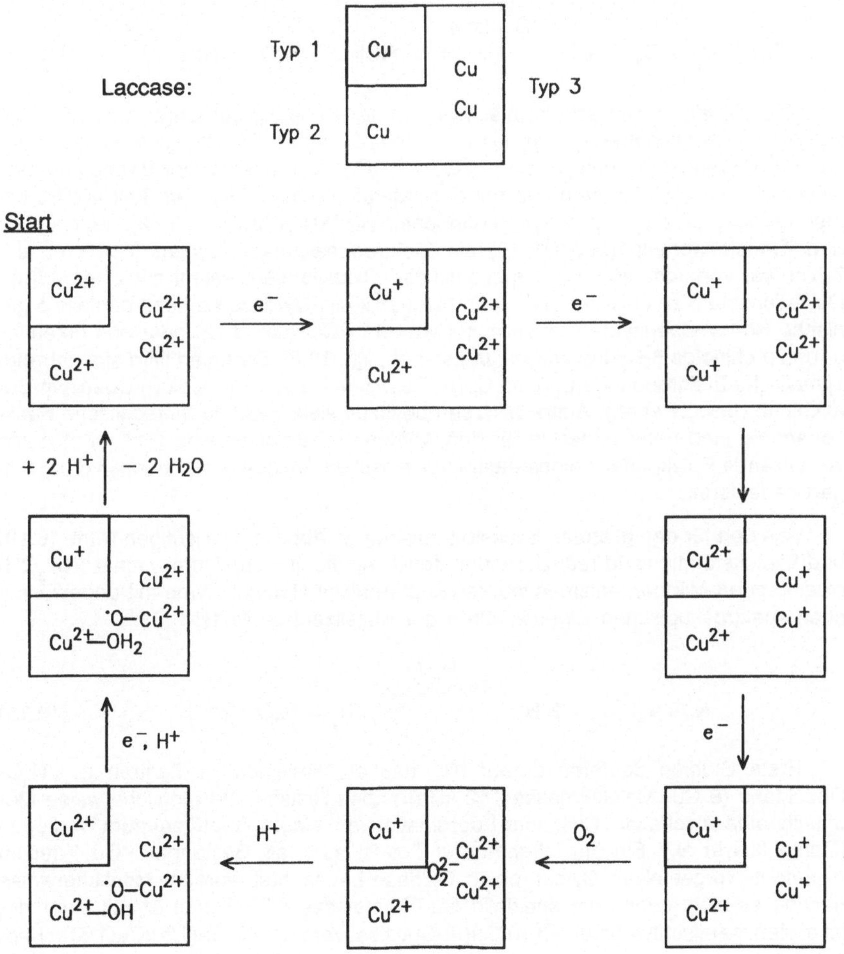

Die Reaktivität der nicht-blauen Oxidasen vom Typ der Galactose-Oxidase (10.13) oder der Amin-Oxidasen (10.14) mit hauptsächlich Histidin-gebundenem Typ 2-Kupfer ist noch recht wenig verstanden.

$$RR'CHOH + O_2 \quad \xrightarrow{\text{Galactose-Oxidase}} \quad RR'C{=}O + H_2O_2 \qquad (10.13)$$

$$RCH_2NH_2 + O_2 + H_2O \quad \xrightarrow{\text{Amin-Oxidase}} \quad RCHO + H_2O_2 + NH_3 \qquad (10.14)$$

Das Metallzentrum scheint hier nicht immer eindeutig zur Cu(I)-Stufe reduziert zu werden, möglicherweise dient es mit seiner offenen d-Schale vor allem der intermediär notwendigen Spininversion ($^3O_2 \rightarrow {}^1H_2O_2$). Von essentieller Bedeutung sind wohl organische Cofaktoren, die mit dem Metall wechselwirken. Im Fall der Galactose-Oxidase ist dies ein enzymgebundenes Radikal ($PQQ^{\bullet-}$?, 3.12), welches für den Zweielektronenprozeß (10.13) als Elektronenakzeptor fungiert (CLARK et al.). Zuvor war versucht worden, das zusätzliche Oxidationsäquivalent mit einer Cu(III)-Oxidationsstufe zu erklären. Bei kupferhaltigen Amin-Oxidasen treten ebenfalls organische Redox-Coenzyme auf; vermutet werden PQQ (vgl. 3.12) oder das potentiell o- und p-chinoide 6-Hydroxydopa (JANES et al.; vgl. 10.8). Diskutiert wird eine intraenzymatische Elektronenübertragung Cu(II)/Coenzym-Catecholat $\rightarrow$ Cu(I)/Coenzym-Semichinon (DOOLEY et al.). Amin-Oxidasen besitzen viele wichtige metabolische Funktionen; sie sind unter anderem für den Aufbau von Bindegewebe (Kollagen) durch vernetzende Polykondensationsreaktionen zwischen Aminen und Carbonylverbindungen bedeutsam.

Aus den für den globalen Stickstoffkreislauf (s. Abb. 11.1) wichtigen Nitrit- (6.19) und Distickstoffmonoxid-reduzierenden sowie Ammoniak zu Hydroxylamin (NH_2OH) oxidierenden Mikroorganismen wurden kupferhaltige Redoxenzyme mit ungewöhnlichen spektroskopischen Eigenschaften der Metallzentren isoliert.

$$N_2O + 2\,e^- + 2\,H^+ \quad \xrightarrow{\text{N}_2\text{O-Reduktase}} \quad N_2 + H_2O \qquad (10.15)$$

Erste Studien deuteten darauf hin, daß an einzelnen Cu-Zentren der N_2O-Reduktase (8 Cu, Molekülmasse 142 kDa) neben Histidin und möglicherweise Methionin eine zweifache Cysteinat-Koordination an einem Kupferzentrum vorliegen könnte (JIN et al.). Ein ähnlicher Kupfer-Typ ist auch als Bestandteil "Cu_A" der im folgenden vorgestellten Cytochrom c-Oxidase beobachtet worden. Möglicherweise handelt es sich jedoch um spezielle Cu-Dimere; das ESR-Signal ist mit einer delokalisiert gemischtvalenten Cu(I)/Cu(II)-Spezies vereinbar ("Cu(1.5)/Cu(1.5)"; KRONECK et al.).

Für die kupferhaltige Nitrit-Reduktase (es existiert auch eine Polyhäm-enthaltende Form, vgl. Kap. 6.5) wurde eine Nitrosyl-Zwischenstufe Cu(I)–⁺NO postuliert (HULSE, AVERILL, TIEDJE), obwohl einfache Nitrosylkomplexe des Cu(I) bislang strukturell noch nicht gut charakterisiert sind (PAUL et al.).

10.4 Cytochrom *c*-Oxidase

Die Cytochrom *c* -Oxidase, das "Atmungsferment" OTTO WARBURGS (BEINERT), stellt als Membran-Enzym die letzte Reduktions- und Phosphorylierungsstelle innerhalb der Atmungskette dar (vgl. Abbn. 6.1 und 6.2). Sie dient der Umwandlung von O_2 und H^+ in Wasser und stellt daher als terminales O_2-konsumierendes System das Gegenstück zu den Sauerstoff-produzierenden manganhaltigen Zentren der photosynthetischen Membran dar. Die Gemeinsamkeit der Inkorporation dieser beiden Enzyme in Membranen ergibt sich aus der Notwendigkeit für kontrollierte Stofftrennung beim Redoxprozeß (vektorieller Membrantransport von e^- und H^+); beide Male erschwert diese Tatsache jedoch eine strukturelle Charakterisierung der sehr komplexen Systeme (BEINERT; KADENBACH; BUSE; MALMSTRÖM; PALMER).

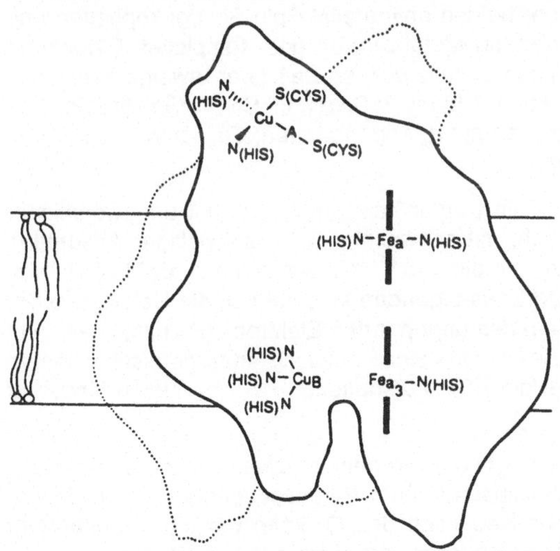

Die Cytochrom *c* -Oxidase (Abb. 10.5) ist über ein Cytochrom *c* mit dem periplasmatischen Raum und mit dem bc$_1$-Komplex verknüpft (Abbn. 6.1 und 6.2, 7.5). Es handelt sich um eines der wichtigsten, aber auch am kompliziertesten zusammengesetzten Metalloproteine mit 13 Untereinheiten in der aus Rinderherz isolierten Form (Gesamtmolekülmasse ca. 200 kDa). War man bis 1985 noch von einem Metallgehalt von 2 Cu und 2 (Häm-)Fe ausgegangen, so lassen neuere verfeinerte Analysenmethoden an Enzymen aus Mikroorganismen oder Rinderherz-Mitochondrien auf insgesamt drei oder "zweieinhalb" Kupfer-Zentren, zwei Häm a/a$_3$-Eisenatome sowie je ein Zn^{2+}- und Mg^{2+}-Ion pro monomerem

Abbildung 10.5: Schematische Darstellung der Redoxzentren im dimeren Multiproteinkomplex Cytochrom *c* -Oxidase in der Mitochondrienmembran (nach CHAN, LI; vgl. Abb. 6.2)

Proteinkomplex schließen (STEFFENS, BIELWALD, BUSE; EINARSDOTTIR et al.). Da das Enzym in der Mitochondrienmembran vermutlich als Dimer assoziiert vorliegt (Abb. 10.5), ist der Metallgehalt pro Untereinheit noch nicht endgültig definiert. Unklar sind die Rolle von Mg^{2+}, Zn^{2+} und des "halben" (Dimer-verbrückenden ?) Kupferzentrums (CHAN, LI).

Das monomere Haupt-Protein (Untereinheit I, 57 kDa) enthält als anorganische Bestandteile

– ein separates Cytochrom *a* mit low-spin Eisen(III), zwei Histidin-Liganden, niedriger Porphyrin-Symmetrie und hohem Redoxpotential, sowie

– einen Komplex aus Cytochrom a_3 (high-spin Eisen) und Cu_B, die im oxidierten Zustand (Fe^{III}, Cu^{II}) antiferromagnetisch gekoppelt sind: (S = 5/2) - (S = 1/2) = (S = 2) und daher kein konventionelles ESR-Signal zeigen. Auch im völlig reduzierten Zustand ist S = 2 wegen der abgeschlossenen Schale des Cu(I) (d^{10}) und der high-spin-Konfiguration des Eisen(II). Letztere ist für eine Wechselwirkung mit dem Triplett-Disauerstoff wegen der geraden Anzahl ungepaarter Elektronen prädestiniert (Spin-Bilanz, vgl. Kap. 5.2), jedoch wäre auch das andere biochemisch relevante O_2-aktivierende Zentrum, nämlich nicht-isoliertes Kupfer in der Oxidationsstufe +I, in diesem voll reduzierten "a_3-Komplex" der Cytochrom-Oxidase vertreten. Leider liegen über die Koordination und die möglicherweise atomare oder molekulare Verbindung der beiden antiparallel Spin-Spin-gekoppelten und etwa 0.4 nm voneinander entfernten Metallzentren des Komplexes Cytochrom a_3/Cu_B noch keine ausreichenden Details vor, so daß über etwaige Brückenliganden nur spekuliert werden kann (Chlorid ?; SCOTT, LI, CHAN). Ein Histidin-Rest wird für die axiale Koordination von cyt a_3 angenommen; Cu_B ist vermutlich von drei Histidin-Resten umgeben.

Untereinheit II (26 kDa) enthält ein Kupfer-Zentrum Cu_A(II) mit ungewöhnlicher spektroskopischer Charakteristik, d.h. mit schwacher, sehr langwelliger Absorption bei 800 nm sowie sehr kleiner g-Anisotropie und $^{63,65}Cu$-Kopplung im ESR-Spektrum. Entweder bewirken hier 2 Cys^-- und 2 His-Liganden eine sehr starke Beteiligung der Thiolat-Zentren an der Delokalisation des ungepaarten Elektrons (PALMER; STEVENS et al.) oder es handelt sich um den Bestandteil eines delokalisierten gemischtvalenten Dimeren Cu_A(1.5)/Cu_C(1.5), worauf die ESR-Aufspaltung in sieben Linien hindeutet (KRONECK et al.).

Dem Cytochrom *a* und dem Cu_A(Cu_C) werden im wesentlichen Elektronen-übertragungs-Funktionen bei physiologisch hohem Potential zuerkannt, der Mechanismus der 4-Protonen/4-Elektronen-Reduktion des O_2 kann wie die 4-Elektronen-Oxidation von zwei H_2O (4.9) stufenweise formuliert werden (10.16; PALMER; CHAN, LI; EINARSDOTTIR et al.).

Zwei mechanistische Varianten für die Vierelektronen-Reduktion von O_2, katalysiert durch den cyt a_3/Cu$_B$-Komplex der Cytochrom c-Oxidase:

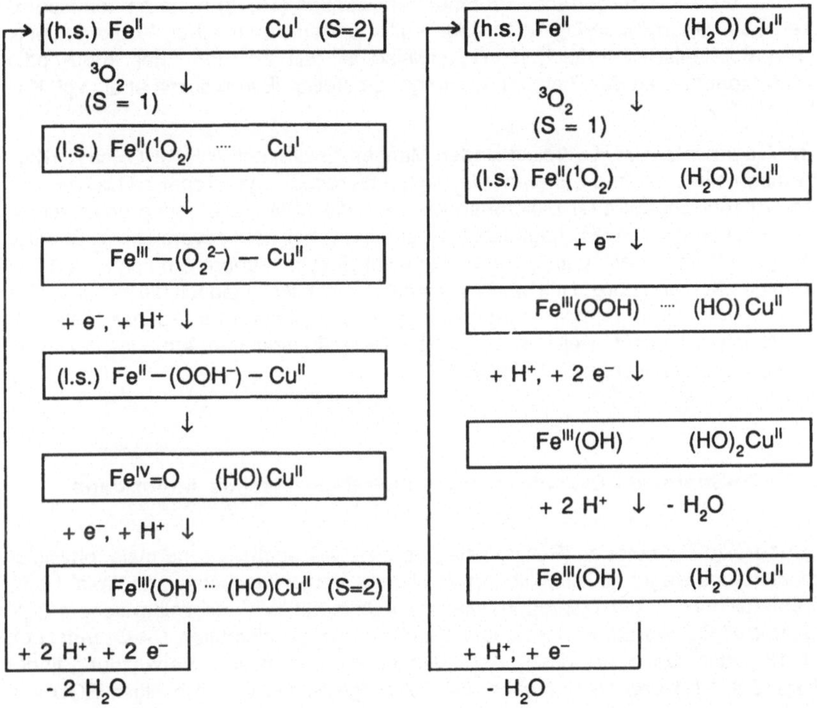

Linke Variante:

$$\text{(h.s.) Fe}^{II} \qquad \text{Cu}^{I} \quad (S=2)$$

$$\downarrow\ {}^{3}O_2\ (S=1)$$

$$\text{(l.s.) Fe}^{II}({}^{1}O_2) \ \cdots\ \text{Cu}^{I}$$

$$\downarrow$$

$$\text{Fe}^{III}-(O_2^{2-})-\text{Cu}^{II}$$

$$\downarrow\ +\,e^-,\ +\,H^+$$

$$\text{(l.s.) Fe}^{II}-(OOH^-)-\text{Cu}^{II}$$

$$\downarrow$$

$$\text{Fe}^{IV}{=}O \quad (HO)\,\text{Cu}^{II}$$

$$\downarrow\ +\,e^-,\ +\,H^+$$

$$\text{Fe}^{III}(OH)\ \cdots\ (HO)\text{Cu}^{II}\quad (S=2)$$

$$+\,2\,H^+,\ +\,2\,e^- \qquad -\,2\,H_2O$$

Rechte Variante:

$$\text{(h.s.) Fe}^{II} \qquad (H_2O)\,\text{Cu}^{II}$$

$$\downarrow\ {}^{3}O_2\ (S=1)$$

$$\text{(l.s.) Fe}^{II}({}^{1}O_2) \qquad (H_2O)\,\text{Cu}^{II}$$

$$\downarrow\ +\,e^-$$

$$\text{Fe}^{III}(OOH)\ \cdots\ (HO)\,\text{Cu}^{II}$$

$$\downarrow\ +\,H^+,\ +\,2\,e^-$$

$$\text{Fe}^{III}(OH) \qquad (HO)_2\text{Cu}^{II}$$

$$\downarrow\ +\,2\,H^+\quad -\,H_2O$$

$$\text{Fe}^{III}(OH) \qquad (H_2O)\text{Cu}^{II}$$

$$+\,H^+,\ +\,e^- \qquad -\,H_2O$$

Gesamtreaktion: (10.16)

$$O_2 + 4\,e^- + 4\,H^+ \rightarrow 2\,H_2O \quad \text{bzw.}$$

$$O_2 + 4\,\text{Cyt }c^{2+} + 8\,H^+_{innen} \rightarrow 2\,H_2O + 4\,\text{Cyt }c^{3+} + 4\,H^+_{außen}$$

In der aufnahmebereiten, durch Cu$_A$, Cu$_C$ und *cyt a* Zweielektronen-reduzierten Form enthält der a_3-Komplex high-spin Eisen(II). Die Kopplung zwischen Eisen und Kupfer-Zentrum ermöglicht nach der Koordination des O_2 vermutlich dessen rasche inner-sphere-Reduktion zum (Hydro-)Peroxoliganden. Aufnahme eines Protons und eines Elektrons (stufenweiser vektorieller e^-, H^+-Transport in der Membran, → Phosphorylierung) kann vom ESR-spektroskopisch nachweisbaren Hydroperoxo-Komplex unter Spaltung der O–O-Einfachbindung zu anderen Zwischenprodukten, etwa dem bekannten Häm-Oxoferryl-System mit $S=1$ führen (vgl. Kap. 6.3). Weitere Addition eines Elektrons bewirkt in diesem Modell Reduktion des Oxoferryls; die beiden oxidierten Hydroxo-Metallzentren dieses Ruhezustandes sind unter Wasser-abspaltung zum Anfangszustand reduzierbar. Die Vierelektronen-Reduktion des O_2 verläuft so rasch, daß die mechanistischen Untersuchungen vor allem auf Tieftemperatur-Abfangtechniken beruhen (NAQUI, CHANCE, CADENAS). Noch nicht abschließend geklärt ist, ob die endergonische Protonentranslokation (10.16) nahe an den Redoxzentren über Säure/Base-Liganden oder weiter entfernt über einen Konformationswechsel-Mechanismus erfolgt; möglicherweise ist das Zn^{2+}-Ion über Aquo- oder Hydroxo-Liganden an der Protonenübertragung beteiligt (EINARSDOTTIR et al.; vgl. Kap 12.1 und 12.2).

Im Gegensatz zum $^3O_2$-freisetzenden Mangan-Enzym der Wasser-Oxidase (Kap. 4.3) weisen die kritischen Stufen der O_2-*konsumierenden* Cytochrom *c*-Oxidase eine *gerade* Anzahl ungepaarter Elektronen auf, was die effektive Bindung und nachfolgende Umsetzung von $^3O_2$ begünstigt. Ebenso wie bei dem reversibel O_2-übertragenden, am Beginn der Atmung stehenden nicht-Enzym Hämoglobin konkurriert hier gasförmiges Kohlenmonoxid mit O_2. Physiologisch wichtiger ist jedoch die sehr effektive Inhibierung der nur in geringer Menge vorliegenden Cytochrom *c*-Oxidase (Tab. 5.1) durch lösliches Cyanid, welches durch Metallkoordination den Atmungsprozeß im terminalen enzymatischen Teil blockiert.

10.5 Cu,Zn-Superoxid-Dismutase: Ein substratspezifisches Antioxidans

Superoxid-Dismutasen (SODs) katalysieren – wie auch viele normale, physiologisch allerdings wegen unkontrollierten Verhaltens nicht wünschenswerte "freie" Übergangsmetallionen – die Disproportionierung ("Dismutation") von zelltoxischem $O_2^{\bullet-}$ zu O_2 und H_2O_2, worauf letzteres über Katalasen weiter dismutiert ($\rightarrow O_2$ und H_2O, vgl. 6.12) oder über Peroxidasen und Haloperoxidasen weitere Verwendung findet (s. Kap. 6.3, 11.4 und 16.8). Neben der hier vorgestellten Cu,Zn-haltigen SOD aus dem Cytoplasma von Eukaryonten existieren weitere SOD-aktive Enzyme, welche Eisen (Bakterien) oder Mangan enthalten (Mitochondrien-SOD, Bakterien; FRIDOVICH; CASS). Eine manganhaltige Form wurde strukturell charakterisiert (STALLINGS et al.); das Mn(III)-Zentrum ($2\,Mn^{III} \rightleftarrows Mn^{II} + Mn^{IV}$) ist trigonal-bipyramidal mit drei Histidin-Resten, einem η^1-Aspartat- und vermutlich einem Wasser-Liganden koordiniert. Angesichts der Metastabilität des Radikalanions $O_2^{\bullet-}$ ist zunächst keine ausgesprochene Katalysator-Spezifizität erforderlich; benötigt werden Übergangsmetalle, die ihre Wertigkeit leicht um eine Stufe ändern können. O_2-aktivierende Zentren wie etwa Häm-Systeme, Typ 3-Kupferproteine, Nicht-Häm-Dimere oder Cytochrom *c*-Oxidase enthalten unter anderem deshalb *zwei* wechselwirkende redoxaktive Zentren (2 Metalle oder 1 Metall + Porphyrinsystem), um die Einelektronenreduktion des O_2 zu $O_2^{\bullet-}$ zu umgehen; diese Maßnahmen können jedoch das Entstehen geringer Anteile von Superoxid $O_2^{\bullet-}$ bzw. seiner konjugierten Säure $HO_2^{\bullet}$ (5.2) durch "Leckage" von Einelektronen-Äquivalenten nicht vollständig verhindern (FRIDOVICH). Die Dismutierung von $O_2^{\bullet-}$ sollte im physiologischen Bereich sehr rasch, d.h. annähernd diffusionskontrolliert erfolgen, um Oxidationen durch dieses auch von Herbiziden mit O_2 gebildete Radikalanion und seine mit Übergangsmetallionen gebildeten Folgeprodukte (vgl. 3.11 und 4.6) zu verhindern.

Die relativ kleine (2 x 16 kDa) Cu,Zn-SOD aus Erythrozyten, früher auch als Erythrocuprein bezeichnet, ist strukturell gut untersucht (TAINER et al.); sie enthält Kupfer und Zink verbrückt durch den deprotonierten Imidazolat-Ring eines Histidin-Restes (Resonanzstruktur, 10.17). Die übrigen Koordinationsstellen der tetrakoordinierten Metallionen sind durch 3 His (Cu) bzw. 2 His und 1 Asp⁻ (Zn) abgesättigt. Die Geometrie am redoxaktiven Kupfer ist im Vergleich zu einem regulären Tetraeder stärker verzerrt als diejenige am Zink (Abb. 10.6).

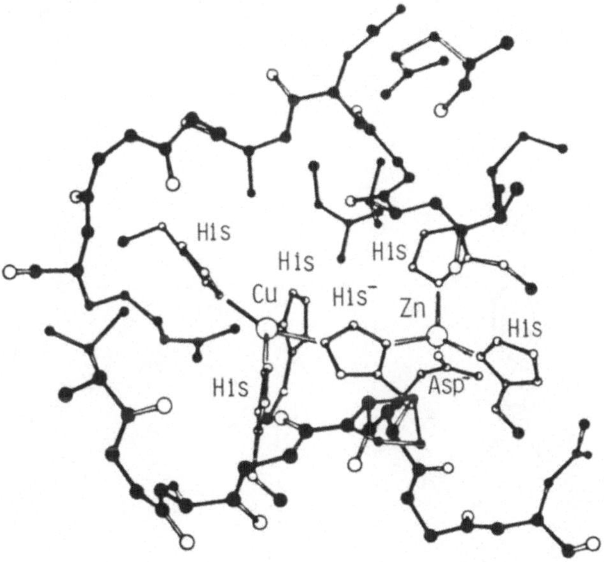

Abbildung 10.6: Struktur des Dimetall-Zentrums von Cu,Zn-SOD aus Rinder-erythrozyten (nach TAINER et al.)

Der genaue Mechanismus der Dismutierung, insbesondere die Funktion des Zn^{2+} und des Imidazolats sind teilweise noch umstritten; wesentlich ist, daß das redoxaktive Metallzentrum (hier Cu) metastabiles Superoxid in der einen Form oxidieren, in einer anderen Oxidationsstufe hingegen reduzieren kann. Gemäß (10.17) und (10.18) wird vermutet, daß nach Oxidation des $O_2^{\bullet-}$ zu O_2 durch die Ausgangsform **1** (SODs dürfen durch O_2 *nicht* oxidierbar sein!) das nun reduzierte Kupfer(I)-Zentrum durch ein Proton ersetzt werden kann und somit ein normaler, geometrisch relaxierter Zink-Komplex **3** des Histidins resultiert. Das koordinativ ungesättigte, aber noch im Protein verankerte Kupfer(I) kann durch Wasserstoffbrücken-koordiniertes

Katalysezyklus für Cu,Zn-Superoxid-Dismutase

(10.17)

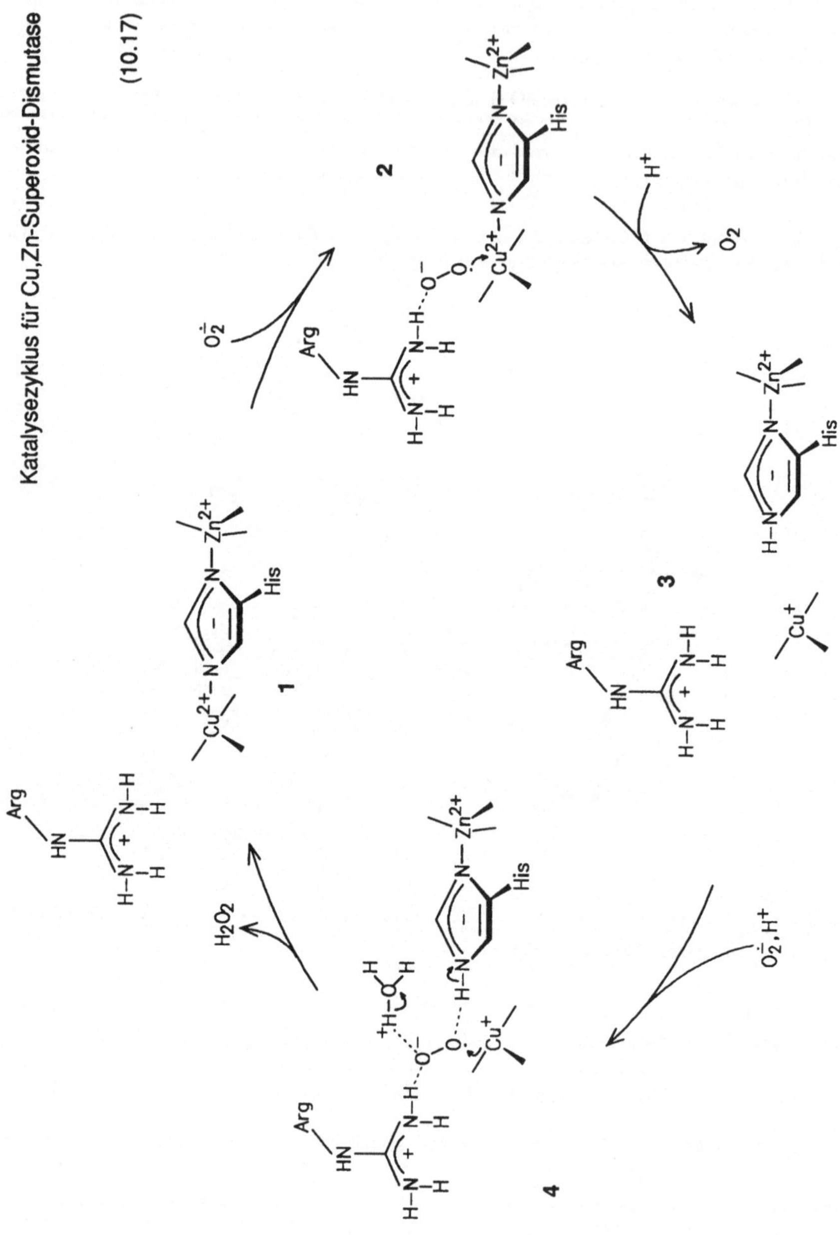

Superoxid-Anion oxidiert werden (4), wobei das gebildete basische (Hydro-)Peroxid (5.2) durch den Imidazol-Ring des Zink-koordinierten Histidins protoniert und so zu H_2O_2 umgesetzt wird. Triebkraft hierfür wäre unter anderem die Affinität von Kupfer(II) zum Imidazol-Rest des Histidins. Entfernung des Zn^{2+} scheint nur eine unwesentliche Verringerung der enzymatischen Aktivität zu bewirken; möglicherweise besitzt dieses Metallion eine rein strukturelle Funktion. Die hohe Konzentration der Cu,Zn-Superoxid-Dismutase in Erythrozyten hat auch zu der Vermutung geführt, daß es sich primär um ein Metall-Speicherprotein handelt und die SOD-Funktion sekundär ist.

hypothetischer Mechanismus: (10.18)

$$Zn\text{-}(Im^-)\text{-}Cu^{II} + O_2^{\bullet-} \rightarrow Zn\text{-}(Im^-)\text{-}Cu^{I} + O_2$$

$$Zn\text{-}(Im^-)\text{-}Cu^{I} + H^+ \rightarrow Zn\text{-}(ImH) + Cu^{I}$$

$$Cu^{I} + O_2^{\bullet-} \rightarrow Cu^{II}\cdots O_2^{2-}$$

$$Cu^{II}\cdots O_2^{2-} + H^+ + Zn\text{-}(ImH) \rightarrow Zn\text{-}(Im^-)\text{-}Cu^{II} + H_2O_2$$

ImH: Imidazol-Ring eines Histidin-Restes
Zn: dreifach koordiniertes Zn^{II}-Zentrum (2 His, 1 Asp^-)
Cu: dreifach koordiniertes Kupfer-Zentrum (3 His)

Gesamtreaktion:

$$\underset{(-0.5)}{2\,O_2^{\bullet-}} + 2\,H^+ \xrightarrow{\text{SOD}} \underset{(-I)}{H_2O_2} + \underset{(0)}{O_2} \qquad \text{(O-Oxidationsstufe)}$$

Die sehr rasche, nahezu diffusionskontrollierte Reaktion des Enzyms mit $O_2^{\bullet-}$, d.h. die erfolgreiche Umsetzung bei praktisch jeder Begegnung zwischen den Reaktanden, wird unter anderem dadurch gewährleistet, daß das kleine Monoanion $O_2^{\bullet-}$ durch elektrostatische Wechselwirkungen über einen trichterförmigen Kanal ins Innere des Proteins "geleitet" wird und dort zusätzlich durch die positiv geladenen, Wasserstoffbrücken-anbietende Guanidiniumgruppe eines Arginin-Restes fixiert werden kann (GETZOFF et al.; 10.17: **2, 4** und Abb. 10.7).

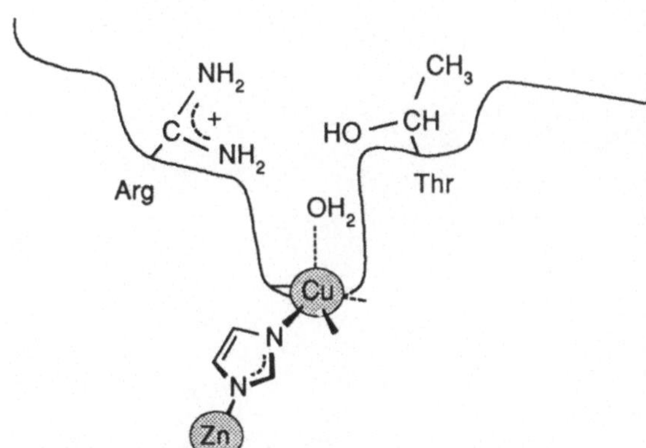

Abbildung 10.7: Schematische Darstellung des Hohlraums der $O_2^{\bullet-}$-Umsetzung in Cu,Zn-SOD (nach BERTINI et al.)

Seit langem ist bekannt, daß andere kleine Halogenid (F^-)- und Pseudohalogenid-Liganden wie etwa Cyanid CN^-, Azid N_3^-, oder Thiocyanat NCS^- mit $O_2^{\bullet-}$ konkurrieren können (BERTINI et al.).

Nach der Beschreibung H_2O_2-umwandelnder Häm-Peroxidasen (vgl. 6.12) sind hier die Enzyme für den Abbau eines zweiten toxischen Reduktionsprodukts des O_2 vorgestellt worden. Eine dritte Gruppe von biologischen Antioxidantien, nämlich Enzyme für die Detoxifikation gegenüber dem Hydroxyl-Radikal, wird in Kapitel 16.8 und Tabelle 16.1 präsentiert.

Wie beim Peroxid-Abbau ($\rightarrow$ Oxidation) und der ursprünglichen "Ökokatastrophe" biogener O_2-Entstehung ($\rightarrow$ Atmung) existiert auch in bezug auf das Superoxid eine Verwertung dieses scheinbar rein toxischen Naturstoffs durch Organismen. Die für das körpereigene Abwehrsystem höherer Organismen wichtigen Phagocyten ("Freßzellen", Neutrophile) produzieren mit Hilfe der "respiratory burst oxidase" (BABIOR) große Mengen an Superoxid und dessen Folgeprodukte (H_2O_2, ClO^-), um eingedrungene Mikroorganismen nach deren Umhüllung abzutöten (PRINCE, GUNSON). Dieses Abwehrsystem, das im Falle von Autoimmunkrankheiten wie etwa rheumatischer Arthritis (s. Kap. 19.4.3) außer Kontrolle geraten kann, läßt sich durch Verabreichung von Superoxid-Dismutase als in großer Menge gewonnenem entzündungshemmendem Medikament beeinflussen. Ähnliches gilt für die Folgen ionisierender Strahlung, welche vor allem sauerstoffhaltige Radikale produziert (SORENSON; s. Kap. 18.1).

11 Biologische Funktion der "frühen" Übergangsmetalle: Molybdän, Wolfram, Vanadium, Chrom

Im Gegensatz zu "späten" Übergangsmetallen wie Cobalt, Nickel oder Kupfer zeichnen sich die Metalle aus dem vorderen Bereich der Übergangsmetallreihen (vgl. Abb. 1.3) dadurch aus, daß sie unter aeroben Bedingungen in wäßriger Lösung hohe Oxidationsstufen, hohe Koordinationszahlen und "harte", insbesondere negativ geladene Sauerstoff-Liganden bevorzugen. In vielen Fällen ergibt sich dadurch eine *negative* Gesamtladung der resultierenden Oxo- oder Hydroxo-Komplexe, was vor allem im Hinblick auf physiologische Aufnahme- und Mobilisierungs-Mechanismen von größter Bedeutung ist. Für die Extrembeispiele Scandium und Titan am Beginn der ersten (3d-)Übergangsmetallreihe konnte zwar noch keine physiologische Bedeutung nachgewiesen werden; Vanadium und Chrom sowie dessen schwerere Homologe im Periodensystem, Molybdän und Wolfram, besitzen jedoch recht differenzierte physiologische Funktionen. Das biologisch bedeutendste Element in dieser Reihe ist zweifellos das Molybdän, dessen Chemie und enzymatische Funktion (SPIRO; BRAY) daher ausführlicher vorgestellt werden.

11.1 Molybdoenzyme: Sauerstoff-Übertragung und Stickstoff-Fixierung

Der essentielle Charakter von Molybdän für Lebensprozesse ist zwar seit längerem aus den Ernährungs- und Agrarwissenschaften bekannt, aus anorganisch-chemischer Sicht stellt dies jedoch eine Besonderheit dar: Molybdän ist nach dem gegenwärtigen Kenntnisstand das einzige Element aus der zweiten (4d-)Übergangsmetallreihe des Periodensystems, dem eine wichtige biologische Funktion zukommt. Die Erklärung hierfür greift zunächst auf die Bioverfügbarkeit zurück: Zwar ist Molybdän wie auch alle anderen Schwermetalle aus diesem Bereich des Periodensystems in der Erdkruste recht selten anzutreffen (Abb. 2.2), es ist jedoch in der stabilsten, sechswertigen Form als Molybdat(VI) MoO_4^{2-} bei pH 7 recht gut in (Meer-)Wasser löslich (ca. 100 mM, vgl. Abb. 2.2). Es zeigt hierin – wie auch in struktureller Hinsicht – eine starke Ähnlichkeit zum biologisch wichtigen, weil Schwefel-transportierenden Sulfat-Ion SO_4^{2-}. Im Gegensatz zum Molybdat(VI) sind die Oxometallate MO_n^{m-} des schwereren Homologen Wolfram sowie der links im Periodensystem stehenden Metalle Niob, Tantal, Zirconium und Hafnium bei pH 7 kaum löslich; die weiter rechts im Periodensystem erscheinenden 4d- und 5d-Elemente, die Platinmetalle wie auch Technetium (s. Kap. 18.3.2) und Rhenium sind andererseits zu selten, als daß sie biologische Bedeutung haben könnten. Im Jahre 1983 wurde erstmals eine aus dem Mikroorganismus *Clostridium thermoaceticum* isolierte Formiat(HCOO⁻)-Dehydrogenase beschrieben, die neben Eisen, Schwefel und Selen (vgl. Kap. 7.4 und 16.8)

Wolfram statt Molybdän als aktivierende Komponente enthält (YAMAMOTO et al.; s. Tab. 11.1). Seither sind einige weitere Wolfram-inkorporierende Mikroorganismen gefunden worden (WAGNER, ANDREESEN).

Die Regel, daß die schwereren Homologen innerhalb einer Übergangsmetall-gruppe höhere Oxidationsstufen bevorzugen, bedeutet umgekehrt, daß das dem MoO_4^{2-} analoge, bei pH 7 ebenfalls gut lösliche Chromat(VI) CrO_4^{2-} ein starkes, unter physiologischen Bedingungen nicht lange beständiges Oxidationsmittel darstellt. In Kapitel 17.8 wird dargelegt, weshalb CrO_4^{2-} aus diesem Grunde sogar mutagen wie auch cancerogen wirkt.

Neben der Bioverfügbarkeit muß natürlich auch eine nützliche Funktion vorhan-den sein, um ein Metall wie Molybdän zu einem essentiellen Element werden zu lassen. Molybdoenzyme stellen einerseits neben eisen- und kupferhaltigen Proteinen (vgl. Tab. 10.1) eine weitere Klasse von Hydroxylasen, zum zweiten spielt ein "FeMo-Cofaktor" eine wesentliche Rolle bei der Hauptform der Distickstoff(N_2)-fixierenden Nitrogenasen.

11.1.1 Sauerstoff-Übertragung durch Molybdoenzyme: Der Molybdopterin-Cofaktor

Die Chemie des Molybdäns in wäßriger Lösung ist bei niedrigeren Oxidations-stufen als +VI durch Aggregation ("Cluster"-Bildung) gekennzeichnet. Es treten, wie in (11.1) gezeigt, dimere und trimere ionische Systeme auf, in denen die Metalle durch Hydro-xo- oder Oxo-Brücken verknüpft sowie durch Wasser-Liganden koordinativ abgesättigt sind (EXAFS-Messungen: CRAMER et al.).

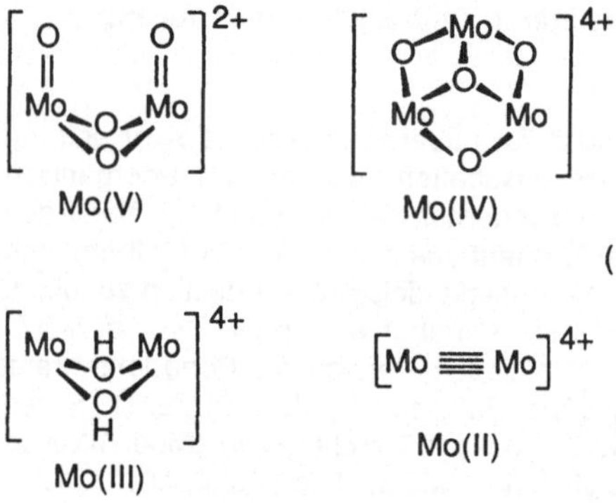

In Gegenwart eines Proteins als vielzähnigem, abschirmen-dem Chelatsystem oder auch bei Verwendung spezieller Cofaktor-Liganden kann diese Aggrega-tion zurückgedrängt werden, so

$$(11.1)$$

daß dann – wie auch bei vielen anderen Metallen – eine eher "ungewöhnliche" bio-logische Komplexchemie dieser Oxidationsstufen resultiert. Die physiologisch rele-vanten Oxidationszustände des Molybdäns reichen vermutlich von +IV bis +VI, die entsprechenden Redoxpotentiale liegen anders als bei den homologen Chrom-Kom-plexen (zu hoch) und Wolfram-Systemen (zu niedrig) mit ca. -0.3 V im biochemisch nutzbaren Bereich. In diesen Oxidationsstufen besitzt Molybdän eine etwa gleicher-maßen ausgeprägte Affinität zu negativ geladenen O- und S-Liganden (Oxid, Sulfid, Thiolate, Hydroxid); auch N-Liganden werden gut koordiniert. Eine wesentliche bio-logische Funktion des Molybdäns scheint es zu sein, kontrollierte Mehrelektronen-

Übertragung und Oxo-Transfer zwischen einem Zweielektronen-Substrat und räumlich davon getrennten Einelektronenüberträgern wie etwa Cytochromen, Fe/S-Zentren oder Flavinen zu katalysieren. Kopplung beider Teilfunktionen führt formal zur direkten Übertragung eines Sauerstoff*atoms* vom Metallzentrum auf das Substrat oder umgekehrt (Oxotransferase-Aktivität z.B. der Nitrat-Reduktase, 11.2; HOLM). Der Sauerstoff kommt dann nicht – wie häufig bei Fe- und Cu-haltigen Hydroxylasen (Oxygenasen) oder Oxidasen (Tab. 10.1) – unmittelbar vom O_2 (Oxygenierung); das Resultat ist eine Trennung des oxidativen Elektronentransfers und des Angriffs z.B. von OH^-.

Nitrat-Reduktase:

$$(11.2)$$

L: Liganden in der Koordinationssphäre des Molybdäns

> **"Oxidation"**
>
> Im biochemischen Sprachgebrauch kann Oxidation entweder Elektronenentzug (→ Oxidase- oder Oxidoreduktase-Enzyme), Wasserstoffentfernung (→ Dehydrogenase-Enzyme) oder Sauerstoffeinführung bedeuten (→ Oxygenase-, Hydroxylase-Enzyme). Bei den O_2-abhängigen Oxygenasen wird zwischen Mono- und Dioxygenasen unterschieden (vgl. Tab. 10.3); Monooxygenierung kann mechanistisch auf verschiedene Weise in Teilschritten erfolgen: $O = O^{\bullet -} - e^- \;(P450) = O^{2-} - 2\,e^- \;(Mo)$.

Der tatsächlich molekular ablaufende Mechanismus Molybdoenzym-katalysierter Redoxreaktionen ist jedoch noch nicht im Detail geklärt, so daß sowohl unmittelbarer O-Atom-Transfer als auch gekoppelter Elektronen/Protonen-Fluß unter Einbeziehung von Wasser diskutiert werden können. Mehrere Molybdän-abhängige Hydroxylasen sind heute bekannt (WOOTTON et al.; Tab. 11.1), am besten charakterisiert sind Xanthin-Oxidase, Sulfit-Oxidase und Nitrat-Reduktase (s. 11.2). Eine wichtige Rolle im Stoffwechsel spielt auch die Mo-haltige Aldehyd-Oxidase, die nicht nur ihrem Namen entsprechend am Alkohol-Stoffwechsel (s. Kap. 12.5) beteiligt sein kann, sondern ebenso die Sauerstoffatom-Übertragung in den Systemen Amin/Aminoxid bzw. Sulfid/ Sulfoxid katalysiert. Letztere Reaktion wird im Falle der Umwandlung von D-Biotin-5-oxid in das eigentlich coenzymatische Biotin (Vitamin H) durch ein spezielles Molybdoenzym katalysiert. Generell katalysieren Molybdoenzyme die Reaktionen (11.3).

$$\begin{aligned} \diagdown\!\!C\!-\!H &\rightarrow \diagdown\!\!C\!-\!OH \\ R_nE| &\rightarrow R_nE\!\rightarrow\!O \\ E &= N,\ S \end{aligned} \qquad (11.3)$$

Tabelle 11.1: Einige molybdänhaltige Hydroxylasen und die dadurch katalysierten Reaktionen

Enzym	Molekül-masse (kDa)	prosthetische Gruppen	typische Funktion
Xanthin-Oxidase	280 (Dimer)	2 Mo, 4 Fe_2S_2, 2 FAD	Oxidation von Xanthin zu Harnsäure in Leber und Niere (11.12, 11.13)
Nitrat-Reduktase	228 (Dimer)	2 Mo, 2 cyt *b*, 2 FAD	Nitrat/Nitrit-Umwandlung in Pflanzen, Tieren und Mikroorganismen (11.2): $NO_3^- + 2\ H^+ + 2\ e^- \rightleftharpoons NO_2^- + H_2O$
Aldehyd-Oxidase	280 (Dimer)	2 Mo, 4 Fe_2S_2, 2 FAD	Oxidation von Aldehyden, Heterozyklen, Aminen, Sulfiden in der Leber
Sulfit-Oxidase	110 (Dimer)	2 Mo, 2 cyt *b*	Sulfit-/Sulfat-Umwandlung in der Leber (Sulfit-Entgiftung, 11.5): $SO_3^{2-} + H_2O \rightleftharpoons SO_4^{2-} + 2\ e^- + 2\ H^+$
Formiat-Dehydrogenase (Mo)	>100	Mo, Fe_nS_n, Se	Formiat-Oxidation in Mikroorganismen $HCOO^- + H_2O \rightleftharpoons HCO_3^- + 2\ e^- + 2\ H^+$
Formiat-Dehydrogenase (W)	340	W, Fe_nS_n, Se	Formiat-Oxidation in Mikroorganismen $HCOO^- + H_2O \rightleftharpoons HCO_3^- + 2\ e^- + 2\ H^+$

Fehlfunktionen der Molybdoenzyme in höheren Organismen sind bekannt und äußern sich z.B. in Problemen des Harnsäuremetabolismus (→ Gicht, Beeinträchtigung der Xanthin-Oxidase-Aktivität) oder in Nervenstörungen (Sulfit-Oxidase-Dysfunktion). Unklar ist die etablierte Rolle des Molybdäns bei der Zahnhärtung. Auf den lange aus der Viehzucht bekannten Cu/MoS-Antagonismus wurde in Kap. 10 schon kurz hingewiesen; die Nukleophilie von elektronenreichem koordiniertem Sulfid als "weicher" Base führt bei den im Wiederkäuermagen gebildeten Tetrathiomolybdaten mit elektronenarmen (sechswertigen) Metallzentren nicht nur zu einer Farbe (energiearmer LMCT-Übergang $S^{-II} \rightarrow Mo^{+IV}$), sondern auch zu deren Eignung als effiziente Komplexliganden ($\rightarrow$ Antagonismus) für positiv geladene, gleichwohl π-elektronenreiche ("weiche") Metallionen wie insbesondere Cu^+.

$$\text{S=Mo}\binom{S^-}{S^-}\text{, S} \qquad : \qquad MoS_4^{2-} \qquad\qquad\qquad Cu^+ \qquad\qquad (11.4)$$

weiches Nukleophil (Sulfid-Zentren)   weiches Elektrophil (Ladung 1+)
π-elektronenarm (Mo^{VI}, d^0-Konfiguration) π-elektronenreich (d^{10}-Konfiguration)

Die Oxidationsäquivalente werden bei den nicht direkt O_2-abhängigen Oxidationen über Elektronentransferproteine in Einelektronenschritten zur Verfügung gestellt. Dementsprechend ist Molybdän in diesen Enzymen immer von solchen Cofaktoren wie etwa Cytochromen, Fe/S-Zentren oder Flavinen begleitet (Tab. 11.1). Die relativ großen Proteine sind jedoch meist noch nicht soweit strukturell charakterisiert, daß schon definitive Mechanismen des Zusammenwirkens der einzelnen Komponenten als gesichert gelten können. Schema (11.5) zeigt daher zunächst einen eher funktionalen Katalysezyklus für die wichtige Sulfit-Oxidation zu Sulfat, wobei intermediär auch ESR-spektroskopisch gut nachweisbares Mo(V) mit seiner d^1-Konfiguration beobachtet wird. Oxid-Liganden sind entweder nach Reduktion aufgrund stark erhöhter Basizität protoniert oder nach erfolgtem O-Transfer durch Hydroxid aus dem umgebenden Wasser ersetzt worden.

Sulfit-Oxidase:

E: (Apo-)Enzym
Fe cyt: Cytochrom mit
Angabe der Eisen-Oxidationsstufe   (11.5)

Aufgrund des Mangels an eindeutigen strukturellen Daten haben sich bislang EXAFS-Messungen (Mo-Absorptionskante bei ca. 20 keV) sowie ESR-Untersuchungen an auftretenden Mo(V)-Zwischenstufen als Hauptverfahren zur Bestimmung der Koordinationsverhältnisse erwiesen. Berühmt geworden ist der Versuch von BRAY und MERIWETHER (1966), die einer friesischen Kuh ^{95}Mo-angereichertes Molybdat injizierten, um in der aus der Milch gewonnen Xanthin-Oxidase die Kopplung des ungepaarten Elektrons mit dem Kernspin I = 5/2 des ^{95}Mo eindeutig nachweisen zu können. Aus solchen Experimenten wie auch aus dem Hinweis auf drei zugängliche Metalloxidationsstufen wird die Beteiligung von Mo(VI), Mo(V) und Mo(IV) an den enzymatischen Reaktionen hergeleitet.

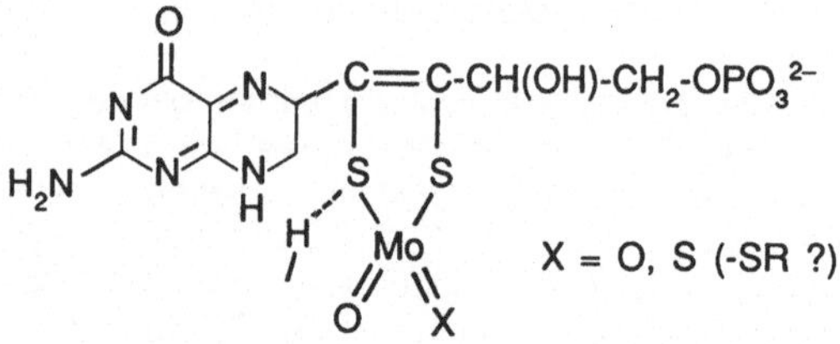

Rekonstitutions- und Übertragungs-Experimente haben inzwischen für alle molybdänhaltigen Hydroxylasen höherer Organismen einen sehr labilen Mo-Cofaktor aus Molybdänoxid/sulfid-Fragment und einem organischen Liganden erkennen lassen. EXAFS-Messungen zeigten, daß das Metallzentrum im oxidierten Zustand immer mit zumindest einer Oxogruppe im Abstand von ca. 170 pm koordiniert ist; eine weitere Gemeinsamkeit sind zumindest zwei (Thiolat-)Schwefelzentren im Abstand von etwa 240 pm (BURGMAYER, STIEFEL). Die Natur des organischen Teils des Mo-Cofaktors scheint inzwischen über auch medizinisch relevante Abbaureaktionen geklärt; es handelt sich vermutlich um ein chinoides Dihydropterin-Derivat "Molybdopterin" (GARDLIK, RAJAGOPALAN; 116), welches charakteristischerweise eine Schwermetall-koordinierende Endithiolat- bzw. "Dithiolen"-Chelatfunktion (11.7) in der Seitenkette enthält. Metabolisiert findet sich dieses Pterin als Urothion im menschlichen Urin; aus Mikroorganismen wurden nukleotidhaltige "Baktopterine" isoliert (KRÜGER, MEYER).

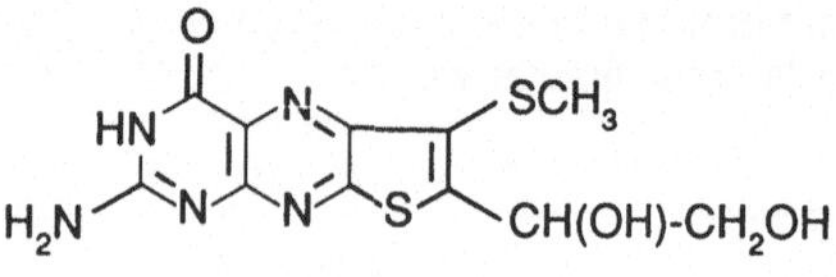

Mo-Cofaktor
(Ligand: "Molybdopterin")

X = O, S (-SR ?)

(11.6)

Urothion

(11.7)

α-Dithioketon-Komplex   Endithiolat-Komplex

(11.8)

Pterin   5,8-Dihydropterin   7,8-Dihydropterin

chinoides Dihydropterin   Tetrahydropterin

Interessanterweise stellen sowohl Dithiolene (11.7; BURNS, McAULIFFE) wie auch Pterine (11.8; ABELLEIRA, GALANG, CLARKE) potentiell redoxaktive π-Systeme dar, so daß mit Blick auf das Substrat, das Metall und die weiteren prosthetischen Gruppen eine aus mehreren Komponenten bestehende Elektronentransfer-Kette (11.9) formuliert werden kann.

(11.9)

$$\text{Fe/S-System, Cytochrom, oder Flavin} \xrightarrow[-1e^-]{-1e^-} (\text{Pterin} \rightarrow) \;\text{Dithiolen} \longrightarrow \text{Molybdän} \xrightarrow{-2e^-,\, +O^{2-}} \text{Substrat}$$

Tetrahydropterine können schwefelkoordiniertes Molybdän(VI) reduzieren und werden dabei selbst zum enzymatisch wieder reduzierbaren chinoiden Dihydropterin oxidiert (BURGMAYER et al.); eindeutige Hinweise auf eine Redoxreaktion von Molybdän-koordiniertem chinoidem Molybdopterin *in vivo* wurden jedoch noch nicht gefunden. Zum O-Transfer über Schwefel-enthaltende Komplexe des Molybdäns existieren Modellstudien (BURGMAYER, STIEFEL; 11.10).

(11.10)

$$\text{PPh}_3 + 2\,(\text{dtc})_2\!-\!\overset{\text{O}}{\overset{\|}{\text{Mo}}}{}^{\text{VI}}\!\!=\!\text{O} \xrightarrow[-\text{OPPh}_3]{} (\text{dtc})_2\!-\!\overset{\text{O}}{\overset{\|}{\text{Mo}}}{}^{\text{V}}\!\!-\!\text{O}\!-\!\overset{\text{O}}{\overset{\|}{\text{Mo}}}{}^{\text{V}}\!-(\text{dtc})_2$$

$$\text{H}_2\text{O} \downarrow \begin{array}{l} -\,2\,\text{dtc}^- \\ -\,2\,\text{H}^+ \end{array}$$

$$(\text{dtc})-\overset{\text{O}}{\overset{\|}{\text{Mo}}}{}^{\text{V}}\!\!\underset{\text{O}}{\overset{\text{O}}{<}}\overset{\text{O}}{\overset{\|}{\text{Mo}}}{}^{\text{V}}-(\text{dtc})$$

$$\text{dtc}^- = \;\underset{\text{S}}{\overset{\text{S}}{\diagup}}\!\!)\,\text{C}-\text{N}\!\!<$$

Dithiocarbamat

Obwohl ein endgültiger struktureller Beweis noch aussteht, wird angenommen, daß das Molybdänzentrum mit den beiden Thiolat-Schwefelzentren des Molybdopterins koordiniert (11.6). Koordinative Absättigung erfolgt darüber hinaus mit zumindest einer Oxo-Gruppe; die weiteren Liganden können jedoch verschieden sein. Nitrat-Reduktase und Sulfit-Oxidase enthalten vermutlich im oxidierten Zustand eine zweite Oxo-Funktion am Metall, die bei Reduktion abgebaut wird; es erfolgt ein Oxotransfer mit nachfolgender H_2O- oder OH^--Koordination bzw. Elektronentransfer bei hohem Potential und Protonierung des dadurch wesentlich basischeren Sauerstoffatoms (11.11). Für die Xanthin-Oxidase wird im oxidierten Zustand ein Sulfid-Ligand im Abstand von 215 pm gefunden, welcher nach Reduktion bei niedrigem Potential zu einem "Sulfhydryl"-Liganden protoniert wird (11.12).

Sulfit-Oxidase

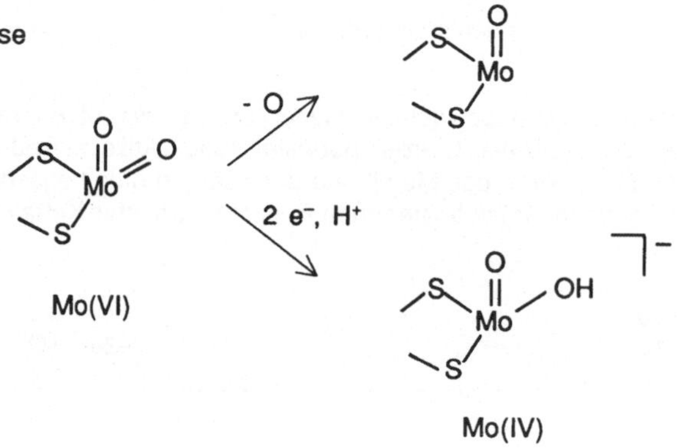

(11.11)

Mo(VI)

Mo(IV)

Xanthin-Oxidase

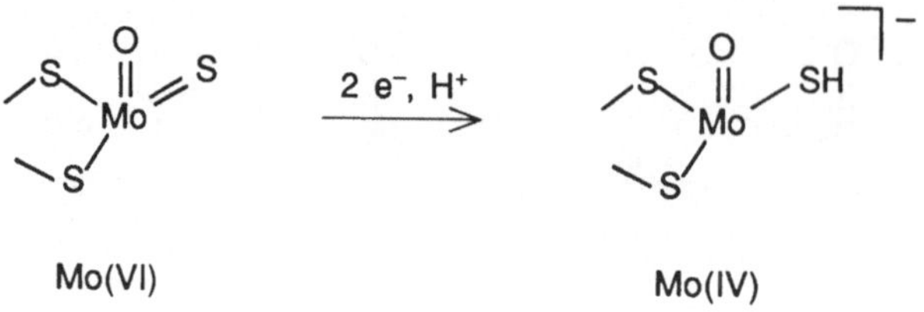

(11.12)

Mo(VI)

Mo(IV)

Neuere EXAFS-Messungen legen nahe, daß nach Protonierung des Sulfids in der Xanthin-Oxidase die Koordination eines zusätzlichen Liganden als Substrat oder Inhibitor möglich ist (HILLE et al.); ein hypothetischer Mechanismus mit nachfolgender Tautomerisierung (H-Wanderung) ist in (11.13) dargestellt.

$$\text{Xanthin} \qquad\qquad \text{Harnsäure} \qquad (11.13)$$

Das Auftreten verschiedener ESR-Signale mit teilweise sichtbarer Protonen-"Superhyperfeinstruktur" für die Mo(V)-Spezies während der stufenweisen Wiederoxidation des Mo(IV) nach erfolgter Sauerstoffübertragung auf das Substrat läßt sich über Schema (11.14) rationalisieren:

$$(11.14)$$

Der aktivierte Komplex **1** des vierwertigen Molybdäns mit einem Oxo-, einem Sulfhydryl- und dem indirekt koordinierten Substrat-Liganden R kann unter gleichzeitiger Deprotonierung Einelektronen-oxidiert werden, bevor mit dem Verlust des letzten d-Elektrons und unter Freisetzung des oxidierten (hydrolysierten) Substrats der Ruhezustand des Enzyms wiederhergestellt wird. Zu dieser mechanistischen Hypothese haben Untersuchungen an Modellkomplexen wie etwa (11.15) beigetragen (DOWERAH et al.).

$$(11.15)$$

Vergleichbare Modellverbindungen dienten zur Simulation eines Enzym-analogen Katalysezyklus für die energetisch sehr begünstigte Sauerstoffübertragung von Dimethylsulfoxid auf das physiologisch nicht relevante Triphenylphosphin (HOLM, BERG; HOLM 1990; 11.16).

(11.16)

11.2 Metalloenzyme im biologischen Stickstoffkreislauf: Molybdän-abhängige Stickstoff-Fixierung

Der anorganisch-biologische Stickstoffkreislauf (Abb. 11.1) besitzt in mehrfacher Hinsicht eine große Bedeutung. Erst die Möglichkeit der technischen Stickstoff-Fixierung im Rahmen der Ammoniaksynthese nach F. HABER UND C. BOSCH hat es erlaubt, angesichts des oft wachstumslimitierenden Stickstoffgehalts des Bodens beim Nutzpflanzenanbau eine der wachsenden Erdbevölkerung annnähernd entsprechende Nahrungsproduktion zu gewährleisten. Die Bedeutung der Stickstoffverbindungen für die landwirtschaftliche Düngung geht nicht zuletzt daraus hervor, daß unter den mengenmäßig bedeutendsten Produkten der chemischen Industrie Ammoniak an führender Stelle steht (GREENWOOD, EARNSHAW); in vorderen Positionen finden sich auch Ammoniumnitrat, Harnstoff und Salpetersäure als Folgeprodukte der technischen "Fixierung" von aus der Luft gewonnenem Stickstoff. Entsprechend erreicht die technische Stickstoff-Fixierung vom Gesamtumsatz her schon weit über 10%, möglicherweise bis zu 40% des biologischen Prozesses (SÖDERLUND, ROSSWALL), wobei auch noch der Beitrag von physikalisch-atmosphärisch umgewandeltem N_2 berücksichtigt werden muß.

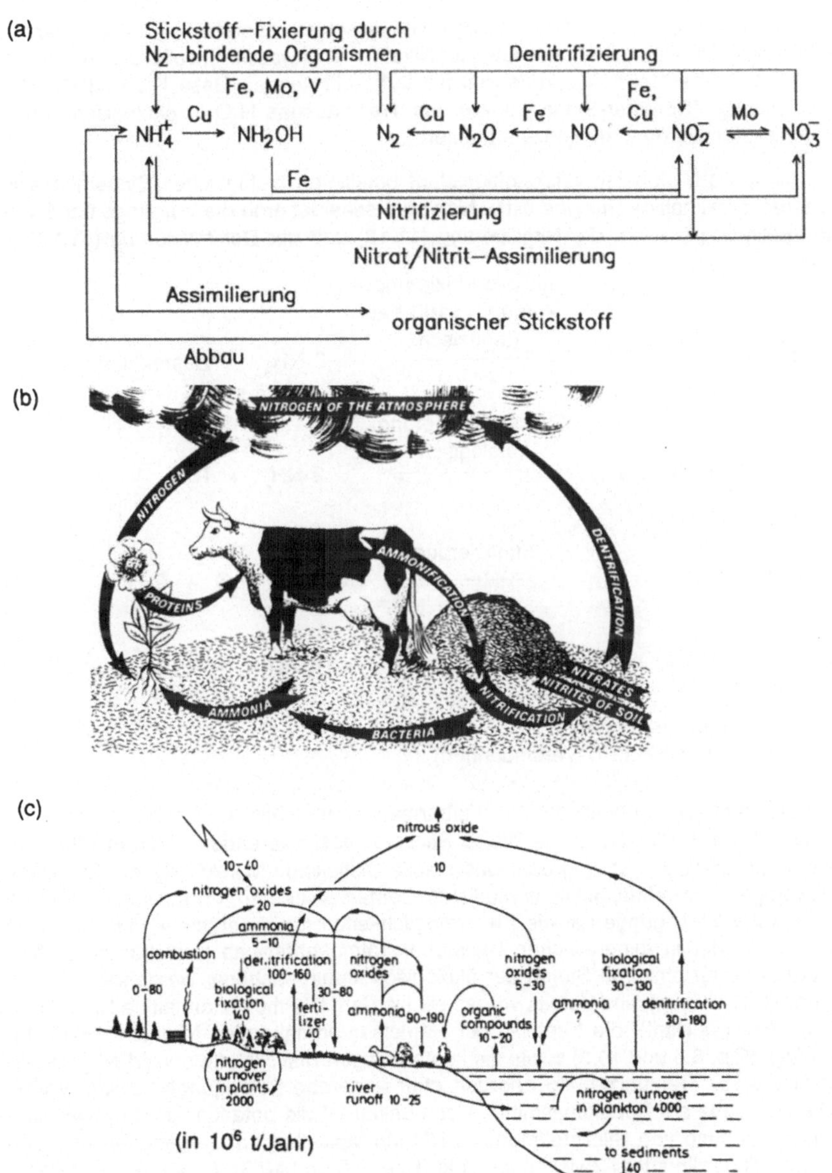

Abbildung 11.1: Chemische (a), biologische (b) und ökologische Darstellung (c) des Stickstoffkreislaufs (nach BURGMAYER, STIEFEL; WILLIAMS; SÖDERLUND, ROSSWALL)

Die Schattenseiten hohen Düngemitteleinsatzes bestehen in einer starken Belastung der Böden mit Ammonium oder Nitrat ($\rightarrow$ Trinkwasser !); außerdem entstehen die auch bei Verbrennungsprozessen mit Luft auftretenden Gase NO und NO_2 ($\rightarrow$ Ozonbildung, "Sommer-Smog") sowie das Treibhausgas N_2O in ökologisch immer bedenklicher werdenden Konzentrationen.

In den am globalen Stickstoffkreislauf beteiligten biologischen Systemen sind generell metallhaltige Enzyme aktiv. Man unterscheidet grob die Vorgänge der Stickstoff-Fixierung (11.17), der Nitrifizierung (11.18) und der Denitrifizierung (11.19).

$$N_2 + 3\,H_2 \xrightarrow[\text{(technisch)}]{\substack{\text{Stickstoff-Fixierung:}\\ >400°C,\ >100\ \text{bar}}} 2\,NH_3 \quad \text{(Gasreaktion)}$$

$$N_2 + 10\,H^+ + 8\,e^- \xrightarrow{\substack{\text{Stickstoff-Fixierung:}\\ \text{(biologisch)}}} 2\,NH_4^+ + H_2$$

$$(11.17)$$

$$NH_4^+ + 2\,O_2 \xrightarrow{\text{Nitrifizierung}} NO_3^- + H_2O + 2\,H^+ \qquad (11.18)$$

$$2\,NO_3^- + \underbrace{12\,H^+ + 10\,e^-}_{\substack{\text{(aus "Biomasse"}\\ =\text{ reduzierte C-Verbindungen)}}} \xrightarrow{\text{Denitrifizierung}} N_2 + 6\,H_2O \qquad (11.19)$$

Die Nitrifizierung dient dem Verfügbarmachen von Stickstoff in Form von Nitrat für die Mehrzahl der auf diese Weise Stickstoff-assimilierenden höheren Pflanzen, wobei vor allem der Sprung über das stabile Distickstoff-Molekül N_2, die Stufe des nullwertigen Stickstoffs, gelingen muß (*Nitrosomas*-Bakterien). Voraussetzungen sind hier aerobe Bedingungen sowie Puffermöglichkeiten für die entstehenden Protonen im Boden oder in mineralischen Baustoffen (atmosphärische Verwitterung !). Metalloenzyme für einzelne Stufen der ökologisch immer wichtiger werdenden *Denitrifizierung* (FERGUSON) sind bereits vorgestellt worden: Die molybdänhaltige Nitrat(N^{+V})-Reduktase ($\rightarrow$ Nitrit), die Kupfer- oder Hämeisen-enthaltenden Nitrit(N^{+III})-Reduktasen (vgl. Kap. 6.5 und 10.3) sowie die kupferhaltigen Distickstoffmonoxid(N^{+I})-Reduktasen (10.15). Denitrifizierung erfordert eher anaerobe Bedingungen sowie organische Substanz als Reduktionsmittel. Noch unklar ist die potentiell große physiologische Bedeutung von Stickstoffmonoxid NO als radikalischem, gegebenenfalls auch nur metallkoordiniertem Zwischenprodukt (Kap. 6.5 und 10.3). Endpunkt der Denitrifizierung ist das sehr stabile, inerte und flüchtige Distickstoff-Molekül, dessen Recycling, d.h. biologische Wiederverfügbarmachung durch den energetisch und reaktionsmechanistisch aufwendigen Prozeß der Stickstoff-Fixierung erfolgt.

Der in seiner Bedeutung nur der Photosynthese vergleichbare Vorgang (11.17) findet ausschließlich bei prokaryontischen Lebewesen statt, z.B. bei freien Bakterien vom Stamm *Azotobacter*; am bekanntesten sind die an den Wurzelknöllchen von Leguminosen symbiontisch lebenden *Rhizobium*-Bakterien (ERFKAMP, MÜLLER). Die Begrenzung auf relativ wenige zur N_2-Fixierung befähigte Lebewesen äußert sich unter anderem im Auftreten von "Pionier"-Pflanzen bei der Neubesiedlung eines nährstoffarmen, z.B. von Gletschern freigegebenen Landes. Nach Verfügbarmachung von nichtflüchtigen (= fixierten) anorganischen Stickstoffverbindungen wird das Element in Form von Aminogruppen in organische Trägerverbindungen wie Glutarsäure oder Asparaginsäure eingebaut und zur Biosynthese von Proteinen und Nukleobasen verwendet.

Erfordert die Reduktion des Distickstoff-Moleküls angesichts dessen thermodynamischer Stabilität einen hohen Energiebedarf, der in Form von zahlreichen ATP-Äquivalenten (mit Mg^{2+} als Hydrolyse-Katalysator, Kap. 14.1) sowie mindestens sechs Elektronen pro N_2 bei physiologisch sehr negativem Potential (< -0.3 V) aufgebracht werden muß, so folgt aus der bekannten Reaktionsträgheit des Distickstoff-Moleküls die Notwendigkeit leistungsfähiger Katalysatoren, eben der Nitrogenase-Enzyme (MÜLLER, NEWTON; ORME-JOHNSON; SMITH; LOWE, THORNELEY, SMITH; STIEFEL et al.). Trotzdem handelt es sich noch immer um sehr langsame Enzyme mit Turnover-Zeiten im Sekunden-Bereich: (11.17) ist ein Achtelektronenprozeß mit angekoppelter ATP-Hydrolyse. Obwohl inzwischen eine große Anzahl von stabilen Komplexverbindungen des N_2 bekannt ist (HENDERSON, LEIGH, PICKETT), wurde die erste derartige Substanz, ein Komplex (11.20) des 4d-Übergangsmetalls Ruthenium, doch erst im Jahr 1965 berichtet. Komplexe des zu N_2 isoelektronischen Kohlenmonoxids, die Metallcarbonyle, sind dagegen seit über 100 Jahren bekannt. Koordination des zentrosymmetrischen N_2 (überwiegend end-on, η^1) erfordert einen zweifachen Angriff: Neben der Inanspruchnahme des rotationssymmetrischen

(11.20)

freien Elektronenpaares an einem N-Atom durch ein Elektrophil, etwa ein Metallion, sollte das Metall im Gegenzug über eine nicht-rotationssymmetrische π-Wechselwirkung Elektronendichte in die niedrig liegenden unbesetzten Molekülorbitale des Dreifachbindungssystems von $N \equiv N$ liefern (11.20; π-Rückbindung, push-pull-Mechanismus; vgl. 5.7). Benötigt werden daher zur N_2-Fixierung π-elektronenreiche Metallzentren, wie sie auch in vielen metallorganischen Verbindungen vorkommen (HENDERSON, LEIGH, PICKETT; PELIKAN, BOCA).

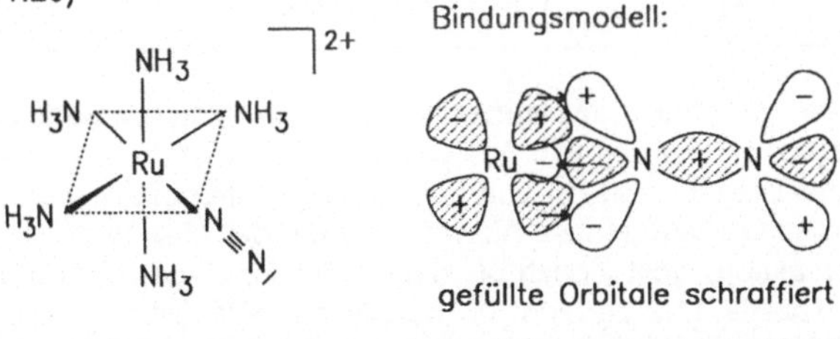

Das niedrige Redoxpotential und die hohe Reaktivität der Nitrogenasen erfordern weiter, daß konkurrierende, d.h. besser koordinierende ähnliche Moleküle abwesend sind; insbesondere gilt dies für Disauerstoff, O_2. N_2-fixierende Organismen sind daher entweder Anaerobier oder haben komplexe Schutz-Mechanismen zum Ausschluß von O_2 aus dem Bereich der Nitrogenase-Enzyme entwickelt. Es existieren sogar eisenhaltige Proteine, die als O_2-Sensor fungieren können. Durch das zu $N\equiv N$ isoelektronische Kohlenmonoxid $^-C\equiv O^+$ wird die Nitrogenase-Aktivität ebenso wie durch NO gehemmt, mit anderen kleinen Mehrfachbindungssystemen entstehen charakteristische Reduktionsprodukte (Tab. 11.2).

Tabelle 11.2. Durch Nitrogenasen katalysierte Reduktionen

Substrat	Produkte	Zahl der benötigten Elektronen pro Mol Produkt
$IN\equiv NI$	$2\,NH_3 + H_2$	$8\,e^-$
$H-C\equiv C-H$	C_2H_4 bzw. $Z\text{-}C_2H_2D_2$ (bei C_2D_2)	$2\,e^-$
$H-C\equiv NI$	$CH_4 + NH_3$ (CH_3NH_2)	$6\,e^-$ ($4\,e^-$)
$CH_3-\overset{+}{N}\equiv Cl^-$	$CH_3NH_2 + CH_4$	$6\,e^-$
$^-\langle N=\overset{+}{N}=N\rangle^-$	$N_2H_4 + NH_3$ ($N_2 + NH_3$)	$6\,e^-$ ($2\,e^-$)
$^-\langle N=\overset{+}{N}=O\rangle$	$N_2 + H_2O$	$2\,e^-$
$\begin{array}{c}CH_2\\ /\ \ \backslash\\ HC=CH\end{array}$	$1/3\ \begin{array}{c}CH_2\\ /\ \ \backslash\\ H_2C-CH_2\end{array} + 2/3\ CH_3-CH=CH_2$	$2\,e^-$
$2\,H^+$	H_2	$2\,e^-$

Bemerkenswert sind bei der Reaktivität konventioneller, d.h. Molybdän-enthaltender Nitrogenasen die Z(*cis*)-Hydrierung von Acetylen nur bis zur Stufe des Ethylens sowie die Spaltung der Dreifachbindung von Isocyaniden. Nitrogenase besitzt darüber hinaus eine intrinsische Hydrogenase-Aktivität, die bei der biologisch "vorgesehenen" N_2-Fixierungsreaktion, nicht jedoch bei den Reduktionen der nicht-physiologischen Substrate in Tabelle 11.2 zu einer obligatorischen Produktion von Diwasserstoff H_2 führt (11.21).

$$N_2 + 8\,H^+ + 8\,e^- \longrightarrow H_2 + 2\,NH_3 \underset{pK_s\,=\,9.2}{\overset{2\,H^+}{\rightleftharpoons}} 2\,NH_4^+ \qquad (11.21)$$

Selbst ein Druck von 50 bar N_2 vermochte nicht, die Bildung von 25% H_2 pro Reaktionsäquivalent entsprechend (11.21) zurückzudrängen, so daß hier kein einfaches Verdrängungsgleichgewicht vorliegen kann. Umgekehrt ist Diwasserstoff (im Gleichgewicht) ein Inhibitor der N_2-Fixierung. Es wird daher angenommen, daß die wiederum stufenweise in Einelektronen/Einprotonen-Additionsschritten erfolgende Reduktion des Enzyms E erst nach dem dritten Äquivalent zur Aufnahme von N_2 führt, wobei notwendigerweise als Hydrid oder η^2-H_2-Komplex (?) gebundener Wasserstoff durch N_2 verdrängt würde (11.22).

$$E \xrightarrow{2e^-,\ 2H^+} EH_2 \xrightarrow{e^-,\ H^+} EH_3 \xrightarrow{+\ N_2} EN_2H + H_2 \rightarrow \rightarrow \rightarrow 2\ NH_3 + E \qquad (11.22)$$

In nahezu allen Fällen wird der entstandene Diwasserstoff sofort durch Hydrogenasen (Kap. 9.3) unter Energiegewinn zu Protonen zurückoxidiert.

Gehemmt wird die Nitrogenase-Aktivität durch einen Überschuß des Produktes Ammonium, durch das vermutliche Zwischenprodukt Hydrazin N_2H_4 (s. 11.25) sowie durch Mangel essentieller anorganischer Komponenten. Benötigt werden das schon erwähnte Mg^{2+} für die ATP-Hydrolyse, Schwefel (in Form von Sulfid oder umzuwandelndem Sulfat), Eisen, und – zumindest bei der "klassischen" Nitrogenase – Molybdän (Wolfram ist hier kein Ersatz !).

Diese bekannteste, Molybdän-enthaltende Form der Nitrogenase (s. Abb. 11.4) besteht zunächst aus einem speziellen, für die Funktion essentiellen dimeren Eisenprotein, der Dinitrogenase-Reduktase (ca. 62 kDa), mit einem zwischen den beiden Untereinheiten gebundenem einzigen Fe_4S_4-Cluster, der bei einem physiologisch sehr negativen Potential von ca. -0.45V zu einer paramagnetischen Form mit $(S = 1/2)$- und $(S = 3/2)$-Spinzustand reduziert werden kann. Dieses "Fe-Protein" der Nitrogenase enthält zwei Mg^{2+}/ATP-Rezeptoren.

Die zweite Komponente, die eigentliche Dinitrogenase, ist ein $\alpha_2\beta_2$-Protein-Tetramer (220 kDa), das "FeMo-Protein" (vgl. Abb. 11.4), welches neben zwei sehr speziellen Fe_nS_x-Systemen (n = 8 ?, "P-Cluster", S = 7/2 im oxidierten Zustand) und einem weiteren, schlecht definierten "S-Cluster" zwei "FeMo-Cofaktoren" oder "M-Cluster" mit der jeweiligen ungefähren anorganischen Zusammensetzung $MoFe_{6-8}S_{6-10}$ aufweist. Obwohl diese zuletzt genannten Zentren nach allen vorliegenden Befunden die Bindungsstelle für Distickstoff darstellen könnten, sind nach Auffinden von Molybdän- und sogar Heterometall-freien, d.h. nur Fe-enthaltenden Nitrogenasen (s.u.) Zweifel an der lange gefaßten Meinung aufgetaucht, daß das ungewöhnliche Heterometall selbst die direkte Bindungsstelle für N_2 ist. Vorläufige grobe Strukturdaten zeigen einen Abstand von ca. 2 nm zwischen Molybdän- und P-Cluster; die beiden Molybdän-Cluster im dimeren Protein sind etwa 7 nm voneinander entfernt. Neuere EXAFS-Messungen am FeMo-Protein und an einem daraus mit N-Methylformamid $HN(CH_3)C(O)H$ extrahierbaren FeMo-Cofaktor ("FeMo-co"; BURGESS) ergeben eine Molybdänumgebung von zwei oder drei leichten Ligandatomen (O oder N) im Abstand von 210-212 pm, drei bis vier Schwefelzentren im Abstand von 237 pm, sowie ca. drei Eisenzentren in einer Entfernung von 267-270 pm (CONRADSON et al.); ein Oxo-Sauerstoffligand wurde nicht gefunden. Komplementäre Resultate wurden bei EXAFS-Untersuchungen der Eisen-Zentren im herauspräparierten Cofaktor erhalten, dessen Isolation charakteristischerweise mit dem basischen N-Methylformamid gelingt, welches möglicherweise in deprotonierter Form $^-N(CH_3)C(O)H$ am Cofaktor gebunden ist.

Aufgrund seiner Bindung an Anionen-Austauscher wird dem Cofaktor eine negative Gesamtladung zuerkannt.

Aus den EXAFS-Daten wie auch aus ESR/ENDOR-Untersuchungen kann noch kein schlüssiges Bild des FeMo-Cofaktors abgeleitet werden. Nach zahlreichen Studien an Modellverbindungen mit ähnlicher EXAFS-Charakteristik ist jedoch ein heteropolymetallisches Clusterarrangement mit sulfidüberbrückten Metallzentren wahrscheinlich; zu den neueren Vorschlägen gehört ein unsymmetrisches doppeltes Kubansystem unter Einbeziehung der Heteroatomvariation (Coucouvanis; 11.23).

Nitrogenase-Clustermodell: (11.23)

Unsymmetrie und hohe Komplexität folgen auch aus Heteroatom-ENDOR-Messungen (True et al.). Im reduzierten Zustand enthält der Cofaktor vierwertiges, unsymmetrisch koordiniertes Molybdän; der Gesamtelektronenspin von S = 3/2 ist jedoch vorwiegend an den jeweils deutlich unterschiedlichen, überwiegend S-koordinierten Eisen-Zentren zu finden, welche gleichwohl den Mössbauer-Spektren zufolge eine hohe Elektronendelokalisation aufweisen. Eindeutig nachgewiesen ist das potentiell chelatbildende Homocitrat (11.24: Trianion der (R)-2-Hydroxy-1,2,4-butantricarbonsäure) als möglicher Cluster-externer Komplexligand der Molybdän-"Ecke"; für seine Biosynthese existiert sogar ein separates Gen (Hoover et al.). Alternative Liganden vom Protein mit "leichten" Koordinationszentren wären Aspartat, Glutamat oder Tyrosinat.

$$\begin{array}{l} CH_2-COO^- \\ | \\ CH_2 \\ | \\ HO-C-COO^- \\ | \\ CH_2-COO^- \end{array} \qquad (11.24)$$

Im reduzierten Fe-Protein (Dinitrogenase-Reduktase) besteht die Rolle des ungewöhnlichen Cluster-Zentrums mit leicht erreichbarem höherem Spinzustand S = 3/2 in der Kopplung von Elektronenfluß bei niedrigem Potential unter gleichzeitiger ATP-Hydrolyse als Triebkraft (2 ATP pro Elektron). Innerhalb des FeMo-Proteins übernehmen möglicherweise die polynuklearen P-Cluster den Elektronentransport zum FeMo-Cofaktor bei sehr niedrigem Potential.

Über den eigentlichen Mechanismus der Metalloenzym-katalysierten Umwandlung von N_2 zu NH_3 existieren bislang nur Hypothesen, die sich auch auf umfangreiches Material bei nichtenzymatischen Komplexen z.B. des nullwertigen Molybdäns stützen. Zweifellos ist bei diesem energetisch wie mechanistisch anspruchsvollen Prozeß (11.21) ein vielstufiger Reaktionsweg erforderlich, damit entsprechend (11.25) – ähnlich wie bei der heterogen-technisch katalysierten Ammoniak-Synthese – die Erzeugung freier energiereicher Zwischenprodukte umgangen werden kann (vgl. Abb. 2.7).

Stabilisierung energiereicher Zwischenprodukte der $N_2 \rightarrow NH_3$-Konversion durch Bindung an ein Metallzentrum M

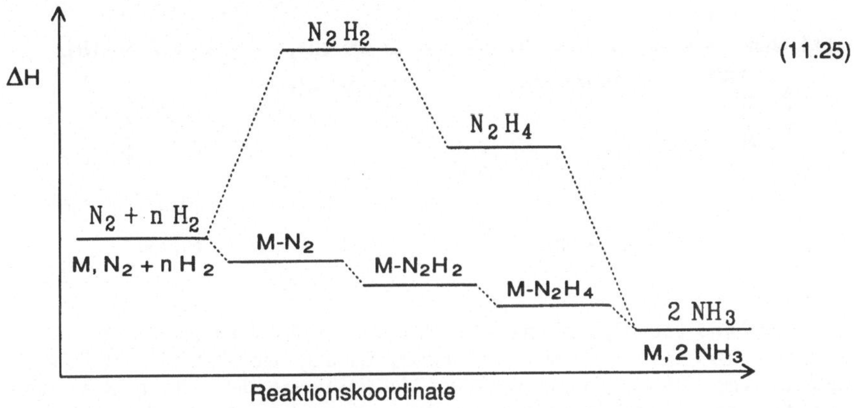

(11.25)

Außer der Koordinationsstelle im Enzym ist auch der Koordinationsmodus des N_2 noch ungeklärt; es wird allerdings – wie auch bei den meisten strukturell charakterisierten Distickstoff-Komplexen (HENDERSON, LEIGH, PICKETT) – eine end-on-$(\eta^1$-)Koordination angenommen (vgl. 5.7 und 11.20); nur wenige N_2-Komplexe mit side-on-$(\eta^2$-) Koordination sind bekannt. Eine bei freien Komplexen häufig zu beobachtende Verbrückung zweier Metallzentren (vgl. 5.11) durch das aufgrund π-Rückbindung basischer gewordene N_2 ist wegen des abschirmenden Proteins im Enzym nicht möglich.

Ein auf Modellreaktionen basierender Katalyse-Mechanismus (11.26) kann wie folgt formuliert werden:

Die vermutete mehrfache Addition von e^-/H^+ vor Beginn der eigentlichen Stickstoff-Fixierung führt nach Stickstoffanlagerung zur Verdrängung von H_2 (11.22), wobei N_2 und e^-/H^+ zu einem Diazenido(1-)-Liganden NNH^- zusammentreten könnten (11.26). Dieser kann nach einer weiteren e^-/H^+-Addition zu einem terminalen Hydrazido(2-)-Liganden H_2N-N^{2-} werden, der bei anderer Verteilung der Oxidationsstufen auch als neutraler Aminonitren-Ligand H_2N-N formulierbar ist. Tatsächlich läßt sich bei Unterbrechen ("Quenchen") des Nitrogenase-Reaktionszyklus Hydrazin als teilreduzierte Form des Stickstoffs nachweisen. Die (-I)-wertige Form, das Diazen (Diimin, $H-N=N-H$), würde bei Protonierung des Diazenido-Liganden resultieren; ein Komplex des in freiem Zustand unbeständigen Diazens ist kürzlich unter Verwendung von S-gebundenen Eisenzentren dargestellt worden. Zweifache Metallkoordination und Wasserstoffbrücken-Wechselwirkungen ($N-H\cdots S$) tragen hier zur Stabilisierung bei (Abb. 11.2; SELLMANN et al.).

Mögliche Zwischenstufen metallkatalysierter N_2-Reduktion mit Bezeichnung der N-Liganden (LM = Metallkomplex mit freier Koordinationsstelle):

$$\text{LM--N}\equiv\text{N} \xrightarrow{+\,H^+,\;e^-} \text{LM=N=NH} \xrightarrow{+\,H^+,\;e^-} \text{LM}\equiv\text{N--NH}_2 \xrightarrow{+\,H^+} \text{LM}\equiv\text{N--}^+\text{NH}_3$$

Distickstoff   Diazenido(1-)   Hydrazido(2-)

$+\,N_2$ ↑ $\downarrow +\,H^+,\;e^-$

$$NH_4^+ + \text{LM} \xleftarrow{+\,H^+} \text{LM--NH}_3 \xleftarrow{+\,2H^+,\,2e^-} \text{LM=NH} \xleftarrow{+\,H^+,\;e^-} \text{LM}\equiv\text{N} + NH_4^+$$

Ammin   Imido   Nitrido

$$(11.26)$$

Ausgehend vom Hydrazido(2-)-Komplex kann $e^-/2H^+$-Addition (11.26) zur Abspaltung eines ersten Ammonium-Ions und zur Bildung einer Metall-Nitrido-Funktion $M\equiv N$ (DEHNICKE, STRÄHLE) mit formal hoher Metalloxidationsstufe führen. Sukzessive e^-/H^+-Aufnahme führt über Imido(HN^{2-})- bzw. Nitren(HN)- und Amido(H_2N^-)- bzw. Aminyl($H_2N^\bullet$)-Komplexe zum Ammin-Komplex, der bei Protonierung das zweite Ammonium-Ion liefert.

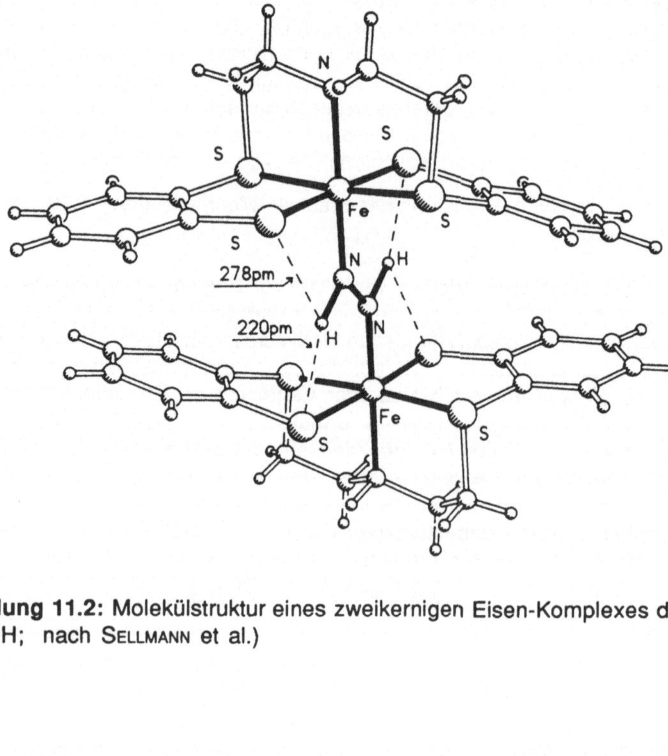

Abbildung 11.2: Molekülstruktur eines zweikernigen Eisen-Komplexes des Diazens (HN=NH; nach SELLMANN et al.)

Viele der Stufen aus (11.26) sind in Modellkomplexen mit Metallen in *niedrigen* Oxidationsstufen realisiert; es existieren jedoch auch metallorganische Mo(IV)-Komplexe des partiell reduzierten Distickstoffs wie etwa $[(C_5Me_5)Me_3Mo]_2(\mu\text{-}N_2$; SCHROCK et al.; SCHROCK, GLASSMANN, VALE). In bezug auf zyklischen Reaktionsverlauf und Hydrazin- oder Ammoniakproduktion sind jedoch zunächst Komplexe des formal nullwertigen Molybdäns und Wolframs erfolgreich gewesen; immobilisierte Systeme (11.27; KAUL, HAYES, GEORGE) oder elektrochemische Experimente (11.28; PICKETT, TALARMIN) sind hier zu nennen.

(11.27)

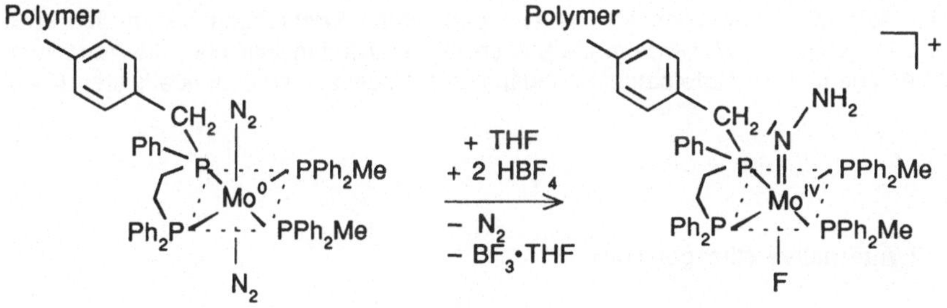

Metallkomplex-katalysierte elektrochemische Reduktion von N_2 zu NH_3:

(11.28)

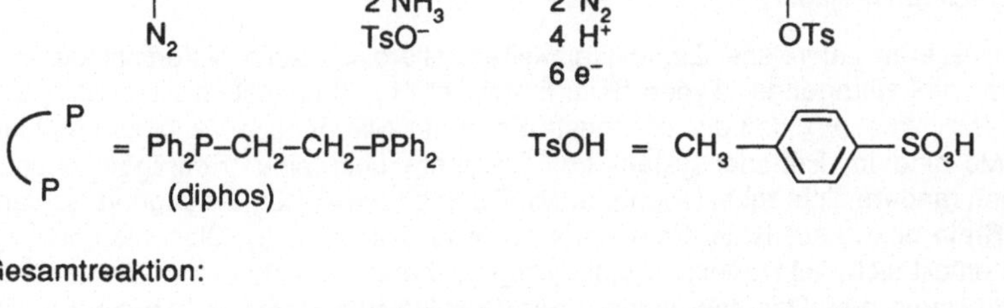

$$\left.\begin{array}{c}P\\P\end{array}\right\rangle = Ph_2P\text{-}CH_2\text{-}CH_2\text{-}PPh_2 \quad \text{(diphos)}$$

$$TsOH = CH_3\text{-}\langle\!\bigcirc\!\rangle\text{-}SO_3H$$

Gesamtreaktion:

$$2\ TsOH + 2\ N_2 + 4\ H^+ + 6\ e^- \longrightarrow N_2 + 2\ TsO^- + 2\ NH_3$$

$$N_2 + 6\ H^+ + 6\ e^- \longrightarrow 2\ NH_3$$

Nicht nur die an der EXAFS-Charakteristik orientierte strukturelle Modellierung des aktiven Nitrogenase-Zentrums (COUCOUVANIS; vgl. 11.23) und die Versuche zur komplexchemischen Simulation zumindest von Teilen der katalytischen Reaktivität, sondern auch genetische Variationen bei den betreffenden Mikroorganismen und deren Auswirkung auf die durch Mutanten synthetisierten Proteine haben zu einem weiteren Verständnis der biologischen Stickstoff-Fixierung beigetragen. Gefördert wurden diese auch im bioanorganischen Bereich willkommenen Entwicklungen (MÜLLER, NEWTON; ERFKAMP, MÜLLER) der molekularbiologisch gezielten Protein-Modifikation durch das Bestreben, den Satz von mindestens siebzehn *nif*-Genen (*ni*trogen-*f*ixation) von Mikroorganismen direkt auf Nutzpflanzen zu übertragen. Die mit der klassischen, d.h. Molybdän-abhängigen Nitrogenase gemachten Erfahrungen haben sich auch als sehr wertvoll erwiesen, um die beiden neu etablierten Vertreter, die Vanadium-abhängige und die Heteroatom-unabhängige Nitrogenase zu charakterisieren (PAU).

11.3 Alternative Nitrogenasen

Entgegen einer schon in den dreißiger Jahren veröffentlichten Vermutung von H. BORTELS in bezug auf das Element Vanadium wurde lange Zeit Molybdän als unabdingbar für die Stickstoff-Fixierung erachtet. Erst die neueren Möglichkeiten der Ultraspurenelement-Analyse wie auch der genetischen Manipulierbarkeit N_2-fixierender Organismen haben in den achtziger Jahren eindeutig gezeigt, daß in Abwesenheit von Molybdän oder von FeMo-Cofaktor-synthetisierenden Genen *alternative* Nitrogenasen aufgebaut werden können (CHISNELL, PREMAKUMAR, BISHOP; PAU; ERFKAMP, MÜLLER). In Gegenwart von Vanadium bildet sich eine Vanadium-abhängige Nitrogenase; ist auch dieses Metall nicht verfügbar, so kann eine dritte, nur noch Eisen enthaltende Form synthetisiert werden. Bei ausreichender Molybdän-Versorgung ist die Ausbildung der alternativen Nitrogenasen unterdrückt, so daß diese unter Normalbedingungen weniger effektiven Enzyme in erster Näherung als "back up"-Systeme einzuschätzen sind.

Es existieren zahlreiche Gemeinsamkeiten, allerdings auch Unterschiede zwischen den drei Nitrogenase-Typen (PAU; STIEFEL et al.). Zunächst ist nicht völlig unerwartet (MÜLLER et al.), daß die zweitbeste Form der Nitrogenase Vanadium enthält; V und Mo sind im Periodensystem der Elemente über eine "Schrägbeziehung" verbunden (andere Schrägbeziehungen: Mn/Ru in bezug auf O_2-Erzeugung, s. Kap. 4.3; Fe/Rh in bezug auf H^+/H_2-Konversion, s. Kap. 7.4 und 9.3). Die Entsprechung V $\leftrightarrow$ Mo drückt sich nicht zuletzt in einer vergleichbaren Chemie beider Elemente in wäßriger Lösung aus. Das sehr komplizierte Stabilitätsdiagramm in Abb. 11.3 zeigt, daß Vanadium wie auch Molybdän (vgl. 11.1) sehr stark zur Bildung Oxo-/Hydroxo-verbrückter Aggregate neigt.

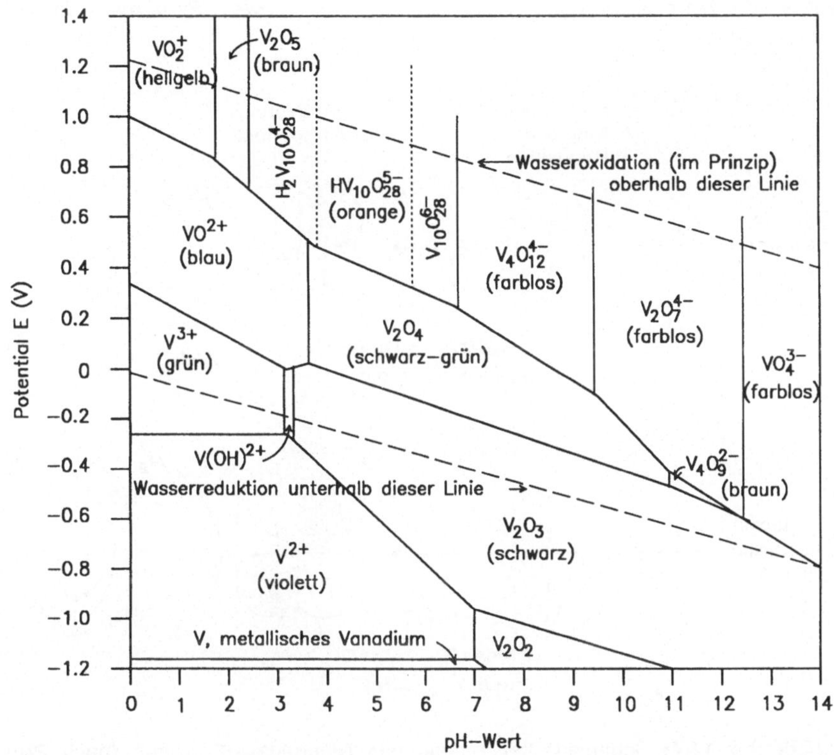

Abbildung 11.3: Stabilitätsdiagramm von Vanadium in Wasser: Existenzbereiche verschiedener hydratisierter Spezies und Festkörper in Abhängigkeit von Redoxpotential und pH-Wert (nach GARRELS, CHRIST)

Vanadium ist zwar in der Erdkruste, nicht jedoch im Meerwasser häufiger vertreten als Molybdän (Abb. 2.1), so daß letzteres Vorteile hinsichtlich der Leistungsfähigkeit entsprechender Enzyme haben sollte. In der Tat besitzt die V-abhängige Nitrogenase eine etwas geringere Aktivität in bezug auf N_2-Reduktion; nachteilig ist vor allem, daß hier ca. *50%* der Reduktionsäquivalente für die H_2-Bildung aufgewandt werden müssen (nur 25% beim Mo-System, vgl. 11.21). Typischerweise zeigt die V-Nitrogenase nur geringe Aktivität bei der Acetylen-Reduktion, wobei teilweise vollständige Vierelektronen-Hydrierung bis zum Ethan erfolgt (Abb. 11.4). Bemerkenswerterweise ist jedoch die V-Nitrogenase bei 5°C effizienter als das Molybdän-System, was die Konservierung dieser Form im Laufe der Evolution begünstigt haben mag (EADY). Die empfindlichsten, die Heterometall-unabhängigen (Fe-)Nitrogenasen sind noch wenig charakterisiert; über die Aktivität bei weitestgehender Abwesenheit von V oder Mo existieren unterschiedliche Angaben (CHISNELL, PREMAKUMAR, BISHOP).

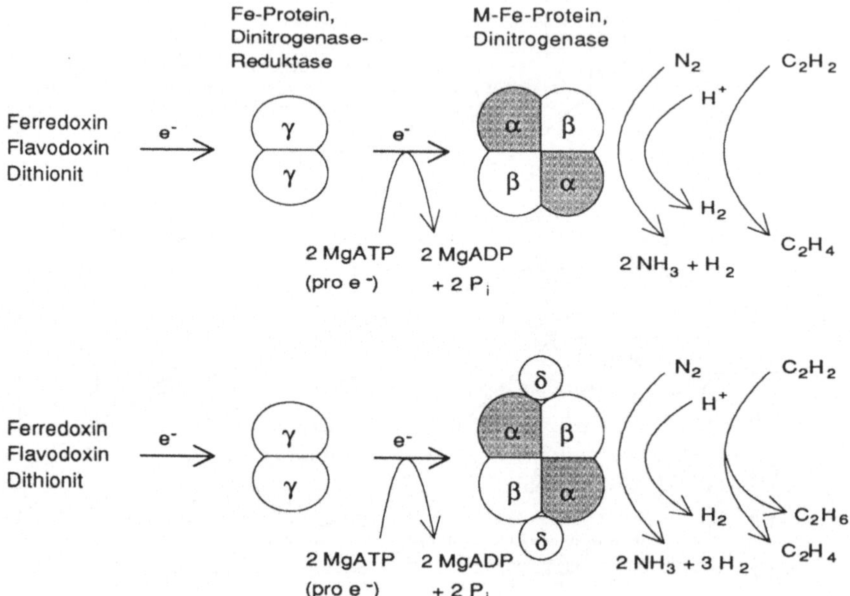

Abbildung 11.4: Schematischer Aufbau von Nitrogenase-Enzymen (nach PAU): Mo-abhängige (oben) und V-abhängige Nitrogenase (unten)

Für beide alternative Nitrogenasen wurde eine Zusammensetzung aus zwei Proteinen, ähnlich wie beim Mo-System gefunden. Insbesondere das V-Enzym weist zahlreiche Parallelen mit dem Mo-Analogen auf (Abb. 11.4): Ein dimeres Fe-Protein mit Mg^{2+}/ATP-Bindungsstellen steht einem größeren Protein gegenüber, welches im Falle des V-Systems ein Hexamer $\alpha_2\beta_2\delta_2$ mit zwei kleinen δ-Einheiten ist. Nicht nur die grobe Enzym-Struktur, sondern auch gewisse invariante Aminosäuren in der Polypeptidsequenz (PAU) und die daraus folgende anorganische Zusammensetzung des wohl aktiven Clusterzentrums sind für V- und Mo-Nitrogenase vergleichbar. In beiden Fällen legen EXAFS-Messungen die Existenz von Heterokuban-Strukturen

MFe$_3$S$_4$ nahe, beim kleineren Vanadium sind 3 ± 1 Sulfid-Zentren in ca. 232 pm Abstand, 3 ± 1 Eisenatome in 274 pm Abstand und etwa drei leichte Atome (O,N) in einer Entfernung von etwa 214 pm um das Metallzentrum angeordnet (GEORGE et al.; GARNER et al.). Eisen-EXAFS-Untersuchungen liefern ein entsprechendes Bild, welches gleichermaßen durch Resultate für Modellkomplexe wie (11.29) bestätigt wird (CIURLI, HOLM).

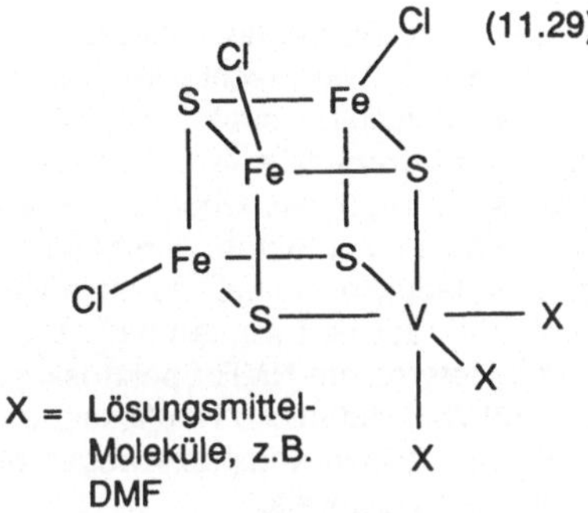

$$(11.29)$$

X = Lösungsmittel-Moleküle, z.B. DMF

Charakteristischerweise bleibt die Geometrieänderung bei der Redoxreaktion von Mo- und V-Nitrogenasen gering (→ Elektronendelokalisation), wogegen die Mo-Zentren in Oxotransferasen einen deutlichen Unterschied zwischen den Oxidationszuständen zeigen. Auch bei der Vanadium-Nitrogenase ist der Heteroatom-Cofaktor mit N-Methylformamid extrahierbar, wobei eine anorganische Zusammensetzung VFe$_{5-6}$S$_{4-5}$ erhalten wird. Eine weitere Entsprechung zum Molybdän-System liegt im (S = 3/2)-ESR-Signal der reduzierten V-Nitrogenase (V^{III} ?; EADY). Wie Molybdän ist auch Vanadium dafür bekannt, daß niedermolekulare Komplexe mit dem Metall in niedrigen Oxidationszuständen (≤ +II) mit N$_2$ reagieren (SHILOV et al.). Die offenbare Notwendigkeit von bestimmten Heteroatomen für einigermaßen effiziente N$_2$-Fixierung könnte in einer ausgeprägten Fähigkeit zur Mehrelektronen-Pufferung von Polythiometallat-Zentren in dem erforderlichen negativen Potentialbereich zu suchen sein. MÜLLER et al. vermuten, daß das ebenfalls zu Molybdän in Schrägbeziehung stehende, wegen seiner extremen Seltenheit allerdings kaum bioverfügbare Rhenium ebenfalls als Heteroelement in Nitrogenasen fungieren könnte.

11.4 Biologisches Vanadium außerhalb von Nitrogenasen

Außer in den erst seit ca. 1986 etablierten Vanadium-abhängigen Nitrogenasen ist dieses Element seit längerem als Bestandteil einiger besonderer Organismen bekannt, welche Vanadium in hohem Maße anreichern können (WEVER, KUSTIN; REHDER). Es handelt sich vor allem um Meeresorganismen (Seescheiden, Braunalgen) sowie um Flechten und Pilze (Fliegenpilz). In bezug auf höhere Lebewesen haben die lange bekannte Inhibitor-Wirkung von Vanadat auf Phosphat-abhängige Enzyme (s. Kap. 13.4 und 14.1), aber auch dessen mögliche therapeutische Funktion als Insulin-"Ersatz" für den Glucosestoffwechsel einige Bedeutung.

Ähnlich wie bei der Analogie Sulfat/Molybdat besteht auf der Stufe des Orthovanadats VO_4^{3-} eine recht gute chemische Entsprechung zum Phosphat PO_4^{3-}, welches eine vergleichbare strukturelle Charakteristik (Tetraeder mit Tendenz zur Bildung trigonal bipyramidaler Koordination) und eine ähnliche Aggregationsneigung zeigt (vgl. ATP, 14.2). Als Übergangsmetall kann Vanadium ausgehend von der Oxidationsstufe +V mit leeren, energetisch niedrig liegenden 3d-Orbitalen durch physiologische Reduktionsmittel wie etwa Glutathion (16.4) zu niedrigeren Oxidationsstufen (+IV, +III) reduziert werden (vgl. Abb. 11.3). Während V(V)- und V(III)-Verbindungen durch Heteroatom-NMR-Spektroskopie untersucht werden können (REHDER; ^{51}V: I = 7/2, 99.75% natürliche Häufigkeit; s. auch S. 273), eignen sich das Vanadyl(IV)-Ion VO^{2+} und dessen Komplexe wegen der d^1-Konfiguration vor allem für ESR-spektroskopischen Nachweis.

Die essentielle Bedeutung des Ultraspurenelements Vanadium für den Menschen ist noch weitgehend ungeklärt (Aufnahme 10-60 µg/Tag). Bei Untersuchungen zur Vanadat-unterstützten Stimulierung cardiovaskulärer Aktivität von mit Insulin behandelter Diabetes bei Ratten stellte sich heraus, daß neben dieser Funktion auch der Glucosemetabolismus selbst durch Verabreichung von Vanadat (wie auch von Cr^{III}, Kap. 11.5) günstig beeinflußt werden kann. Andererseits wirken Vanadat und dessen Aggregationsformen (CRANS, WILLGING, BUTLER) schon in relativ geringen Konzentrationen als Inhibitoren für Enzyme wie etwa die Na^+/K^+-ATPase (s. Kap. 13.4) und verwandte Phosphattransferasen (Kinasen, Cyclasen, Phosphatasen, Ribonukleasen; s. Kap. 14.1). Daneben wird offenbar die Biosynthese der für Metallkoordination und Proteinkonformation essentiellen Aminosäure Cystein durch Vanadat gehemmt. Das normalerweise eisentransportierende Apotransferrin (Kap. 8.4.1) bindet Vanadium in den Oxidationsstufen III - V recht stark.

Seit Anfang des Jahrhunderts bereits ist bekannt, daß bestimmte Meeresorganismen, Seescheiden (*Ascidiae*) aus der Gruppe der Manteltiere (Tunicaten), Vanadium in ihren Blutzellen in hohem Maße, bis auf einen Faktor von 10^7 gegenüber dem Meerwasser anreichern können. Ursprüngliche Annahmen, wonach diesen Mengen an reduziertem Vanadium (+III) eine O_2-Transportfunktion zukommt, sind nicht haltbar; möglicherweise dienen sie als primitives Immunsystem oder als Komponenten im anaeroben Metabolismus (SMITH et al.). Diskutiert wird auch noch kontrovers, bei welchem pH-Wert (neutral oder stark sauer) und in welcher Komplexanordnung Vanadium in diesen Sulfat-reichen Zellen auftritt (FRANK, CARLSON, HODGSON). Inzwischen wurden aus diesen Organismen die sogenannten Tunichrome (11.30) als labile, Vana-

(11.30)

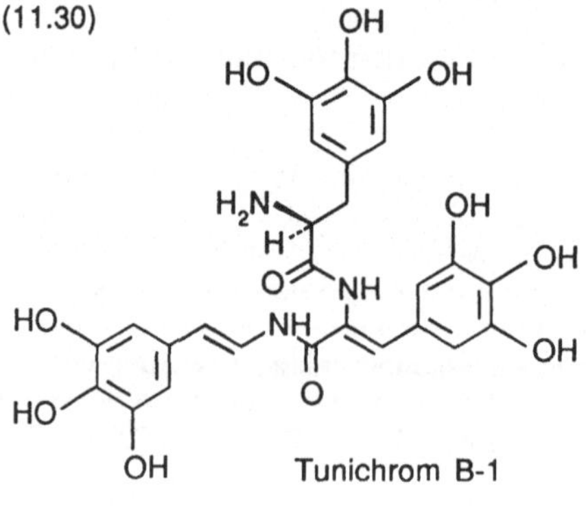

Tunichrom B-1

dium-komplexierende und z.T. auch -reduzierende Chelat-Liganden vom *o*-Polyphenol-Typ identifiziert (SMITH et al.).

Auch aus dem Fliegenpilz (*Amanita muscaria*) ist ein vanadiumhaltiger Naturstoff "Amavadin" isolierbar, dessen Identität jedoch lange Zeit umstritten war (BAYER, KOCH, ANDEREGG; CARRONDO et al.). Es liegt offenbar ein Vanadyl(IV)-Komplex (ESR !) mit zwei vierzähnigen Hydroxyiminodiacetat-Liganden vor (11.31). Dieser Komplex weist eine außerordentlich hohe Stabilität auf (vgl. die ähnliche Hydroxamsäurefunktion bei Eisen-Komplexen, Kap. 8.2), wodurch die bemerkenswerte Anreicherung bis auf ca. 200 ppm aus dem umgebenden Boden erst ermöglicht wird. Eine Funktion der V-Aufnahme ist auch hier noch unklar, gerade Pilze synthetisieren oft erstaunlich effiziente niedermolekulare Chelatbildner für Metallionen (Kap. 17.3 und 18.2).

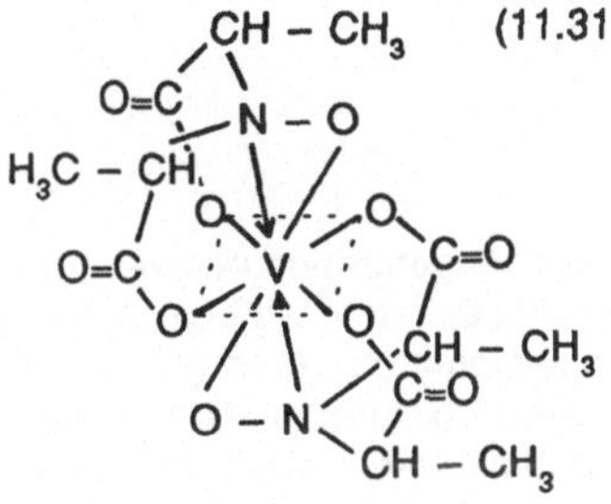

(11.31)

Amavadin (aus Fliegenpilz)

Bestimmte Braunalgen (Knotentang, *Ascophyllum nodosum*) wie auch landlebende Flechten enthalten V-abhängige Haloperoxidasen (DE BOER et al.). Diese Enzyme, die es auch in "konventioneller" Form als Häm-Proteine gibt (vgl. Kap. 6.3; VAN PEE), katalysieren die Halogenierung von organischen Substraten unter Mithilfe von Wasserstoffperoxid entsprechend Gleichung (11.32). Die dabei entstehenden "natürlichen" Halogenkohlenwasserstoffe dienen vermutlich – wie viele ihrer synthetischen Analogen – als Biozide gegenüber Mikroorganismen im Abwehrsystem von Organismen.

$$\text{R–H} + \text{H}_2\text{O}_2 + \text{Hal}^- + \text{H}^+ \xrightarrow{\text{Halo-peroxidase}} \text{R–Hal} + 2\ \text{H}_2\text{O} \qquad (11.32)$$

R: organischer Alkyl- oder Aryl-Rest;　Hal: Cl, Br, I

Während landlebende Organismen wie Pilze und Flechten vor allem chlorierende und iodierende Enzyme besitzen (vgl. die Thyreoperoxidasen, Kap. 6.3 und 16.7), spielt bei Meeresorganismen die Bromierung z.B. zu Bromoform $CHBr_3$ eine große Rolle; als letztendlich bromierende Spezies wird hier Hypobromit ^-OBr vermutet. Die Funktion des Vanadiums in den ca. 10 kDa großen sauren Bromoperoxidase-Enzymen ist noch unklar. Möglicherweise dient es durch Koordination von Bromid der Bildung von reaktiven Bromsauerstoff-Verbindungen, ohne daß das ein höheres Potential erfordernde, weitaus häufigere Chlorid oxidiert wird. Einige Substrate können jedoch durch die Vanadium-enthaltende Bromoperoxidase auch chloriert werden (SOEDJAK, BUTLER). Entsprechend der Peroxidase-Funktion wird unter physiologischen Bedingungen nur V(V) angenommen, welches von vermutlich 6 O- und N-funktionellen Liganden, darunter zwei Histidin-Resten und einem endständigen Oxid-Ion koordiniert sein dürfte. Farbige (LMCT I) Peroxo-Komplexe des Vanadat(V) sind aus der analytischen Chemie dieses Elements bekannt, eine (Hydro-)Peroxid-Koordination an das Metall wird hier jedoch für weniger wahrscheinlich erachtet.

11.5 Chrom(III) im Stoffwechsel

Während Chrom(VI) in Form des Chromats CrO_4^{2-} als mutagener und cancerogener Stoff erkannt worden ist (s. Kap. 17.8), stellt das Metall in seiner in wäßriger Lösung stabilsten Oxidationsstufe +III ein essentielles Spurenelement dar. Dies gilt, obwohl dreiwertiges Chrom ähnlich wie dreiwertiges Eisen (vgl. Kap. 8) oder Aluminium(III) (s. Kap. 17.6) aufgrund der Schwerlöslichkeit des Hydroxids bei pH 7 und wegen langsamer Substitutionsreaktionen nur sehr ineffizient resorbiert werden kann. Die heute am besten belegte Funktion betrifft die Beteiligung eines Chrom(III)-enthaltenden Glucosetoleranzfaktors (GTF) an der optimalen Wirkung von Insulin (BARRETT, O'BRIEN, DE JESUS). Dementsprechend sind in der Naturheilkunde chromhaltige Pflanzen wie etwa das Hirtentäschelkraut zur Behandlung von Diabetes mellitus (Typ II) eingesetzt worden (MÜLLER, DIEMANN, SASSENBERG) und Chrom(III)-Therapie kann tatsächlich den Insulinbedarf reduzieren helfen. Es handelt sich bei GTF vermutlich um einen typischen, d.h. oktaedrisch konfigurierten und substitutionsinerten Cr(III)-Komplex mit zwei *trans*-ständigen Nicotinsäure-Liganden, dessen restliche vier Koordinationsstellen zum Teil mit Schwefel-Liganden, etwa aus dem Peptid Glutathion besetzt sein könnten (11.33).

(11.33)

L = Glycin, Cystein ?

Möglicherweise ist dieser Komplex ein integraler Bestandteil des Membranrezeptors für das Hormon Insulin (s. Kap. 12.7); bei Mikroorganismen (Hefezellen) scheint der Glucosetoleranzfaktor jedoch nicht notwendigerweise Chrom enthalten zu müssen.

12 Zink: Enzymatische Katalyse von Aufbau- und Abbau-Reaktionen sowie strukturelle und genregulatorische Funktionen

12.1 Überblick

Nach dem Element Eisen ist Zink mit ca. 2 g pro 70 kg Körpergewicht das zweithäufigste 3d-Metall im menschlichen Organismus, eine bedeutende Rolle spielt es auch für viele andere Lebewesen (BERTINI et al.; PRINCE; WILLIAMS; VAHRENKAMP; VALLEE, AULD). Das Element kommt unter physiologischen Bedingungen nur zweifach ionisiert vor; aufgrund der abgeschlossenen d-Schale (d^{10}-Konfiguration) ist das Ion Zn^{2+} in Komplexverbindungen diamagnetisch und farblos. Entfällt dadurch einerseits die Möglichkeit von leichter elektronischer Anregung am Metall selbst, so findet sich andererseits Zink(II) in der Natur nie von (farbigen) Tetrapyrrol-Liganden koordiniert, obwohl synthetische Komplexe dieses Typs sehr stabil sind. Zink-enthaltende Proteine konnten folglich erst mit verbesserten analytischen Methoden seit etwa 1930 eindeutig nachgewiesen werden; heute sind schon über 200 Vertreter bekannt (vgl. Tab. 12.1). Unter diesen befinden sich zahlreiche essentielle Enzyme, die den Aufbau (Polymerasen, Ligasen, Transferasen) und den Abbau (Hydrolasen) von Proteinen, Nukleinsäuren, Lipid-Molekülen, Porphyrin-Vorstufen und anderen wichtigen bio-organischen Verbindungen katalysieren oder regulieren. Weitere Funktionen betreffen das Fixieren bestimmter, Geschwindigkeits- und/oder Stereoselektivität-beeinflussender Konformationen von Proteinen in Oxidoreduktasen sowie die strukturelle Stabilisierung im Insulin, in der Cytochrom c-Oxidase, in Hormon/Rezeptor-Komplexen oder auch in Transkriptions-regulierenden Faktoren für die Übertragung genetischer Information. Es ist daher nicht verwunderlich, daß Zinkmangel zu gravierenden pathologischen Erscheinungen führt (BRYCE-SMITH) und daß die schwereren Homologen Cadmium und Quecksilber nicht zuletzt durch Verdrängen des Zn^{2+} aus seinen Enzymen toxisch wirken (s. Kap. 17.3 und 17.5).

Ist schon seit der Antike die Wirkung zinkhaltiger Salben auf die Wundheilung bekannt ($\rightarrow Zn^{2+}$-enthaltende Kollagenase), so haben Untersuchungen in den letzten Jahrzehnten vor allem die Rolle von Zink bei der Behebung ernährungsbedingter Wachstumsstörungen demonstriert ($\rightarrow Zn^{2+}$-Wechselwirkung mit Wachstumshormonen; CUNNINGHAM et al.). Es wurde weiter gefunden, daß Zinkmangel Appetitlosigkeit, Abstumpfen des Geschmackssinns, Neigung zu Entzündungen, Beeinträchtigung des Immunsystems (AIDS-ähnliche Symptome !) und eine ganze Reihe weiterer Störungen hervorrufen kann (BRYCE-SMITH). Hohe Zinkgehalte finden sich bei Fetus und Säuglingen sowie in den Fortpflanzungsorganen, insbesondere im Sperma – ein weiterer Hinweis auf die katalysierende Funktion des Zinks bei Aufbaureaktionen. Der durch die heutigen Ernährungsgewohnheiten nicht immer gedeckte und bei Alkohol-Konsum erhöhte tägliche Zink-Bedarf wird zwischen 3 mg (Kleinkinder) und 25 mg (Schwangere) eingeschätzt. Es existiert offenbar eine relativ große Toleranz für höhere Dosen, bevor Vergiftungserscheinungen eintreten.

Tabelle 12.1: Einige Zink-enthaltende Proteine

Zink-Protein	Molekül-masse (kDa)	Liganden	Funktion
Carboanhydrase (CA)	30	3 His 1 H_2O	Hydrolyse (12.6)
Carboxypeptidase (CPA)	34	2 His 1 η^2-Glu 1 H_2O	Hydrolyse (12.2, 12.11)
Thermolysin	35	2 His 1 η^1-Glu 1 H_2O	Hydrolyse (12.2)
alkalische Phosphatase	2 x 47	2x { 3 His 2 H_2O } 2x { 1 His 2 Asp 1 Ser? } 2x { 2 Asp 1 Glu 1 Thr }	(Phosphat-)Hydrolyse (14.1)
5-Aminolävulinat-Dehydratase	8 x 35	8x { 3 S 1 N/O }	Kondensation (12.18)
Alkohol-Dehydrogenase (ADH)	2 x 40	2x { 2 Cys 1 His 1 H_2O } 2x 4 Cys	Oxidation von 1°- oder 2°-Alkoholen mittels NAD^+ (12.19)
Glyoxalase	2 x 23	2x { 2 His 2 Glu? 2 H_2O }	Reduktion von α-Diketonen mittels Glutathion (12.21)
Superoxid-Dismutase (SOD)	2 x 16	2x { 2 His 1 His^- 1 Asp }	Disproportionierung von $O_2^{\bullet-}$ (10.18)
Gen-Transkriptions-faktoren	TFIIIA: 40 GAL4: 17	n x { 2 His 2 Cys } 2x 4 Cys	Struktur-Funktion: Bildung spezifisch gefalteter Domänen
Insulin-Hexamer	6 x 6	n x { 3 His 3 H_2O }	Struktur-Funktion: Stabilisierung von Oligomeren
Metallothionein	6	≤7x 4 Cys	Transport- und Speicherprotein (?)

Vom chemischen Standpunkt aus besteht die wesentliche biologisch wirksame Funktion des zweiwertigen Zinks in seiner Lewis-Acidität, d.h. in der Fähigkeit, durch Polarisation

$$Zn^{2+} \xleftarrow{} \overset{\delta-}{S}ubstrat^{\delta+} \tag{12.1}$$

von Substraten (einschließlich H_2O) bei *physiologischem* pH Kondensationsreaktionen, wie etwa die Polymerisation von RNA oder umgekehrt Hydrolyseprozesse, beispielsweise die Spaltung von Peptiden oder Estern zu katalysieren.

$$R\text{–}XH \quad + HO\text{–}A \quad \underset{\text{Hydrolyse}}{\overset{\text{Kondensation}}{\rightleftharpoons}} \quad R\text{–}X\text{–}A \ + H_2O \tag{12.2}$$

z.B. $X = NH,\ A = -\underset{\underset{O}{\|}}{C}-R'$ Peptidasen, Lactamasen, Kollagenase;
Dehydratasen, Aldolase

$X = O,\ A = -\underset{\underset{O}{\|}}{C}-R'$ Esterasen

$X = O,\ A = PO_3^{2-}$ Phosphatasen, Nukleasen

Solche Reaktionen werden chemisch-synthetisch meistens durch starke Säuren oder Basen katalysiert; entsprechende pH-Bedingungen sind jedoch physiologisch nur in ganz wenigen Fällen verwirklicht (Magenflüssigkeit, s. Abb. 13.3). Die Alternative besteht in der Verwendung eines elektrophilen Polarisators, eines Lewis-sauren Metallkations mit relativ hoher effektiver Ladung (OCHIAI).

Kann ein direkter Lewis-*Säure*-Angriff durch das Metallkation an nukleophilen Substraten erfolgen, so ist umgekehrt auch eine für die Hydrolyse wichtige "Umpolung" der Lewis-Säure Zn^{2+} zu einer Lewis-Base $[- Zn - OH]^+$ möglich. Grundlage hierfür ist die jeder Metallhydroxid-Fällung vorausgehende Deprotonierung von Aquo-Komplexen (12.3), deren fortschreitende Polymerisation (vgl. 8.20) bei einem immobilisierten *monofunktionellen* System innerhalb eines Proteins nicht möglich ist (vgl. 5.12).

$$\geq\!Zn\text{–}OH_2^{\rceil\ 2+} \quad \overset{K_s}{\rightleftharpoons} \quad \geq\!Zn\text{–}OH^{\rceil\ +} \ + H^+ \tag{12.3}$$

(Wasseraktivierung !)

Beträgt der pK_s-Wert für freies $[Zn(OH_2)_6]^{2+}$ noch ca. 10, so kann er sich im Falle enzymatischer Systeme bis auf etwa 6 verringern, wobei jedoch die Fähigkeit zum

Angriff (kinetischer Aspekt) des metallgebundenen Hydroxids auf elektrophile Zentren in hydrolysierbaren Substraten erhalten bleibt.

Die Funktion der Substrataktivierung erfordert zunächst eine feste Verankerung des Metalls im Enzym; Zn^{2+} wird – wie Cu^{2+} und Ni^{2+} – vor allem durch Histidin *kinetisch* fest gebunden (kein rascher Austausch, vgl. Kap. 2.3.1). Damit unterscheidet sich Zn^{2+} von den sonst teilweise ähnlichen zweiwertigen Ionen Mg^{2+}, high-spin Mn^{2+}, Fe^{2+} und Co^{2+}, welche außerdem geringere Lewis-Acidität aufweisen (OCHIAI). Im Gegensatz zu Cu^{2+} und Ni^{2+} ist Zn^{2+} einerseits nicht redoxaktiv, was unerwünschte Elektronentransferprozesse ausschließt; andererseits bevorzugt es aufgrund der d^{10}-Konfiguration (keine Ligandenfeldeffekte) und seiner Stellung im Periodensystem eher *niedrige* Koordinationszahlen bei isotroper, d.h. ungerichteter Polarisationswirkung. Damit kann das Apoenzym alleine die flexible Koordinationsgeometrie bestimmen, und es können im Verlauf der enzymatischen Katalyse auch *größere* Substrate in der Weise am Metall koordinieren, daß eine verzerrte, dem Übergangszustand der Reaktion ähnelnde Geometrie möglich ist. In der Tat wurde das Konzept des entatischen Zustands (Kap. 2.3.1) nicht zuletzt aus Strukturen zinkhaltiger Enzyme mit ihrer typischen, bezüglich der Aminosäurereste ungesättigten Koordination abgeleitet (VALLEE, AULD). Im Gegensatz zur kinetisch festen Bindung des Metalls an das Protein-Gerüst erfordert die Aktivierung von Wasser ($\rightarrow$ Hydrolyse-Funktion) eine labile Bindung dieses Teilchens im Verlauf der Katalyse; Zn^{2+} gehört zu den Metallionen mit sehr raschem H_2O-Liganden-Austausch.

Die eine oktaedrische Konfiguration oft stark begünstigende Ligandenfeldstabilisierung (vgl. 2.9) spielt bei gefüllter (Zn^{2+}), halb-gefüllter (high-spin Mn^{2+}) oder leerer d-Schale (Mg^{2+}) keine Rolle. Wertvoll für physikalische Untersuchungen ist der Metallaustausch von Zn^{2+} durch das high-spin Co^{2+}-Ion (d^7), welches aufgrund nur geringer Ligandenfeldstabilisierungs-Differenz (12.4) ebenfalls keine sehr ausgeprägte Präferenz für oktaedrische gegenüber tetraedrischer Koordination zeigt (BERG, MERKLE). Die offene d-Schale des Co^{2+}-Ions erlaubt jedoch mehrere Elektronenübergänge im Sichtbaren, weswegen die Substitution von Zn^{2+} durch Co^{2+} oft verwendet wird, um z.B. pK_s-Werte ionisierbarer Gruppen in der Ligandensphäre des Metallions zu bestimmen.

$$(12.4)$$

Ligandenfeldstabilisierung für high-spin Co^{2+} (d^7):

Oktaedersymmetrie	Tetraedersymmetrie
-0.6 ↿ ↿	
	↿ ↿ ↿ -0.128
	↿⇂ ↿⇂ 0.267
0.4 ↿⇂ ↿⇂ ↿	

5 x 0.4	4 x 0.267
– 2 x 0.6	– 3 x 0.128
———————	———————
0.8	0.534

Ausgehend von der für Zn(II) typischen Koordinationszahl 4 führt zusätzliche Anlagerung eines Substrats (Metallkatalyse als Reaktion zwischen koordinierten Liganden) zu strukturell sehr flexiblen Systemen der Koordinationszahl 5, für welche eine eindeutige Bevorzugung von idealtypischen Geometrien wie etwa der quadratischen Pyramide oder der trigonalen Bipyramide (12.5) nicht gegeben ist und die damit nicht zu einer

(12.5)

trigonale Bipyramide   quadratische Pyramide

metallbedingten Einschränkung der Substratspezifität beitragen (Protein → Selektivität; Metall → Aktivität, Kap. 2.3.1).

Neben der Polarisationsfunktion in hydrolytischen und Kondensations-katalysierenden Enzymen kann Zink auch eine rein strukturelle, konformationsfixierende Rolle besitzen. Spezielle Beispiele sind die zinkhaltige Superoxid-Dismutase (Kap. 10.5: zusätzliche Fixierung und Aktivierung eines vorübergehend vom Substrat verdrängten Histidin(at)-Liganden) und die Alkohol-Dehydrogenase (Kap. 12.5: räumliche Fixierung und elektronische Aktivierung des Substrats für die Redox-Reaktion mit einem Coenzym). In Enzymen findet sich Zink nicht nur mit Histidin, sondern teilweise oder auch ausschließlich mit negativ geladenen Schwefel- (Cysteinat-) oder Sauerstoff- (z.B. Glutamat-)Liganden koordiniert und zeigt dadurch neben der variablen Koordinationszahl (3 - 6) eine weitere Flexibilität in bezug auf Typ und Ladung koordinierter Aminosäurereste. Der weit überwiegende Teil des Zinks findet sich – anders als beim Kupfer – im *Inneren* von Zellen. Als erstes wohldokumentiertes Beispiel für zinkhaltige Enzyme wird im folgenden die Carboanhydrase vorgestellt.

12.2 Carboanhydrase (CA)

Carboanhydrasen katalysieren die Einstellung des Hydrolyse-Gleichgewichts (12.6) für CO_2:

$$H_2O + CO_2 \rightleftharpoons HCO_3^- + H^+ \tag{12.6}$$

Diese Reaktion, die normalerweise recht langsam verläuft (s. 12.7), kann enzymatisch um das 10^7-fache beschleunigt werden, weshalb einige Formen von Carboanhydrase als "perfekt evolvierte Enzyme" mit maximal möglichem Umsatz, d.h. diffusionskontrollierter Reaktion bezeichnet wurden. Es ist daher nicht überraschend, daß den Einzelheiten gerade dieser enzymatischen Katalyse einer scheinbar einfachen anorganischen Reaktion (12.6) sehr viel Interesse entgegengebracht wurde.

Darüber hinaus handelt es sich bei der Carboanhydrase um ein biologisch überaus bedeutendes Enzym, welches an Prozessen wie der Photosynthese (effektive CO_2-Aufnahme), der Atmung (rasche CO_2-Entsorgung) und der (De-)Calcifizierung, d.h. dem Auf- und Abbau carbonathaltiger Skelette (Kap. 15.3.2), sowie an der pH-Pufferung essentiell beteiligt ist. In menschlichen Erythrozyten beispielsweise ist eine Form der CA nach dem Hämoglobin die zweithäufigste Protein-Komponente. Bei der biologischen Bewältigung des zusätzlichen, anthropogen bedingten CO_2-Eintrags in die Atmosphäre durch Verbrennen organischen Materials ("Treibhauseffekt") stellt die Carboanhydrase eine wesentliche Komponente für das CO_2-"Bio"-Recycling dar.

Im Hinblick auf die unterschiedlichen Einsatzbereiche innerhalb höherer Organismen existieren mehrere, strukturell sehr ähnliche, aber unterschiedlich effektive und pH-abhängige Variationen (Isozyme) des Enzyms Carboanhydrase (FERNLEY); Abb. 12.1 zeigt eine strukturelle Darstellung der Form II (c). Dabei handelt es sich um ein mittelgroßes Protein (4x4x5.5 nm) aus 259 Aminosäuren mit einer Molekülmasse von ca. 30 kDa; das dipositive Zink-Ion befindet sich von drei neutralen Histidin-Resten koordiniert am Grund eines 1.6 nm tiefen, in hydrophile und lipophile Bereiche gegliederten konischen Hohlraums.

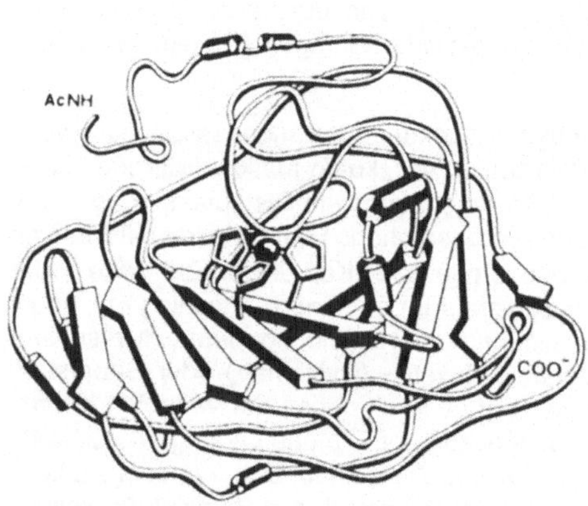

Abbildung 12.1: Strukturdarstellung der menschlichen Carboanhydrase II mit stilisiertem Proteingerüst und dreifach Imidazolfünfring-koordiniertem Zink (nach LILJAS et al.)

Abbildung 12.2: Proteingerüst-Struktur der menschlichen Carboanhydrase I, ergänzt durch 503 berechnete Wassermoleküle (2 Zink-koordinierte, 16 interne und 485 an der Außenseite gebundene H_2O; nach VEDANI, HUHTA, JACOBER).

Die Strukturanalyse des substratfreien Enzyms zeigt, daß die vierte Koordinationsstelle durch ein Wassermolekül besetzt wird, welches über Wasserstoffbrücken-Bindungen mit weiteren Aminosäureresten und Wassermolekülen verbunden ist (s. 12.10a). Die Koordinationsgeometrie des Zinks ist verzerrt tetraedrisch; das Metall läßt sich durch Chelatkomplexbildner wie etwa 2,2'-Bipyridin entfernen, worauf ein inaktives Apoprotein resultiert. Wie bei vielen Proteinen stellt auch hier das durch H-Brücken gebundene Wasser innerhalb und außerhalb des Enzyms (Abb. 12.2) einen integralen Bestandteil für Struktur *und* Funktion dar. Im Falle der Carboanhydrase kommt dem beobachteten geordneten Netzwerk von Wassermolekülen (Abb. 12.3) eine besondere Bedeutung zu, da es sich hier um ein sehr effizientes *Hydrolyse-Enzym* handelt (SILVERMAN, LINDSKOG).

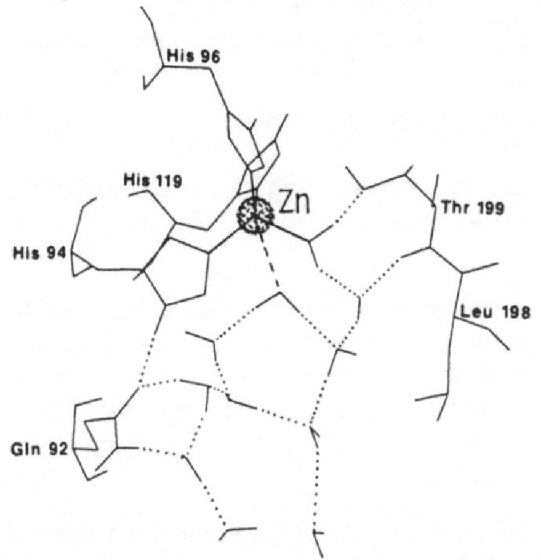

Abbildung 12.3: Schematische Darstellung des Protonen-Netzwerks (·····: Wasserstoffbrückenbindungen) in der Umgebung des Zn^{2+}-Ions von Carboanhydrase I (nach VEDANI, HUHTA, JACOBER)

Detaillierte experimentelle Untersuchungen (^{18}O-Markierung; Effekt von Metallsubstitution, H/D-Austausch, Inhibitoren oder pH auf Reaktionsgeschwindigkeit und Gleichgewichtslage) wie auch theoretische Studien legen nahe, daß nicht die CO_2/HCO_3^--Konversion, sondern die Protonenübertragung (proton shuttling) unter Beteiligung von Aminosäureresten (His-64) und des H_2O-Netzwerks den geschwindigkeitsbestimmenden Schritt bei der CO_2-Hydrolyse durch CA darstellt (SILVERMAN, LINDSKOG; VEDANI, HUHTA, JACOBER; MERZ, HOFFMANN, DEWAR; JACOB, CARDENAS, TAPIA). Vor einer Diskussion mechanistischer Hypothesen soll jedoch die Problematik der anorganischen Reaktion (12.6) erläutert werden.

Die Hydrolyse von CO_2 ist unter dem Gleichgewichts-Aspekt (12.6) ein stark pH-abhängiger Prozeß, denn neben "physikalisch" gelöstem (hydratisiertem) Kohlendioxid spielt auch das in geringem Ausmaß (12.7) vorliegende Kohlensäu-

$$H_2O + CO_2 \underset{}{\overset{K_1}{\rightleftharpoons}} H^+ + HCO_3^-$$

$$K_3 \nwarrow\hspace{1.5em} \nearrow K_2$$

$$H_2CO_3$$

$$HO^- + CO_2 \underset{k_{-4}}{\overset{k_4}{\rightleftharpoons}} HCO_3^-$$

(12.7)

Gleichgewichtskonstanten:
$K_1 = 4.44 \times 10^{-7}$
$K_2 = 1.72 \times 10^4\ M^{-1}$
$K_3 = 2.58 \times 10^3\ M$

Geschwindigkeitskonstanten:
$k_4 = {\sim}8500\ M^{-1}\,s^{-1}$
$k_{-4} = {\sim}2 \times 10^{-4}\ s^{-1}$

re-Molekül H_2CO_3 eine Rolle. Die erstaunlich langsame Hydratisierung von CO_2 (Halbwertszeit der Umsetzung ca. 20 s bei 25 °C; PRINCE) ist jedoch durch konventionelle Säure- oder Basenkatalyse nicht wesentlich beeinflußbar. Aufgrund des symmetrischen Charakters von linearem O=C=O, einem Molekül ohne permanentem Dipolmoment, erfordert die Aktivierung des im Sinne von (12.8) polarisierbaren Mo-

$$\overset{\delta-}{O} = \overset{\delta+}{C} = \overset{\delta-}{O} \longrightarrow \text{(Lewis-)Säure}$$
$$\uparrow$$
$$\text{(Lewis-)Base} \qquad\qquad (12.8)$$

leküls eine Kombination von Lewis-Säure-Einwirkung (Angriff am Sauerstoff) *und* Baseneffekt (Angriff am Kohlenstoffatom; → "push-pull-Effekt", bifunktionelle Katalyse: BRESLOW, BERGER, HUANG).

Nicht-enzymatische Katalyse dieser Reaktion erfolgt daher durch ambivalente, "amphotere" Systeme wie etwa arsenige, schweflige, unterbromige Säure oder Monohydroxo-Metallkomplexe (PRINCE). Diese Verbindungen weisen sowohl basische freie Elektronenpaare als auch eine Akzeptor-(Säure-)Funktion auf; die Effizienz solch kleiner unspezifischer Systeme und Modellverbindungen ist jedoch um Größenordnungen niedriger als die der Carboanhydrase.

Als basisches Zentrum für nukleophilen Angriff am CO_2-Kohlenstoff dient das am Metall gebundene *Hydroxid*, welches via indirekter, über andere Wassermoleküle verlaufender Deprotonierung des ursprünglich dort befindlichen Wasserliganden durch einen Aminosäurerest (Histidin-64) gebildet wird. Umfangreiche Modellstudien haben gezeigt, daß das aufgrund der Abschirmung durch den Proteinliganden nicht polymerisierende Zn^{II}-OH eine Nukleophilie aufweist, die zum Angriff auf CO_2 ausreichen sollte. Während das Metallzentrum selbst dazu beiträgt, das CO_2-Molekül in weitgehend linearer Anordnung Zn···O=C=O anzuziehen, zu orientieren und zu polarisieren (LIANG, LIPSCOMB), erfolgt der produktive Angriff an den Sauerstoffzentren des Substrats durch acide *Protonen* innerhalb des schon erwähnten Netzwerks; die sehr rasche Geschwindigkeit der Hydrolyse bei physiologischem pH wird offenbar durch das in Abb. 12.3 dargestellte "Protonen-Relais-System" begünstigt. Protonen-Verschiebungen innerhalb Wasserstoffbrücken-gebundener Systeme können extrem rasch verlaufen; im Effekt erfolgen die entscheidenden Angriffe am CO_2 somit durch die Bestandteile des Wassers, H^+ und OH^-, weswegen die Autoprotolyse von H_2O hier als geschwindigkeitsbestimmender Schritt benannt wurde (SILVERMAN, LINDSKOG). Für die Bindung des resultierenden Hydrogencarbonats im Übergangszustand werden mehrere Alternativen diskutiert, welche vor allem eine unsymmetrische (4+1)-Koordination (3N, 2O; vgl. 12.10b) am Metall nahelegen (VEDANI, HUHTA, JACOBER).

Die einfachste, ohne strukturelle Detailangaben mit den Experimenten vereinbare Sequenz lautet (E: Protein):

$$(12.9)$$

$$[E\text{-}Zn\text{-}OH]^+ \xrightarrow{CO_2} [E\text{-}Zn(OH)CO_2]^+ \rightarrow [E\text{-}Zn\text{-}HCO_3]^+ \xrightarrow{H_2O} [E\text{-}Zn\text{-}H_2O]^{2+} + HCO_3^-$$
$$\underset{\qquad -H^+}{\underline{\hspace{8cm}}}$$

Einer der detaillierteren hypothetischen Mechanismen, der einzelne Zwischenstufen illustriert und das über ein Wassernetzwerk mit dem Zink verbundene Histi-
din-64 einschließt, ist in Schema (12.10c) vorgestellt (MERZ, HOFFMANN, DEWAR).

(a) Ausgangssituation:

(b) Vermutete stabile Bindungs-
anordnung von HCO_3^-:

(12.10)

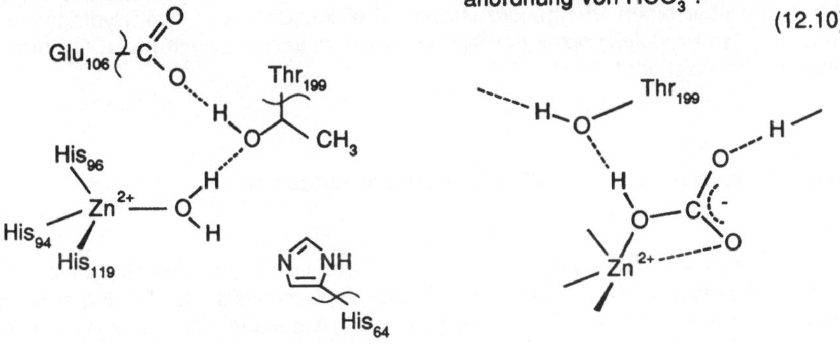

(c) Hypothetischer Reaktionsmechanismus:

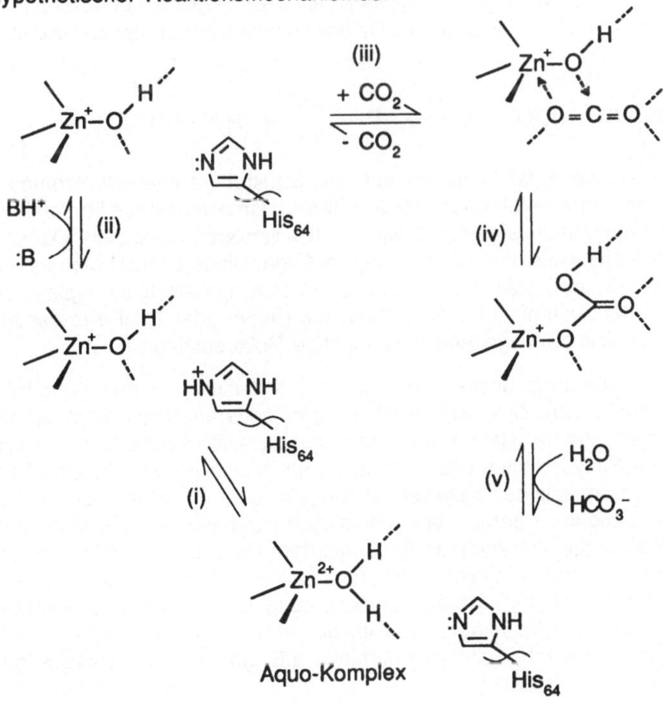

Ausgehend vom Aquo-Komplex erfolgt indirekter Protonentransfer (i) über dazwischengeschaltete Moleküle des Wasser-Netzwerks zum Histidin-64, von wo das Proton als stöchiometrisches Produkt der Vorwärtsreaktion (12.6) an entferntere Puffermoleküle B weitertransportiert wird (ii). Das am Zink verbliebene Hydroxid bildet mit gelöstem, durch Wasserstoffbrücken-Wechselwirkungen teilweise aktiviertem CO_2 sehr rasch über einen Übergangszustand mit η^2-koordiniertem "Prä"-Hydrogencarbonat (iii) den Produktkomplex (iv), aus welchem im letzten Schritt (v) HCO_3^- durch Wasser verdrängt wird.

12.3 Carboxypeptidase A (CPA) und andere Hydrolasen

Das wohl am intensivsten untersuchte Peptid-hydrolysierende Enzym ist die Carboxypeptidase A, die als Verdauungsferment typischerweise aus Rinderpankreas isoliert wird. Entsprechend ihrer Spezifität wird sie genauer als Peptidyl-L-aminosäurehydrolase bezeichnet, wobei aufgrund der enzymatischen Bindungsstellen für das Substrat besonders rasch L-Aminosäuren mit großen hydrophoben, vorzugsweise aromatischen Resten wie etwa Phenylalanin am C-Ende gespalten werden (12.11). Die CPA ist jedoch auch in der Lage, die Hydrolyse bestimmter Ester zu katalysieren.

$$R-\overset{\overset{\displaystyle O}{\|}}{C}-NH-\overset{\overset{\displaystyle CH_2Ph}{|}}{CH}-COO^- \xrightarrow{\ H_2O\ } R-C\overset{\diagup OH}{\underset{\diagdown\!\!=O}{}} + H_2N-\overset{\overset{\displaystyle CH_2Ph}{|}}{CH}-COO^-$$

$$(12.11)$$

Carboxypeptidase A ist in bezug auf ihre Struktur (röntgendiffraktometrische Auflösung 154 pm), ihre Selektivität und den Reaktionsmechanismus über Jahrzehnte hinweg sehr eingehend untersucht worden (CHRISTIANSON, LIPSCOMB). Obwohl sie selbst offenbar keine essentielle Bedeutung im Organismus besitzt (Mangelfunktionen sind nicht bekannt), stellt sie in vielerlei Hinsicht ein Anschauungsmodell für andere Metall- oder auch nicht Metall-enthaltende (Serin- oder Thiol-)Proteasen dar, welche im Metabolismus insgesamt eine wichtige Rolle spielen.

Besondere Bedeutung besitzt die Tatsache, daß nicht nur das Substrat-freie Enzym mit "natürlichem" Zink oder auch einigen anderen Metallionen strukturell untersucht werden konnte (REES et al.), es existieren auch Kristallstrukturanalysen für verschiedene Enzym/Inhibitor-Komplexe, wodurch man glaubt, einzelne Phasen der vielstufigen enzymatischen Katalyse in "eingefrorenem" Zustand beobachten zu können. Solche Studien – gerade bei zinkhaltigen Proteasen – liefern seit einigen Jahren die experimentelle Grundlage für Computer-unterstütztes "molecular modelling" der Enzym-Substrat- und vor allem der Proteaseenzym-Inhibitor-Wechselwirkung. Wegen der vielfältigen hormonellen Steuerungsfunktion kleinerer Peptide hat die gezielte Suche nach Metalloprotease-Inhibitoren bereits zur erfolgreichen Neuentwicklung von maßgeschneiderten Pharmaka z.B. gegen Bluthochdruck geführt (drug design; PETRILLO, ONDETTI).

Mit etwa 300 Aminosäuren und einer Molekülmasse von ca. 34 kDa ist die CPA ähnlich groß wie die Carboanhydrase; auch hier befindet sich ein katalytisch essentielles Zinkzentrum im Inneren eines Hohlraums des sonst weitgehend globulären Polypeptids (Abb. 12.4). Das Metall ist von zwei Histidin-Liganden und einem chelatisierenden (η^2-)Glutamat-Anion sowie von einem Molekül H_2O koordiniert; dieses Wassermolekül ist über H-Brücken mit Serin-

Abbildung 12.4: Polypeptid-Kette der Carboxypeptidase A mit kugelförmig dargestelltem Zn^{2+} (nach LIPSCOMB)

197 und einem weiteren Glutamat-270 verknüpft. Wichtig für die Funktion des Enzyms sind – wie bei der CA – saure und basische Aminosäurereste in der Umgebung des aktiven Zentrums (vgl. 12.14). Hierzu gehören neben der sauren Phenolgruppe von Tyrosin-248 insbesondere das Glutamat-270 als basisches Carboxylat sowie die Arginin-Gruppen Arg-127 und Arg-145 in ihrer jeweils protonierten Form $C(\alpha)-CH_2-CH_2-CH_2-NH-C(=^+NH_2)NH_2$.

Peptidase- und Esterase-Reaktivität unterscheiden sich in einigen kinetischen Merkmalen, etwa im geschwindigkeitsbestimmenden Schritt, wie auch interessanterweise im Effekt der Metallsubstitution. Bleibt die Peptidase-Funktion im wesentlichen auf das "natürliche" Zink sowie auf das sogar bessere Aktivität hervorrufende Co^{2+} beschränkt, so findet man Esterase-Aktivität mit einer ganzen Reihe von zweiwertigen Ionen (Aktivitäten: $Mn^{2+} > Cd^{2+} > Zn^{2+} > Co^{2+} > Hg^{2+} > Pb^{2+} > Ni^{2+}$). Es wird daher vermutet, daß der Reaktionsmechanismus für Ester- und Peptid-Hydrolyse im Detail unterschiedlich sein könnte. Signifikante strukturelle Unterschiede nach Metallsubstitution sind trotz qualitativ gleichwertiger Koordination (2 His, η^2-Glu⁻, H_2O) festgestellt worden (REES et al.). Dabei war die Abweichung von der trigonal-bipyramidalen Konfiguration (12.5) beim "natürlichen" Zink-System am geringsten, gefolgt vom Co^{2+}- und Mn^{2+}-Komplex. Mit Cd^{2+}, Hg^{2+} und insbesondere Ni^{2+} resultiert eine Annäherung an die quadratisch-pyramidale Struktur (12.5), welche auch als oktaedrische Anordnung mit offener Koordinationsstelle beschrieben werden kann. Eine direkte Korrelation dieser strukturellen Variationen mit der unterschiedlichen Reaktivität konnte jedoch noch nicht etabliert werden.

Zur mechanistischen Problematik ist festzuhalten, daß es sich bei Estern wie auch bei Peptiden mit ihrer Carboxamid-Bindung um polarisierbare Systeme aus Carbonyl(Akzeptor)- und Alkoxy- oder Amino(Donor)-Komponenten handelt (12.12). Wie bei der CO_2-Aktivierung ist damit ein mehrfacher Angriff durch Elektrophile *und* Nukleophile notwendig und erfolgversprechend; wegen der angestrebten Hydrolyse erfordert dies die Einbeziehung von H-Brücken-bildenden sauren und basischen Komponenten wie etwa Aminosäureresten oder koordiniertem Wasser. Die Vielfalt hydrolysierbarer Systeme (auch Autolyse des Enzyms selbst ist eine Möglichkeit !) macht eine Substrat-Selektivität erforderlich, so daß zusätzlich zu dem multiplen Angriff an der eigentlichen funktionellen Gruppe mehrere weitere Enzym/Substrat-Haft- bzw. -Erkennungs-Stellen existieren (Kooperativität, "induced fit"). Diese vielfältigen Voraussetzungen für einen recht allgemeinen Typ von selektiven, enzymkatalysierten Reaktionen haben die CPA zu einem der am meisten untersuchten Enzyme überhaupt werden lassen.

Die beiden gegenwärtig geläufigen mechanistischen Hypothesen sind im folgenden zusammengestellt. Die Alternative (12.13) beinhaltet die Koordination von elektrophilem Metall am Carbonylsauerstoff des Peptids oder Esters, worauf der dadurch weiter positivierte Carbonylkohlenstoff direkt vom Glutamat-270 nukleophil unter Bildung einer intermediären gemischten Anhydridfunktion Glu–C(O)–O–C(O)–R angegriffen wird (MAKINEN). Hydrolyse des Anhydrids, etwa mittels Zink-koordiniertem Wasser/ Hydroxid, führt zur Produktbildung.

Obwohl es einige Hinweise auf das Auftreten von Anhydriden während der Hydrolyse bestimmter Substrate durch CPA gibt (SANDER, WITZEL), wird diesem Mechanismus nach neuester Abwägung durch CHRISTIANSON und LIPSCOMB für die Proteolyse weniger Wahrscheinlichkeit zugemessen. Statt dessen nehmen diese Autoren eine Möglichkeit (12.14) an, die in bezug auf die Metallfunktion eine Parallele zum Carboanhydrase-Mechanismus aufweist.

(12.14)

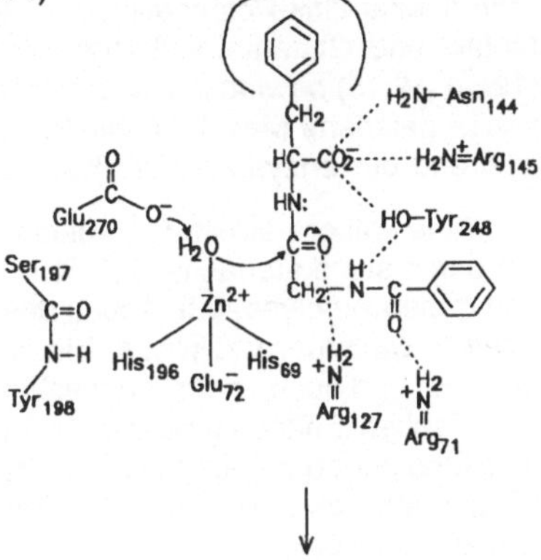

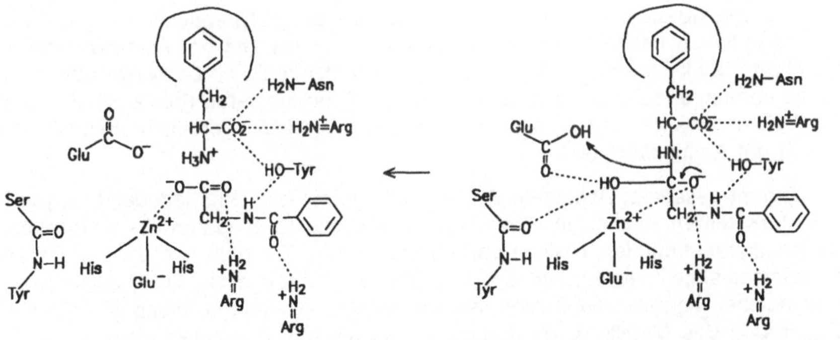

Hierbei wird das am Zink in der fünften Koordinationsstelle gebundene Wasser über Deprotonierung durch Glutamat-270 wieder in ein nukleophiles, Metall-modifiziertes Hydroxid umgewandelt (12.3), welches seinerseits am Carbonylkohlenstoffzentrum des Peptids (oder Esters) angreift (12.14, 12.15).

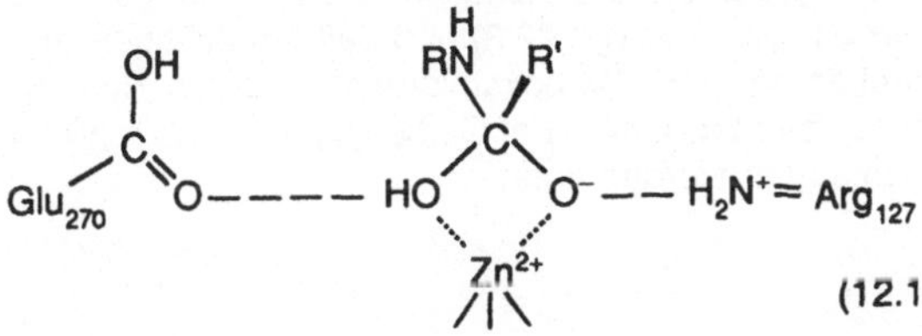

(12.15)

Der elektrophile Angriff erfolgt in dem Modell (12.15) vor allem durch die konjugiert-saure Form eines Arginins am Carbonylsauerstoff über Wasserstoffbrücken-Wechselwirkung; Wasserstoffbrücken sind ebenso an der Bindung und Aktivierung des Substrats beteiligt (12.14). Der Mechanismus (12.14) ist vor allem für die "natürliche" Peptidase-Aktivität postuliert worden (CHRISTIANSON, LIPSCOMB), für die Ester-Hydrolyse ist ein Anhydrid-Mechanismus nach (12.13) eher wahrscheinlich. Zusätzliche direkte Zink-Polarisation der Carbonylfunktion in Kombination mit einem Angriff Metall- und Glutamat-aktivierten Wassers bzw. Hydroxids am Carbonylkohlenstoff (12.14, 12.15) bewirkt letztendlich die Hydrolyse. In jedem Fall dient das netto einfach positiv geladene Metall der *elektrostatischen* Stabilisierung negativer Partialladungen während der enzymatischen Katalyse, d.h. vor allem im Übergangszustand.

Eine weitere strukturell wohldokumentierte Zink-Peptidase ist das Thermolysin, ein durch seine vierfache Ca^{2+}-Koordination (vgl. Abb. 2.7 und Kap. 14.2) thermisch und gegen Autolyse, d.h. Abbau des *eigenen* Peptidgerüsts stabilisiertes Enzym aus *Bacillus thermoproteolyticus*. Die wesentlichen strukturellen Merkmale sind denen der CPA und auch anderer zinkhaltiger Proteasen wie etwa der für endogene Opioide spezifischen Enkephalinase sehr ähnlich (MATTHEWS). Dies betrifft sowohl die Koordinationsumgebung am Metall wie auch die relativen räumlichen Positionen der Base (Glutamat), des Zinks und der Säure (Arginin bei CPA, Histidin bei Thermolysin) im aktiven Zentrum.

Die Strukturaufklärung einer am N-Terminus der Polypeptidkette angreifenden *Amino*peptidase hat erstmals das Vorliegen zweier mit 288 pm Abstand nahe benachbarter Zink-Zentren gezeigt, wobei als Liganden lediglich Carbonyl- oder Carboxylat-koordinierte Glutamat- oder Aspartat-Gruppen fungieren (BURLEY et al.). Eines der beiden Zink-Zentren ist auch hier erwartungsgemäß koordinativ ungesättigt in bezug auf Aminosäurereste.

Ein interessanter Aspekt im Zusammenhang mit dem Problem der Autolyse ist das Vorkommen zinkhaltiger Proteasen in sehr effektiv Bindegewebe-auflösenden, gerinnungshemmenden Toxinen von Giftschlangen. Aus dem Gift der texanischen Klapperschlange (western diamond rattlesnake, *Crotalus atrox*) sind beispielsweise fünf solcher aggressiven Toxine isoliert worden, die ihre Wirkung jeweils nach Entfernung des Metalls durch Komplexierung mit EDTA verlieren (BJARNASON, TU). Kollagene (Faserproteine; s. Kap. 15.3.1) aus Bindegewebe werden kontrolliert durch Metallion-(Zn^{2+},Ca^{2+}-)enthaltende Kollagenasen abgebaut.

Anhand eines Modellkomplexes (12.16) wurde von GROVES und OLSON gezeigt, daß bei geeigneter Koordination das am Zink gebundene Wasser tatsächlich relativ sauer ist ($pK_s \approx 7$, vgl. 12.3) und daß bei richtiger, hier intramolekular vorgegebener Orientierung einer Carboxamidfunktion deren Hydrolyse durch Hydroxid-Angriff am (unbesetzten) π^*-Orbital der Carbonylgruppe tatsächlich um mehrere Größenordnungen beschleunigt werden kann.

(12.16)

optimale Position für
nukleophilen Angriff

Zu den potentiell zinkhaltigen Hydrolyse-Enzymen gehören außer Lactamasen und Lipasen weiterhin Phosphatasen, bei denen je nach optimalem pH zwischen sauren (s. Kap. 7.6.3) und alkalischen Vertretern unterschieden wird. Obwohl Phosphat-Hydrolyse und -Kondensation eigentlich eine Domäne der Mg^{2+}-Katalyse ist (s. Kap. 14.1), scheinen die alkalischen Phosphatasen auch Zink zu benötigen. Das Enzym aus *E. coli* weist in seiner aktivsten Form mehrere benachbarte Metallzentren mit unterschiedlicher, kooperativ verlaufender Protein-Bindung auf (s. Tab. 12.1, WYCKOFF et al.); das Zentrum mit der katalytischen Aktivität ist im substratfreien Zustand von drei Histidin- und (zwei ?) Wasser-Liganden koordiniert. Auf die speziellen Erfordernisse der Phosphat-Hydrolyse mit fünffach koordiniertem Phosphor im Übergangszustand wird in Kap. 14.1 näher eingegangen.

12.4 Katalyse von Kondensations-Reaktionen durch zinkhaltige Enzyme

Dienen die Hydrolasen dem Abbau von Peptid- oder (Phosphat-)Ester-Bindungen, so können Zink-enthaltende Enzyme umgekehrt auch zum Aufbau solcher Funktionen durch Katalyse von Kondensationsprozessen beitragen (12.2). Die bislang bekannteren Vertreter, die Aldol-Kondensationen wie etwa (12.17) reversibel katalysierende Aldolase, die 5-Aminolävulinat-Dehydratase und die DNA- bzw. RNA-Polymerasen, sind jedoch weniger gut charakterisiert als die Proteasen.

(12.17)

Zwar ist der für die Funktion essentielle Zink-Gehalt z.B. der biologisch sehr wichtigen RNA-Polymerasen (Molekülmasse 380 kDa) mit 2 Metallzentren pro Mol etabliert (Wu, Wu); Einzelheiten der Koordinationsumgebung und Funktionsweise der Metalle in dem sehr komplexen Enzym sind jedoch noch Gegenstand von Spekulationen (s. Kap. 14.1).

Im Zusammenhang mit der Toxizität von Blei (s. Kap. 17.2) ist bemerkenswert, daß das Schwermetallion Pb^{2+} insbesondere ein zinkabhängiges Enzym hemmt, welches dem Aufbau einer essentiellen Vorstufe in der Tetrapyrrol-Biosynthese dient. Es handelt sich um die 5-Aminolävulinat-Dehydratase, welche die Kondensation zweier offenkettiger Moleküle 5-Aminolävulinsäure zu dem funktionalisierten Pyrrol Porphobilinogen katalysiert (12.18; BEYERSMANN).

(12.18)

5-Amino-
lävulinsäure   Porphobilinogen

Die Komplexität auch dieses Enzyms, eines Oktameren mit etwa 280 kDa Molekülmasse, hat bislang die Aufklärung molekularer Details verhindert; vermutet wird nach EXAFS-Messungen die Koordination dreier Schwefel-Liganden und eines leichteren Atoms (N,O) pro Metallzentrum (HASNAIN et al.).

12.5 Alkohol-Dehydrogenase (ADH) und verwandte Enzyme

Primäre Alkohole, insbesondere Ethylalkohol (Ethanol), werden allgemein in zwei Schritten metabolisiert: Durch zinkhaltige Alkohol-Dehydrogenasen (ADH) werden zunächst Aldehyde erzeugt, die dann durch eine Acetaldehyd-Dehydrogenase (ALDH) weiter zur Stufe des Carboxylats, z.B. zu Acetat oxidiert werden. Insbesondere für Weidetiere oder auch frei fermentierende Mikroorganismen wie etwa Hefezellen besitzen Enzyme zur Erzeugung oder Umwandlung von Alkoholen große Bedeutung; darüber hinaus hat die Stereospezifität (Enantioselektivität, vgl. Abb. 12.5) des umgekehrten Prozesses der Carbonyl-*Reduktion* durch ADH das intensive Interesse von seiten der organischen Synthesechemie hervorgerufen (WUEST).

Die am meisten untersuchte Form, die aus Pferden gewonnene dimere Leber-Alkohol-Dehydrogenase (LADH) besitzt als Metalloenzym zwei Zink-Ionen pro Untereinheit (Molekülmasse ca. 2 x 40 kDa). Dabei ist das eine, das katalytisch aktive Zentrum, durch einen Histidin-Rest und durch zwei negativ geladene Cysteinat-Gruppen im Protein verankert und weist in der vierten Koordinationsstelle ein labil gebundenes Wassermolekül auf (ZEPPEZAUER; EKLUND, JONES, SCHNEIDER). Aus dieser Koordination mit zwei Thiolat-Liganden folgt – anders als bei CA oder CPA – eine *neutrale* Gesamtladung am Metall sowie eine Beschränkung auf die Koordinationszahl 4 auch im Übergangszustand wegen des hohen Raumbedarfs und der gegenseitigen Abstoßung der großen Schwefelatome. Das zweite Zink-Ion in der Untereinheit wird von vier Cystein-Liganden koordiniert und ist – wie etwa auch das entsprechend gebundene Zinkzentrum der Aspartat-Transcarbamoylase – an der enzymatischen Katalyse nicht unmittelbar beteiligt (Strukturfunktion). Die Hefe-ADH (YADH, Y steht für yeast) und die Glycerin(1,2-Diol)-Dehydrogenase besitzen nur ein Zink-Zentrum pro Untereinheit (PFLEIDERER, SCHARSCHMIDT, GANZHORN); bestimmte bakterielle Alkohol-Dehydrogenasen können statt verzerrt tetraedrisch konfiguriertem Zink high-spin Eisen(II) mit vermutlich oktaedrischer Konfiguration enthalten (3 oder 4 His-, 2 oder 3 O-Liganden; TSE, SCOPES, WEDD). Da Zink selbst nicht redoxaktiv ist, benötigt die normale ADH ein Dehydrogenase-Coenzym, das $NAD^+/NADH$-System (3.12), so daß die Gleichung der durch das Enzym katalysierten (reversiblen) Reaktion im Falle eines primären Alkohols lautet:

$$R-CHO + NADH + H^+ \underset{ADH}{\rightleftharpoons} R-CH_2-OH + NAD^+ \qquad (12.19)$$

Wie Abb. 12.5 nahelegt, besteht die Funktion des Zinks in einer Koordination am Sauerstoff des Substrats, wodurch eine räumliche Fixierung und möglicherweise zusätzliche Aktivierung für die streng stereospezifische Reaktion erfolgt.

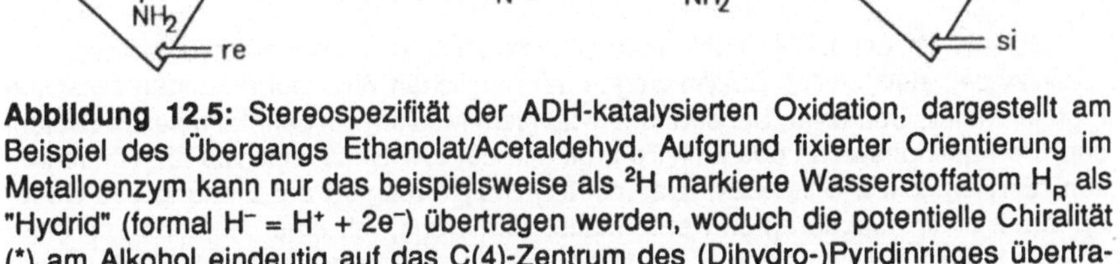

Abbildung 12.5: Stereospezifität der ADH-katalysierten Oxidation, dargestellt am Beispiel des Übergangs Ethanolat/Acetaldehyd. Aufgrund fixierter Orientierung im Metalloenzym kann nur das beispielsweise als ^2H markierte Wasserstoffatom H_R als "Hydrid" (formal $H^- = H^+ + 2e^-$) übertragen werden, woduch die potentielle Chiralität (*) am Alkohol eindeutig auf das C(4)-Zentrum des (Dihydro-)Pyridinringes übertragen wird (Enantioselektivität). Die Bezeichnungen R/S bzw. re/si in bezug auf chirale Zentren oder auf Flächen entsprechen organisch-chemischer Konvention (nach CEDERGREN-ZEPPEZAUER)

Mit verschiedenartigen Substraten, wozu vor allem kurzkettige primäre und auch sekundäre aliphatische Alkohole zählen (Aldehyde, Ketone als Produkte), werden sehr unterschiedliche Reaktionsgeschwindigkeiten beobachtet, woraus sich Modelle der Substratanordnung im Übergangszustand mit Raumdifferenzierung für einen großen und einen kleinen Rest am O-gebundenen C-Atom ableiten lassen (12.20).

Für die wichtigsten natürlichen alkoholischen Substrate wie etwa einfache primäre Alkanole existiert eine vom ADH-Typ-abhängige Spezifität. Während Methanol praktisch nicht zum Formaldehyd weiteroxidiert und damit nur langsam abgebaut wird (Neuroto-

(12.20)

Protein
Zn ⋯ O=C — R(klein) / R'(groß)
R''—N, H_R, H, $CONH_2$

xizität des Methanols), werden höhere primäre Alkohole wie etwa n-Propanol oder n-Butanol zwar rasch zum Aldehyd oxidiert (PRINCE); die relativ langsame Weiteroxidation dieser höheren Aldehyde führt jedoch zu unangenehmen physiologischen Erscheinungen ("Kater"-Syndrom). Nicht genügend schnelle Weiteroxidation des beim Ethanol-Metabolismus entstehenden Acetaldehyds durch Enzyme vom Typ der Aldehyd-Oxidase (vgl. Tab. 11.1) kann genetisch bedingt sein (häufiges Vorkommen bei Ostasiaten; GOEDDE, AGARWAL) oder durch Verabreichung von Schwermetall-(z.B. Molybdän-)komplexierendem Tetraethylthiuramdisulfid $Et_2N-C(S)-S-S-C(S)-NEt_2$ (Disulfiram, "Antabus") in der Alkoholtherapie bewirkt werden; auch hier rufen die hohen Aldehydkonzentrationen unangenehme Symptome hervor.

Andere bekannte Unterschiede in der Verträglichkeit für die erwiesenermaßen zu Mißbildungen und Krebsentstehung führende Rauschdroge Ethanol beruhen auf einer Variation der ADH-Verfügbarkeit; Frauen verfügen offenbar im Magen über weniger ADH-Enzym, so daß bei gleichem Alkoholkonsum mehr in die Blutbahn und in das zentrale Nervensystem gelangen kann. Leberzirrhosen sind generell mit Störungen des Zink-Stoffwechsels verbunden (VALLEE).

Obwohl an der LADH zahlreiche Untersuchungen vorgenommen worden sind (ZEPPEZAUER), stellt dieses Enzym wegen der möglichen Wechselwirkungen zwischen Protein, Metall, Coenzym, Substrat und wäßrigem Medium ein sehr komplexes System dar. Die Funktionsweise des Zink-Zentrums in der LADH läßt sich wie folgt beschreiben (EKLUND, JONES, SCHNEIDER): Das dimere Enzym reagiert auf Bindung des Coenzyms mit einer ausgeprägten Konformationsänderung, mit einer Rotation von einer offenen in eine geschlossene Form. Dabei sind der hydrophile Nukleotid-Teil und der eigentlich redoxaktive, eher unpolare 1,4-Dihydropyridin-Ring des NADH von unterschiedlichen Bereichen jeweils einer Enzym-Untereinheit umgeben. Das aktive Zentrum befindet sich ca. 2 nm tief im Inneren des Proteins am Grund von hydrophoben Kanälen, die den Zugang von Substrat ermöglichen. Coenzym-Bindung und Konformationsänderung führen zur Verdrängung von Wassermolekülen aus dem aktiven Zentrum, was ebenso wie die neutrale Ladung am Metall wegen der zumindest formalen Übertragung eines Hydrids ($H^+ + 2e^-$) sinnvoll ist.

Während das Zink für die Coenzym-Bindung und die Konformationsänderung nicht notwendig ist, spielt es offenbar eine wesentliche Rolle bei Substrat-Bindung, -Orientierung und -Aktivierung. Die Bindung erfolgt über das Sauerstoffatom nach Verdrängung des Wassermoleküls, wobei möglicherweise eine Metall-Alkoxidkomplex-Zwischenstufe $[(His)(Cys^-)_2Zn^{2+}(^-OR)]^-$ durchlaufen wird. Orientierung erfolgt in der Weise, daß ein Proton mit zwei Elektronen direkt vom Coenzym enantiospezifisch (Abb. 12.5) auf das Substrat übertragen wird. Die aktivierende Funktion des Metalls betrifft die elektrostatische Stabilisierung negativer Partialladungen im Übergangszustand durch das Lewis-saure Metallzentrum; nicht nur die Übertragung von Hydroxid OH^- durch CA und CPA, sondern auch der Transfer von Elektronen und insbesondere eines Hydrid-Anions H^- bedürfen einer solchen Stabilisierung.

Die zinkhaltige Glyoxalase I, die am reduktiven Abbau potentiell toxischer α-Dicarbonylverbindungen beteiligt ist (12.21; MANNERVIK, SELLIN, ERIKSSON), enthält ein anderes organisches Redox-Coenzym, das Glutathion GSH (s. Kap. 16.8).

$$G{-}SH \quad + \quad H{-}C({=}O){-}C({=}O){-}R \quad \rightarrow \quad G{-}S{-}C({=}O){-}C(H)(OH){-}R \qquad (12.21)$$

G–SH: Glutathion, γ-Glu-Cys-Gly

Das Metallzentrum ist hier nicht von Schwefelliganden koordiniert, wodurch eine höhere Koordinationszahl von vermutlich sechs möglich wird.

12.6 Der "Zink-Finger" und andere genregulierende Metalloproteine

Die empirisch belegte Bedeutung von Zink für das Wachstum von Organismen und insbesondere seine hohe Konzentration in den Reproduktionsorganen legen nahe, daß dieses Metall nicht nur bei stöchiometrischen Auf- und Abbau-Reaktionen, sondern auch beim Transfer genetischer Information beteiligt sein könnte. Erst seit 1985 ist jedoch gesichert, daß bestimmte DNA-Basensequenz-erkennende Proteine, die zur Aktivierung und Regulation der genetischen Transkription dienen (STRUHL; WINGENDER, SEIFART), für ihr Funktionieren mehrere ca. 30 Aminosäuren lange Protein-Domänen mit einigen invarianten Zink-koordinierenden Aminosäuren benötigen (BERG). Diese Einheiten werden wegen der ursprünglich angenommenen Peptid-Konformation als "Zink-Finger" bezeichnet (KLUG, RHODES).

Entdeckt wurde der Zinkgehalt solcher Faktoren dadurch, daß ihre Stabilität bei Zusatz von Komplexbildnern wie etwa EDTA zur Pufferlösung stark abnimmt. Der erste so formulierte Transkriptionsfaktor (TF) IIIA aus Oozyten nicht-geschlechtsreifer afrikanischer Krallenfrösche (*Xenopus laevis*) enthält neun solcher Domänen mit der Sequenz (12.22); inzwischen wurden derartige Zink-Finger-Motive auch bei anderen Organismen gefunden.

$$\underline{Cys}\text{-}X_{2,4}\text{-}\underline{Cys}\text{-}X_3\text{-}Phe\text{-}X_5\text{-}Leu\text{-}X_2\text{-}\underline{His}\text{-}X_{3,4}\text{-}\underline{His} \qquad (12.22)$$

Jede dieser inzwischen auch gentechnologisch als Einheit synthetisierten Domänen zeigt nur in Gegenwart von Zink-Ionen sowie in geringerem Ausmaß auch mit Co^{2+} (BERG, MERKLE; vgl. 12.4) eine charakteristische Faltung (12.23) durch Koordination der 2 Cys- und 2 His-Reste am Metall; kurze Helices zwischen den kooperativ wechselwirkenden Fingern gehen dann eine spezifische Wechselwirkung mit kleinen, insgesamt ca. 50 Basenpaare langen Bereichen der DNA ein.

Zink-Finger: (12.23)

In konkreten Regulationsproteinen für die Transkription sind mehrere dieser linear arrangierten Domänen enthalten, ähnliche Sequenzen, z.B. $Cys\text{-}X_2\text{-}Cys\text{-}X_4\text{-}His\text{-}X_4\text{-}Cys$ wurden inzwischen auch bei Proteinen mit Entwicklungs-regulatorischer Funktion sowie bei Nukleinsäure-bindenden Proteinen von HIV-Retroviren gefunden (BERG; VAN WIJNEN et al.). Es sind auch solche Systeme bekannt, in denen das Metall ausschließlich durch vier Cysteinat-Liganden gebunden ist (12.23; BERG); hierzu gehören das ebenfalls Transkriptions-aktivierende Protein GAL4 von Hefezellen mit vermuteter Zweikerncluster-Struktur (PAN, COLEMAN) sowie offenbar auch Rezeptorproteine für Thyroid- (Kap. 16.7), Glucocorticoid- und andere Steroid-Hormone (VALLEE, AULD; CUNNINGHAM et al.).

Die hohe Spezifizität dieser Proteine für Zink beruht offenbar auf der typischen Präferenz von Zn^{2+} für verzerrt tetraedrische Koordination (EXAFS: Zn–Cys 230 pm, Zn–His 200 pm): Die Ligandenfeld-Stabilisierungsenergie (vgl. 12.4) spielt für das Zink-Ion mit besetzter d-Schale keine Rolle, während sonst innerhalb der ersten Reihe der Übergangsmetallionen beim Übergang vom (stabilisierten) hexakoordinierten Wasserkomplex $[M(H_2O)_6]^{2+}$ zu einem tetrakoordinierten Komplex eine typische Abhängigkeit vom d-Orbital-Besetzungsgrad existiert.

Die Vorteile des modularen Designs mittels Zink-Finger-Domänen liegen in der Variabilität und Stabilität; spezifisch gefaltete Protein-Schleifen können zwar auch durch Disulfid-Brücken zusammengehalten werden, die jedoch im Gegensatz zur Bindung zum Zn^{2+} reduktiv leicht spaltbar sind (STRUHL).

12.7 Insulin und Metallothionein als zinkhaltige Proteine

Eine Strukturfunktion – wenn auch mit anderer Zielsetzung als in den soeben beschriebenen Beispielen – besitzt Zn^{2+} in seinen Komplexen mit dem aus zwei relativ kurzen Peptidketten bestehenden Hormon Insulin. Verschiedene Modifikationen von Insulin-Hexameren mit zwei oder vier Zinkionen (neben Ca^{2+}-Ionen) sind als Speicherform des Insulins nachgewiesen und kristallographisch charakterisiert worden (SMITH et al.; DEREWENDA et al.). Das oktaedrisch konfigurierte Metall in der 2 Zn-Form ist von drei Histidin-Liganden *verschiedener* Insulin-Dimerer koordiniert (Abb. 12.6), die drei übrigen, mit Wasser besetzten Koordinationsstellen erlauben entsprechend einem einfachen Modell die leichte reversible Entfernung des die Oligomeren zusammenhaltenden Zn^{2+}, etwa durch externe Chelatliganden.

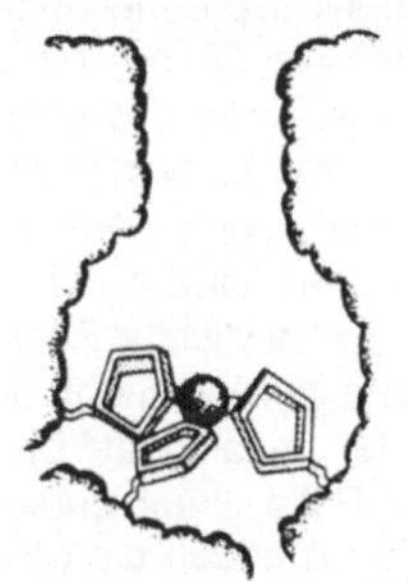

Abbildung 12.6: Typische Anordnung der Histidin-Liganden dreier Insulinpeptidketten um ein strukturordnendes Zn^{2+}-Zentrum (nach DEREWENDA et al.)

Eine Strukturfunktion besitzt wahrscheinlich auch das Zink-Ion in der Cytochrom *c*-Oxidase, das wegen des hohen Gehalts dieses Enzyms an auffallenderen Metallzentren erst kürzlich nachgewiesen wurde (s. Kap. 10.4).

Ein mögliches Transport- und Speichersystem für Zink wie auch für Kupfer existiert in Form der kleinen, extrem Cystein-reichen Metallothionein-Proteine, die in Kapitel 17.3 näher vorgestellt werden. Ihre Präferenz für weiche, zweiwertige Kationen mit der bevorzugten Koordinationszahl 4 führt zur besonders effizienten Bindung von Cd^{2+}, weswegen diesen Proteinen eine Schwermetall-Entgiftungsfunktion zugemessen wird. Der hohe Cystein-Gehalt von Metallothionein ist außerdem für seine Reaktivität beim Abfangen oxidierender Radikale wie etwa $^{\bullet}OH$ verantwortlich, so daß es sich hier um ein potentiell multifunktionelles System handelt.

13 Ungleich verteilte Mengenelemente: Funktion und Transport von Alkalimetall- und Erdalkalimetall-Kationen

13.1 Charakterisierung von K^+, Na^+, Ca^{2+} und Mg^{2+}

Alle bisher behandelten Metalle lassen sich unter die Rubrik "Spurenelemente" einordnen, wenn als Kriterium ein Tagesbedarf von weniger als 25 mg für den erwachsenen Menschen herangezogen wird (vgl. Tab. 2.3). Die Ionen des Magnesiums und Calciums (zweiwertig) sowie des Natriums und Kaliums (einwertig) fallen eindeutig nicht in diese Kategorie, wie auch aus ihrem hohen Mengenanteil am menschlichen Organismus hervorgeht (Tab. 2.1). Diese Kationen sind durch ihre Häufigkeit in der Erdkruste wie auch im Meerwasser für nicht-katalytische Funktionen prädestiniert (Abb. 2.2); zusammen mit Anionen wie Chlorid werden sie oft auch als "Elektrolyte", "Mengenelemente" oder "Makro-Mineralstoffe" bezeichnet. Da für die vier Metallionen K^+, Na^+, Ca^{2+} und Mg^{2+} die katalytische Rolle hinter anderen, große Mengen erfordernden Funktionen zurücktritt, werden im folgenden die beiden wichtigsten solchen Funktionen vorgestellt:

a) Der Aufbau von stützenden und abgrenzenden **Strukturen** erfordert eine größere Menge an Material, wobei neben den Silikaten insbesondere calciumhaltige Festkörper als Bestandteile von Innen- und Außenskeletten, Zähnen, (Eier-)Schalen, aber auch Erdalkalimetallion-stabilisierten Zellmembranen eine wichtige Rolle spielen (s. Kap. 15). Weniger offensichtlich sind Erdalkali- und Alkalimetall-Kationen daran beteiligt, über elektrostatische Wechselwirkungen und osmotische Effekte Membran-, Enzym- und Polynukleotid-Konformationen zu stabilisieren; darauf beruht beispielsweise die Denaturierung vieler Biomoleküle in reinem, entionisiertem Wasser.

b) Die generell schwache, oft nur durch aufwendige molekulare Konstruktion erreichbare Bindung von Erdalkalimetall- und Alkalimetall-Kationen an Liganden kann dazu genutzt werden, die freie, entlang einem eigens erzeugten Konzentrationsgefälle sehr rasch verlaufende Diffusion von elektrisch geladenen Teilchen zum **Informationstransfer** zu verwenden. Während eine direkte Ladungs-*trennung* zu hohen, chemisch-synthetisch nutzbaren Spannungen führt (vgl. Kap. 4), entsteht ein niedriges, nur der Signalerzeugung dienendes Membranpotential durch *unterschiedliche Konzentrationen verschiedener Ionen*. Die dazu erforderliche Spezifität ist vor allem aufgrund der für einfache atomare (kugelförmige) Ionen kennzeichnenden Verhältnisse Radius/Ladung und Oberfläche/Ladung möglich; wie Tab. 13.1 zeigt, unterscheiden sich gerade hierin die vier genannten Kationen sehr deutlich voneinander. Sie unterscheiden sich damit auch von den auf Grund der Eigendissoziation des Wassers ubiquitären Protonen, deren Gradient eine sehr wichtige Rolle im Energietransfer spielt (chemiosmotischer Effekt; vgl. ATP-Synthese, Kap. 14.1). Offensichtlich ist die nur durch Diffusion begrenzte maximale Geschwindigkeit einer chemischen Reaktion ("Diffusionskontrolle") für viele Informationstransfer-erfordernde Vorgänge erstrebenswert (vgl. Abb. 13.1).

Informations*rezeption*:
Sinnesorgane

Informations*leitung* und *-verarbeitung*:
peripheres und zentrales Nervensystem

Körper*reaktion*:
motorischer Apparat (z.B. Muskelbewegung)

Abbildung 13.1: Die Notwendigkeit rascher Informationsverarbeitung (nach G. Larson, Copyright © 1988 by Universal Press Syndicate reprinted by permission of Editors Press Service, Inc.)

Voraussetzung für eine Ausnutzung der Diffusion von Ionen als einem der schnellsten chemischen Prozesse ist ein zuvor mit Energieaufwand aufgebauter Konzentrationsgradient ("gespanntes" System, vgl. Kap. 2.3.1), der sich in dem Potentialdiagramm (Abb. 13.2) entsprechend einem Pumpspeicherwerk-Modell darstellen läßt. Dabei werden die Ionen *aktiv* durch die biologische Membran *entgegen* dem Konzentrationsgefälle "gepumpt", bis ein gewisses, ständig aufrecht zu erhaltendes Ungleichgewicht erreicht ist; der diffusionskontrollierte Konzentrationsausgleich kann dann *passiv* über Ionenkanäle mit unterschiedlich gesteuerter Schleusenfunktion erfolgen.

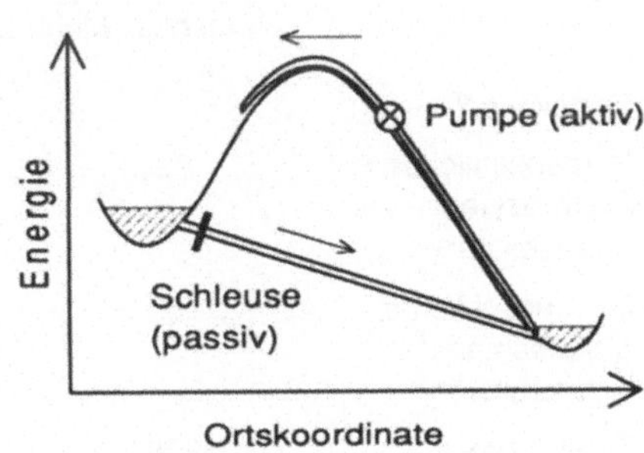

Abbildung 13.2: Pumpspeicherwerk-Modell der Aufrechterhaltung eines lokalen Ungleichgewichts für die Ionenkonzentration (s. Text)

Einige charakteristische Eigenschaften der vier Kationen sind in Tabelle 13.1 zusammengefaßt.

Tabelle 13.1: Charakteristik der vier biologisch wichtigen Alkalimetall- und Erdalkalimetall-Kationen

Eigenschaft	K^+	Na^+	Ca^{2+}	Mg^{2+}
Ionenradius r (pm)	138	102	100	72
r/q[a]	138	102	50	36
Relativwert r/q (Mg^{2+} = 1)	3.83	2.83	1.39	1.00
Oberfläche $O=4\pi r^2$ des kugelförmigen Ions (in pm^2)	239 300	130 700	125 700	65 100
Relativwert O/q (Mg^{2+} = 1)	$7.35 \approx 2^3$	$4.02 \approx 2^2$	$1.93 \approx 2^1$	$1.00 = 2^0$
bevorzugte Koordinationszahl	6-8	6	6-8	6
bevorzugte Koordinationsatome	O	O	O	$O, N, O=P(O-)_3$
bevorzugter Ligandentyp	mehrzähnige Chelatliganden, insbes. Makrozyklen		zweizähnige Liganden, z.B. verbrückende Carboxylate	
Verteilung:[b]				
in menschlichen Erythrozyten (intrazellulär)	92	11	0.1	2.5
im menschlichen Blutplasma (extrazellulär)	5	152	2.5	1.5
Tintenfisch-Nerv (innen)	300	10	0.0005	7
Tintenfisch Nerv (außen)	22	440	10	55

[a]Verhältnis Ionenradius/Ladung [pm/Elementarladung] bei oktaedrischer Koordination (Ionenradien aus W.L. JOLLY, *Modern Inorganic Chemistry*, McGraw-Hill, New York, 1984)

[b]In mM/kg (aus M.N. HUGHES, *The Inorganic Chemistry of Biological Processes*, 2nd Edn., Wiley, Chichester, 1981)

Anhand der für einfache Ionen wichtigen Verhältnisse Radius/Ladung r/q und Oberfläche/Ladung O/q (Tab. 13.1: Relationen entsprechend Potenzen von 2 !) ergibt sich, daß die vier genannten Kationen einander *nicht* ersetzen und somit im Zusammenwirken mit größen- und ladungsspezifischen Liganden deutlich individuelle Funktionen haben können. Die jeweils größeren Kationen innerhalb einer Gruppe des Periodensystems neigen zur Ausbildung höherer Koordinationszahlen als sechs und geringerer Koordinationssymmetrie, was sich in der Eignung für strukturelle, konformationsspezifische Funktionen in Enzymen manifestiert (s. Kap. 14.2). Zahlreiche Enzyme wie z.B. die Pyruvat-Kinase werden so erst durch die Koordination von K^+ (Abb. 14.2) oder von Ca^{2+} aktiviert (s. Abb. 14.5; CHOCK, TITUS). Außer dem am stärksten polarisierenden Mg^{2+} mit seiner Neigung zur Bindung auch an N-Liganden (Chlorophyll, vgl. Kap. 4) und Phosphate (s. Kap. 14.1) bevorzugen die anderen "harten" Kationen aus Tabelle 13.1 Liganden mit Sauerstoff-Koordinationszentren. Reichen für die zweiwertigen Erdalkalimetall-Dikationen aufgrund der elektrostatischen Wechselwirkungen mehrere zweizähnige Chelatliganden wie etwa η^2-Carboxylatgruppen innerhalb eines Proteins zur Fixierung aus, so sind die Alkalimetallkationen oft nur noch mit vielzähnigen, am besten makrozyklischen oder quasi-makrozyklischen Chelatliganden fest zu binden.

Von wesentlicher biochemischer Bedeutung für den Informationstransfer durch die Kationen aus Tabelle 13.1 sind die deutlich unterschiedlichen Konzentrationen im intra- und extrazellulären Raum. Solche Bereichsgliederungen sind zwar bei den vier genannten Kationen am ausführlichsten untersucht worden, sie gelten jedoch auch für anionische Elektrolytbestandteile (Abb. 13.3) und für die meisten Spurenelemente (z.B. liegt Kupfer vorwiegend extrazellulär, Zink hauptsächlich intrazellulär vor; WILLIAMS). Für die weitere Diskussion ist daher festzuhalten, daß im Zellinneren die Ionen von Kalium und Magnesium sowie Hydrogenphosphate überwiegen, während im extrazellulären Raum Na^+, Ca^{2+} und Cl^- dominieren.

Die große Bedeutung der vier genannten Kationen geht auch daraus hervor, daß Störungen im Haushalt dieser "Elektrolyte" (Fließgleichgewicht, Abb. 2.1) zu ernsten Beeinträchtigungen der Befindlichkeit führen können. Diskutiert wird so etwa ein Überschuß von Natriumionen im Verein mit Chlorid (kochsalzreiche Nahrung) als Hypertonie-begünstigender Faktor. Andererseits ist es gerade für den älteren Organismus immer schwerer, eine zu rasche Ausscheidung des sehr labilen K^+ aufgrund gestörter Membranpermeabilität zu vermeiden. Magnesium- und Calcium-Mangel sind in zunehmendem Maße Gegenstand von Diskussionen in der gesundheitsbewußten Öffentlichkeit und in der Werbung, z.B. für isotonische Getränke. Während fehlendes Magnesium aufgrund seiner Bedeutung für den ATP-Metabolismus (s. Kap. 14.1) zu geringerer geistiger und körperlicher Leistungsfähigkeit führen kann (BRAUTBAR et al.; SCHMIDBAUR, CLASSEN, HELBIG), treten bei schwerem Calciummangel oder nicht genügend effizienter Aufnahme und Verwertung wegen Hormonstörung (Kap. 14.2) unter anderem Beeinträchtigungen des Skelettaufbaus ein (s. Kap. 15.1).

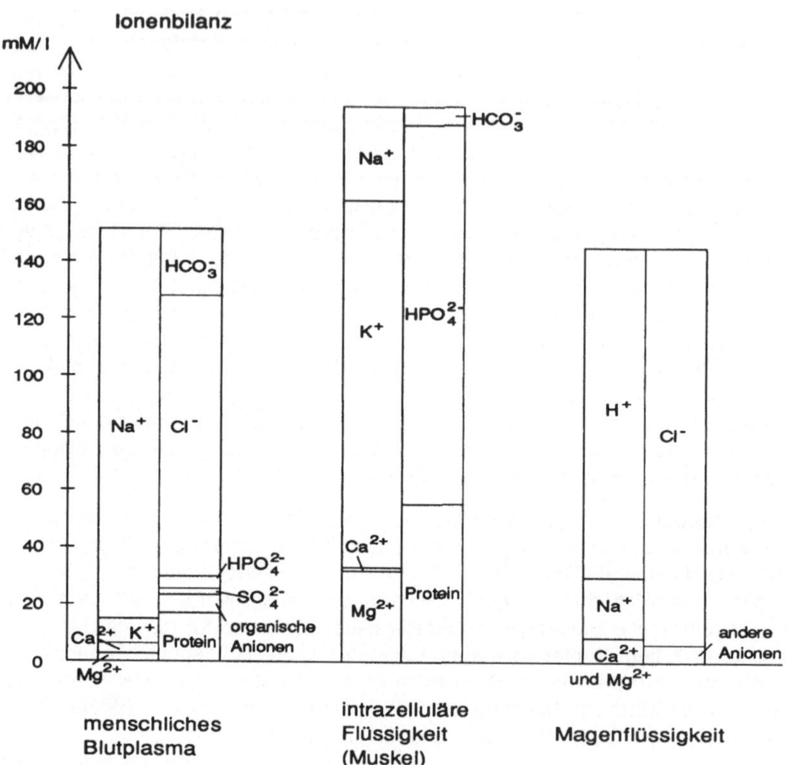

Abbildung 13.3: Aufteilung kationischer und anionischer Elektrolyte (Ionen) in drei typischen Körperflüssigkeiten des Menschen (nach A.L. LEHNINGER, *Biochemistry*, 2nd Edn., Worth, New York, 1975)

Detaillierte Erkenntnisse über die biochemischen Reaktionen der Kationen aus Tab. 13.1 sind erst in neuerer Zeit gewonnen worden, da sich ihr Nachweis wegen analytischer Probleme schwierig gestaltet. Die Alkalimetall- und Erdalkalimetall-Kationen sind aufgrund ihrer abgeschlossenen Elektronenschalen farblos und diamagnetisch (Elektronenkonfiguration der Edelgase), darüber hinaus leicht löslich und mobil wegen der nur labilen Bindung an normale Liganden. Aus diesem Grunde sind für physikalische Untersuchungen häufig spektroskopisch geeignetere Ersatz-Ionen mit allerdings möglichst ähnlicher Ionencharakteristik verwendet worden.

Für Natrium hat sich inzwischen die Heteroatom-Kernresonanz (NMR) des in 100% natürlicher Häufigkeit vorkommenden Isotops ^{23}Na mit seinem Kernspin von $I = 3/2$ als brauchbares Verfahren entwickelt, um über Bindungsverhältnisse dieses Ions auch in biologischer Umgebung Auskunft zu erhalten (LASZLO). Die geringe

Zeitauflösung dieser Spektroskopie im Sekundenbereich liefert jedoch meist nur statistisch gemittelte Informationen. Im Falle des K⁺ ist die NMR-Methode wegen des sehr kleinen magnetischen Moments von ^{39}K (93.1%, $I = 3/2$) weniger gut anwendbar; als Ersatz-Ionen mit vergleichbarem Radius/Ladungs-Verhältnis bieten sich das für NMR geeignete ^{205}Tl⁺ (150 pm; $I = 1/2$, 70.5% natürliche Häufigkeit) sowie Ag⁺ (115 pm) und als radioaktive Isotope die Kerne ^{42}K (Halbwertszeit 12.4 h), ^{43}K (22 h), ^{81}Rb (4.6 h) oder ^{86}Rb (18.7 d) an (vgl. Tab. 18.1).

Heteroatom-Kernresonanz (NMR)

Voraussetzung für die Kernresonanz (NMR, Nuclear Magnetic Resonance) eines Isotops ist eine Kernspin-Quantenzahl $I \neq 0$.

In einem äußeren Magnetfeld kann ein solcher Kern insgesamt $m_I = I, I-1, ..., (-I+1), -I$ Energie-verschiedene Orientierungen einnehmen (13.1: $I = 1/2$).

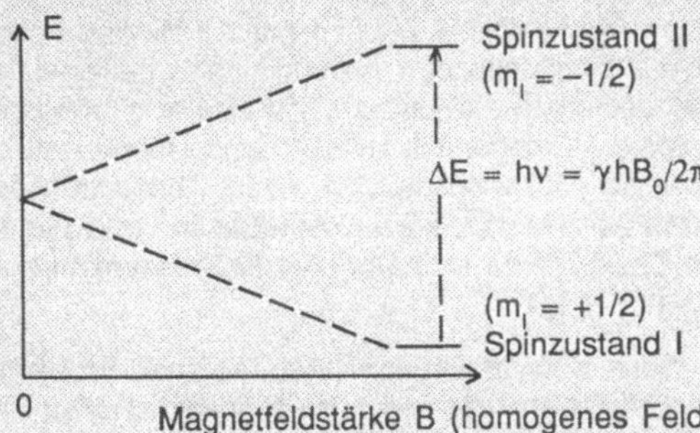

$$\Delta E = h\nu = \gamma h B_0 / 2\pi \tag{13.1}$$

Der Übergang zwischen den leicht unterschiedlich besetzten Kernspinzuständen wird in der NMR-Spektroskopie untersucht; bei Magnetfeldstärken von einigen Tesla liegen die Resonanzfrequenzen im Radiowellenbereich. Die Resonanzenergie hängt nicht nur von der Art des Kerns (bestimmt durch γ), sondern auch von seiner elektronischen und damit chemischen Umgebung ab ("chemische Verschiebung"). Die oft nur geringen, im ppm-Bereich liegenden Effekte können wegen der meist hohen spektralen Auflösung noch nachgewiesen und interpretiert werden. Dabei liefern die Wechselwirkungen Kernspin/Kernspin und Kernspin/Elektronenspin (bei paramagnetischen Spezies) weiteren Aufschluß über die elektronische und geometrische Struktur.

In der Heteroatom-, d.h. der nicht-^{1}H-NMR-Spektroskopie sind einige Kerne wegen sehr kleinem γ oder einem großen Quadrupolmoment bei $I > 1/2$ nicht oder nur sehr schlecht beobachtbar. Ein weiteres Problem liegt in oft niedrigen natürlichen Häufigkeiten spektroskopisch interessanter Kerne, so daß auch angesichts der generell geringen Mengen-Empfindlichkeit dieser Methode relativ hohe Konzentrationen oder isotopenangereichertes Material für die Aufnahme eines aussagekräftigen Spektrums notwendig werden.

Vom biologischen Standpunkt sind "Mengen"-Ionen wie $^{23}Na^+$, $^{39}K^+$, $^{43}Ca^{2+}$ und $^{25}Mg^{2+}$ besonders interessant. ^{23}Na- und ^{39}K-NMR-Spektroskopie wird vor allem eingesetzt, um Konzentrationen der Ionen im intra- und extrazellulären Raum zu bestimmen. Dabei macht man sich zunutze, daß sich das Signal der Ionen im extrazellulären Raum bei Zugabe spezifischer paramagnetischer Reagentien gegenüber dem unveränderten Signal der Ionen innerhalb der Zelle verschiebt (OGINO et al.).

Magnesium-Dikationen enthalten in natürlicher Häufigkeit von nur 10% das Isotop ^{25}Mg mit $I = 5/2$ und einem kleinen magnetischen Kernmoment. Mg^{2+} läßt sich jedoch oft relativ leicht durch das paramagnetische ($S = 5/2$), ESR-spektroskopisch gut nachweisbare Mn^{2+} mit halbbesetzter 3d-Schale ersetzen.

Für den Nachweis des Calciums bieten sich folgende Möglichkeiten an: Das NMR-aktive Isotop ^{43}Ca ist mit einem Kernspin $I = 7/2$ und nur 0.13% natürlicher Häufigkeit erst nach Anreicherung für biochemische Untersuchungen geeignet (s. Kap. 14.2); Eu^{2+} mit halbbesetzter 4f-Schale als Ersatz mit nur wenig höherem Ionenradius (117 pm) bietet immerhin die Gelegenheit zu ESR- und MÖSSBAUER-Untersuchungen. Für die gerade beim Ca^{2+} sehr wichtige Möglichkeit, Konzentrationsänderungen im mikromolaren Bereich auch in sehr kurzen Zeiträumen verfolgen zu können, existieren Ca^{2+}-spezifische Chelatbildner als Farb- oder Fluoreszenz-Indikatoren mit sehr kurzer Ansprechzeit (s. 14.11).

Im folgenden wird die Lösung des Komplexierungs- und Transport-Problems (CHOCK, TITUS; POSTE, CROOKE) für Erdalkalimetall- und insbesondere Alkalimetall-Kationen zunächst am Beispiel natürlicher und künstlicher makrozyklischer Komplexbildner diskutiert (VÖGTLE, WEBER, ELBEN; DIETRICH).

13.2 Komplexe von Alkali- und Erdalkalimetallionen mit Makrozyklen

In wäßriger Lösung liegen Ionen wie Na^+, K^+, Mg^{2+} oder Ca^{2+} immer als sehr labile, d.h. mit Wassermolekülen aus der Lösung im Nanosekunden-Bereich austauschende Hydratkomplexe $[M(H_2O)_n]^{m+}$ vor. Bei der Bildung beständiger Komplexe mit vielzähnigen (Chelat-)Molekülen L aus wäßriger Lösung handelt es sich daher um eine Substitution der Wasser-Liganden aus der ersten Koordinationssphäre (13.2); H_2O-Moleküle aus den weiteren Koordinationssphären spielen hinsichtlich der Energiebilanz ebenfalls eine große Rolle.

$$[M(H_2O)_n]^{m+} + L \; \rightleftharpoons \; [ML]^{m+} + n\,H_2O \qquad\qquad (13.2)$$

Die allgemein beobachtete kinetische und thermodynamische Stabilität von Chelatkomplexen kann auf mehrere Faktoren zurückgeführt werden. Zunächst findet während der Reaktion (13.2) häufig eine Erhöhung der Zahl freier Teilchen und damit der Entropie statt, wobei der stark ladungsabhängige Gesamt-Hydratisierungsgrad zu berücksichtigen ist. Geeignete Konstruktion des Chelatkomplexes kann ferner zu einer Vielzahl konformationsbedingt günstiger Metall-Ligand-Wechselwirkungen zwischen den Donoratomen und dem Metall-Kation in fixierten Chelatringstrukturen führen. Schließlich resultiert eine "statistische" (kinetische) Stabilisierung, d.h. eine Erhöhung der Beständigkeit von Chelatkomplexen durch die sehr geringe Wahrscheinlichkeit für einen gleichzeitigen Bruch *aller* Metall-Donor-Bindungen, was für einen dissoziativen Zerfall von Chelatkomplexen notwendig wäre. Die "virtuelle" Konzentration von Donoratomen D ist bei nur teilweisem Bindungsbruch aufgrund der räumlichen Nähe von festgehaltenen, unkoordinierten, aber nicht wirklich freien Donorzentren (13.3) sehr hoch, so daß Wahrscheinlichkeit *und* Gleichgewichtseffekte die Wiederanlagerung und damit den Nicht-Zerfall begünstigen (BUSCH, STEPHENSON).

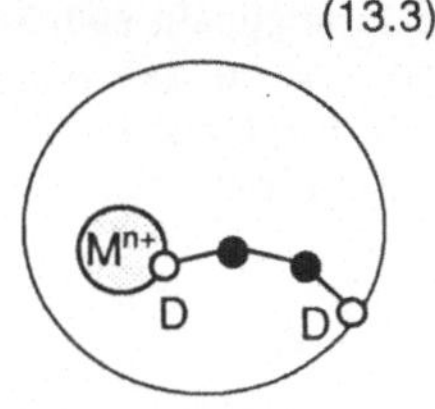

(13.3)

Sind für die zweifach positiv geladenen Erdalkalimetallionen gut geeignete mehrzähnige offenkettige Chelatbildner wie etwa EDTA (2.1) seit langem bekannt, so ist die effiziente Komplexierung von Alkalimetall-Monokationen durch synthetische Moleküle erst seit der gezielten Entwicklung von makrozyklischen Liganden (13.4) wie etwa den Kronenethern (PEDERSEN, FRENSDORFF), den Kryptanden (DIETRICH, LEHN, SAUVAGE) und vergleichbaren Komponenten für "Supramolekulare Chemie" (CRAM; LEHN; VÖGTLE) seit Beginn der siebziger Jahre verfügbar (Nobelpreis 1987 für PEDERSEN, LEHN und CRAM).

(13.4)

[18]Krone-6   Dibenzo[30]krone-10

Kryptand[2.2.2]   Kryptat (Komplex)

Bei diesen Systemen wie auch bei den natürlich vorkommenden, aus niederen Organismen isolierten "Ionophoren" (PRELOG; PRESSMAN; VÖGTLE, WEBER, ELBEN; DIET-RICH; 13.5) erfolgt Komplexierung durch mehrere strategisch verteilte Heteroatom-Donorzentren. Beteiligt sind Ether-, Alkohol- oder Carbonyl-Sauerstoffzentren in Car-boxylat-, Ester- oder Säureamid-Gruppen; des weiteren sind auch Schwefel-Analoga dieser Sauerstoff-Donorgruppen oder Stickstoff-Komponenten wie etwa Amin(NR_3)-, Pyridin- oder Imin($RN=C\underset{=}{}$)-Funktionen verwendbar (13.4). Eine Besonderheit ma-krozyklisch komplexierender Liganden liegt darin, daß die Ringgröße dem Ionenra-dius angepaßt sein kann (Selektivität; vgl. Tetrapyrrol-Komplexe, Tab. 2.7); im Ge-gensatz zu den weitgehend ebenen, vierzähnigen Tetrapyrrol-Makrozyklen zeigen effektive Liganden für Alkalimetall-Kationen im Komplex eine dreidimensionale Um-hüllung des festzuhaltenden Ions (vgl. Abb. 13.4 und Abb. 2.11).

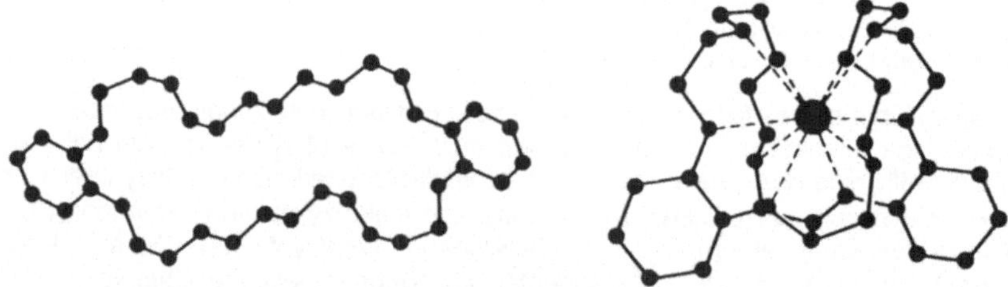

Abbildung 13.4: Molekülstrukturen von Dibenzo[30]krone-10 (links, s. 13.4) und des K$^+$-Komplexes (rechts), jeweils im Einkristall (nach DIETRICH, LEHN, SAUVAGE)

Aus diesem Grund sind die polyzyklischen Kryptanden (13.4) mit ihrem weitge-hend vorgebildeten Hohlraum den monozyklischen Kronenethern cyclo-$(OCH_2CH_2)_n$ in bezug auf Komplexstabilität und Ionengrößen-Selektivität überlegen (LEHN; DIET-RICH, LEHN, SAUVAGE). Die Vielzahl von im einzelnen nur schwachen koordinativen Wechselwirkungen führt bei geeigneter molekularer Architektur zu einer insgesamt starken und inerten koordinativen Bindung des Metallions durch den Makrozyklus. Die oft erhebliche Konformationsänderung – wie in Abb. 13.4 demonstriert – belegt den "Templat"-Effekt auch schwach koordinierender Alkalimetallkationen auf geeig-nete polyfunktionelle Substrate.

Die biologische und physiologisch-toxikologische (MOLLENHAUER, MORRE, ROWE) wie auch organisch-synthetische Bedeutung solcher Komplexe geht daraus hervor, daß im Komplex die hydrophilen Heteroatom-Donorzentren des Makrozyklus nach innen zum Metallkation gekehrt sind, während das Äußere des Komplexes eher lipophilen Charakter besitzt (Alkyl-, Aryl-Gruppen). Es gelingt dadurch einerseits, ionische Verbindungen wie etwa $KMnO_4$ zumindest teilweise in unpolaren organi-schen Lösungsmitteln zu lösen, andererseits wird auf diese Weise ein Transport von (polaren) Metallkationen durch biologische Membranen (Abb. 13.5) mit ihrer hydro-phoben, ca. 5 - 6 nm umspannenden fluiden Lipid-Doppelschicht möglich (VÖGTLE, WEBER, ELBEN). Damit stellt die Komplexierung durch Makrozyklen *eine* Möglichkeit dar (vgl. Abb. 13.8), den (passiven) transmembranen Transport schwach koordinierender hydrophiler Metallkationen zu bewerkstelligen.

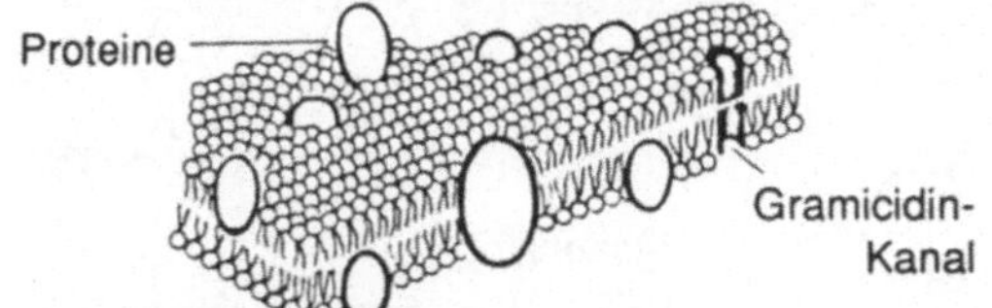

Abbildung 13.5: Vereinfachte Darstellung einer biologischen Membran (nach VÖGTLE, WEBER, ELBEN)

Natürliche Ionophore wie etwa die in (2.10, 13.5, 13.6) gezeigten sind als häufig pharmakologisch aktive Naturstoffe in großer Zahl aus Pilzen oder Flechten isoliert worden (PRELOG; PRESSMAN). Da ihre gezielte Anwendung die Membranfunktion und damit den Ionenhaushalt von Bakterien stören kann ohne die komplexeren Ionentransportmechanismen höherer Wirtsorganismen wesentlich zu beeinträchtigen, sind diese Moleküle teilweise antibiotisch wirksam (Abwehrfunktion). Wie die beiden bekanntesten Beispiele, Valinomycin (2.10) und Nonactin (13.5), erkennen lassen, handelt es sich hierbei um große makrozyklische Oligopeptide oder -ester mit einer Vielzahl chiraler Zentren. Dies hat Bedeutung hinsichtlich einer möglichen Rezeptor-Selektivität; weiterhin ist von den zahlreichen möglichen Konformationen oft nur eine bestimmte für die Metall-Komplexierung optimal (VÖGTLE). Typisch für einen solchen Komplex ist das K^+/Nonactin-System mit seiner hohen Koordinationszahl von 8 für das Metallzentrum und mit um dieses Zentrum gefaltetem Makrozyklus (Abb. 13.6).

(13.5) Nonactin

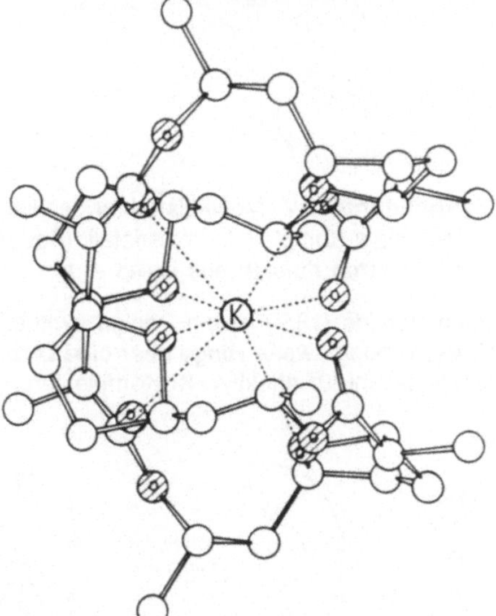

Abbildung 13.6: Molekülstruktur des K^+/Nonactin-Komplexes im Kristall (Sauerstoffzentren schraffiert; nach KILBOURN et al.)

In einigen Fällen, etwa beim Dodecadepsipeptid Valinomycin (2.10) werden mit diesen Makrozyklen erstaunlich hohe Selektivitäten von $\geq 10^3$ für die K^+/Na^+-Diskriminierung beobachtet, wobei diese Unterscheidung allerdings stark vom Lösungsmittel abhängen kann (LEHN). Einige wichtige Vertreter wie etwa der zunächst acyclische, Na^+-spezifische Polyether Monensin A (13.6; MOLLENHAUER, MORRE, ROWE; Cox et al.) vollführen einen Ringschluß zum Quasi-Makrozyklus erst am Metallzentrum durch Ausbildung von Wasserstoffbrückenbindungen zwischen den Enden des offenkettigen Liganden (Abb. 13.7).

Das Auffinden weiterer natürlicher, physiologisch aktiver Ionophore wie auch die gezielte Entwicklung synthetischer Analoga sind wegen der potentiellen pharmakologischen Funktion solcher Verbindungen von Bedeutung. Es ist hier nicht nur eine Selektivität nach innen bezüglich Ladung und Größe des Metallions, sondern auch nach außen, z.B. in bezug auf einen Membran-gebunden Rezeptor zu berücksichtigen. Am Beispiel eines kleinen synthetischen zyklischen Peptids (13.7) ist ein Design synthetischer Ionophore gut erkennbar; erst nach Verbindung zweier Ringe über eine Disulfid-Brücke wird die kritische hohe Koordinationszahl für effektive K^+-Komplexierung erreicht (SCHWYZER et al.).

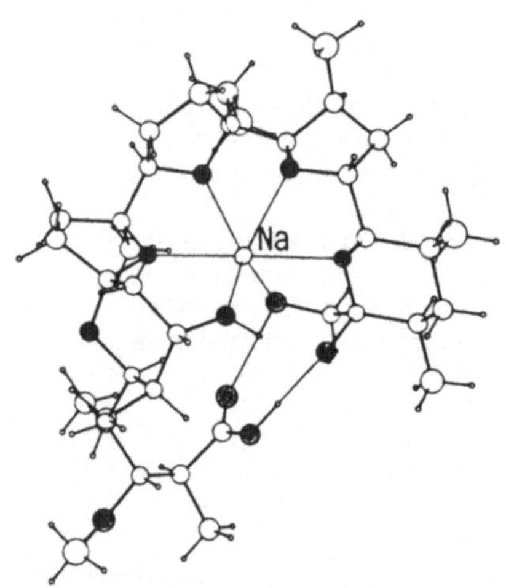

Abbildung 13.7: Molekülstruktur des Na^+/ Monensin-Komplexes im Kristall (Sauerstoffzentren dunkel; aus WARD et al.)

(13.7)

13.3 Ionenkanäle

Der passive Kationen-Transport entlang dem Konzentrationsgradienten über einen Carriermechanismus (Abb. 13.8) verläuft wegen der drei notwendigen Schritte Komplexierung, Wanderung und Dekomplexierung relativ langsam. Eine effizientere, biosynthetisch allerdings aufwendigere Realisierung der kontrollierten Kationendiffusion besteht im Einbau von Ionenkanälen verschiedener Komplexität in die fluide Doppelschicht der biologischen Phospholipid-Membran (Abb. 13.5).

Ionentransportmechanismen:

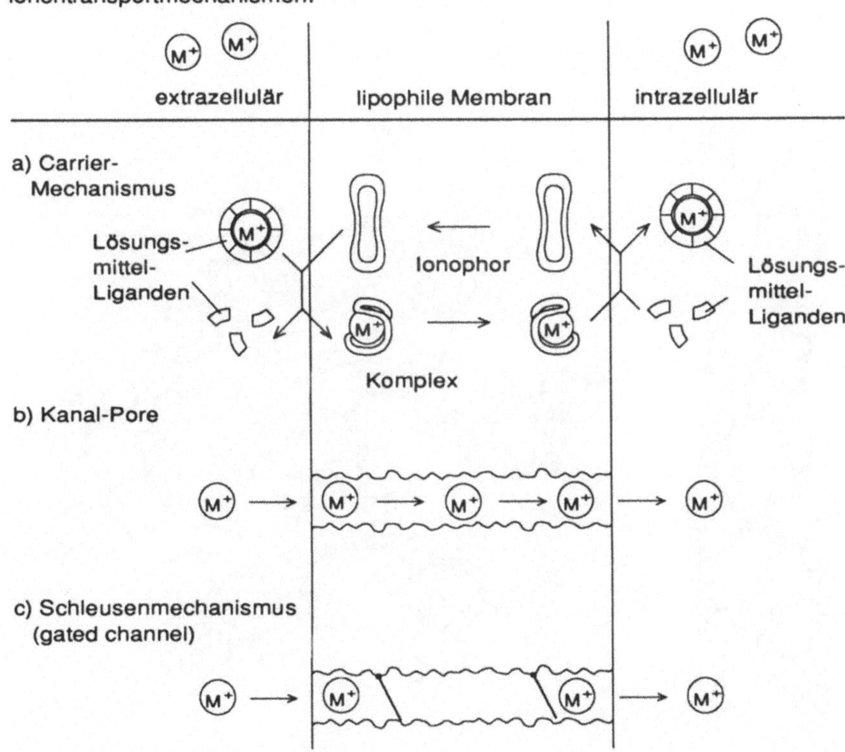

Abbildung 13.8: Mechanistische Alternativen für den passiven Ionentransport durch Membranen (nach VÖGTLE, WEBER, ELBEN; Ladungsausgleich nicht berücksichtigt)

Ionenkanäle können aus integralen oder quasi-integralen Membranproteinen entstehen; ein besonders einfaches *Modell* hierfür stellt das antibiotisch wirkende Pentadecapeptid Gramicidin dar (13.8).

Gramicidin A: (13.8)

HC(O)NH – (L)-Val – Gly – (L)-Ala – (D)-Leu – (L)-Ala – (D)-Val – (L)-Val – (D)-Val – (L)-Trp –
(D)-Leu – (L)-Trp – (D)-Leu – (L)-Trp – (D)-Leu – (L)-Trp – C(O)NH – CH$_2$ – CH$_2$ – OH

Die Form Gramicidin A aus *Bacillus brevis* bildet aufgrund der antiparallelen helikalen Aggregation zweier Moleküle eine Röhrenstruktur mit ca. 3 nm Länge (Abb. 13.9) und einem Kanal-Innendurchmesser von 385 - 547 pm (LANGS; WALLACE, RA-VIKUMAR).

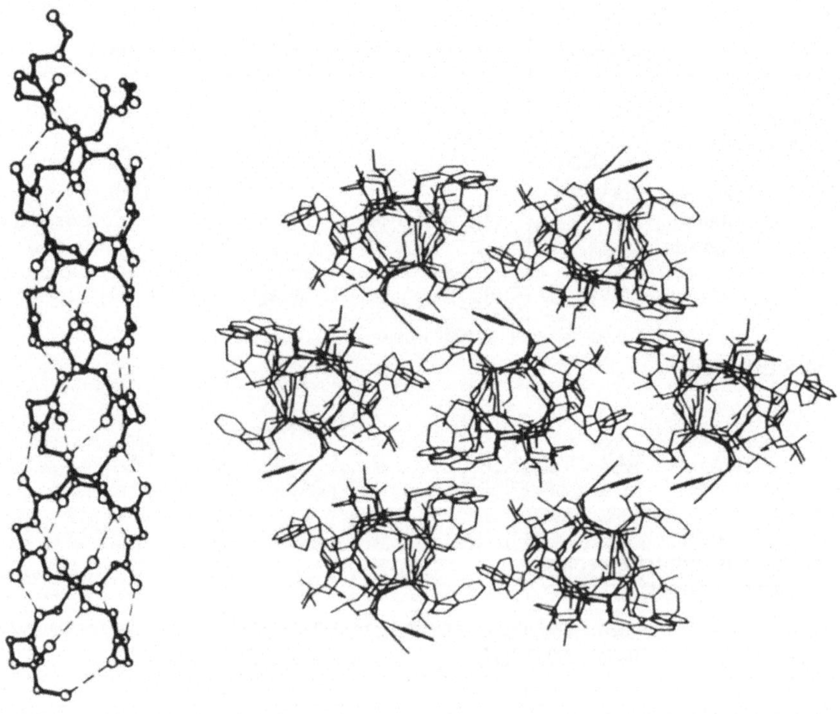

Abbildung 13.9: Struktur der Polypeptidgerüste in kristallinem Gramicin A-Dimer (links) und perspektivischer Blick entlang hexagonal gepackter Kanäle im Kristall (rechts; nach LANGS, Copyright 1986 by the AAAS)

Da die Dicke biologischer Phospholipid-Doppelschicht-Membranen 5-6 nm beträgt, müssen zwei Gramicidindimer-Röhren in der fluiden Membran hintereinander angeordnet sein, um dann als Membran-"Pore" (Abb. 13.8) einen sehr raschen, gegenüber dem Transport durch Ionophore um mehrere Größenordnungen effizienteren Kationendurchfluß zu ermöglichen. Während Alkalimetallionen sowie andere monopositive Ionen geeigneter Größe möglicherweise in rudimentär solvatisierter Form, d.h. als Monoaquo-Komplexe durch diesen Kanal gelangen können, blockiert das zweifach positiv geladene Ca^{2+} diesen Durchgang beim Gramicidin. Die eigentlichen Ionenkanäle sind als integrale Membranproteine wesentlich komplexer aufgebaut; Details der Struktur beginnen sich erst abzuzeichnen (STEVENS).

Ein wesentlicher Bestandteil höherentwickelter Ionenkanal-Proteine ist der Kontrollmechanismus am Eintrittsbereich. Die Beeinflussung der Ionen-selektiven "Schleusentore" (gates) durch Entwicklung geeigneter Inhibitoren oder Stimulatoren ist wegen der Bedeutung der zahlreichen inzwischen identifizierten Ionenkanäle ein Hauptarbeitsgebiet heutiger Arzneimittelforschung und Medizin ($\rightarrow$ Kardiologie, Neurologie, Onkologie).

Die "gates" (Abb. 13.8) sind bei Kanalproteinen normalerweise geschlossen, um die Aufrechterhaltung des Konzentrationsgradienten zu gewährleisten. Beeinflußt werden kann die Öffnung der Schleusen von Ionenkanälen durch extern zugefügte oder organismuseigene niedermolekulare Verbindungen ("Liganden"), durch andere Peptide oder durch Veränderung der elektrischen Potentialdifferenz (Spannung) zwischen den Membranseiten (SAIMI et al.). Spannungs-kontrollierte Kanäle sind damit ein Beispiel für biologische Schaltelemente, welche zur Umwandlung von elektrischen in stoffliche Signale dienen. Stellt die Entwicklung von rezeptorspezifischen organischen Verbindungen (vgl. 14.10) zur Blockierung von Ionenkanälen einen hohen Anspruch an das "molecular modeling", so kann andererseits die unspezifische Blockierung etwa von K^+-Kanälen durch $^+N(C_2H_5)_4$ oder Ba^{2+} (STEVENS) leicht aufgrund von Größen- und Ladungseffekten verstanden werden. Durch H^+ blockierte K^+-Kanäle in den Geschmacksrezeptoren sind vermutlich auslösend für die Empfindung "sauer".

Die Blockierung von im Ruhezustand Na^+-durchlässigen Kanälen in den scheibenhaltigen Stäbchenzellen der Netzhaut (Abb. 13.10) wird als ein essentieller Schritt bei der Umwandlung von Lichtreiz in Nervenimpulse angesehen (STRYER; SCHNAPF, BAYLOR). In den für das Schwarz-Weiß-Sehen wesentlichen, sehr empfindlichen Stäbchenzellen befindet sich ein aus dem Polyen Retinal und dem Protein Opsin aufgebautes Membranpigment "Rhodopsin". Das über eine protonierte Azomethin-Funktion $\overset{\cdot}{\underset{\cdot}{=}} C=NH^+-$ mit dem Opsin verbundene Polyen erfährt lichtinduziert die Isomerisierung einer Doppelbindung (Z-11,12 $\rightarrow$ E-11,12); die dabei erfolgte Ladungsverschiebung führt in mehreren Stufen zu einem Abbau von zyklischem Guanosinmonophosphat (cGMP). Nur in Gegenwart von cGMP wird jedoch ein ständiger energieverbrauchender Fluß von Na^+ durch innere Membranen der Stäbchenzellen aufrechterhalten ("Dunkelstrom": entatischer Zustand), so daß der cGMP-Abbau zu einer Kanalblockade (Abb. 13.10), einer deutlichen Ionen-"Hyperpolarisa-

Stäbchenzelle

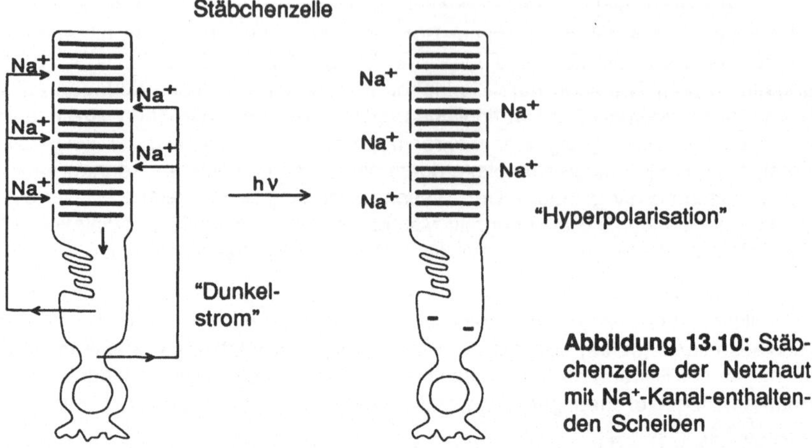

Abbildung 13.10: Stäbchenzelle der Netzhaut mit Na+-Kanal-enthaltenden Scheiben

tion" (→ Verstärkung) und damit zu einem von dieser Sinneszelle ausgehenden elektrischen Signal führt. Da Ca^{2+} über ein Regulationsprotein "Recoverin" die cGMP-Produktion beeinflußt (Dizhoor et al.; s. Kap. 14.2), wirkt dieses Ion in einem Regelkreis auf die "Erholung" und die Empfindlichkeitsschwelle der Sinneszelle ein.

Interessanterweise beeinflussen und regulieren sich insbesondere im Nervensystem drei chemisch sehr unterschiedliche "second messengers", d.h. informationsübertragende Sekundär-Botenstoffe: Ca^{2+}, cGMP und das kurzlebige aber rasch membranüberwindende NO (Stickstoffmonoxid-Radikal, vgl. Kap. 6.5; Crossin).

13.4 Ionenpumpen

Eine passive Ionendiffusion entlang dem Konzentrationsgradienten ist nur möglich, weil im stationären "Ruhezustand" das Konzentrationsgefälle durch aktiven, energieverbrauchenden Ionentransport entgegen der Diffusionsneigung und damit entgegen der Tendenz zur Erhöhung der Entropie ständig aufrechterhalten wird. Die dafür notwendigen komplexen Protein-Systeme, die gegen kontrollierten wie auch unkontrollierten Ladungsausgleich ("Leckage") arbeitenden Ionenpumpen, gehören wegen ihres kontinuierlich hohen Energieverbrauchs in Form von hydrolisierbaren ATP-Äquivalenten (14.2) zu den ATPasen (Pedersen, Carafoli). Ein großer Teil des laufenden Energiebedarfs der ruhenden Zelle (Fließgleichgewicht, Abb. 2.1) wird durch das Aufrechterhalten des Ionenungleichgewichts verursacht. Selbst im ruhenden Zustand entspricht der tägliche Umsatz von (ständig recyclisiertem) ATP durch einen erwachsenen Menschen etwa der Hälfte seines Körpergewichts. Als große, komplexe Membranproteine sind die Ionenpumpen sehr empfindliche Gebilde, deren Aktivität beispielsweise stark temperaturabhängig ist. Für die einzelnen Ionen existieren oft mehrere Arten von Ionenpumpen, wobei wegen des immer notwendigen Ladungsausgleichs – wie auch im Falle des Transports durch Ionophore – zwei prinzipielle Alternativen realisiert werden können: Eine als "Symport"-Prozeß bezeichnete Möglichkeit besteht im simultanen Transport von Kation und Anion in *gleicher Richtung*; im Antiport-Prozeß werden dagegen Ionen gleicher Ladung durch Bewegung in *entgegengesetzter Richtung* ausgetauscht. Beim Aufstellen der Ladungsbilanz müssen natürlich die bei der ATP-Hydrolyse entstehenden Protonen berücksichtigt werden (s. 13.9).

Die bekannteste Ionenpumpe ist die Na^+/K^+-ATPase als Bestandteil des für die Aufrechterhaltung von Membranpotentialen wesentlichen "Natrium-Kalium-Pumpsystems" (ROSSIER, GEERING, KRAEHENBUHL). Das vergleichbare Problem des Protonentransports über Membranen hinweg ist im Zusammenhang mit der Elektronenübertragung (H^+/e^--Symport !) bei Photosynthese und Atmung bereits angesprochen worden (Kap. 4.1 und 10.4).

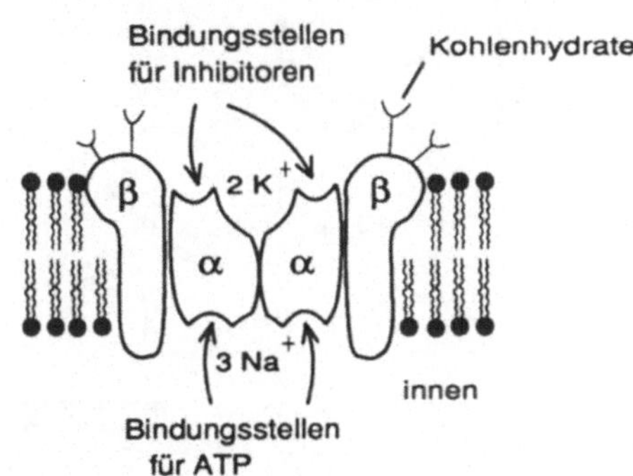

Abbildung 13.11: Schematischer Aufbau der Na^+/K^+-ATPase in der Membran

Das wichtige und bei allen eukaryontischen Organismen sehr ähnlich aufgebaute Membranprotein Na^+/K^+-ATPase ist aus zwei Peptid-Paaren zusammengesetzt (Heterodimer) und besitzt insgesamt eine Molekülmasse von $2{\times}112(\alpha) + 2{\times}40(\beta)$ ≈ 304 kDa (Abb. 13.11).

Die Funktion dieses noch nicht im molekularen Detail definierten Protein-Oligomeren ist es, Natrium- und Kalium-Ionen im Antiport-Verfahren entgegen den jeweiligen Konzentrationsgradienten unter Mg^{2+}-katalysierter Hydrolyse von ATP auszutauschen (vgl. Abb. 14.3), bis ein bestimmter energiereicher "Spannungs"-Zustand erreicht ist (Ungleichgewicht, Abb. 13.1). Die maßgebende Brutto-Gleichung lautet:

$$3\ Na^+(iz) + 2\ K^+(ez) + ATP^{4-} + H_2O \xrightarrow{\ Mg^{2+}\ } \tag{13.9}$$

$$3Na^+(ez) + 2\ K^+(iz) + ADP^{3-} + HPO_4^{2-} + H^+$$

iz: intrazellulärer, ez: extrazellulärer Bereich

Es wird angenommen, daß das Protein zu diesem Zweck mindestens zwei deutlich voneinander verschiedene Konformationen E_1 und E_2 einnehmen kann, in welchen die Bindung der Metallionen sehr verschieden sein muß; Abbildung 13.12

verdeutlicht dies. Wegen der Alternativen Na^+/K^+, ATP^{4-}/ADP^{3-} und der Konformationen E_1/E_2 müssen mindestens $2^3 = 8$ unterschiedliche Zustände dieses Proteinsystems existieren. Eine weitere funktionelle Voraussetzung ist die Möglichkeit zur Translokation der Ionen, d.h. ihr Transport zwischen intra- und extrazellulärem Raum, und die (intrazelluläre) energetische Ankoppelung der ATP-Hydrolyse; charakteristisch ist der dimere Aufbau des Proteins, was auf einen "flip-flop"-Mechanismus schließen läßt. In einer umgekehrten Betrachtungsweise co-katalysiert Na^+ die Phosphorylierung, während K^+ die Dephosphorylierung aktiviert, sie zumindest nicht hemmt (Na^+-Pumpfunktion der Na^+/K^+-ATPase; BASHFORD, PASTERNAK).

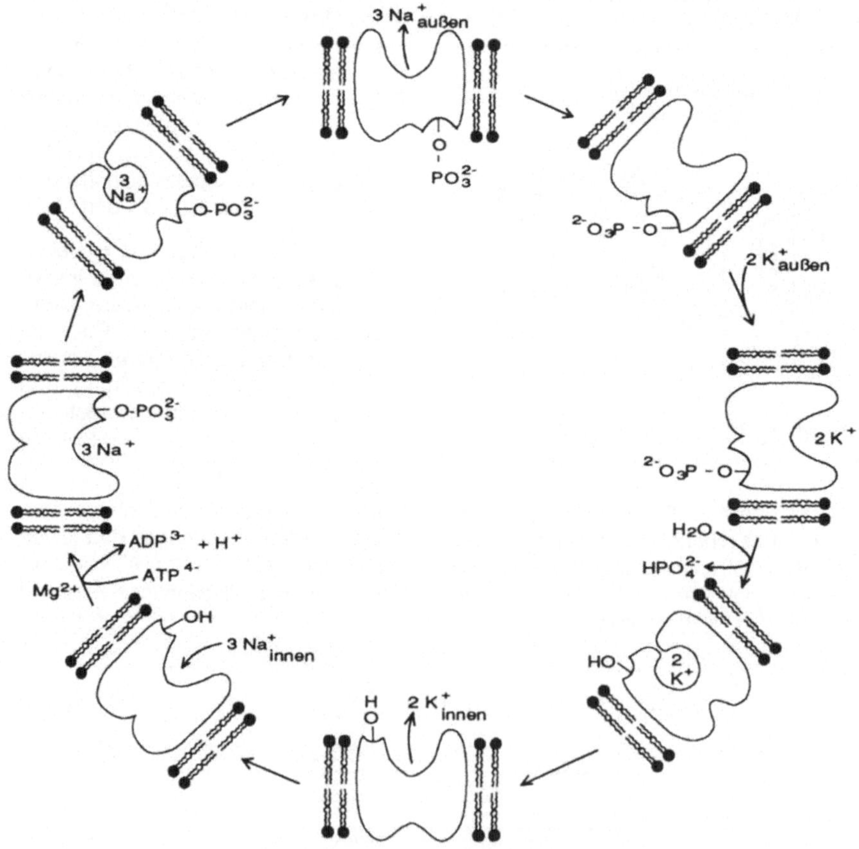

Abbildung 13.12: Schematischer Funktionsmechanismus der Na^+/K^+-ATPase (nach P. KARLSON, *Kurzes Lehrbuch der Biochemie für Mediziner und Naturwissenschaftler*, 13. Aufl., Thieme, Stuttgart, 1988. Vgl. auch Abb. 14.3)

Alle bisher bekannten Details, z.B. Bindungsstellen, sind am größeren α-Protein lokalisiert worden; die Rolle des β-Glykoproteins ist weitgehend ungeklärt (ROSSIER, GEERING, KRAEHENBUHL). Eine Inhibierung der Na^+/K^+-ATPase ist bereits durch niedermolekulare Stoffe möglich. Beispielsweise führen extrazellulär bindende Steroide wie etwa Ouabain oder der Wirkstoff Digitoxigenin aus *Digitalis* durch Hemmung der Enzymfunktion zu einem Anstieg der Na^+-Konzentration innerhalb von Herzmuskelzellen. Die Folge hiervon ist eine Verlangsamung des Na^+/Ca^{2+}-Austauschs durch das entsprechende Antiport-System (REUTER) und damit aufgrund steigender intrazellulärer Ca^{2+}-Konzentration ein verstärktes Kontraktionsvermögen (cardiotonische Aktivität). In Spuren vorliegendes intrazelluläres Vanadat(V) wirkt ebenfalls stark hemmend auf die Na^+/K^+-ATPase; vermutlich blockiert das aufgrund seiner Größe eher zur Koordinationszahl 5 neigende Vanadium aus der 5. Nebengruppe des Periodensystems die notwendige ATP-Hydrolyse durch übermäßige Stabilisierung des Übergangszustandes (14.7, Abb. 14.3) mit fünffach koordiniertem Phosphor.

Mit dem Transport von Ionen, insbesondere von Na^+, sind häufig auch andere Vorgänge verknüpft wie etwa der transmembrane Transport von Kohlenhydraten und Aminosäuren oder die Änderung von Protonengradienten (Na^+/H^+-Antiportsystem; MOLLENHAUER, MORRE, ROWE). Umgekehrt können Hormone wie etwa Steroide, kleine Peptide oder die Schilddrüsenhormone (16.2) die Funktion Na^+-abhängiger ATPasen stimulieren. Dies verleiht den niedermolekularen Verbindungen wegen der großen Bedeutung des Na^+-Transports für den Energiehaushalt (DIBROV), für das elektrische Membranpotential sowie für die über Ca^{2+} vermittelten Vorgänge (Kap. 14.2) eine hohe pharmakologische Wirksamkeit. Ein weiteres effizientes Kationen-Pumpsystem stellt die H^+/K^+-ATPase dar, welche im Antiportverfahren für die außerordentliche, 10^6-fache Anreicherung von H^+ im Magen verantwortlich ist (pH $\approx$ 1).

Während über Anion-spezifische Ionenpumpen allgemein noch wenig bekannt ist (vgl. IKEDA, SCHMID, OESTERHELT und Kap. 16.4), wurde ein für die Atmung (CO_2-Entsorgung) wichtiges passives Antiport-System HCO_3^-/Cl^- (Abb. 13.13) in Erythrozyten identifiziert.

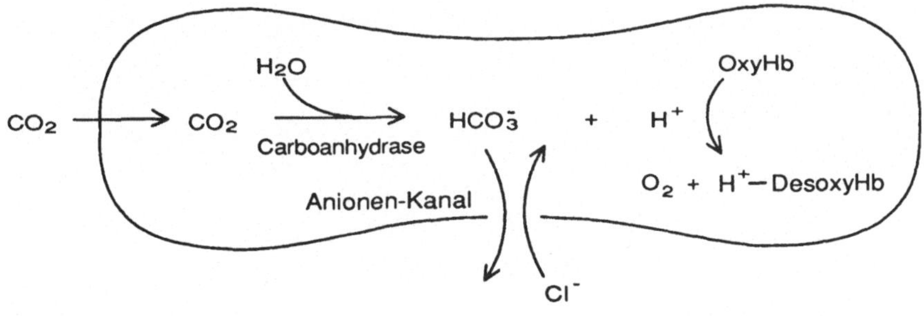

Abbildung 13.13: Funktion des HCO_3^-/Cl^--Antiport-Systems in Erythrozyten

Große Anstrengungen werden unternommen, um die außerordentlich effektiven Ca^{2+}-spezifischen Pumpen – durch Vanadat(V) hemmbare monomere ATPasen mit 110 kDa Molekülmasse – im sarkoplasmatischen Retikulum von Muskelzellen (Kap. 14.2) zu untersuchen, aus der Membran zu isolieren und in künstlichen Lipid-Vesikeln zu rekonstituieren (Abb. 13.14). Um den hier besonders großen Konzentrationsgradienten zwischen Zellinnerem (ca. 10^{-7} M) und dem umgebenden Bereich (ca. 10^{-3} M) zu erzeugen, müssen gerade diese effizienten Ionenpumpen in hoher Konzentration vorliegen.

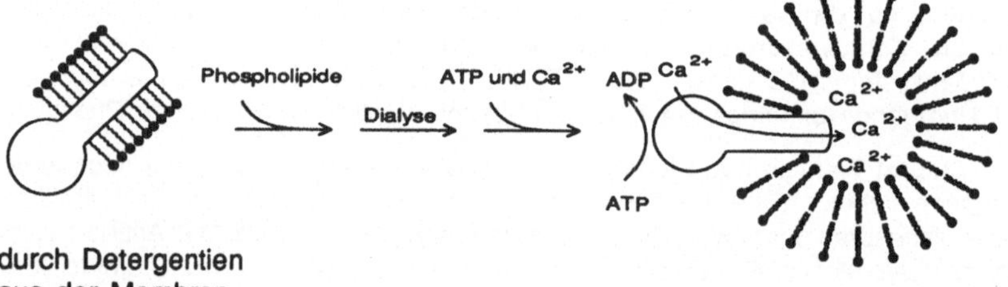

Abbildung 13.14: Stabilisierung und Rekonstitution der Ca^{2+}-Pumpe (monomeres Protein) durch Detergentien und Vesikel

Die an den Ca^{2+}-Transport gekoppelte ATP/ADP-Umwandlung ist reversibel, so daß über Ca^{2+}-Konzentrationsunterschiede und Ca^{2+}-Komplexierung eine ATP-Synthese möglich ist.

14 Katalyse und Regulation bioenergetischer Prozesse durch die Erdalkalimetallionen Mg^{2+} und Ca^{2+}

14.1 Magnesium: Katalyse des Phosphat-Transfers durch zweiwertige Ionen

Unter den vier nicht zu den Spurenelementen gerechneten Bio-Metallkationen nimmt Mg^{2+} aufgrund seines geringen Ionenradius eine Sonderstellung ein (vgl. Tab. 13.1; MARTIN; SCHMIDBAUR, CLASSEN, HELBIG). Dieses Ion bevorzugt wegen des relativ kleinen Verhältnisses Radius/Ladung und der daraus folgenden Lewis-Acidität *mehrfach* negativ geladene Liganden, insbesondere Polyphosphate; im Gegensatz zum verwandten und in der katalytischen Funktion teilweise ähnlichen Zn^{2+} ist Mg^{2+} jedoch eindeutig ein "hartes" Elektrophil (vgl. Abb. 2.6), welches mit N- und S-Nicht-Chelatliganden wie His oder Cys⁻ keine inerten Komplexe mehr bildet. Darüber hinaus bevorzugt Mg^{2+} ebenso wie das sehr ähnliche Mn^{2+} sehr stark die Koordinationszahl sechs mit weitgehend oktaedrischer Konfiguration, während die sonst in der biologischen Funktion vergleichbaren Ionen entweder zu niedrigeren (Zn^{2+}) oder höheren Koordinationszahlen (Ca^{2+}) neigen. Daß jedoch von dieser Regel unter dem "entatischen Streß" durch ein Enzymprotein auch abgewichen werden kann, zeigt das Beispiel der Enolase (14.9).

Das Magnesium-Ion als Bestandteil der Chlorophylle ist bereits in Kap. 4.2 vorgestellt worden; erwähnt werden soll an dieser Stelle auch seine dem Calcium qualitativ vergleichbare Rolle in Innen- und Außenskeletten (s. Kap. 15) sowie als Stabilisator von Zellwänden. Während langfristiger Magnesiummangel demzufolge vor allem das Wachstum beeinträchtigt, führt eine kurzfristige Unterversorgung wegen der Antagonisten-Rolle des Mg^{2+} gegenüber Ca^{2+} (vgl. Tab. 13.1) zu relativem Ca^{2+}-Überschuß im Zellinneren und dementsprechend erhöhter Muskelerregbarkeit (Krämpfe), zur Leistungsminderung wegen unzureichender Energiefreisetzung über Phosphattransfer (s.u.) und zur Hemmung des Proteinmetabolismus. Es existiert daher eine hormonelle Kontrolle des Mg^{2+}-Transports, z.B. in Herzmuskelzellen (ROMANI, SCARPA); bei Mangelsituationen ist eine "Magnesium-Therapie" angebracht (SCHMIDBAUR, CLASSEN, HELBIG).

Enzymatisch ist Mg^{2+} ein essentieller Faktor bei der biochemischen Hydrolyse und Übertragung von Phosphaten sowie bei damit verbundenen Reaktionen wie der nicht-oxidativen Spaltung von Nukleinsäuren (Nuklease-Aktivität; KATAYANAGI et al.). Mono-, Di- und Triphosphat-Gruppen sind nicht nur Bestandteile von Nukleotid-Einheiten der DNA, sondern vor allem mittelfristig speicherbare und durch "einfache" Hydrolyse, d.h. durch "dephosphorylierenden" PO_3^--Transfer vom Substrat zum Wasser (14.1) aktivierbare Energieträger in Organismen (WESTHEIMER).

$$X{-}O{-}PO_3^{n-} + H_2O \xrightarrow{M^{2+}} X{-}O^{(n-1)-} + H_2PO_4^- \qquad (14.1)$$

	H_3PO_4	pK_s:
	$+H^+ \uparrow\downarrow -H^+$	1.96
	$H_2PO_4^-$	
	$+H^+ \uparrow\downarrow -H^+$	7.21
	HPO_4^{2-}	
	$+H^+ \uparrow\downarrow -H^+$	12.32
	PO_4^{3-}	(in reinem H_2O)

Neben dem schon mehrfach angesprochenen Adenosintriphosphat ($ATP^{(4-)}$, 14.2) sei an dieser Stelle auch das aus ATP erzeugbare Kreatinphosphat (14.3) genannt, welches als Speicher hinsichtlich kurzfristiger *anaerober* Hydrolyse bedeutsam ist und z.B. durch ^{31}P-NMR-Spektroskopie von Muskelgewebe *in vivo* gut nachgewiesen werden kann.

$$(14.2)$$

ATP^{4-} + H_2O $\rightleftharpoons$ $\Delta G^0 \sim -35$ kJ/mol

$$H_2PO_4^- + ADP^{3-}$$

(Adenosindiphosphat)

Im Schnitt synthetisiert und verbraucht ein normal aktiver Erwachsener täglich eine ATP-Menge, die seinem eigenen Körpergewicht entspricht; in der Summe werden die Bestandteile von Gleichung (14.2) mehr als jede andere chemische Verbindung an auf der Erdoberfläche ablaufenden chemischen Reaktionen umgesetzt.

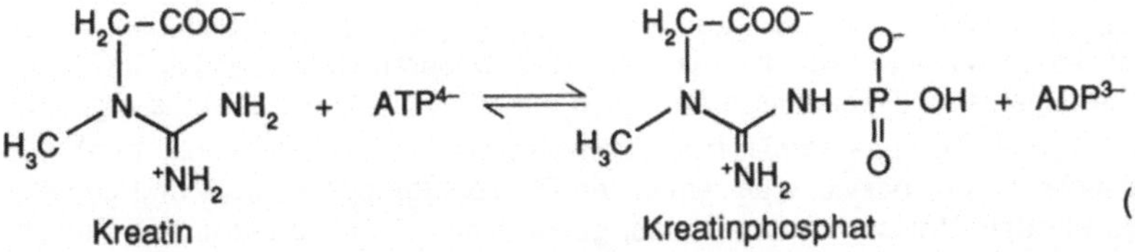

$$\text{Kreatin} + \text{ATP}^{4-} \rightleftharpoons \text{Kreatinphosphat} + \text{ADP}^{3-} \tag{14.3}$$

Alle biologischen Phosphattransfer-Reaktionen, Phosphorylierungen wie Dephosphorylierungen, erfordern die Anwesenheit von katalysierenden, zweifach positiv geladenen Metallionen. Neben Mg^{2+} (Ionenradius 72 pm bei Koordinationszahl sechs) können auch Zn^{2+} (74 pm) in den alkalischen Phosphatasen (Kap. 12.3), high-spin Fe^{2+} (78 pm) in den sauren Phosphatasen (Kap. 7.6.3) sowie die relativ großen Ionen high-spin Mn^{2+} (83 pm) und Ca^{2+} (100 pm) diese Rolle *in vivo* ausfüllen. Im Prinzip wäre weiterhin Cd^{2+} (95 pm) geeignet, welches jedoch aufgrund seines "weicheren" Charakters unerwünscht feste Bindungen mit Schwefelliganden eingehen kann (s. Kap. 17.3).

Die Funktion von dipositiven Metall-Katalysatoren bei der Phosphatübertragung, einschließlich der Hydrolyse, liegt zunächst in der möglichst effektiven Kompensation der hohen negativen Ladung, die sich aufgrund des Ionisationsgrades vor allem von kondensierten Polyphosphaten bei physiologischem pH ergibt. Die Ladungskompensation betrifft *beide* Seiten der Reaktionsgleichung, wodurch sich eine Verringerung der Aktivierungsenergie durch M^{2+}-Ionen ergeben sollte (AQVIST, WARSHEL). Dreiwertige Metallionen M^{3+} kompensieren zwar negative Ladungen noch besser, wegen zu starker Bindung kommt jedoch keine Katalyse zustande (s. Kap. 17.6). Weiterhin aktiviert die metallische Lewis-Säure M^{2+} schwache Lewis-Basen wie etwa das Wasser und erzeugt so durch "Umpolung" ein unter physiologischen Bedingungen existentes Nukleophil $(M^{2+})-OH$ (vgl. 12.3). Gerade bei Polyphosphaten ist außerdem offensichtlich, daß ein genügend polarisierendes Dikation chelatartig an Sauerstoffatome mehrerer Phosphateinheiten koordinieren und damit eine räumliche Fixierung, einschließlich einer aktivierenden Ringspannung bewirken kann (vgl. 14.5). Schließlich können Metallionen durch Koordination *beider* Reaktanden das leichte Erreichen des Übergangszustandes einer assoziativen Reaktion begünstigen (14.4, 14.7).

Einfaches Modell einer M^{2+}-katalysierten Phosphathydrolyse:

(14.4)

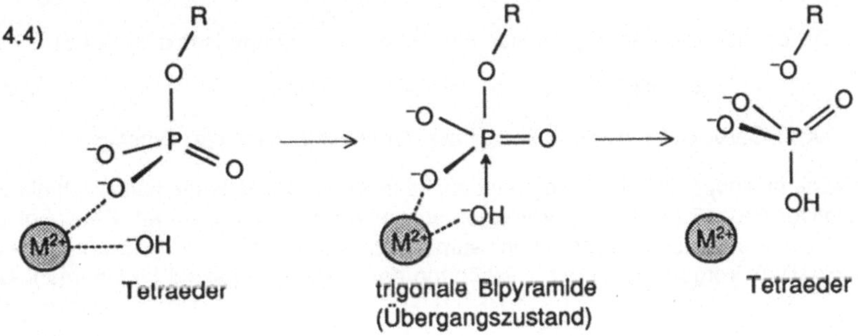

Tetraeder   trigonale Bipyramide (Übergangszustand)   Tetraeder

Aus zahlreichen, von SIGEL kürzlich zusammengefaßten Modellstudien haben sich für die so wichtige Hydrolyse von ATP und anderen Nukleosid-Triphosphaten folgende allgemeine Erkenntnisse bezüglich des Reaktionsmechanismus ergeben:

Die reaktive Spezies enthält möglicherweise zwei Metallionen (Abb. 14.1), von denen eines an der basischeren terminalen Phosphatgruppe angreift und gegebenenfalls ein dem Wasser entnommenes, gebundenes Hydroxid-Ion für die Anlagerung an das γ-Phosphorzentrum bereitstellt (14.4). Ein (Monoaquo-)Metallion kann auch chelatartig an jeweils ein Sauerstoffzentrum der α- und β-Phosphatgruppe sowie, bei freier Beweglichkeit des Nukleotids, an das γ-Phosphat und an das N(7)-Imin-Stickstoffzentrum des Purin-Heterozyklus koordinieren (vgl. 14.5).

Vorgeschlagene Hydrolyse-produktive $(ATP^{4-})(M^{2+})$-Strukturen (SIGEL):

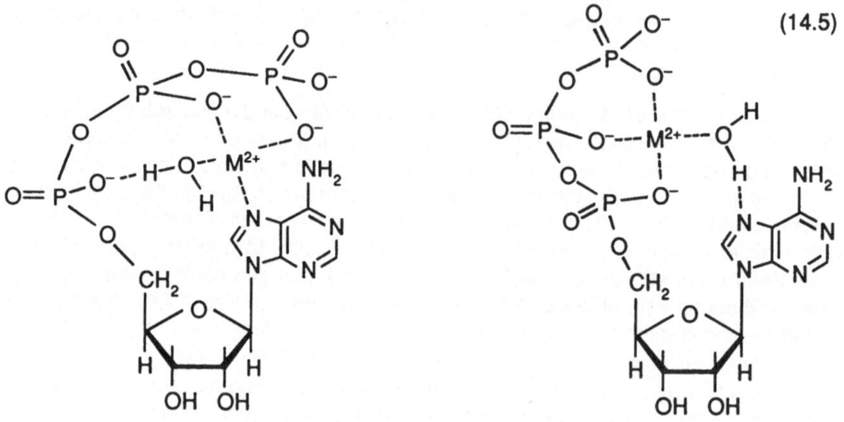

$$(14.5)$$

Im Enzym, bei eingeschänkter Beweglichkeit, kann diese Koordinationsvielfalt reduziert sein (Abb. 14.1); eine zusätzliche Reaktivitätssteigerung ist denkbar, wenn die Möglichkeit einer Dimerisierung dieses Komplexes durch Stapelung zweier heterozyklischer Basen besteht (SIGEL).

Da es sich bei der allgemeinen Phosphatübertragungs-Reaktion (14.6)

$$X-PO_3^{2-} + Y \;\rightarrow\; Y-PO_3^{2-} + X \tag{14.6}$$

X,Y: Carboxylfunktionen, Phosphate, Guanidine, Alkohole, Wasser

um eine nukleophile Substitution handelt, kann diese reaktionsmechanistisch als dissoziativer Prozeß (S_N1) unter Verringerung der Koordinationszahl am Phosphor auf drei oder – begünstigt durch gemeinsame Metallkoordination der Reaktanden – als assoziativer Vorgang (S_N2) unter Erhöhung der Koordinationszahl im Übergangszu-

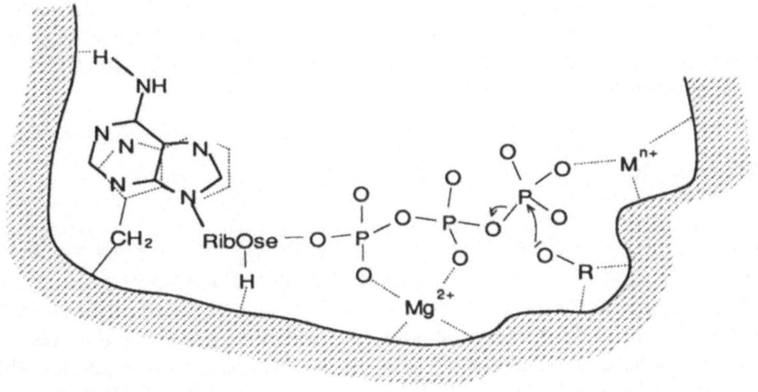

Abbildung 14.1: Hypothetische Anordnung eines reaktiven $Mg(ATP)^{2-}$-Komplexes im Enzym. Teilweise Enzym-gebundene Metallionen fixieren die Triphosphatkette für nukleophilen Angriff, hier eines Alkoholats oder Esters am terminalen Phosphat. Koordination des Adenin-Heterozyklus erfolgt möglicherweise durch π-Wechselwirkung mit Tryptophan. Ablösung des $Mg(ADP)^-$ ist als Folge stärkerer Mg^{2+}-β-Phosphat-Bindung und damit schwächerer Mg^{2+}-Enzym-Bindung vorstellbar (nach SIGEL)

stand auf fünf ablaufen (14.7); im letzteren und biochemisch relevanten Fall ist mit einer stereochemischen Kontrollierbarkeit der Reaktion zu rechnen. Ein guter anorganisch-chemischer Hinweis auf die Koordinationszahl 5 im Übergangszustand ist die Inhibition von ATPasen durch Spuren von Vanadat(V); das größere Vanadium aus der fünften *Neben*gruppe des Periodensystems ist in dieser Koordinationszahl stabiler als das kleinere Phosphoratom in Phosphaten und kann so den Übergangszustand bis hin zur Hemmung des katalytischen Ablaufs der Reaktion stabilisieren (TRACEY et al.). Auch die bei pH 7 im Gleichgewicht vorliegenden oligomeren, aggregierten Vanadate (vgl. Abb. 11.3) sind als Inhibitoren von Phosphat-übertragenden Enzymen bekannt (CRANS, RITHNER, THEISEN).

Mechanistische Alternativen für die Substitution am Tetraeder: (14.7)

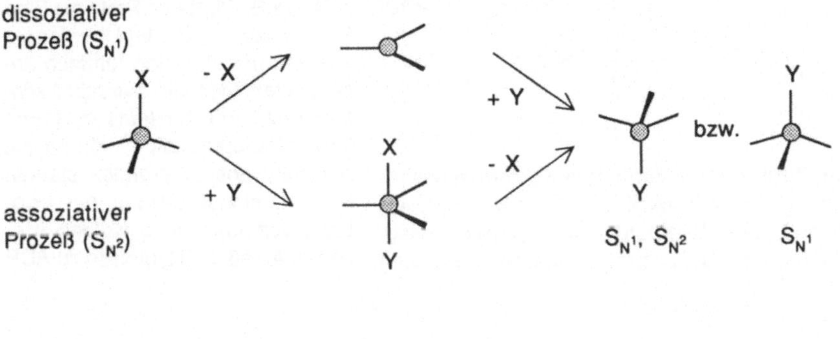

Speziell katalysieren die "Kinasen" im Rahmen metabolischer Zyklen eine Übertragung (14.8) von Phosphorylgruppen des ATP^{4-} auf andere Substrate, etwa auf Kohlenhydrate (z.B. Glucose), Carboxylate (z.B. Pyruvat, $CH_3-C(=O)-COO^-$; 14.9) oder Guanidine (z.B. Kreatin, 14.3).

$$ATP^{4-} \ + \ X-H \ \xrightarrow{\text{Kinase}} \ ADP^{3-} \ + \ X-PO_3^{2-} \ + \ H^+ \qquad (14.8)$$

Zur Untersuchung der Metallbindung wird häufig Mg^{2+} durch paramagnetisches Mn^{2+} ersetzt, um über das ESR-Signal dieses high-spin d^5-Ions selbst oder über seinen Einfluß auf andere Kerne Informationen hinsichtlich der Koordinationsverhältnisse zu erhalten. Ein häufig zitiertes Beispiel für diese Vorgehensweise ist die Untersuchung der erst durch zusätzliche M^+-, speziell K^+-Koordination erfolgenden Aktivierung der Pyruvat-Kinase (Abb. 14.2). Anhand von magnetischen Resonanzmessungen (Linienbreiteneffekte für ^{205}Tl-NMR) wurde nach Koordination des monovalenten

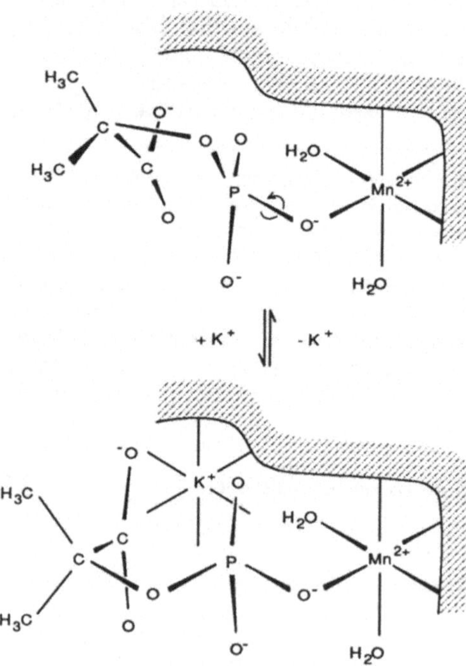

Metallions Tl^+ eine deutliche Konformationsänderung im Enzym festgestellt (Kayne, Reuben) – ein Beispiel für doppelte Metallsubstitution (K^+, Mg^{2+} → Tl^+, Mn^{2+}) aus spektroskopischen Gründen.

Modellmechanismen für die katalytische Rolle des Mg^{2+} sind auch für die schon diskutierte Na^+/ K^+-ATPase vorgestellt worden (Kap. 13.4; Repke). Wie die Sequenz in Abb. 14.3 veranschaulicht, besteht die Rolle des Mg^{2+}-Ions möglicherweise in einer chelatartigen Koordination an Triphosphat-Sauerstoffzentren des ATP (vgl. Abb. 14.1) mit resultierender Aktivierung des terminalen Phosphorzentrums für Veresterung durch einen Aminosäurerest (z.B. Glu^-) des Proteins. Eine Isomerisierung des im Übergangszustand der Reaktion fünffach koordinierten, trigonal bipyramidal konfigurierten PO_5-Systems im Sinne einer "Pseudorotation" könnte mit der Na^+-transportierenden starken Konformationsänderung des Proteins verknüpft sein, welche wiederum Anlaß der Hydrolyse zu ADP

Abbildung 14.2: Vermutete Konformationsänderung der mit Mn^{2+} substituierten Pyruvat-Kinase bei K^+-Koordination (2-Hydroxyisobuttersäure als Substrat; nach Nowak, Mildvan)

ist (vgl. Abb. 13.12). Der am Protein noch verankerte Monophosphat-Magnesium-Komplex würde dann seinerseits durch Pseudorotation zurück in die ursprüngliche Konfiguration am Phosphorzentrum die Konformations-Rückbildung und damit die Translokation von K^+ auslösen, wobei das Monophosphat durch Hydrolyse der Phosphatester-Bindung freigesetzt und der Ausgangszustand wieder erreicht wird.

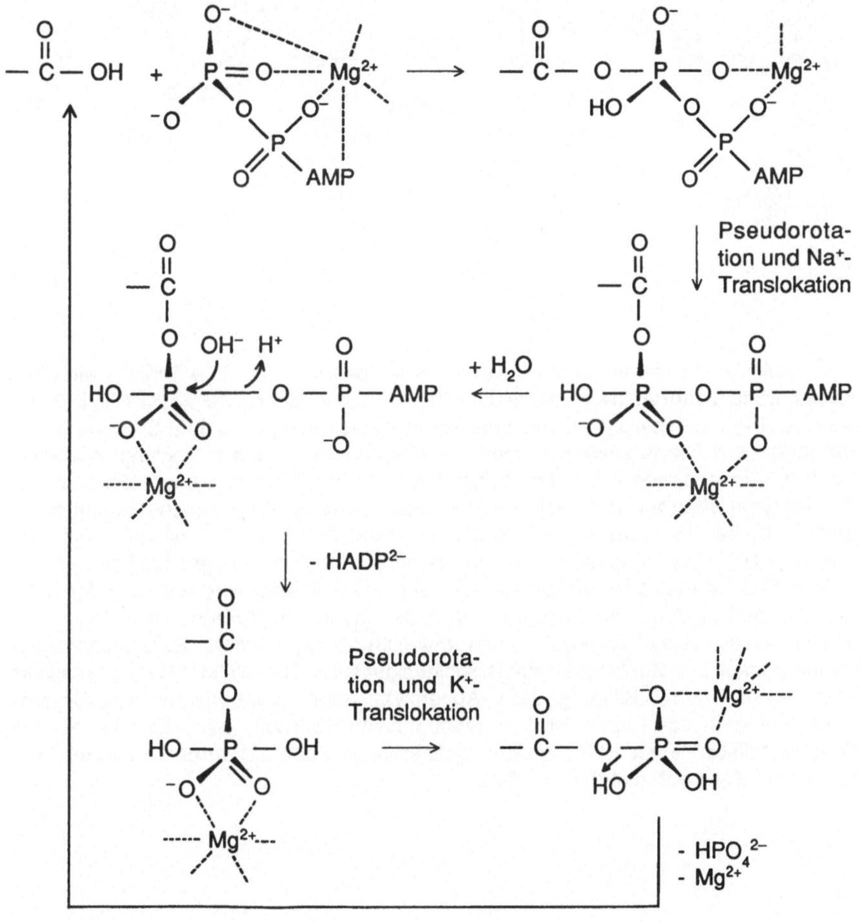

Abbildung 14.3: Mechanistische Hypothese zur Rolle von Mg^{2+} bei der Na^+/K^+-ATPase (modifiziert nach Repke). AMP: Adenosinmonophosphat

Magnesium kann auch als Bestandteil von nicht-phosphatübertragenden Enzymen, etwa von Kohlenhydrat-Isomerasen und Enolasen auftreten. Letztere katalysieren in einer Eliminierungsreaktion (Dehydratation) die Synthese des reaktiven Phosphoenolpyruvats, welches seinerseits Pyruvatkinase-katalysiert am Ende des Glykolyse-Zyklus mit ADP den Energiespeicher ATP und Pyruvat bildet (14.9).

$$\text{2-Phosphoglycerat} \xrightarrow[\text{Enolase}]{-H_2O} \text{Phosphoenolpyruvat} \xrightarrow[\text{Pyruvat-Kinase}]{ADP^{3-}+H^+ \;\rightarrow\; ATP^{4-}} \text{Pyruvat}$$

$$(14.9)$$

Strukturellen Daten zufolge (Lebioda, Stec) benötigt die Hefe-Enolase ein dipositives Metallzentrum (Mg^{2+} als natürlicher Cofaktor, geringere Aktivität mit Zn^{2+}), welches trigonal-bipyramidal von zwei Wassermolekülen und einem Glutamatrest in der trigonalen Ebene sowie von zwei Aspartatgruppen in axialer Stellung koordiniert ist. Diese insbesondere für Magnesium äußerst ungewöhnliche und außerhalb dieses Enzyms offenbar noch nicht beobachtete Koordinationsgeometrie kommt durch sehr starke Wasserstoffbrückenbindungen zustande, die den Winkel O(Glu$^-$)$-$M$^{2+}-$OH$_2$(1) in der trigonalen Ebene auf die notwendigen 120° aufgeweitet halten. Das zweite, offenbar labilere Wassermolekül OH$_2$(2) wird während der Katalyse vermutlich durch die Hydroxylgruppe des Substrats 2-Phosphoglycerat (14.9) ersetzt. Zweck dieser ungewöhnlichen und sicher energiereichen Koordinationsgeometrie (entatischer Zustand) ist die Beschleunigung der Substitution. Mit Ca^{2+} resultiert zwar eine festere Bindung zum Apoenzym unter oktaedrischer Koordination (Größeneffekt), das Enzym ist dann jedoch inaktiv (Lebioda, Stec). Eine ungewöhnliche Metallkoordination für ein dehydratisierendes Zentrum wurde bereits im Falle der Aconitase beobachtet (Kap. 7.4).

14.2 Calcium als Bestandteil biologischer Regelkreise

"Calcium probably fulfills a greater variety of biological functions than any other cation" (SIEGEL, 1973)

"Without any doubt calcium is the chemical element that was the most researched ... in biology during the last decennium" (ANGHILERI, 1987)

Neben dem Eisen, und dieses wahrscheinlich noch übertreffend, ist Calcium (in ionischer Form als Ca^{2+}) das wohl bedeutendste und auch vielseitigste "bioanorganische" Element. Seine weite Verbreitung, in gebundener Form in der Erdkruste sowie in gelöster Form im Meerwasser (Abb. 2.2), waren der vielfältigen Verwendung durch die belebte Natur zweifellos förderlich (Bioverfügbarkeit). Aus der Existenz verschiedener anorganischer Calcium-Verbindungen mit oft stark pH-abhängiger Schwerlöslichkeit (vgl. Tab. 15.1 und 15.2) ergibt sich die Bedeutung solcher Materialien im Bereich biologischer Festkörper, z.B. für Außen- und Innenskelette; dieser Aspekt wird in Kapitel 15 separat vorgestellt.

Neben den großen im Skelett gespeicherten Mengen an Ca^{2+} (etwa 1.2 kg beim erwachsenen Menschen, Umsatz bis zu 0.7 g/Tag) nehmen sich die ca. 10 g *nicht* im Festkörper vorliegenden Calciums eher bescheiden aus. Calcium-Ionen spielen jedoch eine zentrale Rolle bei vielen grundlegenden physiologischen Vorgängen, von der Zellteilung über hormonale Sekretion (z.B. Insulinbereitstellung), Blutgerinnung, Antikörperreaktion, Photosynthese (Tab. 4.1), Sinneswahrnehmung (Kap. 13.4) und Energieerzeugung (ATP-Dephosphorylierung, Glykogen-Abbau) bis hin zur Muskelbewegung (ANGHILERI; GERDAY, BOLIS, GILLES; PIETROBON, DI VIRGILIO, POZZAN). Wie im Falle der Alkalimetallkationen erfahren auch beim Ca^{2+} die spezifischen Liganden weit größere Aufmerksamkeit als das relativ inerte Metallzentrum selbst, so daß an dieser Stelle nur ein recht knapper Überblick zur biochemischen Bedeutung des Calciums aus *anorganisch*-chemischer Sicht gegeben werden kann.

Verallgemeinernd läßt sich Ca^{2+} als Informations-Zwischenträger ("second/third messenger"), als Auslösefaktor ("Trigger"), Regulator und Signalverstärker verstehen (CARAFOLI, PENNISTON; RASMUSSEN). In vielfältigen komplexen Rückkopplungsmechanismen werden umgekehrt die Calcium-Aufnahme, -Speicherung und -Freisetzung durch hormonell beeinflußte Regelkreise gesteuert (KLUMPP, SCHULTZ; CARAFOLI).

Störungen dieses komplexen Regulationsmechanismus besitzen medizinisch-pharmakologisch sehr große Bedeutung. Nur erwähnt werden können hier

–   die Aktivierung der Ca^{2+}-Resorption über spezifische Calcium-bindende Proteine im Darmgewebe (SZEBENYI, MOFFAT) durch 1,25-Dihydroxycalciferol, dem physiologisch wirksamen, durch P-450 katalysierte Oxidation (Kap. 6.2) gebildeten Metaboliten des Vitamin D,

– die unerwünschte Abscheidung von Calcium-
  Salzen, z.B. von Oxalaten, Phosphaten oder
  Steroiden in Gefäßen oder den Ausscheidungs-
  organen (Steinbildung) aufgrund fehlerhafter
  Kontrollmechanismen, oder

– die übermäßige Erregung von (Herz-)Muskel-
  gewebe durch zu leicht intrazellulär einströ-
  mende Ca^{2+}-Ionen, wogegen in großem
  Umfang Ca^{2+}-kanalblockierende "Calcium-Antagonisten" vom 1,4-Dihydropyridin-Typ ein-
  gesetzt werden (14.10; BOSSERT, MEYER, WEHINGER; FOSSHEIM et al.).

(14.10)

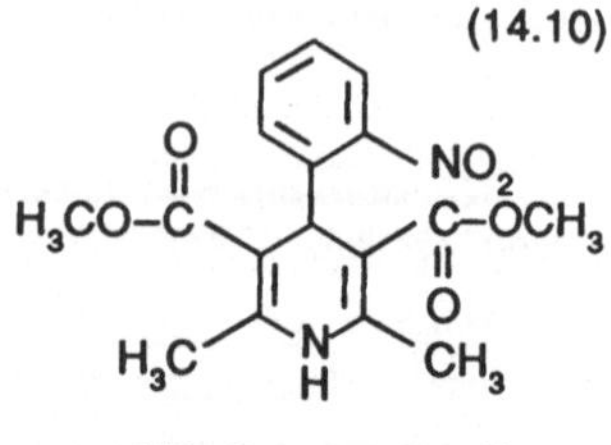

Nifedipin ("Adalat®")

Darüber hinaus wird für viele neuronale Erkrankungen ein gestörter Calcium-
Haushalt als Ursache vermutet, der entweder endogen bedingt oder durch toxische
Substanzen verursacht sein kann.

Die Kontrolle der Ca^{2+}-Konzentration ist unter anderem deshalb so wesentlich,
weil dieses Ion an biologischen Membranen einen außerordentlich hohen Konzentra-
tionsunterschied von mehr als drei Größenordnungen aufweisen kann (Tab. 13.1);
innerhalb der Zelle ist die Konzentration mit ca. 10^{-7} M sehr gering, während außerhalb
etwa 10^{-3} M vorliegen. Ca^{2+}-Konzentrationsgradienten existieren nicht nur zwischen
Zellinnerem und -äußerem, sondern auch zwischen Teilbereichen innerhalb komplexerer Zellen, z.B. in Mitochondrien; des weiteren sind die pH-abhängigen Anionen-
konzentrationen von Phosphaten und Carbonaten zu berücksichtigen, da sonst (unerwünscht) das Löslichkeitsprodukt überschritten wird (vgl. Tab. 15.1). Erst die aufgrund
der kontinuierlichen Leistung der Ca^{2+}-Pumpen (Abb. 13.4) sehr geringe intrazelluläre
Ca^{2+}-Konzentration erlaubt die vielfältige Steuerung und insbesondere die *Verstärkung*
von Enzymaktivität oder die Energiespeicherung durch Phosphat-Übertragung.

Der quantitative Nachweis von Calcium-Ionen, insbesondere bei rasch ablaufenden Ca^{2+}-Transportvorgängen, ist dadurch enorm erleichtert worden, daß Ca^{2+}-spe-
zifische Komplexbildner mit rasch, d.h. im ms-Bereich abklingender, stark koordina-
tionsabhängiger Fluoreszenz gefunden worden sind. Diese Komplexbildner erlauben
es, mikroskopische Untersuchungen mit hoher zeitlicher und räumlicher Auflösung
im Konzentrationsbereich von 10^{-1}-10^{-5} M Ca^{2+} vorzunehmen (TSIEN; ADAMS et al.).
Hierzu gehören einerseits "Leucht-
proteine" wie etwa Aequorin aus bio-
lumineszierenden Organismen (CAMP-
BELL), aber auch synthetische Reagenzien wie etwa "Quin 2AM" (14.11).

(14.11)

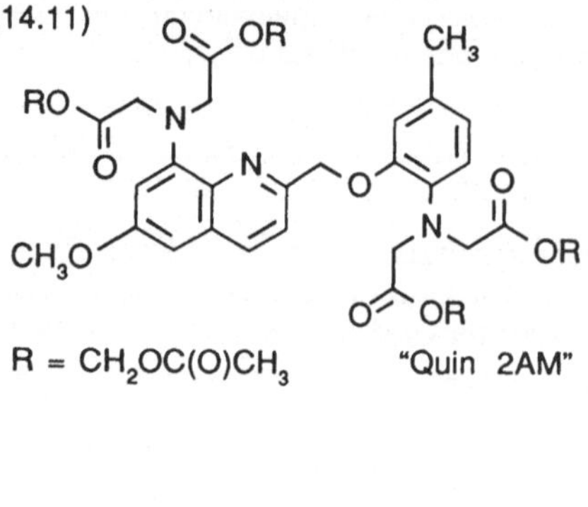

$R = CH_2OC(O)CH_3$ "Quin 2AM"

(14.11, Fortsetzung)

Calcimycin   "BAPTA"

Es existieren natürlich auch nicht-lumineszierende, Ca^{2+}-spezifische Ionophore wie etwa Calcimycin und ähnliche Substanzen aus Streptomyces-Stämmen (ALBRECHT-GARY et al.) oder das synthetische 1,2-Bis(o-aminophenoxy)ethan-N,N,N',N'-tetra-acetat ("BAPTA", 14.11). Andere Möglichkeiten der quantitativen Calcium-Bestimmung wie etwa die Fällung mit Oxalat oder der Nachweis durch ionensensitive Mikroelektroden sind dagegen in den Hintergrund getreten; die ^{43}Ca-NMR-Spektroskopie muß wegen der geringen natürlichen Häufigkeit von 0.13% auf Isotopen-angereichertes Material zurückgreifen (OGOMA et al.).

Zur Aufrechterhaltung des starken Konzentrationsungleichgewichts dienen verschiedene Ca^{2+}-Pumpen, die zum Beispiel den Hauptanteil des sarkoplasmatischen Retikulums von Muskelzellen ausmachen. Näher bekannt sind hier die Ca^{2+}-abhängige ATPase, ein monomeres, durch Dekavanadat hemmbares Protein von über 100 kDa Molekülmasse (vgl. Abb. 13.4), sowie das ebenfalls schon in Kap. 13.4 erwähnte Natrium/Calcium-Antiport-System.

Weshalb ist – abgesehen von seiner Bioverfügbarkeit und offenbar möglichen Kontrollierbarkeit – gerade das Ca^{2+} für die Informations-Übertragung, -Umwandlung und -Verstärkung geeignet? Es ist ein zweiwertiges Ion ohne Redoxfunktion, welches aufgrund des Ionenradius von immerhin 100 - 120 pm in seinen Komplexen eine hohe, variable und häufig recht irreguläre Koordinationsgeometrie aufweist (CARAFOLI, PENNISTON; SZEBENYI, MOFFAT; SWAIN, AMMA). Dem Ca^{2+} ähnliche, jedoch biologisch schädliche weil mit Thiolaten (Cys^-) komplexierende Fremdionen sind Cd^{2+} (95 pm) und Pb^{2+} (119 pm, Kap. 17.2 und 17.3); weniger toxisch als Calcium-"Ersatz" sind Mn^{2+} (83 pm) und das schwerere Homologe Sr^{2+} (118 pm), dessen mögliche biologische Bedeutung durch das Ca^{2+} verdeckt sein kann (vgl. Tab. 2.1). Typisch für die Bindung von Ca^{2+} in Proteinen ist eine Koordinationszahl von 7, nicht jedoch die wenig spezifische, weil gegenüber äußeren Einflüssen sehr stabile oktaedrische Konfiguration (Koordinationszahl 6). Beobachtet werden bei Koordinationszahl 7 die pentagonale Bipyramide (VYAS, VYAS, QUIOCHO; SWAIN, AMMA) wie etwa im α-Lactalbumin der Milch (STUART et al.), die trigonal prismatische Anordnung mit Überdachung einer Rechtecksfläche (SWAIN, AMMA; 14.12) oder ein verzerrtes Oktaeder mit zusätzlicher Koordinationsstelle durch (η^2-)Carboxylat-Chelatkoordination (SZEBENYI, MOFFAT; SATYSHUR et al.).

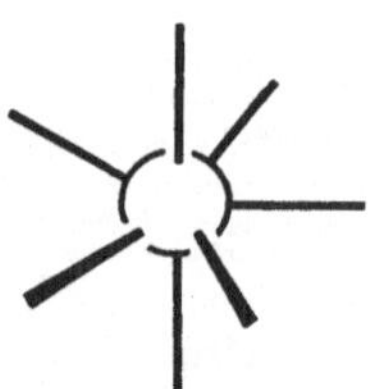

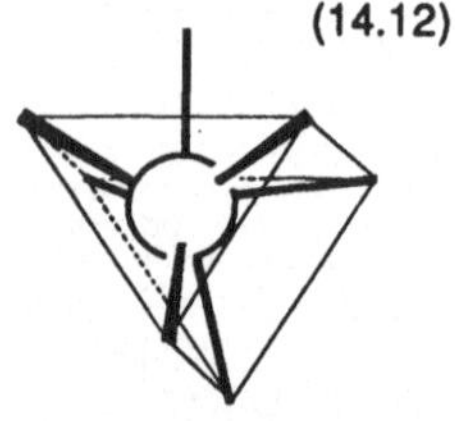

(14.12)

pentagonale Bipyramide

trigonales Prisma mit überdachter Rechtecksfläche

Da Ca^{2+} gerne mit den kleinen Wassermolekülen, mit Carbonylsauerstoffatomen von Peptidbindungen (CHAKRABARTI) sowie mit den potentiell chelatbildenden (2.3) Carboxylatresten koordiniert, wie sie in sauren Proteinen vorliegen, werden hohe Koordinationszahlen relativ leicht erreicht; ein gut untersuchtes Beispiel ist das in der glatten Muskulatur vorkommende, Ca^{2+}- und auch Mg^{2+}-bindende Parvalbumin (Abb. 14.4). Im Gegensatz zur unspezifischen, angenähert oktaedrischen Konfiguration des Magnesiumzentrums ist im Calcium-Analogen eine wenig reguläre, d.h. spezifische und damit *vom Protein bestimmbare Koordinationsgeometrie* verwirklicht; gleichzeitig gewährleistet der größere Ionenradius eine höhere Geschwindigkeit der (De-)Komplexierung und damit raschen Informationstransfer.

Abbildung 14.4: Koordination am Metall in Mg^{2+}- (links) und Ca^{2+}-haltigem Parvalbumin (rechts; nach CARAFOLI, PENNISTON)

Mehrere Typen Ca^{2+}-enthaltender Proteine sind inzwischen von der Funktion her relativ gut verstanden:

Calcium-ausschüttende Zentren sind in Membrannähe mit sehr sauren Ca^{2+}-Speicherproteinen, den Calsequestrinen (ca. 40 kDa) ausgestattet, welche bis zu 50 Calcium-Ionen binden können (OHNISHI, REITHMEIER). Hieraus werden die der Informations-Transmission und -Verstärkung dienenden großen Mengen an Ca^{2+} freigesetzt, welche z.B. die Muskelkontraktion auslösen ("Trigger"-Funktion des Ca^{2+}). Die Aktivierung des gespeicherten Calciums erfolgt durch noch nicht in allen Einzelheiten verstandene Mechanismen, vermutlich über als anionische "second messenger" fungierende Nukleotide (WILKIE; MAELICKE), deren Bildung allerdings wiederum durch Ca^{2+} beeinflußbar ist ($\rightarrow$ Rückkopplung). Sowohl großflächige Membrandepolarisation durch einen elektrischen Nervenreiz als auch lokale Hormon/Rezeptor-Wechselwirkung können zur Ca^{2+}-Ausschüttung führen.

Neben einer Proteinstruktur-stabilisierenden Funktion wie in Thermolysin (s. Abb. 2.7) können Ca^{2+}-Ionen jedoch auch Hydrolyse-katalytische Wirkung besitzen. Eines der am besten untersuchten Beispiele ist die Phosphordiester-spaltende Staphylokokken-Nuklease (COTTON, HAZEN, LEGG), die eine eher für Mg^{2+} typische Metallkoordination des katalytischen Zentrums aufweist (2 η^1-Asp, 1 Thr, 2 H_2O, 1 Substrat-O). Rechnungen sowie strukturelle und kinetische Untersuchungen an Metall- und Aminosäurerest-substituierten Modifikationen haben eine delikate Balance zwischen ausreichender Aktivierung und nicht zu fester Bindung des Metallzentrums gezeigt (AQVIST, WARSHEL).

Von einer weiteren Gruppe kleiner, ubiquitärer, sehr stabiler und evolutionsgeschichtlich offenbar schon sehr alter Ca^{2+}-spezifischer Proteine des "Calmodulin"-Typs sind Aminosäuresequenzen und Strukturen bestimmt worden (KLUMPP, SCHULTZ; BABU et al.). Es handelt sich um recht kleine Proteine (Molekülmasse ca. 17 kDa) mit meist mehreren Calcium-bindenden sauren Bereichen (Carboxylat-Reste: Glutamat, Aspartat). Die Funktion dieser zur Aktivierung vieler "Calcium-abhängiger" Enzyme (CHEUNG; COHEN, KLEE) dienenden Ca^{2+}-Rezeptor-Proteine ist es, durch Bindung mehrerer (2-4) Ca^{2+}-Ionen die Konformation so zu ändern, daß die Aktivierung eines Enzyms durch spezifische Protein-Protein-Wechselwirkung erfolgen kann (Abb. 14.5).

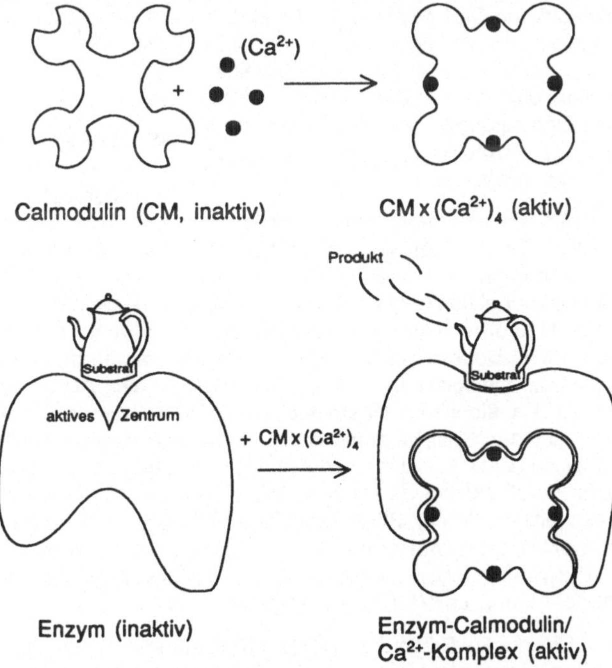

Abbildung 14.5: Modellvorstellung zur Aktivierung von Enzymen mittels Ca^{2+}-haltiger Proteine vom Typ des Calmodulins (nach KLUMPP, SCHULTZ)

Aktiviert werden durch Calmodulin-Ca^{2+}-Komplexe unter anderem
- Adenylat- und Guanylat-Cyclasen zur Bildung von cAMP und cGMP,
- die NO-Synthetase (s. Kap. 6.5 und 13.4),
- die Ca^{2+}-ATPase (Rückkopplung !),
- die NAD-Kinase zur Synthese von NADP (3.12) sowie
- die Phosphorylase-Kinase, die zum Abbau des Energiespeichers Glykogen beiträgt.

Im weiteren Sinne zur Calmodulin-Familie mit einer typischen "EF-hand"-Proteinanordnung (Abb. 14.6; KLUMPP, SCHULTZ) gehören die in der glatten Muskulatur vorkommenden, vermutlich der Muskelrelaxation dienenden Parvalbumine (vgl. Abb. 14.4), die in der gestreiften Muskulatur vorhandenen Troponine (Abb. 14.7) sowie die im Nervensystem vorkommenden S100-Proteine (KLIGMAN, HILT). Etwa 170 Proteine sind bekannt, in denen häufig mehrere benachbarte Ca^{2+}-selektive "EF-hand"-Bindungsstellen vorliegen (vgl. Abb. 14.7). Eine neue Klasse ("Annexin-Proteine") stellen die für das Zellwachstum wichtigen Phospholipid- und Membran-bindenden Ca^{2+}-Proteine vom Typ des Calpactins dar (KLEE).

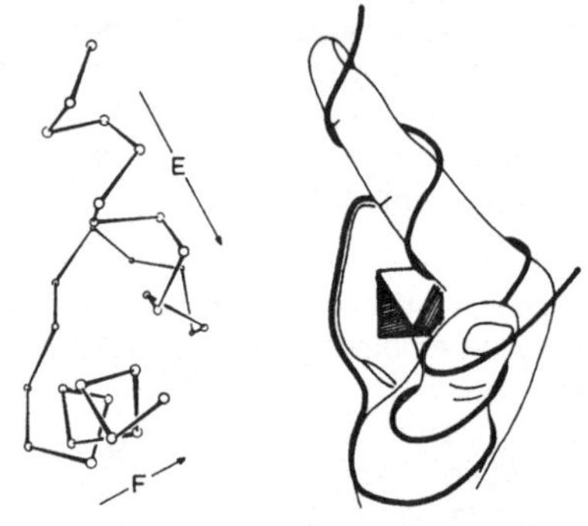

Abbildung 14.6: "EF-hand"-Struktur. Ca^{2+} wird in angenähert oktaedrischer Konfiguration am Aufeinandertreffen von E-α-Helix und F-α-Helix des Proteins gebunden (nach DEGENS)

Als ein konkretes, wohluntersuchtes Beispiel für die "Messenger"-Funktion der Calcium-Ionen soll hier vereinfacht die Muskelkontraktion dargestellt werden (WILKIE; MAELICKE). Ca^{2+}-veranlaßte Ausschüttung eines Neurotransmitters aus der Nervenzelle führt zur Öffnung von K^+-Kanälen, wodurch eine Depolarisation der normalerweise wegen des Ionenungleichgewichts polarisierten biologischen Membran eintritt. Über eine Aktivierung spannungsgesteuerter Na^+-Kanäle wird in einem noch wenig verstandenen Schritt die Ausschüttung von Ca^{2+} aus den Speicherproteinen im sarkoplasmatischen Retikulum bewirkt. Calciumspezifische Kanäle können spannungsgesteuert sein (Öffnungszeiten ca. 1 ms), aber auch durch Nukleotide wie etwa cGMP oder Inositol-1,4,5-triphosphat (IP_3) kontrolliert werden (OCHIAI). Blockierung bzw. Inhibition wird nicht nur durch niedermolekulare organische "Antagonisten" (14.10), sondern auch durch andere Metallkationen wie etwa Co^{2+} oder die mit dem Ca^{2+} von der Größe her verwandten (EVANS) Lanthanoid-Ionen La^{3+}–Lu^{3+} hervorgerufen.

Die starke Erhöhung der Ca^{2+}-Konzentration nach ihrer Freisetzung aus dem sarkoplasmatischen Retikulum führt zu einer Aufnahme dieser Ionen durch Troponin C (SATYSHUR et al.), einem dem Calmodulin ähnlichen Protein mit ca. 18 kDa Molekülmasse und "EF-hand"-Bindungsstellen (Abb. 14.7), welches verschiedene Konfor-

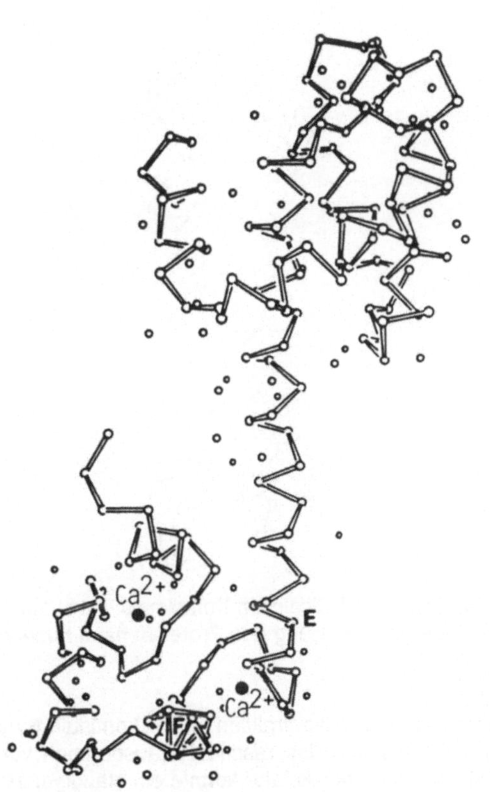

Abbildung 14.7: Struktur des kristallisierten 2 Ca^{2+}-enthaltenden Troponin C aus der Skelettmuskulatur des Huhns. α-C-Gerüstdarstellung mit Identifizierung der Helices E und F; Wassermoleküle sind durch offenen Kreise, die beiden siebenfach koordinierten Ca^{2+}-Ionen in der unteren Hälfte des Proteins durch gefüllte Kreise dargestellt (aus SATYSHUR et al.).

mationen mit unterschiedlichen Ca^{2+}-Affinitäten einnehmen kann (Abb. 14.8). Das durch Ca^{2+} aktivierte Troponin C bewirkt über die Deblockierung des entatischen Ausgangszustandes eine mit räumlicher Versetzung einhergehende Verknüpfung von dünner, ebenfalls M^{2+}-bindender Actin-Faser und dicker Myosin-Faser. Die durch Ca^{2+}-Bindung ausgelöste gleichzeitige gegenseitige Verschiebung der Fasern ruft makroskopisch eine Kontraktion des Muskel-Faserbündels hervor, zuvor gebundenes ADP und Phosphat werden freigesetzt. Vereinfacht wird hierbei durch einen elektrischen Reiz (Membrandepolarisation) chemische Energie, primär in Form von ATP, in mechanische Energie umgewandelt, wobei Ca^{2+} der raschen Verstärkung und der Umsetzung in ein spezifisches chemisches Signal dient. Erst nach Mg^{2+}-erfordernder Bindung und Hydrolyse von ATP wird Ca^{2+} wieder freigesetzt und in den Speicher zurückgepumpt, was zur Trennung von Myosin- und Actin-Faser führt: der entatische blockierte Ausgangszustand ist wieder hergestellt.

Abbildung 14.8: Strukturänderung des Troponin C-Dicalcium-Komplexes (links) durch zusätzliche Ca^{2+}-Bindung (rechts, α-C-Gerüstdarstellung des Proteins; nach Fujimori et al.).

Notwendig für eine länger andauernde Muskelkontraktion ist die kontinuierliche Erzeugung von ATP für die Myosin-ATPase und das rasche Herauspumpen von Ca^{2+} durch die Membranpumpen. Für die glatte Muskulatur konnte ein ständiger zyklischer Ca^{2+}-Fluß als Voraussetzung für anhaltende Kontraktion gezeigt werden (Rasmussen).

Eine große Rolle im Zusammenhang mit der Muskelkontraktion, aber auch mit anderen Ca^{2+}-gesteuerten Prozessen spielt die Aktivierung von phosphatübertragenden Kinasen (14.8) durch Ca^{2+}. Calcium-Ionen und ihre Calmodulin-Komplexe spielen als Auslöser ("Trigger") von sogenannten Reaktions-Kaskaden eine wesentliche Rolle für die Erzeugung von ATP durch Glykogen-Abbau oder für die Blutgerinnung und andere sekretorische Vorgänge. In einigen Fällen (Sehvorgang, Kap. 13.4), in welchen Calcium-Ionen als letztendliche Aktivatoren angesehen wurden, haben neuere Untersuchungen die Aktivierung weiterer, spezifischerer Nukleotide durch Dephosphorylierung ergeben (→ anionische second/third/fourth...messengers). In nahezu allen Fällen sind komplexe, vom Verhältnis der Reaktionsgeschwindigkeiten abhängige Rückkopplungsmechanismen zwischen Calcium-Ionen und Nukleotiden gefunden worden (Maelicke).

15 Biomineralisation: Kontrollierter Aufbau biologischer Hochleistungsmaterialien

15.1 Überblick

Noch stärker als metallhaltige Proteine und ionische Elektrolyte widerlegen die chemisch und vor allem morphologisch sehr unterschiedlichen biomineralischen Konstruktionen den Eindruck von einem organisch-chemisch dominierten Leben. Selbst unsere Kenntnis über frühere Formen des Lebens beruht zum großen Teil auf biomineralischen Überbleibseln (Fossilien), die in der Gesamtmenge ein enormes, ja "geologisches" Ausmaß besitzen können: ganze Gebirgszüge, Korallenriffe und Inseln bestehen aus überwiegend biogenem Kalkstein, z.B. in Form von Kreide. Diese gewaltige bioanorganische Produktion hat die Bedingungen für das Leben selbst einschneidend verändert: CO_2 wurde in Form von Carbonaten gebunden und dadurch der Treibhauseffekt der Erdfrühzeit zurückgedrängt. Zu den biomineralischen Substanzen gehören neben den bekannteren Calcium-enthaltenden tierischen Schalen, Zähnen und Skeletten sehr unterschiedliche Materialien wie etwa die von Muscheln produzierten Perlen aus Aragonit, die aus Kieselsäure bestehenden Hüllen und Stacheln von Diatomeen, Radiolarien und bestimmten Pflanzen, die Ca-, Ba- und Fe-haltigen Kristallite in Schwerkraft- und Magnetfeldsensoren sowie auch einige der eher pathologischen "Steine" in Niere oder Harnblase. Das in Kapitel 8.4.2 vorgestellte Eisenspeicherprotein Ferritin ist aufgrund von Struktur und anorganischem Gehalt ebenfalls schon als Biomineral aufzufassen.

Das relativ neue, hochgradig interdisziplinäre Forschungsgebiet der Biomineralisation (MANN, WEBB, WILLIAMS; MANN 1983, 1986; WILLIAMS; LOWENSTAM; LOWENSTAM, WEINER; KRAMPITZ, WITT) reicht von der Geologie über die Biologie bis hin zu modernen Materialwissenschaften (BIANCONI, LIN, STRZELECKI; MELDRUM et al.) und beschäftigt sich im chemischen Bereich mit den molekularen Kontroll- und Organisations-Mechanismen, die biologische Systeme bei der Bildung definierter anorganischer Festkörper einsetzen. Das Produzieren von morphologisch komplexen Mineralien nach einem genetisch bestimmten Bauplan ergibt sich bei den Organismen vor allem aus einer Notwendigkeit für feste Stütz- und Schutz-Strukturen. Dabei gibt es zunächst keine natürliche Präferenz für anorganische oder organische Stützmaterialien in Endo- oder Exo-Skeletten; zum großen Teil organisch-chemisch aufgebaut sind etwa die relativ schnell gebildeten Polysaccharid-Chitingerüste der Wirbellosen sowie die Skelette der Knorpelfische. Tatsächlich liegt jedoch in den meisten biomineralischen Konstruktionen ein organisch-anorganisches Kompositsystem vor; die Knochen der Wirbeltiere bestehen zur Hauptsache aus dem Calcium-"Mineral" Hydroxylapatit und einer organischen Matrix. Der Vorteil des anorganischen Bestandteils liegt in seiner Härte und Druckfestigkeit, die auch größere Landlebewesen möglich macht; durch die organische Matrix aus Kollagenfasern, Glykoproteinen und Mucopolysacchariden sind Elastizität, Zug- und Biegefestigkeit gewährleistet. Die moderne Werk-

ne Werkstofftechnik ist wegen solcher Vorteile ebenfalls auf die Entwicklung von
Kompositmaterialien übergegangen (Verbundwerkstoffe, insbesondere faserverstärk-
te Werkstoffe), und auch mikrostrukturelle Untersuchungsverfahren wie etwa die
hochauflösende Elektronenmikroskopie sind in beiden materialwissenschaftlichen Bereichen gleichermaßen notwendig.

Die wichtigsten Biominerale in ihren verschiedenen polymorphen Formen sowie
ihr Vorkommen und ihre typischen Funktionen sind in Tab. 15.1 zusammengestellt.
Ein Beispiel für die morphologische Komplexität biomineralischer Erscheinungsfor-
men ist in Abb. 15.1 gezeigt.

Unabdingbare Voraussetzung für ein Biomineral ist die geringe Löslichkeit unter
normalen physiologischen Bedingungen. In Tab. 15.1 sind daher zum Vergleich
einige nach (15.1) vereinfachte Löslichkeitsprodukte K_L angegeben.

Kation + Anion $\rightleftharpoons$ Festkörper + lösliches Kation/Anion-Aggregat

$$K_L = [\text{Kation}] \cdot [\text{Anion}]; \quad pK_L = -\lg K_L$$

(15.1)

[ ]: molare Konzentrationen;
(15.1) gilt nur bei Austausch Festkörper/Lösung (heterogenes Gleichgewicht)

Die bioanorganischen Festkörper können als variabel zusammengesetzte oder
reine Phasen, in amorpher oder (mikro-)kristalliner Form sowie als Komposite mit
polymeren organischen "Matrix"-Materialien wie etwa Proteinen, Lipiden oder Polysacchariden auftreten. Sie können intrazellulär, an der Zelloberfläche (epizellulär)
oder im extrazellulären Raum entstehen. Tabelle 15.1 gibt die Vielzahl der möglichen anorganischen Bestandteile nur unvollständig wieder; es fehlen die exotische-
ren Fluoride und Sulfide. In der Summe spielen vor allem folgende Biominerale eine
überragende Rolle:

– die oft mit Mg^{2+} angereicherten Calciumcarbonate Aragonit und Calcit,
– Calciumphosphat vor allem in Form des Hydroxylapatits,
– amorphe Kieselsäure, sowie
– die Eisenoxide/-hydroxide Ferrihydrit und Magnetit.

Alle anderen Biominerale kommen entweder nur als Spurenbestandteile oder in sehr
wenigen Spezies vor.

Zu den Funktionen der Biominerale gehört neben der schon mehrfach erwähnten mechanischen **Stützfunktion** wegen des Mengenbedarfs automatisch auch eine
Speicherfunktion, eventuell sogar eine **Entgiftungsfunktion** (Ablagerung). Dies
impliziert das Vorhandensein aktiver Regel- und Transportsysteme (vgl. Kap. 8 und
14.2), welche die (De-)Mineralisation und Regeneration steuern.

Tabelle 15.1: Die wichtigsten Biominerale

chemische Zusammensetzung	mineralische Erscheinungsform	Löslichkeitsexponent pK_L^{*a} bei pH 7	Vorkommen und Funktion (Beispiele)
Calciumcarbonat			
$CaCO_3^b$	Calcit	8.42	Exoskelette (z.B. Ei-
	Aragonit	8.22	schalen, Korallenstöcke,
	Vaterit	7.6	Schneckenhäuser), Sta-
	amorph	7.4	cheln, Schwerkraftsensor
Calciumphosphate (vgl. Tab. 15.2)			
$Ca_{10}(OH)_2(PO_4)_6$	Hydroxylapatit	$\approx 13^a$	Endoskelette (Wirbeltier- Knochen und -Zähne)
$Ca_{10}F_2(PO_4)_6$	Fluorapatit	$\approx 14^a$	
Calciumoxalate			
$CaC_2O_4(\cdot\, n\, H_2O)$ $n = 1,2$	Whewellit, Weddelit	8.6	Calciumspeicher und Fraßschutz bei Pflanzen, Harnsteine
Metallsulfate			
$CaSO_4 \cdot 2\, H_2O$	Gips	4.2	Schwerkraftsensor
$SrSO_4$	Cölestin	6.5	Stützgerüste (*Acantharia*)
$BaSO_4$	Baryt	10.0	Schwerkraftsensor
Kieselsäure			
$SiO_2 \cdot n\, H_2O =$ $SiO_n(OH)_{4-2n}$	amorph	Löslichkeit < 100 mg/l	Schalen von Diatomeen und Radiolarien, Schutzmechanismen für Pflanzen
Eisenoxide			
Fe_3O_4	Magnetit		Magnetosensor, Zähne von Käferschnecken
α,γ-$Fe(O)OH$	Goethit, Lepidokrokit		Zähne von Schnecken
"$5Fe_2O_3 \cdot 9\, H_2O$"	Ferrihydrit (vgl. Abb. 8.6)		Zähne von Schnecken, Eisenspeicher (Kap. 8.4.2)

[a] Löslichkeitsprodukte K_L^* in reinem Wasser (Mann 1983) zur Vergleichbarkeit reduziert auf die Einheit M^{-2}.
[b] In Biomineralen häufig mit größeren Anteilen $MgCO_3$ vorkommend ($pK_L = 5.2$).

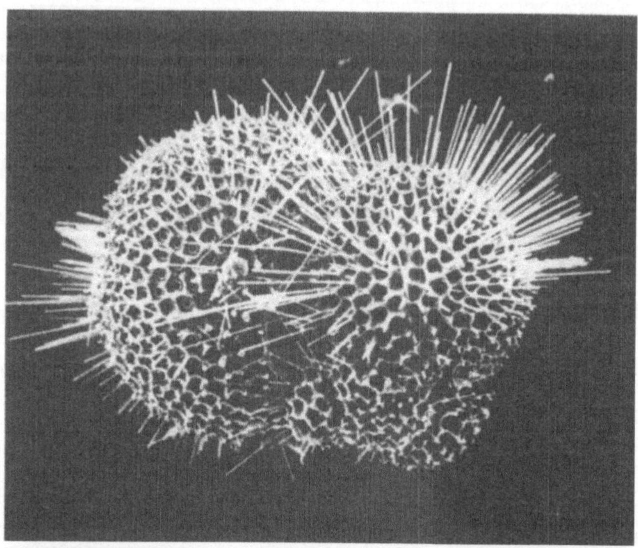

Vergrößerung:

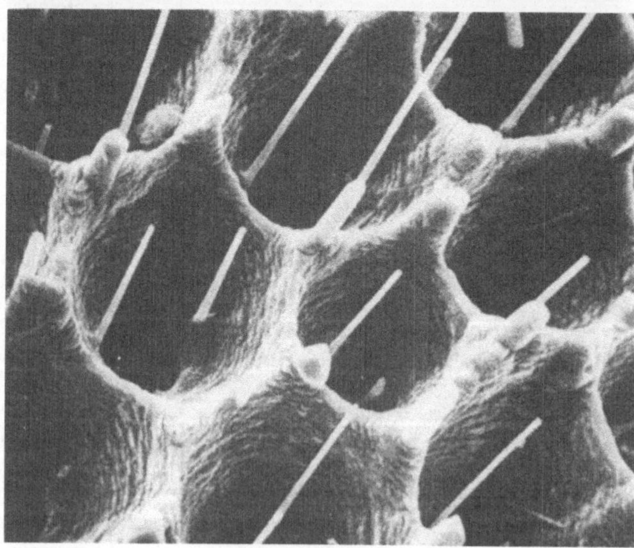

Abbildung 15.1: Foraminifere mit stachelbewehrter, porenhaltiger Hülle aus Calcit (*Globigerinoides sacculifer,* aus Philos. Trans. R. Soc. London *B 304* (1984), gegenüber S. 425. Vgl. auch Bild der Wissenschaft 4/1990, S. 116)

Das in der Erdkruste recht verbreitete Mineral Magnetit beispielsweise bildet sich geologisch und chemisch erst bei hohen Temperaturen und Drücken. Es existieren jedoch "magnetotaktische" Bakterien, die Magnetit unter physiologischen Bedingungen herstellen können (s. Kap. 15.3.4).

Ungewöhnlich ist auch, daß einige marine Einzeller Cölestin ($SrSO_4$) zur Skelettbildung verwenden (PERRY, WILCOCK, WILLIAMS). Das Meerwasser ist in bezug auf dieses Mineral untersättigt, so daß nur *aktive* Mechanismen innerhalb des Lebewesens das Vorhandensein dieser Skelette garantieren können. Beim Tod der Organismen lösen sich die Cölestinstrukturen rasch auf.

Weitere Funktionen der Biominerale bestehen im

– Aufbau von mechanisch anspruchsvollen **Werkzeugen** und **Waffen** ("aktiver Schutz"), etwa von Zähnen zur Tötung und Zerkleinerung der Nahrung, in der

– Bildung von **Sensor-Komponenten,** z.B. von spezifisch schweren Kristalliten in den Schwerkraft-empfindlichen Gleichgewichtsorganen oder von magnetischen Mikrokristalliten in magnetotaktischen Bakterien sowie im

– passiven mechanischen **Schutz** von Tieren (vgl. Gehäuse der Mollusken) und Pflanzen (z.B. silikathaltige Stacheln) vor Feinden oder klimatischen Einflüssen.

Auch am zuletzt genannten Beispiel wird klar, daß sowohl die chemische Zusammensetzung ($\rightarrow$ Härte) wie auch die Morphologie zur vollen Funktionsfähigkeit beitragen.

Die chemische Präferenz bei der Bildung von in großen Mengen benötigten Biomineralen wird in erster Linie durch die Bioverfügbarkeit der Komponenten bestimmt; vergleichbares gilt für die geologische Entstehung von Mineralen. Unterschiede bestehen allerdings darin, daß die Materialeigenschaften im biologischen Bereich sowohl von der chemischen Zusammensetzung als auch von der kontrolliert "aufgezwungenen" Morphologie bestimmt werden. Dabei kommt insbesondere den organischen Komponenten eine "Matrix"- oder "Templat"-Funktion in bezug auf vektorielles, d.h. gerichtetes, nicht isotropes und nicht Kristallphasen-immanentes Kristallwachstum und damit in bezug auf die Katalyse der Keimbildung zu. Biologischer Calcit etwa soll nicht – wie im unbeeinflußten Fall – als rhomboedrischer Kalkspat-Kristall, sondern z.B. in der funktionell sinnvolleren Form aus Abb. 15.1 wachsen. Außerdem müssen Biominerale im Gegensatz zu geologischen Mineralen in einem wesentlich kürzeren, biologisch akzeptablen Zeitraum auf- und abbaubar sein; es werden daher oft sehr kleine kristalline Bereiche oder Einkristalle mit großer Oberfläche (Stacheln) gebildet, auf die relativ rasch zugegriffen werden kann. Trotzdem beträgt beispielsweise die Halbwertszeit des Calcium-Austausches in einem erwachsenen Menschen gerade wegen des relativ langsamen Umsatzes im Skelett mehrere Jahre. Pathologische Effekte aus Abweichungen von der normalen Ab- und Aufbaugeschwindigkeit sind allgemein geläufig; hierzu zählen calciumhaltige Gefäßablagerungen und Steinbildung in Ausscheidungsorganen (CaC_2O_4, Apatite, $MgNH_4PO_4$), aber auch Zerfallserscheinungen wie Karies und Knochenresorption (Osteoporose) oder ungenügende Mineralisation (Rachitis).

Je nach Art und Komplexität der bereits erwähnten Kontrollmechanismen kann man verschiedene Grade der Biomineralisation unterscheiden (LOWENSTAM 1981). Der primitivste Typ ist die sogenannte biologisch induzierte Mineralisation; sie tritt vor allem bei Bakterien und Algen auf. Die Biomineralisate bestehen hier nach Übersättigung mit den benötigten Ionen (Ionenpumpen, vgl. Kap. 13.4) aus polykristallinen Aggregaten mit zufallsverteilter Orientierung im extrazellulären Raum. Bei den Bakterien kommt es häufig zu Reaktionen der aus biologischen Prozessen gebildeten Gase mit Metallionen im externen Medium. Wenn Übersättigung eintritt, kann im Prinzip Keimbildung und Ausscheidung der Biominerale erfolgen. Bei photosynthetisierenden Algen wird Biomineralisation beispielsweise durch eine Reduzierung des CO_2-Gehalts im Wasser bewirkt:

$$Ca^{2+} + 2\ HCO_3^- \rightleftharpoons CaCO_3\ (s) + CO_2\ (g) + H_2O \qquad\qquad (15.2)$$
$$\quad\quad\quad\quad\quad\quad\quad\quad\quad\quad\hookrightarrow \text{Photosynthese}$$

Das Gleichgewicht (15.2) wird durch CO_2-Assimilierung auf die rechte Seite verschoben, und $CaCO_3$ fällt aus. Ähnlich wie bei der Eisen(II)-Oxidation durch überschüssiges O_2 hat vermutlich auch hier die photosynthetische Aktivität zu geologisch und klimatisch bedeutenden chemischen Veränderungen geführt ($\rightarrow$ langfristige CO_2-Senke). Der reversible Prozeß (15.2) ist aus dem Alltag bekannt (Wasserhärte); bei einfachen Organismen liegt keine gezielte Steuerung der Kristallbildung vor.

Von größerem materialkundlichem Interesse sind die biologisch besser kontrollierten Vorgänge. Hierbei entstehen die bioanorganischen Festkörper meistens als definierte Komposite aus anorganischen und organischen Materialien. Die organische Phase kann aus Proteinen, Lipiden oder Polysacchariden bestehen; ihre Eigenschaften sind wesentlich für die spätere Morphologie und Strukturintegrität des Festkörpers. Je nach Grad der Beteiligung der organischen Phase kann man vier Typen von Biokompositen unterscheiden (MANN, WEBB, WILLIAMS):

- Typ I (Beispiel: Eisenoxid-enthaltende Zähne der Käferschnecke) besteht aus zufällig angeordneten Kristallen, deren Struktur durch die physikalisch-chemischen Eigenschaften der Mineralisationszone bestimmt wird. Die organische Matrix gibt lediglich mechanische Stabilität.

- Typ II (z.B. Eischalen der Vögel) zeigt matrixunterstützte Kristallbildung an fest vorgegebenen Stellen, aber wenig Kontrolle über das eigentliche Kristallwachstum.

- Typ III (pflanzliche Kieselsäure-Einlagerungen, Diatomeen-Gerüste) besitzt nur eine amorphe Mineralphase; die organische Matrix dirigiert Keimbildung *und* das vektorielle Wachstum der anorganischen Phase.

- Typ IV (Knochen, Zähne, Muschelschalen) wird durch die Organisation der Matrix sowohl in bezug auf Kristallkeimbildung als auch auf orientiertes (epitaktisches) Kristallwachstum gesteuert.

15.2 Keimbildung und Kristallwachstum

Keimbildung und Kristallwachstum sind Vorgänge, die in einem übersättigten Medium auftreten und die bei einem gezielten Mineralisationsprozeß kontrolliert werden müssen. Diese Voraussetzungen können im Organismus durch Transportmechanismen sowie durch Beeinflussung der Oberflächenreaktivität geschaffen werden. Die Transportmechanismen können transmembranen Ionenfluß (vgl. Kap. 13), Ionen-(De-) Komplexierung, enzymatisch katalysierten Gasaustausch (CO_2, O_2, H_2S), lokale Redoxpotential- (Fe) oder pH-Änderungen sowie Variationen der Ionenstärke des Mediums beinhalten; all dies kann eine Übersättigung in einem begrenzten Raum erzeugen und aufrechterhalten. Keimbildung ist dagegen mit der Kinetik von Oberflächenreaktionen verknüpft; von der Oberflächenbeschaffenheit sind außerdem Prozesse wie Cluster-Bildung, Kristallform und Phasenumwandlungen beeinflußt. Es existieren im biologischen Bereich zahlreiche Oberflächen-Strukturen, welche unerwünschte Keimbildung verhindern sollen; bekannt geworden sind in diesem Zusammenhang die Strategien von Fischen in antarktischen Küstengewässern, die sich vor Eisbildung in körpereigenem Wasser auch unterhalb von 0 °C schützen können (DE VRIES).

Das Heranwachsen eines Kristalls oder eines amorphen Festkörpers aus dem unter Aktivierung (Keimbildungsenergie) gebildeten Keim kann direkt aus der Lösung oder durch die ständige Zufuhr entsprechender Ionen oder Moleküle erfolgen (Abb. 15.2). Über eine deutliche Änderung der Viskosität des Mediums, z.B. durch Gelbildung einer biologischen Matrix, kann selbst die Diffusion von Teilchen stark verändert werden; ein derartiger Mechanismus ist vermutlich für die Ablagerungen von amorpher Kieselsäure in Pflanzen verantwortlich (PARRY, HODSON, SANGSTER).

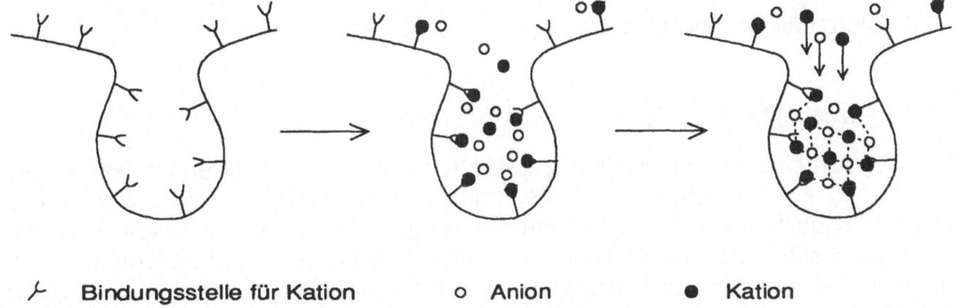

Abbildung 15.2: Modellvorstellung für Keimbildung und Wachstumsbegrenzung eines Mikrokristalliten (nach MANN, WEBB, WILLIAMS)

Das kontrollierte Wachstum von Biomineralen kann jedoch auch stufenweise mit im einzelnen geringer Aktivierungsenergie (vgl. Abb. 2.8) durch Phasenumwandlungen anderer fester Vorstufen erfolgen. Dies ist besonders dann interessant, wenn

die Minerale auch als Speicher für die beteiligten Komponenten dienen; die Vorstufen sind energiereicher und auch leichter mobilisierbar. Die Phasenumwandlungen
sind hauptsächlich chemisch gesteuert; so scheint das Redoxpotential eine wichtige
Rolle bei der Umwandlung von Ferrihydrit zu Magnetit in magnetotaktischen Bakterien oder den Zähnen von Schnecken zu spielen. Eine vergleichbare Funktion kommt
dem pH-Wert bei vielen Kondensationsprozessen zu.

Für den Aufbau konkreter Mikrostrukturen sind zwei Grenzfälle denkbar: rein
epitaktisches Kristallwachstum auf (organischen) Matrizen oder die Verbindung
vorgebildeter anorganischer Kristallite durch organisches "Kitt"-Material (KRAMPITZ,
GRASER). Die Bedeutung der Matrix liegt danach in der Kontrolle der Keimbildung, in
der Orientierung und Begrenzung des Kristallwachstums sowie in der Immobilisierung der Kristallite.

Einer der wichtigsten und faszinierendsten Aspekte von Biomineralen ist, daß
ihre Gestalt nicht mit der vorgegebenen Kristallform des anorganischen Materials
übereinstimmen muß. Weit bestimmender für die endgültige Morphologie ist die
räumliche Einschränkung (vgl. Abb. 15.2) bei der Bildung durch Biopolymere,
Membranen oder Vesikel, selbst wenn die fertigen Strukturen letztlich außerhalb
einer Zelle errichtet werden. Eine derartige Modifikation des Kristallwachstums kann
allerdings auch nicht-biologisch erfolgen, wobei recht einfache Chemikalien im Wachs-
tumsmedium die Struktur des entstehenden Minerals beeinflussen. So läßt sich die
spindelförmige Struktur der Calcit-Kristalle in Schwerkraftsensoren (s.u.) durch Kristallisation in Gegenwart von 5 mM Malonsäure reproduzieren. Monomolekulare
Schichten von Stearinsäure bewirken eine Kristallisation von $CaCO_3$ als scheibenför-
mige Vaterit-Einkristalle statt als rhomboedrischer Calcit (MANN et al.).

15.3 Beispiele für Biominerale

15.3.1 Calciumphosphate in Wirbeltier-Knochen

Der Wirbeltier-Röhrenknochen besteht in seiner wasserfreien Stützsubstanz aus
elastischen Faserproteinen (ca. 30%, hauptsächlich Kollagen) sowie aus den in
einer "Kittsubstanz", den Glykoproteinen eingelagerten anorganischen Anteilen:
Calciumphosphat, mikrokristallisiert vor allem als Hydroxylapatit (ca. 55%), daneben
geringere Anteile von Calciumcarbonat, Kieselsäure, Magnesiumcarbonat, anderen
Metallionen sowie Citrat als "Bindemittel" (zusammen ca. 15%). Kollagene sind Faser-
Proteine mit etwa 300 kDa Molekülmasse; drei Polypeptid-Ketten sind in den Fibril-
len zu einer Superhelix zusammengewunden (Dimensionen ca. 1.3 x 300 nm, MIL-
LER). Lange Zeit wurde angenommen, daß die anorganische Phase zum größeren
Teil aus amorphem Calciumphosphat besteht, welches sich in einem Alterungsprozeß
zu mikrokristallinem Hydroxylapatit umlagert. Neuere Untersuchungen mit Hilfe der
^{31}P-NMR-Spektroskopie (s. S. 273) haben gezeigt, daß die amorphe Form zu keinem

Zeitpunkt in größeren Mengen bei der Entwicklung des Knochens vorkommt, statt dessen wurden saure Phosphatgruppen entdeckt. Diese stammen aus Proteinen mit O-Phosphoserin- und O-Phosphothreonin-Gruppen, über die vermutlich der anorganisch-mineralische Bestandteil und die organische Matrix miteinander verbunden sind (Abb. 15.3). Die Phosphoproteine sind an den Kollagenfasern so angeordnet, daß Ca^{2+} in regelmäßigen, der anorganischen Kristallstruktur entsprechenden Abständen gebunden werden kann und somit die Voraussetzung für Kristallinität der anorganischen Phase gegeben ist (GLIMCHER). Die Grundbausteine des anorganischen Bestandteils bilden kleine Kristallite (ca. 5×50 nm) des Hydroxylapatits.

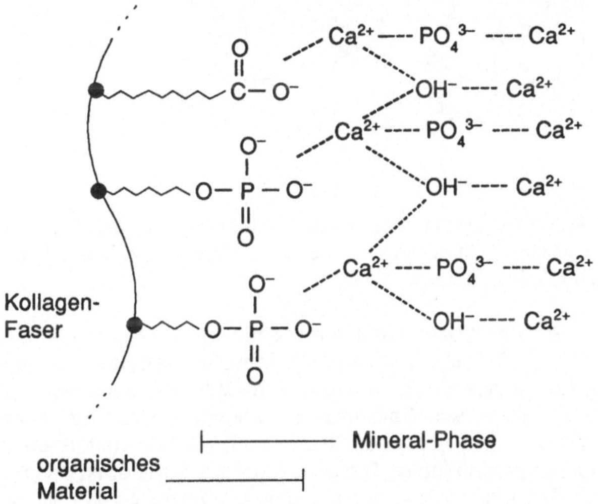

Abbildung 15.3: Schematische Darstellung der Verknüpfung Kollagen/Hydroxylapatit durch Carboxylat- und Phosphat-Gruppen (nach GLIMCHER)

Apatit ist auch als nicht-biologisches Mineral bekannt, ihm kommt als Düngemittel und wichtigstem Rohstoff der Phosphorchemie große technische Bedeutung zu. Das anorganische Material von Knochen, das Knochenmehl, wird gleichfalls als Düngemittel verwendet, während aus der organischen Substanz Kollagen-Leim gewonnen werden kann. Die komplexe Kristallstruktur (SUDARSANAN, YOUNG) des Hydroxylapatits geht aus Abb. 15.4 hervor.

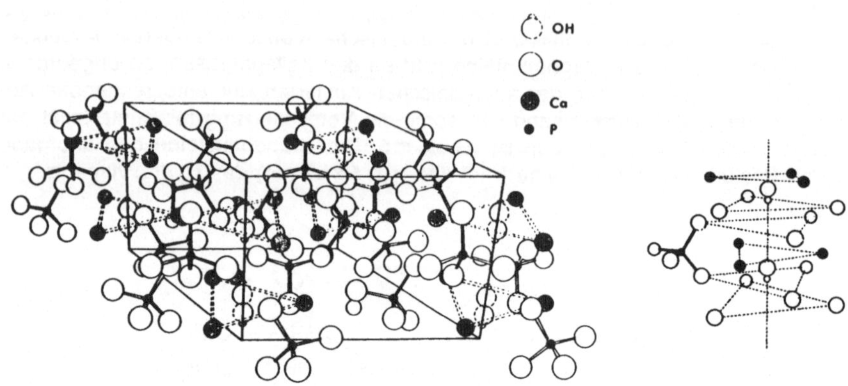

Abbildung 15.4: Elementarzelle von "hexagonalem" Hydroxylapatit mit nur zur Hälfte besetzten OH⁻-Positionen (links) sowie ein Blick auf eine dreizählige Achse mit Anionen-Kanal (rechts, nach SUDARSANAN, YOUNG)

Durch die Hydroxidgruppen verlaufen dreizählige Achsen (hexagonale Struktur, Raumgruppe $P6_3/m$). Um diese Achsen sind Phosphat-Sauerstoffatome angeordnet, deren Packung Löcher für die Einlagerung von Ca^{2+} läßt. Jede Hydroxidgruppe ist dann von einem Dreieck aus Calciumionen umgeben, allerdings sitzen die OH⁻-Gruppen statistisch verteilt entweder 30 pm oberhalb oder unterhalb der von den Ca^{2+}-Ionen aufgespannten Fläche. Diese hexagonale Struktur ist besonders anfällig für Substitution und Defektbildung (Ionenaustausch-Verhalten, H^+-Diffusion), was für eine ausreichend hohe Auf- und Abbaugeschwindigkeit des kontinuierlich mitwachsenden Endoskeletts vorteilhaft ist. Hydroxid kann durch Fluorid oder Chlorid, Phosphat durch Carbonat oder Sulfat und Ca^{2+} durch andere zweiwertige Ionen wie etwa Sr^{2+} ersetzt werden. Im menschlichen Zahnschmelz (s.u.) liegt F⁻ in Mengen zwischen 30 und 3000 ppm vor, und es konnte eine noch nicht eindeutig kausal erklärte Abhängigkeit der Resistenz gegenüber Karies von der Fluoridionenkonzentration festgestellt werden (vgl. Kap. 16.6). Cl⁻ ist in sogar noch größeren Mengen (0.1-0.5%) als Chlorapatit vorhanden; ein Nachweis für die Funktion des Chlorids konnte bisher aber nicht erbracht werden (SUDARSANAN, YOUNG).

Die Kristallisation von komplex aufgebautem, schwer löslichem Apatit erfolgt vorteilhaft durch kinetisch kontrollierte intermediäre Abscheidung metastabiler Vorstufen (OSTWALDsche Stufenregel, vgl. Tabelle 15.2). Bei höherem pH-Wert erfolgt die Umlagerung von anfangs *in vitro* ausfallendem amorphen Calciumphosphat zu Hydroxylapatit (HAP) über Octacalciumphosphat (OCP), bei niedrigeren pH-Werten kann DCPD eine Zwischenstufe sein.

Tabelle 15.2: Biologisch relevante Calciumphosphate (vgl. Tab. 15.1)

Mineral	Formel	$pK_L^{*\,a}$
Dicalciumphosphatdihydrat (DCPD)	$Ca_2(HPO_4)_2 \cdot 2\ H_2O$	6.7
Dicalciumphosphat (DCPA)	$Ca_2(HPO_4)_2$	6.0
Octacalciumphosphat (OCP)	$Ca_8(HPO_4)_2(PO_4)_4 \cdot H_2O$	≈ 12
ß-Tricalciumphosphat (TCP)	$Ca_3(PO_4)_2$	11.6
Hydroxylapatit (HAP)	$Ca_{10}(PO_4)_6(OH)_2$	≈ 13
Defekt-Apatite	$Ca_{10-x}(HPO_4)_x(PO_4)_{6-x}(OH)_{2-x}$ $0 \geq x \geq 2$	

[a] Löslichkeitsprodukte K_L^* in reinem Wasser (MANN 1983) zur Vergleichbarkeit reduziert auf die Einheit M^{-2}.

Die Knochen als Stützgerüst des Wirbeltierkörpers besitzen eine unterschiedlich gestaltete Integration von organischem und anorganischem Material, wodurch sich eine große Variationsbreite der mechanischen Eigenschaften ergibt (CURREY). Das Verhältnis der beiden Komponenten zueinander spiegelt einen Kompromiß zwischen Härte (hoher anorganischer Anteil) und Bruchfestigkeit (geringer anorganischer Anteil) wider. Die erst teilweise erfolgreichen Versuche zur festkörperchemischen Synthese eines tauglichen, d.h. physiologisch tolerierten und langzeitbeständigen Knochen-Ersatzmaterials ("Biokeramik") für medizinische Verwendung haben die Leistungsfähigkeit und die Komplexität des natürlichen Vorbildes erkennen lassen. Eine bedeutende Rolle spielt die makroskopische Architektur der Röhren- oder Gitterkonstruktionen (Leichtbauweise); die Tragfähigkeit des menschlichen Oberschenkelknochens beträgt etwa 1650 kg.

Kontinuierliche Knochenbildung erfolgt aus einer peripheren Knochenbildungsschicht, die aus einer äußeren und einer inneren Bindegewebsschicht mit Osteoblasten-Zellen besteht. Die an Phosphatasen reichen Osteoblasten scheiden eine gallertartige Grundsubstanz, Osteoid, ab; durch die allmähliche Einlagerung anorganischen Materials wird das Osteoid schließlich zu einer Hartsubstanz, und die nun eingemauerten Osteoblasten werden zu eigentlichen Knochenzellen (Osteozyten). Zur Umwandlung und um z.B. eine übermäßige Verdickung des Knochens zu verhindern, laufen parallel zu den Aufbauvorgängen auch Abbauprozesse ab (Fließgleichgewicht). Mehrkernige Riesenzellen, die Osteoklasten, bauen den Knochen ab (Citrat als Chelatbildner?), wobei die Steuerung der Osteoklastentätigkeit durch das die Demineralisation fördernde Parathormon der Nebennierenrinde und seinen Antagonisten Thyreocalcitonin erfolgt (vgl. Kap. 14.2).

Das im Skelett eingelagerte und damit gespeicherte Ca^{2+} steht in ständigem Austausch mit gelösten Calciumionen. Damit es zum Knochenwachstum kommen kann, muß in der Knochenmatrix ein relatives Überangebot an Ca^{2+} und an entsprechenden Anionen wie Phosphat und Carbonat aktiv geschaffen werden. Dies geschieht durch intensive Tätigkeit von ATP-verbrauchenden Ionenpumpen, z.B. der

Ca^{2+}-ATPase für den aktiven Calciumtransport. Carbonat und Phosphat liegen physiologisch als Hydrogensalze vor; bei ihrem Einbau in den Knochen werden Protonen frei, die innerhalb des Knochengewebes beweglich sind (Ionenleitung) und die aus dem Bereich der Keimbildung entfernt werden müssen.

Durch den ständigen Auf- und Abbau der Knochensubstanz sowie bedingt durch die substitutionsfreundliche Struktur des Hydroxylapatits (Abb. 15.4) können Schwermetalle wie etwa Cd^{2+} oder Pb^{2+} bei chronischer Schwermetallvergiftung (Kap. 17.2 und 17.3) anstelle von Ca^{2+} in das Kristallgitter eingebaut werden, zu einer Veränderung der Knochenstruktur und dadurch zu schlechteren mechanischen Eigenschaften bis hin zu sehr schmerzhaften Knochendeformationen führen.

Die dauerhaften Zähne der höheren Wirbeltiere enthalten als Außenschicht den Zahnschmelz, der im ausgewachsenen Organismus *keine* lebenden Zellen mehr enthält und zu etwa 80-90% aus anorganischen Mineralien, in der Hauptsache Hydroxylapatit besteht (VON KOENIGSWALD). In der Entwicklung eines Zahnes durchläuft der Zahnschmelz die größten Veränderungen. Er wird abgeschieden mit einem Mineralgehalt von nur 10-20%, die restlichen 80-90% sind spezielle Matrixproteine und Flüssigkeit. Die organischen Bestandteile des Zahnschmelzes werden dann nahezu vollständig durch das Biomineral ersetzt. Ein besonderes Merkmal des Schmelzes sind die im Vergleich zum Knochen wesentlich größeren Kristallbildungen in Form langer, hochgradig orientierter "Schmelzprismen" aus Hydroxylapatit (VON KOENIGSWALD; ROBINSON, WEATHERELL, HÖHLING). Diese relativ "tote" Struktur ist zwar von der Materialhärte und Haltbarkeit im biologischen Bereich unübertroffen, eine Regeneration ist daher jedoch – wie bekannt – nicht mehr möglich.

Umstritten ist und bleibt die Rolle des durch Spuren von Fluorid (vgl. Kap. 16.6) gebildeten Fluoroapatits $Ca_{10}F_2(PO_4)_6$ bei der Verhinderung von mikrobiell gefördertem Abbau des Zahnschmelzes (Karies). Diskutiert werden vor allem eine oberflächliche Zahn-"Härtung" (Korrosionsschutz), eine verbesserte ionische Remineralisation und eine Desaktivierung säurebildungsfördernder Enzyme durch vorübergehend gelöstes Fluorid (DAWES, TEN CATE; s. Kap. 16.6)

15.3.2 Calciumcarbonat

$CaCO_3$-Kristalle wachsen bei Ei- und Molluskenschalen in einem vorgegebenen Verband aus Proteinen und Polysacchariden. Aus diesen Schalen kann nach Herauslösen des $CaCO_3$ durch Chelatbildner wie EDTA bei neutralem pH-Wert die reine organische Matrix erhalten werden (KRAMPITZ, GLASER). Sie setzt sich aus einem wasserlöslichen Protein- und Oligosaccharid-Anteil und wasserunlöslichen hydrophoben Proteinen mit ebenfalls signifikantem Polysaccharidgehalt zusammen. Die löslichen Proteine und sulfathaltigen Oligosaccharide sind stark sauer und können daher Ca^{2+} gut binden. Löslich sind außerdem signifikante Mengen von Carboanhydrase (vgl. Kap. 12.2), die offensichtlich zur Erzeugung HCO_3^--übersättigter Lösungen erfoderlich sind ($\rightarrow$ rasches Schalenwachstum).

Der Mineralisationsprozeß beginnt vermutlich an der unlöslichen Matrix auf der

Eischalenhaut. Diese bindet Ca^{2+} und HCO_3^-, letzteres durch Abfangen der dabei freiwerdenden Protonen als NH_4^+, welches durch die lösliche Matrix mit ihren Sulfatresten gebunden werden kann (Krampitz, Glaser). Während des eigentlichen Schalenwachstums werden $CaCO_3$ und das lösliche Protein deponiert; das Wachstum wird bei Beendigung der NH_3-Produktion durch Mucosazellen gestoppt.

Meeresorganismen wie Algen, Schwämme, Korallen oder Mollusken bilden $MgCO_3$-haltiges Calciumcarbonat in großen Mengen als Folge photosynthetischer Aktivität (15.2). Wird in Wasser gelöstes CO_2 photosynthetisch aufgenommen, so steigt nach (12.7) der pH-Wert des umgebenden Mediums, die Konzentration an CO_3^{2-} wird höher und das Gleichgewicht in Richtung auf Ausfällung von $CaCO_3$ verschoben (15.2, 15.3). Die in ihrer Architektur artenspezifischen Kalkablagerungen von Korallen hängen so direkt von der Vergesellschaftung mit photosynthetisierenden Algen ab. CO_2-Aufnahme und $CaCO_3$-Abscheidung durch Meeresorganismen sind von Temperatur, Salzgehalt, Pufferkapazität des Mediums und vom ursprünglichen pH-Wert abhängig. Kalkabscheidung in kompartmentisierten Zellen mit kleinem Volumen ist besonders begünstigt, weil dort Diffusionseffekte keine große Rolle spielen. Wegen der etwas besseren Löslichkeit von $MgCO_3$ (vgl. Tab. 15.1) ist dessen Anteil oft so gering, daß die $CaCO_3$-Strukturen Calcit oder Aragonit dominieren. In einigen Fällen sind auch große einkristalline Bereiche nachgewiesen worden mit allerdings völlig kristalluntypischer Morphologie (z.B. Stacheln der Seeigel).

$$HCO_3^- \; \rightleftharpoons \; H^+ + CO_3^{2-} \qquad pK_s = 10.33 \; \text{(Frischwasser)} \qquad (15.3)$$
$$10.89 \; \text{(Meerwasser)}$$

Schwerkraft- oder Trägheits-empfindliche Sinnesorgane, z.B. im menschlichen Ohr, enthalten spindelförmige Mineralablagerungen ("Statoconia", "Otoconia" aus Calcit oder größere "Statolithen", "Otolithen" aus Aragonit) in Verbindung mit membranverknüpften Sinneszellen. Funktionell verleihen die spezifisch schweren ($\rho \approx 2.9$ g/cm^3) anorganischen Mineralien der Membran Masse, so daß Beschleunigungen empfindlicher wahrgenommen werden können. Die Bewegung der Statoconia relativ zu den Sinneszellen gibt Auskunft über die Bewegungsrichtung und -intensität (Beschleunigung). Strukturell konnte die Ähnlichkeit der organischen Matrix der Statoconia mit der anderer kalkhaltiger Biomineralisate gezeigt werden.

15.3.3 Kieselsäure

Während Silicium in der Erdkruste in Form von Silikaten quantitativ an vorderster Stelle steht (Abb. 2.2), beschränkt sich dieses Element in der Biosphäre auf eine zumeist nur marginale Rolle (Tab. 2.1, Kap. 16.3). Dies kann zurückgeführt werden auf die geringe Löslichkeit der "Kieselsäure" H_4SiO_4 und ihrer oligomeren Kondensationsprodukte $SiO_n(OH)_{4-2n}$ (vgl. Abb. 15.5); in Wasser von pH 1-9 beträgt diese Löslichkeit etwa 100-140 ppm. In Gegenwart der Kationen von Calcium, Aluminium oder Eisen sinkt diese Löslichkeit weiter ab; in Meerwasser wurde eine Löslichkeit von nur ca. 5 ppm gemessen. In der Biosphäre wird lösliches Silikat von Organismen aufgenommen, dort polymerisiert oder mit anderen Festkörpern verknüpft und beim Tode des Organismus wieder aufgelöst (BIRCHALL).

Kieselsäure ist als Biomineral vor allem bei Einzellern (ROBINSON, SULLIVAN), bei "Glas"-Schwämmen sowie im Pflanzenreich vertreten (PARRY, HODSON, SANGSTER), wo es mit passiver Schutzfunktion (Fraßschutz) in den Zellwänden von Gräsern, Schachtelhalmen und den spröden Spitzen der Brennhaare verschiedener Nesselgewächse vorkommt.

Diatomeen (Kieselalgen) sind, wie Kieselgur-Ablagerungen belegen, eine recht alte Gruppe äußerst formenreicher Einzeller, die normalerweise von zwei innerhalb der äußeren Plasmaschicht abgelagerten siliciumhaltigen Schachtel- und Deckelartigen Schalen umgeben sind. Nach Zellteilung müssen jeweils zwei neue Schalen gebildet werden, um die Tochterzelle zu schützen. In den Schalen liegt amorphes, polymeres $SiO_n(OH)_{4-2n}$ vor (Abb. 15.5). Die Struktur der biogenen Kieselsäure wird bestimmt durch Membran-Proteine des siliciumabscheidenden Vesikels, an denen die Keimbildung durch Kondensation (H_2O-Abspaltung) zwischen Kieselsäure und OH^--Gruppen der organischen Matrix erfolgen kann.

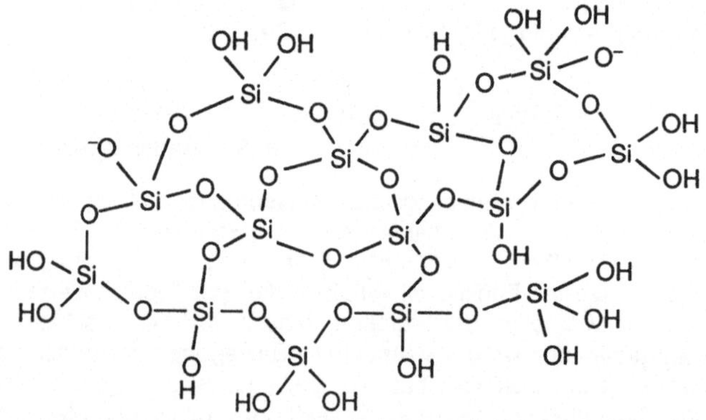

Abbildung 15.5: Schematische Atomverknüpfung in amorpher Kieselsäure

Sprödigkeit und chemische Oberflächen-Beschaffenheit von polykondensierter Kieselsäure kann über die Funktion in Brennnesselgewächsen hinaus dem Menschen gefährlich werden. So wird das häufige Vorkommen von Speiseröhrenkrebs in bestimmten Gegenden in Verbindung gebracht (PARRY, HODSON, SANGSTER) mit Staub von SiO_2-haltigem Getreide, wobei die faserige Mikrostruktur (Fraßschutz) der Kieselsäurepartikel an ebenfalls krebsauslösende Asbest-Mineralfasern erinnert. Die chemischen Grundlagen der membranauflösenden und cancerogenen Wirkung von nur langsam entfernbarer mineralischer oder biogener Kieselsäure als Fasern oder

Staub sind noch ungeklärt; Säure-Base-Wechselwirkungen, irreversible Kondensationsprozesse und sogar oberflächlich gebildete Sauerstoffradikale werden diskutiert (FUBINI, GIAMELLO, VOLANTE).

15.3.4 Eisenoxide

Die Biomineralisation von Eisen ist wegen der methodischen Möglichkeiten wie vor allem der MÖSSBAUER-Spektroskopie ein relativ gut erforschtes Kapitel der bioanorganischen Chemie (vgl. Kap. 8); Phosphat- und Silikat-Festkörper sind dagegen erst seit ca. 1980 durch die Festkörper-NMR-Untersuchungstechnik (^{29}Si, ^{31}P) zugänglich geworden. Zusätzlich zu den in Kap. 8.4.2 genannten Eisenhydroxid-Kondensationsprodukten gibt es biogenes Eisenoxid sogar in Form von Magnetit (Fe_3O_4). Dieser wurde in magnetotaktischen Bakterien nachgewiesen (FRANKEL, BLAKEMORE; BLAKEMORE, FRANKEL), aber auch bei Käferschnecken, Tauben und Bienen. Wie die magnetotaktischen Bakterien zeigen letztere eine Orientierung am Magnetfeld der Erde. Im Falle der Bienen konnte durch MÖSSBAUER-Spektroskopie die Anwesenheit kleiner Granulen eines dichtgepackten Eisen(III)-Komplexes in den Abdominalzellen festgestellt werden, Magnetit selbst ist hier jedoch nur in geringer Menge vorhanden.

Die magnetotaktischen Bakterien enthalten dagegen eisenreiche, im Elektronenmikroskop dunkel erscheinende Partikel, die jeweils von einer Membran umgeben sind: die Magnetosomen. Die Partikel bestehen überwiegend aus Magnetit, Fe_3O_4, seltener aus Greigit (Fe_3S_4, HEYWOOD et al.); ihre Größe entspricht mit 40 - 120 nm dem der magnetischen Einzeldomänen des Fe_3O_4. Die Magnetosomen sind normalerweise kettenförmig in Bewegungsrichtung angeordnet, so daß hierdurch die Gesamtheit der Teilchen als biomagnetischer Kompaß wirkt. Zur Bildung wird das Eisen zunächst als chelatisiertes Fe^{3+} aufgenommen und durch Reduktion zu Fe^{2+} freigesetzt (vgl. Kap. 8). Nach kontrollierter Oxidation fällt wasserhaltiges Eisen(III)oxid aus (8.20); Dehydratisierung führt zunächst zur Bildung von Ferrihydrit $Fe^{III}_{10}O_6(OH)_{18}$ und schließlich unter teilweiser Reduktion zu Magnetit $Fe^{II}Fe^{III}_2O_4$.

Bestimmte Mollusken wie z.B. die Käferschnecken (*Chiton*) ernähren sich in der Gezeitenzone von Algen, die auf Felsen wachsen. Sie benutzen dazu ein zungenförmiges Organ, die Raspelzunge oder Radula, auf der sich mineralisierte Auswüchse als "Zähne" befinden. Im Falle der Käferschnecken besteht das Biomineral aus Eisenoxiden mit organischen Einschlüssen. Da die mit der Zeit abgenutzten Zähne auf der Radula kontinuierlich nachgebildet und durch weiter hinten liegende ersetzt werden, ergab sich hier die günstige Gelegenheit, die Entwicklungsstufen dieser Zähne entsprechend der räumlichen Verteilung auf der Radula zu studieren. Junge Zähne bestehen aus rein organischem Material ohne Einschluß einer anorganischen Phase. Wenn die Mineralisation eingesetzt hat, lassen sich durch Röntgenemissionsmessungen die anorganischen Elemente Fe, Zn, S, Ca, Cl, P und K in unterschiedlichen Konzentrationen nachweisen. In den ersten Phasen der Mineralisation nimmt der Eisen-Gehalt stark zu, um dann bei etwa 10% konstant zu bleiben. Als erstes eindeutiges Mineral wurde wieder Ferrihydrit gefunden (Abb. 8.6), welches nach und nach durch Goethit oder Lepidokrokit Fe(O)OH und schließlich Magnetit ersetzt wird. Die verschiedenen Minerale treten gleichzeitig, jedoch an räumlich unterschiedlichen Stellen eines Zahnes auf. Ausgewachsene Zähne enthalten als eisenhaltiges Mineral hauptsächlich Magnetit, jedoch findet man weiterhin Calcium und Phosphate zur Verankerung, vermutlich in einer dem Apatit ähnlichen Struktur.

15.3.5 Schwermetallsulfate

Die einzelligen Plankton-Lebewesen *Acantharia* aus der Gruppe der Strahlentierchen (Radiolarien) besitzen Exoskelette aus Strontiumsulfat-Einkristallen, die sehr komplexe Formen annehmen können (Abb. 15.6). Die Entstehung dieser Formen ist eng mit der Morphologie der Zelle verknüpft, da Strontiumsulfat als Cölestin im unbeeinflußten Zustand flache Rhomben bildet. Vesikel, in denen die Strontiumsulfatkristalle aufgebaut werden, bilden sich vom Zentrum der Zelle ausgehend entlang radialer Filamente. Es sind Spezies bekannt, die ein 20-Strahlen-System mit nahezu perfekter D_{4h}-Symmetrie aufweisen (PERRY, WILCOCK, WILLIAMS). Während die allgemeine Struktur durch die Lage der Vesikel bestimmt wird, ist die Kristallstruktur des $SrSO_4$ für die Winkel verantwortlich.

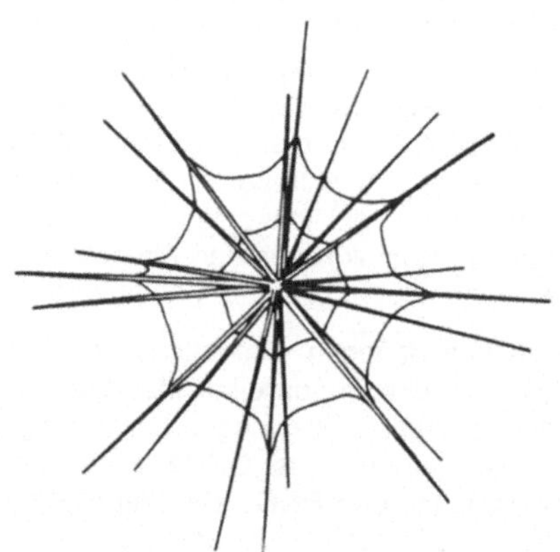

Abbildung 15.6: 20-strahlige *Acantharia*-Spezies mit inneren Zellmembranen (ca. 1 mm Gesamtdurchmesser, aus PERRY, WILCOCK, WILLIAMS)

Die hohe Symmetrie und die Einfachheit dieses speziellen Minerals machen die *Acantharia* zu bevorzugten Studienobjekten.

In bestimmten einzelligen Schmuckalgen (Desmidiaceen) liegt Bariumsulfat in kristalliner Form als Schwerspat (Baryt, $BaSO_4$, ρ = 4.5 g/cm³) in Vesikeln vor. Die Zellen von *Closterium* beispielweise sind halbmondförmig gebogen, wobei oft zwei Vesikel mit Barytkristallen an entgegengesetzten Enden der Zelle gelagert sind (Schwerkraft-, Trägheits-Sensor?). Die Kristalle zeigen hier die normale rhombische Form von Baryt; anders als bei den *Acantharia* hat hier offenbar die Morphologie der Zelle keinen Einfluß auf die Kristallform.

16 Biologische Bedeutung anorganischer Nichtmetall-Elemente

16.1 Überblick

Aus der Gruppe der nichtmetallischen Elemente im oberen rechten Bereich des periodischen Systems (Abb. 1.3) gehören Kohlenstoff, Wasserstoff, Stickstoff, Sauerstoff, Schwefel, Phosphor und Chlor traditionell zur normalen Biochemie. Von den übrigen nicht- oder halb-metallischen Elementen sind die Edelgase (wegen geringer Reaktivität) sowie die stabilen Elemente Germanium, Antimon, Bismut und Tellur (vermutlich wegen ihrer Seltenheit) ohne bislang bekannte biologische Bedeutung. Über die Rolle der verbleibenden nichtmetallischen Elemente Bor, Silicium, Arsen, Selen, Fluor, Brom und Iod sind Details nur zum Teil bekannt; immerhin erfolgte jedoch die erstmalige Darstellung von Iod wie auch von elementarem Phosphor aus Rückständen von Lebewesen.

16.2 Bor

Sehr wenig ist über die genauere biochemische Funktion von Bor bekannt, obwohl es in Form von Boraten als Spurenelement für ein normales Wachstum und für die Infektionsresistenz von (Nutz-)Pflanzen, insbesondere von Rüben und Kohlarten, unentbehrlich zu sein scheint (BENGSCH et al.). Vermutet wird unter anderem eine wichtige Funktion bei der Calcium-Regulation und damit der Zellteilung (vgl. Kap. 14.2). Wegen der relativ hohen Konzentration im Meerwasser findet sich Bor angereichert bei Algen und Schwämmen.

16.3 Silicium

Kieselsäure $SiO_2 \cdot n H_2O$ ist im vorangegangenen Kapitel als Festkörper-konstituierender Bestandteil von Meeresorganismen, aber auch von landlebenden Pflanzen und Tier-Skeletten aufgeführt worden (Kap. 15.3.1 und 15.3.3). Angesprochen wurde dort auch die pathogene Wirksamkeit kieselsäurehaltiger Stäube und Fasern. Wie bei vielen Spurenelementen werden auch hier besonders in der Wachstumsphase gravierende Mangelerscheinungen evident (DAVIES). Über Details der Bindung von Silikat-Gruppen z.B. während der Knochenbildung sind nicht zuletzt wegen analytischer Probleme noch keine eindeutigen Angaben verfügbar. Antagonismen bestehen zwischen Silicium und Bor in bezug auf pflanzliche Infektionsresistenz (Schrägbeziehung im Periodensystem; BENGSCH et al.) sowie zwischen Silicium und Aluminium (Bildung von Alumosilikaten; vgl. Kap. 17.6).

16.4 Arsen

Arsen ist in der löslichen Form $As(OH)_3$ des "Arseniks" As_2O_3 ein für Menschen schon in geringen Dosen wirksames Gift und Cancerogen. Aufgrund der durch das Periodensystem illustrierten Verwandtschaft von Arsenaten zu Phosphaten einerseits und der "Thiophilie", d.h. der Affinität zu negativ geladenen S(-II)-Liganden andererseits können koordinativ ungesättigte Arsenverbindungen die über Disulfid-Brücken konformationsbestimmenden und redoxaktiven Sulfhydrylgruppen von Enzymen blockieren. Bei akuter Vergiftung ($\rightarrow$ Magen-Darm-Krämpfe) ist daher die Anwendung von Thiolat-Chelattherapeutika wie etwa Dimercaprol (2.1) angezeigt.

In organischer, speziell (bio-)methylierter Form (vgl. Kap. 3.2.4 und 17.3) sind Arsenverbindungen dagegen weniger giftig und insbesondere bei Meeresorganismen wie Algen, Fischen oder Hummern in Spuren weit verbreitet (IRGOLIC; BENSON). S-Adenosylmethionin und Methylcobalamin sind in der Lage, dreiwertiges Arsen rasch zu Verbindungen wie etwa (16.1) zu methylieren, wobei diese Reaktion nach Untersuchungen an Schimmelpilzen enantiospezifisch verlaufen kann (GUGGER, WILLIS, WILD).

$O=As(CH_3)_2R$,   R = OH, CH_3, CH_2CH_2OH, 5'-Desoxyribosyl und Derivate

$(CH_3)_3As^+-R$,   R = 5'-Desoxyribosyl und Derivate   (16.1)

$(CH_3)_3As^+-CH_2COO^-$ ("Arsenobetain")

Vermutet wird, daß die aufgrund der Fällung durch mehrwertige Kationen geringe Phosphatkonzentration im Meerwasser (10^{-8} M) effiziente Aufnahme- und Anreicherungsmechanismen nötig macht, wobei allerdings auch die verwandten und in nur wenig niedrigerer Konzentration vorliegenden Arsenate und Vanadate (vgl. Abb. 2.2) aus der 5. Haupt- und Nebengruppe des Periodensystems aufgenommen werden. Reduktion und Biomethylierung sind aufgrund der Redoxpotentiale zwar für Arsen-Verbindungen (+V $\rightarrow$ +III), nicht jedoch für Phosphate mit unter physiologischen Bedingungen ausschließlich fünfwertigem Phosphor möglich. Diese Differenzierbarkeit dürfte der Grund für das Auftreten von Peralkyl-arsinoxiden, -arsonium-Salzen und -arsenobetainen als ausscheidbaren Naturstoffen sein. Eine alternative Entgiftungsstrategie (s. Kap. 17.1) besteht im energieverbrauchenden Hinaustransportieren aus der Zelle durch anionenspezifische ATPasen in der Membran. In Arsen-resistenten Mikroorganismen konnte eine derartige Oxyanion-Pumpe identifiziert werden, die das Ausscheiden von Arsenit, Antimonit und Arsenat bewerkstelligt (ROSEN et al.). Die genetischen Grundlagen für solche Entgiftungssysteme sind wegen der möglichen Übertragbarkeit von biotechnologischem Interesse.

In den siebziger Jahren wurde gefunden, daß ein völliger Arsenmangel bei landlebenden Tieren eindeutig zu Reproduktions- und Wachstumsstörungen führen kann (DAVIES); die dem Zinkmangel ähnlichen Symptome lassen auf eine mögliche essentielle Rolle von Arsenverbindungen bei der Aktivierung von Zink schließen.

16.5 Brom

Bromide sind schon im 19. Jahrhundert als Sedativa bei Erkrankungen des Nervensystems eingesetzt worden. Offensichtlich ist hier eine Modifizierung des transmembranen Ionenungleichgewichtes möglich (vgl. Kap. 13); genauere Details zur molekularen Wirkung von Br^- auf Ionen-Kanäle und -Pumpen sind jedoch noch nicht bekannt. Wegen der relativen Häufigkeit von löslichem Bromid (und auch Iodid) im Meerwasser treten in Algen und anderen Meeresorganismen größere Mengen von organischen Brom- und Iodverbindungen auf, die durch Häm- oder Vanadium-enthaltende Haloperoxidasen erzeugt werden (vgl. Kap. 11.4).

16.6 Fluor

Die cariostatische Wirksamkeit des Fluorids in gelöster oder fester Form (Fluorapatit, Tab. 15.1) ist zwar seit langem etabliert, die konkrete Funktion dieses Spurenbestandteils konnte jedoch trotz vielfacher Untersuchungen noch nicht eindeutig geklärt werden. Diskutiert werden die effektive Remineralisierung von Zähnen, die "Härtung" der Zahn-Oberfläche z.B. durch eine besonders kompakte, säureresistente kristalline Schicht und die Hemmung von Karies-fördernden Enzymen wie etwa Enolasen durch aus dem Festkörper-Depot gelöstes F^- (DAWES, TEN CATE). Statistisch umstritten ist in diesem Zusammenhang der Einfluß von fluoridiertem Trinkwasser auf das Entstehen von Karies. Anders als in der Bundesrepublik Deutschland ist diese Maßnahme in den USA, in Kanada und Australien trotz Bedenken wegen potentieller Toxizität (Fluorose) recht verbreitet. Die Fähigkeit von Fluoriden, viele (Schwer-)Metallionen in höherwertigen und damit unphysiologischen Oxidationsstufen zu komplexieren und damit bioverfügbar zu machen, ist ein Argument gegen die Fluoridierung von Trinkwasser.

Fluorid wird spurenweise in Zahnpasten und anderen medizinischen Verabreichungen in solchen Formen eingesetzt, die eine rasche Bindung und Aufnahme durch die Hydroxylapatit-Oberfläche des Zahnes versprechen: Natriumfluorid, Monofluorophosphat PO_3F^{2-}, SnF_2, AlF_3 oder Organoammonium-Fluoride. Für Heranwachsende versprechen Fluorid-enthaltende Tabletten und Gelees eine effektivere Aufnahme in den sich bildenden Zahnfestkörper. Fluorid gehört jedoch – ähnlich wie Selen – zu den Stoffen, die einen sehr schmalen bio-optimalen Konzentrationsbereich (Abb. 2.3) für den Menschen von nur einer oder zwei Zehnerpotenzen aufweisen; der Umschlag von förderlicher Aktivität zu giftiger Wirkung ist hier relativ schnell möglich. Aus diesem Grunde scheiden auch bestimmte fluoridreiche Organismen wie etwa der antarktische Krill als Nahrungsmittel für den Menschen aus. Besonders die ausgeprägte Schwerlöslichkeit des Calciumfluorids CaF_2 ist es, die wegen der Bedeutung von Ca^{2+} für so viele Bereiche (Kap. 14.2) eine akute ($\rightarrow$ Gewebsnekrose) wie auch chronische Fluoridvergiftung als schwerwiegend erscheinen läßt. Fluorose manifestiert sich durch Zahnverfärbungen, Skelettdeformationen, Nierenversagen und Muskelschwäche; bei akuten Vergiftungen ist Calciumglukonat als Gegenindikation angezeigt. Das Einwirken von sauren Fluoridlösungen auf Gewebe, insbesondere die Haut, führt trotz des nur mittelstark sauren Charakters der Flußsäure zu schwer heilenden, sofort behandlungsbedürftigen Verätzungen; Ursache ist auch hier die Desaktivierung des für die Wundheilung essentiellen Calciums durch Bildung von schwerlöslichem CaF_2. Metalloenzyme können durch Bindung von F^- an das Metallzentrum inaktiviert werden.

16.7 Iod

Das schwerste (und seltenste) stabile Halogen, das Iod, ist schon 1820 von B. Courtois aus der Asche von Meeresalgen isoliert und in der Mitte des 19. Jahrhunderts als essentieller Bestandteil auch höherer Organismen erkannt worden. Erleichtert wurde diese Beobachtung dadurch, daß sich das sehr charakteristische Element in der Schilddrüse stark anreichert und dort sogar in Form *polyiodierter* kleiner organischer Verbindungen, der Schilddrüsenhormone Thyroxin (Tetraiodothyronin) und des noch wirksameren Triiodothyronins vorliegt (16.2).

(16.2)

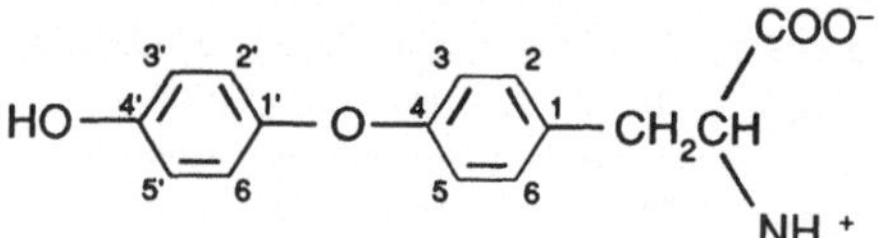

Thyronin

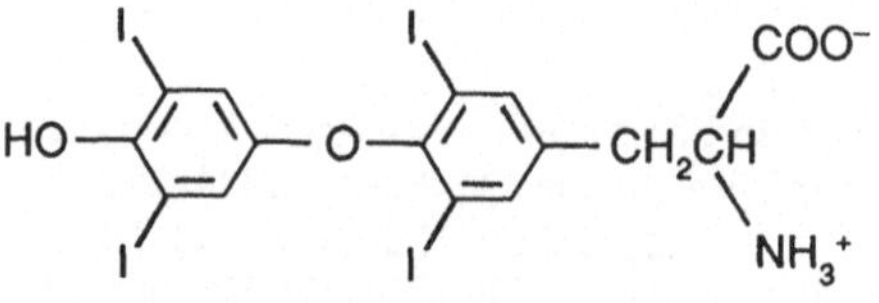

Thyroxin
(3,5,3',5'-Tetraiodothyronin, T_4)

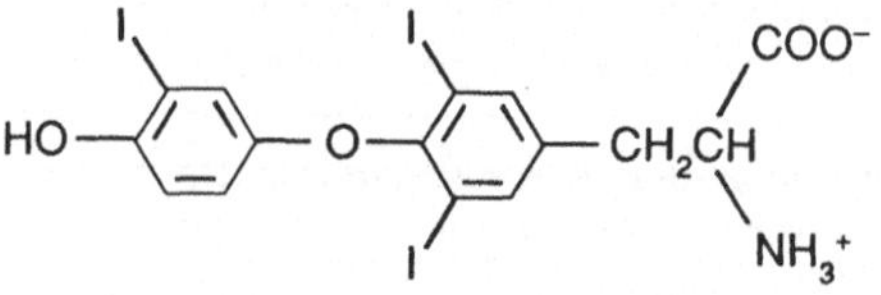

3,5,3'-Triiodothyronin, T_3

Diese hochgradige zweifache, d.h. physiologische *und* intramolekulare Anreicherung ist sehr bemerkenswert; sie muß in Zusammenhang mit der zentralen Rolle der Thyroidhormone für die Steuerung des energetischen Metabolismus und damit verbundener Vorgänge wie etwa der ATPase-Biosynthese oder der Mauser bei Vögeln gesehen werden. Allgemein bekannt sind die physiologischen Störungen sowohl in bezug auf Unterfunktion ("niedrige Lebensaktivität": Kältegefühl, Müdigkeit, Kretinismus bei Fehlen in der Wachstumsphase) wie auch in Richtung auf eine Überfunktion (Unruhe, Nervosität, Hitzegefühl, Basedowsche Krankheit). Bei Schilddrüsenunterfunktion kann Kompensation durch gesteigertes Wachstum des Organs erfolgen (Kropf) mit erhöhter Neigung zur Tumorbildung; dem kann durch künstliche Iodzufuhr in meeresfernen

Gegenden entgegengewirkt werden. Teilweise wird hierzu das Trinkwasser iodiert (Italien) oder das Speisesalz ausschließlich in iodierter Form angeboten (Schweiz); interessanterweise wirkt ein Überschuß an Cobalt hemmend auf die Aufnahme von Iod durch Thyronin. Die nicht seltenen Schilddrüsentumore können wegen der extremen Lokalisation des Iods im Körper erfolgreich mit den radioaktiven Isotopen ^{131}I und ^{123}I behandelt werden (Radioiod-Therapie, s. Kap. 18.3.1).

Welche Funktion hat dieses seltene Element in den Hormonen? Es ist in dieser Kohlenstoff-gebundenen Form bei normalen physiologischen Potentialen nicht redoxaktiv und offenbar nicht an der Bindung von Enzymen beteiligt. Auch werden Metallionen durch die Verbindungen (16.2) nicht wesentlich beeinflußt. Eine Erklärung hat zu berücksichtigen, daß gebundenes Iodid als schwerstes stabiles Halogenid ein ungewöhnlich großer, nahezu kugelförmiger Substituent ist; der Ionenradius des Iodid-Anions von ca. 220 pm wird von keinem anderen monovalenten Elemention erreicht. Substituiert man das Thyronin statt mit Iodid in den 3,5,3'-Positionen mit den annähernd kugelsymmetrischen Methylgruppen oder in 3'-Stellung mit dem noch größeren Isopropyl-Rest $-CH(CH_3)_2$, so findet man eine den natürlichen polyiodierten Systemen vergleichbare hormonelle Aktivität. Vermutet wird daher eine Rezeptor-Struktur (Abb. 16.1) für die Schilddrüsenhormone, bei der insbesondere *eine* größere kugelförmige "Schloß"-Vertiefung für den Substituenten in der 3'-Position des Hormon-"Schlüssels" vorgebildet ist (JORGENSEN; FRIEDEN).

Abbildung 16.1: Vermutete Einpassung von 3,5,3'-Triiodothyronin (T_3) in den zugehörigen Rezeptor (nach FRIEDEN)

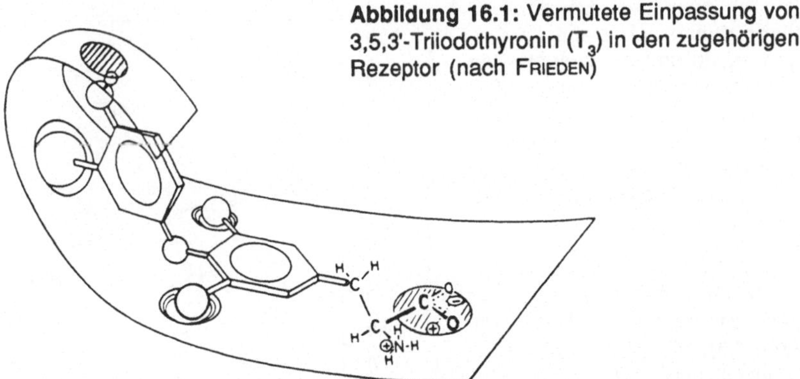

Möglicherweise hat sich die Entsprechung nach Abb. 16.1 herausgebildet, als Organismen noch gut über das im Meerwasser nicht so sehr seltene Iodid verfügen konnten (Abb. 2.2). Bei der Iodierung des aus der Aminosäure Tyrosin entstandenen Thyronins handelt es sich um eine elektrophile Substitution am phenolischen, d.h. elektronenreichen Aromaten, die offenbar anders als eine Alkylierung noch enzymatisch unter physiologischen Bedingungen möglich ist. Verantwortlich sind hier in erster Linie Häm-enthaltende Thyreoperoxidasen (vgl. Kap. 6.3). Die Deiodierung von T_4 zum eigentlich aktiven T_3 erfolgt durch eine selenhaltige Deiodase.

16.8 Selen

Das "aktuellste" Nichtmetall im bioanorganischen Bereich ist zweifellos das Selen, das schwerere Homologe des Schwefels (DÜRRE, ANDREESEN; FLOHE, STRASSBURGER, GÜNZLER). Populärwissenschaftliche und werbende Veröffentlichungen lassen es als ein Wundermittel gegen das Altern und gegen den Krebs erscheinen. Selen besitzt eine dem Schwefel zwar qualitativ entsprechende Chemie; die Selen-Analogen der Thiole, die Selenole, besitzen jedoch ein niedrigeres Redoxpotential und sind damit leichter oxidierbar. Andererseits ist – wie das Stabilitätsdiagramm in Abb. 16.2 belegt – die vierwertige Stufe der selenigen Säure auch thermodynamisch stabil im Gegensatz zu den nur metastabilen Sulfiten. Die Reaktivität der Selenverbindungen ist aufgrund längerer Bindungen vom Se zu koordinierten Nachbaratomen im allgemeinen höher als bei Schwefel-Analogen.

Ähnlich wie Fluor besitzt das Spurenelement Selen eine nur geringe therapeutische Breite (vgl. Abb. 2.3); Mangelerscheinungen einerseits und Vergiftungssymptome wegen Überdosis andererseits liegen dicht beieinander. Die Giftigkeit von Selenverbindungen ist seit langem aus dem Umgang mit diesem Element bekannt; charakteristisch ist das im Atem und durch die Haut austretende, durch Biomethylierung gebildete Dimethylselen $(CH_3)_2Se$ mit seinem in

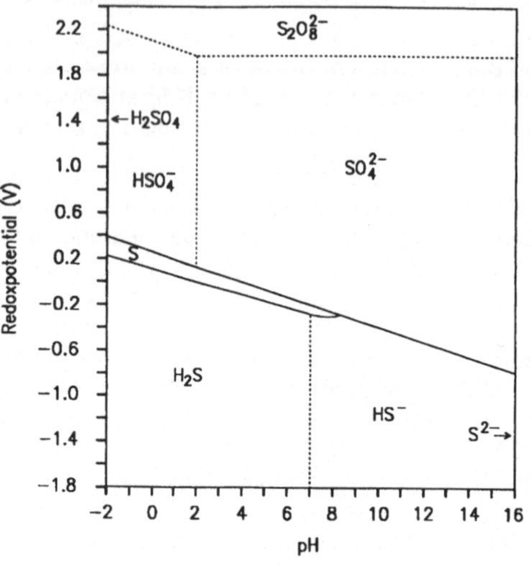

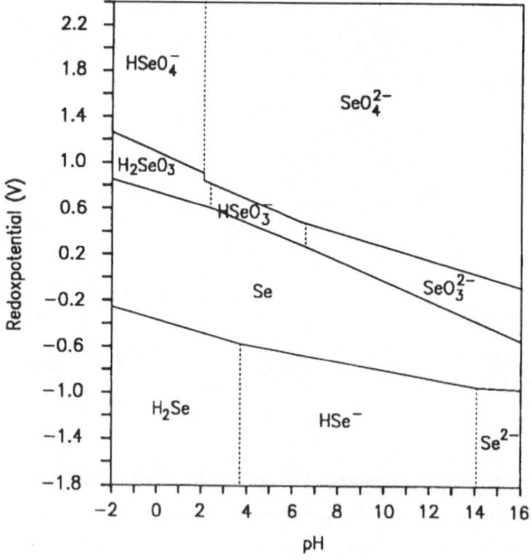

Abbildung 16.2: Stabilitäts-(Pourbaix-)Diagramme für Schwefel (oben) und Selen (unten; nach DOUGLAS, McDANIEL, ALEXANDER)

geringsten Spuren wahrnehmbaren knoblauchähnlichen Geruch. Störungen des zentralen Nervensystems sowie charakteristische Degenerationen von verhorntem, d.h. Disulfidbrücken-enthaltendem Gewebe in Hufen und Haaren sind auch bei Weidetieren beobachtet worden, die auf besonders selenreichen Böden in Zentralasien oder im mittleren Westen der USA grasen. Umgekehrt können gerade für Weidetiere mit ihrer stark spezialisierten Kost auf extrem selenarmen Böden Selen-Mangelerscheinungen auftreten, wobei insbesondere Muskelschwäche bei Jungtieren und Reproduktionsstörungen beobachtet worden sind (DÜRRE, ANDREESEN). Eine offenbar ähnliche Symptomatik findet sich in der sogenannten "Keshan"-Krankheit, einer zum Tode führenden Herzschwäche bei Jugendlichen aus chinesischen Regionen mit sehr selenarmen Böden. Da Selen in noch stärkerem Maße als Schwefel zur Bindung an weiche Schwermetall-Ionen neigt, besteht hier ein Antagonismus zwischen dem Schwermetall- (z.B. Kupfer-)Anteil und dem Selengehalt von Böden. Eine Schwermetall-Entgiftungsfunktion ist für Selenoproteine – vermutlich wegen der sehr geringen Mengen – noch nicht etabliert worden; hierfür stehen andere, schwefelreiche Proteine zur Verfügung, die Metallothioneine (Kap. 17.3). Die Keshan-Krankheit konnte durch Verabreichung von Na_2SeO_3 im Spurenbereich weitgehend zurückgedrängt werden.

Bei Säugetieren führt ein Selenmangel (WENDEL; SCHRAUZER) zum Auftreten von Lebernekrosen; das Fehlen von Peroxid-zerstörenden Selen-Enzymen (s.u.) in der Augenlinse wird mit dem Entstehen von oxidativ bedingtem Star in Verbindung gebracht. Mit Blick auf die antioxidative Funktion selenhaltiger Enzyme sind für den Menschen einige statistische Korrelationen zwischen Selenwerten und der Selenverfügbarkeit im Trinkwasser einerseits und der Häufigkeit bestimmter Krebsarten (Brust-, Darm-, Enddarm-Krebs) andererseits veröffentlicht worden (SCHRAUZER). Auch bei bakteriellen Tests, z.B. dem AMES-Test, wurde der antimutagene Effekt von Selenverbindungen festgestellt, obwohl dieses Element zuvor – wie viele andere auch (Kap. 19) – als krebsauslösend beschrieben worden war (DÜRRE, ANDREESEN). Bei normalen Ernährungsgewohnheiten sollte ein Selenmangel in Mitteleuropa trotz der Seltenheit dieses Elements und gestiegener Schwermetallbelastung nicht auftreten; der Jahresbedarf beträgt nur ca. 100 mg. Angereichert ist Selen in Pilzen, Knoblauch, Spargel, Fisch sowie der Leber und Niere von Schlachttieren. Die Verfügbarkeit von Selen variiert offenbar geographisch und jahreszeitlich sehr stark, wobei neben der Bodenzusammensetzung der pH-Wert des Trinkwassers eine große Rolle spielt. Schwermetalle wie Cd, Cu, Cr, Pb, Hg und auch das thiophile Zink fungieren als Selen-Antagonisten. Eine potentielle Selen-Quelle könnten im übrigen schwefelhaltige Shampoos darstellen; das Element ist nach entsprechenden Haarwäschen auf der Haaroberfläche nachgewiesen worden (TÖLG, GARTEN). Wegen der geringen therapeutischen Breite wird generell von der nicht ärztlich überwachten Einnahme von Selenpräparaten abgeraten.

Die häufigste selenhaltige Verbindung in Organismen ist das Selenocystein (Tab. 2.5), welches mittlerweile auch als 21. Aminosäure bezeichnet wird (LEINFELDER et al.). Ungewöhnlich ist die Codierung dieser Aminosäure, denn das bei der Transkription verwendete Codon UGA war zuvor nur als "Stop"- oder "Nonsense"-Befehl bekannt; in einigen Organismen ist es verantwortlich für die Tryptophan-Synthese. Darüber hinaus unterscheidet sich der Einbau von Selenocystein in Proteine deutlich von dem anderer Aminosäuren; vermutet wird, daß das UGA-Codon multifunktional ist und je nach physiologischen Erfordernissen unterschiedliche Effekte hervorruft (flexibler genetischer Code; ENGELBERG-KULKA, SCHOULAKER-SCHWARZ). Dies könnte angesichts der geschilderten Konzentrationsproblematik einen Regulationsmechanismus für wechselndes Angebot und verschiedenartigen Bedarf an Selen, z.B. in fakultativ aerobem/anaerobem Metabolismus darstellen.

In den bekannten Selen-enthaltenden Proteinen erscheint Selenocystein jeweils nur einmal innerhalb einer Polypeptidkette. Außer in einigen substratspezifischen Format-, Xanthin- oder Nikotinsäure-Dehydrogenasen (DÜRRE, ANDREESEN), in Ni/Fe/Se-Hydrogenase (Kap. 9.3), einer Iodothyronin-Deiodase und in bakterieller Glycin-Reduktase (16.3; ARKOWITZ, ABELES)

$$\underset{\text{Glycin}}{{}^+NH_3{-}CH_2{-}COO^-} + H_2PO_4^- + 2\,H^+ + 2e^- \xrightarrow{\substack{\text{Glycin-}\\\text{Reduktase}}} {}^+NH_4 + \underset{\text{Acetylphosphat}}{CH_3{-}COOPO_3^{2-}} + H_2O \qquad (16.3)$$

tritt Selen in der relativ gut charakterisierten Glutathion-Peroxidase auf, welche die Reaktion (16.4) katalysiert:

$$ROOH + 2\,G{-}SH \xrightarrow{\substack{\text{Glutathion-}\\\text{Peroxidase}}} G{-}S{-}S{-}G + H_2O + ROH \qquad (16.4)$$

$$G{-}SH: \text{Glutathion, } \gamma\text{-Glu-Cys-Gly}$$

Glutathion ist ein Tripeptid γ-Glu-Cys-Gly, das über Disulfidbildung oxidativ am Cystein dimerisieren kann. Durch Reaktion (16.4) werden die wegen generell unvollständiger O_2-Umsetzung gebildeten, potentiell membranschädigenden Lipid-Hydroperoxide (vgl. Kap. 5.1 und 6.3) durch sehr rasche Oxidation des Glutathions G–SH zum Disulfid G–S–S–G reduktiv abgebaut. Damit besitzt dieses Enzym zusammen mit dem Tripeptid Glutathion eine Funktion als Antioxidans (FLOHE, STRASSBURGER, GÜNZLER), ähnlich wie andere Peroxidasen, Superoxid-Dismutasen, die Vitamine C und E oder auch andere Heteroatom-reiche Verbindungen. Eine grobe Gliederung von in ihrer Funktion teilweise miteinander verknüpften Antioxidantien (MIQUEL et al.) ist in Tabelle 16.1 zusammengestellt (vgl. hierzu 4.6, 5.2 und 16.5).

Tabelle 16.1: Biologische Antioxidantien

antioxidativ wirkende Verbindungen	Kapitel bzw. (Formel)	Zielmoleküle
Peroxidasen, Katalasen (Fe, Mn, V, Se)	6.3 11.4 16.8	ROOH, HOOH
Superoxid-Dismutasen (Cu, Zn, Fe, Mn)	10.5	$O_2^{\bullet -}$, $HO_2^{\bullet}$
Vitamin C (Ascorbat) Caeruloplasmin (im Plasma)	(3.12) 10	$^{\bullet}OH$
Vitamin E (α-Tocopherol) β-Carotin (in Membranen)	(16.6)	$ROO^{\bullet}$
Transferrin	8.4.1	$^{\bullet}OH$
S-reiche Verbindungen, z.B. Metallothionein	17.3	$^{\bullet}OH$
Harnsäure	(11.13)	$^{\bullet}OH$
Goldhaltige Verbindungen (Therapeutika)	19.4	$^1O_2$ (hypothetisch)

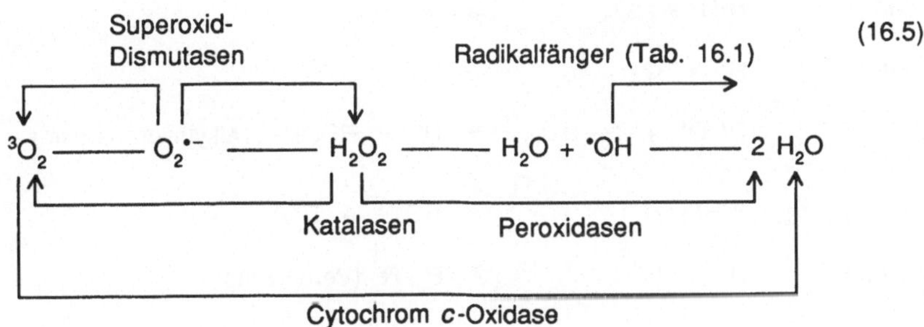

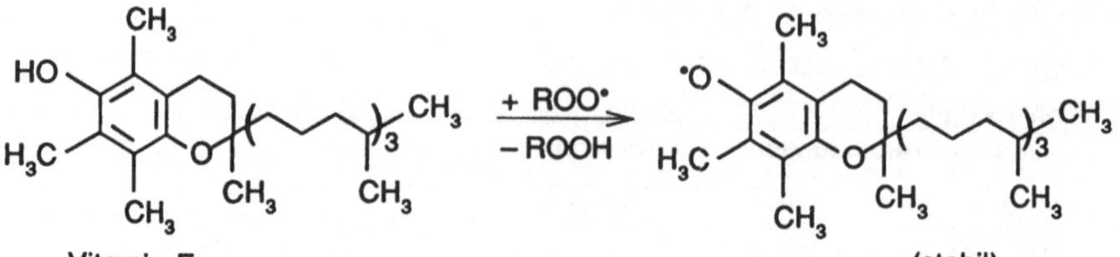

Vitamin E $+ ROO^{\bullet} \atop - ROOH$ →   (stabil)

$$(16.6)$$

Die Glutathion-Peroxidasen sind tetramere Proteine mit Untereinheiten von je 21 kDa Molekülmasse. Erstmals isoliert wurden diese Selenoenzyme aus Erythrozyten, d.h. aus Zellen mit sehr hohem "oxidativem Streß". Trotz vielerlei Vorkehrungen (Tab. 16.1) ist nämlich die z.B. durch Eisen(II) katalysierte unkontrollierte Oxidation der langen Alkylgruppen von Fettsäuren durch $^3O_2$ und dessen Umwandlungsprodukte (4.6, 5.2) in nicht geringem Umfang möglich. Entsprechend dem vereinfachten Schema 16.7 kann dann in einer Radikalkettenreaktion mit durch Peroxide und Übergangsmetalle ermöglichter Verzweigung eine besonders effektive Autoxidation zahlreicher Lipidmoleküle erfolgen (GUTTERIDGE, HALLIWELL), wodurch Membranstabilität und -funktion z.B. durch Vernetzung empfindlich beeinträchtigt werden. Da die Funktionsfähigkeit bereichstrennender Membranen zu den elementaren Voraussetzungen für höhere Lebensformen zählt, führen entsprechende Störungen zu schwerwiegenden Folgen. Umgekehrt stellt die Verhinderung dieser Kettenreaktionen eine wesentliche Voraussetzung für die Existenz von Organismen insbesondere in sauerstoffhaltiger Atmosphäre dar. So sind nach neueren, jedoch nicht völlig unumstrittenen Hypothesen der Alterungsprozeß wie auch unkontrolliertes Tumorwachstum auf eine nicht (mehr) ausreichend effiziente Verhinderung oxidativ-radikalischer Degradation zurückzuführen ("free radical theory of aging": kurze Lebensdauer bei hohem, radikalproduzierendem O_2-Umsatz pro Körpergewicht und Zeiteinheit; PRYOR).

Start: $R\text{-}H \; + \; ^3O_2 \quad \xrightarrow{\;(Fe)\;} \quad R^{\bullet} \; + \; HO_2^{\bullet}$ (16.7)

Kette: $R^{\bullet} \; + \; O_2 \quad \longrightarrow \quad ROO^{\bullet}$

              $ROO^{\bullet} \; + \; R\text{--}H \quad \longrightarrow \quad R^{\bullet} \; + \; ROOH$ (Alkylhydroperoxid)

Verzweigung: $2\;ROOH \quad \xrightarrow{\;Fe,Cu\;} \quad ROO^{\bullet} \; + \; RO^{\bullet} \; + \; H_2O$

Abbruch: $R^{\bullet} \; + \; R^{\bullet} \quad \longrightarrow \quad R\text{--}R$ (Vernetzung)

Der molekulare Mechanismus des Peroxid-Abbaus durch Selen-enthaltende Glutathion-Peroxidase ist noch nicht eindeutig geklärt (Flohe, Strassburger, Günzler). Zunächst wird angenommen, daß bei pH 7 überwiegend die ionisierte, d.h. die Selenolat-Form R–Se⁻ des Selenocysteins reagiert. Der Abbau von ROOH erfolgt sehr rasch, nahezu diffusionskontrolliert, was die biologische Verwendung dieses eigentlich problematischen Spurenelements rechtfertigt. Eine primäre O-Abstraktion führt möglicherweise zur Stufe RSeOH. Schema 16.8 zeigt einen Katalysemechanismus, der ohne weitere Oxidation zu vierwertigem Selen auskommt, obwohl Hinweise auf die Erreichbarkeit solcher Stufen bei Einwirkung überschüssigen Peroxids auf die Glutathion-Peroxidase *in vitro* existieren. Ein Wechsel der Se-Oxidationsstufe, obwohl naheliegend, konnte experimentell unter physiologischen Bedingungen noch nicht eindeutig nachgewiesen werden.

(16.8)

ROOH, H⁺   ROH

E–Se⁻   E–SeOH

H⁺, G–S–S–H   G–SH

G–SH   E–Se–S–G   H₂O

E: Enzym

Eine Diselenid-Bildung kann wegen der räumlichen Entfernung im strukturell ausreichend charakterisierten tetrameren Protein ausgeschlossen werden. Als Zwischenstufe im Mechanismus (16.8) kommt daher eine Selenidsulfid-Brücke zwischen Enzym und Glutathion-Substrat in Frage; Modellverbindungen mit Se – S-Bindung konnten in der Tat synthetisiert werden. Glutathion und das Protein sind über geladene Aminosäurereste zueinander fixiert, so daß eine hohe Spezifität des Enzyms für gerade dieses Thiol resultiert; eine Spezifität gegenüber dem Peroxidsubstrat ist offenbar nicht gegeben und auch biologisch nicht sinnvoll (Flohe, Strassburger, Günzler). Inzwischen gibt es erste Ansätze, durch gezielte Selenocystein-Modifikation von Proteinen mit eigentlich anderer Funktion Systeme mit einer der Glutathion-Peroxidase vergleichbaren Reaktivität gegenüber Peroxiden zu erhalten (Wu, Hilvert).

17 Die bioanorganische Chemie vorwiegend toxischer Metalle

17.1 Überblick

Die vorangegangenen Kapitel haben gezeigt, auf welche Weise anorganische Elemente in Form ihrer Verbindungen lebensnotwendig sein können. Bei nur genügend großer Dosis sind jedoch in jedem Falle Vergiftungserscheinungen zu erwarten (PARACELSUSSCHES Prinzip, vgl. Abb. 2.3). In bezug auf mögliche Toxizität (HUTZINGER; BOWEN; FIEDLER, RÖSLER; IRGOLIC, MARTELL; MARTIN; SEILER, SIGEL, SIGEL; FERGUSSON) existieren jedoch noch zwei weitere Gruppen anorganischer Elemente: solche, die aufgrund ihrer Seltenheit oder mangelnden Bioverfügbarkeit, z.B. der Unlöslichkeit bei pH 7, (noch) nicht als relevant für Lebensprozesse erkannt wurden, und solche Elemente, von denen bislang *ausschließlich* negative Effekte bekannt geworden sind (Abb. 17.1). Zu letzteren gehören vor allem die "weichen", thiophilen Schwermetalle Quecksilber, Cadmium, Thallium und Blei, wobei aller-

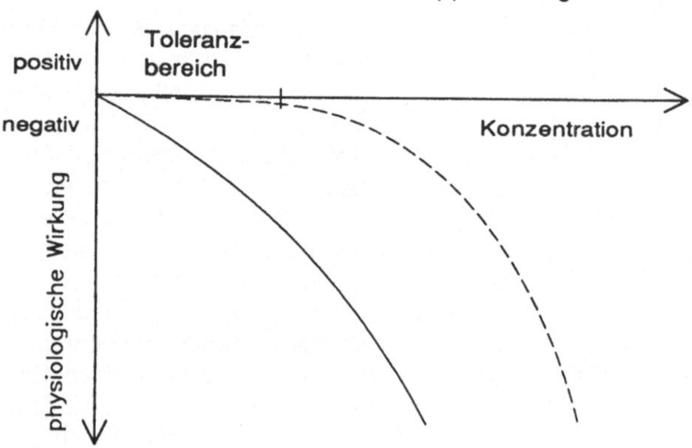

Abbildung 17.1: Mögliche Dosis-Wirkungs-Diagramme für nicht-essentielle Elemente (vgl. Abb. 2.3)

dings für letzteres die Möglichkeit einer positiven Funktion, wenn auch nur in extrem geringer Konzentration, aufgrund der Beobachtung von Mangelerscheinungen bei völligem Entzug für Labortiere in Erwägung gezogen wird.

Andere potentiell toxische Schwermetalle sind in ihren Verbindungen unter physiologischen Bedingungen (oxidierende Atmosphäre, pH 7, Chlorid-Gehalt) nur sehr schwer löslich: Sb, Sn, Bi, Zr, Lanthanoide, Th, W, Ag. Dies gilt auch für einige Leichtmetalle (Ti, Al); die anthropogen bedingte pH-Absenkung in den Böden läßt allerdings das Al^{3+} zunehmend bioverfügbar werden, wo es als stark polarisierendes "hartes" Kation mit hohem Verhältnis Ladung/Ionenradius in unerwünschter Weise an Proteine und Nukleotide binden kann. Insbesondere Enzyme können durch Angriff von Schadmetallen am aktiven Zentrum blockiert werden; einleuchtend ist die Möglichkeit der Substitution von "natürlich vorgesehenen" Metallzentren in Metalloenzymen durch Fremdmetalle mit ähnlicher chemischer Charakteristik: Zn $\leftrightarrow$ Cd; Ca $\leftrightarrow$ Pb, Cd, ^{90}Sr; K $\leftrightarrow$ Tl, $^{134/137}$Cs;   Mg $\leftrightarrow$ Be, Al;   Fe $\leftrightarrow$ ^{239}Pu (vgl. 18.3).

Organismen haben schon vor dem zusätzlichen Eintrag von Schadstoffen in die Umwelt durch den Menschen mit solchen "Giften" wie Cadmium oder Quecksilber auskommen müssen – sei es in Form einer kontinuierlichen "Belastung" (z.B. im Meerwasser) oder bei plötzlich auftretenden, katastrophalen Erscheinungen, etwa nach Vulkanausbrüchen. Für *jedes* Element existiert daher ein auch durch die Biosphäre beeinflußter Kreislauf; das gesamte Öko-System befindet sich – wie die Einzelindividuen – in einem energetischen und stofflichen Fließgleichgewicht (Abb. 2.1). Für einige Elemente wie Blei, Quecksilber oder Chrom spielt die Form der Verbindung, d.h. der Oxidationszustand und die Ligation eine große Rolle hinsichtlich der Toxizität; beispielsweise sind metallorganische Kationen R_nM^+ oft wesentlich toxischer als die Metalle selbst oder ihre hydratisierten Kationen M^{m+}. Zur Entfernung unerwünschter anorganischer Stoffe haben Organismen verschiedenartige, meist energieaufwendige Entgiftungsstrategien entwickelt (IRGOLIC, MARTELL):

– Es können enzymatische Umwandlungen von toxischen zu weniger toxischen Stufen ($Hg^{2+} \rightarrow Hg^0$; $As(OH)_3 \rightarrow {}^+AsR_4$, Kap. 16.4) oder zu flüchtigen, an die Umwelt wieder abgebbaren Verbindungen stattfinden ($SeO_3^{2-} \rightarrow Me_2Se$).

– Membranen können den Durchtritt von hochgeladenen Ionen in besonders gefährdete Bereiche wie Gehirn, Fetus, Zellinneres oder Zellkern verhindern und Schadstoffe auf der Oberfläche binden.

– Ionenpumpen können eingedrungene unerwünschte Stoffe aus dem besonders gefährdeten Zellraum entfernen (AsO_4^{3-}, Kap. 16.4) oder durch Anbieten eines geeigneten Gegenions unschädlich machen (z.B. $Cd^{2+} + S^{2-} \rightarrow CdS\downarrow$; DAMERON et al.).

– Hochmolekulare Verbindungen wie etwa die Metallothionein-Proteine können bis zu einer gewissen Speicherkapazität toxische Ionen fixieren und damit "aus dem Verkehr ziehen".

Eine gesetzliche Abstufung der Gefährdung durch Schwermetalle existiert in Form der Klärschlammverordnung (Tab. 17.1). Allerdings sind diese Grenzwerte immer als aus *politischer Bewertung* hervorgegangene Größen einzuschätzen, die teilweise schon in natürlichen Böden überschritten werden und die Verbindungsform nicht berücksichtigen. Entsprechend Abbildung 2.4 ist die Reaktion einer Population auf unterschiedliche Stoffkonzentrationen nicht einheitlich, sondern zeigt im Idealfall nur quantitativer Unterschiede einen typischen S-förmigen Verlauf, wie er auch zur Rechtfertigung der LD_{50}-Werte (lethale Dosis für 50% der Popula-

Tabelle 17.1: Maximal zulässige Schwermetallbelastung von Böden nach der Klärschlammverordnung

Schwermetall (ionische Form)	Zulässiger Anteil (mg/kg Boden)
Zink (Zn^{2+})	300
Kupfer (Cu^{2+})	100
Chrom (Cr^{3+})	100
Blei (Pb^{2+})	100
Nickel (Ni^{2+})	50
Cadmium (Cd^{2+})	3
Quecksilber (Hg^{2+})	2

tion) bei der toxikologischen Abschätzung herangezogen wird. Innerhalb einer Population komplexerer Organismen wie auch im Vergleich zwischen verschiedenen Spezies sind jedoch auch qualitative Unterschiede in der Reaktion auf "Element-Gifte" zu erwarten.

Entgiftung auf künstlichem Wege durch Komplexierung ist insbesondere bei akuten Schädigungen angezeigt; für die einzelnen Metallionen existieren entsprechend ihrer Charakteristik unterschiedliche Chelat-Liganden (2.1). Typisch ist die Vorliebe von Zn^{2+}, Cd^{2+} und insbesondere Cu^{2+} für N,S-Liganden, von Arsen- und Quecksilberverbindungen für ausschließliche S-Koordination oder von Pb^{2+} und Cd^{2+} für teilweise S-haltige Polychelat-Liganden (vgl. 17.1). Da die Komplexe im physiologischen pH-Bereich stabil und mit dem Urin ausspülbar sein sollen, werden im allgemeinen Chelatliganden mit zusätzlichen hydrophilen Gruppen verwendet. Die letztlich jedoch nicht allzu große Selektivität sowie unerwünschte Nebenwirkungen machen die Verabreichung dieser Chelattherapeutika nur zu einer Notfallmaßnahme (BULMAN).

Radioaktive Isotope sowie die potentielle Mutagenität von Metallverbindungen sind in den Kapiteln 18 und 19 behandelt; im folgenden werden die Schadfunktionen der vier "weichen" Elemente Blei, Cadmium, Thallium und Quecksilber sowie der drei "harten" Metalle Aluminium, Beryllium und Chrom ausführlicher dargestellt.

17.2 Blei

Das älteste und räumlich am weitesten vom Menschen in die Umwelt verbreitete Schadmetall ist das Blei (BOECKX). Im Gegensatz zu Quecksilber und Cadmium ist es in der Erdkruste nicht allzu selten (Abb. 2.2), seine leichte Gewinnung, Verarbeitung, Korrosionsbeständigkeit und seine zunächst scheinbar geringe Toxizität haben es in den Hochzivilisationen der Antike zu einem unentbehrlichen Gebrauchsmetall werden lassen. Eine logarithmische Darstellung der Weltbleiproduktion (Abb. 17.2) illustriert, daß die Gewinnung von Schmuck- und Münzmetallen (Silber, Gold) mit der unvermeidlichen Koproduktion von Blei und seinem Eintrag in die Umwelt einherging; im Vorgang der "Kupellation" wird erhitztes Rohmetall mit Luft behandelt, um das unedlere Blei als flüssiges und z.T. auch flüchtiges Blei(II)oxid auszutreiben (NRIAGU).

Nach Erschöpfung der bekannten Bleireserven in der Spätantike trat mit der Entdeckung Amerikas und seiner Edelmetallvorkommen eine deutliche Steigerung der Weltbleiproduktion ein, die durch einen Bedarf für das Element in Druck- (Bleisatz) und Waffen-Technik (Bleimunition) gefördert wurde und nach der industriellen Revolution mit zusätzlichem Bedarf für Batterien, Lagermetalle, optische Gläser, Farbpigmente (Bleiweiß, Mennige) und Treibstoffadditive noch weiter zunahm. Erst in den letzten Jahren ist ein Abflachen der Weltbleiproduktion eingetreten; es steht jedoch hinter Eisen, Aluminium, Kupfer, Mangan und Zink in der Mengenbilanz produzierter Metalle noch an sechster Stelle.

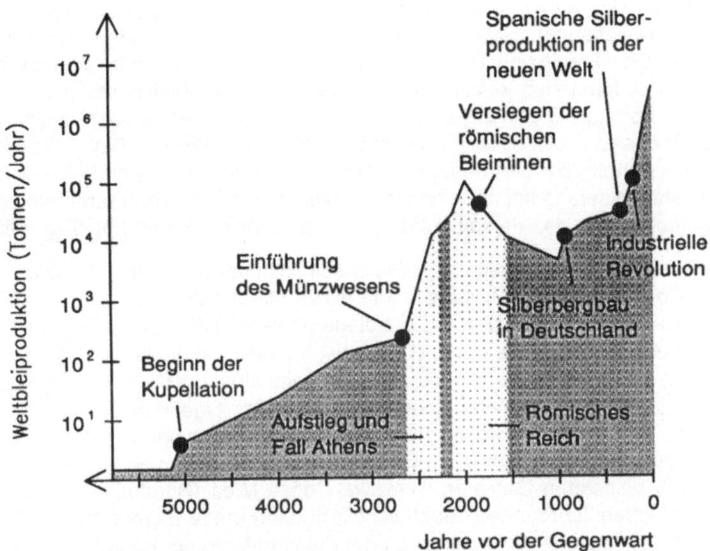

Abbildung 17.2: Logarithmische Darstellung der Weltbleiproduktion seit Beginn der Zivilisation (nach SETTLE, PATTERSON)

Aus Bohrungen im grönländischen Inlandeis ergibt sich, daß die globale Luftbelastung mit Bleiverbindungen innerhalb der letzten 3000 Jahre um mehr als das 100fache angestiegen ist; von der für prähistorische Zeiten geschätzten Konzentration von 0.4 ng Pb/m^3 hat der Bleigehalt bis auf ca. 500 - 10000 ng/m^3 in Ballungszentren zugenommen (BOECKX). Blei ist damit auch jenes Metall, dessen globaler Kreislauf die stärkste anthropogene Veränderung aller Elemente erfahren hat; gegenüber dem natürlichen Zustand wird dieser globale Elementfluß heute um mindestens eine Größenordnung höher eingeschätzt (HOLDREN).

Nicht nur organische Bleiverbindungen wie das Treibstoffadditiv Tetraethylblei Pb(C$_5$H$_5$)$_4$, sondern auch anorganische Bleiverbindungen zeigen eine gewisse Flüchtigkeit und damit eine Tendenz zur Verbreitung durch die Atmosphäre; ähnliches gilt für Cadmium- und Quecksilberverbindungen. Ein großer Teil des Bleis in der Umwelt ist jedoch oxidisch an kleinste Partikel gebunden (BOECKX) und kann so z.B. von Lebensmitteln durch sorgfältiges Waschen entfernt werden.

In Lösung sind die Verhältnisse etwas verwickelter: Mit einem Redoxpotential $E(Pb^{2+}/Pb)$ = -0.13 V gegen die Normalwasserstoffelektrode ist Blei zwar kein edles Metall, bei pH 7 beträgt das Potential 2H$^+$/H$_2$ jedoch -0.42 V, so daß Blei von reinem sauerstofffreiem Wasser nicht angegriffen wird. Luftsauerstoff würde Blei zwar auch in neutraler Lösung langsam oxidieren, wenn nicht die Schwerlöslichkeit von basischem Bleicarbonat und Bleisulfat das Entstehen einer entsprechenden Schutzschicht auf dem Metall hervorrufen würde, wobei Hydrogencarbonat und Sulfat aus natürlichen

Wässern und das Kohlendioxid als Bestandteil der Luft in Anspruch genommen werden. In sauren Lösungen, wie sie etwa beim Eindampfen von Wein mit seinen Fruchtsäuren zur Gewinnung von Traubensirup (Süßkonzentrat, *sapa*) im antiken Rom entstanden sind, kann sich jedoch ein erheblicher Teil der Bleiwandung von Gefäßen und sogar Pb^{2+} aus Bleikristall-Glas lösen (bis 15-30 mg Pb/l); auch das sehr giftige Bleiacetat besitzt einen süßen Geschmack und wird daher als "Bleizucker" bezeichnet. Die erwähnte, bei den höheren Ständen im römischen Reich beliebte Methode der Weinverbesserung hat nach heutigen Erkenntnissen zu chronischer Bleivergiftung mit Überschreitung des derzeit zulässigen Grenzwertes von 500 µg/Tag geführt.

Bleivergiftung (Saturnismus) ist historisch nicht nur mit dem antiken Rom, sondern auch mit der intensiven mittelalterlichen Bergwerks- und Hüttentätigkeit in Zentraleuropa verknüpft (Abb. 17.3). Als Gegenmaßnahme wurde damals der Verzehr von Butter praktiziert; neuere Ansätze der Detoxifikation beinhalten die Entwicklung spezifischer, Thiohydroxamat-enthaltender Liganden (17.1; ABU-DARI, HAHN, RAYMOND). Die Liste von Bleivergiftungen durch Maler-Farben (F. GOYA), im Druckgewerbe und in ökologisch stark belasteten Gebieten wie etwa Copsa Mica (Rumänien) ist lang; in der Mitte des letzten Jahrhunderts noch scheiterte eine große Expedition zur Erkundung der Nordwest-Passage nicht zuletzt an der Bleivergiftung der Besatzung wegen einer fehlerhaften Fertigung der damals neuen, mit Bleilot verschlossenen Konservendosen (KOWAL et al.; BEATTIE, GEIGER).

Thiohydroxamat:

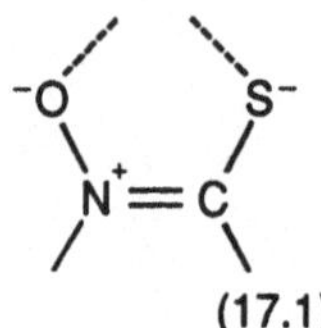

$$(17.1)$$

Wie bei vielen anderen Elementen ist auch die Verweildauer von Blei und seinen Verbindungen vom Ort der Deposition im Körper abhängig. Im Blut und in weichem Gewebe (Leber, Niere) beobachtet man Retentionszeiten von etwa einem Monat; die Blei-Verbindungen werden mit dem Urin, dem Schweiß oder als Bestandteile von (sulfidhaltigen) Haaren und Nägeln ausgeschieden (BOECKX). Die feste Bindung von Schwermetallen an sulfidreiches Keratin in den langzeitsta-

Abbildung 17.3: Mittelalterliche Bleiverhüttung erfordert den Verzehr von Milchprodukten wie etwa Butter (im Vordergrund) als Mittel gegen Bleivergiftung (aus G. AGRICOLA: *De re metallica*, 1556)

bilen Haaren und Nägeln erlaubt einen guten forensischen Nachweis von Schwermetallvergiftung; das langsame Wachstum ermöglicht in einigen Fällen sogar, den zeitlichen Ablauf dieser Vergiftungen zu verfolgen. Der weit überwiegende Anteil des Bleis wird jedoch nicht zuletzt wegen vergleichbar schwerlöslicher Salze von Pb^{2+} und Ca^{2+} im Knochen gespeichert (BOECKX; KOWAL et al.), wo die Verweildauer 30 Jahre betragen und möglicherweise Einfluß auf die Ausbildung von Osteoporose nehmen kann.

Vergiftung mit organischen Bleiverbindungen, insbesondere mit dem aus Tetraethylblei durch Carbanion-Abgabe entstehenden Triethylblei-Kation $(C_2H_5)_3Pb^+$ (RÖDERER), führt ähnlich wie bei Organoquecksilber-Kationen RHg^+ (Kap. 17.5) und Triorganozinn-Kationen R_3Sn^+ zu schweren Störungen des zentralen und peripheren Nervensystems (Krämpfe, Lähmungen, Koordinationsverlust, geistiges Zurückbleiben in der Wachstumsphase). Begünstigt wird dies durch die Permeabilität von Membranen, einschließlich der Blut-Hirn-Schranke (MAELICKE; GOLDSTEIN, BETZ) für solche Teilchen. Vergiftungen mit anorganischen Bleiverbindungen bewirken dagegen primär hämatologische und gastro-intestinale Symptome (Koliken). Physiologisch wird schon bei relativ geringen Blei-Konzentrationen eine Hemmung der zinkabhängigen 5-Aminolävulinsäure-Dehydratase (ALAD) beobachtet (12.18), welche einen essentiellen Schritt für die Porphyrin-(Häm-)Biosynthese, den Pyrrolringschluß zu Porphobilinogen, katalysiert (Kap. 12.4). Das Auftreten von unumgesetzter 5-Aminolävulinsäure (ALA) im Urin ist daher ein Indiz für Bleivergiftung (BOECKX). Da auch der Einbau von Eisen in den Porphyrin-Liganden mit Hilfe der Hämsynthetase (Ferrochelatase) durch Bleiverbindungen inhibiert wird, erscheinen Porphyrin-Vorstufen, die "Protoporphyrine" im Urin, und es resultiert insgesamt bei Bleivergiftung eine Form der Anämie (Abmagerung, Mattigkeit), bevor schließlich auch hier die neurotoxischen Symptome manifest werden (BOECKX; KOWAL et al.; ABU-DARI, HAHN, RAYMOND). Weitere toxische Effekte bei Bleivergiftungen sind Reproduktionsstörungen (Sterilität, Fehlgeburten). Die Reduktion von organischen Bleiverbindungen in Kraftstoffen auf dem nordamerikanischen Kontinent hat erwiesenermaßen zu einem deutlichen Rückgang der Bleibelastung im Blut geführt (BOECKX). Ein gerade bei Blei je nach Herkunftsquelle unterschiedliches Isotopenverhältnis (Blei als Endpunkt radioaktiver Zerfallsreihen, 18.1) erlaubt detaillierte Verteilungs- und Herkunftsanalysen (KOWAL et al.; FACCHETTI).

17.3 Cadmium

Cadmium besitzt in seiner ionischen Form Cd^{2+} mit einem Ionenradius von 95 pm eine große chemische Verwandtschaft zu zwei biologisch sehr wichtigen Metallionen, dem leichteren Homologen Zn^{2+} (74 pm) und dem etwa gleich großen Ca^{2+} (100 pm). Entsprechend kann Cadmium sowohl als "weicheres" (Abb. 2.6), thiophileres Metall das Cysteinat-koordinierte Zink aus entsprechenden Enzymen verdrängen, in speziellen Fällen sogar ersetzen (PRICE, MOREL) als auch das Calcium in Knochengewebe substituieren; Cadmium wird deutlich giftiger eingeschätzt als Blei (vgl. Tab. 17.1).

Die nach chronischer Cadmiumvergiftung auftretenden, äußerst schmerzhaften Skelettdeformationen und -versprödungen sind in großem Ausmaß in Japan als "Itai-Itai-Krankheit", vorwiegend bei zu Osteoporose neigenden älteren Frauen beobachtet worden, nachdem cadmiumhaltige Abwässer in den fünfziger Jahren auf Reisfelder geleitet worden waren. Die Cadmium-Gehalte im anorganischen Teil der Skelette von Itai-Itai-Patienten betrugen bis über ein Gewichtsprozent; erschwerend kam offenbar eine Calcium-arme Ernährung hinzu. Ist Cadmium erst in den Skelett-Speicher gelangt, so beträgt die biologische Verweildauer einige Jahrzehnte.

Cadmium wird als Bestandteil von Batterien (Ni/Cd-Akkumulator, steigende Tendenz), Farbpigmenten (CdS oder CdSe), Kunststoff-Stabilisatoren und zur Oberflächenbehandlung von Metallteilen verwendet (fallende Tendenz, TÖTSCH); ferner tritt es als Begleitprodukt bei der Verhüttung von Zink auf. Die Aufnahme von Cadmium kann über die Nahrung erfolgen; Leber und Niere von Schlachttieren sowie Pilze gelten als potentiell cadmiumreich. Besonders effektiv ist die Cadmium-Absorption über den Tabakrauch; der Cd-Gehalt im Blut von Rauchern ist um ein Vielfaches höher als der von Nichtrauchern. In hohen Konzentrationen haben sich Cadmiumverbindungen im Tierversuch als carcinogen erwiesen.

Hauptorte der primären Cadmium-Anreicherung sind auch im menschlichen Körper Leber und Niere, wobei hier wie bei einer großen Anzahl anderer Organismen kleine (ca. 6 kDa) und mit bis zu 30% ungewöhnlich Cystein-reiche Proteine das weiche Schwermetall bevorzugt binden. Diese "Metallothioneine" zeigen eine starke Sequenzhomologie, insbesondere in bezug auf die Cysteinreste (Abb. 17.4), so daß von einer evolutionsgeschichtlich frühen Optimierung und einer essentiellen Funktion dieser Verbindungen ausgegangen werden kann (DIETER, ABEL; GRILL, ZENK; HUNZIKER, KÄGI; KÄGI, SCHÄFFER). Neben Leber und Niere sind bei Säugetieren Dünndarm, Bauchspeicheldrüse und Hoden reich an diesen Proteinen. Untersuchungen zur Struktur der Säugetier-Form sind mittels Röntgenbeugung (FUREY et al.), EXAFS- (LU et al.), UV-, CD- und vor allem ^{113}Cd-NMR-Spektroskopie erfolgt (^{113}Cd: I = 1/2, 12.3% nat. Häufigkeit; VASAK). Übereinstimmend wurde gefunden, daß insgesamt sieben jeweils vierfach S-koordinierte Metallzentren in zwei Clustern durch neun bzw. elf Cysteinreste gebunden werden können (Abb. 17.4).

Die Peptidsynthese der Cys-reichen Domänen von Metallothioneinen hat gezeigt, daß auch synthetische Polypeptide eine Metallbindung eingehen und damit den Weg zu modifizerten Metallothioneinen eröffnen können (KULL et al.). Pflanzen und Mikroorganismen besitzen zum Teil andere Cystein-reiche Proteine, die Phytochelatine, welche vermutlich ebenfalls der Schwermetall-(Cu-, Zn-, Cd-)Homöostase dienen (GRILL, ZENK).

Die Funktion der Metallothioneine ist sehr wahrscheinlich mehrfacher Art, wobei je nach Organismus und Proteinvariante unterschiedliche Schwerpunkte gesetzt werden können:

–   Die nicht völlig unumstrittene Entgiftungsfunktion (GRILL, ZENK) existiert vor allem
    gegenüber Cadmium(II), aber auch gegenüber anderen Thiolat-liebenden Schwer-

metall-Zentren wie Kupfer(I), Silber(I) und Quecksilber(II), die allerdings im Vergleich zu Cd(II) zu noch niedrigeren Koordinationszahlen wie 3 oder 2 neigen. In diesen Fällen können bei anders gearteter Koordination 12 oder sogar 18 Metallzentren pro Metallothionein gebunden werden.

– Als zweites wird eine Speicher-(Puffer-)Funktion für die in "unvergifteten" Organismen anstelle des Cadmiums gebundenen essentiellen Metalle Zink und Kup-

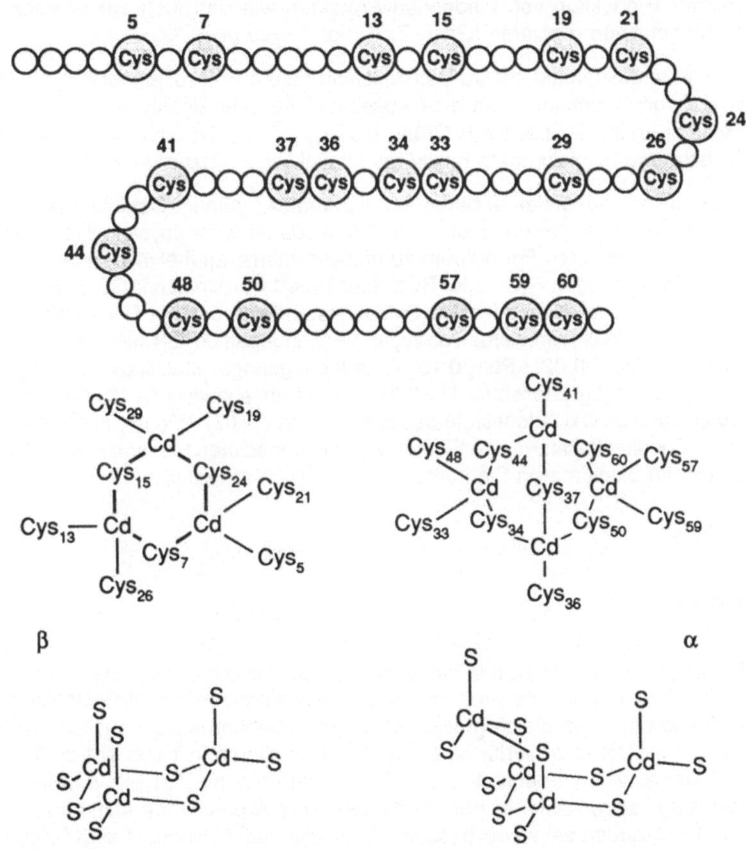

Abbildung 17.4: Typische Cystein-Verteilung in der Aminosäuresequenz von Metallothioneinen (oben), Bindung der zwölf terminalen und acht verbrückenden Cysteinat-Reste an insgesamt sieben Cd-Zentren (Mitte) sowie idealisierte Strukturen der beiden resultierenden Cluster (unten): [3Cd-3S]-Sessel (β-Cluster) und [4Cd-5S]-Adamantan-Fragment (α-Cluster)

fer angenommen. Die ubiquitären Metallothioneine könnten so der Homöostase und dem Transport Thiolat-liebender Metallionen dienen.

–   Eine dritte Funktion extrem Thiol-reicher Proteine kann im Abfangen freier Radikale wie etwa OH liegen (vgl. Tab. 16.1). Das Cu(I)-enthaltende oder metallfreie Apoprotein ist extrem oxidationsempfindlich, neigt jedoch aufgrund der Proteinstruktur *nicht* zur Ausbildung von Disulfid-Brücken.

Umstritten ist noch, in welchem Maße Organismen auf Schwermetallbelastung mit erhöhter Produktion von bindenden Proteinen wie den Metallothioneinen oder den Phytochelatinen reagieren (GRILL, ZENK; vgl. hierzu auch Kap. 17.5).

Eine andere Strategie zur Cd-Detoxifikation haben Hefezellen herausgebildet. In Gegenwart von Cadmium findet eine Ausscheidung sehr kleiner peptidstabilisierter CdS-Teilchen statt, die bei einer Größe bis 200 nm im Bereich zwischen großem Metallcluster und halbleitendem Festkörperkristall liegen (DAMERON et al.).

Im Gegensatz zu vielen anderen Schwermetallen gelangt Cadmium *nicht* leicht in das zentrale Nervensystem oder in den Fetus, da es unter physiologischen Bedingungen in der ionisierten Form kaum zu stabilen membranüberwindenden metallorganischen Verbindungen R_2Cd oder RCd^+ bioalkyliert werden kann (GLOCKLING, CRAIG). Grund hierfür ist das relativ niedrige Oxidationspotential des mit E = -0.40 V wenig edlen Elements; bioalkyliert werden dagegen Verbindungen der Elemente Hg (+0.85 V), Se (+0.20 V), Te (-0.02), Pb (-0.13 V, jedoch geringe Stabilität), Sn (-0.15 V), As (-0.22 V) und möglicherweise Tl (-0.34 V; Potentiale jeweils für die Oxidation zur niedrigsten stabilen Oxidationsstufe des Elements bei pH 7). Wie in Kap. 3.2.4. erläutert, erfolgt Cobalamin-katalysierte Biomethylierung der edleren Elemente carbanionisch, die der leichter oxidierbaren Elemente wahrscheinlich radikalisch.

17.4 Thallium

Wie Cadmium ist Thallium in seiner biologisch stabilen einwertigen Form Tl^+ ein thiophiles Schwermetall, welches an Stelle eines anderen "natürlichen" Analogen, hier an Stelle des etwa gleich großen K^+, durch Membranen in sensitive Bereiche gelangen kann. Ursache hierfür ist die leichte Reduzierbarkeit von Tl^{3+} zu Tl^+ (E_0 = +1.28 V), der ähnliche Ionenradius von Tl^+ (159 pm) und K^+ (151 pm, jeweils für Koordinationszahl acht) sowie die dem Silber-Ion Ag^+ entsprechende Affinität zu anionischen S(-II)-Liganden bei etwas besserer Löslichkeit des Chlorids. Langfristige Symptome schwerer Thalliumvergiftung sind Lähmungserscheinungen und Störungen der Sinneswahrnehmung (Neurotoxizität), typisch sind jedoch zunächst Gastroenteritis und Haarausfall.

Entsprechend der Ähnlichkeit K^+/Tl^+ gelangt letzteres in fast alle Bereiche des Organismus und kann dann als Depotgift gespeichert werden. Viele K^+-assoziierte Enzyme wie etwa Aminosäure- und Enzym-Synthetasen, die Na^+/K^+-ATPase (Kap. 13.4) und vor allem der für die Nervenzellen energieliefernde Pyruvat-Metabolismus (Kap. 14.1, Abb. 14.2) werden durch Thallium inhibiert (DOUGLAS, BUNNI, BAINDUR). Als Gegenmaßnahmen bei einer Thalliumvergiftung sind ausdrücklich *nicht* Chelattherapeutika, sondern Dialysen, K^+-Zufuhr und die Verabreichung größerer Mengen gemischtvalenter Eisencyanid-Komplexe vom Typ des Berliner Blaus $Fe_4[Fe(CN)_6]_3$ in kolloidaler Form angezeigt. Letztere sind aufgrund ihrer "offenen" Struktur (LUDI) in der Lage, als ungiftige, d.h. nicht größere Mengen Cyanid freisetzende Kationenaustauscher K^+ oder eben auch Tl^+ aufzunehmen und dieses so aus dem Organismus zu entfernen.

17.5 Quecksilber

Quecksilber ist ähnlich dem Blei ein sehr altes Umweltgift, schon PLINIUS DER ÄLTERE beschrieb die hohe Sterblichkeit von Arbeitern in Quecksilber-Bergwerken. Wurde Quecksilber später in verschiedenen Formen als Therapeutikum ("graue Salbe", desinfizierende Mercurochrom-Salze) sowie als Bestandteil fungizider Beizen eingesetzt, so haben vor allem die weltweit bekannt gewordenen Vergiftungen durch Hg-Eintrag in die Minamata-Bucht in Japan (ca. 1940-1960) und durch Organoquecksilber-gebeiztes Saatgetreide im Irak (1972) die extreme Toxizität vieler Quecksilberverbindungen bewußt werden lassen. Dementsprechend ist die Verwendung von Quecksilber, z.B. im Chloralkali-Elektrolyseverfahren zur großtechnischen Herstellung von Chlor und Natronlauge in den Industrieländern weitgehend zurückgedrängt worden. Gerade bei Quecksilber sind viele Schwermetalltoxizitäts-Probleme wie etwa
– die starke Abhängigkeit von der Verbindungsform des Elements,
– der Einfluß menschlicher Tätigkeit auf den "natürlichen" globalen Kreislauf,
– die Zeitabhängigkeit der Umwandlung und Verbreitung im menschlichen Körper sowie
– die mögliche Resistenz von Mikroorganismen
im Detail untersucht worden.

Zunächst zum Element selbst. Quecksilber ist ein relativ edles, d.h. in normaler Atmosphäre nicht korrodierendes, bei Raumtemperatur flüssiges und auch verhältnismäßig flüchtiges Schwermetall. Der Sättigungsdampfdruck liegt bei ca. 0.1 Pa, entsprechend etwa 18 mg Hg/m^3 und damit schon deutlich über den üblichen Grenzwerten von 0.1 mg/m^3. Eine akute Vergiftung mit metallischem Quecksilber ist zwar sehr selten, chronische Vergiftungen sind jedoch seit der extensiven Verwendung dieses Metalls in Physik und Chemie von den betroffenen Wissenschaftlern selbst detailliert beschrieben worden. Insbesondere beim Arbeiten in mangelhaft durchlüfteten Räumen, in denen metallisches Quecksilber nach Verschütten längere Zeit in Kontakt mit der Raumluft stand, treten nach und nach die typischen neurologischen Symptome der Quecksilbervergiftung auf, wie sie vor allem von ALFRED STOCK (1876-1946), dem Erfinder der Hochvakuum-Präparationstechnik mit Hg-Metallventilen, in den zwanziger Jahren beschrieben wurden (MELLON). Neben äußeren Erkennungsmerkmalen wie dem auch bei einer Bleivergiftung auftretenden schwarzen Saum an den Zähnen folgen auf Durchblutungsstörungen an den Extremitäten die Beeinträchtigung der Koordination (z.B. beim Schreiben), Erregbarkeit ("mad hatter"-Syndrom der $Hg(NO_3)_2$-verwendenden Hutmacher, vgl. LEWIS CARROLLS *"Alice's Adventures in Wonderland"*), Gedächtnisverlust sowie bei extrem hoher Belastung Taubheit, Blindheit und Tod. STOCK hat nach Erkennen der Ursache seiner Krankheit für Abhilfe in Form von Lüftungssystemen im Labor gesorgt und nach einer Erholungsphase noch lange Jahre – wenn auch mit Einschränkungen (MELLON) – wissenschaftlich arbeiten können. Quecksilber-Metall selbst besitzt eine gewisse, wenn auch sehr geringe Löslichkeit in Wasser oder Blut. In amalgamierter (legierter) Form, insbesondere als Bestandteil der Ag-, Sn-, Zn- und Cu-enthaltenden Zahnplomben ist Quecksilber weitaus weniger flüchtig und wasserlöslich, das langfristige gesundheitliche Gefährdungspotential durch die zweifellos vorhandene Hg-Zusatzbelastung aus wenig lösiichem Zahnamalgam wird weithin kontrovers diskutiert.

In der üblichen oxidierten Form, als Hg^{2+}-Ion, ist Quecksilber akut toxisch, da diese Spezies bei pH 7 leicht löslich ist und mit den in Körperflüssigkeiten häufiger vorkommenden Anionen keine unlöslichen Verbindungen bildet. Eine besonders toxische Form stellen metallorganische Kationen RHg^+ und hier insbesondere das Methylquecksilber-Kation dar, welches aus Hg^{2+} durch carbanionische Biomethylierung (Kap. 3.2.4) im Organismus gebildet werden kann (17.2; GLOCKLING, CRAIG). Die besondere Toxizität erklärt sich aus dem ambivalent lipophilen/hydrophilen Charakter solcher metallorganischer Kationen, was ihnen erlaubt, die speziell gestalteten Membran-Trennwände zwischen dem Nervensystem oder dem wachsenden Fetus und dem übrigen Organismus zu überwinden. Die Placenta-Membran wie auch die Blut-Hirn-Schranke (MAELICKE; GOLDSTEIN, BETZ) stellen für viele Stoffe ein Hindernis dar, solange diese nicht – wie etwa die Genußgifte Ethanol und Nikotin oder eben auch R_nM^+-Ionen – relativ klein sind, über ein hydrophiles *und* lipophiles Ende verfügen und damit weder im wäßrigen Plasma noch im unpolaren Membranbereich dieser Barrieren aufgehalten werden.

Hinzu kommt, daß Quecksilber als edles Metall wie auch Silber oder Gold mit Chlorid relativ kovalente Bindungen eingeht, so daß bei der Aufnahme von Organo-Quecksilberverbindungen aus der Nahrung im Magen mit seinem hohen Salzsäuregehalt die wenig dissoziierten Moleküle RHgCl entstehen können, welche aufgrund ihrer Fettlöslichkeit gut resorbierbar sind. Quecksilberverbindungen zeichnen sich durch sehr geringe Koordinationszahlen des Metallzentrums aus; überwiegend wird die Koordinationszahl zwei mit linearer Anordnung bevorzugt. Damit besitzt Quecksilber keine günstigen Voraussetzungen für effektive Chelatkoordination; auch die Metallothionein-Entgiftungswirkung für dieses thiophile Schwermetall ist nicht so wirksam, wie sie beim Cadmium mit seiner bevorzugten Koordinationszahl vier sein kann.

Zentren von Nukleobasen erfolgen, die mutagene Wirkung von Organoquecksilber-Verbindungen ist daher nicht überraschend.

$$(17.3)$$

Die relativ geringe akute Gefährdung durch elementares Quecksilber und seine Flüchtigkeit haben es Bakterien erlaubt, eine mit Blick auf den zunehmenden Schwermetall-Eintrag in die Umwelt vieluntersuchte Resistenz gegenüber Hg-Verbindungen zu entwickeln (MOORE et al.). Entsprechende Organismen wurden aus Hg-belasteten Böden oder Gewässern, z.B. dem Hafen von Boston (USA) isoliert. Ihr gegen "Schwermetall-Streß" wirksames Entgiftungssystem ist zum Teil auch schon in seinen genetischen Einzelheiten verstanden; ausgelöst und kontrolliert wird zunächst die Synthese benötigter Proteine durch ein Gen-regulierendes Protein MerR.

MerR ist ein schon gegenüber nanomolaren Konzentrationen von Hg^{2+} empfindliches und im Vergleich zu den im Periodensystem benachbarten Ionen Cd^{2+} oder Au^+ stark Hg^{2+}-selektives Metalloregulations-Protein, welches Quecksilber vermutlich in dreifach Cysteinat-koordinierter Form bindet (WATTON et al.). Es kontrolliert nicht nur seine eigene Synthese, sondern nach Metall-Aufnahme die Aktivierung einer RNA-Polymerase zur Synthese weiterer Proteine. Von diesen dienen MerP der periplasmatischen Aufnahme von gelöstem Quecksilber (Hg^{2+}, RHg^+) und MerT dem Transport durch die Membran ins Zellinnere. Chemisch interessant sind insbesondere die beiden weiteren Enzyme: Die Organoquecksilber-Lyase (MerB) ist ein relativ kleines (22 kDa) monomeres Protein, das die Spaltung von kinetisch inerten Hg–C-Bindungen um das 10^6-10^7-fache beschleunigt (17.4).

$$RHgX + H^+ + X^- \rightleftharpoons R-H + HgX_2 \qquad X = R'S,\ Hal \qquad (17.4)$$

Das Enzym, welches mit geringerer Effizienz auch einige Tetraorganozinn-Verbindungen spaltet, enthält vier konservierte Cystein-Reste, die vermutlich der Hg-Bindung dienen. Eine mechanistische Hypothese (17.5; Moore et al.) zeigt die mögliche Funktion *mehrerer* Cystein-Liganden im Sinne einer konzertierten Substitution R$^-$/Cys$^-$ unter Austritt von Kohlenwasserstoff R–H bei erhöhter Metallkoordinationszahl im Übergangszustand **3**.

$$(17.5)$$

Reduktion des gebundenen Hg(II) zum flüchtigen, relativ weniger toxischen elementaren Quecksilber erfolgt durch eine erstaunlich spezifische Hg(II)-Reduktase MerA, ein dimeres Flavin- und NADPH-enthaltendes Protein mit 2 x 60 kDa Molekülmasse. Das Gleichgewicht der katalysierten Reaktion (17.6) hängt von dem entatischen Streß ab, der vom Enzym den normalerweise außerordentlich stabilen Bis(thiolato)quecksilber(II)-Komplexen aufgezwungen wird.

$$Hg(SR)_2 \; + \; NADPH \; + \; H^+ \; \rightleftharpoons \; Hg \; + \; NADP^+ \; + \; 2\,RSH \tag{17.6}$$

Im aktiven Zentrum an der Grenze beider Proteinuntereinheiten α_1 und α_2 liegen vier Cystein-Reste sowie Flavinadenindinukleotid (FAD) vor. Diskutiert wird sowohl eine Erhöhung der Metall-Koordinationszahl als auch eine aktivierende Hg-Koordination an *beide* Untereinheiten (17.7; Moore et al.), bevor durch Elektronenübertragung vom NADPH zweifach reduziertes Flavin als FADH$^-$ erzeugt wird. Der Mechanismus des abschließenden raschen *Zwei*elektronentransfers von FADH$^-$ auf speziell koordiniertes Hg(II) ist noch unklar.

$$\text{(17.2)}$$

RS-Hg-SR

2 H$_2$O $\leftarrow$ ... $\leftarrow$ 2 RS$^-$

H$_2$O $\rightarrow$ Hg^{2+} $\leftarrow$ OH$_2$ RS-Hg-CH$_3$

Methylcobalamin (vgl. 3.4)   Aquocobalamin   H$_2$O   Cl$^-$ $\leftarrow$ ... $\leftarrow$ RS$^-$ (z.B. Enzymgebundenes Cysteinat)

H$_2$O $\rightarrow$ $^+$Hg-CH$_3$ $\rightleftharpoons$ Cl-Hg-CH$_3$

Cl$^-$ (neutral, kaum dissoziiert, fettlöslich)

Methylcobalamin   Cl$^-$ Aquocobalamin

H$_3$C-Hg-CH$_3$
(Siedepunkt 96°C)

Wie die Gleichgewichte in (17.2) illustrieren, beruht die schädigende Wirkung von Verbindungen des Quecksilbers (*mercurium*) auf der extrem ausgeprägten Affinität zu den auch als Mercaptide (*mercurium captans*) bezeichneten Thiolat-Liganden wie etwa dem Cysteinat; hierfür wurden in Abwesenheit von Chelateffekten Komplexbildungskonstanten zwischen 10^{16} und 10^{22} ermittelt. Damit greifen Hg-Verbindungen generell alle Proteinstrukturen und insbesondere Enzyme an, in denen Cystein-Reste als metallkoordinierende, redoxaktive oder über Disulfidbrücken konformationsbestimmende Gruppen die Aktivität wesentlich beeinflussen. Charakteristisch ist allerdings, daß die RHg$^+$-Thiolatbindung trotz der extrem günstigen Gleichgewichtslage kinetisch labil ist, so daß bei Anbieten eines besseren Liganden, etwa des Dimercaprols (2.1) oder der Dimercaptobernsteinsäure HOOC-CH(SH)-CH(SH)-COOH eine Umkomplexierung und damit Ausscheidung möglich ist. Die kinetische Labilität beruht auf der räumlich leichten Erreichbarkeit von Übergangszuständen der assoziativen Substitution (vgl. 14.7) mit drei- oder vierfacher Metallkoordination. Sie hat allerdings auch zur Folge, daß sich toxische Quecksilberverbindungen im Körper rasch auf diejenigen Stellen verteilen können, welche die höchste Affinität zu diesem Schwermetall besitzen; überwiegend wird Quecksilber in Leber und Niere sowie im Gehirn gefunden.

Ambivalent und stark von den Reaktionsbedingungen abhängig ist auch die Bindung von CH$_3$Hg$^+$ an Nukleobasen; (17.3) zeigt das strukturell dokumentierte Beispiel des 8-Aza-modifizierten Adenins (SHELDRICK, BELL). Ungewöhnlich ist vor allem die Fähigkeit von RHg$^+$ zur (N)H-Substitution bei primären Aminen in neutraler oder basischer Lösung. In einigen Fällen kann auch relativ inerte Bindung an Kohlenstoff

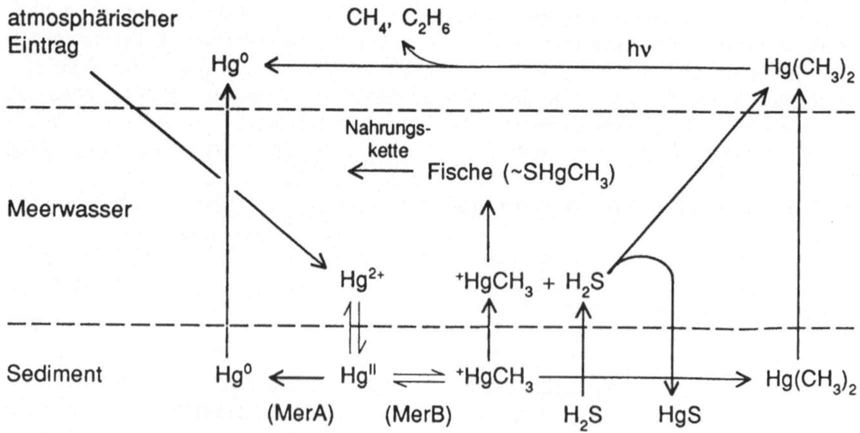

$$\text{(17.7)}$$

Isomere mit höherer Koordinationszahl? (17.7)

Der globale Kreislauf des Quecksilbers in der Natur wird durch die Flüchtigkeit des Elements und seiner Verbindungen, vor allem von nach vollständiger Biomethylierung entstandenem Dimethylquecksilber (Sdp. 96 °C) bestimmt; natürliche und (lokal konzentrierte) anthropogene Quellen tragen heute in etwa gleicher Größenordnung bei. Erstaunlich ist die zum Teil viele Größenordnungen umfassende Anreicherung von Organoquecksilber-Verbindungen durch Meerestiere, insbesondere durch Raubfische (Nahrungskette), die daher auch eine wesentliche Hg-Quelle in der Nahrung für den Menschen darstellen; die biologische Halbwertszeit von $MeHg^+$ in Fischen wird auf einige Jahre veranschlagt. Weniger bekannt ist demgegenüber die große Rolle von Bakterien bei der Überführung von Quecksilberverbindungen in flüchtige Formen, sei es durch Methylierung in sauerstoffarmer Umgebung zu Methylquecksilber oder durch Reduktion zum Metall (17.6). Abbildung 17.5 gibt eine stark vereinfachte Darstellung des Hg-Kreislaufs im marinen Ökosystem.

Abbildung 17.5: Mariner (Organo-)Quecksilber-Kreislauf (vereinfacht)

17.6 Aluminium

Erst in neuester Zeit ist Aluminium als "Schadmetall" in den Vordergrund des wissenschaftlichen und öffentlichen Interesses geraten. Auslösend hierfür sind einerseits die neuartigen Waldschäden, die zumindest teilweise mit einer Versauerung von Böden und der daraus folgenden Freisetzung von Al^{3+} in Beziehung gebracht werden. Ein weiterer Anlaß für die Beschäftigung mit der Rolle von Aluminium in Organismen war die röntgenmikroanalytische Entdeckung von Aluminiumsilikat-Anreicherung in bestimmten Hirngewebe-Regionen von ALZHEIMER-Patienten. In beiden Fällen ist eine befriedigende Beziehung zwischen Ursache und Wirkung noch nicht hergestellt worden; die erwähnten Anlässe haben dieses lange vernachlässigte Gebiet jedoch neu belebt (MASSEY, TAYLOR; MARTIN 1988).

Nach allen vorliegenden Erkenntnissen handelt es sich beim Aluminium, dem vom molaren Anteil häufigsten echten Metall in der Erdkruste (Abb. 2.2) und dem zweitwichtigsten Werkmetall, um ein Element praktisch ohne "natürliche" biochemische Funktion. Grund hierfür mag die gerade bei pH 7 sehr geringe Löslichkeit in Wasser sein; das in seinen Verbindungen nahezu ausschließlich dreiwertige Aluminium liegt dann fast vollständig als unlösliches Hydroxid $Al(OH)_3$ oder als dessen Kondensationsprodukte $AlO(OH)$ bzw. Al_2O_3 vor (vgl. 8.20). Abbildung 17.6 verdeutlicht, daß der zwischen pH 5 und 7 gelöste Rest sich aus kationischen und anionischen Hydroxokomplexen zusammensetzt. Ab pH 5 im Sauren wird allerdings das hydratisierte Al^{3+}-Ion zur dominanten Spezies, welche aufgrund des hohen Verhältnisses Ladung(3+)/Radius(50 pm) eine stark ligandenpolarisierende Lewis-Säure darstellt. In Abwesenheit von Komplexbildnern, z.B. in wenig organisches Material enthaltenden Böden, kann dieses Ion durch genügend saure Niederschläge freigesetzt und damit bioverfügbar gemacht werden.

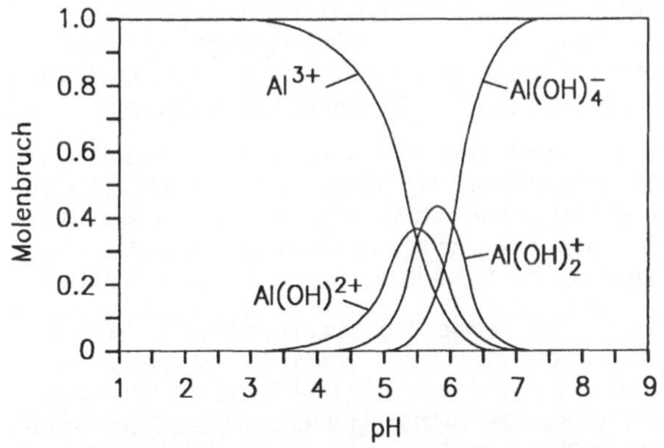

Abbildung 17.6: Molare Anteile verschiedener löslicher Komplexe (jeweils hydratisiert) in Al(III)-enthaltenden wäßrigen Lösungen bei unterschiedlichen pH-Werten

Böden sind je nach Zusammensetzung mehrfach gegenüber Säureeintrag gepuffert: Auf Kalkböden dominieren dem Kohlensäure/Hydrogencarbonat-Puffer entsprechende neutrale bis leicht basische pH-Werte, während Silikate wie etwa die Aluminium-enthaltenden Feldspäte bei ca. pH 5 - 6.5 puffern. In einem Teilprozeß der "Verwitterung" werden daraus Alkali- und Erdalkalimetallionen freigesetzt, und es resultieren schwerer lösliche Oxide. Erst unterhalb von pH 5 werden die Aluminium-enthaltenden, locker aufgebauten Tonmineralien unter Abgabe von Al^{3+}(aq) angegriffen (Austausch gegen H^+); bei weiter sinkendem pH beginnen sich dann weitere Alumosilikate sowie schließlich die Aluminium- und Eisenoxide selbst zu lösen.

Als pflanzenschädigende und auch sonst biologisch unerwünschte lösliche Formen kommen Hydroxyalumosilikate sowie das lediglich hydratisierte Al^{3+}-Ion in Betracht, welches aufgrund höherer Ladung und geringerem Ionenradius das Mg^{2+} mit großer Effizienz verdrängen kann. Hierbei muß es sich nicht um einen Ersatz des Magnesiums im Chlorophyll handeln; die wesentlich höhere Lewis-Acidität, festere Ligand-Koordination und weitaus langsamere Ablösegeschwindigkeit des Al^{3+} gegenüber dem Mg^{2+} führt zu einer Veränderung, im allgemeinen zu einer Blockierung Mg^{2+}-regulierter biochemischer Prozesse. Insbesondere die zahlreichen Mg^{2+}/Enzym-induzierten Phosphatübertragungsreaktionen (vgl. Kap. 14.1) werden durch Al^{3+} beeinträchtigt. Die hohe Affinität von Al^{3+} zu den gleichfalls hochgeladenen Phosphatgruppen verhindert eine effiziente, d.h. eine mit rascher Wiederherstellung des substratfreien Katalysatorsystems einhergehende Katalyse. So bindet beispielsweise das ATP-Tetraanion Al^{3+} mindestens tausendfach stärker als Mg^{2+}. Selbst der Austausch von Wassermolekülen in der ersten Koordinationssphäre des Hydratkomplexes verläuft beim Aluminium-System um mehr als fünf Größenordnungen langsamer als im Mg^{2+}-Hydratkomplex, so daß die effektive thermodynamische *und* kinetische Blockierung Mg^{2+}-abhängiger enzymatischer Vorgänge im Falle von Kinasen, Cyclasen, Esterasen und Phosphatasen nicht unerwartet ist (Cowburn, Farrar, Blair).

Zu den anorganisch-mineralisch bedingten Folgen der Bodenversauerung in Wäldern gehört das gestörte Wurzelwachstum von Bäumen aufgrund eines hohen Aluminium/Calcium- und Aluminium/Magnesium-Verhältnisses. Zusätzlich wirken Säure und atmosphärischer Stickstoff-Eintrag (NH_4^+) antagonistisch in bezug auf Mg^{2+} (vgl. Abb. 2.5) und reduzieren so ebenfalls die Bioverfügbarkeit dieses wichtigen Ions.

Komplexchemisch bevorzugt Al^{3+} als kleines, hochgeladenes Metallion eine Koordination mit negativ geladenen sauerstoffhaltigen Liganden. Im Blutplasma, d.h. bei geringer Phosphatkonzentration (Dayde, Filella, Berthon) findet Chelatkomplex-Bildung in erster Linie mit dem teilweise oder vollständig deprotonierten Citrat-Anion $^-OOC-CH_2-C(OH)(COO^-)-CH_2-COO^-$ statt (Feng et al.; Cowburn, Farrar, Blair); die normale Konzentration des Al(III) ist dort mit ca. 5 µg/l recht gering und angesichts der Ubiquität von Aluminium nicht sehr leicht zu bestimmen. Hat das Metallion z.B. in komplexierter Form die ersten Barrieren im Gastrointestinalbereich überwunden, dann kommt als Al^{3+}-aufnehmendes und -transportierendes Protein vor allem Transferrin (Kap. 8.4.1) in Frage, was angesichts der Ähnlichkeit von Al^{3+} und Fe^{3+} nicht überrascht (Harris, Sheldon). Über niedermolekulare, niedrig geladene Komplexe könnte Aluminium die Membranschranken überwinden, die ein solch hochgeladenes Ion am Vordringen z.B. in das Nervensystem hindern. Im Hinblick auf eine mögliche Rolle des Al^{3+} bei neuropathologischen Symptomen wurde auch die starke Tendenz zur Komplexierung dieses Ions mit deprotonierten 1,2-Dihydroxyaromaten, etwa den Catecholamin-Neurotransmittern Adrenalin oder DOPA etabliert (vgl. 8.6 und 10.8; Kiss, Sovago, Martin).

In Zusammenhang mit der stark zunehmenden ALZHEIMERschen Krankheit wurde eine selektive Abscheidung von Aluminiumverbindungen in Form von Alumosilikaten zusammen mit vernetzten Amyloid-Proteinen (neurofibrilläre Degeneration) an bestimmten Stellen des Hirngewebes, z.B. dem Hippocampus, beobachtet. Eine direkte Verursachung des ALZHEIMER-Syndroms durch Aluminium wird allgemein nicht angenommen, obwohl Al^{3+} erwiesenermaßen Polynukleotide vernetzen kann und Berichte über eine reduzierte Transferrin-Aktivität bei ALZHEIMER- und DOWN-Syndrom-Patienten existieren (FARRAR et al.). Eine mögliche Rolle des Al^{3+} könnte in der Hemmung der Tetrahydrobiopterin-Biosynthese aus einer Dihydro-Vorstufe bestehen (COWBURN, FARRAR, BLAIR); die Verbindung (17.8)

Tetrahydrobiopterin   (17.8)

dient der Synthese von Catecholamin-Neurotransmittern aus Tyrosin und Tryptophan.

Eine durch übermäßige Aluminiumzufuhr verursachte Enzephalopathie und Demenz ist für langjährige Hämodialyse-Patienten etabliert worden. Ein Teil dieser Patienten erhielt Aluminiumverbindungen in der Dialyseflüssigkeit zur Abwehr von Hyperphosphatämie; außerdem wurde diesen Patienten mit der großen benötigten Menge an Wasser (normaler Gehalt: 10 µg/l Al, gesetzlicher Grenzwert: 200 µg/l) zusätzliches Aluminium zugeführt, welches in Ermangelung einer funktionierenden Niere offenbar nur ungenügend ausgeschieden wurde. Auf Fe^{3+} zielende Chelattherapeutika wie etwa Desferrioxamin B ("Desferal", 2.1 und 8.8) sind auch für Fälle akuter Al^{3+}-Vergiftung angewandt worden. Bei starker Al^{3+}-Zufuhr resultieren weiterhin bestimmte Formen der Anämie (Konkurrenz zu Fe^{3+}) sowie Knochenstoffwechselstörungen durch eine Anreicherung von Al^{3+} mit seiner Phosphat-Affinität an den knochenbildenden Osteoblasten; in diesem Zusammenhang sollte auch die Neigung von Al^{3+} zur Komplexbildung mit Fluorid erwähnt werden. Übertriebene Vorsicht gegenüber aluminiumhaltigen Geräten zur Nahrungszubereitung scheint trotz der geringfügigen Auflösung z.B. beim Erhitzen fruchtsaurer Lösungen nicht angebracht. Aluminium ist nicht nur ein Hauptbestandteil vieler natürlicher Böden, es kommt auch relativ angereichert in Getränken wie Tee (Teeblätter als Al-Speicher) und Bier sowie als Spuren-Bestandteil fester verarbeiteter Nahrungmittel vor und wird bei normaler Stoffwechselfunktion rasch ausgeschieden. In größeren Mengen können Aluminiumverbindungen in Kaugummi, Zahnpasten und Antazida zur Neutralisation überschüssiger Magensäure vorliegen.

17.7 Beryllium

Beryllium kommt in wäßriger Lösung nur zweiwertig vor, es steht im Periodensystem in einer Schrägbeziehung zum Aluminium. Dementsprechend ist die Chemie beider Elemente recht ähnlich; Be^{2+} ist jedoch aufgrund seiner geringeren Ladung

trotz des noch niedrigeren Ionenradius von 27 pm für die bevorzugte Koordinationszahl vier bei pH 6 - 7 etwas besser löslich und damit besser bioverfügbar. Das
normalerweise sehr seltene Element ist über großtechnische Verbrennung sowie
durch Verwendung berylliumhaltiger Verbindungen und Legierungen mit speziellen
mechanischen und kerntechnischen Eigenschaften umweltrelevant geworden (SKIL-
LETER).

Aufgrund seiner auf besonders kleinem Raum konzentrierten positiven Ladung
wird Beryllium nur sehr langsam aus dem Organismus ausgeschieden und aufgrund
seiner Affinität zum Phosphat langfristig im Knochengewebe gespeichert (Akkumu-
lationsgift). Als leichteres Homologes des Magnesiums kann das Beryllium in zwei-
wertiger Form bis in den Zellkern gelangen und dort eindeutig mutagen, d.h. DNA-
verändernd, wie auch höchstwahrscheinlich cancerogen, d.h. Tumor-induzierend,
wirken. Erwiesen sind starke Störungen von Gen-Transkription und -Expression,
einschließlich einer teilweisen Stimulation der Protein-Biosynthese (KRAMPITZ). Belegt
ist aber auch eine Be^{2+}-verursachte Hemmung der DNA-Synthese, welche sonst
durch die Gegenwart Ladungs-neutralisierender Mg^{2+}-Ionen katalysiert wird (vgl. Kap.
14.1). Nicht überraschend ist, daß Be^{2+} die Aktivität insbesondere der Phosphatasen
erheblich verändern kann (SKILLETER; KRAMPITZ); zu starke Bindung des Metalls hemmt
die katalytische (De-)Phosphorylierung (Kap. 14.1). Beryllium stimuliert weiterhin das
Immunsystem (Be-Verbindungen als allergene Kontaktgifte); die im Vergleich zu
Cadmium (vgl. Tab. 17.1) noch 100fach niedrigeren Grenzwerte verdeutlichen das
extreme Gefährdungspotential.

17.8 Chrom als Chromat

Chrom tritt in wäßriger Lösung an Luft bevorzugt in dreiwertiger Form als hydratisiertes Cr^{3+} (im Sauren) sowie als Chromat CrO_4^{2-} mit sechswertigem Metall auf.
Während dreiwertiges Chrom bei pH 7 ähnlich wie dreiwertiges Aluminium als unlösliches Hydroxid vorliegt und somit nur in Spuren (komplexiert) vom Organismus
aufgenommen und verwendet werden kann (vgl. Kap. 11.5), stehen die seit Beginn
ihrer industriellen Verwendung als stark hautreizend bekannten Chromate seit längerem im Verdacht, auch für den Menschen cancerogen zu sein. Die Aufnahme von
CrO_4^{2-} durch Organismen erscheint zunächst überraschend, denn bei pH 7 beträgt
das Redoxpotential für die Reaktion

$$CrO_4^{2-} + 4\ H_2O + 3\ e^- \rightleftharpoons Cr(OH)_3 + 5\ OH^- \qquad (17.9)$$

ca. +0.6 V, so daß Chromat in Gegenwart reduzierender organischer Verbindungen,
d.h. unter physiologischen Bedingungen, eigentlich nur metastabil sein kann. Trotzdem sind wegen der benötigten Zahl von drei Elektronen (vgl. die Metastabilität von
Permanganat MnO_4^- in Wasser) nur spezielle biochemische Reduktionssysteme wie
die auch sonst als Antioxidantien fungierenden Häm- und Flavoproteine (NADH-

abhängig) sowie Thiolate (Glutathion GSH, vgl. 16.8) und Ascorbat (3.12) in der Lage, Chromat ausreichend schnell zu reduzieren (CONNETT, WETTERHAHN). Dabei können ESR-spektroskopischen Studien zufolge auch potentiell reaktive Cr(V)-Stufen mit einem 3d-Elektron auftreten (O'BRIEN et al.).

Aufgrund seiner strukturchemischen Ähnlichkeit zum Sulfat-Ion SO_4^{2-} kann Chromat Membranschranken überwinden und – sofern nicht rasch genug reduziert – bis in den Bereich des Zellkerns gelangen (Abb. 17.7).

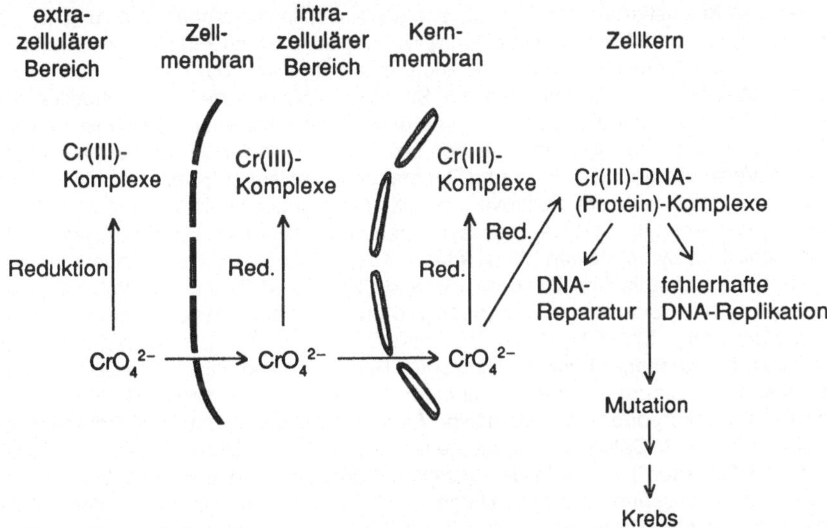

Abbildung 17.7: Modell der Chromat-Aufnahme und -Reduktion sowie der mutagenen Wirkung im Zellinneren

Im Zellkern ist zunächst die Oxidationswirkung des Chromats schädigend für genetisch wichtige Komponenten, wobei sowohl die während der Reduktion durchlaufenen substitutionslabileren und stärker oxidierenden Zwischenstufen des Chroms (+V, +IV) wie auch die dabei produzierten freien Radikale RS· und ·OH (O'BRIEN, WANG) direkt an der DNA angreifen und dort Vernetzung, Bindungsbruch und in der Folge fehlerhafte Gen-Expression bewirken können. Möglicherweise ist auch das entstehende Cr(III) in der Lage, sich irreversibel an phosphathaltige DNA oder freie Nukleotide zu binden und damit genetische Funktionen zu beeinträchtigen (vgl. Kap. 19.2). Chrom(III)-Komplexe zeichnen sich – mehr noch als entsprechende Al(III)-Verbindungen – durch einen hohen Grad an kinetischer Beständigkeit aus (Ligandenfeldstabilisierung bei oktaedrischer d^3-Konfiguration); hydratisiertes Cr^{3+} tauscht seine Wasserliganden noch um den Faktor 10^6 langsamer aus als hydratisiertes Al^{3+}.

18 Biochemisches Verhalten anorganischer Radionuklide: Strahlenbelastung und medizinischer Nutzen

18.1 Überblick

Unabhängig von den Folgen menschlicher Tätigkeit müssen Organismen nicht nur mit als "toxisch" eingestuften Elementen und deren Verbindungen, sondern auch mit natürlich vorkommenden radioaktiven Isotopen und der von ihnen ausgehenden Strahlung koexistieren. Alle Formen energiereicher ionisierender Strahlung (α-, β-, γ-, Röntgen- und Neutronenstrahlung) können zum Bruch chemischer Bindungen führen, wobei entweder direkt oder auch mittelbar, etwa über das aus dem Hauptbestandteil H_2O von Organismen mit Strahlung entstehende Hydroxylradikal ·OH, eine Schädigung von Enzymen und von genetischem Material möglich ist (SCHULTE-FROHLINDE). Auch hier werden die schon beim Abbau von "oxidativem Streß" erwähnten organismuseigenen Abfang- und Reparaturmechanismen (Kap. 16.8) bis zu einem gewissen Grade wirksam. Kontrovers diskutiert wird gegenwärtig eine mögliche Stimulierung von Abwehr- und Reparatursystemen durch sehr niedrige Strahlendosen bei menschlichen Lymphozyten (WOLFF et al.). Kupfer-Komplexe, insbesondere die auch anderen therapeutischen Zwecken dienende Superoxid-Dismutase (vgl. Kap. 10.5; SORENSON) oder Schwefelverbindungen wie etwa Cystein oder Cysteamin (= 2-Mercaptoethylamin $H_2N-CH_2-CH_2-SH$) können dazu beitragen, biologische Strahlenschäden *bei vorheriger Verabreichung* durch Radikal-Abfang und rasche Einelektronen-Reduktion ionisierter Spezies zu mindern. Weitere therapeutische Maßnahmen bei drohender Inkorporierung radioaktiver Elemente bestehen im Zurückdrängen der Aufnahme durch Sättigung körpereigener Speicher mit nicht-radioaktivem Material ($\rightarrow$ "Iod-Tabletten") sowie in der gezielten Komplexierung und Ausscheidung (Sr, Pu). Vom unwissend sorglosen Umgang mit radioaktivem Material in der Frühzeit der Kernchemie (Krebstod von M. CURIE) über die großtechnische Kernwaffenproduktion und -anwendung bis hin zu den höchst detailliert verfolgten globalen Auswirkungen des Reaktorunfalls in Tschernobyl (HERRMANN) hat die Sensibilität der Öffentlichkeit im Laufe dieses Jahrhunderts stark zugenommen, was inzwischen auch Konsequenzen für den Umgang mit diagnostisch und therapeutisch nützlichen Radionukliden hat.

Radioaktive Isotope unterscheiden sich chemisch nur durch den generellen Isotopeneffekt (Massendifferenz !) auf die Reaktionsgeschwindigkeit von den stabilen Isotopen desselben Elements. Die äußerst niedrig liegende Nachweisgrenze für viele radioaktiv strahlende Isotope erlaubt dadurch eine zeitliche und räumliche Verfolgung physiologisch wichtiger (^{32}P, ^{22}Na, ^{35}S) wie auch auch sehr seltener, "unphysiologischer" Elemente in Organismen. Andererseits können selbst sehr geringe Mengen radioaktiver Isotope erhebliche genetische Schäden verursachen. Das Ausmaß dieser Schäden wie auch die gesamte radiobiologische Wirkung hängen von vielerlei Faktoren ab: von der Flüchtigkeit der vorliegenden Verbindungen des Elements, von der Bindung an transportierende Partikel, von der Effektivität der Aufnahme durch

Organismen, von Art und Energie der emittierten Strahlung, von der Lokalisation des Isotops innerhalb des Organismus, von der radioaktiven ("physikalischen") *und* von der biologischen Halbwertszeit, d.h. von der mittleren Verweildauer im Organismus. Letztere wird ihrerseits durch die chemische Verbindung des betreffenden Elements, die Art der Aufnahme und durch die Verbreitung im Organismus bestimmt; die aus der "normalen" Toxikologie bekannten Variationsbreiten innerhalb (Abb. 2.4) und zwischen Populationen existieren auch hier. Vor einer Darstellung der medizinischen Verwendung radioaktiver Isotope als Tracer in der Diagnose oder als Tumorgewebe-zerstörende Therapeutika sollen zunächst die natürlich in der Umwelt vorkommenden Radionuklide und die aus ungenügend kontrollierten Kernspaltungs-Reaktionen entstehenden Isotope anorganischer Elemente sowie deren Wechselwirkungen mit Organismen vorgestellt werden (BODEK et al.; VOGEL, SKUZA).

18.2 Natürliche und künstliche Radioisotope außerhalb medizinischer Anwendungen

Neben den ständig durch die natürliche Höhenstrahlung und durch Neutronen-einfang erzeugten β-strahlenden Isotopen ^{3}H (Tritium, Halbwertszeit 12.3 a) und ^{14}C (5730 a) kommt auch ein sehr essentielles anorganisches Element, das Kalium, in Form des radioaktiven Isotops ^{40}K natürlich vor (0.012% natürliche Häufigkeit). Aufgrund der langen Halbwertszeit von 1.3 Milliarden Jahren ist die seit Bildung des Sonnensystems noch vorhandene Menge von ^{40}K so groß, daß ein erwachsener Mensch ca. 15 mg dieses langsam über β- und γ-Strahlung zerfallenden Isotops enthält. Weitere in der natürlichen Umwelt des Menschen vorkommende Radionuklide wie etwa ^{50}V (0.25% nat. Häufigkeit, 4×10^{17} a), ^{87}Rb (27.8% nat. Häufigkeit, 4.9×10^{10} a), ^{115}In (95.7% nat. Häufigkeit, 4.4×10^{14} a), ^{176}Lu (2.6% nat. Häufigkeit, 3.6×10^{10} a) oder ^{187}Re (62.6% nat. Häufigkeit, 4.5×10^{10} a) stellen wegen der Seltenheit der Elemente, sehr langer Halbwertszeiten, schwacher Strahlung und dem Zerfall zu stabilen Isotopen eine nur sehr geringe Belastung dar.

Etwas anders sind die langlebigen Isotope des Thoriums ^{232}Th (Reinelement, 1.4×10^{10} a) und des Urans zu bewerten: ^{235}U (0.72% nat. Häufigkeit, 7.0×10^8 a), ^{238}U (99.3% nat. Häufigkeit, 4.46×10^9 a). Zum einen handelt es sich bei diesen schweren radioaktiven Isotopen überwiegend um α-Strahler. Diese zwar leicht abschirmbare "weiche" Partikel-Strahlung stellt jedoch nach erfolgter Inkorporation eine umso höhere Gefahr dar, wobei die Eindringtiefe etwa in Lungengewebe einige μm beträgt. Andererseits produzieren die langlebigen Thorium- und Uran-Isotope Zerfallsreihen (18.1) mit ihrerseits strahlenden Zwischenprodukten (Isotope des Ra, Rn, Po, Bi, Pb). Besonders intensiv diskutiert wird die Gefahr, die innerhalb von mangelhaft belüfteten Räumen vom flüchtigen, α-strahlenden Edelgas Radon ausgeht, dessen langlebigstes Isotop ^{222}Rn eine Halbwertszeit von 3.8 Tagen besitzt. Nach neueren Schätzungen resultiert der Hauptteil (ca. 50%) der heutigen radioaktiven "Hintergrundstrahlung" vom Zerfall des flüchtigen Radons. Verantwortlich für das Entstehen von Radon sind die schon erwähnten Uran- und Thorium-Isotope, welche in natürlichen Mineralien und damit auch – je nach geologischer Formation – im Untergrund von Gebäuden vorkommen (VOGEL, SKUZA). Die beim radioaktiven Zerfall der häufigeren Gesteinsbestandteile (^{40}K, ^{232}Th, ^{238}U) freiwerdende Wärme ist im übrigen ein Hauptfaktor für die Temperaturverhältnisse im Erdinneren und damit für die geologische Dynamik; auch im Meerwasser stellen diese Isotope, insbesondere das gut lösliche Kalium, die Hauptmenge der radioaktiv strahlenden Bestandteile.

$$^{238}\text{U} \xrightarrow{-\alpha} {}^{234}\text{Th} \rightarrow {}^{234}\text{Pa} \rightarrow {}^{234}\text{U} \xrightarrow{-\alpha} {}^{230}\text{Th} \xrightarrow{-\alpha} {}^{226}\text{Ra} \xrightarrow{-\alpha} {}^{222}\text{Rn} \xrightarrow{-\alpha} {}^{218}\text{Po} \xrightarrow{-\alpha}$$

$$^{214}\text{Pb} \rightarrow {}^{214}\text{Bi} \rightarrow {}^{214}\text{Po} \xrightarrow{-\alpha} {}^{210}\text{Pb} \rightarrow {}^{210}\text{Po} \rightarrow {}^{210}\text{Bi} \xrightarrow{-\alpha} {}^{206}\text{Pb}$$

$$\text{(18.1)}$$

$$^{232}\text{Th} \xrightarrow{-\alpha} {}^{228}\text{Ra} \rightarrow {}^{228}\text{Ac} \rightarrow {}^{228}\text{Th} \xrightarrow{-\alpha} {}^{224}\text{Ra} \xrightarrow{-\alpha} {}^{220}\text{Rn} \xrightarrow{-\alpha} {}^{216}\text{Po} \xrightarrow{-\alpha}$$

$$^{212}\text{Pb} \rightarrow {}^{212}\text{Bi} \rightarrow {}^{212}\text{Po} \xrightarrow{-\alpha} {}^{208}\text{Tl} \rightarrow {}^{208}\text{Pb}$$

Die wichtigsten im Zusammenhang mit langjährigen Kernwaffentestes, dem Reaktorunfall von Tschernobyl (HERRMANN) und der Diskussion um eine großtechnische Wiederaufbereitung von Kernbrennelementen bekannt gewordenen längerlebigen Isotope aus der Spaltung von ^{235}U und ^{239}Pu werden im folgenden in der Reihe zunehmender Massenzahlen vorgestellt. Charakteristisch für die Kernspaltung ist, daß sich diese Isotope bei Massenzahlen von ca. 90 und 140 konzentrieren.

– ^{85}Kr (10.7 a, β + γ): Krypton ist ein chemisch inertes Edelgas, dessen Rückhaltung im Wiederaufbereitungsprozeß ein außerordentliches Problem darstellt. Im Körper kann sich dieser unpolare und damit eher lipophile Stoff so verteilen, daß es insbesondere zu einem Eindringen in das Fettgewebe kommt. Wie bei vielen anderen Radionukliden ist Blutkrebs (Leukämie) eine typische Folge der Inkorporation.

– ^{89}Sr (51 d); ^{90}Sr (29 a, nur β-Strahlung): Aufgrund der hohen Ähnlichkeit zum leichteren Homologen Calcium lagert sich zweiwertiges, durch Partikel transportiertes oder ausgewaschenes Strontium vor allem im mineralisierten Bestandteil des Knochengewebes ab, woraus es – wie auch Calcium selbst – nur langsam wieder ausgeschieden wird; die biologische Halbwertszeit beträgt Jahrzehnte. Demzufolge werden Knochenmarksfunktion und Blutbildung langfristig im Sinne einer Krebsentstehung (Leukämie) beeinflußt; die Knochenmarksregion gilt allgemein als ein sehr strahlenempfindlicher Bereich des menschlichen Körpers. Zu der sehr negativen Charakteristik des ^{90}Sr trägt noch bei, daß es als reiner β-Strahler schwer nachweisbar ist; weiterhin entsteht als Folgeisotop das ebenfalls β-emittierende ^{90}Y (64 h). Eine Ausscheidung kann – solange noch keine Fixierung im Knochen-Festkörper erfolgt ist – durch Verabreichung von Ca^{2+}-EDTA-Komplexen begünstigt werden (2.1). In Wiederaufbereitungs-Verfahren sind Extraktionen mit makrozyklischen Liganden des Kronenether-Typs (vgl. 13.4) erfolgreich getestet worden.

– ^{103}Ru (39 d); ^{106}Ru (1 a, $\beta + \gamma$): Ruthenium ist das schwerere Homologe des Eisens und kann dieses in seinen Verbindungen teilweise ersetzen. Entsprechend Tabelle 5.1 findet sich dann die Hauptmenge im Hämoglobin von Erythrozyten.

– ^{131}I (8 d, $\beta + \gamma$, 364 keV Gammaenergie): Die extreme Anreicherungsleistung des menschlichen Organismus in bezug auf das Iod (vgl. Kap. 16.7) wirkt sich hier nachteilig aus; bei hoher, andauernder Belastung können Schilddrüsentumore verursacht werden. Iod ist als Iodid oder auch Iodat (IO_3^-) leicht in Wasser löslich, so daß eine effektive Zufuhr von radioaktivem Iod über Trinkwasser und Nahrung möglich ist; der Aufnahme kann jedoch bei akuter Gefahr durch Sättigung des körpereigenen Iodbedarfs mittels nicht strahlendem Iodid entgegengewirkt werden. Die biologische Halbwertszeit von Iod beträgt für den Menschen etwa 140 Tage, so daß hier im wesentlichen die physikalische Halbwertszeit bestimmend ist. ^{131}I ist ein wichtiges Radiotherapeutikum (s.u.) in ionischer Form oder nach kovalenter Bindung an organische Trägermoleküle.

– ^{132}Te (78 h, $\beta + \gamma$): Tellur besitzt als schwereres Homologes von Schwefel und Selen eine Affinität zu Schwermetallen und wird daher vorwiegend in Leber und Niere gefunden.

– ^{133}Xe (5 d, $\beta + \gamma$): vgl. ^{85}Kr. Das Xenon-Isotop wird radiodiagnostisch verwendet, insbesondere zur Abbildung der Lungenventilation und des Kreislaufs (s. Kap. 18.3).

– ^{134}Cs (2 a); ^{137}Cs (30 a, $\beta + \gamma$, 660 keV Gammaenergie): Cäsium ist ein schwereres und damit auch größeres Homologes des bio-essentiellen Kaliums. Trotz des größeren Ionenradius von Cs^+ (174 pm) gegenüber K^+ (151 pm, jeweils Koordinationszahl acht) findet offenbar keine oder eine nur unzulängliche biologische "Zurückweisung" dieses Ions statt, was wohl mit der um sechs Größenordnungen geringeren Häufigkeit von Cs^+ gegenüber K^+ im Meerwasser zusammenhängt. Radioaktives Cäsium-Kation ist zwar gut löslich und wird daher – ähnlich wie das Iodid-Anion – sehr rasch über Trinkwasser und Nahrungskette aufgenommen. Entsprechend den anderen Alkalimetallkationen (vgl. Kap. 13.2) kann aber auch Cs^+ durch besonders in Pilzen und Flechten vorkommende Ionophore wie etwa die Anionen von (Nor-)Badion A komplexiert und damit fixiert werden (18.2; AUMANN et al.).

(18.2)

Norbadion A   n=1
Badion A   n=2

Bei Säugetieren findet sich radioaktives Cäsium insbesondere im intrazellulären Raum der Muskulatur; entsprechend dem Vorbild Kalium liegt jedoch eine Verteilung über den gesamten Körper vor. Die biologische Halbwertszeit beim Menschen beträgt erstaunlicherweise etwa vier Monate und ist damit länger als für das verwandte Kalium. Während die Aufnahme von langlebigem ^{137}Cs$^+$ aus strahlenbelasteten Böden durch stark K$^+$-reiche Düngung zurückgedrängt werden kann (MARSHALL), erfolgte die Cäsium-Abreicherung von gering belasteter Molke in einem Großversuch mittels anorganischer Ionenaustauscher vom Berliner Blau-Typ (vgl. auch die Tl$^+$-Dekontamination, Kap. 17.4)

– ^{140}Ba (13 d, β + γ): Barium ist das schwerere Homologe des Strontiums, auch hier ist daher mit einer Aufnahme durch das Knochengewebe zu rechnen. Ba^{2+} bildet jedoch ein sehr schwerlösliches Sulfat.

– ^{144}Ce (284 d, β + γ): Cer kann drei- und vierwertig vorkommen. Da es als Lanthanoid relativ groß ist, kann es bei vergleichbarem Verhältnis Ladung/Radius das Eisen ersetzen.

– ^{147}Pm (2.6 a, β + γ): Ebenfalls ein Lanthanoid. Lanthanoid(3+)-Ionen können manchmal an die Stelle des Ca^{2+} in Enzymen treten (s. Kap. 14.2).

Im völlig ausgebrannten Spaltmaterial sind nach längerer Lagerzeit (> 20 a) als radioaktive Hauptbestandteile vor allem noch ^{137}Cs, ^{90}Sr und ^{147}Pm vorhanden.

Die wichtigsten längerlebigen *schweren* Isotope aus den natürlichen Uran-/Thorium-Zerfallsreihen (18.1) sind im folgenden charakterisiert:

– ^{210}Pb (22.3 a, β): vgl. Kap. 17.2.

– ^{210}Po (138 d, α): Schwereres Homologes des Tellurs (s.o.).

– ^{222}Rn (3.8 d, α): Als Edelgas ist Radon nicht an Festkörper gebunden, die Verteilung in der Atmosphäre, Hydrosphäre und im Körper ist dementsprechend weitgehend ungehindert. Insbesondere die beiden Polonium-Tochterisotope des ^{222}Rn (^{218}Po und ^{214}Po, s. 18.1) können als kurzlebige und dadurch intensive α-Strahler Krebserkrankungen der Atmungsorgane auslösen, da sie nach der Kernumwandlung des gasförmigen "Zwischenträgers" Radon an feste Partikel gebunden im Gewebe verbleiben (Polonium ist ein Chalkogenid). Wie im Falle der Cd-Belastung (vgl. Kap. 17.3) erhöht auch hier das Rauchen die Gefährdung in überproportionaler Weise (Synergismus). Radonbelastung (HOPKE; HANSON; VON PHILIPSBORN) ist nicht nur ein Problem für Arbeiter in Bergwerken, insbesondere im Uranbergbau (Erzgebirge); verhältnismäßig hohe Konzentrationen wurden auch innerhalb von Gebäuden registriert, die sich über geologisch altem, stärker uranhaltigem (Granit-)Untergrund befinden, z.B. in der Zentralschweiz oder in Schweden. Abhilfe bietet hier nur eine wirksame, möglichst unterhalb des hermetisch abgedichteten Fundaments eingebaute Entlüftungsanlage, die jedoch nicht gegenüber Radon im Trinkwasser oder aus Baumaterialien wirksam sein kann. Die dann erforderliche Raumluftventilation ist mit Heizenergie-Verlusten verbunden. Der überwiegende Teil der radioaktiven Belastung in den Industrieländern wird heute dem "natürlichen" Radon zugeschrieben (HOPKE; VOGEL, SKUZA; HANSON) – ein Befund, der in Europa wegen der Konzentration auf den Reaktorunfall von Tschernobyl erst etwa 1990 medienwirksam geworden ist.

– ^{226}Ra (1600 a, $\alpha + \gamma$): Radium ist das schwerste Element der Erdalkalimetall-Gruppe. Das Element tritt daher als Calcium-Analoges in Erscheinung und reichert sich bei Exposition im Knochengewebe an ($\rightarrow$ Leukämie).

– ^{232}Th (1.4×10^{10} a); ^{235}U (7.0×10^{8} a); ^{238}U (4.5×10^{9} a): α-strahlendes Thorium und Uran treten unter physiologischen Bedingungen in hohen Oxidationsstufen auf (meist +IV: $Th(OH)_4$, UO_2^{2+}) und sind daher in neutralem Wasser aufgrund der Hydrolyse deutlich schwerer löslich (ppm-Bereich) als etwa Kalium. Die Aufnahme dieser sehr langsam zerfallenden Isotope ist daher in Abwesenheit von komplexierenden (= lösenden) Agenzien wie etwa Carbonat oder von partikulärem Transport nicht so kritisch wie bei anderen Elementen.

Mit Plutonium ist ein "synthetisches", in geringem Ausmaß jedoch auch in "natürlichen" Uranerzen vorkommendes Element mit relativ langlebigen Isotopen erzeugt worden, dessen Verwendung als Strahlenquelle und insbesondere als Kernbrennstoff im zivilen und militärischen Bereich zu größerer Produktion und damit zu potentiell signifikanter Freisetzung in die Umwelt geführt hat.

– ^{239}Pu (2.4×10^{4} a, α): Zusammen mit ^{226}Ra, ^{222}Rn und ^{90}Sr gehört ^{239}Pu zu den radiotoxischsten Isotopen. Neben der sehr langen, jedoch ausreichende Zerfälle pro Zeiteinheit gewährleistenden radioaktiven Halbwertszeit von ^{239}Pu (es existieren noch längerlebige Pu-Isotope) ist auch die biologische Halbwertszeit mit ca. 70 Jahren so hoch, daß eine Selbstentgiftung durch Ausscheidung nicht in Frage kommt. Bei der Freisetzung durch Kernexplosionen oder nach Reaktorunfällen tritt Plutonium zumeist in oxidischer Form an kleinste Festkörperpartikel gebunden auf und wird in Kontakt mit Wasser langsam als Hydroxid (kolloidal) gelöst; eine besondere Rolle kommt dabei komplexbildendem und damit lösendem Carbonat zu. Von Säugetieren werden Plutonium-kontaminierte Partikel über die Lunge resorbiert, und bereits dort kann es durch Strahlenschädigung zur Ausbildung von Tumoren kommen. Nach etwaiger Auflösung gelangt dieses Metall über sonst dem Eisen vorbehaltene Transportwege vor allem zu Leber und Knochengewebe, von wo es nur sehr langsam zu entfernen ist.

Die besondere Schwierigkeit einer chelattherapeutischen Entfernung von Plutonium beruht auf der Ähnlichkeit dieses Metalls in seinen normalen Oxidationsstufen +III/+IV zum biochemisch so wichtigen System Fe(+II/+III); im Unterschied zum Uran ist die dreiwertige Form Pu^{3+} recht stabil. Zwar besitzt das Plutonium-Redoxpaar eine höhere positive Ladung als das Eisen-Redoxpaar, dies wird jedoch durch die größeren Ionenradien bei diesem Actinoidenelement ausgeglichen, so daß unter Berücksichtigung des Verhältnisses Ladung/Radius eine recht gute Entsprechung resultiert. Dies gilt umso mehr, als die Redoxpotentiale beider Paare vergleichbar liegen (18.3).

$$\text{Verhältnisse Ladung/Radius(pm)} \tag{18.3}$$
(jeweils für Kordinationszahl sechs)

$$Pu^{3+}:\ 3/100 = 0.030 \qquad\qquad \text{l.s.}\quad Fe^{2+}:\ 2/61 = 0.033$$
$$\text{h.s.}\quad Fe^{2+}:\ 2/78 = 0.026$$

$$\Updownarrow\quad E_o = 0.98\ V \qquad\qquad\qquad \Updownarrow\quad E_o = 0.77\ V$$

$$Pu^{4+}:\ 4/86 = 0.047 \qquad\qquad \text{l.s.}\quad Fe^{3+}:\ 3/55 = 0.055$$

Es ist daher eine Herausforderung an die Koordinationschemie, Plutonium-selektive Chelatliganden bereitzustellen, die gleichzeitig möglichst wenig in den Eisenhaushalt des Organismus eingreifen. Gelungen ist dies mit Hilfe von Catecholat-Systemen wie etwa "3,4,3-LICAMC" (2.1, vgl. auch Kap. 8.2), deren Design auf ein relativ großes Metallion und die hohe Koordinationszahl 8 zuge-schnitten ist (KAPPEL, NITSCHE, RAYMOND).

18.3 Bioanorganische Chemie von Radiopharmazeutika

18.3.1 Übersicht

Radiopharmazeutika dienen überwiegend noch diagnostischen Zwecken, d.h. der Informationsgewinnung über pathologische Zustände von Organen, welche solche Verbindungen möglichst selektiv aufnehmen sollen. Zur Erfüllung dieser Aufgabe dürfen die verwendeten Nuklide möglichst keine (α,β)-Partikelstrahler sein und ihre Gammaenergie sollte in einem relativ niedrigen, mit Szintillationszählern gut nachweisbaren Bereich von etwa 100 bis 250 keV liegen, damit eine externe Detektion gut möglich ist ("Imaging"; Radioszintigraphie, Single-Photon-Emissionscomputertomographie (SPECT)). Im Gegensatz zu solchen Imaging-Verfahren wie Magnetische Resonanz, Ultraschall oder Computertomographie, die strukturelle Details besser darstellen, bietet die Radioszintigraphie den Vorteil, die *physiologischen Funktionen in zeitlicher Auflösung* abbilden zu können. Dabei sollte die physikalische Halbwertszeit des Isotops einerseits lang genug sein (> 6 h), um eine kontrollierte Herstellung, Verabreichung und eine ausreichende Verteilung im Organismus zu gestatten (Wettlauf zwischen physikalischer und biologischer Halbwertszeit); andererseits sollte der radioaktive Zerfall so rasch vonstatten gehen (< 8 d), daß die Strahlung über einen kurzen Zeitraum für die Detektion intensiv ist, nach dem eigentlichen Diagnosevorgang rasch abklingt und so eine Wiederholung der Diagnose im Verlauf einer Behandlung möglich wird. Die verabreichte Menge und damit die Gesamtbelastung des

Organismus kann dann gering gehalten werden. Angesichts der begrenzten Zahl von Radionukliden und der weiten Variation physikalischer Halbwertszeiten erlaubt diese Limitierung nur eine kleine Zahl von sinnvoll einsetzbaren Isotopen (s. Tab. 18.1). Wünschenswert ist darüber hinaus eine möglichst problemlose Handhabbarkeit der Radioisotope; bei sehr kurzen Halbwertszeiten können sonst Transport-Schwierigkeiten vom Reaktor zum klinischen Einsatzort auftreten.

Wichtig für den erstrebten Zweck ist ferner die selektive Aufnahme des Radioisotops in seiner verabreichten Verbindungsform durch einzelne Organe oder durch Tumore. Es ist bemerkenswert, daß Tumorgewebe mit seinem veränderten Metabolismus tatsächlich bestimmte anorganische Verbindungen anreichern kann. Als mögliche Ursachen werden gesteigerte Membranpermeabilität, lokale pH-Veränderungen oder auch Variationen von Elektrolytionen- oder Bioligand-Konzentrationen diskutiert. Hierfür standen bislang im wesentlichen drei Isotope zu Verfügung:

- ^{131}I (8 d), vor allem als Iodid mit seiner nahezu ausschließlichen Selektivität für die Schilddrüse;

- ^{67}Ga (78 h), welches bislang vor allem in dreiwertiger Form als langsam hydrolysierender Citrat-Komplex eingesetzt wird (vgl. die Citrat-Bindung des leichteren Homologen Aluminium im Blut, Kap. 17.6) und eine Anwendung bei der Lokalisierung von Entzündungsherden findet (YOKOYAMA, SAJI; HAYES, HÜBNER); sowie

- ^{99m}Tc (6 h), das in Form verschiedener Komplexe (s.u.) zum Imaging unterschiedlicher Körperregionen, etwa des Knochengewebes verwendet werden kann.

Im Zuge immunologischer Nachweisverfahren ist das Interesse mittlerweile darauf gerichtet, monoklonale Antikörper mit Radionukliden zu markieren, um damit ein *sehr empfindliches Nachweisverfahren* mit einem *spezifischen Transportmedium* zu kombinieren (Immunoszintigraphie; OBERHAUSEN). Während die nichtmetallischen "Radioiod"-Isotope kovalent an Antikörper gebunden werden müssen, erfolgt die Markierung mit Metallisotopen über Antikörper-fixierte Chelatliganden. Da es sich meist um schwerere, größere Metallionen handelt (Tab. 18.1), werden allgemein Polychelatliganden wie etwa das potentiell achtzähnige EDTA-Analoge Diethylentriaminpentaacetat (DTPA, 18.4) oder funktionalisierte Makrozyklen herangezogen (KADEN; COLE et al.). Aufgrund ihrer günstigen physikalischen Halbwertszeiten wird für die Diagnostik insbesondere den γ-strahlenden Isotopen ^{97}Ru und ^{111}In Aufmerksamkeit geschenkt.

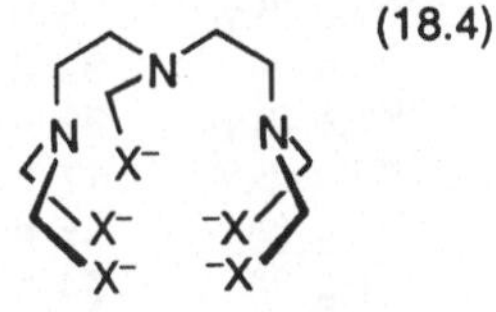

(18.4)

Diethylentriaminpentaacetat
(X$^-$ = COO$^-$)

Für eine gerade mit Hilfe der selektiven monoklonalen Antikörper vorstellbare lokale Strahlen-*Therapie* (BLÄUENSTEIN) mit längerlebigen, energiereich *Partikel*-strahlenden Isotopen wie ^{67}Cu, ^{90}Y, ^{186}Re, ^{188}Re oder ^{212}Pb ist dagegen das Problem der ungenügenden Ausscheidung wegen Anreicherung in Leber und Niere noch zu lösen. Hierfür sollte die Koordinationschemie durch Entwicklung maßgeschneiderter Komplexliganden Möglichkeiten bereitstellen.

Bei den Radionukliden kann es sich um Isotope essentieller Elemente, nicht-essentieller Elemente oder gar ausschließlich in radioaktiver Form vorkommender Elemente wie etwa Technetium handeln. Angesichts der extrem geringen Mengen (ng-Bereich) für den Nachweis radioaktiver Strahlung ist das Risiko einer chemischen Toxizität bei Diagnostika, selbst beim ^{201}Tl, eher gering einzuschätzen. Anders liegen die Dinge bei Radiotherapeutika, von denen sich bislang aufgrund außergewöhnlicher Selektivität nur das "Radioiod" wirklich bewährt hat. Die Chemie der teilweise weniger geläufigen Elemente aus Tab. 18.1 unter physiologischen Bedingungen ist nicht immer ausreichend bekannt; häufig spielen komplexe Hydrolysereaktionen der verabreichten Verbindungen im Organismus eine wesentliche Rolle.

Tabelle 18.1: Einige häufig verwendete Radionuklide in Diagnostik und Therapie

Nuklid	physikalische Halbwertszeit	Hauptanteil der γ-Energie (keV)	Einsatzgebiet
^{43}K (β,γ)	22 h	373	Herzdiagnose
^{57}Co (γ)	271 d	122	Ganzkörperuntersuchung
^{67}Cu (β,γ)	62 h	93, 185	Radio(immuno)therapie
^{67}Ga (γ)	78 h	93, 185, 300	Tumordiagnose
^{81}Rb (β⁺,γ)	4.6 h	190, 446	Herzdiagnose
^{90}Y (β,γ)	64 h	556	Radio(immuno)therapie
^{97}Ru (γ)	69 h	216, 325, 461	Tumor-, Leberdiagnose
^{99m}Tc (γ)	6 h	140	(s. Kap. 18.3.2)
^{111}In (γ)	67 h	171, 245	Radioimmunologie
^{123}I (γ)	13 h	159	Schilddrüsen-Diagnostik
^{129}Cs (γ)	32 h	372, 411	Herzdiagnose
^{131}I (β,γ)	8 d	364	Schildrüse (Diagn. und Ther.)
^{133}Xe (β,γ)	5 d	81	Imaging der Lunge
^{169}Yb (γ)	32 d	u.a. 198	Diagnostik
^{186}Re (β,γ)	89 h	137	Radio(immuno)therapie
^{188}Re (β,γ)	17 h	155	Radio(immuno)therapie
^{192}Hg (γ)	5 h	157, 275, 307	Diagnostik
^{197}Hg (γ)	64 h	77	Diagnostik
^{201}Tl (γ)	73 h	68 - 80	Herzdiagnose
^{203}Pb (γ)	2 d	279	Diagnostik
^{212}Pb (β,γ)	11 h	239	Radio(immuno)therapie

Indirekt radiotherapeutisch wirken stabile anorganische Isotope wie etwa ^{10}B (19.8% nat. Häufigkeit) und ^{157}Gd (15.7%), die durch einen sehr hohen Einfangquerschnitt für langsame, "thermische" Neutronen aus einer Neutronenquelle selektiv im (Tumor-)Gewebe zur Umwandlung in α-strahlende kernangeregte Isotope wie etwa ^{11}B* veranlaßt werden können (BNCT, Boron Neutron Capture Therapy). Einfach

Bor-modifizierte Biomoleküle wie auch Polyboran-Cluster wurden für diesen Zweck eingesetzt; Problem ist auch hier der selektive Transport zum Tumor (GABEL, CODERRE; BARTH, SOLOWAY, FAIRCHILD; HAWTHORNE).

Eine sehr empfindliche diagnostische Methode, die Positronemissionstomographie (PET), erfordert β^+-emittierende und daher meist sehr kurzlebige Isotope wie etwa das ^{68}Ga (68 min).

18.3.2 Technetium – ein künstliches "bioanorganisches" Element

Ausführlicher diskutiert werden soll im folgenden die radiopharmazeutische Bedeutung des Technetiums, welches quantitativ den weit überwiegenden Teil (>80%) der heute eingesetzten Radiodiagnostika ausmacht (CLARKE, PODBIELSKI; PINKERTON et al.; DEUTSCH, LIBSON). Langlebigstes Isotop dieses Elements ist das ^{98}Tc mit etwa 4 Millionen Jahren Halbwertszeit. Da Technetium nicht als Produkt sehr langsamer Zerfallsreihen wie etwa (18.1) vorkommt, ist die beim Entstehen des Sonnensystems in nuklearsynthetischen Reaktionen gebildete Menge inzwischen vollständig zerfallen. Trotzdem ist heute das Angebot an Technetium höher als das des schwereren, stabilen Homologen Rhenium; auch der Preis für das Element liegt niedriger als der für Gold oder Platinmetalle. Grund hierfür ist, daß das relativ langlebige Isotop ^{99}Tc $(2.1 \times 10^5$ a, nur β-Strahler) zu einem Anteil von etwa 6% unter den Produkten der Uranspaltung zu finden ist.

Für die Radiomedizin bedeutsam ist das Isotop ^{99}Tc jedoch nicht im sehr langsam β-zerfallenden Grundzustand, sondern im metastabilen kernangeregten Zustand, d.h. als ausschließlich γ-strahlendes ^{99m}Tc mit einer diagnostisch geeigneten Halbwertszeit von sechs Stunden. Die γ-Emission liegt mit 140 keV Energie in einem physiologisch und detektionstechnisch sehr günstigen Bereich; außerdem ist das Tochterisotop ^{99}Tc ein reiner β-Strahler und stört so nicht die Detektion durch Überlagerung. Der hauptsächliche Grund für die Bedeutung dieses Radioisotops im Bereich der Radiodiagnostik besteht jedoch in der Verfügbarkeit eines bequem zu handhabenden Technetium-"Reaktors" oder -"Generators", der eine unproblematische Erzeugung im klinischen Umfeld ermöglicht. Ausgangsisotop ist radioaktives ^{99}Mo (als Molybdat MoO_4^{2-}, vgl. Kap. 11.1), welches seinerseits durch Neutronenanlagerung an stabiles ^{98}Mo herstellbar ist. Die Halbwertszeit von 66 h für ^{99}Mo erlaubt eine kontrollierte Vorbereitung des Einsatzes; das entstehende monoanionische Pertechnetat $[^{99m}TcO_4]^-$ wird vom dianionischen Molybdat $[^{99}MoO_4]^{2-}$ durch Eluieren mit einer physiologischen Kochsalz-Lösung auf einer Ionenaustauschersäule getrennt. Dabei wird das durch Zerfall gebildete Monoanion leicht in nano- bis mikromolarer ausgespült, während das Dianion zurückbleibt.

$$^{98}Mo \xrightarrow{+\,n} {}^{99}Mo \xrightarrow{-\,\beta^-} {}^{99m}Tc \xrightarrow{-\,\gamma} {}^{99}Tc \xrightarrow{-\,\beta^-} {}^{99}Ru \qquad (18.5)$$

Halbwertszeiten: 66 h   6 h   210 000 a

Der seit ca. 25 Jahren gebräuchliche Pertechnetat-Reaktor hat zur Grundlage, daß Technetium – anders als das leichtere Homologe Mangan – in seiner siebenwertigen Form recht stabil ist und nur schwach oxidierend wirkt. Im Gegensatz zum Mangan besitzt Technetium in Abwesenheit von Komplexliganden als thermodynamisch stabile Oxidationsstufen in Wasser nur die des leicht löslichen Pertechnetats (+VII), des schwerlöslichen Oxidhydrats $TcO_2 \cdot n\ H_2O$ und des metallischen Elements Tc (Abb. 18.1). Zwar kann Pertechnetat selbst zum Imaging der Schilddrüse herangezogen werden, da es wie Iodid ein großes Monoanion ist, die allermeisten Anwendungen beinhalten jedoch eine Reduktion dieser Stufe in Gegenwart von Komplexliganden. Zinn(II)-Verbindungen haben sich als rasch wirkende Reduktionsmittel bewährt, obwohl dadurch eine Assoziation der Technetium-Komplexe mit den resultierenden Zinn(IV)-Verbindungen möglich wird. Reduziertes Technetium in den Oxidationsstufen +I - +V bildet relativ inerte Komplexe mit O-, N-, Phosphat- und Phosphin-Chelatliganden

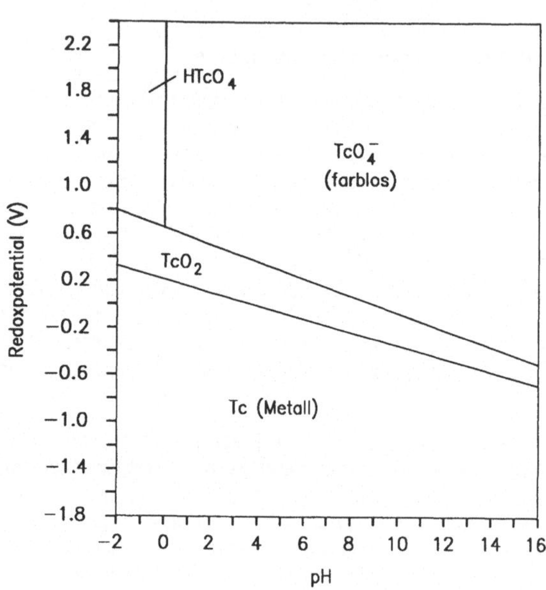

Abbildung 18.1: Stabilitätsdiagramm für Technetium (nach Douglas, McDaniel, Alexander)

bei gleichzeitiger Neigung zu Clusterbildung (vgl. das benachbarte Molybdän, 11,1); daneben ist auch die Markierung von Proteinen, Kolloid-Partikeln und die Inkorporation in Erythrozyten üblich (Clarke, Podbielski).

Speziell zur Untersuchung von Knochengewebe haben sich inerte polymere Komplexe des Technetiums mit Diphosphonat-Liganden $^{2-}O_3P-CR_2-PO_3^{2-}$ (R = H, CH_3, OH) bewährt; Diphosphonate können als schwerer hydrolysierbare Analoga von Polyphosphaten enzymatisch nur langsam abgebaut und folglich relativ rasch wieder ausgeschieden werden. Vermutet wird, daß ähnlich wie bei der Kollagen-Hydroxylapatit-Anbindung (Abb. 15.3) die bifunktionellen Phosphatliganden eine Verknüpfung von Tc-Marker und wachsenden Hydroxylapatit-Kristallen ermöglichen (Abb. 18.2).

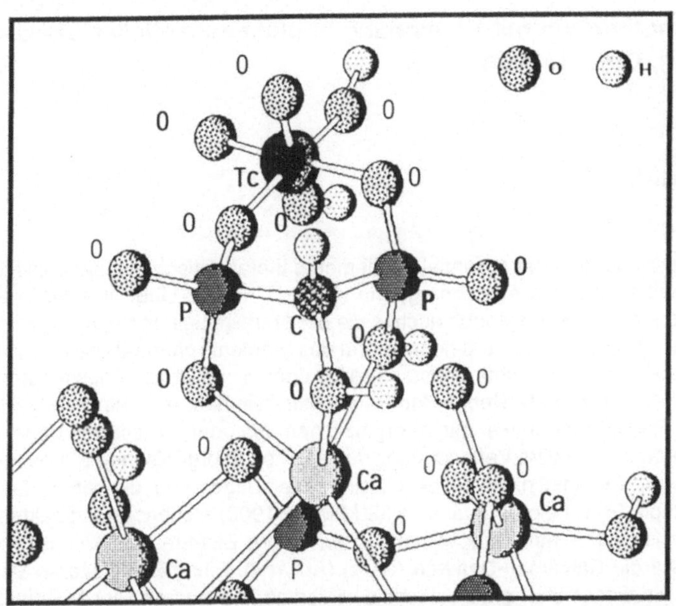

Abbildung 18.2: Hypothetische Verknüpfung eines oktaedrisch konfigurierten Technetium-Komplexes mit der der 001-Fläche von Hydroxylapatit über einen Hydroxymethylendiphosphonat-Liganden $^{2-}O_3P-CH(OH)-PO_3^{2-}$ (nach CLARKE, PODBIELSKI)

Viele "normale" Komplexe des Technetiums in den Oxidationsstufen +V - +I mit N,O-Chelatliganden (z.B. EDTA oder DTPA, 2.1 und 18.4) werden in denjenigen Organen zurückgehalten, die dem Metabolismus und der Vorbereitung zur Ausscheidung dienen (Niere, Leber, Milz). Kann monoanionisches $[^{99m}TcO_4]^-$ dem Iodid I^- entsprechend zur Untersuchung der Schilddrüsenfunktion eingesetzt werden, so eignen sich monokationische Technetium-Komplexe mit dem Metall in niedriger Wertigkeit (+I, +III) und π-Akzeptor-Liganden wie Phosphinen, Arsinen, Dioximen oder Isonitrilen zur Verfolgung kardiovaskulärer Störungen. Offenbar werden nicht nur größere atomare Ionen wie radioaktives $^{81}Rb^+$ oder $^{201}Tl^+$, sondern auch molekulare Monokationen wie etwa $[Tc(CNR)_6]^+$ von Herzmuskelzellen anstelle des K^+ aus dem Blutkreislauf akzeptiert (DEUTSCH et al.).

Wünschenswert wäre angesichts der vorteilhaften physikalischen und praktischen Eigenschaften von ^{99m}Tc eine bessere Selektivität von Technetium-Radiotracern für Tumorgewebe oder für das Gehirn; zur effizienten Überwindung der Blut-Hirn-Schranke sollten sich nach Kap. 17.5 kleine Liganden mit unpolaren Substituenten eignen (MORGAN et al.). Auch hier besteht also eine direkte Herausforderung an die Koordinationschemie, um das *physikalisch geeignete* Isotop über intelligente *chemische Modifikation* gezielt im *biologischen Geschehen* des Organismus zum Einsatz zu bringen.

19 Chemotherapie mit Verbindungen nicht-essentieller Elemente: Platin, Gold, Lithium

19.1 Überblick

Daß Verbindungen der essentiellen Elemente therapeutisch nutzbar sein können, geht unmittelbar aus den Ausführungen in Kap. 2.1 hervor. Über eine bloße Zufuhr des Elements hinaus kann jedoch auch – wie bei Arzneimitteln mit rein "organischen" Wirkstoffen – eine spezielle Verbindungsform des Elements chemotherapeutisch aktiv sein, entweder die verabreichte Substanz selbst oder ein im Organismus metabolisiertes Produkt (vgl. Tab. 6.2). Neben den Partikel-strahlenden, d.h. primär physikalisch wirkenden Radiotherapeutika mit anorganischen Isotopen existieren daher auch chemotherapeutisch aktive Verbindungen von solchen anorganischen Elementen, die nach heutiger Kenntnis nicht essentiell sind. Hierzu gehören die am Anfang der Chemotherapie (P. EHRLICH, Nobelpreis für Medizin 1908) stehenden antibakteriellen, teilweise antisyphilitischen Quecksilber-, Silber-, Bor-, Bismut- und Arsenverbindungen wie etwa die Salvarsan-Derivate As_nAr_n (Ar: Aryl). Einen komplexeren Wirkmechanismus als dieser eher grob bakterizid wirksame Typ anorganischer Arzneimittel (MUTSCHLER) weisen die im folgenden vorgestellten, in der Praxis erfolgreichen "anorganischen" Medikamente mit nicht-essentiellen Elementen auf (LIPPARD 1983; KEPPLER); es sind dies die in der Krebstherapie eingesetzten Platin-Komplexe sowie Verbindungen des Goldes (Rheumatherapie) und des Lithiums (Psychotherapie).

19.2 Platin-Komplexe in der Krebstherapie

19.2.1 Entdeckung, Anwendungsspektrum und Struktur-Wirkungs-Beziehungen

Die cytostatische Wirkung des *cis*-Diammindichloroplatins(II) ("Cisplatin", 19.1), eines aufgrund der d^8-Konfiguration quadratisch-planaren Komplexes (vgl. Kap. 3.2.1 und Abb. 2.10), wurde in den sechziger Jahren durch Zufall von B. ROSENBERG entdeckt. Er untersuchte den Einfluß schwachen Wechselstromes auf das Wachstum von *E. coli*-Bakterien und verwendete dazu scheinbar inerte Platinelektroden. Das Ergebnis war eine Hemmung der Zellteilung ohne gleichzeitige Inhibition des Bakterien-Wachstums, was zur Ausbildung langer, fadenförmiger Zellen führte (ROSENBERG, VAN KAMP, KRIGAS). Im Laufe der Untersuchungen stellte sich heraus, daß nicht der elektrische Strom selbst, sondern die in Spuren durch Oxidation der Platinelektrode gebildeten *cis*-konfigurierten Chlorokomplexe wie (19.1) oder *cis*-Diammintetrachloroplatin(IV) (19.2) für diesen biologischen Effekt ver-

$$\begin{array}{ccc} H_3N & & Cl \\ & Pt & \\ H_3N & & Cl \end{array}$$

(19.1)

antwortlich waren. Platin bildet ebenso wie Gold in oxidierter Form sehr stabile Komplexe mit Halogeniden und Pseudohalogeniden, so daß sich diese sonst sehr "edlen" Metalle in Anwesenheit solcher Liganden deutlich leichter oxidieren lassen (vgl. das Auflösen in konzentrierter Salpeter- *und* Salzsäure, "Königswasser", oder die Cyanidlaugerei zur Goldgewinnung). In Gegenwart von Chlorid und Ammonium/Ammoniak als Bestandteilen gepufferter Nährlösungen in der Mikrobiologie konnte so ausreichend viel Material der Platin-Elektrode gelöst werden; das Potential für die Bildung der primär entstehenden Komplexe $[PtCl_{4,6}]^{2-}$ beträgt etwa 0.7 V. Das filamentöse Wachstum der Bakterien korreliert mit der Antitumoraktivität der betreffenden Substanzen (ROSENBERG et al.), d.h. mit der Hemmung von Zellteilung. Aus einer Vielzahl von *in vivo*, teilweise auch klinisch getesteten Komplexen des Platins (LIPPERT, BECK; PASINI, ZUNINO; SHERMAN, LIPPARD; UMAPATHY) wie auch anderer Metalle (GIELEN; HAIDUC, SILVESTRU; KEPPLER; KÖPF-MAIER, KÖPF) zeigte das Cisplatin (19.1) lange Zeit die weitaus beste Aktivität.

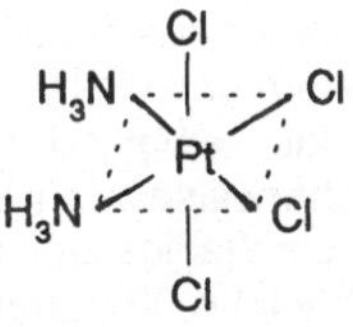

$$(19.2)$$

Das seit ca. 1978 zugelassene Cisplatin wird als Einzelpräparat oder in Verbindung mit anderen Cytostatika wie Bleomycin (vgl. Kap. 7.6.4), Vinblastin, Adriamycin, Cyclophosphamid oder Doxorubicin (s. 19.6) gegen Hoden-, Ovarial-, Blasen- und Lungenkarzinome sowie Tumore im Hals-Kopf-Bereich eingesetzt. Die deutlich gesunkene Mortalität bei Hoden- und Blasenkrebs ist zumindest teilweise auf die bis zu 90% angestiegenen Heilungschancen für diese Tumorarten zurückzuführen. Cisplatin ist seit 1983 das umsatzstärkste Cytostatikum in den USA; die Präparate erreichen Umsätze von über 100 Millionen Dollar und Heilungserfolge bei etwa 30000 Patienten pro Jahr. Für den Entdecker des cytostatischen Effekts von Platinverbindungen und die Michigan State University sind mit über 50 Millionen US $ die höchsten Patenteinnahmen geflossen, die je von einer US-Universität für ein einzelnes Patent erzielt worden sind.

Die häufigsten Nebenwirkungen bei der Therapie mit Cisplatin sind Beeinträchtigungen des Gastrointestinalbereichs ($\rightarrow$ Übelkeit) und der Nieren, was auf Enzymhemmung durch Koordination des Schwermetalls Platin an Sulfhydryl-Gruppen in den Proteinen zurückgeführt wird (BORCH, PLEASANTS). Schwefelverbindungen wie Natriumdiethyldithiocarbamat (19.3) oder Thioharnstoff wie auch Diurese wirken dem entgegen. Die dadurch reduzierten Nebenwirkungen können in Kauf genommen werden, da Cisplatin im Gegensatz zu vielen anderen Cytostatika nur geringe und zudem reversible Schädigungen des Rückenmarks hervorruft. Analoge des Cisplatins mit zumindest gleicher Wirksamkeit bei niedrigeren therapeutischen Dosen und geringeren Nebenwirkungen existieren heute als klinisch getestete Präparate der zweiten Generation in Form von "Carboplatin", "Spiroplatin" oder "Iproplatin" (19.4, UMAPATHY; LIPPERT, BECK; SHERMAN, LIPPARD; PASINI, ZUNINO). Als bestes Analogon des Cisplatins erwies sich bisher das Carboplatin, das inzwischen in Großbritannien auf dem Markt ist. Es zeigt ähnliche Wirksamkeit gegenüber Ovarial- und Lungenkarzi-

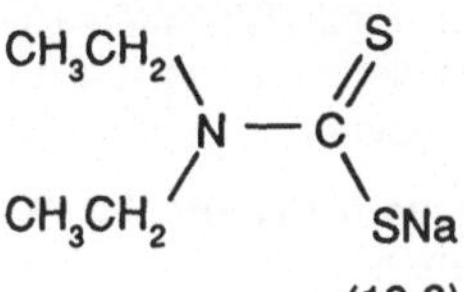

$$(19.3)$$

nomen wie Cisplatin bei verminderten Nebenwirkungen auf das periphere Nervensystem und die Nieren (differentielle Toxizität). Die nicht koplanare Struktur von Carboplatin aufgrund des tetraedrisch konfigurierten Spiro-Kohlenstoffatoms führt möglicherweise zu einer Abschirmung des Platins und damit zu einem verminderten Abbau zu schädigenden Derivaten. Die Halbwertszeit im Blutplasma bei 37°C beträgt für Carboplatin 30 Stunden, für Cisplatin jedoch nur 1.5 bis 3.6 Stunden (UMAPATHY).

(19.4)

Carboplatin: *cis*-Diammin(1,1-cyclobutandicarboxylato)platin(II)

Spiroplatin: Aquo-1,1-bis(aminomethyl)cyclohexansulfatoplatin(II)

Iproplatin, CHIP: *cis*-Dichlorobis(isopropylamin)-*trans*-dihydroxoplatin(IV)

Die Vielzahl der relativ einfach synthetisierten und dann auf ihre Wirksamkeit getesteten platinhaltigen Verbindungen hat es ermöglicht, einige Struktur-Wirkungs-Beziehungen aufzustellen (REEDIJK):

— Sowohl quadratische Platin(II)- als auch oktaedrisch konfigurierte Platin(IV)-Verbindungen zeigen cytostatische Aktivität, wobei die der Platin(IV)-Komplexe gewöhnlich geringer ist. Man nimmt an, daß die Pt(IV)-Verbindungen *in vivo* zu Pt(II)-Derivaten reduziert werden, möglicherweise durch Cystein.

— Anhaltende cytostatische Aktivität wird nur bei Verbindungen mit *cis*-Konfiguration gefunden, *trans*-Isomere sind anscheinend unwirksam.

— Der Komplex sollte in *cis*-Stellung zwei "Nichtabgangsgruppen" (NA) in Form zweier einzähniger oder eines zweizähnigen Liganden besitzen.

— Amin-Liganden als bevorzugte Nichtabgangsgruppen sollten mindestens eine N–H-Funktion und damit eine Möglichkeit für Wasserstoffbrückenbindung aufweisen. Die Rolle dieser N–H-Funktion in koordinierten primären oder sekundären Aminen ist noch nicht abschließend geklärt; sie könnte kinetisch die Annäherung des Moleküls an die DNA erleichtern oder aber auch thermodynamisch eine größere Stabilität des resultierenden Addukts bewirken (s. Abb. 19.3).

– Die Liganden X entsprechend den allgemeinen Formeln *cis*-Pt(II)X$_2$(NA)$_2$ (vgl. 19.5) oder *cis*-Pt(IV)X$_2$Y$_2$(NA)$_2$ für zwei- bzw. vierwertiges Platin sind normalerweise Anionen, die eine mittlere Bindungsbeständigkeit mit Platin aufweisen und damit auf therapeutisch-physiologischer Zeitskala austauschbar sind. Beispiele für X sind Halogenide, Carboxylate (z.T. als Chelat-Liganden), Sulfate, Aquo- oder Hydroxo-Liganden (vgl. 19.4). Im Falle der Platin(IV)-Verbindungen werden häufig OH$^-$-Gruppen in *trans*-Stellung zueinander gewählt (19.4), wobei diese Liganden die Wasserlöslichkeit der Substanz verbessern (Cisplatin ist mit 0.25 g pro 100 ml H$_2$O relativ schwer löslich). Komplexe mit sehr labilen Liganden X sind toxisch, während sehr inerte Bindungen Pt–X zu wirkungslosen Substanzen führen.

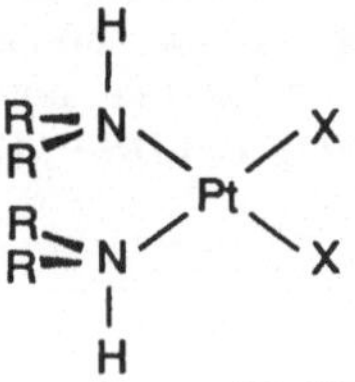

$$(19.5)$$

– Aktive Komplexe sind in der Regel neutral und können daher Zellmembranen leichter durchdringen als geladene Verbindungen.

Als platinhaltige Cytostatika der dritten Generation kann man solche Verbindungen bezeichnen, in denen die Pt-Wirkstoffgruppe mit einem ebenfalls funktionellen Trägermolekül gekoppelt ist (PASINI, ZUNINO). Diese Funktionalität kann die Selektivität für Tumorgewebe fördern, indem ein Nährstoffangebot für die schnell wachsenden Tumorgewebe erfolgt; eigene cytotoxische Funktion des Liganden, z.B. des Amins Doxorubicin (19.6), kann zu synergistischer Wirksamkeit beitragen.

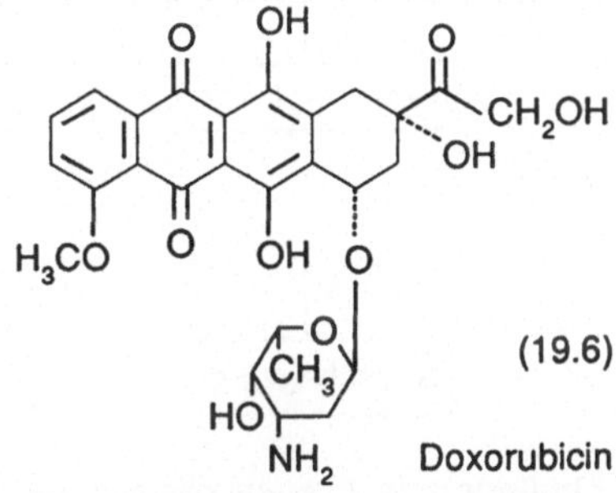

$$(19.6) \quad \text{Doxorubicin}$$

Für viele solcher Verbindungen konnten cytostatische Eigenschaften bestätigt werden, jedoch stehen umfangreiche (teure!) klinische Tests häufig noch aus. Zusätzlich zur Nebenwirkungsproblematik stehen heute eine verbesserte Löslichkeit und verlangsamte Ausscheidung sowie die Zurückdrängung etwaiger Resistenz und der selektive Transport durch Zellwände im Mittelpunkt von praxisorientierter Forschung. Letzteres zielt auf ein andersartiges Wirkungsspektrum, speziell auf die Behandlung von Lungentumoren oder auf antivirale Aktivität; ein weiteres Ziel sind oral verabreichbare Platin-Cytostatika, da Cisplatin und ähnliche Verbindungen (19.4) im Magen bei pH 1 hydrolysieren.

19.2.2. Wirkungsweise von Cisplatin

Krebszellen unterscheiden sich von normalen Körperzellen durch den Verlust genetischer Kontrolle über die Lebensspanne. In Krebszellen ist auch der Rückkopplungsmechanismus in bezug auf die Existenz benachbarter Zellen gestört, was zu unkontrollierter Ausdehnung führen kann (Wucherung). In normalen Zellen werden diese

Vorgänge durch Proto-Onkogene reguliert; Krebs kann durch eine Veränderung dieser Gene oder ihrer Expression initiiert werden. Dementsprechend übt Cisplatin seine cytostatische Wirkung im wesentlichen durch Komplexbildung mit der DNA der Zellkerne aus, während Reaktionen an anderer Stelle, z.B. mit Serumproteinen, zu den Nebenwirkungen führen. Aus Untersuchungen an Verbindungen der zweiten Generation weiß man jedoch, daß dieser Wirkungsmechanismus komplex sein kann; je nach Verbindung findet man mehr oder weniger starke Hemmung von DNA-, RNA- oder Proteinsynthese (LIPPERT, BECK).

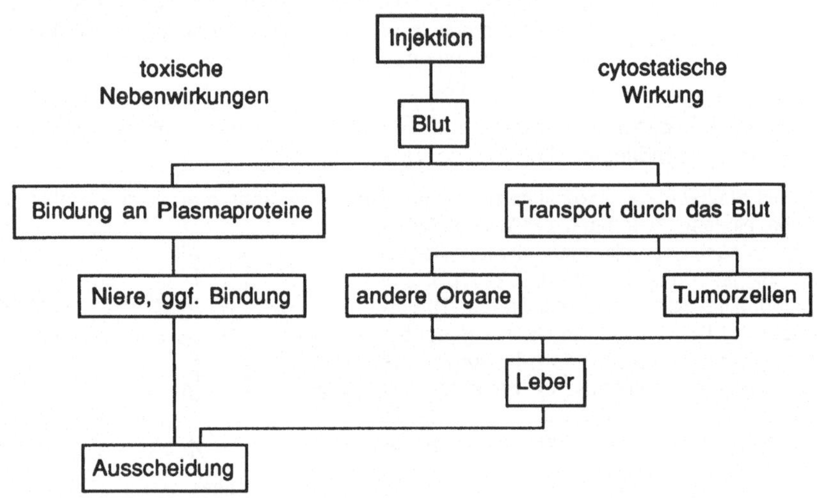

Abbildung 19.1: Metabolismus von Cisplatin im menschlichen Körper (vereinfacht)

Abbildung 19.1 zeigt schematisch den Weg des Cisplatins im menschlichen Körper. Nach der Injektion in den Blutstrom (orale Verabreichung ist wegen Hydrolyse in der sauren Magenflüssigkeit nicht möglich) kann Cisplatin entweder von Plasmaproteinen gebunden und durch die Nieren ausgeschieden (30-70%) oder unverändert durch das Blut transportiert werden. Nach passivem Transport des noch intakten Cisplatins durch die Zellwände verschiedener Organe oder der Tumorzellen wird es im Inneren von Zellen *rasch* hydrolysiert, was auf die deutlich niedrigeren Cl^--Konzentrationen im intrazellulären Bereich zurückzuführen ist (vgl. Abb. 13.3). Innerhalb der Zellen liegt etwa 40% des Platins als *cis*-$Pt(NH_3)_2Cl(H_2O)^+$ vor. Dieses Hydrolyseprodukt (s. 19.7) des Cisplatins ist kinetisch labil, da H_2O gegenüber Pt(II) eine bessere Abgangsgruppe ist als Cl^-; es wird daher angenommen, daß es die eigentlich aktive Form des Cytostatikums darstellt. Dafür spricht weiter die positive Ladung des Komplexes, welcher dadurch leichter an die negativ geladene phosphathaltige DNA binden kann.

(19.7)
$$cis\text{-}Pt(NH_3)_2Cl_2$$

$$+Cl^- \updownarrow -Cl^- \quad \text{langsam}$$

$$cis\text{-}Pt(NH_3)_2Cl(OH) \quad \overset{+\,H^+}{\underset{-\,H^+}{\rightleftharpoons}} \quad cis\text{-}Pt(NH_3)_2Cl(H_2O)^+$$

$$+Cl^- \updownarrow -Cl^- \quad \begin{array}{l}\text{weniger}\\\text{langsam}\end{array}$$

$$cis\text{-}Pt(NH_3)_2(OH)_2 \quad \overset{+\,H^+}{\underset{-\,H^+}{\rightleftharpoons}} \quad cis\text{-}Pt(NH_3)_2(H_2O)(OH)^+ \quad \overset{+\,H^+}{\underset{-\,H^+}{\rightleftharpoons}} \quad cis\text{-}Pt(NH_3)_2(H_2O)_2^{2+}$$

$$pK_s = 7.3 \qquad\qquad \updownarrow \qquad\qquad pK_s = 5.6$$

$$\text{Oligomere}$$

Die Verweildauer des Platins in den einzelnen Organen ist unterschiedlich; sie nimmt in der Reihenfolge Niere > Leber > Lunge > Genitalien > Milz > Blase > Herz > Haut > Magen > Gehirn ab. Nach Wechselwirkung mit der DNA in den Zellen der einzelnen Organe werden die Abbauprodukte über Leber und Niere ausgeschieden.

Für die Bindung von Metall-Ionen und -Komplexen an die DNA oder generell an Nukleotide stehen mehrere verschiedene Koordinationsstellen zur Verfügung. Die Metallzentren können an die negativ geladenen Sauerstoffatome von (Poly-)Phosphatgruppen (SLAVIN, BOSE; vgl. Kap. 14.1) oder an die Stickstoff- und Sauerstoffatome der Purin- und Pyrimidinbasen binden (Kap. 2.3.3). Planare Komplexe (SUNDQUIST, LIPPARD) oder solche mit großen π-Systemen als Liganden können zwischen jeweils zwei Basenpaare intercalieren (vgl. Abb. 2.12), wobei Sequenzspezifität auftreten kann. Schließlich können Komplexliganden ihrerseits Wasserstoffbrückenwechselwirkungen mit Bestandteilen von Polynukleotiden eingehen.

Generell spielen Wechselwirkungen zwischen Metallkomplexen und Nukleinsäuren (TULLIUS) eine Rolle
- bei der Aufrechterhaltung der Tertiärstruktur (ionische Effekte),
- für den Phosphoryl-Transfer (Nuklease-, Polymerase-Aktivität, vgl. Kap. 14.1),
- bei der Regulation (vgl. Kap. 17.5), Replikation und Transkription genetischer Information (s. auch Kap. 12.6),
- für eine gezielte DNA-Spaltung mit molekularbiologischer Zielsetzung (vgl. Kap. 2.3.3) sowie
- bei metallinduzierten Mutationen.

Letztere lassen sich unter anderem auf geometrische Verzerrung der DNA (KLINE et al.) durch unphysiologische Vernetzung (cross-linking) oder auf den Wechsel zu einem "falschen" Tautomeren nach Metallkoordination zurückführen (vgl. 2.13); allerdings sind die Wechselwirkungen vielfältig und selbst im Falle der vieluntersuchten Platinverbindungen noch nicht vollständig geklärt (LIPPERT; REEDIJK; REEDIJK et al.; SHERMAN, LIPPARD; LIPPARD 1987; UMAPATHY). Beeinträchtigt werden können die Repli-

kation und die genetische Transkription hinsichtlich ihrer Genauigkeit und Reprodu-
zierbarkeit (fidelity) wie auch die Fähigkeit zur Erkennung und Reparatur fehlerhafter Stellen (DONAHUE et al.). Ein wesentlicher Aspekt für die Mutagenität von Verbindungen auch essentieller Metalle kommt dem Überwinden von Trennmechanismen
zu, die den chromosomalen Bereich schützen (vgl. Abb. 17.7). Als potente Cytostatika sind auch die genannten Platin-Verbindungen in der Lage, in höheren Konzentrationen Mutationen zu verursachen. Ausgehend von dieser Beobachtung werden
die beim Betrieb von Abgaskatalysatoren in Fahrzeugen auftretenden geringen Platin-
Emissionen bezüglich ihres Gefährdungspotentials kontrovers diskutiert.

Für *cis*-Pt(NH$_3$)$_2$Cl$_2$ konnte gezeigt werden, daß nach Abspaltung von Cl⁻ koordinative Bindungen zu den Stickstoffatomen von Nukleobasen vorliegen können, und
zwar *in vitro* zu N7 von Guanin, N1 und N7 von Adenin und N3 von Cytosin (vgl. 2.11).
Durch die Wasserstoffbrückenbindungen in der DNA sind N1 von Adenin und N3 von
Cytosin abgeschirmt; für verschiedene Nukleotid-Oligomere als DNA-Modelle wurde
die höchste Bindungsaffinität zwischen Platin und N7 von Guanin gefunden.

In der doppelsträngigen DNA kann ein in *cis*-Stellung koordinativ zweifach
ungesättigter Metallkomplex prinzipiell auf verschiedene Arten gebunden werden
(Abb. 19.2). Da Komplexe mit nur einem labilen Liganden wie etwa Diethylen-
triaminplatin(II)chlorid Pt(dien)Cl⁺ (19.8) therapeutisch inaktiv sind, spielt monofunktionell koordiniertes Platin vermutlich nur die Rolle einer
Zwischenstufe. Chelatbildung durch Stickstoff- oder Sauerstoffkoordination an *einer* Base, Verknüpfungen zweier
Nukleobasen *eines* DNA-Strangs (intrastrand cross-linking),
Verknüpfung zweier verschiedener DNA-Stränge (interstrand
cross-linking) und Vernetzung der DNA mit einem Protein
sind mögliche Alternativen. Experimente haben gezeigt, daß
die Chelatbildung O6-N7 (Abb. 19.2) an einer freien Guanin-Base zwar prinzipiell
möglich, aber vor allem in der DNA-Doppelhelix nicht günstig ist. Auch "interstrand
cross-linking" und Protein-DNA-Wechselwirkungen tragen offenbar nur in geringem
Maße zur gesamten Platin-DNA-Adduktbildung bei. Der Hauptanteil entfällt auf Bindungen zwischen dem Platinzentrum und zwei benachbarten, N7-koordinierten Gua-
nosin-Nukleotiden auf demselben DNA-Strang (1,2-intrastrand d(GpG) cross linking;
SHERMAN, LIPPARD).

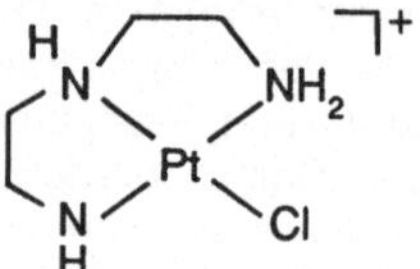

Die Bindung des Platinkomplexfragments an die DNA führt zu einer Eigen-
schafts- und Strukturänderung. Einige sequenzspezifisch DNA-spaltende Enzyme
können die DNA an den platinkoordinierten Oligoguanosin-Sequenzen nicht mehr
spalten; die DNA-Synthese an einer einsträngigen Vorlage wird durch Anlagerung
von *cis*- wie auch von *trans*-Pt(NH$_3$)$_2^{2+}$ inhibiert. Im Gegensatz zu dem an benachbarte Guanosin-Nukleotide d(GpG) koordinierenden (NH$_3$)$_2$Pt^{2+} wurde für das *trans*-
Isomer bevorzugte Guanosin-Koordination in d(GpNpG)-Sequenzen gefunden, wobei
N für ein beliebiges Nukleotid steht (d: Desoxy; p: Phosphat). Der monofunktionelle kationische Komplex Pt(dien)Cl⁺ (19.8) zeigt keine Hemmung der DNA-Synthese.
Substitutionen am Platin sind im allgemeinen sehr langsam, so daß eine *cis/trans*-
Isomerisierung auf der physiologischen Zeitskala keine Rolle spielt.

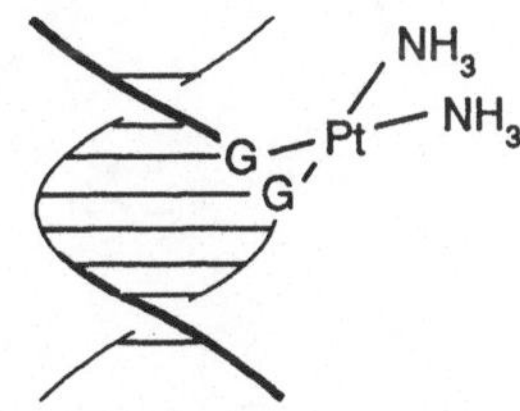

Chelatkoordination
an eine Guanin-Base

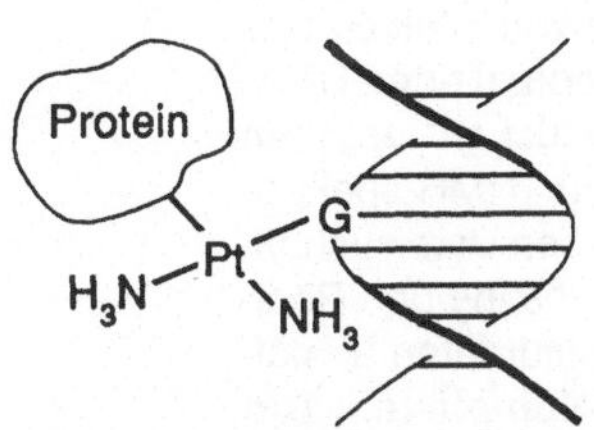

DNA-Protein-Vernetzung

1,2-intrastrand cross-linking

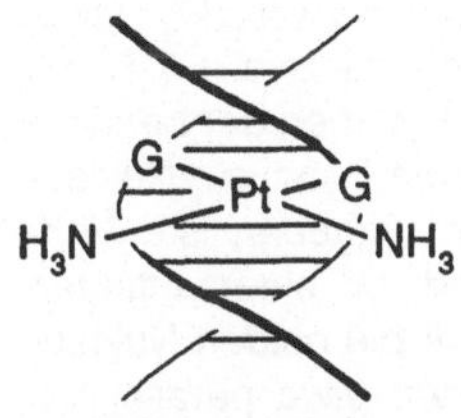

interstrand cross-linking

Abbildung 19.2: Bindungsmöglichkeiten von $(NH_3)_2Pt^{2+}$ an Guanin (G) in doppelsträngiger DNA

Die strukturellen Veränderungen an der DNA durch Koordination von cis-$Pt(NH_3)_2^{2+}$-Fragmenten lassen sich physikalisch durch Messungen der thermischen Stabilität quantifizieren. Bindung des cis-Komplexes destabilisiert die DNA-Doppelhelix, was zu einer Schmelzpunkterniedrigung führt; Bindung von $trans$-$Pt(NH_3)_2^{2+}$ bzw. $Pt(dien)^{2+}$ erhöht dagegen den Schmelzpunkt im Sinne einer Stabilisierung der Doppelhelix (interstrand crosslinks, Wasserstoffbrückenbindungen). Elektronenmikroskopische Aufnahmen zeigen, daß platinhaltige DNA im Durchschnitt um 170 pm pro gebundenem cis-$Pt(NH_3)_2^{2+}$ und um 100 pm pro gebundenem $trans$-Isomer verkürzt ist (kompaktere Sekundärstruktur). Vermutlich handelt es sich bei dieser relativ geringen, eine modifizierte Basenpaarung noch ermöglichenden Strukturverzerrung um eine "Kink", einen Schleifenknick im Polymer (KLINE et al., 19.9).

$$(19.9)$$

Direkte Strukturvergleiche von intakten und platinkoordinierten DNA-"Bruchstücken" ergeben sich aus NMR-spektroskopischen Untersuchungen in Lösung und Röntgenstrukturdaten kristalliner Komplexe. Die Struktur des *cis*-Pt(NH$_3$)$_2$[d(pGpG)] in Abbildung 19.3 zeigt quadratisch-planares Platin, das von zwei NH$_3$-Liganden und zwei N7-Stickstoffatomen der benachbarten Guanosin-Nukleotide umgeben ist. Während in einer intakten DNA die beiden Nukleobasen etwa parallel zueinander angeordnet sind (Stapelprinzip), bilden sie hier einen Diederwinkel von etwa 80°, was auf die Möglichkeit eines gestörten Helixaufbaus hinweist.

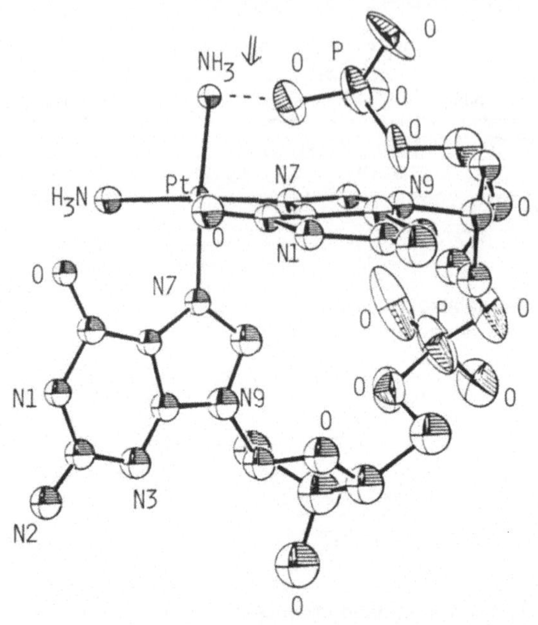

Abbildung 19.3: Molekülstruktur des *cis*-Pt(NH$_3$)$_2$[d(pGpG)] mit angedeuteter Ammin-Phosphat-Wasserstoffbrückenbindung (eines von vier kristallographisch unabhängigen Molekülen in der Elementarzelle; aus SHERMAN et al.)

Bemerkenswert ist die intramolekulare Wasserstoffbrückenbindung zwischen einem koordinierten Ammin-Liganden und dem terminalen Phosphat (Abb. 19.3).

Eine Koordination an benachbarte, nahezu orthogonal zueinander orientierte Guanin-Gruppen (jeweils N7) zeigt auch der Komplex von *cis*-Pt(NH$_3$)$_2$$^{2+}$ mit d(CpGpG), wobei ebenfalls H-Brückenbindungen auftreten (ADMIRAAL et al.). Intra- und intermolekulare schwache Bindungswechselwirkungen können allerdings in Lösung andere Konformationen begünstigen als im Festkörper (VAN DER VEER, REEDIJK). Ein "Kinking" wird nicht beobachtet, wenn nur ein Guanosin in der Oligonukleotidkette vorliegt. Für *trans*-Pt(NH$_3$)$_2$$^{2+}$ wurde mit dem DNA-Fragment d(A*pGpG*pCpCpT) eine Bindung an die N7-Stickstoffatome des Adenins und des zweiten, *übernächsten* Guanins nachgewiesen (SHERMAN, LIPPARD); die Möglichkeit einer Verknüpfung zweier verschiedener Nukleobasen konnte auch für *cis*-Pt(NH$_3$)$_2$$^{2+}$ in Verbindung mit anionischem 9-Methylguanin und 1-Methyluracil gezeigt werden (FROMMER et al.).

Eine Erklärung des Wirkmechanismus von Platin-Cytostatika muß die Dynamik physiologischen Geschehens und den eklatanten Unterschied zwischen *cis*- und *trans*-Isomeren einbeziehen. Durch ^{195}Pt-NMR -Spektroskopie konnte beispielsweise der Vorgang des Einbaus von *cis*- und *trans*-Diammindichloroplatin(II) in eine kurze doppelsträngige DNA mit 30-50 Basenpaaren und ca. 25 kDa Molekülmasse verfolgt werden. Im geschwindigkeitsbestimmenden Schritt erfolgt die Abspaltung von Cl^- unter Anlagerung von H_2O (vgl. 19.7), worauf sich das monofunktionelle Addukt in einer schnellen Reaktion bildet. Die Geschwindigkeit des eigentlichen cross-linking ist abhängig vom Abspalten des zweiten Cl^- (SUNDQUIST, LIPPARD).

Da sowohl *cis*- als auch *trans*-$Pt(NH_3)_2^{2+}$ die Doppelhelixstruktur der DNA stören, bleibt die Frage, warum nur der *cis*-Komplex cytostatische Aktivität zeigt. Das *trans*-Isomere wird zwar schneller aufgenommen als Cisplatin; nach sechs Stunden nimmt jedoch die Konzentration des gebundenen *trans*-Komplexes ab, während weiterhin *cis*-Isomer akkumuliert wird. Nach 24 Stunden ist nur noch sehr wenig *trans*-Verbindung an der DNA gebunden. Diese Ergebnisse lassen darauf schließen, daß die Veränderungen in der Struktur durch das *trans*-Isomere von den zelleigenen Reparaturmechanismen deutlich anders wahrgenommen werden als die von der Koordination des Cisplatin herrührenden (DONAHUE et al.). In Zellen, deren Reparaturmechanismen durch Mutation teilweise außer Kraft gesetzt sind, findet man eine höhere Cytotoxizität von *cis*- und *trans*-$Pt(NH_3)_2Cl_2$. Möglicherweise wird ein zunächst monofunktionell koordiniertes *trans*-konfiguriertes Metallkomplexfragment $-Pt(NH_3)X(NH_3)$, X = Cl^- oder H_2O, leichter angegriffen, wobei insbesondere externe Chlorid- oder Schwefel-Liganden mit ihrem ausgeprägten *trans*-labilisierenden Effekt zum raschen dissoziativen Abbau der Metallierung beitragen können (KRIZANOVIC, PESCH, LIPPERT).

19.3 Cytotoxische Verbindungen anderer Metalle

In Analogie zum therapeutisch erfolgreichen Cisplatin wurden zahlreiche Komplexe anderer Metalle untersucht und teilweise auch klinisch getestet. Diese Komplexe sollten neutral sein, in *cis*-Stellung zwei mäßig labile Abgangsgruppen haben und gegebenenfalls zur Intercalation neigende Gruppen tragen. Da Platin(II) generell inerte Bindungen bildet, müssen die Nichtabgangsgruppen bei anderen, substitutionslabileren Metallzentren entweder durch Polyhapto-Bindung organischer Liganden oder durch Chelat-Ligation kinetisch stabil koordiniert werden.

Beispiele sind Metallocene und Metallocen-Dichloride (19.10) (HAIDUC, SILVESTRU; KÖPF-MAIER, KÖPF); sie zeigen im Zellexperiment Antitumoraktivität gegen verschiedene Karzinome. Vor allem das redoxchemisch wenig aktive Titanocendichlorid (19.10, M = Ti) erwies sich als wirksam gegen Brust-, Lungen- und Darmkarzinome. Im Gegensatz zu Cisplatin sind therapeutische Dosen von Titanocendichlorid durch Nebenwirkungen auf die Leber gekennzeichnet. Über die Wir-

(19.10)

M = Ti, V, Nb, Mo

kungsweise ist noch wenig bekannt, *in vitro* ist eine Bindung an das Stickstoffatom N7 oder über Chelatbildung an N7 und O6 der Purinnukleotide belegt. Während Substitution des Chlorids kaum Einfluß auf die Antitumorwirkung hat, führen Veränderungen am Cyclopentadienylring zu unwirksamen Produkten. Ein weiteres, bereits klinisch getestetes Cytostatikum mit der genannten Komplexcharakteristik ist das gegen Darmkrebs wirksame Bis(1-phenyl-1,3-butandionato)diethoxytitan(IV), Budotitan (19.11; KEPPLER).

$$(19.11)$$

Budotitan

Ruthenium-, Rhodium- und Goldverbindungen enthalten substitutionsinertes Edelmetall; einige Amin-, Phosphin-, und Carboxylat-Komplexe, darunter auch mehrkernige Verbindungen wie $Rh_2(O_2CCH_3)_4$ zeigen cytostatische Wirksamkeit (KEPPLER).

Eisen- und Kupfer-Komplexe mit potentiell DNA-intercalierenden oder cytotoxisch wirkenden organischen Liganden sind z.B. in Form von Verbindungen des Bleomycins (vgl. Kap. 7.6.4), Thiosemicarbazons und 1,10-Phenanthrolins seit längerem bekannt. Die Anwesenheit von Metallionen ist hier für die DNA-Spaltung essentiell; vermutet wird eine vom Metall ausgehende Aktivierung des radikalbildenden O_2 (Bleomycin-Komplexe; KOZARICH et al.) oder der Phosphathydrolyse (MODAK et al.).

19.4 Goldhaltige Pharmaka in der Therapie rheumatischer Arthritis

19.4.1 Historische Entwicklung

Erste Erwähnungen einer therapeutischen Aktivität des Goldes liegen mehrere tausend Jahre zurück. Eine chinesische Vorschrift aus dem 6. Jahrhundert n. Chr. beispielsweise beschreibt detailliert die Lösung von metallischem Gold zur Anwendung in Unsterblichkeit verheißenden Elixieren. Wie sich heute nachvollziehen läßt (GLIDEWELL), erfolgt die oxidative Lösung dieses edlen Metalls, wenn in dem verwendeten Salpeter (KNO_3) Iodat (IO_3^-) als Begleiton vorliegt und dieses durch Reduktionsmittel wie $FeSO_4$ oder organisches Material zu Iodid reduziert werden kann. Es bildet sich dann bei um ca. 1V erniedrigtem Potential $[AuI_2]^-$. Gold wurde als Allheilmittel propagiert, speziell erwähnt ist die Schutzfunktion gegen Lepra. 1890 fand ROBERT KOCH, daß Gold(I)cyanid AuCN das Wachstum von Tuberkulosebakterien hemmt; ein systematischer klinischer Einsatz dieser Verbindung scheiterte jedoch an der hohen Toxizität. 1924 setzte MOLLGAARD einen Thiosulfatokomplex des einwertigen Goldes zur Tuberkulosetherapie ein, und wenig später wurde Gold(I)thioglucose (19.12) zur Therapie rheumatischen Fiebers herangezogen. Erst 30 Jahre später jedoch erlangten ähnliche Verbindungen nach systematisch ausgeführten klinischen Tests die ihnen zustehende Aufmerksamkeit (SADLER; BERNERS-PRICE, SADLER; DASH, SCHMIDBAUR; SUTTON).

19.4.2 Goldverbindungen als Antirheumatika

Therapeutisch besitzt nur die einwertige Form des Goldes Bedeutung. Gold(I) ist zwar als Aquokomplex instabil und disproportioniert gemäß $3\,Au(I) \rightarrow 2\,Au(0) + Au(III)$; die einwertige Stufe kann jedoch durch "weiche", polarisierbare Liganden wie etwa CN^-, PR_3 oder Thiolate RS^- unter Bildung vor allem linear-konfiguierter d^{10}-Metallkomplexe stabilisiert werden. Die meisten Gold(I)-Verbindungen mit biologischer Aktivität enthalten Thiolat-Liganden; Gold(III) wirkt unter diesen Bedingungen stark oxidierend.

Die wichtigsten Vertreter goldhaltiger Antirheumatika sind in (19.12) abgebildet. Die lineare Anordnung der Schwefel-Liganden um das zweifach koordinierte Metallzentrum ist auch im Falle des Solganols und Myochrisins realisiert; hier liegen oligomere Strukturen mit sechs oder acht Einheiten und verbrückenden Schwefelzentren vor. Eine Ringstruktur der Oligomeren wurde diskutiert, jedoch weisen neuere Untersuchungen eher auf offenkettige Anordnungen hin (ELDER, EIDSNESS). Solganol und Myochrisin sind wasser- aber nicht fettlöslich und müssen intramuskulär gespritzt werden (Hydrolyse im Sauren). Das fettlösliche Auranofin kann dagegen oral aufgenommen werden bei etwa 25% Resorption. Nach längerer Therapie stellen sich mit Myochrisin und Auranofin konstante Werte von 30 - 50 µg/ml Blut ein, wobei Myochrisin hauptsächlich im Serum, Auranofin gleichmäßig zwischen Serum und Erythrozyten verteilt vorkommt.

Bei der tendenziell zunehmenden Therapie mit Goldverbindungen zur Verlangsamung rheumatischer Prozesse treten oft schwerwiegende Allergie-ähnliche Nebenwirkungen an Haut und Schleimhäuten auf. Da Gold(I) insbesondere mit Schwefel-Liganden thermodynamisch stabile Komplexe bildet, kann die zusätzliche Verabreichung von schwefelhaltigen Chelatbildnern wie Penicillamin oder Dimercaprol (2.1) oder von Antihistaminen und Adrenocorticosteroiden eine Abschwächung der Toxizität bewirken.

$$Na_3[O_3S_2-Au-S_2O_3]$$

Trinatriumgold(I)bis-(thiosulfat) ("Sanocrysin")

$$\left(\begin{array}{c} Au-S-CH-CO_2Na \\ | \\ CH_2-CO_2Na \end{array} \right)_n$$

Dinatriumgold(I)thiomalat ("Myochrisin")

$$(19.12)$$

Gold(I)thioglucose ("Solganol")

(2,3,4,6-Tetrakis-O-acetyl-1-thio-β-D-glucopyranosido)-gold(I)triethylphosphin ("Auranofin")

19.4.3 Hypothesen über die Wirkungsweise goldhaltiger Antirheumatika

Arthritis ist eine Entzündung von Gelenk-umgebendem Gewebe. Vermutet wird, daß die Schädigung der Gelenke durch Einwirkung hydrolytischer Enzyme aus Lysosomen hervorgerufen wird (Autoimmunreaktion). Untersuchungen der Gewebe zeigen, daß das Gold bevorzugt in den Gelenken angereichert und dort in den Lysosomen von Makrophagen gespeichert wird (Bildung von "Aurosomen"). Hemmung der lysosomalen Enzymwirkung ist durch Koordination des Goldes an im Enzym vorhandene Thiolgruppen (RS$^-$) vorstellbar. *In vitro* findet man Reaktionen zwischen Dinatriumgold(I)thiomalat und anderen Thiolaten RS$^-$, wobei Thiomalat freigesetzt wird.

Einer anderen Theorie zufolge gelangen bei rheumatischer Arthritis als einer Krankheit des Immunsystems spezifische Abwehrzellen in unzureichender Menge an die betroffenen Stellen im Körper. Gold(I)-Verbindungen könnten die Bildung unerwünschter Antikörper hemmen, was *in vitro* nachgewiesen wurde, oder durch Koordination an spezifische Abwehrproteine diese für eine Aufnahme durch Phagozyten markieren (AINSCOUGH, BRODIE).

Irreversible Schädigungen der Gelenke können entsprechend einer weiteren Hypothese durch Fettoxidation mit anschließendem, durch freie Radikale begünstigtem Proteinabbau erfolgen (vgl. Kap. 16.8). Dabei spielen Superoxidionen ($O_2^{\bullet-}$), die durch aktivierte Phagozyten gebildet werden können (CROSS, JONES; vgl. Kap. 10.5), eine wesentliche Rolle. Es konnte gezeigt werden, daß $O_2^{\bullet-}$ relativ leicht durch Oxidationsmittel zu reaktivem, nicht-spingehemmtem Singulett-Sauerstoff $^1O_2$ (5.3) oxidiert wird. In diesem Zusammenhang ist die Eigenschaft der Gold(I)-Verbindungen von Bedeutung, den Singulett-Zustand des Sauerstoffs aufgrund der hohen Spin-Bahn-Kopplungskonstante dieses schweren Elements rasch abzubauen (Inter-System-Crossing; COREY, MEHROTRA, KHAN).

19.5 Lithium in der Psychotherapie

Seit einigen Jahrzehnten werden Lithiumsalze – meist in Form von genau dosiertem Lithiumcarbonat – in der Psychotherapie zur Prophylaxe manisch-depressiver Psychosen angewandt. Li$^+$ ist therapeutisch wertvoll und weit verbreitet, da es ausgleichend in *beiden* Phasen des normalerweise zyklischen Ablaufs dieser Krankheit wirkt.

Schwierigkeiten in der Therapie ergeben sich aus der relativ hohen Toxizität des Metalls und der daraus folgenden sehr geringen therapeutischen Breite. Während eine Konzentration von 1 mmol Li$^+$ pro Liter Blut für eine erfolgreiche Behandlung notwendig ist, führen bereits 2 mM zu toxischen Nebenwirkungen, vor allem im Bereich der Nieren. Konzentrationen von 3 mM und höher wirken sich direkt auf das zentrale Nervensystem aus und können über einen längeren Zeitraum zum Tode führen. Lithiumcarbonat wird daher oral, verteilt auf mehrere Einzeldosierungen pro Tag verabreicht, um Nebenwirkungen zu vermeiden. Bei akuten Vergiftungen muß das Blut dialytisch gereinigt werden.

Das in Erdkruste und Meerwasser relativ seltene Li^+ ist einerseits das leichtere, mit einem Ionenradius von 60 pm bei Koordinationszahl 4 wesentlich kleinere und damit stärker polarisierende Homologe des Na^+, was direkt auf mögliche neurologische (Neben-)Wirkungen hinweist (vgl. Kap. 13). Andererseits steht Li^+ in Schrägbeziehung zum nur wenig größeren Mg^{2+}, mit dem es die physiologisch wichtige Affinität für Phosphat-Liganden teilt. Mehrere Hypothesen zur spezifisch antipsychotischen Wirkungsweise von Li^+ werden diskutiert, wobei jeweils die Beeinflussung (über Phosphat-Bindung?) des zellulären, Ca^{2+}-einschließenden Informationssystems im Zentrum steht (AVISSAR et al.): Hemmung des Inositol/Phosphat-Metabolismus (vgl. Kap. 14.2), Hemmung einer Adenylat-Cyclase, oder Hemmung eines Guaninnukleotid-bindenden Proteins, eines "G-Proteins" (RAWLS; AVISSAR et al.).

Literaturverweise

A) Im folgenden sind einige Monographien zur Bioanorganischen Chemie genannt, die zumindest einen Teil der auch hier beschriebenen Gebiete behandeln. Die meisten neueren Lehrbücher der Anorganischen Chemie enthalten inzwischen ebenfalls kurze Kapitel zu dieser Thematik.

A.M. FIABANE, D.R. WILLIAMS: *The Principles of Bio-inorganic Chemistry*, The Chemical Society, London, 1977

E.I. OCHIAI: *Bioinorganic Chemistry: An Introduction*, Allyn and Bacon, Boston, 1977

M.N. HUGHES: *The Inorganic Chemistry of Biological Processes*, 2nd Edition, Wiley, New York, 1981

K.B. JACIMIRSKIJ: *Einführung in die bioanorganische Chemie*, Akademie-Verlag, Berlin, 1980

R.W. HAY: *Bio-inorganic Chemistry*, Ellis Horwood, Chichester, 1984

E.I. OCHIAI: *General Principles of Biochemistry of the Elements*, Plenum Press, New York, 1987

B) Viele Zeitschriften – auch solche mit einem größeren Spektrum innerhalb der Naturwissenschaften – enthalten Fortschrittsergebnisse zu bioanorganischen Fragestellungen. Speziell diesem Gebiet gewidmet sind die folgenden Journale und Serien:

(a) Journal of Inorganic Biochemistry (Elsevier, Amsterdam)

(b) Biology of Metals (Springer-Verlag, Berlin)

(c) Advances in Inorganic Biochemistry (Hrsg.: G.L. EICHHORN, L.G. MARZILLI; Elsevier, Amsterdam)

(d) Metal Ions in Biological Systems (Hrsg.: H. SIGEL; Marcel Dekker, New York)

(e) Metal Ions in Biology (Hrsg.: T.G. SPIRO; Wiley, New York)

(f) Annual Review of Biochemistry (Hrsg.: E.E. SNELL, P.D. BOYER, A. MEISTER, C.C. RICHARDSON; Annual Reviews Inc., Palo Alto)

(g) The Handbook of Environmental Chemistry (Hrsg.: O. HUTZINGER; Springer-Verlag, Berlin)

C) Nachstehend sind Bücher und einzelne Journalausgaben genannt, die aus unterschiedlichen Anlässen, z.B. nach internationalen Konferenzen, eine nicht systematische Zusammenstellung *mehrerer* Aspekte der bioanorganischen Chemie durch verschiedene Autoren enthalten:

(h) J. Chem. Educ., *62* (1985) 916 - 1001: *Bioinorganic Chemistry - State of the Art*

(i) Recl. Trav. Chim. Pays-Bas, *106* (1987) 165 - 439

(j) Chem. Scr. *28A* (1988) 1 - 131: *Biophysical Chemistry of Dioxygen Reactions in Respiration and Photosynthesis*

(k) J. Inorg. Biochem., *36* (1989) 151 - 372

(l) G.L. EICHHORN (Hrsg.): *Inorganic Biochemistry*, Elsevier, Amsterdam, 1973

(m) A.W. ADDISON, W.R. CULLEN, D. DOLPHIN, B.R. JAMES (Hrsg.): *Biological Aspects of Inorganic Chemistry*, Wiley, New York, 1977

(n) R.J.P. WILLIAMS, J.R.R.F. DA SILVA (Hrsg.): *New Trends in Bio-inorganic Chemistry*, Academic Press, London, 1978

(o) P. HARRISON (Hrsg.): *Metalloproteins, Parts 1 and 2*, Verlag Chemie, Weinheim, 1985

(p) A.V. XAVIER (Hrsg.): *Frontiers in Bioinorganic Chemistry*, VCH Verlagsgesellschaft mbH, Weinheim, 1986

(q) S. OTSUKA, T. YAMANAKA (Hrsg.): *Metalloproteins; Chemical Properties and Biological Effects*, Elsevier, Amsterdam, 1988

(r) R. DESSY, J. DILLARD, L. TAYLOR (Hrsg.): *Bioinorganic Chemistry*, ACS Symp. Ser. *100* (1971)

(s) K.N. RAYMOND (Hrsg.): *Bioinorganic Chemistry II*, ACS Symp. Ser. *162* (1977)

(t) A.E. MARTELL (Hrsg.): *Inorganic Chemistry in Biology and Medicine*, ACS Symp. Ser. *140* (1980)

(u) L. QUE, JR. (Hrsg.): *Metal Clusters in Proteins*, ACS Symp. Ser. *372* (1988)

(w) vgl. S. 405

D) Die folgenden Literaturverweise zu den einzelnen Kapiteln sind – angesichts der Überfülle des Materials – vor allem nach drei Kriterien ausgewählt worden:

– Gute Zugänglichkeit in Bibliotheken (Bevorzugung von Artikeln aus periodisch erscheinenden Journalen anstatt schwer greifbarer Monographien oder Konferenzberichte),

– möglichst hohe Aktualität (Artikel vorwiegend aus den Jahren 1980 - 1990), und

– Verfügbarkeit von Verweisen auf detailliertere Forschungsresultate in Originalmitteilungen und auf frühere Zusammenfassungen.

Allgemeine, mehrere Aspekte enthaltende Übersichtsartikel oder Bücher sind jeweils am Beginn zitiert, die Reihenfolge der Zitate entspricht der ersten Erwähnung im betreffenden Kapitel. Auf einzelne Artikel aus den unter B) und C) aufgezählten Zusammenfassungen (a) - (u) wird entsprechend verwiesen.

Kapitel 1

R.K. THAUER, Naturwiss. Rundschau *39* (1986) 426: *Nickelenzyme im Stoffwechsel von methanogenen Bakterien*

G. TÖLG, Kontakte (Darmstadt), Heft 2 (1989) 20: *Analytical chemistry and the quality of life*

G. TÖLG, R.P.H. GARTEN, Angew. Chem. *97* (1985) 439: *Große Angst vor kleinen Mengen – die Bedeutung der analytischen Chemie in der modernen Industriegesellschaft am Beispiel der Spurenanalytik der Elemente*

G.R. HARTMANN, Chem. Unserer Zeit *23* (1989) 105: *Chemie und Biologie: Zwei Kulturen?*

P. SCHÖNHEIT, J. MOLL, R.K. THAUER, Arch. Microbiol. *123* (1979) 105: *Nickel, cobalt, and molybdenum requirement for growth of methanobacteria thermoautotrophicum.* Vgl. auch Nachr. Chem. Tech. Lab. *30* (1982) 923: *Nickelproteine und ein neues Porphinoid*

Kapitel 2

E. MERIAN (Hrsg.): *Metalle in der Umwelt – Verteilung, Analytik und biologische Relevanz*, Verlag Chemie, Weinheim, 1984

I. ELMADFA, C. LEITZMANN: *Ernährung des Menschen*, Ulmer, Stuttgart, 1988

W. PFANNHAUSER: *Essentielle Spurenelemente in der Nahrung*, Springer-Verlag, Berlin, 1989

C.T. HOROVITZ, J. Trace. Elem. Electrolytes Health Dis. *2* (1988) 135: *Is the major part of the periodic system really inessential for life?*

E.I. OCHIAI, 1977 (s. Abschnitt A)

E. FRIEDEN (Hrsg.): *Biochemistry of the Essential Ultratrace Elements*, Plenum Press, New York, 1984

E. FRIEDEN, J. Chem. Educ. *62* (1985) 917: *New perspectives on the essential trace elements*

A.M. FIABANE, D.R. WILLLIAMS (s. Abschnitt A), S. 68

R.J.P. WILLIAMS, Pure Appl. Chem. *55* (1983) 1089: *Inorganic elements in biological space and time*

E.J. Underwood und mehrere Autoren in Phil. Trans. Roy. Soc. London *B 294* (1981) 1 - 213: *Metabolic and physiological consequences of trace element deficiency in animals and man*

Recommended Dietary Allowances, Natl. Acad. Sci. U.S.A., Natl. Res. Council, Food and Nutrition Board, 9th Edition, Washington, 1980

H.G. Seiler, H. Sigel, A. Sigel (Hrsg.): *Handbook on Toxicity of Inorganic Compounds,* Dekker, New York, 1988.

R.A. Bulman, Struct. Bonding (Berlin) *67* (1987) 91: *The chemistry of chelating agents in medical sciences*

E. Mutschler: *Arzneimittelwirkungen, Lehrbuch der Pharmakologie und Toxikologie,* 6. Aufl., WVG, Stuttgart, 1991

R.J.P. Williams, Coord. Chem. Rev. *100* (1990) 573: *Bio-inorganic chemistry: Its conceptual evolution*

P. Hemmerich, J. Lauterwein in (I), S. 1168: *The structure and reactivity of flavin-metal complexes*

M.J. Clarke, Comments Inorg. Chem. *3* (1984) 133: *Electrochemical effects of metal ion coordination to noninnocent, biologically important molecules*

R.J.P. Williams, Chem. Br. *19* (1983) 1009: *Symbiotic chemistry of metals and proteins*

R.J.P. Williams, Pure Appl. Chem. *54* (1982) 1889: *Metal ions in biological catalysis*

B.W. Matthews, J.N. Jansonius, P.M. Colman, B.P. Schoenborn, D. Dupourque, Nature, New Biol. (London) *238* (1972) 37: *Three-dimensional structure of thermolysin*

C.H. Wynn: *Struktur und Funktion von Enzymen,* Teubner, Stuttgart, 1978

R. Huber, Angew. Chem. *101* (1989) 849: *Eine strukturelle Grundlage für die Übertragung von Lichtenergie und Elektronen in der Biologie* (Nobel-Vortrag)

B.L. Vallee, R.J.P. Williams, Proc. Natl. Acad. Sci. U.S.A. *59* (1968) 498: *Metalloenzymes. Entatic nature of their active sites*

R.J.P. Williams, J. Mol. Catalysis – Review Issue (1986) 1: *Metallo-enzyme catalysis: The entatic state*

R. Lumry, H. Eyring, J. Phys. Chem. *58* (1954) 110: *Conformation changes of proteins*

J. Retey, Angew. Chem. *102* (1990) 373: *Reaktionsselektivität von Enzymen durch negative Katalyse oder wie gehen Enzyme mit hochreaktiven Intermediaten um?*

A. Haim, J. Chem. Educ. *66* (1989) 935: *Catalysis: New reaction pathways, not just a lowering of the activation energy*

G.P. Moss, Pure Appl. Chem. *59* (1987) 779: *Nomenclature of tetrapyrroles*

J.H. Fuhrhop, Angew. Chem. *86* (1974) 363: *Die Reaktivität des Porphyrinliganden*

D. DOLPHIN (Hrsg.): *The Porphyrins, Vol. I-VII*, Academic Press, New York, ab 1978

J.W. BUCHLER (Hrsg.): Struct. Bonding (Berlin) *64* (1987) S. 1 - 268: *Metal complexes with tetrapyrrole ligands I*

B. KRÄUTLER, Chimia *41* (1987) 277: *The porphinoids – versatile biological catalyst molecules*

A. ESCHENMOSER, Angew. Chem. *100* (1988) 6: *Vitamin B_{12}: Experimente zur Frage nach dem Ursprung seiner molekularen Struktur*

J.M. LEHN, Angew. Chem. *100* (1988) 92: *Supramolekulare Chemie – Moleküle, Übermoleküle und molekulare Funktionseinheiten* (Nobel-Vortrag)

F. VÖGTLE: *Supramolekulare Chemie*, Teubner, Stuttgart, 1989

K. NEUPERT-LAVES, M. DOBLER, Helv. Chim. Acta *58* (1975) 432: *The crystal structure of a K^+ complex of valinomycin*

L.G. MARZILLI, Adv. Inorg. Biochem. *3* (1981) 47: *Metal complexes of nucleic acid derivatives and nucleotides: Binding sites and structures*

T.D. TULLIUS (Hrsg.): *Metal-DNA Chemistry*, ACS Symp. Ser. *402* (1989)

H. SCHÖLLHORN, U. THEWALT, B. LIPPERT, J. Am. Chem. Soc. *111* (1989) 7213: *Metal-stabilized rare tautomers of nucleobases*

D.P. MACK, P.B. DERVAN, J. Am. Chem. Soc. *112* (1990) 4604: *Nickel-mediated sequence-specific oxidative cleavage of DNA by a designed metalloprotein*

J.K. BARTON, L.M. GOLDBERG, C.V. KUMAR, J.J. TURRO, J. Am. Chem. Soc. *108* (1986) 2081: *Binding modes and base specificity of tris(phenanthroline)ruthenium(II). Enantiomers with nucleic acids: Tuning the stereoselectivity*

V. DANGE, R.B. VAN ATTA, S.M. HECHT, Science *248* (1990) 585: *A Mn^{2+}-dependent ribozyme*

A.E. FRIEDMAN, J.-C. CHAMBRON, J.-P. SAUVAGE, N.J. TURRO, J.K. BARTON, J. Am. Chem. Soc. *112* (1990) 4960: *Molecular "light switch" for DNA: $Ru(bpy)_2(dppz)^{2+}$*

C. HIORT, B. NORDEN, A. RODGER, J. Am. Chem. Soc. *112* (1990) 1971: *Enantiopreferential DNA Binding of $[Ru^{II}(1,10\text{-}phenanthroline)_3]^{2+}$ studied with linear and circular dichroism*

J.A. IBERS, R.H. HOLM, Science *209* (1980) 223: *Modeling coordination sites in metallobiomolecules*

K. WIEGHARDT, Nachr. Chem. Tech. Lab. *33* (1985) 961: *Bioanorganische Modellkomplexe – ein schillerndes Schlagwort?*

S. FORSEN, T. DRAKENBERG, S. LINSE, P. BRODIN, P. SELLERS, C. HOHANNSON, E. THULIN, T. GRUNDSTRÖM in (d), Vol. *25* (1989), S. 255 - 504: *Site-directred mutagenesis and structure-function relations in EF-hand Ca^{2+} binding proteins*

Kapitel 3

P.J. Toscano, L.G. Marzilli, Prog. Inorg. Chem. *31* (1984) 105: *B_{12} and related organocobalt chemistry: Formation and cleavage of cobalt carbon bonds*

D. Dolphin (Hrsg.): *B_{12}*, Wiley, New York, 1982

Z. Schneider, A. Stroinski: *Comprehensive B_{12}*, de Gruyter, Berlin, 1987

K. Folkers, J. Chem. Educ. *61* (1984) 747: *Perspectives from research on vitamins and hormones*

R. Scheffold, Nachr. Chem. Tech. Lab. *36* (1988) 261: *Vitamin B_{12} in der organischen Synthese*

B. Kräutler, Helv. Chim. Acta *70* (1987) 1268: *Thermodynamic trans-effects of the nucleotide base in the B_{12} coenzymes*

B.D. Martin, R.G. Finke, J. Am. Chem. Soc. *112* (1990) 2419: *Co−C homolysis and bond dissociation energy studies of biological alkylcobalamines: Methylcobalamin, including a $\geq 10^{15}$ Co − CH_3 homolysis rate enhancement at 25°C following one-electron reduction*

H.M. Swartz, J.R. Bolton, D.C. Borg: *Biological Applications of Electron Spin Resonance*, Wiley, New York, 1972

M. Symons: *Chemical and Biochemical Aspects of Electron-Spin Resonance Spectroscopy*, van Nostrand Reinhold, New York, 1978

H. Kurrek, B. Kirste, W. Lubitz: *Electron Nuclear Double Resonance Spectroscopy of Radicals in Solution*, VCH, Weinheim, 1988

J. Stubbe, Biochemistry *27* (1988) 3893: *Radicals in biological synthesis*

G. Pattenden, Chem. Soc. Rev. *17* (1988) 361: *Cobalt-mediated radical reactions in organic synthesis*

H. Fischer, J. Am. Chem. Soc. *108* (1986) 3925: *Unusual selectivities of radical reactions by internal suppression of fast modes*

J. Halpern, Science *227* (1985) 869: *Mechanisms of coenzyme B_{12}-dependent rearrangements*

J. Retey, Angew. Chem. *102* (1990) 373: *Reaktionsselektivität von Enzymen durch negative Katalyse oder wie gehen Enzyme mit hochreaktiven Intermediaten um?*

R.G. Matthews, J.T. Drummond, Chem. Rev. *90* (1990) 1275: *Providing one-carbon units for biological methylations*

G. Diekert, FEMS Microbiol. Rev. *87* (1990) 391: *CO_2 reduction to acetate in anaerobic bacteria*

H. Schulz, S.P.J. Albracht, J.M.C.C. Cormans, G. Fuchs, Eur. J. Biochem. *171* (1988) 589: *Purification and some properties of the corrinoid-containing membrane protein from Methanobacterium thermoautotrophicum*

G.N. Schrauzer, Angew. Chem. *88* (1976) 465 und *89* (1977) 239: *Neuere Entwicklungen auf dem Gebiet des Vitamins B$_{12}$*

G. Costa, G. Mestroni, L. Stefani, J. Organomet. Chem. *7* (1967) 493: *Organometallic derivatives of cobalt(III) chelates of bis(salicylaldehyde)ethylenediimine*

M.K. Geno, J. Halpern, J. Am. Chem. Soc. *109* (1987) 1238: *Why does nature not use the porphyrin ligand in vitamin B$_{12}$?*

B. Kräutler, W. Keller, C. Kratky, J. Am. Chem. Soc. *111* (1989) 8936: *Coenzyme B$_{12}$ chemistry: The crystal and molecular structure of cob(II)alamin*

B.T. Golding, Chem. Br. *26* (1990) 950: *The B$_{12}$ mystery*

Kapitel 4

K. Wieghardt, Angew. Chem. *101* (1989) 1179: *Die aktiven Zentren in manganhaltigen Metalloproteinen und anorganische Metallkomplexe*

J. Deisenhofer, H. Michel, Angew. Chem. *101* (1989) 872: *Das photosynthetische Reaktionszentrum des Purpurbakteriums Rhodopseudomonas viridis* (Nobel-Vortrag)

G.S. Beddard, Eur. Spectrosc. News *65* (1986) 10: *Some applications of picosecond spectroscopy*

W. Holzapfel, U. Finkele, W. Kaiser, D. Oesterhelt, H. Scheer, H.U. Stilz, W. Zinth, Chem. Phys. Lett. *160* (1989) 1: *Observation of a bacteriochlorophyll anion radical during the primary charge separation in a reaction center*

W. Lubitz, G.T. Babcock, Trends Biochem. Sci. *12* (1987) 96: *ENDOR spectroscopy*

H.T. Witt, Nouv. J. Chim. *11* (1987) 91: *Examples for the cooperation of photons, excitons, electrons, electric fields and protons in the photosynthetic membrane*

W. Mäntele, Biol. Unserer Zeit *20* (1990) 85: *Photosynthese*

J.R. Norris, M. Schiffer, Chem. Eng. News, 30. Juli (1990) 22: *Photosynthetic reaction centers in bacteria*

G. Drews, J. Oelze, Biol. Unserer Zeit *16* (1986) 113: *Photosynthese bei phototrophen Bakterien*

J.M. Anderson, B. Andersson, Trends Biochem. Sci. *13* (1987) 351: *The dynamic photosynthetic membrane and regulation of solar energy conversion*

J.D. Coyle, R.R. Hill, D.R. Roberts (Hrsg.): *Light, Chemical Change and Life*, The Open University Press, Milton Keynes (England), 1982

R. Huber, Angew. Chem. *101* (1989) 849: *Eine strukturelle Grundlage für die Übertragung von Lichtenergie und Elektronen in der Biologie* (Nobel-Vortrag)

H. Zuber, Trends Biochem. Sci. *11* (1986) 414: *Structure of light-harvesting antenna complexes of photosynthetic bacteria, cyanobacteria and red algae*

C.N. HUNTER, R. VAN GRONDELLE, J.D. OLSEN, Trends Biochem. Sci. *14* (1989) 72: *Photosynthetic antenna proteins: 100 ps before photochemistry starts*

H.C. CHOW, R. SERLIN, C.E. STROUSE, J. Am. Chem. Soc. *97* (1975) 7230: *The crystal and molecular structure and absolute configuration of ethyl chlorophyllide a dihydrate*

J.P. ALLEN, G. FEHER, T.O. YEATES, H. KOMIYA, D.C. REES, Proc. Natl. Acad. Sci. USA *84* (1987) 5730: *Structure of the reaction center from Rhodobacter sphaeroides R-26: The cofactors*

D.B. KNAFF, Trends Biochem. Sci. *13* (1988) 460: *The photosystem I reaction centre*

W.H. ARMSTRONG in (u), S. 1: *Metalloprotein crystallography: Survey of recent results and relationships to model studies*

H. MICHEL, J. Mol. Biol. *158* (1982) 567: *Three-dimensional crystals of a membrane protein complex. The photosynthetic reaction center from Rhodopseudomonas viridis*

R.A. MARCUS, N. SUTIN, Biochim. Biophys. Acta *811* (1985) 265: *Electron transfers in chemistry and biology*

G.D. LAWRENCE, D.T. SAWYER, Coord. Chem. Rev. *27* (1978) 173: *The chemistry of biological manganese*

G.W. BRUDVIG, R.H. CRABTREE, Prog. Inorg. Chem. *37* (1989) 99: *Bioinorganic chemistry of manganese related to photosynthetic oxygen evolution*

G. CHRISTOU, Acc. Chem. Res. *22* (1989) 328: *Manganese carboxylate chemistry and its biological relevance*

G. RENGER, Angew. Chem. *99* (1987) 660: *Biologische Sonnenenergienutzung durch photosynthetische Wasserspaltung*

G. RENGER in (j), S. 105: *On the mechanism of photosynthetic water oxidation to dioxygen*

A.W. RUTHERFORD, Trends Biochem. Sci. *14* (1989) 227: *Photosystem II, the water-splitting enzyme*

GOVINDJEE, W.J. COLEMAN, Sci. Am. *262*, Februar (1990) 42: *How plants make oxygen*

G.T. BABCOCK, B.A. BARRY, R.J. DEBUS, C.W. HOGANSON, M. ATAMAIAN, L. MCINTOSH, I. SITHOLE, C.F. YOCUM, Biochemistry *28* (1989) 9557: *Water oxidation in photosystem II: From radical chemistry to multielectron chemistry*

R.E. BLANKENSHIP, R.C. PRINCE, Trends Biochem. Sci. *10* (1985) 382: *Excited-state redox potentials and the Z scheme of photosynthesis*

J. BARBER, Trends Biochem. Sci. *12* (1987) 321: *Photosynthetic reaction centres: A common link*

P. LAGGNER, R. MANDL, A. SCHUSTER, M. ZECHNER, D. GRILL, Angew. Chem. *100* (1988) 1790: *Rasche Bestimmung des Manganmangels in Koniferennadeln durch ESR-Spektroskopie*

S.P. Cramer, K.O. Hodgson, Prog. Inorg. Chem. *25* (1979) 1: *X-ray absorption spectroscopy*

A.J. Thomson, Nachr. Chem. Tech. Lab. *31* (1983) 190: *Grenzen der EXAFS-Spektroskopie*

J.E. Penner-Hahn in (u), S. 28: *X-ray absorption spectroscopy for characterizing metal clusters in proteins: Possibilities and limitations*

K. Sauer, R.D. Guiles, A.E. McDermott, J.L. Cole, V.K. Yachandra, J.L. Zimmermann, M.P. Klein, S.L. Dexheimer, R.D. Britt in (j), S. 87: *Spectroscopic studies of manganese involvement in photosynthetic oxygen evolution*

A. Boussac, J.-L. Zimmermann, A. W. Rutherford, J. Lavergne, Nature (London) *347* (1990) 303: *Histidine oxidation in the oxygen-evolving photosystem-II enzyme*

R.L. Carlin: *Magnetochemistry*, Springer-Verlag, Berlin, 1986

G. Blondin, J.-J. Girerd, Chem. Rev. *90* (1990) 1359: *Interplay of electron exchange and electron transfer in metal polynuclear complexes in proteins or chemical models*

M. Sivaraja, J.S. Philo, J. Lary, G.C. Dismukes, J. Am. Chem. Soc. *111* (1989) 3221: *Photosynthetic oxygen evolution: Changes in magnetism of the water-oxidizing enzyme*

U. Bossek, T. Weyhermüller, K. Wieghardt, B. Nuber, J. Weiss, J. Am. Chem. Soc. *112* (1990) 6387: *[$L_2Mn_2(\mu\text{-}O_2)](ClO_4)_2$: The first binuclear ($\mu$-peroxo)dimanganese(IV) complex (L = 1,4,7-trimethyl-1,4,7-triazacyclononane). A model for the $S_4 \rightarrow S_0$ transformation in the oxygen-evolving complex in photosynthesis*

K. Wieghardt, U. Bossek, J. Bonvoisin, P. Beauvillain, J.J. Girerd, B. Nuber, J. Weiss, J. Heinze, Angew. Chem. *98* (1986) 1026: *Zweikernige Mangan(II,III,IV)-Modellkomplexe für das aktive Zentrum des Metalloproteins Photosystem II*

R.J.P. Williams in (j), S. 5: *The where, the when, the how and the why of biological oxygen reactions*

H.H. Thorp, J.E. Sarneski, G.W. Brudvig, R.H. Crabtree, J. Am. Chem. Soc. *111* (1989) 9249: *Proton-coupled electron transfer in $[(bpy)_2Mn(O)_2Mn(bpy)_2]^{3+}$*

T.J. Meyer, Acc. Chem. Res. *22* (1989) 163: *Chemical approaches to artificial photosynthesis*

J.A. Gilbert, D.S. Eggleston, W.R. Murphy, D.A. Geselowitz, S.W. Gersten, D.J. Hodgson, T.J. Meyer, J. Am. Chem. Soc. *107* (1985) 3855: *Structure and redox properties of the water-oxidation catalyst $[(bpy)_2(OH_2)RuORu(OH_2)(bpy)_2]^{4+}$*

Kapitel 5

V. ULLRICH in W. BORS, M. SARAN, D. TAIT (Hrsg.): *Oxygen Radicals in Chemistry and Biology*, DeGruyter, Berlin, 1983, S. 391: *The role of metal ions in the chemistry and biology of oxygen*

W. ANDO, Y. MORO-OKA (Hrsg.): *The Role of Oxygen in Chemistry and Biochemistry*, Springer-Verlag, Berlin, 1988

H. TAUBE, Prog. Inorg. Chem. *34* (1986) 607: *Interaction of dioxygen species and metal ions − equilibrium aspects*

R.D. JONES, D.A. SUMMERVILLE, F. BASOLO, Chem. Rev. *79* (1979) 139: *Synthetic oxygen carriers related to biological systems*

E.C. NIEDERHOFFER, J.H. TIMMONS, A.E. MARTELL, Chem. Rev. *84* (1984) 137: *Thermodynamics of oxygen binding in natural and synthetic dioxygen complexes*

J.W. EGAN, B.S. HAGGERTY, A.L. RHEINGOLD, S.C. SENDLINGER, K.H. THEOPOLD, J. Am. Chem. Soc. *112* (1990) 2445: *Crystal structure of a side-on superoxo complex of cobalt and hydrogen abstraction by a reactive terminal oxo ligand*

N. KITAJIMA, K. FUJISAWA, Y. MORO-OKA, J. Am. Chem. Soc. *111* (1989) 8975: $\mu\text{-}\eta^2$: η^2-*Peroxo binuclear copper complex, $[Cu(HB(3,5\text{-}iPr_2pz)_3)]_2(O_2)$*

W. MICKLITZ, S.G. BOTT, J.G. BENTSEN, S.J. LIPPARD, J. Am. Chem. Soc. *111* (1989) 372: *Characterization of a novel μ_4-peroxide tetrairon unit of possible relevance to intermediates in metal-catalyzed oxidations of water to dioxygen*

J.E. HUHEEY: *Anorganische Chemie;* de Gruyter, Berlin, 1988

F.A. COTTON, G. WILKINSON: *Advanced Inorganic Chemistry*, 5th Edition, Wiley, New York, 1988; S. 1337

M.F. PERUTZ, Sci. Am. *239*, Dezember (1978) 68: *Hemoglobin structure and respiratory transport*

R.E. DICKERSON, I. GEIS: *Hemoglobin: Structure, Function, Evolution and Pathology*, Benjamin Cummings, Menlo Park, Calif., 1983

M.F. PERUTZ, Trends Biochem. Sci. *14* (1989) 42: *Myoglobin and haemoglobin: Role of distal residues in reactions with haem ligands*

S.E.V. PHILLIPS, B.P. SCHOENBORN, Nature (London) *292* (1981) 81: *Neutron diffraction reveals oxygen-histidine hydrogen bond in oxymyoglobin*

K. GERSONDE in H. SUND, V. ULLRICH (Hrsg.): *Biological Oxidations*, Springer-Verlag, Berlin, 1983, S. 170 - 188: *Reversible dioxygen binding*

L. PAULING, C.D. CORYELL, Proc. Natl. Acad. Sci. U.S.A. *22* (1936) 210: *Magnetic properties and structure of hemoglobin, oxyhemoglobin and carbonmonoxyhemoglobin*

J.J. Weiss, Nature (London) *202* (1964) 83: *Nature of the iron-oxygen bond in oxyhemoglobin*

J.E. Newton, M.B. Hall, Inorg. Chem. *23* (1984) 4627: *Generalized molecular orbital calculations on transition-metal dioxygen complexes. Models for iron and cobalt porphyrins*

J. Baldwin, C. Chothia, J. Mol. Biol. *129* (1979) 175: *Hemoglobin: The structural changes related to ligand binding and its allosteric mechanism*

V. Srajer, L. Reinisch, P.M. Champion, J. Am. Chem. Soc. *110* (1988) 6656: *Protein fluctuations, distributed coupling, and the binding of ligands to heme proteins*

L.F. Stryer: *Biochemistry*, 3rd Edition, Freeman, New York, 1988, S. 143

T.G. Traylor, Acc. Chem. Res. *14* (1981) 102: *Synthetic model compounds for hemoproteins*

K.S. Suslick, T.J. Reinert in (h), S. 974: *The synthetic analogs of O_2-binding heme proteins*

J.P. Collman, Acc. Chem. Res. *10* (1977) 265: *Synthetic models for the oxygen-binding hemoproteins*

S.J. Lippard, Angew. Chem. *100* (1988) 353: *Oxoverbrückte Polyeisenzentren in Biologie und Chemie*

I.M. Klotz, D.M. Kurtz, Acc. Chem. Res. *17* (1984) 16: *Binuclear oxygen carriers: Hemerythrin*

D.M. Kurtz, Chem. Rev. *90* (1990) 585: *Oxo- and hydroxo-bridged diiron complexes: A chemical perspective on a biological unit*

W. Kaim, S. Ernst, S. Kohlmann, Chem. Unserer Zeit *21* (1987) 50: *Farbige Komplexe: das Charge-Transfer-Phänomen*

R.C. Reem, J.M. McCormick, D.E. Richardson, F.J. Devlin, P.J. Stephens, R.L. Musselman, E.I. Solomon, J. Am. Chem. Soc. *111* (1989) 4688: *Spectroscopic studies of the coupled binuclear ferric active site in methemerythrins and oxyhemerythrins*

A.B.P. Lever, G.A. Ozin, H.B. Gray, Inorg. Chem. *19* (1980) 1823: *Electron transfer in metal-oxygen adducts*

R.J.H. Clark, T.J. Dines, Angew. Chem. *98* (1986) 131: *Resonanz-Raman-Spektroskopie und ihre Anwendung in der Anorganischen Chemie*

J. Sanders-Loehr in (u), S. 49: *Resonance Raman spectroscopy of iron-oxo and iron-sulfur clusters in proteins*

E. Fluck, Adv. Inorg. Chem. Radiochem. *6* (1964) 433: *The Mössbauer effect and its application in chemistry*

P. Gütlich, R. Link, A. Trautwein: *Mössbauer Spectroscopy and Transition Metal Chemistry*, Springer-Verlag, Berlin, 1978

W.B. Tolman, A. Bino, S.J. Lippard, J. Am. Chem. Soc. *111* (1989) 8522: *Self-assembly and dioxygen reactivity of an asymmetric, triply bridged diiron(II) complex with imidazole ligands and an open coordination site*

L. Que, R.C. Scarrow in (u), S. 152: *Active sites of binuclear iron-oxo proteins*

R.E. Stenkamp, L.C. Sieker, L.H.Jensen, J. Am. Chem. Soc. 106 (1984) 618: *Binuclear iron complexes in methemerythrin and azidomethemerythrin at 2.0-Å resolution*

Kapitel 6

G. von Jagow, W.D. Engel, Angew. Chem. *92* (1980) 684: *Struktur und Funktion des energieumwandelnden Systems der Mitochondrien*

P. Mitchell, Science *206* (1979) 1148: *Keilin's respiratory chain concept and its chemiosmotic consequences*

C. Greenwood in (o), *Part 1*, S. 43: *Cytochromes c and cytochrome c containing enzymes*

G.R. Moore, G.W. Pettigrew: *Cytochromes c*, Springer-Verlag, Berlin, 1990

S.E.J. Rigby, G.R. Moore, J.C. Gra, P.M.A. Gadsby, S.J. George, A.J. Thomson, Biochem. J. *256* (1988) 571: *N.m.r., e.p.r. and magnetic-c.d. studies of cytochrome f*

M.R. Cheesman, A.J. Thomson, C. Greenwood, G.R. Moore, F. Kadir, Nature (London) *346* (1990) 771: *Bis-methionine axial ligation of haem in bacterioferritin from Pseudomonas aeruginosa*

F.R. Salemme, Annu. Rev. Biochem. *46* (1977) 299: *Structure and function of cytochromes c*

R.J.P. Williams in M.K. Johnson et al. (Hrsg.): *Electron Transfer in Biology*, Adv. Chem. Ser. *226* (1990), S. 3: *Overview of biological electron transfer*

H.B. Gray, B.G. Malmström, Biochemistry *28* (1989) 7499: *Long-range electron transfer in multisite metalloproteins*

J.R. Miller, Nouv. J. Chim. *11* (1987) 83: *Controlling charge separation through effects of energy, distance and molecular structure on electron transfer rates*

R.C. Prince, Trends Biochem. Sci. *13* (1988) 286: *Tyrosine radicals*

R.C. Prince, G.N. George, Trends Biochem. Sci. *15* (1990) 170: *Tryptophan radicals*

J. Deisenhofer, H. Michel, Angew. Chem. *101* (1989) 872: *Das photosynthetische Reaktionszentrum des Purpurbakteriums Rhodopseudomonas viridis* (Nobel-Vortrag)

S.G. Sligar, K.D. Egeberg, J.T. Sage, D. Morikis, P.M. Champion, J. Am. Chem. Soc. *109* (1987) 7896: *Alteration of heme axial ligands by site-directed mutagenisis: A cytochrome becomes a catalytic demethylase*

J.T. Groves in (h), S. 928: *Key elements of the chemistry of cytochrome P-450*

R.I. Murray, M.T. Fisher, P.G. Debrunner, S.G. Sligar in (o), *Part 1*, S. 157: *Structure and chemistry of cytochrome P-450*

P.R. Ortiz de Montellano (Hrsg.): *Cytochrome P-450: Structure, Mechanism, and Biochemistry*, Plenum Press, New York, 1986

P.R. Ortiz de Montellano, Acc. Chem. Res. *20* (1987) 289: *Control of the catalytic activity of prosthetic heme by the structure of hemoproteins*

W.B. Jakoby, D. M. Ziegler, J. Biol. Chem. *265* (1990) 20715: *The enzymes of detoxification*

E. Mutschler: *Arzneimittelwirkungen, Lehrbuch der Pharmakologie und Toxikologie*, 6.Aufl., WVG, Stuttgart, 1991

D. Mansuy, P. Battioni, J.P. Battioni, Eur. J. Biochem. *184* (1989) 267: *Chemical model systems for drug-metabolizing cytochrome-P-450-dependent monooxygenases*

W.D. Woggon, Nachr. Chem. Tech. Lab. *36* (1988) 890: *Modelle für Cytochrom P450*

T.L. Poulos, B.C. Finzel, I.C. Gunsalus, G.C. Wagner, J. Kraut, J. Biol. Chem. *260* (1985) 16122: *The 2.6-Å crystal structure of Pseudomonas putida cytochrome P-450*

R. Raag, T.L. Poulos, Biochemistry *28* (1989) 917: *The structural basis for substrate-induced changes in redox potential and spin equilibrium in cytochrome P-450CAM*

T.L. Poulos in (c), *Vol. 7*, 1988, S. 1 - 36: *Heme enzyme crystal structures*

D. Mandon, R. Weiss, M. Franke, E. Bill, A.X. Trautwein, Angew. Chem. *101* (1989) 1747: *Ein Oxoeisenporphyrinat mit höherwertigem Eisen: Bildung durch lösungsmittelabhängige Protonierung eines Peroxoeisen(III)-porphyrinat-Derivats*

J.T. Groves, Y. Watanabe, J. Am. Chem. Soc. *110* (1988) 8443: *Reactive iron porphyrin derivatives related to the catalytic cycles of cytochrome P-450 and peroxidase*

D.T. Sawyer, Comments Inorg. Chem. *6* (1987) 103: *The nature of the bonding and valency for oxygen in its metal compounds*

P.M. Champion, J. Am. Chem. Soc. *111* (1989) 3433: *Elementary electronic excitations and the mechanism of cytochrome P450*

H. Sugimoto, H.C. Tung, D.T. Sawyer, J. Am. Chem. Soc. *110* (1988) 2465: *Formation, characterization, and reactivity of the oxene adduct of [tetrakis(2,6-dichlorophenyl)porphinato]iron(III) perchlorate in acetonitrile. Model for the reactive intermediate of cytochrome P-450*

W.A. Herrmann, J. Organomet. Chem. *300* (1986) 111: *Zufallsentdeckung am Beispiel Rhenium: Oxo-Komplexe in hohen und niedrigen Oxidationsstufen*

S. Hashimoto, R. Nakajima, I. Yamazaki, T. Kotani, S. Ohtaki, T. Kitagawa, FEBS Lett. *248* (205) 1989: *Resonance Raman characterization of hog thyroid peroxidase*

B.C. Finzel, T.L. Poulos, J. Kraut, J. Biol. Chem. *259* (1984) 13027: *Crystal structure of yeast cytochrome c peroxidase refined at 1.7 Å resolution*

H.E. Schoemaker, Recl. Trav. Chim. Pays-Bas *109* (1990) 255: *On the chemistry of lignin biodegradation*

J.H. Dawson, Science *240* (1988) 433: *Probing structure-function relations in heme-containing oxygenases and peroxidases*

I. Yamazaki, in (q), S. 224: *Catalase*

H.B. Dunford, J.S. Stillman, Coord. Chem. Rev. *19* (1976) 187: *On the function and mechanism of action of peroxidases*

K. Wieghardt, Angew. Chem. *101* (1989) 1179: *Die aktiven Zentren in manganhaltigen Metalloproteinen und anorganische Metallkomplexe*

W. Kaim, Nachr. Chem. Tech. Lab. *32* (1984) 436: *Einelektronenübertragung: Abschied von Elektronenpaar-Mechanismen?*

M.G. Peter, Angew. Chem. *101* (1989) 572: *Chemische Modifikation von Biopolymeren durch Chinone und Chinonmethide*

K.E. Hammel, P.J. Tardone, Biochemistry *27* (1988) 6563: *The oxidative 4-dechlorination of polychlorinated phenols is catalyzed by extracellular fungal lignin peroxidases*

A.R. Butler, Chem. Br. (1990) 419: *NO – its role in the control of blood pressure*

C.K. Chang, R. Timkovich, W. Wu, Biochemistry *25* (1986) 8447: *Evidence that heme d1 is a 1,3-porphyrindione*

R.C. Prince, A.B. Hooper, Biochemistry *26* (1987) 970: *Resolution of the hemes of hydroxylamine oxidoreductase by redox potentiometry and electron spin resonance spectroscopy*

D.E. McRee, D.C. Richardson, J.S. Richardson, L.M. Siegel, J. Biol. Chem. *261* (1986) 10277: *The heme and Fe_4S_4 cluster in the crystallographic structure of Escherichia coli sulfite reductase*

A. Pierik, W.R. Hagen, Eur. J. Biochem. *195* (1991) 505: *S = 9/2 EPR signals are evidence against coupling between the siroheme and the Fe/S cluster prosthetic groups in Desulfovibrio vulgaris (Hildenborough) dissimilatory sulfite reductase*

Kapitel 7

A.J. Thomson, in (o), *Part 1*, S. 79: *Iron-Sulphur Proteins*

F.R. Salemme, Annu. Rev. Biochem. *46* (1977) 299: *Structure and function of cytochromes c*

T.G. Spiro (Hrsg.): *Iron-Sulfur Proteins*, Wiley, New York, 1982

D.O. Hall, R. Cammack, K.K. Rao, Chem. Unserer Zeit *11* (1977) 165: *Chemie und Biologie der Eisen-Schwefel-Proteine*

B.A. Averill, W.H. Orme-Johnson in (d), *Vol. 7* (1978), S. 127: *Iron-sulfur proteins and synthetic analogs*

A. Müller, N. Schladerbeck, Chimia *39* (1985) 23: *Systematik der Bildung von Elektronentransfer-Clusterzentren $[Fe_nS_n]^{m+}$ mit Relevanz zur Evolution von Ferredoxinen*

R.J.P. Williams, Nature (London) *343* (1990) 213: *Iron and the origin of life*

K. Bosecker, Metall *34* (1980) 36: *Bakterielles Leaching – Metallgewinnung mit Hilfe von Bakterien*

M.S. Gebhard, J.C. Deaton, S.A. Koch, M. Millar, E.I. Solomon, J. Am. Chem. Soc. *112* (1990) 2217: *Single-crystal spectral studies of $Fe(SR)_4^-$ [R = 2,3,5,6-$(Me)_4C_6H$]: The electronic structure of the ferric tetrathiolate active site*

T. Tsukihara, K. Fukuyama, H. Tahara, Y. Katsube, Y. Matsuura, N. Tanaka, M. Kakudo, K. Wada, H. Matsubara, J. Biochem. *84* (1978) 1646: *X-Ray analysis of ferredoxin from Spirulina platensis. II. Chelate structure of active center*

J.A. Fee, K.L. Findling, T. Yoshida, R. Hille, G.E. Tarr, D.O. Hearshen, W.R. Dunham, E.P. Day, T.A. Kent, E. Münck, J. Biol. Chem. *259* (1984) 124: *Purification and characterization of the Rieske iron-sulfur protein from Thermus thermophilus*

T.A. Link, H. Schägger, G. von Jagow, FEBS Lett. *204* (1986) 9: *Analysis of the structures of the subunits of the cytochrome bc I complex from beef heart mitochondria*

G. Rius, B. Lamotte, J. Am. Chem. Soc. *111* (1989) 2464: *Single-crystal ENDOR study of a ^{57}Fe-enriched iron-sulfur $[Fe_4S_4]^{3+}$ cluster*

L. Noodleman, J.G. Norman, J.H. Osborne, A. Aizman, D.A. Case, J. Am. Chem. Soc. *107* (1985) 3418: *Models for ferredoxins: Electronic structures of iron-sulfur clusters with one, two, and four iron atoms*

M.H. Emptage, T.A. Kent, B.H. Huynh, J. Rawlings, W.H. Orme-Johnson, E. Münck, J. Biol. Chem. *255* (1980) 1793: *On the nature of the iron-sulfur centers in a ferredoxin form Azotobacter vinelandii. Moessbauer studies and cluster displacement experiments*

G.N. George, S.J. George, Trends Biochem. Sci. *13* (1988) 369: *X-ray crystallography and the spectroscopic imperative: The story of the [3Fe-4S] clusters*

C.R. Kissinger, E.T. Adman, L.C. Sieker, L.H. Jensen, J. Am. Chem. Soc. *110* (1988) 8721: *Structure of the 3Fe-4S cluster in Desulfovibrio gigas ferredoxin II*

H. Beinert, M.C. Kennedy, Eur. J. Biochem. *186* (1989) 5: *Engineering of protein bound iron-sulfur clusters*

M.H. Emptage in (u), S. 343: *Aconitase: Evolution of the active-site picture*

S. Ciurli, M. Carrie, J.A. Weigel, M.J. Carney, T.D.P. Stack, G.C. Papaethymiou, R.H. Holm, J. Am. Chem. Soc. *112* (1990) 2654: *Subsite-differentiated analogues of native $[4Fe-4S]^{2+}$- clusters: Preparation of clusters with five- and six-coordinate subsites and modulation of redox potentials and charge distributions*

T. Yagi in (q), S. 229: *Hydrogenase*

M.W. Adams, Biochim. Biophys. Acta *1020* (1990) 115: *The structure and mechanism of iron-hydrogenases*

M.S. Reynolds, R.H. Holm, Inorg. Chem. *27* (1988) 4494: *Iron-sulfur-thiolate basket clusters*

W.R. Hagen, A.J. Pierik, C. Veeger, J. Chem. Soc., Faraday Trans. 1 *85* (1989) 4083: *Novel electron paramagnetic resonance signals from an Fe/S protein containing six iron atoms*

R.H. Holm, Chem. Soc. Rev. *10* (1981) 455: *Metal clusters in biology: Quest for a synthetic representation of the catalytic site of nitrogenase*

A. Müller, N.H. Schladerbeck, H. Bögge, J. Chem. Soc., Chem. Commun. (1987) 35: *[Fe₄S₄]²⁻, the simplest synthetic analogue of a ferredoxin*

A. Müller, N.H. Schladerbeck, Naturwissenschaften *73* (1986) 669: *Einfache aerobe Bildung eines [Fe₄S₄]²⁺ Clusterzentrums*

B.A. Averill in (u): S. 258: *Synthetic strategies for modeling metal-sulfur sites in proteins*

T.D.P. Stack, R.H. Holm, J. Am. Chem. Soc. *109* (1987) 2546: *Subsite-specific functionalization of the [4Fe4S]²⁺analogue of iron-sulfur protein clusters*

G. Backes, Y. Mino, T.M. Loehr, T.E. Meyer, M.A. Cusanovich, W.V. Sweeney, E.T. Adman, J. Sanders-Loehr, J. Am. Chem. Soc. *113* (1991) 2055: *The environment of Fe₄S₄ clusters in ferredoxins and high-potential iron proteins. New information from X-ray crystallography and resonance* Raman *spectroscopy*

A. Nakamura, N. Ueyama in (u), S. 292: *Importance of peptide sequence in electron-transfer reactions of iron-sulfur clusters*

S.J. Lippard, Angew. Chem. *100* (1988) 353: *Oxoverbrückte Polyeisenzentren in Biologie und Chemie*

J.B. Vincent, G.L. Olivier-Lilley, B.A. Averill: Chem. Rev. *90* (1990) 1447: *Proteins containing oxo-bridged dinuclear iron centers: A bioinorganic perspective*

M. Lammers, H. Follmann, Struct. Bonding (Berlin) *54* (1983) 27: *The ribonucleotide reductases: A unique group of metalloenzymes essential for cell proliferation*

A. Willing, H. Follmann, G. Auling, Eur. J. Biochem. *170* (1988) 603: *Ribonucleotide reductase of Brevibacterium ammoniagenes is a manganese enzyme*

P. Nordlund, B.-M. Sjöberg, H. Eklund, Nature (London) *345* (1990) 593: *Three-dimensional structure of the free radical protein of ribonucleotide reductase*

A. Ehrenberg in (j), S. 27: *Magnetic interaction in ribonucleotide reductase*

K. Wieghardt, Angew. Chem. *101* (1989) 1179: *Die aktiven Zentren in manganhaltigen Metalloproteinen und anorganische Metallkomplexe*

D.M. KURTZ, Chem. Rev. *90* (1990) 585: *Oxo- and hydroxo-bridged diiron complexes: A chemical perspective on a biological unit*

R.C. PRINCE, G.N. GEORGE, Trends Biochem. Sci. *15* (1990) 170: *Tryptophan radicals*

B.G. FOX, J.G. BORNEMANN, L.P. WACKETT, J.D. LIPSCOMB, Biochemistry *29* (1990) 6419: *Haloalkene oxidation by the soluble methane monooxygenase from Methylosinus trichosporium OB3b: Mechanistic and environmental implications*

K. DOI, B.C. ANTANAITIS, P. AISEN, Struct. Bonding (Berlin) *70* (1988) 1: *The binuclear iron centers of uteroferrin and the purple acid phosphatases*

S. DRÜEKE, K. WIEGHARDT, B. NUBER, J. WEISS, H.-P. FLEISCHHAUER, S. GEHRING, W. HAASE, Inorg. Chem. *111* (1989) 8622: *Model compounds for the oxidized uteroferrin-phosphate complex*

K. SCHEPERS, B. BREMER, B. KREBS, G. HENKEL, E. ALTHAUS, B. MOSEL, W. MÜLLER-WARMUTH, Angew. Chem. *102* (1990) 582: *Zn(II)Fe(III)- und Fe(II)Fe(III)-Komplexe mit einer neuartigen (µ-Phenoxo)bis(µ-diphenylphosphato)dimetall(II,III)-Einheit als Modellkomplexe für aktive Zentren von violetten Phosphatasen*

B. KREBS, G. HENKEL, S. PRIGGEMEYER, P. EGGERS-BORKENSTEIN, H. WITZEL, M. KÖRNER, D. MÜNSTERMANN, H.-F. NOLTING, C. HERMES in (i), S. 263: *XAS investigations on purple acid phosphatases from red kidney beans and beef spleen*

J.L. BECK, J. DE JERSEY, B. ZERNER, M.P. HENDRICH, P.G. DEBRUNNER, J. Am. Chem. Soc. *110* (1988) 3317: *Properties of the Fe(II)-Fe(III) derivative of red kidney bean purple phosphatase. Evidence for a binuclear Zn-Fe center in the native enzyme*

D.E. WALLICK, L.M. BLOOM, B.J. GAFFNEY, S.J. BENKOVIC, Biochemistry *23* (1984) 1295: *Reductive activation of phenylalanine hydroxylase and its effect on the redox state of the non-heme iron*

L. QUE in (h), S. 938: *Spectroscopic studies of the catechol dioxygenases*

L. QUE in (u), S. 467: *Active sites of binuclear iron-oxo proteins*

D.D. COX, L. QUE, J. Am. Chem. Soc. *110* (1988) 8085: *Functional models for catechol 1,2-dioxygenase. The role of the iron(III) center*

C.G. PIERPONT, R.M. BUCHANAN, Coord. Chem. Rev. *38* (1981) 44: *Transition metal complexes of o-benzoquinone, o-semiquinone, and catecholate ligands*

M.J. NELSON, R.A. COWLING, J. Am. Chem. Soc. *112* (1990) 2820: *Observation of a peroxyl radical in samples of "purple" lipoxygenase*

M.O. FUNK, R.T. CARROLL, J.F. THOMPSON, R.H. SANDS, W.R. DUNHAM, J. Am. Chem. Soc. *112* (1990) 5375: *Role of iron in lipoxygenase catalysis*

J. STUBBE, J.W. KOZARICH, Chem. Rev. *87* (1987) 1107: *Mechanisms of bleomycin-induced DNA degradation*

L.J. MING, L. QUE, A. KRIAUCIUNAS, C.A. FROLIK, V.J. CHEN, Inorg. Chem. *29* (1990) 1111: *Coordination chemistry of the metal binding site of isopenicillin N synthase*

Y. Sugiura, J. Kuwahara, T. Nagasawa, H. Yamada, J. Am. Chem. Soc. *109* (1987) 5848: *Nitrile hydratase: The first non-heme iron enzyme with a typical low-spin Fe(III)-active center*

C.J. Carrano, M.W. Carrano, K. Sharma, G. Backes, J. Sanders-Loehr, Inorg. Chem. *29* (1990) 1865: *Resonance Raman spectra of high- and low-spin ferric phenolates. Models for dioxygenases and nitrile hydratase*

Kapitel 8

R.J.P. Williams, Pure Appl. Chem. *55* (1983) 1089: *Inorganic elements in biological space and time*

R.J.P. Williams, Coord. Chem. Rev. *100* (1990) 573: *Bio-inorganic chemistry: Its conceptual evolution*

H.B. Dunford, D. Dolphin, K.N. Raymond, L. Sieker (Hrsg.): *The Biological Chemistry of Iron*, Reidel, Dordrecht, 1982

G. Winkelmann, D. van der Helm, J.B. Neilands (Hrsg.): *Iron Transport in Microbes, Plants and Animals*, VCH, Weinheim, 1987

T.M. Loehr (Hrsg.): *Iron Carriers and Iron Proteins*, VCH, Weinheim, 1989

R.R. Crichton, M. Charloteaux-Wauters, Eur. J. Biochem. *164* (1987) 485: *Iron transport and storage*

B. Halliwell, J.M.C. Gutteridge, Trends Biochem. Sci. *11* (1986) 372: *Iron and free radical reactions: Two aspects of antioxidant protection*

V. Braun, Trends Biochem. Sci. (1985) 75: *The unusual features of the iron transport systems of Escherichia coli*

E.D. Letendre, Trends Biochem. Sci. (1985) 166: *The importance of iron in the pathogenesis of infection and neoplasia*

K.N. Raymond, G. Müller, B.F. Matzanke, Top. Curr. Chem. *123* (1984) 49: *Complexation of iron by siderophores. A review of their solution and structural chemistry and biological functions*

C.-W. Lee, D.J. Ecker, K.N. Raymond, J. Am. Chem. Soc. *107* (1985) 6920: *The pH-dependent reduction of ferric enterobactin probed by electrochemical methods and its implication for microbial iron transport*

A.E. Martell (Hrsg.): *Development of Iron Chelators for Clinical Use*, Elsevier, Amsterdam, 1981

H. Bickel, G.E. Hall, W. Keller-Schierlein, V. Prelog, E.Vischer, A. Wettstein, Helv. Chim. Acta *43* (1960) 2129: *Über die Konstitution von Ferrioxamin B*

F. Vögtle: *Supramolekulare Chemie*, Teubner, Stuttgart, 1989, S. 103

K.N. RAYMOND, M.E. CASS, S.L. EVANS, Pure Appl. Chem. *59* (1987) 771: *Metal sequestering agents in bioinorganic chemistry: Enterobactin mediated iron transport in E. coli and biomimetic applications*

C.Y. NG, S.J. RODGERS, K.N. RAYMOND, Inorg. Chem. *287* (1989) 2062: *Ferric ion sequestering agents. 21. Synthesis and spectrophotometric and potentiometric evaluation of trihydroxamate analogues of ferrichrome*

S.S. ISIED, G. KUO, K.N. RAYMOND, J. Am. Chem. Soc. *98* (1976) 1763: *Coordination isomers of biological iron transport compounds. V. The preparation and chirality of the chromium(III) enterobactin complex and model tris(catecholato)chromium(III)*

Y. MINO, T. ISHIDA, N. OTA, M. INOUE, K. NOMOTO, T. TAKEMOTO, H. TANAKA, Y. SUGIURA, J. Am. Chem. Soc. *105* (1983) 4671: *Mugineic acid-iron(III) complex and its structurally analoguous cobalt(III) complex: Characterization and implication for absorption and transport of iron in gramineous plants*

J.H. BROCK in (o), *Vol. 2*, S. 183: *Transferrins*

J.H. BROCK, Top. Mol. Struct. Biol. *7* (1985) 183: *Transferrins*

E.N. BAKER, S.V. RUMBALL, B.F. ANDERSON, Trends Biochem. Sci. *12* (1987) 350: *Transferrins: Insights into structure and function from studies on lactoferrin*

N.D. CHASTEEN, Adv. Inorg. Biochem. *5* (1983) 201: *Transferrin: A perspective*

G.C. FORD, P.M. HARRISON, D.W. RICE, J.M.A. SMITH, A. TREFFRY, J.L. WHITE, J. YARIV Philos. Trans. R. Soc. London *B 304* (1984) 551: *Ferritin: Design and formation of an iron-storage molecule*

E.C. THEIL, Annu. Rev. Biochem. *56* (1987) 289: *Ferritin: Structure, gene regulation, and cellular function in animals, plants, and microorganism*

E.C. THEIL in (u), S. 259: *Ferritin: A general view of the protein, the iron-protein interface, and the iron core*

R.R. CRICHTON, Struct. Bonding (Berlin) *17* (1973) 67: *Ferritin*

N.D. CHASTEEN, C.P. THOMPSON, D.M. MARTIN in (p), S. 278: *The release of iron from transferrin. An overview*

P.M. HARRISON, G.C. FORD, D.W. RICE, J.M.A. SMITH, A. TREFFRY, J.L. WHITE in (p), S. 268: *The three-dimensional structure of apoferritin: A framework controlling ferritin's iron storage and release*

J.M.A. SMITH, R.F.D. STANSFIELD, G.C. FORD, J.L. WHITE, P.M. HARRISON in (h), *Vol. 65*, 1988, S. 1083: *A molecular model for the quarternary structure of ferritin*

T.G. ST. PIERRE, J. WEBB, S. MANN in S. MANN, J. WEBB, R.J.P. WILLIAMS (Hrsg.): *Biomineralization*, VCH, Weinheim, 1989: *Ferritin and hemosiderin: Structural and magnetic studies of the iron core*

R.A. EGGLETON, R.W. FITZPATRICK, Clays Clay Miner. *36* (1988) 111: *New data and a revised structural model for ferrihydrite*

K. Wieghardt, K. Pohl, I. Jibril, G. Huttner, Angew. Chem. *96* (1984) 66: *Hydrolyse-produkte des monomeren Aminkomplexes ($C_6H_{15}N_3$)FeCl$_3$: Die Struktur des octame-ren Eisen(III)-Kations von {[($C_6H_{15}N_3$)$_6$Fe$_8$ (μ_3-O)$_2$ (μ_2-OH)$_{12}$]Br$_7$ (H$_2$O)}Br ×8H$_2$O*

S.M. Gorun, G.C. Papaefthymiou, R.B. Frankel, S.J. Lippard, J. Am. Chem. Soc. *109* (1987) 3337: *Synthesis, structure, and properties of an undecairon(III) oxo-hydroxo aggregate: An approach to the polyiron core in ferritin*

T.G. St. Pierre, K.-S. Kim, J. Webb, S. Mann, D.P.E. Dickson, Inorg. Chem. *29* (1990) 1870: *Biomineralization of iron: Mössbauer spectroscopy and electron microscopy of ferritin cores from the chiton Acanthopleura hirtosa and the limpet Patella laticostata*

F. Meldrum, V.J. Wade, D.L. Nimmo, B.R. Heywood, S. Mann, Nature (London) *349* (1991) 684: *Synthesis of inorganic nanophase materials in supramolecular protein cages*

I.G. Macara, T.G. Hoy, P.M. Harrison, Biochem. J. *126* (1972) 151: *Formation of ferritin from apoferritin. Kinetics and mechanism of iron uptake*

C.M. Flynn, Chem. Rev. *84* (1984) 31: *Hydrolysis of inorganic iron(III) salts*

Kapitel 9

R.K. Thauer, Naturwiss. Rundschau *39* (1986) 426: *Nickelenzyme im Stoffwechsel von methanogenen Bakterien*

J. Beard, New Scientist, 19. Mai (1990) 31: *Did Nickel poisoning finish off the dino-saurs?*

R. Cammack, Adv. Inorg. Chem. Radiochem. *32* (1988) 297: *Nickel in metalloproteins*

C.T. Walsh, W.H. Orme-Johnson, Biochemistry *26* (1987) 4901: *Nickel enzymes*

H.M.K. Murthy, W.A. Hendrickson, W.H. Orme-Johnson, E.A. Merritt, R.P. Phizacker-ley, J. Biol. Chem. *263* (1988) 18430: *Crystal structure of Clostridium acidi-urici ferredoxin at 5-Å resolution based on measurements of anomalous x-ray scattering at multiple wavelengths*

J.R. Lancaster (Hrsg.): *Bioinorganic Chemistry of Nickel*, VCH, Weinheim, 1988

A.B. Costa, Chem. Br. (1989) 788: *James Sumner and the urease controversy*

N. Dixon, C. Gazzola, R.L. Blakeley, B. Zerner, J. Am. Chem. Soc. *97* (1975) 4131: *Metalloenzymes. Simple biological role for nickel*

P.A. Clark, D.E. Wilcox, Inorg. Chem. *28* (1989) 1326: *Magnetic properties of the nickel enzymes urease, nickel-substituted carboxypeptidase A, and nickel-substituted carbonic anhydrase*

R. Blakeley, B. Zerner, J. Mol. Catal. *23* (1984) 263: *Jack bean urease: The first nickel enzyme*

T. KENTEMICH, G. HAVERKAMP, H. BOTHE, Naturwissenschaften *77* (1990) 12: *Die Gewinnung von molekularem Wasserstoff durch Cyanobakterien*

M.W.W. ADAMS, Biochim. Biophys. Acta *1020* (1990) 115: *The structure and mechanism of iron-hydrogenases*

T. YAGI in (q), S. 229: *Hydrogenase*

I. OKURA, Coord. Chem. Rev. *68* (1985) 53: *Hydrogenase and its application for photoinduced hydrogen evolution*

R.P. HAUSINGER, Microbiol. Rev. *51* (1987) 22: *Nickel utilization by microorganisms*

S.P.J. ALBRACHT in (i), S. 173: *Nickel in hydrogenase*

M.J. MARONEY, G.J. COLPAS, C.BAGYINKA, J. Am. Chem. Soc. *112* (1990) 7067: *X-ray absorption spectroscopic structural investigations of the Ni site in reduced Thiocapsa roseopersicina hydrogenase*

H.-J. KRÜGER, R.H. HOLM, J. Am. Chem. Soc. *112* (1990) 2955: *Stabilization of trivalent nickel in tetragonal NiS_4N_2 and NiN_6 environments: Synthesis, structures, redox potentials, and observations related to [NiFe]-hydrogenases*

W. TREMEL, M. KRIEGE, B. KREBS, G. HENKEL, Inorg. Chem. *27* (1988) 3886: *Nickel-thiolate chemistry based on chelating ligands: Controlling the course of self-assembly reactions via ligand bite distances. Synthesis, structures, and properties of the homoleptic complexes $[Ni_3(SCH_2C_6H_4CH_2S)_4]^{2-}$, $[Ni_3(SCH_2CH_2S)_4]^{2-}$, $[Ni_6(SCH_2CH_2CH_2S)_7]^{2-}$*

S. FOX, Y. WANG, A. SILVER, M. MILLAR, J. Am. Chem. Soc. *112* (1990) 3218: *Viability of the $[Ni^{III}(SR)_4]^-$ unit in classical coordination compounds and in the nickel-sulfur center of hydrogenases*

M. TEIXEIRA I. MOURA, A.V. XAVIER, J.J.G. MOURA, J. LEGALL, D.V. DERVARTANIAN, H.D. PECK, JR., B.-H. HUYNH, J. Biol. Chem. *264* (1989) 16435: *Redox intermediates of Desulfovibrio gigas [NiFe] hydrogenase generated under hydrogen*

M. ZIMMER, G. SCHULTE, X.L. LUO, R.H. CRABTREE, Angew. Chem. *103* (1991) 205: *Funktionelle Modelle von Ni,Fe-Hydrogenasen: Ein Nickelkomplex mit einer N,O,S-Koordination*

W. KEIM, Angew. Chem. *102* (1990) 251: *Nickel: Ein Element mit vielfältigen Eigenschaften in der technisch-homogenen Katalyse*

P.W. JOLLY, G. WILKE: *The Organic Chemistry of Nickel*, Academic Press, New York, 1975

R.H. CRABTREE, Inorg. Chim. Acta *125* (1986) L7: *Dihydrogen binding in hydrogenase and nitrogenase*

G.J. KUBAS, Acc. Chem. Res. *21* (1988) 120: *Molecular hydrogen complexes: Coordination of a σ bond to transition metals*

M.K. Eidsness, R.A. Scott, B.C. Prickril, D.V. DerVartanian, J. LeGall, I. Moura, J.J.G. Moura, H.D. Peck, Jr., Proc. Natl. Acad. Sci. USA *86* (1989) 147: *Evidence for selenocysteine coordination to the active site nickel in the [NiFeSe]hydrogenases from Desulfovibrio baculatus*

P.A. Lindahl, E. Münck, S.W. Ragsdale, J. Biol. Chem. *265* (1990) 3873: *CO dehydrogenase from Clostridium thermoaceticum*

R.S. Wolfe, Trends Biochem. Sci. *10* (1985) 396: *Unusual coenzymes of methanogenesis*

G. Hauska, Trends Biochem. Sci. *13* (1988) 2: *Elucidation of methanogenesis seems well on its way*

P.A. Lindahl, S.W. Ragsdale, E. Münck, J. Biol. Chem. *265* (1990) 3880: *Mössbauer study of CO dehydrogenase from Clostridium thermoaceticum*

N.R. Bastian, G. Diekert, E.C. Niederhoffer, B.-K. Teo, C.T. Walsh, W.H. Orme-Johnson, J. Am. Chem. Soc. *110* (1988) 5581: *Nickel and iron EXAFS of carbon monoxide dehydrogenase from Clostridium thermoaceticum strain DSM*

R.C. Conover, J.-B. Park, M.W.W. Adams, M.K. Johnson, J. Am. Chem. Soc. *112* (1990) 4562: *Formation and properties of a NiFe$_3$S$_4$ cluster in Pyrococcus furiosus ferredoxin*

W.-P. Lu, S.R. Harder, S.W. Ragsdale, J. Biol. Chem. *265* (1990) 3124: *Controlled potential enzymology of methyl transfer reactions involved in acetyl-CoA synthesis by CO dehydrogenase and the corrinoid/iron-sulfur protein from Clostridium thermoaceticum*

P. Stoppioni, P. Dapporto, L. Sacconi, Inorg. Chem. *17* (1978) 718: *Insertion reaction of carbon monoxide into metal-carbon bonds. Synthesis and structural characterization of cobalt(II) and nickel(II) acyl complexes with tri(tertiary arsines and phosphines)*

P. Stavropoulos, M. Carrie, M.C. Muetterties, R.H. Holm, J. Am. Chem. Soc. *112* (1990) 5385: *Reaction sequence related to that of carbon monoxide dehydrogenase (acetyl coenzyme A synthase): Thioester formation mediated at structurally defined nickel centers*

A. Pfaltz, D.A. Livingston, B. Jaun, G. Diekert, R.K. Thauer, A. Eschenmoser, Helv. Chim. Acta *68* (1985) 1338: *Zur Kenntnis des Faktors F430 aus methanogenen Bakterien: Über die Natur der Isolierungsartefakte von F430, ein Beitrag zur Chemie von F430 und zur konformationellen Stereochemie der Ligandperipherie von hydroporphinoiden Nickel(II)-Komplexen*

A. Eschenmoser, Angew. Chem. *100* (1988) 6: *Vitamin B$_{12}$: Experimente zur Frage nach dem Ursprung seiner molekularen Struktur*

A. Pfaltz, Chimia *44* (1990) 202: *Control of metal-catalyzed reactions by organic ligands: From corrinoid and porphinoid metal complexes to tailor-made catalysts for asymmetric synthesis*

B. KRÄUTLER, Chimia *41* (1987) 277: *The porphinoids - versatile biological catalyst molecules*

L.R. FURENLID, M.W. RENNER, K.M. SMITH, J. FAJER, J. Am. Chem. Soc. *112* (1990) 1634: *Structural consequences of nickel versus macrocycle reductions in F430 models: EXAFS studies of a Ni(I) anion and Ni(II) π anion radicals*

M. ZIMMER, R.H. CRABTREE, J. Am. Chem. Soc. *112* (1990) 1062: *Bending of the reduced porphyrin of factor F430 can accommodate a trigonal-bipyramidal geometry at nickel: A conformational analysis of this nickel-containing tetrapyrrole, in relation to archaebacterial methanogenesis*

A.G. LAPPIN, C.K. MURRAY, D.W. MARGERUM, Inorg. Chem. *17* (1978) 1630: *Electron paramagnetic resonance studies of Ni(III)-oligopeptide complexes*

Kapitel 10

E.-I. OCHIAI, J. Chem. Educ. *63* (1986) 942: *Iron versus copper*

C.F. MILLS, Chem. Br. *15* (1979) 512: *Trace element deficiency and excess in animals*

A. MÜLLER, E. DIEMANN, R. JOSTES, H. BÖGGE, Angew. Chem. *93* (1981) 957: *Thioanionen der Übergangsmetalle: Eigenschaften und Bedeutung für Komplexchemie und Bioanorganische Chemie*

T.G. SPIRO (Hrsg.): *Copper Proteins*, Wiley, New York, 1981

E.I. SOLOMON, K.W. PENFIELD, D.E. WILCOX, Struct. Bonding (Berlin) *53* (1983) 1: *Active sites in copper proteins. An electronic structure overview*

R. LONTIE (Hrsg.): *Copper Proteins and Copper Enzymes, Vol. I-III*, CRC Press, Boca Raton, 1984

K.D. KARLIN, J. ZUBIETA (Hrsg.): *Copper Coordination Chemistry: Biochemical & Inorganic Perspectives*, Adenine Press, Guilderland, 1983

K.D. KARLIN, J. ZUBIETA (Hrsg.): *Biological & Inorganic Copper Chemistry, Vol. I-II*, Adenine Press, Guilderland, 1986

M. SYMONS: *Chemical and Biochemical Aspects of Electron-Spin Resonance Spektroscopy*, van Nostrand Reinhold, New York, 1978

K.W. PENFIELD, A.A. GEWIRTH, E.I. SOLOMON, J. Am. Chem. Soc. *107* (1985) 4519: *Electronic structure and bonding of the blue copper site in plastocyanin*

J.E. ROBERTS, J.F. CLINE, V. LUM, H. FREEMAN, H.B. GRAY, J. PEISACH, B. REINHAMMAR, B.M. HOFFMAN, J. Am. Chem. Soc. *106* (1984) 5324: *Comparative ENDOR study of six blue copper proteins*

E.T. ADMAN, in (o), *Part 1*, S. 1: *Structure and function of small blue copper proteins*

J.M. Guss, H.C. Freeman, J. Mol. Biol. *169* (1983) 521: *Structure of oxidized poplar plastocyanin at 1.6-Å resolution*

A.G. Sykes, Chem. Soc. Rev. *14* (1985) 283: *Structure and electron-transfer reactivity of the blue copper protein plastocyanin*

G.E. Norris, B.F. Anderson, E.N. Baker, J. Am. Chem. Soc. *108* (1986) 2784: *Blue copper proteins. The copper site in azurin from Alcaligenes denitrificans*

R.J.P. Williams, J. Mol. Catal. - Review Issue (1986) 1: *Metallo-enzyme catalysis: The entatic state*

W.E.B. Shepard, B.F. Anderson, D.A. Lewandoski, G.E. Norris, D.N. Baker, J. Am. Chem. Soc. *112* (1990) 7817: *Copper coordination geometry in azurin undergoes minimal change on reduction of copper(II) to copper(I)*

P.K. Bharadwaj, J.A. Potenza, H.J. Schugar, J. Am. Chem. Soc. *108* (1986) 1351: *Characterization of [dimethyl-N,N'-ethylenebis(L-cysteinato)(2–)-S,S']copper(II), $Cu(SCH_2CH(CO_2CH_3)NHCH_2-)_2$, a stable Cu(II)-aliphatic dithiolate*

M.L. Brader, M.F. Dunn, J. Am. Chem. Soc. *112* (1990) 4585: *Insulin stabilizes copper(II)-thiolate ligation that models blue copper proteins*

A.S. Klemens, D.R. McMillin, H.T. Tsang, J.E. Penner-Hahn, J. Am. Chem. Soc. *111* (1989) 6398: *Structural characterization of mercury-substituted copper proteins. Results from X-ray absorption spectroscopy*

K.M. Merz, R. Hoffmann, Inorg. Chem. *27* (1988) 2120: *d^{10}-d^{10} Interactions: Multinuclear copper(I) complexes*

M.C. Feiters, Comments Inorg. Chem. *11* (1990) 131: *X-ray absorption spectroscopic studies of metal coordination in zinc and copper proteins*

J.-M. Latour, Bull. Soc. Chim. Fr. (1988) 508: *Les sites actifs binucléaires des protéines à cuivre*

T.N. Sorrell, Tetrahedron *45* (1989) 3: *Synthetic models for binuclear copper proteins*

Z. Tyeklar, K.D. Karlin, Acc. Chem. Res. *22* (1989) 241: *Copper-dioxygen chemistry: A bioinorganic challenge*

P.K. Ross, E.I. Solomon, J. Am. Chem. Soc. *112* (1990) 5871: *Electronic structure of peroxide-bridged copper dimers of relevance to oxyhemocyanin*

E.I. Solomon, in (u), S. 116: *Coupled binuclear copper active sites*

C.A. Reed in K.D. Karlin, J. Zubieta (Hrsg.): *Biological & Inorganic Copper Chemistry, Vol. I*, Adenine Press, Guilderland, 1985, S. 61: *Hemocyanin cooperativity: A copper coordination chemistry perspective*

M.G. Peter, Angew. Chem. *101* (1989) 572: *Chemische Modifikation von Biopolymeren durch Chinone und Chinonmethide*

M.G. Peter, H. Förster, Angew. Chem. *101* (1986) 753: *Zur Struktur von Eumelaninen*

J.S. Sidwell, G.A. Rechnitz, Biotechnol. Lett. *7* (1985) 419: *"Bananatrode" – an electrochemical biosensor for dopamine*

A. Messerschmidt, A. Rossi, R. Ladenstein, R. Huber, M. Bolognesi, G. Gatti, A. Marchesini, R. Petruzzelli, A. Finazzi-Agro, J. Mol. Biol. *206* (1989) 513: *X-ray crystal structure of the blue ascorbate oxidase from zucchini. Analysis of the polypeptide fold and a model of the copper sites and ligands*

R. Huber, Angew. Chem. *101* (1989) 849: *Eine strukturelle Grundlage für die Übertragung von Lichtenergie und Elektronen in der Biologie* (Nobel-Vortrag)

J.L.Cole, P.A. Clark, E.I. Solomon, J. Am. Chem. Soc. *112* (1990) 9548: *Spectroscopic and chemical studies of the laccase trinuclear copper active site: Geometric and electronic structure*

K. Clark, J.E. Penner-Hahn, M.M. Whittaker, J.W. Whittaker, J. Am. Chem. Soc. *112* (1990) 6433: *Oxidation-state assignments of galactose oxidase complexes from X-ray absorption spectroscopy. Evidence for Cu(II) in the active enzyme*

S.M. Janes, D. Mu, D. Wemmer, A.J. Smith, S. Kaur, D. Maltby, A.L. Burlingame, J. P. Klinman, Science *248* (1990) 981: *A new redox cofactor in eukaryotic enzymes: 6-Hydroxydopa at the active site of bovine serum amine oxidase*

D.M. Dooley, W.S. McIntire, M.A. McGuirl, C.E. Cote, J.L. Bates, J. Am. Chem. Soc. *112* (1990) 2782: *Characterization of the active site of Arthrobacter P1 methylamine oxidase: Evidence for copper-quinone interactions*

H. Jin, H. Thomann, C.L. Coyle, W.G. Zumft, J. Am. Chem. Soc. *111* (1989) 4262: *Copper coordination in nitrous oxide reductase from Pseudomonas stutzeri*

P.M.H. Kroneck, W.A. Antholine, D.H.W. Kastrau, G. Buse, G.C.M. Steffens, W.G. Zumft, FEBS Lett. *268* (1990) 274: *Multifrequency EPR evidence for a bimetallic center at the Cu_A site in cytochrome c oxidase*

C.L. Hulse, B.A. Averill, J.M. Tiedje, J. Am. Chem. Soc. *111* (1989) 2322: *Evidence for a copper-nitrosyl intermediate in denitrification by the copper-containing nitrite reductase of Achromobacter cycloclastes*

P.P. Paul, Z. Tyeklar, A. Farooq, K.D. Karlin, S. Liu, J. Zubieta, J. Am. Chem. Soc. *112* (1990) 2430: *Isolation and X-ray structure of a dinuclear copper-nitrosyl complex*

H. Beinert in (j), S. 35: *From indophenol oxidase and atmungsferment to proton pumping cytochrome oxidase aa_3 $Cu_A Cu_B (Cu_C ?)ZnMg$*

B. Kadenbach, Angew. Chem. *95* (1983) 273: *Struktur und Evolution des Atmungsferments Cytochrom-c-Oxidase*

G. Buse, Naturwiss. Rundschau *39* (1986) 518: *Die Cytochrome der Atmungskette*

B.G. Malmström, Chem. Rev. *90* (1990) 1247: *Cytochrome c oxidase as a redoxlinked proton pump*

G. Palmer, Pure Appl. Chem. *59* (1987) 749: *Cytochrome oxidase: A perspective*

S.I. Chan, P.M. Li, Biochemistry *29* (1990) 1: *Cytochrome c oxidase: Understanding nature's design of a proton pump*

G.C.M. Steffens, R. Bielwald, G. Buse, Eur. J. Biochem. *164* (1987) 295: *Cytochrome c oxidase is a three-copper, two-heme-A protein*

O. Einarsdottir, M.G. Choc, S. Weldon, W.S. Caughey, J. Biol. Chem. *263* (1988) 13641: *The site and mechanism of dioxygen reduction in bovine heart cytochrome c oxidase*

R.A. Scott, P.M. Li, S.I. Chan, Ann. N.Y. Acad. Sci. (1988) 550: *The binuclear site of cytochrome c oxidase. Structural evidence from iron x-ray absorption spectroscopy*

T.H. Stevens, C.T. Martin, H. Wang, G.W. Brudvig, C.P. Scholes, S.I. Chan, J. Biol. Chem. *257* (1982) 12106: *The nature of Cu_A in cytochrome c oxidase*

A. Naqui, B. Chance, E. Cadenas, Annu. Rev. Biochem. *55* (1986) 137: *Reactive oxygen intermediates in biochemistry*

I. Fridovich, J. Biol. Chem. *264* (1989) 7761: *Superoxide dismutases*

A.E.G. Cass in (o), *Part 1*, S. 121: *Superoxide dismutases*

W.C. Stallings, K.A. Pattridge, R.K. Strong, M.L. Ludwig, J. Biol. Chem. *260* (1985) 16424: *The structure of manganese superoxide dismutase from Thermus thermophilus HB8 at 2.4-Å resolution*

J.A. Tainer, E.D. Getzoff, J.S. Richardson, D.C. Richardson, Nature (London) *306* (1983) 284: *Structure and mechanism of copper,zinc superoxide dismutase*

E.D. Getzoff, J.A. Tainer, P.K. Weiner, P.A. Kollmann, J.S. Richardson, D.C. Richardson, Nature (London) *306* (1983) 287: *Electrostatic recognition between superoxide and copper,zinc superoxide dismutase*

I. Bertini, L. Banci, M. Piccioli, C. Luchinat, Coord. Chem. Rev. *100* (1990) 67: *Spectroscopic studies on Cu_2Zn_2SOD: A continuous advancement on investigation tools*

B.M. Babior, Trends Biochem. Sci. *12* (1987) 241: *The respiratory burst oxidase*

R.C. Prince, D.E. Gunson, Trends Biochem. Sci. *12* (1987) 86: *Superoxide produktion by neutrophils*

J.R.J. Sorenson, Chem. Br. *25* (1989) 169: *Copper complexes as "radiation recovery" agents*

Kapitel 11

T.G. Spiro (Hrsg.): *Molybdenum Enzymes*, Wiley, New York, 1985

R.C. Bray, Rev. Biophys. *21* (1988) 299: *The inorganic biochemistry of molybdo-enyzmes*

I. Yamamoto, T. Saiki, S.M. Liu, L.G. Ljungdahl, J. Biol. Chem. *258* (1983) 1826: *Purification and properties of NADP-dependent formate dehydrogenase from Clostridium thermoaceticum, a tungsten-selenium-iron protein*

R. Wagner, J.R. Andreesen, Arch. Microbiol. *147* (1987) 295: *Accumulation and incorporation of ^{185}W-tungsten into proteins of Clostridium acidiurici and Clostridium cylindrosporum*

S.P. Cramer, P.K. Eidem, M.T. Paffett, J.R. Winkler, Z. Dori, H.B. Gray, J. Am. Chem. Soc. *105* (1983) 799: *X-ray absorption edge and EXAFS spectroscopic studies of molybdenum ions in aqueous solution*

R.H. Holm, Chem. Rev. *87* (1987) 1401: *Metal-centered oxygen atom transfer reactions*

J.C. Wootton, R.E. Nicolson, J.M. Cock, D.E. Walters, J.F. Burke, W.A. Doyle, R.C. Bray, Biochim. Biophys. Acta *1057* (1991) 157: *Enzymes depending on the pterin molybdenum cofactor: sequence families, spectroscopic properties of molybdenum and possible cofactor-binding domains*

R.H. Holm, Coord. Chem. Rev. *100* (1990) 183: *The biologically relevant oxygen atom transfer chemistry of molybdenum: From synthetic analogue systems to enzymes*

R.C. Bray, L.S. Meriwether, Nature (London) *506* (1966) 467: *Electron spin resonance of xanthine oxidase substituted with molybdenum-95*

S.J.N. Burgmayer, E.I. Stiefel in (h), S. 943: *Molybdenum enzymes, cofactors, and model systems*

S. Gardlik, K.V. Rajagopalan, J. Biol. Chem. *265* (1990) 13047: *The state of reduktion of molybdopterin in xanthine oxidase and sulfite oxidase*

B. Krüger, O. Meyer, Biochim. Biophys. Acta *912* (1987) 357: *Structural elements of bactopterin from Pseudomonas carboxydoflava carbon monoxide dehydrogenase*

R.P. Burns, C.A. McAuliffe, Adv. Inorg. Chem. Radiochem. *22* (1979) 303: *1,2-Dithiolene complexes of transition metals*

A. Abelleira, R.D. Galang, M.J. Clarke, Inorg. Chem. *29* (1990) 633: *Synthesis and electrochemistry of pterins coordinated to tetraammineruthenium(II)*

S.J.N. Burgmayer, A. Baruch, K. Kerr, K. Yoon, J. Am. Chem. Soc. *111* (1989) 4982: *A model reaction for Mo(VI) reduction by molybdopterin*

R. Hille, G.N. George, M.K. Eidsness, S.P. Cramer, Inorg. Chem. *28* (1989) 4018: *EXAFS analysis of xanthine oxidase complexes with alloxanthine, violapterin, and 6-pteridylaldehyde*

D. Dowerah, J.T. Spence, R. Singh, A.G. Wedd, G.L. Wilson, F. Farchione, J.H. Enemark, J. Kristofzski, M. Bruck, J. Am. Chem. Soc. *109* (1987) 5655: *Electrochemical and electron paramagnetic resonance models for molybdenum(VI/V) centers of the molybdenum hydroxylases and related enzymes*

R.H. Holm, J.M. Berg, Acc. Chem. Res. *19* (1986) 363: *Toward functional models of metalloenzyme active sites: Analog reaction systems of the molybdenum oxo transferases*

N.N. Greenwood, A. Earnshaw, *Chemie der Elemente*, VCH, Weinheim, 1988, S. 519

R. Söderlund, T. Rosswall in (g), *Vol. 1, Part B*, 1982, S. 61: *The nitrogen cycles*

S.J. Ferguson, Trends Biochem. Sci. *12* (1987) 354: *Denitrification: A question of the control and organization of electron and ion transport*

J. Erfkamp, A. Müller, Chem. Unserer Zeit *24* (1990) 267: *Die Stickstoff-Fixierung*

A. Müller, W.E. Newton (Hrsg.): *Nitrogen Fixation: The Chemical-Biochemical-Genetic Interface*, Plenum Press, New York, 1983

W.H. Orme-Johnson, Annu. Rev. Biophys. Chem. *14* (1985) 419: *Molecular basis of biological nitrogen fixation*

B.E. Smith, Nachr. Chem. Tech. Lab. *34* (1986) 308: *Biologische Stickstoff-Fixierung*

D.J. Lowe, R.N.F. Thorneley, B.E. Smith in (o), *Part 1*, S. 207: *Nitrogenase*

E.I. Stiefel, H. Thomann, H. Jin, R.E. Bare, T.V. Meorgan, S.J.N. Burgmayer, C.L. Coyle in (u), S. 372: *Nitrogenase*

R.A. Henderson, G. J. Leigh, C.J. Pickett, Adv. Inorg. Chem. Radiochem. *27* (1983) 198: *The chemistry of nitrogen fixation and models for the reactions of nitrogenase*

P. Pelikan, R. Boca, Coord. Chem. Rev. *55* (1984) 55: *Geometric and electronic factors of dinitrogen activation on transition metal complexes*

B.K. Burgess, Chem. Rev. *90* (1990) 1377: *The iron-molybdenum cofactor of nitrogenase*

S.D. Conradson, B.K. Burgess, W.E. Newton, L.E. Mortenson, K.O. Hodgson, J. Am. Chem. Soc. *109* (1987) 7507: *Structural studies of the molybdenum site in the MoFe protein and its FeMo cofactor by EXAFS*

D. Coucouvanis, Acc. Chem. Res. *24* (1991) 1: *Use of preassembled Fe/S and Fe/Mo/S Clusters in the stepwise synthesis of potential analogues for the Fe/Mo/S site in nitrogenase*

A.E. True, M.J. Nelson, R.A. Venters, W.H. Orme-Johnson, B.M. Hoffman, J. Am. Chem. Soc. *110* (1988) 1935: ^{57}Fe *hyperfine coupling tensors of the FeMo clusterr in Azotobacter vinelandii MoFe protein: Determination by polycrystalline ENDOR spectroscopy*

T.R. Hoover, A.D. Robertson, R.L. Cerny, R.N. Hayes, J. Imperial, V.K. Shah, P.W. Ludden, Biochemistry 28 (1989) 2768: *Identification of the V factor needed for synthesis of the iron-molybdenum cofactor of nitrogenase as homocitrate*

D. Sellmann, W. Soglowek, F. Knoch, M. Moll, Angew. Chem. 101 (1989) 1244: *Nitrogenase-Modellverbindungen: [μ-N$_2$H$_2$(Fe("NHS$_4$")}$_2$], der Prototyp für die Koordination von Diazen an Eisen-Schwefel-Zentren und seine Stabilisierung durch starke N-H··S-Wasserstoffbrücken*

K. Dehnicke, J. Strähle, Angew. Chem. 93 (1981) 451: *Die Übergangmetall-Stickstoff-Mehrfachbindung*

R.R. Schrock, R.M. Kolodziej, A.H. Liu, W.M. Davis, M.G. Vale, J. Am. Chem. Soc. 112 (1990) 4338: *Preparation and characterization of two high oxidation state molybdenum dinitrogen complexes: [MoCp*Me$_3$]$_2$(μ-N$_2$) and [MoCp*Me$_3$](μ-N$_2$)[WCp'Me$_3$]*

R.R. Schrock, T.E. Glassman, M.G. Vale, J. Am. Chem. Soc. 113 (1991) 725: *Cleavage of the N-N bond in a high-oxidation-state tungsten or molybdenum hydrazine complex and the catalytic reduction of hydrazine*

B.B. Kaul, R.K. Hayes, T.A. George, J. Am. Chem. Soc. 112 (1990) 2002: *Reactions of a resin-bound dinitrogen complex of molybdenum*

C.J. Pickett, J. Talarmin, Nature (London) 317 (1985) 652: *Electrosynthesis of ammonia*

R.N. Pau, Trends Biochem. Sci. 14 (1989) 183: *Nitrogenases without molybdenum*

J.R. Chisnell, R. Premakumar, P.E. Bishop, J. Bacteriol. 170 (1988) 27: *Purification of a second alternative nitrogenase from a nifHDK deletion strain of Azotobacter vinelandii*

A. Müller, R. Jostes, E. Krickemeyer, H. Bögge, Naturwissenschaften 74 (1987) 388: *Zur Rolle des Heterometall-Atoms im N$_2$-reduzierten Protein der Nitrogenase*

R.M. Garrels, C.L. Christ: *Solutions, Minerals, and Equilibria*, Freeman & Cooper, San Francisco, 1965

R.R. Eady, Polyhedron 8 (1989) 1695: *The vanadium nitrogenase of Azotobacter*

G.N. George, C.L. Coyle, B.J. Hales, S.P Cramer, J. Am. Chem. Soc. 110 (1988) 4057: *X-ray absorption of Azotobacter vinelandii vanadium nitrogenase*

C.D. Garner, J.M. Arber, I. Harvey, S.S. Hasnain, R.R. Eady, B.E. Smith, E. de Boer, R. Wever, Polyhedron 8 (1989) 1649: *Characterization of molybdenum and vanadium centers in enzymes by x-ray absorption spectroscopy*

S. Ciurli, R.H. Holm, Inorg. Chem. 28 (1989) 1685: *Insertion of [VFe$_3$S$_4$]$^{2+}$ and [MoFe$_3$S$_4$]$^{3+}$ cores into a semirigid trithiolate cavitand ligand: Regiospecific reactions at a vanadium site similar to that in nitrogenase*

A.E. Shilov, N.T. Denisov, O.N. Efimov, N. Shuvalov, N.I. Shuvalova, A.K. Shilova, Nature (London) 231 (1971) 460: *New nitrogenase model for reduction of molecular nitrogen in protonic media*

R. WEVER, K. KUSTIN, Adv. Inorg. Chem. *53* (1990) 81: *Vanadium: A biologically relevant element*

D. REHDER, Angew. Chem. *103* (1991) 152: *Bioanorganische Chemie des Vanadiums*

D.C. CRANS, E.M. WILLGING, S.R. BUTLER, J. Am. Chem. Soc. *112* (1990) 427: *Vanadate tetramer as the inhibiting species in enzyme reaction in vitro and in vivo*

P. FRANK, R.M.K. CARLSON, K.O. HODGSON, Inorg. Chem. *27* (1988) 118: *Further investigation of the status of acidity and vanadium in the blood cells of Ascidia ceratodes*

M.J. SMITH, D. KIM, B. HORENSTEIN, K. NAKANISHI, K. KUSTIN, Acc. Chem. Res. *24* (1991) 117: *Unraveling the chemistry of tunichrome*

E. BAYER, E. KOCH, G. ANDEREGG, Angew. Chem. *99* (1987) 570: *Amavadin, ein Beispiel für selektive Vanadiumbindung in der Natur – komplexchemische Studien und ein neuer Strukturvorschlag*

M.A.A.F. DE C.T. CARRONDO, M.T.L.S. DUARTE, J.C. PESSOA, J.A. L. SILVA, J.J.R.F.F. da Silva, M.C.T.A. VAZ, L.F. VILAS-BOAS, J. Chem. Soc., Chem. Commun. (1988) 1158: *Bis-(N-hydroxy-iminodiacetate)vanadate(IV), a synthetic model of "amavadin"*

E. DE BOER, M.G.M. TROMP, H. PLAT, G.E. KRENN, R. WEVER, Biochim. Biophys. Acta *872* (1986) 104: *Vanadium(V) as an essential element for haloperoxidase acitivity in marine brown algae: Purification and characterization of a vanadium(V)-containing bromoperoxidase from Laminaria saccharina*

K.-H. VAN PEE, Kontakte (Darmstadt), Heft 1 (1990) 41: *Einführung von Halogen durch Haloperoxidasen aus Bakterien*

H.S. SOEDJAK, A. BUTLER, Inorg. Chem. *29* (1990) 5017: *Chlorination catalyzed by vanandium bromoperoxidase*

J. BARRETT, P. O'BRIEN, J.P. DE JESUS, Polyhedron *4* (1985) 1: *Chromium(III) and the glucose tolerance factor*

A. MÜLLER, E. DIEMANN, P. SASSENBERG, Naturwissenschaften *75* (1988) 155: *Chromium content of medicinal plants used against diabetes mellitus type II*

Kapitel 12

(w) I. BERTINI, C. LUCHINAT, W. MARET, M. ZEPPEZAUER (Hrsg.): *Zinc Enzymes*, Birkhäuser, Boston, 1986

R.H. PRINCE, Adv. Inorg. Chem. Biochem. *22* (1979) 349: *Some aspects of the bioinorganic chemistry of zinc*

R.J.P. WILLIAMS, Polyhedron *6* (1987) 61: *The biochemistry of zinc*

H. VAHRENKAMP, Chem. Unserer Zeit *22* (1988) 73: *Zink, ein langweiliges Element?*

B.L. VALLEE, D.S. AULD, Biochemistry *29* (1990) 5647: *Zinc coordination, function, and structure of zinc enzymes and other proteins*

B.L. VALLEE, D.S. AULD, Proc. Natl. Acad. Sci. USA *87* (1990) 220: *Activated-site zinc ligands and activated H_2O of zinc enzymes*

D. BRYCE-SMITH, Chem. Br. *25* (1989) 783: *Zinc deficiency – the neglected factor*

B.C. CUNNINGHAM, S. BASS, G. FUH, J.A. WELLS, Science 250 (1990) 1709: *Zinc mediation of the binding of human growth hormone to the human prolactin receptor*

E.-I. OCHIAI, J. Chem. Educ. *65* (1988) 943: *Uniqueness of zinc as a bioelement*

J.M. BERG, D.L. MERKLE, J. Am. Chem. Soc. *111* (1989) 3759: *On the metal ion specificity of "zinc finger" proteins*

R.T. FERNLEY, Trends Biochem. Sci. *3* (1988) 356: *Non-cytoplasmic carbonic anhydrases*

A. LILJAS, K.K. KANNAN, P.C. BERGSTEN, I. WAASA, K. FRIDBORG, B. STRANDBERG, U. CARL-BOM, L. JÄRUP, S. LÖVGREN, M. PETEF, Nature, New Biol. (London) *235* (1972) 131: *Crystal structure of human carbonic anhydrase c*

D.N. SILVERMAN, S. LINDSKOG, Acc. Chem. Res. *21* (1988) 30: *The catalytic mechanism of carbonic anhydrase: Implications of a rate-limiting protolysis of water*

A. VEDANI, D.W. HUHTA, S.P. JACOBER, J. Am. Chem. Soc. *111* (1989) 4075: *Metal coordination, H-bond network formation, and protein-solvent interactions in native and complexed human carbonic anhydrase I: A molecular mechanics study*

K.M. MERZ, R. HOFFMANN, M.J.S. DEWAR, J. Am. Chem. Soc *111* (1989) 5636: *Mode of action of carbonic anhydrase*

O. JACOB, R. CARDENAS, O. TAPIA, J. Am. Chem. Soc. *112* (1990) 8692: *An ab initio study of transition structures and associated products in $[ZnOHCO_2]^+$, $[ZnHCO_3H_2O]^+$, and $[Zn(NH_3)_3HCO_3]^+$ hypersurfaces. On the role of zinc in the catalytic mechanism of carbonic anhydrase*

R. BRESLOW, D. BERGER, D.-L. HUANG, J. Am. Chem. Soc. *112* (1990) 3686: *Bifunktional zinc-imidazole and zinc-thiophenol catalysts*

J.Y. LIANG, W.N. LIPSCOMB, Proc. Natl. Acad. Sci. USA *87* (1990) 3675: *Binding of substrate CO_2 to the active site of human carbonic anhydrase II: A molecular dynamics study*

D.W. CHRISTIANSON, W.N. LIPSCOMB, Acc. Chem. Res. *22* (1989) 62: *Carboxypeptidase A*

D.C. REES, J.B. HOWARD, P. CHAKRABARTI, T. YEATES, B.T. HSU, K.D. HARDMAN, W.N. LIPSCOMB in (w), S. 155: *Crystal structures of metallosubstituted carboxypeptidase A*

E.W. PETRILLO, M.A. ONDETTI, Med. Res. Rev. *2* (1982) 1: *Angiotensin-converting enzyme inhibitors: Medicinal chemistry and biological actions*

W. LIPSCOMB, Chem. Soc. Rev. *1* (1972) 319: *Three-dimensional structures and chemical mechanisms of enzymes*

M.W. MAKINEN in (w), S. 215: *Assignment of the structural basis of catalytic action of carboxypeptidase A*

M. SANDER, H. WITZEL, Biochem. Biophys. Res. Comms. *132* (1985) 681: *Direct chemical evidence for an anhydride intermediate of carboxypeptidase A in ester and peptide hydrolysis*

B.W. MATTHEWS, Acc. Chem. Res. *21* (1988) 333: *Structural basis of the action of thermolysin and related zinc peptidases*

S.K. BURLEY, P.R. DAVID, A. TAYLOR, W.N. LIPSCOMB, Proc. Natl. Acad. Sci. USA *87* (1990) 6878: *Molecular structure of leucine aminopeptidase at 2.7-Å resolution*

J.B. BJARNASON, A.T. TU, Biochemistry *17* (1978) 3395: *Hemorrhagic toxins from western diamondback rattlesnake (Crotalus atrox) venom: Isolation and characterization of five hemorrhagic toxins*

J.T. GROVES, J.R. OLSON, Inorg. Chem. *24* (1985) 2715: *Models of zinc-containing proteases. Rapid amide hydrolysis by an unusually acidic Zn^{2+}-OH_2 complex*

H.W. WYCKOFF, M.D. HANDSCHUMACHER, K.H.M. MURTHY, J.M. SOWADSKI, Adv. Enzymol. Relat. Areas Mol. Biol. *55* (1983) 453: *The three dimensional structure of alkaline phosphatase from E. coli*

F.Y.H. WU, C.W. WU in (w), S. 157: *The role of zinc in DNA and RNA polymerases*

D. BEYERSMANN in (w), S. 525: *Zinc and lead in mammalian 5-aminolevulinate dehydratase*

S. HASNAIN, E.M. WARDELL, C.D. GARNER, M. SCHLÖSSER, D. BEYERSMANN, Biochem. J. *230* (1985) 625: *Extended X-ray-absorption fine structure investigations of zinc in 5-aminolevulinate dehydratase*

J.D. WUEST (Hrsg.), Tetrahedron Symposia-in-Print Number 25, Tetrahedron *42* (1986) 941-1046: *Formal transfers of hydride from carbon-hydrogen bonds*

M. ZEPPEZAUER in (w), S. 417: *The metal environment of alcohol dehydrogenase: Aspects of chemical speciation and catalytic efficiency in a biological catalyst*

H. EKLUND, A. JONES, G. SCHNEIDER in (w), S. 377: *Active site in alcohol dehydrogenase*

G. PFLEIDERER, M. SCHARSCHMIDT, A. GANZHORN in (w), S. 507: *Glycerol dehydrogenase – an additional Zn-dehydrogenase*

P. TSE, R.K. SCOPES, A.G. WEDD, J. Am. Chem. Soc. *111* (1989) 8793: *Iron-activated alcohol dehydrogenase from Zymomonas mobilis: Isolation of apoenzyme and metal dissociation constants*

E.S. CEDERGREN-ZEPPEZAUER, in (w), S. 393: *Coenzyme binding to three conformational states of horse liver alcohol dehydrogenase*

H.W. GOEDDE, D.P. AGARWAL, Enzyme *37* (1987) 29: *Polymorphism of aldehyde dehydrogenase and alcohol sensitivity*

B.L. VALLEE in (w), S. 1: *A synopsis of zinc biology and pathology*

B. Mannervik, S. Sellin, L.E.G. Eriksson in (w), S. 518: *Glyoxalase I – An enzyme containing hexacoordinate Zn^{2+} in its active site*

K. Struhl, Trends Biochem. Sci. *14* (1989) 137: *Helix-turn-helix, zinc-finger, and leucine-zipper motifs for eukaryotic transcriptional regulatory proteins*

E. Wingender, K.H. Seifart, Angew. Chem. *99* (1987) 206: *Transkription in Eukaryonten – die Rolle von Transkriptionskomplexen und ihren Komponenten*

J.M. Berg, Prog. Inorg. Chem. *37* (1988) 143: *Metal-binding domains in nucleic acid-binding and gene-regulatory proteins*

A. Klug, D. Rhodes, Trends Biochem. Sci. *12* (1987) 464: *"Zinc fingers": A novel protein motif for nucleic acid recognition*

A.J. van Wijnen, K.L. Wright, J.B. Lian, J.L. Stein, G.S. Stein, J. Biol. Chem. *264* (1989) 15034: *Human H4 histone gene transcription requires the proliferation-specific nuclear factor HiNF-D*

T. Pan, J.E. Coleman, Biochemistry *87* (1990) 2077: *GAL4 transcription factor is not a "zinc finger" but forms a $Zn(II)_2 Cys_6$ binuclear cluster*

G.D. Smith, D.C. Swenson, E.J. Dodson, G.G. Dodson, C.D. Reynolds, Proc. Natl. Acad. Sci. U.S.A. *81* (1984) 7093: *Structural stability in the 4-zinc human insulin hexamer*

U. Derewenda, Z. Derewenda, E.J. Dodson, G.G. Dodson, C.D. Reynolds, G.D. Smith, C. Sparks, D.C. Swenson, Nature (London) *338* (1989) 594: *Phenol stabilizes more helix in a new symmetrical zinc insulin hexamer*

Kapitel 13

P.B. Chock, E.O. Titus, Prog. Inorg. Chem. *18* (1973) 287: *Alkali metal ion transport and biochemical activity*

R.J.P. Williams, Pure Appl. Chem. *55* (1983) 1089: *Inorganic elements in biological space and time*

N. Brautbar, A.T. Roy, P. Horn, D.B.N. Lee in (d), *Vol. 26* (1990), S. 285: *Hypomagnesemia and hypermagnesemia* und andere Artikel in diesem Band

H. Schmidbaur, H.G. Classen, J. Helbig, Angew. Chem. *102* (1990) 1122: *Asparagin- und Glutaminsäure als Liganden für Alkali- und Erdalkalimetalle: Strukturchemische Beiträge zum Fragenkomplex der Magnesiumtherapie*

P. Laszlo, Angew. Chem. *90* (1978) 271: *Kernresonanzspektroskopie mit Natrium-23*

T. Ogino, G.I. Shulman, M.J. Avison, S.R. Gullans, J.A. den Hollander, R.G. Shulman, Proc. Natl. Acad. Sci. USA *82* (1985) 1099: *^{23}Na and ^{39}K NMR studies of ion transport in human erythrocytes*

G. Poste, S.T. Crooke (Hrsg.): *New Insights into Cell and Membrane Transport Processes*, Plenum Press, New York, 1986

F. Vögtle, E. Weber, U. Elben, Kontakte (Darmstadt), Heft 3 (1978) 32 und Heft 1 (1979) 3: *Neutrale organische Komplexliganden und ihre Alkalikomplexe III – Biologische Wirkungen synthetischer und natürlicher Ionophore*

B. Dietrich in (h), S. 954: *Coordination chemistry of alkali and alkaline-earth cations with macrocyclic ligands*

D.H. Busch, N.A. Stephenson, Coord. Chem. Rev. *100* (1990) 119: *Molecular organization, portal to supramolecular chemistry*

C.J. Pedersen, H.K. Frensdorff, Angew. Chem. *84* (1972) 16: *Makrozyklische Polyäther und ihre Komplexe*

B. Dietrich, J.M. Lehn, J.P. Sauvage, Chem. Unserer Zeit *7* (1973) 120: *Kryptate–makrocyclische Metallkomplexe*

D.J. Cram, Science *219* (1983) 1177: *Cavitands: Organic hosts with enforced cavities*

J.M. Lehn, Acc. Chem. Res. *11* (1978) 49: *Cryptates: The chemistry of macropolycyclic inclusion complexes*

F. Vögtle: *Supramolekulare Chemie*, Teubner, Stuttgart, 1989

V. Prelog, Pure Appl. Chem. *25* (1971) 197: *Role of certain microbial metabolites as specific complexing agents*

B.C. Pressman in (d), *Vol. 19* (1985) 1: *The discovery of ionophores: A historical account*

H.H. Mollenhauer, D.J. Morre, L.D. Rowe, Biochim. Biophys. Acta *1031* (1990) 225: *Alteration of intracellular traffic by monensin; mechanism, specificity and relationship to toxicity*

B.G. Cox, N. van Truong, J. Rzeszotarska, H. Schneider, J. Am. Chem. Soc. *106* (1984) 5965: *Rates and equilibria of alkali metal and silver ion complex formation with monensin in ethanol*

B.T. Kilbourn, J.D. Dunitz, L.A.R. Pioda, W. Simon, J. Mol. Biol. *30* (1967) 559: *Structure of the K^+ complex with nonactin, a macrotetrolide antibiotic possessing highly specific K^+ transport properties*

D.L. Ward, K.T. Wei, J.G. Hoogerheide, A.L. Popov, Acta Cryst. *B34* (1978) 110: *The crystal and molecular structure of the sodium bromide complex of monensin, $C_{36}H_{62}O_{11} \cdot Na^+Br^-$*

R. Schwyzer, A. Tun-Kyi, M. Caviezel, P. Moser, Helv. Chim. Acta *53* (1970) 15: *S,S'-Bis-cyclo-gylcyl-L-hemicystyl-glycyl-glycyl-L-prolyl, ein künstliches bicyclisches Peptid mit Kationenspezifität*

D.A. Langs, Science *241* (1988) 188: *Three-dimensional structure at 0.86 Å of the uncomplexed form of the transmembrane ion channel peptide gramicidin A*

B.A. Wallace, K. Ravikumar, Science *241* (1988) 182: *The gramicidin pore: Crystal structure of a cesium complex*

C.F. Stevens, Nature (London) *349* (1991) 657: *Making a submicroscopic hole in one*

Y. Saimi, B. Martinac, M.C. Gustin, M.R. Culbertson, J. Adler, C. Kung, Trends Biochem. Sci. *13* (1988) 304: *Ion channels in Paramecium, yeast and Escherichia coli*

L. Stryer, Sci. Am. *255*, Juli (1987) 42: *The molecules of visual excitation*

J.L. Schnapf, D.A. Baylor, Sci. Am. *256*, April (1987) 32: *How photoreceptor cells respond to light*

A.M. Dizhoor, S. Ray, S. Kumas, G. Niemi, M. Spencer, D. Brolley, K.A. Walsh, P.P. Philipov, J.B. Hurley, L. Stryer, Science *251* (1991) 915: *Recoverin: A calcium sensitive activator of retinal rod guanylate cylase*

K.L. Crossin, Trends Biochem. Sci. *16* (1991) 81: *Nitric oxide (NO): A versatile second messenger in brain*

P.L. Pedersen, E. Carafoli, Trends Biochem. Sci. *12* (1987) 146, 186: *Ion motive ATPases. I. Ubiquity, properties, and significance to cell function*

B.C. Rossier, K. Geering, J.P. Kraehenbuhl, Trends Biochem. Sci. *12* (1987) 483: *Regulation of the sodium pump: How and why?*

C.L. Bashford, C.A. Pasternak, Trends Biochem. Sci. *11* (1986) 113: *Plasma membrane potential of some animal cells is generated by ion pumping, not by ion gradients*

H. Reuter, Nature (London) *349* (1991) 567: *Ins and outs of Ca^{2+} transport*

P.A. Dibrov, Biochim. Biophys. Acta *1056* (1991) 209: *The role of sodium ion transport in Escherichia coli energetics*

M. Ikeda, R. Schmid, D. Oesterhelt, Biochemistry *29* (1990) 2057: *A Cl$^-$-translocating adenosinetriphosphatase in acetabularia acetabulum.*

Kapitel 14

R.B. Martin in (d), *Vol. 26* (1990), S. 1: *Bioinorganic chemistry of magnesium,* und nachfolgende Beiträge

H. Schmidbaur, H.G. Classen, J. Helbig, Angew. Chem. 102 (1990) 1122: *Asparagin- und Glutaminsäure als Liganden für Alkali- und Erdalkalimetalle: Strukturchemische Beiträge zum Fragenkomplex der Magnesiumtherapie*

A. Romani, A. Scarpa, Nature (London) *346* (1990) 841: *Hormonal control of Mg^{2+} transport in the heart*

K. KATAYANAGI, M. MIYAGAWA, M. MATSUSHIMA, M. ISHIKAWA, S. KANAYA, M. IKEHARA, T. MATSUZAKI, K. MORIKAWA, Nature (London) *347* (1990) 306: *Three-dimensional structure of ribonuclease H from E. coli*

F. H. WESTHEIMER, Science *235* (1987) 1173: *Why nature chose phosphates*

J. AQVIST, A. WARSHEL, J. Am. Chem. Soc. *112* (1990) 2860: *Free energy relationships in metalloenzyme-catalyzed reactions. Calculations of the effects of metal ion substitutions in staphylococcal nuclease*

H. SIGEL, Coord. Chem. Rev. *100* (1990) 453: *Mechanistic aspects of the metal ion promoted hydrolysis of nucleoside 5'-triphosphates*

A.S. TRACEY, J. S. JASWAL, M.J. GRESSER, D. REHDER, Inorg. Chem. *29* (1990) 4283: *Condensation reactions of aqueous vanadate with the common nucleosides*

D. CRANS, C.D. RITHNER, L.A. THEISEN, J. Am. Chem. Soc. *112* (1990) 2901: *Application of time-resolved ^{51}V 2D NMR for quantitation of kinetic exchange pathways between vanadate monomer, dimer, tetramer, and pentamer*

T. NOWAK, A.S. MILDVAN, Biochemistry *11* (1972) 2819: *Nuclear magnetic resonance studies of the function of potassium in the mechanism of pyruvate kinase*

F.J. KAYNE, J. REUBEN, J. Am. Chem. Soc. *92* (1970) 220: *Thallium-205 nuclear magnetic resonance as a probe for studying metal ion binding to biological macromolecules. Estimate of the distance between the monovalent and divalent activators of pyruvate kinase*

K.R.H. REPKE, Ann. N.Y. Acad. Sci. *402* (1982) 276: *Transport ATPases*

L. LEBIODA, B. STEC, J. Am. Chem. Soc. *111* (1989) 8511: *Crystal structure of holoenolase refined at 1.9 Å resolution: Trigonal-bipyramidal geometry of the cation binding site*

F.L. SIEGEL, Struct. Bonding (Berlin) *17* (1973) 221: *Calcium-binding proteins*

L.J. ANGHILERI (Hrsg.): *The Role of Calcium in Biological Systems, Vol. IV*, CRC Press, Boca Raton, 1987

C. GERDAY, L. BOLIS, R. GILLES (Hrsg.): *Calcium and Calcium Binding Proteins*, Springer-Verlag, Berlin, 1988

D. PIETROBON, F. DI VIRGILIO, T. POZZAN, Eur. J. Biochem. *193* (1990) 599: *Structural and functional aspects of calcium homeostasis in eukaryotic cells*

E. REID, G.M.W. COOK, J.P. LUZIO (Hrsg.): *Biochemical Approaches to Cellular Calcium*, Royal Society of Chemistry, London, 1989

E. CARAFOLI, J.T. PENNISTON, Sci. Am. *253*, November (1985) 50: *The calcium signal*

H. RASMUSSEN, Sci. Am. *261*, Oktober (1989) 66: *The cycling of calcium as an intracellular messenger*

S. KLUMPP, J.E. SCHULTZ, Pharm. Unserer Zeit *14* (1983) 19: *Calcium und Calmodulin*

E. CARAFOLI, Ann. Rev. Biochem. *56* (1987) 395: *Intracellular calcium homeostasis*

D.M.E. SZEBENYI, K. MOFFAT, J. Biol. Chem. *261* (1986) 8761: *The refined structure of vitamin D-dependent calcium-binding protein from bovine intestine*

F. BOSSERT, H. MEYER, E. WEHINGER, Angew. Chem. *93* (1981) 755: *4-Aryldihydropyridine, eine neue Klasse hochwirksamer Calcium-Antagonisten*

R. FOSSHEIM, K. SVARTENG, A. MOSTAD, C. ROMMING, E. SHEFTER, D.J. TRIGGLE, J. Med. Chem. *25* (1982) 126: *Crystal structures and pharmacological activity of calcium channel antagonists*

R.Y. TSIEN, Biochemistry *19* (1980) 2396: *New calcium indicators and buffers with high selectivity against magnesium and protons: Design, synthesis, and properties of prototype structures*

S.R. ADAMS, J.P.Y. KAO, G. GRYNKIEWICZ, A. MINTA, R.Y. TSIEN, J. Am. Chem. Soc. *110* (1988) 3212: *Biologically useful chelators that release Ca^{2+} upon illumination*

A.K. CAMPBELL, Trends Biochem. Sci. *11* (1986) 104: *Living light: Chemiluminescence in the research and clinical laboratory*

A.M. ALBRECHT-GARY, S. BLANC-PARASOTE, D.W. BOYD, G. DAUPHIN, G. JEMINET, J. JUILLARD, M. PRUDHOMME, C. TISSIER, J. Am. Chem. Soc. *111* (1989) 8598: *X-14885A: An ionophore closely related to calcimycin (A-23187). NMR, thermodynamic, and kinetic studies of cation selectivity*

Y. OGOMA, T. SHIMIZU, M. HATANO, T. FUJII, A. HACHIMORI, Y. KONDO, Inorg. Chem. *27* (1988) 1853: *^{43}Ca nuclear magnetic resonance spectra of Ca^{2+}-S100 protein solutions*

A.L. SWAIN, E.L. AMMA, Inorg. Chim. Acta *163* (1989) 5: *The coordination polyhedron of Ca^{2+}, Cd^{2+} in parvalbumin*

N.K. VYAS, M.N. VYAS, F.A. QUIOCHO, Nature (London) *327* (1987) 635: *A novel calcium binding site in the galactose-binding protein of bacterial transport and chemotaxis*

D.I. STUART, K.R. ACHARYA, N.P.C. WALKER, S.G. SMITH, M. LEWIS, D.C. PHILLIPS, Nature (London) *324* (1986) 84: *α-Lactalbumin possesses a novel calcium binding loop*

K.A. SATYSHUR, S.T. RAO, D. PYZALSKA, W. DRENDEL, M. GREASER, M. SUNDARALINGAM, J. Biol. Chem. *263* (1988) 1628: *Refined structure of chicken skeletal muscle troponin C in the two-calcium state at 2-Å resolution*

P. CHAKRABARTI, Biochemistry *29* (1990) 651: *Systematics in the interaction of metal ions with the main-chain carbonyl group in protein structures*

M. OHNISHI, R.A.F. REITHMEIER, Biochemistry *26* (1987) 7458: *Fragmentation of rabbit skeletal muscle calsequestrin: Spectral and ion binding properties of the carboxylterminal region*

D.R. WILKIE, *Muskel*, Teubner, Stuttgart, 1983

A. Maelicke, Nachr. Chem. Tech. Lab. *37* (1989) 913: *Muskelreizung und Muskelkontraktion*

F.A. Cotton, E.E. Hazen, M.J. Legg, Proc. Natl. Acad. Sci. U.S.A. *76* (1979) 2551: *Staphylococcal nuclease: Proposed mechanism of action based on structure of enzyme-thymidine 3',5'-bisphosphate-calcium ion complex at 1.5-Å resolution*

A. S. Babu, J.S. Sack, T.J. Greenhough, C.E. Bugg, A.R. Means, W.J. Cook, Nature (London) *315* (1985) 37: *Three-dimensional structure of calmodulin*

W.Y. Cheung, Rec. Trav. Chim. Pays-Bas *106* (1987) 262: *Many of the bioregulatory functions of Ca^{2+} are mediated through calmodulin*

P. Cohen, C.B. Klee (Hrsg.): *Calmodulin*, Elsevier, Amsterdam, 1988

D. Kligman, D.C. Hilt, Trends Biochem. Sci. *13* (1988) 437: *The S100 protein family*

C.B. Klee, Perspectives in Biochemistry, 1989, 37: *Ca^{2+}-dependent phospholipid- (and membrane-) binding proteins*

E.T. Degens, Top. Curr. Chem. *64* (1976) 1: *Molecular mechanisms on carbonate, phosphate, and silica deposition in the living cell*

E.I. Ochiai, J. Chem. Educ. *68* (19991) 10: *Why calcium?*

C.H. Evans, Trends Biochem. Sci. (1983) 445: *Interesting and useful biochemical properties of lanthanides*

K. Fujimori, M. Sorenson, O. Herzberg, J. Moult, F.C. Reinach, Nature (London) *345* (1990) 182: *Probing the calcium-induced conformational transition of troponin C with site-directed mutants*

Kapitel 15

S. Mann, J. Webb, R.J.P. Williams (Hrsg.): *Biomineralization*, VCH, Weinheim, 1990

S. Mann, Struct. Bonding (Berlin) *54* (1983) 125: *Mineralization in biological systems*

S. Mann, Chem. Unserer Zeit *20* (1986) 69: *Biomineralisation: Ein neuer Zweig der bioanorganischen Chemie*

R.J.P. Williams, Philos. Trans. R. Soc. London B *304* (1984) 411: *An introduction to biominerals and the role of organic molecules in their formation*

H.A. Lowenstam, Science *211* (1981) 1126: *Minerals formed by organisms*

H.A. Lowenstam, S. Weiner: *On Biomineralization*, Oxford University Press, Oxford, 1989

G. Krampitz, W. Witt, Top. Curr. Chem. *78* (1979) 57: *Biochemical aspects of biomineralization*

P.A. Bianconi, J. Lin, A.R. Strzelecki, Nature (London) *349* (1991) 315: *Crystallization of an inorganic phase controlled by a polymer matrix*

F.C. Meldrum, V.J. Wade, C.L. Nimmo, B.R. Heywood, S. Mann, Nature (London) *349* (1991) 6834: *Synthesis of inorganic nanophase materials in supramolecular protein cages*

C.C. Perry, J.R. Wilcock, R.J.P. Williams, Experientia *44* (1988) 638: *A physicochemical approach to morphogenesis: The roles of inorganic ions and crystals*

A.L. De Vries, Philos. Trans. R. Soc. London B *304* (1984) 575: *Role of glycopeptides and peptides in inhibition of crystallization of water in polar fishes*

D.W. Parry, M.J. Hodson, A.G. Sangster, Philos. Trans. R. Soc. London B *304* (1984) 537: *Some recent advances in studies of silicon in higher plants*

G. Krampitz, G. Graser, Angew. Chem. *100* (1988) 1181: *Molekulare Mechanismen der Biomineralisation bei der Bildung von Kalkschalen*

S. Mann, B.R. Heywood, S. Rajam, J.D. Birchall, Nature (London) *334* (1988) 692: *Controlled crystallization of $CaCO_3$ under stearic acid monolayers*

A. Miller, Philos. Trans. R. Soc. London B *304* (1984) 455: *Collagen: The organic matrix of bone*

M.J. Glimcher, Philos. Trans. R. Soc. London B *304* (1984) 479: *Recent studies of the mineral phase in bone and its possible linkage to the organic matrix by protein-bound phosphate bonds*

K. Sudarsanan, R.A. Young, Acta Cryst. *B34* (1978) 1401: *Structural interactions of F, Cl and OH in apatites*

J.D. Currey, Philos. Trans. R. Soc. London B *304* (1984) 509: *Effects of differences in mineralization on the mechanical properties of bone*

W. von Koenigswald, Biol. Unserer Zeit *20* (1990) 110: *Biomechanische Anpassungen im Zahnschmelz von Säugetieren*

C. Robinson, J.A. Weatherell, H.J. Höhling, Trends Biochem. Sci. (1983) 24: *Formation and mineralization of dental enamel*

C. Dawes, J.M. ten Cate (Hrsg.), J. Dent. Res. (Special Issue) *69* (1990) 505-831: *International symposium on fluorides: Mechanism of action and recommendations for use*

J.D. Birchall in (n), S. 209: *Silicon in the biosphere*

D.H. Robinson, C.W. Sullivan, Trends Biochem. Sci. *12* (1987) 151: *How do diatoms make silicon biominerals?*

B. Fubini, E. Giamello, M. Volante, Inorg. Chim. Acta *162* (1989) 187: *The possible role of surface oxygen species in quartz pathogenicity*

R.B. Frankel, R.P. Blakemore, Philos. Trans. R. Soc. London B *304* (1984) 567: *Precipitation of Fe_3O_4 in magnetotactic bacteria*

R.P. BLAKEMORE, R.B. FRANKEL, Sci. Am. *245*, Dezember (1981) 42: *Magnetic navigation in bacteria*

B.R. HEYWOOD, D.A. BAZYLINSKI, A. GARRATT-REED, S. MANN, R.B. FRANKEL: Naturwissenschaften *77* (1990) 536: *Controlled biosynthesis of greigite (Fe_3S_4) in magnetotactic bacteria*

Kapitel 16

E. BENGSCH, F. KORTE, J. POLSTER, M. SCHWENK, V. ZINKERNAGEL, Z. Naturforsch. *44c* (1989) 777: *Reduction in symptom expression of belladonna mottle virus infection of tobacco plants by boron supply and the antagonistic action of silicon*

N.T. DAVIES, Philos. Trans. R. Soc. London *B 294* (1981) 171: *An appraisal of the newer trace elements*

K.J. IRGOLIC in (p), S. 399: *Arsenic in the environment*

A.A. BENSON, Proc. Natl. Acad. Sci. USA *86* (1989) 6163: *Arsenium compounds in algae*

P. GUGGER, A.C. WILLIS, S.B. WILD, J. Chem. Soc., Chem. Commun. (1990) 1169: *Enantioselective biotransformation of ethyl-n-propylarsinic acid by the mould scopulariopsis brevicaulis: Asymmetric synthesis of (R)-ethylmethyl-n-propylarsine*

B.P. ROSEN, C.-M. HSU, C.E. KARKARIA, P. KAUR, J.B. OWOLABI, L.S. TISA, Biochim. Biophys. Acta *1018* (1990) 203: *A plasmid-encoded anion-translocation ATPase*

C. DAWES, J.M. TEN CATE (Hrsg.), J. Dent. Res. (Special Issue) *69* (1990) 505-831: *International symposium on fluorides: Mechanism of action and recommendations for use*

E.C. JORGENSEN, Horm. Proteins Pept. *6* (1978) 57 und 107: *Thyroid hormones and analogs*

E. FRIEDEN (Hrsg.): *Biochemistry of the Essential Ultratrace Elements*, Plenum Press, New York, 1984

P. DÜRRE, J.R. ANDREESEN, Biol. Unserer Zeit *16* (1989) 12: *Die biologische Bedeutung von Selen*

L. FLOHE, W. STRASSBURGER, W.A. GÜNZLER, Chem. Unserer Zeit *21* (1987) 44: *Selen in der enzymatischen Katalyse*

B. DOUGLAS, D.H. MCDANIEL, J.J. ALEXANDER: *Concepts and Models of Inorganic Chemistry*, 2nd Edition, Wiley, New York, 1983, S. 579, 580

A. WENDEL (Hrsg.): *Selenium in Biology and Medicine*, Springer-Verlag, Berlin, 1989

G.N. SCHRAUZER (Hrsg.): *Selenium*, Wiley, Chichester, 1990

G. Tölg, R.P.H. Garten, Angew. Chem. *97* (1985) 439: *Große Angst vor kleinen Mengen – die Bedeutung der analytischen Chemie in der modernen Industriegesellschaft am Beispiel der Spurenanalytik der Elemente*

W. Leinfelder, E. Zehelein, A. Böck, M.A. Mandrand-Berthelot, Nature (London) *331* (1987) 723: *Gene for a novel RNA species that accepts L-serine and cotranslationally inserts selenocysteine*

H. Engelberg-Kulka, R. Schoulaker-Schwarz, Trends Biochem. Sci. *13* (1988) 419: *A flexible genetic code, or why does selenocysteine have no unique codon?*

R.A. Arkowitz, R.H. Abeles, J. Am. Chem. Soc. *112* (1990) 870: *Isolation and characterization of a covalent selenocysteine intermediate in the glycine reductase system*

J. Miquel, A. Quintanilha, H. Weber (Hrsg.): *Handbook of Free Radicals and Antioxidants in Biomedicine, Vol. I*, CRC Press, Boca Raton, 1988

J.M.C. Gutteridge, B. Halliwell, Trends Biochem. Sci. *15* (1990) 129: *The measurement and mechanism of lipid peroxidation in biological systems*

W.A. Pryor, ACS Symp. Ser. *277* (1985) 77: *Free radical involvement in chronic diseases and aging. The toxicity of lipid hydroperoxides and their decomposition*

Z.-P. Wu, D. Hilvert, J. Am. Chem. Soc. *112* (1990) 5647: *Selenosubtilisin as a glutathione peroxidase mimic*

Kapitel 17

O. Hutzinger (Hrsg.): *The Handbook of Environmental Chemistry*, Springer-Verlag, Berlin, ab 1980

H.J.M. Bowen: *Environmental Chemistry of the Elements*, Academic Press, London, 1979

H.J. Fiedler, H.J. Rösler: *Spurenelemente in der Umwelt*, Enke, Stuttgart, 1988

K.J. Irgolic, A.E. Martell (Hrsg.): *Environmental Inorganic Chemistry*, VCH, Deerfield Beach, 1985

R.B. Martin in (d), *Vol. 20* (1986) S. 21: *Bioinorganic Chemistry of metal ion toxicity*

H.G. Seiler, H.Sigel, A. Sigel: *Handbook on Toxicity of Inorganic Compounds*, Dekker, New York, 1987

J.E. Fergusson: *The Heavy Elements: Chemistry, Environmental Impact and Health Effects*, Pergamon Press, Oxford, 1990

C.T. Dameron, R.N. Reese, R.K. Mehra, A.R. Kortan, P.J. Carroll, M.L. Steigerwald, L.E. Brus, D.R. Winge, Nature (London) *338* (1989) 596: *Biosynthesis of cadmium sulfide quantum semiconductor crystallites*

R.A. Bulman, Struct. Bonding (Berlin) *67* (1987) 91: *The chemistry of chelating agents in medical sciences*

R.L. Boeckx, Anal. Chem. *58* (1986) 274A: *Lead poisoning in children*

J.O. Nriagu, J. Chem. Educ. *62* (1985) 668: *Cupellation: The oldest quantitative chemical process*

D.M. Settle, C.C. Patterson, Science *207* (1980) 1167: *Lead in albacore: Guide to lead pollution in Americans*

J.P. Holdren, Sci. Am. *263*, September (1990) 22: *Energy in transition*

K. Abu-Dari, F.E. Hahn, K.N. Raymond, J. Am. Chem. Soc. *112* (1990) 1519: *Lead sequestering agents. 1. Synthesis, physical properties, and structures of lead thiohydroxamato complexes*

W. Kowal, O.B. Beattie, H. Baadsgaard, P.M. Krahn, Nature (London) *343* (1990) 319: *Did solder kill Franklin's men?*

O. Beattie, J. Geiger: *Der eisige Schlaf*, vgs, Köln, 1989

G. Röderer, Biol. Unserer Zeit *15* (1985) 129: *Benzinblei-Problematik: Zum Wirkungsmechanismus von Triäthylblei*

A. Maelicke, Nachr. Chem. Tech. Lab. *37* (1989) 32: *Wie isoliert ist unser Gehirn?*

G.W. Goldstein, A.L. Betz, Sci. Am. *255*, September (1986) 70: *The blood-brain barrier*

S. Facchetti, Acc. Chem. Res. *22* (1989) 370: *Lead in petrol. The isotopic lead experiment*

N.M. Price, F.M.M Morel, Nature (London) *344* (1990) 658: *Cadmium and Cobalt substitution for zinc in a marine diatom*

W. Tötsch, Z. Umweltchem. Ökotox. *2* (1990) 226: *Cadmium – Anwendung, Recycling und Ersatzprodukte*

H.H. Dieter, J. Abel, Biol. Unserer Zeit *17* (1987) 27: *Metallothionein*

E. Grill, M.H. Zenk, Chem. Unserer Zeit *23* (1989) 194: *Wie schützen sich Pflanzen vor toxischen Schwermetallen?*

P.E. Hunziker, J.H.R. Kägi in (o), Part 2, S. 149: *Metallothionein*

J.H.R. Kägi, A. Schäffer, Biochemistry *27* (1988) 8509: *Biochemistry of metallothionein*

W.F. Furey, A.H. Robbins, L.L. Clancy, D.R. Winge, B.C. Wang, C.D. Stout, Science *231* (1986) 704: *Crystal structure of Cd,Zn metallothionein*

W. Lu, M. Kasrai, G.M. Bancroft, M.J. Stillman, K.H. Tan, Inorg. Chem. *29* (1990) 2561: *Sulfur L-edge XANES study of zinc, cadmium-, and mercury-containing metallothionein and model compounds*

M. Vasak in I. Bertini et al. (Hrsg.): *Zinc Enzymes*, Birkhäuser, Boston, 1986, S. 595: *The spatial structure of metallothionein – a feat of spectroscopy*

F.J. Kull, M.F. Reed, T.E. Elgren, T.L. Ciardelli, D.E. Wilcox, J. Am. Chem. Soc. *112* (1990) 2291: *Solid-phase peptide synthesis of the α and β domains of human liver metallothionein 2 and the metallothionein of Neurospora crassa*

F. Glockling, P.J. Craig (Hrsg.): *The Biological Alkylation of the Heavy Elements*, Royal Society of Chemistry, London, 1988

K.T. Douglas, M.A. Bunni, S. R. Baindur, Int. J. Biochem. *22* (1990) 429: *Thallium in biochemistry*

A. Ludi, Chem. Unserer Zeit *22* (1988) 123: *Berliner Blau*

E.K. Mellon, J. Chem. Educ. *54* (1977) 211: Alfred E. Stock *and the insidious "Quecksilbervergiftung"*

W.S. Sheldrick, P. Bell, Inorg. Chim. Acta *123* (1986) 181: *Characterization of metal binding sites for 8-azaadenine. Formation and x-ray structural analysis of methylmercury(II) complexes*

M.J. Moore, M.D. Distefano, L.D. Zydowsky, R.T. Cummings, C.T. Walsh, Acc. Chem. Res. *23* (1990) 301: *Organomercurial lyase and mercuric ion reductase: Nature's mercury detoxification catalysts*

S.P. Watton, J.G. Wright, F.M. MacDonnell, J.W. Bryson, M. Sabat, T.V. O'Halloran, J. Am. Chem. Soc. *112* (1990) 2824: *Trigonal mercuric complex of an aliphatic thiolate: A spectroscopic and structural model for the receptor site in the Hg(II) biosensor MerR*

R.C. Massey, D. Taylor (Hrsg.): *Aluminium in Food and the Environment*, Royal Society of Chemistry, London, 1989

R.B. Martin in (d), *Vol. 24* (1988), S. 1: *Bioinorganic chemistry of aluminum*

J.D. Cowburn, G. Farrar, J.A. Blair, Chem. Br. *26* (1990) 1169: Alzheimer's *disease – some biochemical clues*

S. Dayde, M. Filella, G. Berthon, J. Inorg. Biochem. *38* (1990) 241: *Aluminum speciation studies in biological fluids. Part 3. Quantitative investigation of aluminumphosphate complexes and assessment of their potential significance in vivo*

T.L. Feng, P.L. Gurian, M.D. Healy, A.R. Barron, Inorg. Chem. *29* (1990) 408: *Aluminum citrate: Isolation and structural characterization of a stable trinuclear complex*

W.R. Harris, J. Sheldon, Inorg. Chem. *29* (1990) 119: *Equilibrium constants of the binding of aluminum to human serum transferrin*

R. Kiss, I. Sovago, R.B. Martin, J. Am. Chem. Soc. *111* (1989) 3611: *Complexes of 3,4-dihydroxyphenyl derivatives. 9. Al^{3+} bonding to catecholamines and tiron*

G. Farrar, P. Altmann, S. Welch, O. Wychrij, B. Ghose, J. Lejeune, J. Corbett, V. Prasher, J. Blair, Lancet *335* (1990) 747: *Defective gallium-transferrin binding in* Alzheimer *disease and* Down *syndrome: Possible mechanism for accumulation of aluminum in brain*

D. N. SKILLETER, Chem. Br. *26* (1990) 26: *To Be or not to Be – the story of beryllium toxicity*

B. KRAMPITZ: *Beryllium – Protein – Interaktionen*, Paul Parey, Ort, 1985

P.H. CONNETT, K.E. WETTERHAHN, Struct. Bonding (Berlin) *54* (1983) 93: *Metabolism of the carcinogen chromate by cellular constituents*

P.H. CONNETT, K.E. WETTERHAHN, J. Am. Chem. Soc. *107* (1985) 4284: *In vitro reaction of thecarcinogen chromate with cellular thiols and carboxylic acids*

P. O'BRIEN, J. PRATT, F.J. SWANSON, P. THRONTON, G. WANG, Inorg. Chim. Acta *169* (1990) 265: *The isolation and characterization of a chromium(V) containing complex from the reaction of glutathione with chromate*

P. O'BRIEN, G. WANG, Inorg. Chim. Acta *162* (1989) 27: *Chromium(V) complexes can generate hydroxyl radicals*

Kapitel 18

D. SCHULTE-FROHLINDE, Chem. Unserer Zeit *24* (1990) 37: *Die Chemie des zellulären Strahlentods*

S. WOLFF, V. AFZEL, J.K.WIENCKE, G. OLIVIERI, A. MICHAELI, Int. J. Radiat. Biol. Relat. Stud. Phys., Chem. Med. *53* (1988) 39: *Human lymphocytes exposed to low doses of ionizing radiations become refractory to high doses of radiation as well as to chemical mutagens that induce double-strand breaks in DNA*

J.R.J. SORENSON, Chem. Br. *25* (1989) 169: *Copper complexes as "radiation recovery" agents*

G. HERRMANN, Chem. Unserer Zeit *22* (1988) 172: *Überwachung radioaktiver Stoffe in der Umwelt*

I. BODEK, W.J. LYMAN, W.F. REEHL, D.H. ROSENBLATT (Hrsg.): *Environmental Inorganic Chemistry*, Pergamon Press, New York, 1988

H. VOGEL, TH. SKUZA, Z. Umweltchem. Ökotox. *4* (1989) 44: *Strahlenbelastung durch Umwelt, Zivilisation und Medizin*

D.C. AUMANN, G. CLOOTH, B. STEFFAN, W. STEGLICH, Angew. Chem. *101* (1989) 495: *Komplexierung von Caesium-137 durch die Hutfarbstoffe des Maronenröhrlings (Xerocomus badius)*

E. MARSHALL, Science *245* (1989) 123: *Fallout from Pacific tests reaches congress*

P.K. HOPKE (Hrsg.): *Radon and Its Decay Products*, ACS Symp. Ser. *331* (1987)

D.J. HANSON, Chem. Eng. News, 6. Februar (1989) 7: *Radon tagged as cancer hazard by most studies, researchers*

H. VON PHILIPSBORN, Geowissenschaften *8* (1990) 220 und 324: *Radon und Radon-messung, Teil I und II*

M.J. KAPPEL, H. NITSCHE, K.N. RAYMOND, Inorg. Chem. *24* (1985) 6095: *Specific sequestering agents for the actinides. 11. Complexation of plutonium and americium by catecholat ligands*

A. YOKOYAMA, H. SAJI in (d), *Vol. 10* (1980), S. 313: *Tumor diagnosis using radioactive metal ions and their complexes*

R.L. HAYES, K.F. HÜBNER in (d), *Vol. 16* (1983), S. 279: *Basis for the clinical use of gallium and indium radionuclides*

E. OBERHAUSEN, Hoechst High Chem *3* (1987) 18: *Den Tumor im Visier*

T.A. KADEN, Nachr. Chem. Tech. Lab. *38* (1990) 728: *Antikörpermarkierung mit funk-tionalisierten Makrocyclen*

W.C. COLE, S.J. DeNARDO, C.F. MEARES, M.J. McCALL, G.L. DeNARDO, A.L. EPSTEIN, H.A. O'BRIEN, M.K. MOI, J. Nucl. Med. *38* (1987) 83: *Comparative serum stability of radiochelates for antibody radiopharmaceuticals*

P. BLÄUENSTEIN, New J. Chem. *14* (1990) 405: *Rhenium in nuclear medicine: General aspects and future goals*

D. GABEL, J.A. CODERRE, Spektrum der Wissenschaft (1989) 46: *Neutroneinfang-therapie von Melanomen*

R.F. BARTH, A.H. SOLOWAY, R.G. FAIRCHILD, Sci. Am. *263*, Oktober (1990) 68: *Boron neutron capture therapy for cancer*

M.F. HAWTHORNE, Pure Appl. Chem. *63* (1991) 327: *Biochemical applications of boron cluster chemistry*

M.J. CLARKE, L. PODBIELSKI, Coord. Chem. Rev. *78* (1987) 253: *Medical diagnostic imaging with complexes of* ^{99m}Tc

T.C. PINKERTON, C.P. DESILETS, D.J. HOCH, M. MIKELSONS, G.M. WILSON, J. Chem. Educ. *62* (1985) 985: *Bioinorganic activity of technetium radiopharmaceuticals*

E. DEUTSCH, K. LIBSON, Comments Inorg. Chem. *3* (1984) 83: *Recent advances in technetium chemistry: Bridging inorganic chemistry and nuclear medicine*

B. DOUGLAS, D.H. McDANIEL, J.J. ALEXANDER: *Concepts and Models of Inorganic Che-mistry*, 2nd Edition, Wiley, New York, 1983, S. 502

E. DEUTSCH, W. BUSHONG, K.A. GLAVAN, R.C. ELDER, V.J. SODD, K.L. SCHOLZ, D.L. FORTMAN, S.J. LUKES, Science *214* (1981) 85: *Heart imaging with cationic complexes of tech-netium*

G.F. MORGAN, U. ABRAM, G. EVRARD, F. DURANT, M. DEBLATON, P. CLEMENS, P. VAN DEN BROECK, J.R. THORNBACK, J. Chem. Soc., Chem. Commun. (1990) 1772: *Structural characterisation of the new brain imaging agent,* $[^{99m}Tc][TcO(L)]$*,* H_3L *=N-4-Oxopen-tan-2-ylidene-N'-pyrrol-2-ylmethylethane-1,2-diamine*

Kapitel 19

E. Mutschler: *Arzneimittelwirkungen, Lehrbuch der Pharmakologie und Toxikologie*, 6. Aufl., WVG, Stuttgart, 1991

S.J. Lippard (Hrsg.): *Platinum, Gold, and Other Metal Chemotherapeutic Agents*, ACS Symp. Ser. *209* (1983)

B.K. Keppler, New J. Chem. *14* (1990) 389: *Metal complexes as anticancer agents. The future role of inorganic chemistry in cancer therapy*

B. Rosenberg, L. van Camp, T. Krigas, Nature (London) *205* (1965) 698: *Inhibition of cell division in E. coli by electrolysis products from a platinum electrode*

B. Rosenberg, L. van Camp, J.E. Trosko, V.H. Mansour, Nature (London) *222* (1969) 385: *Platinum compounds: A new class of potent antitumor agents*

B. Lippert, W. Beck, Chem. Unserer Zeit *17* (1983) 190: *Platin-Komplexe in der Krebstherapie*

A. Pasini, F. Zunino, Angew. Chem. *99* (1987) 632: *Neue Cisplatin-Analoga – auf dem Weg zu besseren Cancerostatika*

S.E. Sherman, S.J. Lippard, Chem. Rev. *87* (1987) 1153: *Structural aspects of platinum anticancer drug interactions with DNA*

P. Umapathy, Coord. Chem. Rev. *95* (1989) 129: *The chemical and biological consequences of the binding of the antitumor drug cisplatin and other platinum group metal complexes to DNA*

M.F. Gielen (Hrsg.): *Metal-based anti-tumour drugs, Vol. 1*, Freund Publishing House, London, 1988

I. Haiduc, C. Silvestru, Coord. Chem. Rev. *99* (1990) 253: *Metal compounds in cancer chemotherapy*

P. Köpf-Maier, H. Köpf, Chem. Rev. *87* (1987) 1137: *Non-platinum-group metal antitumor agents – history, current status, and perspectives*

R.F. Borch, M.E. Pleasants, Proc. Natl. Acad. Sci. USA *76* (1979) 6611: *Inhibition of cis-platinum nephrotoxicity by diethyldithiocarbamate rescue in a rat model*

J. Reedijk, Pure Appl. Chem. *59* (1987) 181: *The mechanism of action of platinum antitumor drugs*

L.L. Slavin, R.N. Bose, J. Chem. Soc., Chem. Commun. (1990) 1256: *One- and two-dimensional ^{31}P NMR characterization of pure phosphato chelates in cytidine-5'-di- and -tri-phosphatoplatinum(II) complexes*

W.I. Sundquist, S.J. Lippard, Coord. Chem. Rev. *100* (1990) 293: *The coordination chemistry of platinum anticancer drugs and related compounds with DNA*

T.D. Tullius (Hrsg.): *Metal-DNA Chemistry*, ACS Symp. Ser. *402* (1989)

T.P. KLINE, L.G. MARZILLI, D. LIVE, G. ZON, J. Am. Chem. Soc. *111* (1989) 7057: *Investigations of platinum amine induced distortions in single- and double-stranded oligodeoxyribonucleotides*

B. LIPPERT, Prog. Inorg. Chem. *37* (1989) 1: *Platinum nucleobase chemistry*

J. REEDIJK, A.M.J. FICHTINGER-SCHEPMAN, A.T. VAN OOSTEROM, P. VAN DE PUTTE, Struct. Bonding (Berlin) *67* (1987) 53: *Platinum amine coordination compounds as antitumor drugs. Molecular aspects of the mechanism of action*

S.J. LIPPARD, Pure Appl. Chem. *59* (1987) 731: *Chemistry and molecular biology of platinum anticancer drugs*

B.A. DONAHUE, M. AUGOT, S.F. BELLON, D.K. TREIBER, J.H. TONEY, S.J. LIPPARD, J.M. ESSIGMANN, Biochemistry *29* (1990) 5872: *Characterization of a DNA damage-recognition protein from mammalian cells that binds specifically to intrastrand d(GpG) and d(ApG) DNA adducts of the anticancer drug cisplatin*

S.E. SHERMAN, D. GIBSON, A.H.J. WANG, S.J. LIPPARD, J. Am. Chem. Soc. *110* (1989) 7368: *Crystal and molecular structure of cis-[Pt(NH$_3$)$_2${d(pGpG)}], the principal adduct formed by cis-diamminedichloroplatinum(II) with DNA*

G. ADMIRAAL, J.L. VAN DER VEER, R.A.G. DE GRAAFF, J.H.J. DEN HARTOG, J. REEDIJK, J. Am. Chem. Soc. *109* (1987) 592: *Intrastrand bis(guanine) chelation of d(CpGpG) to cis-platinum: An x-ray single crystal structure analysis*

J.L. VAN DER VEER, J. REEDIJK, Chem. Br. (1988) 775: *Investigating antitumour drug mechanisms*

G. FROMMER, H. SCHÖLLHORN, U. THEWALT, B. LIPPERT, Inorg. Chem. *29* (1990) 1417: *Platinum(II) binding to N7 and N1 of guanine and a model for a purine-N^1, pyrimidine-N^3 cross-link of cisplatin in the interior of a DNA duplex*

O. KRIZANOVIC, F.J. PESCH, B. LIPPERT, Inorg. Chim. Acta *165* (1989) 145: *Nucleobase displacement from trans-diamineplatinum(II) complexes. A rationale for the inactivity of trans-DDP as an antitumor agent?*

J.W. KOZARICH, L. WORTH, JR., B.L. FRANK. D.F. CHRISTNER, D.E. VANDERWALL, J. STUBBE, Science *245* (1989) 1396: *Sequence-specific isotope effects on the cleavage of DNA by bleomycin*

A.S. MODAK, J.K. GARD, M.C. MERRIMAN, K.A. WINKELER, J.K. BASHKIN, M.K. STERN, J. Am. Chem. Soc. *113* (1991) 283: *Toward chemical ribonucleases. 2. Synthesis and characterization of nucleoside-bipyridine conjugates. Hydrolytic cleavage of RNA by their copper(II) complexes*

C. GLIDEWELL, J. Chem. Educ. *66* (1989) 631: *Ancient and medieval chinese protochemistry*

P.J. SADLER, Struct. Bonding *29* (1976) 171: *The biological chemistry of gold: A metallo-drug and heavy-atom label with variable valency*

S.J. BERNERS-PRICE, P.J. SADLER in (p), S. 376: *Gold drugs*

K.C. DASH, H. SCHMIDBAUR in (d), *Vol. 14* (1982) S. 179: *Gold complexes as metallo-drugs*

B.M. SUTTON, ACS Symp. Ser. *209* (1983) 355: *Overview and current status of gold-containing antiarthritis drugs*

R.C. ELDER, M.K. EIDSNESS, Chem. Rev. *87* (1987) 1027: *Synchrotron X-ray studies of metal-based drugs and metabolites*

E.W. AINSCOUGH, A.M. BRODIE, Educ. Chem., Januar (1985) 6: *Gold chemistry and its medical applications*

A.R. CROSS, O.T.G. JONES, Biochim. Biophys. Acta *1057* (1991) 281: *Enzymic mechanisms of superoxide production*

E.J. COREY, M.M. MEHROTRA, A.U. KHAN, Science *236* (1987) 68: *Antiarthritic gold compounds effectively quench electronically excited singlet oxygen*

S. AVISSAR, G. SCHREIBER, A. DANON, R.H. BELMAKER, Nature (London) *331* (1988) 440: *Lithium inhibits adrenergic and cholinergic increases in GTP binding in rat cortex*

R.L. RAWLS, Chem. Eng. News, 21. Dezember (1987) 26: *G-Proteins*

Für die Erlaubnis der Wiedergabe verschiedener Abbildungen danken wir den Autoren sowie

Academic Press, Inc.: S. 103: J. BALDWIN, C. CHOTHIA, J. Mol. Biol. *129* (1979) 175; S. 201: J.M. GUSS, H.C. FREEMAN, J. Mol. Biol. *169* (1983) 521; S. 210: A. MESSERSCHMIDT, A. ROSSI, R. LADENSTEIN, R. HUBER, M. BOLOGNESI, G. GATTI, A. MARCHESINI, R. PETRUZZELLI, A. FINAZZI-AGRO, J. Mol. Biol. *206* (1989) 513; S. 277: B.T. KILBOURN, J.D. DUNITZ, L.A.R. PIODA, W. SIMON, J. Mol. Biol. *30* (1967) 559;

der American Association for the Advancement of Sciences: S. 280: D.A. LANGS, Science *241* (1988) 188;

der American Chemical Society: S. 38: J.K. BARTON, J.M. GOLDBERG, C.V. KUMAR, J.J. TURRO, J. Am. Chem. Soc. *108* (1986) 2081; S. 64: H.C. CHOW, R. SERLIN, C.E. STROUSE, J. Am. Chem. Soc. *97* (1975) 7230; S. 112: R.E. STENKAMP, L.C. SIEKER, L.H. JENSEN, J. Am. Chem. Soc. *106* (1984) 618; S. 149: T.D.P. STACK, R.H. HOLM, J. Am. Chem. Soc. *109* (1987) 2546; S. 165: S.S. ISIED, G. KUO, K.N. RAYMOND, J. Am. Chem. Soc. *98* (1976) 1763; S. 166: Y. MINO, T. ISHIDA, N. OTA, M. INOUE, K. NOMOTO, T. TAKEMOTO, H. TANAKA, Y. SUGIURA, J. Am. Chem. Soc. *105* (1983) 4671; S. 202: G.E. NORRIS, B.F. ANDERSON, E.N. BAKER, J. Am. Chem. Soc. *108* (1986) 2784; S. 213: S.I. CHAN, P.M. LI, Biochemistry *29* (1990) 1; S. 252, 253: A. VEDANI, D.W. HUHTA, S.P. JACOBER, J. Am. Chem. Soc. *111* (1989) 4075; S. 370: S.E. SHERMAN, D. GIBSON, A.H.J. WANG, S.J. LIPPARD, J. Am. Chem. Soc. *110* (1989) 7368;

der American Society for Biochemistry and Molecular Biology: S. 301: K.A. SATYSHUR, S.T. RAO, D. PYZALSKA, W. DRENDEL, M. GREASER, M. SUNDARALINGAM, J. Biol. Chem. *263* (1988) 1628;

Annual Reviews Inc.: S. 118 und S. 140: F.R. SALEMME, Annu. Rev. Biochem. *46* (1977) 299;

dem Birkhäuser Verlag: S. 318: C.C. PERRY, J.R. WILCOCK, R.J.P. WILLIAMS, Experientia *44* (1988) 638;

dem Elsevier Verlag: S. 125: T.L. POULOS, Adv. Inorg. Biochem. *7* (1988) 1; S. 361: M.J. CLARKE, L. PODBIELSKI, Coord. Chem. Rev. *78* (1987) 253;

Elsevier Trends Journals: S. 62-63: C.N. HUNTER, R. VAN GRONDELLE, J.D. OLSEN, Trends Biochem. Sci. *14* (1989) 72; S. 66: D.B. KNAFF, Trends Biochem. Sci. *13* (1988) 157; S. 73: J.M. ANDERSON, B. ANDERSSON, Trends Biochem. Sci. *13* (1988) 351; S. 99: M.F. PERUTZ, Trends Biochem. Sci. *14* (1989) 42;
dem Verlag Walter de Gruyter: S. 95 und 98: J.E. HUHEEY, Anorganische Chemie;

Helvetica Chimica Acta: S. 211: K. NEUPERT-LAVES, M. DOBLER, Helv. Chim. Acta *58* (1975) 432;

der International Union of Crystallography: S. 278: D.L. WARD, K.T. WEI, J.G. HOOGERHEIDE, A.L. POPOV, Acta Cryst. *B34* (1978) 110; S. 312: K. SUDARSANAN, R.A. YOUNG, Acta Cryst. *B34* (1978) 1401;

der Japanese Biochemical Society: S. 140: T. Tsukihara, K. Fukuyama, H. Tahara, Y. Katsube, Y. Matsuura, N. Tanaka, M. Kakudo, K. Wada, H. Matsubara, J. Biochem. *84* (1978) 1646;

dem Journal of Chemical Education: S. 107: K.S. Suslick, T.J. Reinert, J. Chem. Ed. *62* (1985) 974; S. 323: E. Frieden, J. Chem. Ed. *62* (1985) 917;

MacMillan Magazines Inc.: S. 23: B.W. Matthews, J.N. Jansonius, P.N. Colman, B.P. Schoenborn, D. Dupourque, Nature, New Biol. (London) *238* (1972) 37; S. 99: S.E.V. Phillips, B.P. Schoenborn, Nature (London) *292* (1981) 81; S. 217: J.A. Tainer, E.D. Getzoff, J.S. Richardson, D.C. Richardson, Nature (London) *306* (1983) 284; S. 252: A. Liljas, K.K. Kannan, P.C. Bergsten, I. Waase, K. Fridborg, B. Strandberg, U. Carlbom, L. Järup, S. Lövgren, M. Petef, Nature, New Biol. (London) *235* (1972) 131; S. 267: U. Derewenda, Z. Derewenda, E.J. Dodson, G.G. Dodson, C.D. Reynolds, G.D. Smith, C. Sparks, D.C. Swenson, Nature (London) *338* (1989) 594; S. 302: K. Fujimori, M. Sorenson, O. Herzberg, J. Moult, F.C. Reinach, Nature (London) *345* (1990) 182;

der Open University Press: S. 61: J.R. Coyle, R.R. Hill, D.R. Roberts (Eds.), Light, Chemical Change and Life: A Source Book in Photochemistry (1982);

der Royal Society of Chemistry, London: S. 42: P.G. Lenhert, Proc. Roy. Soc. *A 303* (1968) 45; S. 148: R.H. Holm, Chem. Soc. Rev. *10* (1981) 455; S. 257: W. Lipscomb, Chem. Soc. Rev. *1* (1971) 319; S. 306: Philos. Trans. R. Soc. London *B 304* (1985), Frontispiece to Section I, facing p. 425;

dem Springer-Verlag: S. 231: R. Söderlund, T. Rosswall in The Handbook of Environmental Chemistry (Hrsg.: O. Hutzinger, Springer-Verlag, Berlin) Vol. 1, Part B, 1982, S. 61; S. 300: E.T. Degens, Top. Curr. Chem. *64* (1976) 1;

und dem Verlag Chemie, Weinheim: S. 66: R. Huber, Angew. Chem. *101* (1989) 849; S. 84: K. Wieghardt, U. Bossek, J. Bonvoisin, P. Beauvillain, J.J. Girerd, B. Nuber, J. Weiss, J. Heinze, Angew. Chem. *98* (1986) 1026; S. 148: D.O. Hall, R. Cammack, K.K. Rao, Chem. Unserer Zeit *11* (1977) 165; S. 238: D. Sellmann, W. Soglowek, F. Knoch, M. Moll, Angew. Chem. *101* (1989) 1244; S. 276: B. Dietrich, J.M. Lehn, J.-P. Sauvage, Chem. Unserer Zeit *7* (1973) 120.

Glossar

(knappe Definitionen einiger im Text nicht weiter erläuterter Begriffe, siehe auch Stichwortverzeichnis und Liste der Einschübe S. 432)

allosterischer Effekt: die Beeinflussung aktiver Zentren in einem Protein durch Wechselwirkung, z.B. Molekülbindung, an einer weit entfernten Stelle

ambident: verschieden"zähnig" (für Komplexliganden mit mehreren unterschiedlichen Koordinationszentren)

anisotrop: richtungsabhängig

antibindendes Orbital: führt bei Besetzung durch Elektronen zur Bindungsschwächung

Apoprotein, Apoenzym: Coenzym-freier, inaktiver, aber für die Selektivität verantwortlicher Proteinteil eines Coenzym-abhängigen Enzyms (3.2)

assimilatorisch: bezieht sich auf energieverbrauchende, dem Aufbau dienende Stoffaufnahme durch Organismen

Autolyse: Selbstauflösung, z.B. eines Hydrolyse-Enzyms

autotroph: unabhängig von "organischer" Materie für Energie- und Stoffgewinnung

Catechol: aus dem Angelsächsischen stammende Bezeichnung für Brenzcatechin (1,2-Dihydroxybenzol)

cGMP (cyclisches Guanosinmonophosphat), cAMP etc.: durch Ringschluß zwischen Phosphat und 3'-OH-Gruppe gebildete zyklische Nukleotide

charge transfer: Ladungsübertragung zwischen Molekülteilen, speziell nach Anregung mit Licht

Chelat-Komplex: Koordinationsverbindung, bei der Metall und mehrzähniger Ligand zusammen mindestens *eine* Ringstruktur bilden

chiral: Eigenschaft eines räumlichen Gebildes, mit seinem Spiegelbild nicht zur Deckung gebracht werden zu können

Chromophor: für die langwellige Lichtabsorption wesentlich verantwortlicher Bereich eines größeren Moleküls

Circulardichroismus (CD): unterschiedlich starke Absorption der beiden zirkulären Komponenten linear polarisierten Lichts durch optisch aktive Substanzen

Cluster: Aggregation aus mehreren nahe benachbarten Metallzentren

Coenzym: relativ kleiner und vom Apoprotein reversibel separierbarer, für den katalysierten Reaktionstyp jedoch essentieller Bestandteil eines Gesamtenzyms (Holoenzym; 3.2)

Dehydrogenasen: Oxidoreduktase-Enzyme mit gekoppelter Elektronen/Protonen(="Wassserstoff")-Übertragung (s. Einschub S. 223)

Diamagnetismus: magnetisches Verhalten, das ausschließlich durch die Polarisation von (auch gepaarten) Elektronen zustandekommt

Dielektrizitätskonstante: Parameter für die Eigenschaft eines Mediums, die Kräfte zwischen geladenen Teilchen zu verringern

diffusionskontrollierte Reaktion: jede Begegnung zwischen den Reaktanden führt zum Umsatz, also begrenzt allein die Häufigkeit der Zusammenstöße diffundierender Teilchen die Reaktionsgeschwindigkeit

dissimilatorisch: bezieht sich auf energieliefernden Stoffabbau durch Organismen

Dreipunkthaftung: Voraussetzung für eindeutige Orientierung im Raum und für Stereoselektivität

Dublett-Zustand (S=1/2): bei ungerader Gesamtelektronenzahl diejenige Elektronenkonfiguration mit *einem* ungepaarten Elektron

Einkristall: Kristall mit makroskopisch weitgehend einheitlicher Orientierung der Elementarzellen (Periodizität, Fernordnung; s. Einschub S. 67f.)

Elektrophil: Teilchen mit hoher Reaktivität bezüglich elektronenreicher Reaktionspartner

Enantiomer: *ein* Spiegelbild-Isomeres einer chiralen Verbindung. Unterscheidung aufgrund der absoluten Konfiguration (R oder S), bei Aminosäuren und Kohlenhydraten ist noch die L/D-Nomenklatur im Gebrauch

endergonisch: dem chemischen Gleichgewicht entgegengerichtet, energieerfordernd

end-on: Koordination eines Liganden durch ein terminales Donorzentrum (vgl. 5.6)

entatischer Zustand: energiereicher "gespannter" Zustand eines Enzym-Katalysators, der die Übergangszustandsgeometrie weitgehend vorgebildet enthält (s. Einschub S. 24f.)

Entropie: thermodynamische Größe, die den Unordnungsgrad eines Systems quantifiziert

Enzyme: "Biokatalysatoren", deren Einteilung über den Typ der katalysierten chemischen Reaktion erfolgt. Zu den häufigsten und am besten charakterisierten Enzymen gehören die Redoxreaktionen katalysierenden *Oxidoreduktasen*, die gruppenübertragenden *Transferasen* (→ Substitutionsreaktionen) und die *Hydrolasen.*

epitaktisch: in geordnet orientiertem Schichtaufbau

Extinktionskoeffizient: Maß für die Intensität der Absorption elektromagnetischer Strahlung

Ferredoxine: Klasse elektronenübertragender Enzyme mit Fe/S-Zentren (Kap. 7.1-7.4)

"frühe" Übergangsmetalle: Metalle der Gruppen 3 bis 6 im Periodensystem (Gruppen 8 bis 11: "späte" Übergangsmetalle)

η^n: Bezeichnung der "Haptizität" eines Liganden, d.h. der Zahl n der an ein Metallzentrum bindenden Koordinationsatome. Sind mehrere Metallzentren gebunden, so erfolgt für jedes Zentrum eine Angabe ($\eta^n{:}\eta^m{:}...$)

"hart": nicht leicht polarisierbar (s. Einschub S. 16)

HUNDsche Regel: Mehrere Orbitale gleicher Energie werden durch Elektronen so besetzt, daß für den energieärmsten Zustand eine maximale Gesamtspinquantenzahl resultiert

Hydroxylasen: s. Oxygenasen

I: Gesamtspinquantenzahl für einen Atomkern (Isotop)

inner-sphere-Reaktion: Prozeß, bei dem sich beide Reaktionspartner im Übergangszustand teilweise "durchdringen" (Erhöhung der Koordinationszahl z.B. über gemeinsame Atome; Gegensatz: outer sphere-Reaktion)

Intercalation: Einlagerung von Molekülen in eine Schichtstruktur, z.B. in DNA-Basenstapel

ISC (Inter-System-Crossing): Wechsel zwischen Zuständen verschiedener Multiplizität, z.B. Singulett → Triplett

isotrop: richtungsunabhängig

kinetisch: bezieht sich auf die Reaktions*geschwindigkeit* (Zeitabhängigkeit; Gegensatz dazu: thermodynamisch)

Kink: Schleifenknick-artige Strukturunregelmäßigkeit in einem sonst regelmäßig angeordneten Polymer

Kondensations-Reaktion: Verknüpfung zweier chemischer Verbindungen unter Austritt eines kleinen ("kondensierbaren") Moleküls wie etwa H_2O

Labilität: geringe Beständigkeit gegenüber Zerfall oder Substitution wegen niedriger Aktivierungsenergie

Lewis-Base: Elektronenpaar-Donator

Lewis-Säure: Elektronenpaar-Akzeptor

Lysosomen: cytoplasmatische Organellen, die kontrollierten intrazellulären Abbau- und Auflösevorgängen dienen

Metastabilität: Beständigkeit aufgrund geringer Reaktivität (hohe Aktivierungsenergie), nicht wegen absolut niedriger Gesamtenergie

Met-Form: am Metall oxidierte, aber nicht oxygenierte (O_2-freie) Form eines sauerstoffaufnehmenden Proteins

Molekülorbital: quantenmechanische Einelektronenfunktion, die den Aufenthalt eines bestimmten Elektrons im gesamten Molekül beschreibt

morphologisch: bezieht sich auf die makroskopische Gestalt (Struktur, Form) eines Organismus

μ_n: bezeichnet einen n Zentren verbrückenden Liganden

Nukleophil: Teilchen mit hoher Reaktivität gegenüber elektronenarmen Zentren

Nukleosid: Kombination Nukleobase/Kohlenhydrat (2.11)

Nukleotid: Kombination Nukleobase/Kohlenhydrat/(Oligo-)Phosphat (2.11)

Oxidasen: Oxidoreduktase-Enzyme, die primär der Elektronenübertragung vom Substrat auf Disauerstoff dienen (s. Einschub S. 223)

Oxy-Form: O_2-tragende Form eines sauerstofftransportierenden Proteins (Gegensatz: Desoxy-Form)

Oxygenasen (Hydroxylasen): Oxidoreduktase-Enzyme, bei denen Elektronentransfer mit Sauerstoffübertragung verknüpft ist (s. Einschub S. 223)

Paramagnetismus: magnetisches Verhalten, das aus der Orientierung von Elektronen bei einem von Null verschiedenen Gesamtdrehimpuls im äußeren Feld resultiert

Primärstruktur eines Proteins: lineare Aufeinanderfolge (Sequenz) der Aminosäuren

Pseudorotation: intramolekulare Strukturumwandlung zwischen zwei trigonal-bipyramidalen Konformationen über einen quadratisch-pyramidalen Übergangszustand unter teilweisem nicht-dissoziativem Ligandenaustausch (axial/equatorial)

Quartärstruktur: aufeinander bezogene Anordnung verschiedener Peptidketten (Proteinuntereinheiten) in einem oligomeren Protein

Raman-Effekt: Beobachtung von molekularen Schwingungsfrequenzen als Energiedifferenz in gestreuter elektromagnetischer Strahlung (s. Einschub S. 109)

S: Gesamtspinquantenzahl für Elektronen in einem Mehrelektronensystem

second messenger: sekundärer Botenstoff; Informations-Vermittler, z.B. zwischen Rezeptor (primäre Aktivierung) und der zellulären Reaktion

Sekundärstruktur eines Proteins: lokale Konformation der Peptidkette (z.B. Schraubenanordnung, α-Helix)

Semichinon: radikalisches Einelektronen-Reduktionsprodukt einer chinoiden Verbindung

side-on: Koordination eines Liganden über eine oder mehrere Bindungen (s. 5.6)

Singulett-Zustand (S=0): bei gerader Gesamtelektronenzahl derjenige Zustand, bei dem keine ungepaarten Elektronen auftreten (vollständige Spinpaarung)

Spin-Bahn-Kopplung: Wechselwirkung von Spindrehmoment (Eigendrehimpuls) und Bahndrehmoment des sich um den Atomkern bewegenden Elektrons. Die Wechselwirkungskonstante nimmt mit steigender Ordnungszahl der Elemente stark zu.

Spincrossover: durch externe Einflüsse induzierter Wechsel der Gesamtspinquantenzahl, z.B. der Übergang von high-spin- zu low-spin-Konfiguration

SQUID (Superconducting QUantum Interference Device): sehr empfindliches Meßinstrument für magnetische Suszeptibilität

Superaustausch: Spin-Spin-Wechselwirkung zwischen nicht direkt verbundenen Zentren über eine verbindende atomare oder molekulare Brücke

Suszeptibilität: stoffspezifische Proportionalitätskonstante zwischen Magnetisierung und der Stärke des externen Magnetfeldes (s. Einschub S. 82)

Tautomere: im Gleichgewicht stehende Isomere, die sich durch verschiedene Wasserstoff-Positionen unterscheiden

Templat-Effekt: geordneter Zusammenschluß zwischen zunächst einzeln koordinierten Ligand-Komponenten durch ein Templat-Metallzentrum

Tertiärstruktur eines Proteins: dreidimensionale Gestalt einer einzelnen Peptidkette (monomeres Protein)

Tetraederaufspaltung: bei gleicher Ligandenfeld-"Stärke" beträgt die Aufspaltung der d-Orbitale in Tetraedersymmetrie (2 stabilisierte, 3 destabilisierte Orbitale) nur 4/9 = 44% der Oktaederaufspaltung (3 stabilisierte, 2 destabilisierte Orbitale; s. auch 12.4)

thermodynamisch: bezieht sich nur auf den Gleichgewichtsaspekt einer Reaktion (Zeitabhängigkeit *nicht* berücksichtigt; Gegensatz dazu: kinetisch)

Thylakoide: flache pigmenthaltige Doppelmembranen in Chloroplasten

Transkription: getreue Bildung einer zur DNA komplementären messenger-RNA

Triplett-Zustand (S = 1): Zustand mit zwei ungepaarten, parallel spinorientierten Elektronen (bei gerader Gesamtelektronenzahl)

"verbotener" Vorgang: Reaktion oder physikalischer Prozeß mit geringer Wahrscheinlichkeit aufgrund quantenmechanischer Auswahlregeln, nicht-kompatibler Symmetrie oder notwendiger Spinkonversion (z.B. Singulett-Triplett-Übergang; Gegensatz: "erlaubter" Vorgang)

Vesikel: räumlich durch eine Membranhülle abgeschlossenes globuläres Gebilde

Wasserstoff-Brücke: Bindung des zweifach koordinierten Protons an zwei kleine Donoratome (O,N,F, teilweise S) mit dem Effekt der Molekülverknüpfung und Strukturierung

"weich": leicht polarisierbar (s. Einschub S. 16)

Verzeichnis der Einschübe

Stichwortverzeichnis

antiferromagnetisch *79, 81f., 100f., 108, 113, 127, 141, 147, 151f., 173, 179, 184, 196, 204, 214*
Antihistamine *374*
Antikörper *374*
Antioxidantien *87, 220, 326f., 348*
Antioxidation *193, 197, 209*
Antiport *283ff.*
Antitumoraktivität *371*
antiviral *365*
Anwendungsspektrum *362-365*
Apatit *311*
Apoenzym *41, 56-57, 137, 250, 253*
Apoferritin *171, 174ff.*
Aquocobalamin *341*
Aragonit *304f., 315*
Archäbakterien *27, 178, 188*
aromatische Kohlenwasserstoffe *121*
Arsenik *320*
Arsenobetain *320*
Arthritis *220, 372-375*
artifizielle Photosynthese *86*
Arzneimittel *362*
Arzneimittelforschung *281*
Asbest *316*
Ascorbat, Ascorbinsäure *19, 53, 167, 197, 206, 209,327, 349*
Ascorbat-Oxidase *197, 209ff.*
Aspartat *21*
Aspartat-Transcarbamoylase *263*
Assimilation *133f.,185, 308*
assoziativ *289ff., 341*
Atmung *58, 88, 114, 128, 220, 252, 283*
Atmungsferment *213*
Atmungskette *114f., 194, 198*
Atomabsorptionsspektroskopie *178*
ATP (Adenosintriphosphat) *59, 70, 74, 114, 233ff., 242ff., 268, 271, 282ff., 301f., 313, 346*
ATP-Synthase *73, 116*
ATPasen *282, 291, 297, 320, 322*
Aufnahme-Hydrogenase *181*
Aufspaltung der d-Orbitale *32*
Aurosom *374*
Autoimmunkrankheiten *220*

Autoimmunreaktion *121, 374*
Autolyse *258ff.*
Autoprotolyse *254*
autotroph *186ff.*
Autoxidation *103, 328*
axiale Koordination *31, 43*
Azid *220*
Azurin *195ff., 202*

β-Faltblatt *172*
β-Naphthylamin *121*
β-Strahler *352, 359*
back-up-System *240*
bakterielles Leaching *138*
Bakterien *277*
Bakteriochlorophyll *60, 65, 68*
Bakterioferritin *117, 172*
Bakteriophäophytin *68ff.*
bakterizid *362*
Baktopterin *226*
Bananatrode *207*
Barbiturat *122*
Baryt *305, 318*
BASEDOWsche Krankheit *322*
Basenpaare *367*
Basenpaarung *37*
Basensequenz *265*
bc_1-Komplex *116, 141, 213*
Benzol *121ff.*
Benzpyren *121ff.*
Berliner Blau *155, 339, 354*
b/f-Komplex *73ff.*
Bili-Farbstoff *61*
Bindungsordnung *89*
Biokeramik *313*
biologische Halbwertszeit *10, 344, 351ff.*
biologische Verweildauer *336*
Biomethylierung *55, 320, 324, 338, 340, 344*
Biomineralisation *17, 303-318*
Biosensor *207*
biotechnologisch *188, 320*
Biotin-5-oxid *224*
Bioverfügbarkeit *6, 10, 86, 221f., 295ff., 307, 321, 330, 345f., 348*

Chromatographie *2, 40f., 61*
Circulardichroismus (CD) *161*
Cisplatin *3f., 38, 362ff., 365-371*
Citrat *19, 146, 170, 176, 310, 313, 346, 357*
Citratzyklus *145*
Cluster *138, 143f., 148, 222, 235f., 242, 336f., 360*
Cobalamine *26, 40-57, 338*
Cobaloxime *56f.*
Cobester *57*
Coboglobin *100*
Codein *122*
CO-Dehydrogenase *178, 185-187*
Coenzyme *19, 24, 41, 264f.*
Coenzym A *52, 55*
Coenzym B_{12} *40*
Coenzym F430 *27f., 189f.*
Coenzym M *188*
Cofaktoren *212, 225*
Cölestin *305ff., 318*
Coprogen *159, 163f.*
CO-Oxidoreduktase *185-187*
Corrin *26, 41ff., 57, 186*
corrinoide Proteine *186*
COSTASCHE Komplexe *56*
CO_2-Fixierung *137*
cross-linking *367ff.*
Cu,Zn-Superoxid-Dismutase *216-220*
Cu_A *115f., 212, 214*
Cu_B *115f., 214*
Cyanid *216, 220*
Cyanobakterien *182*
Cyanocobalamin (Vitamin B_{12}) *40ff.*
Cyclasen *300, 375*
Cysteamin *350*
Cystein *20, 123, 137, 176, 202, 244, 263, 335ff., 341ff., 350*
Cytochrome *97, 114, 193, 225*
Cytochrom a *116, 214*
Cytochrom a_3 *117*
Cytochrom b *116, 141*
Cytochrom b/f-Komplex *73ff.*
Cytochrom b_5 *117f.*
Cytochrom c *96, 116ff.*

Cytochrom c-Oxidase *96f., 116, 120, 198, 213-216, 327*
Cytochrom c-Peroxidase *129*
Cytochrom f *116*
Cytochrom P-450 *96f., 117, 120-127, 128ff., 152, 193, 206*
Cytosin *36f., 368*
Cytostatika *362ff., 366, 368ff.*
cytotoxisch *371f.*

Defekt-Apatite *313*
Defektbildung *312*
Deferoxamin *347*
Dehydratasen *48, 51, 249*
Dehydratation *294*
Dehydrogenasen *223*
Deiodase *323, 326*
Dekontamination *138*
Delokalisation *141ff., 202, 214*
Demineralisation *304*
Denaturierung *142, 268*
Denitrifizierung *133, 231f.*
Depotgift *339*
deprotonierte Peptide *192*
Desaminase *48*
Desferrioxamin B (Desferal) *15, 159, 161, 347*
Desoxygenierung *150*
Desoxyribose *36*
Detergentien *67*
Detoxifizierung *4, 15, 131, 334, 338*
Diabetes *244ff.*
Diagnostik *356ff.*
diamagnetisch *46, 142, 204*
Diatomeen (Kieselalgen) *303ff., 316*
Diazen (Diimin) *237*
Diazenido(1-)-Liganden *237f.*
Dielektrizitätskonstante *19*
Diethylentriaminpentaacetat (DTPA) *357*
Diffusion *17, 268f., 269, 282, 309, 312*
Diffusionskontrolle *216, 219, 251, 269, 329*
Digitoxigenin *285*
Dihydropyridin *263f.*
Dihydropterine *227*

Kummert/Stumm
Gewässer als Ökosysteme

Grundlagen des Gewässerschutzes

Aus dem Inhalt:

Teil 1: Natürliche Gewässer
– Ökosysteme. Mensch und Modelle
– Das Flaschenexperiment – oder
  »Wie funktioniert ein Ökosystem?«
– Ein wenig Thermodynamik
– Biologische Elemente eines aquatischen
  Ökosystems
– Chemische Zusammensetzung natürlicher
  Gewässer
– Seen, Flüsse, Grundwasser und Meere

**Teil 2: Beeinträchtigung natürlicher
Gewässer**
– Entwicklung der Gewässerbelastung
– Reaktionen der Gewässer auf
  Beeinträchtigungen
– Verunreinigungsquellen
– Verhalten und Transformationen von
  Belastungskomponenten
– Gewässerzustand und Gewässerqualität

Teil 3: Gewässerschutz
– Gewässerschutzmaßnahmen:
  Eine Übersicht
– Gewässerschutz in der Schweiz
– Abwasserreinigungstechnik
– Mengenmäßiger Gewässerschutz
– Verhinderung von Verunreinigungen
  durch Maßnahmen an der Quelle

»Das Buch besticht durch seine übersicht-
liche und leicht lesbare Darstellung sowie
durch graphisch hervorragend gestaltete,
anschauliche Diagramme…«

H. Kobus, Wasserwirtschaft, Stuttgart

Von **Robert Kummert,**
Eidg. Anstalt für
Wasserversorgung,
Abwasserreinigung
und Gewässerschutz,
EAWAG, und Mittelschul-
lehrer an der Kantonschule
Büelrain, Winterthur

und Prof. Dr.
Werner Stumm,
Eidg. Technische Hochschule
Zürich

2., überarbeitete Auflage.
1989. XII, 331 Seiten mit
zahlreichen Bildern und
Tabellen.
16,2 x 22,9 cm.
Kart. DM 42,–
ISBN 3-519-03650-9

Koproduktion
B.G. Teubner Stuttgart –
Verlag der Fachvereine Zürich

B. G. Teubner Stuttgart

Sigg/Stumm
Aquatische Chemie

Eine Einführung in die Chemie wässriger Lösungen und in die Chemie natürlicher Gewässer

Ziel dieses Buches ist es, ein Verständnis für die wichtigsten chemischen, biologischen und physikalischen Prozesse zu wecken, welche die chemische Zusammensetzung natürlicher Gewässer berühren. Die aquatische Chemie baut auf den physikalischen chemischen Gesetzmäßigkeiten der Elektrolytchemie (Chemie wässriger Lösungen, Redox- und Koordinationschemie) und der Grenzflächenchemie, insbesondere Grenzfläche Fest-Wasser, auf. Sie befaßt sich mit Zuständen gelöster und suspendierter Komponenten in natürlichen Gewässern, mit den Gleichgewichten und den Prozessen, in denen sie involviert sind. Die aquatische Chemie wird neben der Grundlagenchemie durch andere Wissenschaften – insbesondere der Geologie und der Biologie – beeinflußt; sie bildet aber auch eine wichtige Grundlage für verwandte Disziplinen, wie die Geochemie, die Hydrobiologie, die Boden- und Atmosphärenchemie und die Wassertechnologie.

Das Buch richtet sich ebenso an Praktiker und Forscher, die in der Chemie der Gewässer und ihrer Beeinträchtigung durch die Zivilisation und in ihren Wechselbeziehungen mit Luft und Boden engagiert sind. Die Autoren haben das Buch so gestaltet, daß es auch ohne umfangreiche chemische Vorbildung verstanden werden kann.

Aus dem Inhalt:
Chemische Zusammensetzung natürlicher Gewässer / Säuren und Basen / Carbonat-Gleichgewichte / Wechselwirkung Wasser – Atmosphäre / Zur Anwendung thermodynamischer Daten und der Kinetik / Metallionen in wässriger Lösung / Fällung und Auflösung; die Aktivität der festen Phase / Redox-Prozesse / Organischer Kohlenstoff; Wechselwirkung zwischen Lebewesen und anorganischer Umwelt / Grenzflächenchemie

Von Priv.-Doz. Dr. **Laura Sigg,** und Prof. Dr. **Werner Stumm,** Eidg. Technische Hochschule Zürich

2., durchgesehene Auflage 1991. VIII, 388 Seiten mit zahlreichen Bildern und Tabellen.
16,2 x 22,9 cm.
Kart. DM 49,–
ISBN 3-519-13651-1

Koproduktion
B. G. Teubner Stuttgart –
Verlag der Fachvereine Zürich

B. G. Teubner Stuttgart

Teubner Studienbücher

Biologie

Clarke: **Humangenetik und Medizin**
144 Seiten. DM 22,80

Dzwillo: **Prinzipien der Evolution**
Phylogenetik und Systematik
152 Seiten. DM 26,80

Lockwood: **Membranen tierischer Zellen**
123 Seiten. DM 22,80

Mohr: **Biologische Erkenntnis**
Ihre Entstehung und Bedeutung
222 Seiten. DM 29,80

Röhler: **Biologische Kybernetik**
Regelungsvorgänge in Organismen
180 Seiten. DM 26,80

Ruthmann/Hauser: **Praktikum der Cytologie**
172 Seiten. DM 26,80

Schmielau: **Einführung in die Sinnesphysiologie**
150 Seiten. DM 28,80

Schönbeck: **Pflanzenkrankheiten**
Einführung in die Phytopathologie
184 Seiten. DM 26,80

Skrzipek: **Praktikum der Verhaltenskunde**
220 Seiten. DM 29,80

Vangerow: **Grundriß der Paläontologie**
132 Seiten. DM 26,80

Wilkie: **Muskel**
Struktur und Funktion
123 Seiten. DM 22,80

Wynn: **Struktur und Funktion von Enzymen**
102 Seiten. DM 22,80

Zerbst: **Bionik**
Biologische Funktionsprinzipien und ihre technischen Anwendungen
231 Seiten. DM 36,–

Preisänderungen vorbehalt

B. G. Teubner Stuttgart